Joachim Schreiber

MILITÄRFLUGZEUGE DES KALTEN KRIEGES

Band 2 (Weltweit 1956 – 1970)

Motor buch Verlag

Einbandgestaltung: schreiberVIS, Joachim Schreiber

Bildnachweis: Soweit nicht anders vermerkt,
stammen die Bilder vom Autor bzw. aus dessen Archiv.
Alle Zeichnungen: © schreiberVIS, Joachim Schreiber

ISBN: 978-3-613-04783-9

Dieses Buch wurde nach den geltenden Vorschriften der General Product Safety Regulation (GPSR) entwickelt. Bei Fragen oder Problemen wenden Sie sich bitte an den Verlag unter folgender E-Mail-Adresse:
gpsr@paul-pietsch-verlage.de

Sie finden uns im Internet unter:
www.motorbuch-verlag.de

1. Auflage 2025

Layout, Satz, Illustrationen und Prepress:
Joachim Schreiber, schreiberVIS, Seeheim
Druck und Bindung: Graspo CZ, 76302 Zlin
Printed in Czech Republic

Inhalt

Vorwort

Das Buch gibt einen Überblick ausgewählter Militärflugzeuge aus allen Bereichen während des Kalten Krieges von 1956 bis 1970.

Der Kalte Krieg, der nach dem Zweiten Weltkrieg begann und erst mit dem Zerfall der Sowjetunion 1991 eine Ende fand, hatte einen tiefgreifenden Einfluss auf politische und vor allem militärische Aktivitäten der beiden Großmächte Sowjetunion und USA. Es wurden politische, wirtschaftliche, technische und militärische Anstrengungen unternommen, um den weltweiten Einfluss des jeweils anderen Lagers einzudämmen. In dieser Zeit führten beide Seiten in allen Militärbereichen ein „Wettrüsten“, bei dem es zu zahlreichen Konflikten kam. Nur um die wichtigsten zu nennen: Koreakrieg (1950 – 1953) und Vietnamkrieg (1955 – 1975) – beides Stellvertreterkriege der beiden Supermächte, Mauerbau (ab August 1961) und die Kubakrise (1962), bei der die Welt kurz vor einer atomaren Auseinandersetzung stand. Erst in den späten 1970er-Jahren entspannte sich die Lage. Die beiden Supermächte führten Abrüstungsgespräche, auch um ihre gigantischen Militärausgaben in den Griff zu bekommen.

Wettrüsten USA vs. Sowjetunion

Einen enormen Einfluss hatte die „Wettrüsterei“ auf alle Entwicklungen in der Luft- und Raumfahrt – speziell im militärischen Bereich. Es kam zu unzähligen Neukonstruktionen unter Berücksichtigung neuester Forschungsergebnisse und Technologien. Mit dem rasanten Fortschritt im Triebwerksbau, in der Elektronik und Radartechnologie waren Flugzeuge oft schon nach kurzer Einsatzdauer technisch überholt. Umbauten für neue Einsatzbereiche oder Upgradeprogramme verhalfen noch zu einer längeren Lebensdauer. Programme wurden aber auch schnell geändert oder komplett gestrichen, weil sich Politiker anders entschieden hatten, das Militär eine neue Strategie bevorzugte oder weil schlichtweg die technische Entwicklung auf der gegnerischen Seite schneller und das entsprechende Flugzeug in der Zwischenzeit nicht mehr notwendig war.

Die beiden Hauptkontrahenten USA und Sowjetunion sahen ihre Rüstungsbemühungen nicht nur als Vorbereitung zur Kriegsführung, sondern auch als Symbol der Macht und Zeichen der eigenen überlegenen Technologie. England und Frankreich nahmen aktiv an der atomaren Abschreckung teil und entwickelten eigene Nuklearwaffen und Jets, auch mit interkontinentaler Reichweite und zur Bekämpfung anfliegender feindlicher Bomberflotten.

Mit der atomaren Bedrohung durch raketenbestückte U-Boote, Bomber und Interkontinental-Raketen waren alle Kontrahenten gezwungen, erstmals radarbestückte Aufklärer zu entwickeln, die mit einem Blick über den Horizont früh angreifende Bomber und Raketen erfassen konnten, oder über den Weiten der Ozeane nach feindlichen U-Booten Ausschau hielten. Nicht selten wurden dazu umgebaute Passagierflugzeuge, wie z. B. die Lockheed Constellation [S. 177], die Boeing 707 [S. 147] oder die Iljuschin Il-18 [S. 105], genutzt, die Platz für eine große Crew und Elektronik boten und eine lange Einsatzdauer hatten. U-Bootjäger waren entsprechend mit Minen und Torpedos bewaffnet. Zu den extremsten Aufklärer-Entwicklungen auf der amerikanischen Seite zählen jedoch die Lockheed U-2 und die SR-71 Blackbird, die in großen Höhen auf ausgedehnten Spionageflügen über der Sowjetunion und China unterwegs waren, um Informationen zu sammeln. Mit der Entwicklung hochempfindlicher Spionagesatelliten verloren sie schließlich ihre Bedeutung und wurden nur noch bei lokalen Missionen eingesetzt.

Beide Großmächte entwickelten strategische Langstreckenbomber, wie z. B. die Boeing B-52 [S. 146] und die Tupolew Tu-95 [S. 131], die heute noch nach zahllosen Überholungen und Upgrades im Einsatz sind. Mit der Entwicklung kleiner, nuklearer Langstreckenraketen, die auch von U-Booten gestartet werden können, verloren sie allerdings ihre Berechtigung. Neue hochfliegende Luftabwehrraketen zwangen auch zu einer geänderten Angriffsstrategie: Atombomber sollten nun im Tiefflug anzugreifen, für das etliche Flugzeuge wenig geeignet waren. Oft wurden sie nach Umbauten zu konventionellen Bombern und Cruise-Missiles-Trägern „degradiert“.

Hoch anfliegende Kampfflugzeuge ließen sich mit speziellen Jagdflugzeugen abfangen, die mit extremen Steigleistungen, oft nur mit Raketen bewaffnet, starteten. Anfangs von Bodenstationen eingewiesen, mit fortschreitender Technik auch von bordeigenem Radar oder von AWACS-Flugzeugen geführt.

Langstreckeneinsätze von Bombern und Jagdflugzeugen waren nur mit einer großen Anzahl Tanker möglich. England nutzte dafür einige ihrer umgebauten Ex-V-Bomber, die USA unter anderem den Vierstrahler KC-135 [S. 147], die spätere zivile B-707.

Stellvertreterkriege fanden nicht vor der Haustüre statt, deshalb benötigten alle Unterstützer schwere Transportflugzeuge mit großer Reichweite um Material und Truppen einzufliegen. Mit der AN-22 [S. 99] schuf die Sowjetunion die bis heute größte Turboprop, die USA mit der C-5 Galaxy [S.186] den schwersten serienmäßig hergestellten Transporter. Die kleinere heute noch produzierte viermotorige C-130 Hercules [S. 180] und die nicht mehr hergestellte Antonow An-12 [S. 97], die beide noch in Betrieb sind, akzeptierten auch unvorbereitete Landefelder.

Obwohl sich beide Staaten nie direkt kriegerisch gegenüberstanden, wurden in anderen Ländern heftige Konflikte ausgetragen, für die nicht nur Bomber, sondern auch Kampfflugzeuge benötigt wurden. Hier waren die USA und die Sowjetunion führend. Es entstanden in der Zeit so bedeutende Flugzeuge wie die MiG-17 [S. 113] und MiG-21 [S. 115] und auf der anderen Seite die F-105 Thunderchief [S. 199] und die berühmte F-4 Phantom [S. 190], um nur ein paar zu nennen. Nach den Erfahrungen im Koreakrieg wurden die neu entwickelten Jagdbomber von beiden Seiten intensiv im Vietnamkrieg eingesetzt. Frankreich entwickelte die Mirage-Baureihe und Großbritannien eine ganze Reihe unterschiedlicher Jagdbomber. Um auf allen Meeren präsent zu sein, und damit auch auf allen Kontinenten, setzten die USA, Großbritannien und Frankreich auf eine starke Flugzeugträger-Flotte mit trägertauglichen Jets. Ein nicht immer einfaches Unterfangen, ein Jagdflugzeug so zu entwerfen, dass es überschallfähig ist, aber auch auf einem kurzen Trägerdeck landen kann. Die Sowjetunion konnte in dieser Richtung nichts bieten. Experimentiert haben beide Staaten zwar mit Schwenkflüglern, in großer Zahl in Serie ging nur die Suchoj Su-17/20/22 [S. 129] und die MiG-23 [S. 116] und auf amerikanischer Seite die F-111 [S. 161], trägertauglich wurde allerdings erst in den 1970er-Jahren die F-14 Tomcat.

Mit der Kriegsführung in Vietnam wurden Hubschrauber zunehmend wichtiger. Sei es zum Transport von Truppen in unzugängliches Gebiet oder zum Ausfliegen von Verwundeten oder abgestürzten Maschinen – ohne Helicopter nicht machbar. Weltweit bekannt wurde die amerikanische UH-1 Huey [S. 143] und auf russischer Seite die Mil Mi-8 [S. 122]. In dieser Zeit gaben auch die Bell Cobra [S. 144], der erste speziell konstruierte Kampfhubschrauber, die schweren Transporthubschrauber Sikorsky CH-53 [S. 202] und Boeing Chinook [S. 149], ihr Debüt. Die Sowjetunion trumpfte mit dem damals größten Transporthubschrauber der Welt, die Mil Mi-6 [S. 121] auf, die für den Transport schwerer Lasten in unzugängliche Gebiete gedacht war.

Nebenschauplätze

Parallel zur Sowjetunion und den USA begannen auch Frankreich und Großbritannien aufzurüsten. Umfangreiche und vielseitige Programme für alle militärischen Bereiche verhalfen der dortigen Industrie zu gewinnbringenden Aufträgen und führten zu Flugzeugen, die mit damals aktuellen sowjetischen und amerikanischen Jets durchaus mithalten konnten. Die erstaunlicherweise gut funktionierende Zusammenarbeit zwischen Großbritannien und Frankreich brachte in den 1960er-Jahren sogar den Jagdbomber SEPECAT Jaguar [S. 34] hervor.

Zu einem bedeutenden Player im Flugzeugbau stieg in den 1950er-Jahren auch China auf. Anfangs unterstützte die Sowjetunion mit Manpower und Lizenzen von Jagdflugzeugen und Bombern den Aufbau der chinesischen Luftfahrtindustrie. Nachdem die politischen Beziehungen zum Nachbarstaat Anfang der 1960er-Jahre deutlich abkühlten, entwickelte China seine Lizenzproduktionen in eigener Regie weiter und wurde so nebenbei zu einem bedeutenden Exporteur zahlreicher Militärflugzeuge eigener Konstruktion, wie z. B. der Chengdu J-7 [S. 8], ein Ableger der MiG-21 [S. 115], die oft in großer Zahl in Länder der damaligen Dritten Welt exportiert wurde.

Japan begann mit der Produktion amerikanischer Flugzeuge seine Luftfahrtindustrie wieder anzukurbeln. Erst mit Lizenzen, später mit Modifikationen und eigenen, modernen Entwicklungen wie z. B. den zweisitzigen Trainer Fuji T-1 [S. 69] oder des viermotorigen Flugboots Shin Meiwa [S. 72].

Auch die Bundesrepublik beschritt im Rahmen der Wiederbewaffnung diesen Weg. Genannt seien die Lizenzproduktion der Nord Noratlas [S. 31] und die deutsch-französische Gemeinschaftsentwicklung Transall [S. 17] sowie die Beteiligung an der Breguet Atlantic [S. 23]. Eigenentwicklungen kamen von Dornier oder HFB mit dem Hansa Jet [S. 16], eines der ersten rein deutschen Serienflugzeuge, nach jahrelangem Forschungs- und Bauverbot.

Italiens Flugzeugbauer waren unter anderem mit der Produktion des einstrahligen Jagdbombers Fiat G-91 [S. 65] erfolgreich und mit einigen kleineren Propellerflugzeugen beschäftigt.

Kanada entwickelte in eigener Regie vor allem leichte und mittelschwere STOL-Transporter und exportiert sie bis heute weltweit.

Schon immer entwarf und produzierte Schweden als neutrales Land für den eigenen Bedarf, darunter sehr leistungsfähige Jagdbomber, die weltweit technologisch mithalten konnten, aber trotz ihrer unbestrittenen Qualitäten selten exportiert wurden.

Daneben entwickelten und bauten Indien, Jugoslawien, Australien, Polen, Niederlande, Schweiz, Spanien und die Tschechoslowakei wieder eigene Flugzeuge. Zum Teil aber auch als Auftragnehmer, wie zum Beispiel Polen, das die Produktion der russischen Antonow AN-2 übernahm und für den internationalen Markt über 10 000 Stück produzierte.

Zum Buch

Nicht einfach war die Auswahl der Text- und Zeichnungsquellen, die oft deutlich differierten und das nicht nur bei technischen Angaben, sondern auch in grundlegenden Dingen. Bei der Auswahl der Fotos habe ich teilweise die allgemein zugänglichen Internetquellen genutzt. Bedanken möchte ich mich bei den vielen Luftfahrtenthusiasten, Archiven und Museen, die mich freundlicherweise mit Bildmaterial unterstützten.

Joachim Schreiber

FMA I.A. 50 Guaraní II

Ursprungsland
Argentinien
Kategorie
Mehrzweck-Transportflugzeug

Entwicklung: Nach den Erfahrungen mit der I.A. 35 Huanquero [Band I] begann die staatseigene FMA (Fábrica Militar de Aviones) 1959 mit der Entwicklung eines turboprop-getriebenen zweimotorigen Regionalverkehrsflugzeugs in Ganzmetallbauweise, das auch für ungenügend vorbereitete Pisten geeignet sein sollte. Die Flügel der Huanquero und das Doppelleitwerk wurden übernommen, der Rumpf für 12, maximal 15 Passagiere und die Triebwerksgondeln waren eine Neukonstruktion. Motorisiert war der einzige Prototyp mit zwei französischen Turbomeca Bastan III A-Propellerturbinen mit je 850 PS. Der Erstflug der Guaraní I fand im Februar 1962 statt. Bereits im April 1963 startete aber der Prototyp einer parallel weiterentwickelten Guaraní II [Bild/Zeichnung], mit leistungsfähigeren Turbinen Turbomeca Bastan VI, einem komplett überarbeiteten, modernen Leitwerk und einer pneumatischen Enteisungsanlage. Die argentinische Luftwaffe, die nahezu alle produzierten Zweimots übernahm, setzte sie als VIP-Transporter, SAR-Flugzeug, Fotoaufklärer und als Kalibrierungsflugzeug für Navigationsanlagen ein. Zwei Flugzeuge wurden 1968 für Tests mit Skiern und 1978 als Fallschirmabsetzer herangezogen. Einige Flugzeuge gingen an unterschiedliche staatliche Dienststellen und die Regierungen argentinischer Bundesländer. Ab 1990 begann Argentiniens Luftwaffe allmählich ihre abgeflogenen Guaranís auszumustern. Die letzte flog im Januar 2007. Der einzige private Nutzer war die Empresa Líneas Aéras Privadas de Entre Ríos, die zwei Flugzeuge erwarb. Immer wieder an andere Gesellschaften weiterverkauft, flogen sie bis 1992.

Aus FMA's Werkhallen rollten insgesamt nur 35 Guaraní II.

Bemerkungen: FMA orientierte sich mit der Guaraní in Konstruktion, Ausstattung und Leistungen an vergleichbaren weltweiten Konkurrenzmustern und war bemüht, beim Entwicklungsprozess technisch international gültige Standards einzuhalten. Um einige dieser Standards zu zertifizieren, verlegte man im Mai 1965 eines der Kurzstreckenflugzeuge in einem Überführungsflug mit mehreren Zwischenstops nach Frankreich. Es war damit das erste lateinamerikanische Flugzeug, das den Atlantik überquerte. Es war zudem weltweit eines der ersten Flugzeuge dieser Größenklasse mit Propellerturbinen. Man nutzte diesen Besuch auch, um das Flugzeug auf der Luftfahrtschau in Le Bourget zu präsentieren. Trotz aller Bemühungen und Qualitäten der Guaraní II und weiterer zukünftiger auf der Turboprop basierenden Projekte, hatte FMA damit allerdings wenig Chancen im harten internationalen Wettbewerb.

Eine Guaraní II wird im Museo Nacional de Aeronáutica in Buenos Aires, Argentinien präsentiert.

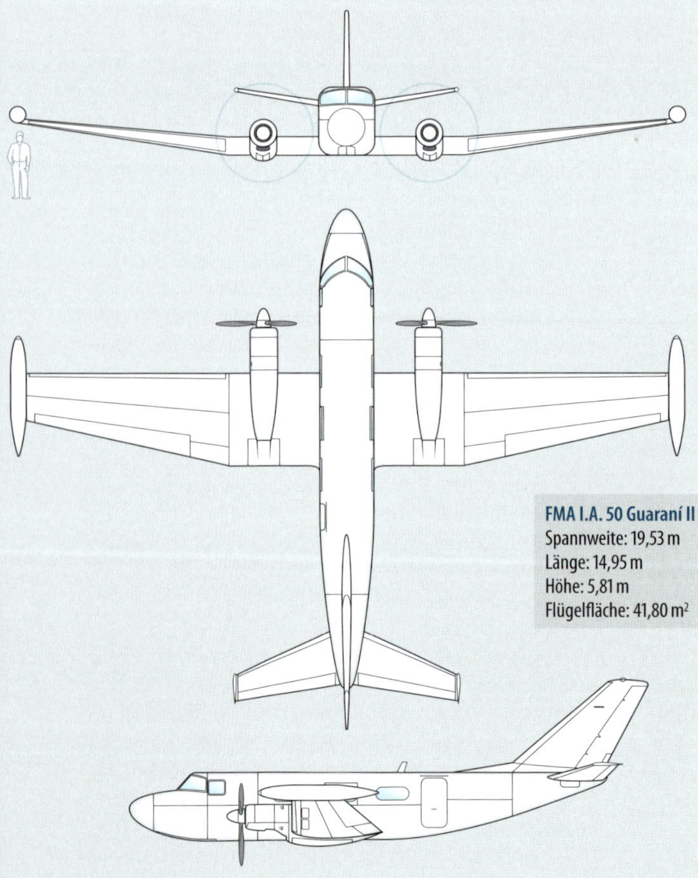

FMA I.A. 50 Guaraní II
Spannweite: 19,53 m
Länge: 14,95 m
Höhe: 5,81 m
Flügelfläche: 41,80 m²

Besatzung: 2
Triebwerke: Zwei Propellerturbinen Turbomeca Bastan VI A mit je 684 kW (930 PS).
Leistungen: Höchstgeschwindigkeit 500 km/h in 5600 m, Reisegeschwindigkeit 450 km/h, Dienstgipfelhöhe 12 500 m, Reichweite 2000 km.
Gewichte: Leermasse 3924 kg, Startmasse 6800 kg, maximale Startmasse 7120 kg.

Aerotec T-23 Uirapuru

Ursprungsland
Brasilien
Kategorie
Schulflugzeug

Entwicklung: Die brasilianische Luftwaffe bildete ihre Piloten bis in die 1960er-Jahre auf veralteten niederländischen Fokker S.11 und S.12 [Band I] aus, die noch aus den frühen 1950er-Jahren stammten. Um diese zu ersetzen und um nebenbei die brasilianische Luftfahrtindustrie zu stärken, beauftragten brasilianische Militärs die Industria Aeronáutica Aerotec SA den von ihnen Ende 1964 präsentierten zivilen Zweisitzer A-122 zu modifizieren, um ihn als Militärtrainer einsetzen zu können. Nach dem Erstflug im Juni 1965 zeigte der in Ganzmetallbauweise konstruierte Side-by-Side-Doppelsitzer für ein Schulflugzeug noch erhebliche aerodynamische Unzulänglichkeiten, die auch einen tödlichen Absturz eines Testpiloten nach sich zog. Neben einigen konstruktiven Änderungen hatte dies zur Folge, dass auch eine zusätzliche untere Finne im Heck und ein stärkerer Antrieb verbaut wurde. Aerotec produzierte zwei Versionen. Die A-122 A für das Militär, die A-122 B war für Aeroclubs bestimmt. Erste Vorserienexemplare aus einer Bestellung vom Oktober 1967 von 30 Stück flogen Anfang 1968. Sie wurden von der brasilianischen Luftwaffe als T-23 A [Zeichnung] bezeichnet. Eine weitere Order über 40 T-23 vergab die Luftwaffe im April 1969, der später nochmals 30 folgten. Auch die Luftwaffe Paraguays ersetzte ihre Fokker S.11 durch acht T-23. Ende der 1970er-Jahre erhielten 45 brasilianische T-23 A ein Upgrade. Neben moderneren Avioniksystemen erhielten die Flugzeuge auch eine aerodynamischere Schiebehaube [Bild] und wurden zur T-23 B. 1980 entwickelte Aerotec zwar eine verbesserte Version A-132 Tangará, die brasilianische Luftwaffe zeigte aber kein Interesse, so dass nur einige Exemplare für Bolivien gefertigt werden konnten.

Aerotec produzierte 155 militärische und zivile T-23 Uirapuru, andere Quellen sprechen von 126 Exemplaren.

Bemerkungen: Aerotec gehörte mit Konstruktion und Bau der Uirapuru auch zu den vielen Bausteinen in der Entwicklung der brasilianischen Luftfahrtindustrie nach dem Zweiten Weltkrieg. Die Firma ging 1987 in Konkurs und wurde von der heutigen Embraer S. A. übernommen. Brasilien nutzte seine T-23 hauptsächlich zur Anfängerschulung in ihren Luftwaffenakademien, weniger als Verbindungs- und Transportflugzeug. Mitte der 1980er-Jahre wurden die T-23 allmählich, laut Luftwaffe wegen zu hoher Wartungskosten, stillgelegt und durch den brasilianischen Tiefdecker Neiva T-25 ersetzt. Zum Teil wurden T-23 an staatliche Aeroclubs abgegeben, wo sie bis Anfang der 1990er-Jahre betrieben wurden.

Angeblich existieren noch einige flugfähige Uirapuru in privater Hand. Eine steht aber auch im Museu Aeroespacial, Campo dos Afonsos, westlich von Rio de Janeiro, Brasilien.

Besatzung: 2
Triebwerke: Ein luftgekühlter 4-Zylinder Boxermotor Lycoming O-320 B2B mit 119 kW (161 PS).
Leistungen: Höchstgeschwindigkeit 225 km/h, Reisegeschwindigkeit 185 km/h, Dienstgipfelhöhe 4500 m, Reichweite 800 km.
Gewichte: Leermasse 540 kg, Abflugmasse 840 kg.

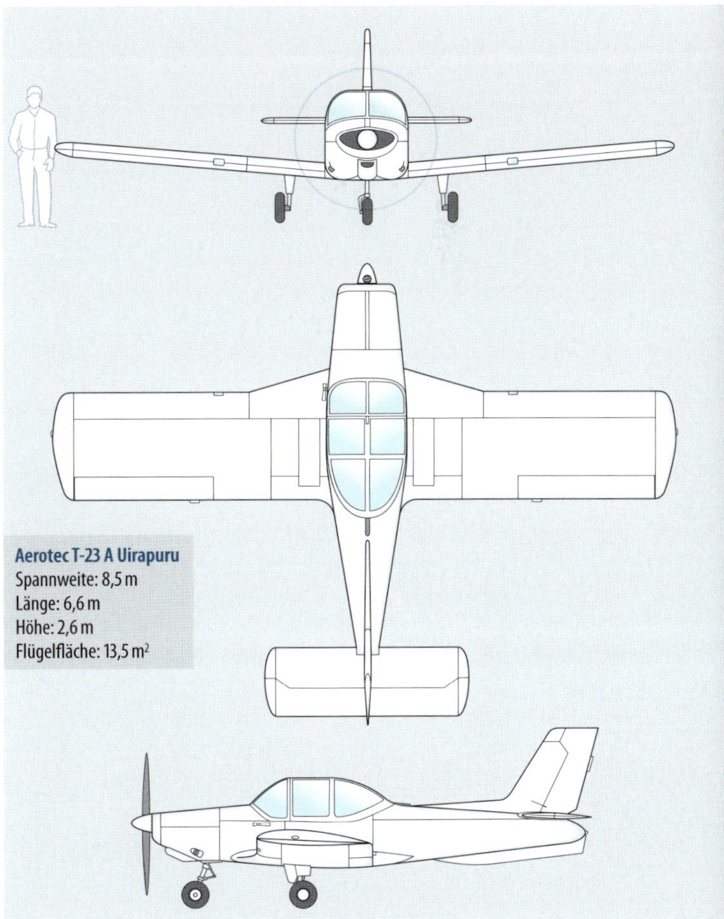

Aerotec T-23 A Uirapuru
Spannweite: 8,5 m
Länge: 6,6 m
Höhe: 2,6 m
Flügelfläche: 13,5 m^2

Chengdu J-7

Ursprungsland
China
Kategorie
Abfangjäger

Entwicklung: China war schon in den 1950er-Jahren einer der größten Produzenten von lizenzierten, russischen Militärflugzeugen. Dazu zählte die MiG-19 als Shenyang J-6 und die MiG-21 als Chengdu J-7. Mit den politischen Verwerfungen zwischen China und der Sowjetunion zog die Sowjetunion 1960 allerdings ihre Berater zum Aufbau einer MiG-21-Produktion zurück und das Projekt kam, obwohl schon Musterflugzeuge und Komponenten geliefert wurden, zum Stillstand. Anfang 1962 legten sich die Spannungen, China blieb aber misstrauisch und begann über Re-Engineering die MiG-21 in eigener Regie zu produzieren und weiterzuentwickeln. Es dauerte jedoch vier Jahre, bis die erste Chengdu J-7 im Januar 1966 abheben konnte. Ein Jahr später begann die Serienproduktion. Die chinesische Kulturrevolution verhinderte allerdings eine effektive Herstellung und Weiterentwicklung. Zehn Jahre später, 1976, begann man die J-7 zu modernisieren. Ein leistungsfähigeres Triebwerk, ein verbesserter Schleudersitz, zwei Kanonen und eine angepasste Cockpithaube ließen die J-7 auch zum begehrten Exportmodell F-7 werden. Ab 1981 erhielt die J-7 nochmals ein Triebwerks-Update, ein größeres Seitenleitwerk und eine geänderte Bewaffnung. Exportexemplare F-7 M und P wurden zum Teil mit westlicher Elektronik ausgerüstet. Schließlich wurde 1990 nochmals überarbeitet: eine neuer Doppeldeltaflügel und ein stärkeres Triebwerk zeichnete die J-7 E (Exportversion F-7 MG) [Bild/Zeichnung] aus. Von nahezu allen Versionen wurden auch Trainings-Doppelsitzer hergestellt.

Vermutlich wurden von allen Versionen von 1967 bis 2013 über 2400 Flugzeuge ausgeliefert.

Bemerkungen: Obwohl sich die J-7 zu Beginn ihrer chinesischen Karriere kaum von der MiG-21 unterschied, hat sie mit zahllosen Modifikationen nach fast 50-jähriger Bauzeit kaum mehr Gemeinsamkeiten. Eingesetzt werden J-7 nicht nur als Abfangjäger, sondern auch bei Bodenangriffen. Aufgrund ihrer Robustheit, Einfachheit und des niedrigen Anschaffungspreises wurde sie trotz der Unterlegenheit zu konkurrierenden Mustern hauptsächlich in Dritte-Welt-Staaten in über 20 Varianten exportiert. Neben etlichen afrikanischen Staaten fliegen F-7 in Bangladesh, im Iran, Irak, Nordkorea, Pakistan, Sri Lanka und Albanien. Durch ständige Wartungs- und Modernisierungsmaßnahmen sind in vielen Betreiberstaaten, trotz hoher Flugstundenzahl, heute immer noch F-7 im Einsatz.

In allen chinesischen Luftfahrtmuseen werden J-7 präsentiert. In Europa findet man F-7 im Armed Forces Museum, Tirana, Albanien.

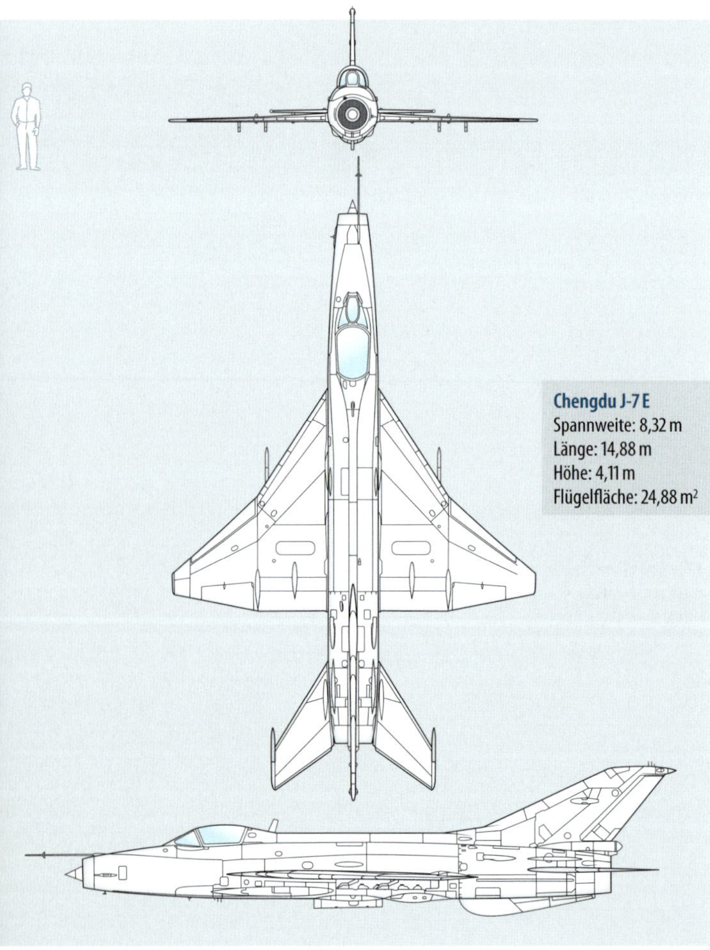

Chengdu J-7 E
Spannweite: 8,32 m
Länge: 14,88 m
Höhe: 4,11 m
Flügelfläche: 24,88 m²

Besatzung: 1
Triebwerke: (E) Ein Axialstrahltriebwerk Wopen WP-13 F mit 44,1 kN Schub, mit Nachbrenner 64,7 kN.
Leistungen: (E) Höchstgeschwindigkeit 2200 km/h, Dienstgipfelhöhe 17 500 m, Reichweite 850 km, Überführungsreichweite 2200 km.
Gewichte: (E) Leermasse 5292 kg, Startmasse 7540 kg, maximale Startmasse 9100 kg.
Bewaffnung: (E) Zwei MGs im Rumpf, bis zu 2000 kg Bomben, Luft-Boden- und Luft-Luft-Raketen an 5 Hardpoints.

Nanchang CJ-6

Ursprungsland China
Kategorie Trainer

Entwicklung: Mit steigenden Anforderungen an die Jet-Pilotenausbildung suchte die chinesische Luftwaffe PLAAF Mitte der 1950er-Jahre auch ein Nachfolgemodell zur Nanchang CJ-5, der lizenzierte Nachbau der russischen Jak-18 [S. 107]. Ende 1957 begann die Nanchang Aircraft Factory (heute Hongdu Aviation) mit den Entwicklungsarbeiten an einem in Ganzmetall-Schalenbauweise hergestellten, kunstflugtauglichen Trainer mit Dreibein-Einziehfahrwerk, dessen Prototyp, der im August 1958 erstmals abhob, von einem tschechischen 8-Zylinder-Boxermotor Praga Doris angetrieben wurde. Dieser Motor erreichte jedoch nie die Serienreife und man wechselte auf einen russischen 9-Zylinder-Sternmotor Wedenejew M-14 P. Nach einem umfangreichen Testprogramm flog im Oktober 1961 der erste Prototyp der Serienausführung CJ-6, der nun mit einem chinesischen 260 PS-Standardmotor HS-6, ein Lizenzbau des M-14, motorisiert war. Ab 1965 verbaute Nanchang in die CJ-6 A den stärkeren 286 PS-HS-6 A. Zwischen 1964 und 1966 wurde auch in geringer Zahl eine bewaffnete Version CJ-6 B für Grenzpatrouillen mit Flügelstationen ausgeliefert. Vermutlich erhielten diese auch einen 300 PS-Zhouzhou-Sternmotor. Nach einigen Quellen wurden 2007 immer noch CJ-6 G, eine modernisierte, verstärkte Version hergestellt.

Insgesamt verließen mehr als 2000 CJ-6 die chinesischen Werkhallen.

Bemerkungen: Der Tiefdecker ist ein ausschließlich in China entwickelter zweisitziger Basistrainer. Im Gegensatz zur nur optisch ähnlichen Jak-18 mit bespanntem und beplanktem Gitterrohrrumpf wurde die CJ-6 in genieteter Alu-Schalenbauweise konstruiert. Bei anderen Baugruppen orientierte man sich allerdings an russischen Konstruktionen: z. B. bei der pneumatischen Steuerung des Fahrwerks, der Bremsen und der Landeklappen sowie bei den mit Pressluft gestarteten lizenzierten russischen Motoren. Der günstige Preis, die robuste, einfache und zuverlässige Konstruktion war neben der Volksrepublik China für zahlreiche Staaten ausschlaggebend genug, die CJ-6 als Trainer BT-6 und PT-6 zu erwerben. Dazu zählte Albanien, Bangladesh, Kambodscha, Ecuador, Nordkorea, Laos, Sri Lanka, Tansania und Sambia. Zwar als Trainer konzipiert, ließ sich die CJ-6 technisch angepasst auch als leichter Bomber und Frontaufklärer einsetzen. Angeblich über 200 private Nutzer, z. B. in den USA, Australien, Neuseeland und Großbritannien schätzen den Trainer heute als „poor mans warbird“.

Zahlreiche CJ-6 stehen weltweit in Museen, eine unbekannte Zahl wird aber noch militärisch und privat betrieben. Eine CJ-6 steht auch im Military Living Museum Dobresh Albanien.

Besatzung: 2
Triebwerke: (A) Ein luftgekühlter 9-Zylinder-Sternmotor Zhouzhou HS-6 A mit 211 kW (286 PS).
Leistungen: (A) Höchstgeschwindigkeit 300 km/h, Reisegeschwindigkeit 250 km/h, Dienstgipfelhöhe 6250 m, Reichweite 700 km.
Gewichte: (A) Leermasse 1095 kg, maximale Abflugmasse 1400 kg.
Bewaffnung: Einige Varianten mit zwei MGs und Außenstationen für Raketenwerfer und Bomben.

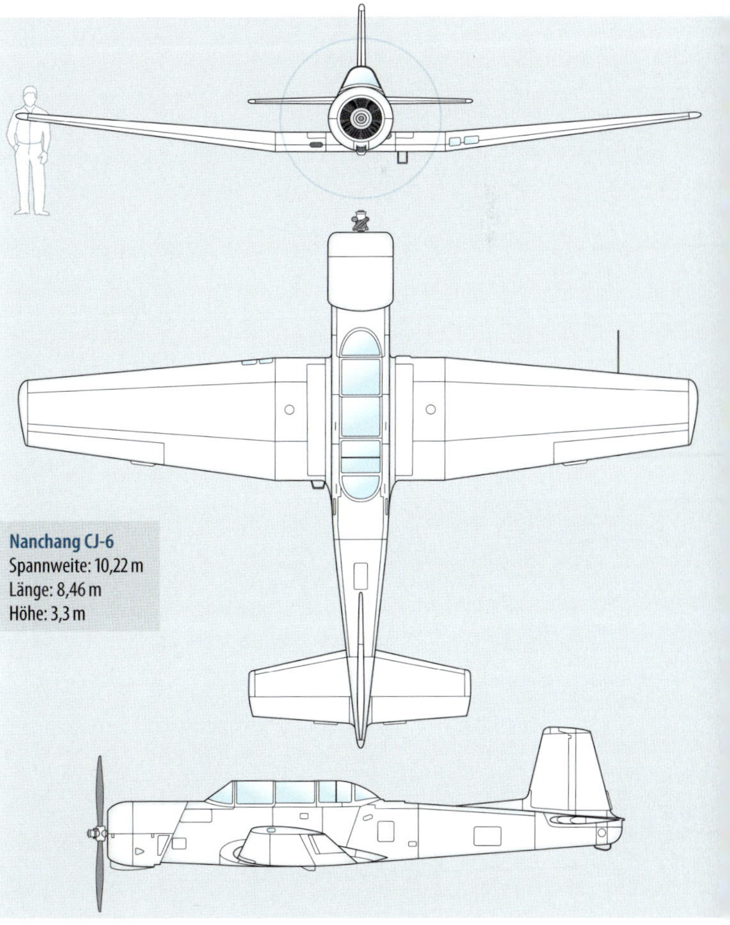

Nanchang CJ-6
Spannweite: 10,22 m
Länge: 8,46 m
Höhe: 3,3 m

Shenyang J-6

Ursprungsland
China
Kategorie
Kampfflugzeug

Entwicklung: Chinesische und russische Ingenieure arbeiteten bereits Mitte der 1950er-Jahre zusammen an der Vorbereitung zur Produktion der von der MiG-19 P abgeleiteten chinesischen Version J-6 A, die im Dezember 1958 erstmals flog. Sie wird als direkte Kopie der MiG-19 [S. 115] gesehen. Erste Produktionschargen, angeblich rund 100 Flugzeuge, waren jedoch von nicht akzeptabler Qualität, so dass die J-6 A erst 1961 offiziell von der People's Liberation Army Air Force (PLAAF) in Dienst gestellt werden konnte. Das einsitzige Flugzeug mit den zwei nebeneinanderliegenden Triebwerken, einem Nachbau des russischen Tumansky R-9, konnte mit Radar als überschallschnelles Jagdflugzeug, aber auch als Bodenangriffsflugzeug eingesetzt werden. 1963 flog der mit Luft-Luft-Raketen und einem Funkmesssystem über dem Lufteinlauf ausgestattete Abfangjäger J-6 B, der von der MiG-19 PM abgeleitet war, von der allerdings nur 19 Stück ausgeliefert wurden. Die J-6 C, erstmals mit drei 30 mm-Kanonen ausgerüstet, war als F-6 C auch für den Export bestimmt. Beim Aufklärer JZ-6 wurde die Rumpfkanone durch eine Kamera ersetzt. Ein zweisitziges Derivat JJ-6 mit Tandemcockpit erhielt einen verlängerten Rumpf und ging als FT-6 in den Export. Neben zahlreichen Produktionsvarianten kamen auch einige Projekte nicht über das Prototypenstadium hinaus.

Vermutlich wurden von 1958 bis 1981 über 4500 J-6 aller Varianten ausgeliefert.

Bemerkungen: NATO-Code *Farmer.* Im Gegensatz zur russischen MiG-19, die nur kurze Zeit im Dienst war und von der rund 2500 hergestellt wurden, brachte es China mit der J-6 auf ca. 4500 Exemplare und setzte sie offiziell bis Anfang der 2000er-Jahre ein, angeblich einige als Trainer bis heute. Umso erstaunlicher ist, dass das Kampfflugzeug ursprünglich nur für ca. 100 Flugstunden bis zur Überholung ausgelegt war. Preisgünstiger als russische MiG-19, wurde auch die J-6 ein chinesischer Exportschlager. Zu den Betreiberstaaten gehörte Bangladesh, Nordkorea, und Kambodscha. Neben einigen afrikanischen Ländern auch Ägypten. Der Iran erwarb 100, Irak erhielt von Ägypten J-6, die im Iran-Irak-Krieg 1980–1988 sogar gegeneinander eingesetzt wurden. Nordvietnam nutzte seine F-6 im Vietnam gegen amerikanische Jets, und Pakistan, das 260 F-6 besaß, flog damit im Indo-pakistanischen Krieg 1971 neben Luftverteidigungseinsätzen auch Bodenangriffe. Als einziges europäisches Land nutzte Albanien 73 F-6 zwischen 1965 und 1972, von denen einige angeblich noch 2019 im Bestand waren.

In fast allen chinesischen Museen stehen J-6. Eine findet man auch im Pima Air and Space Museum in Tucson, USA..

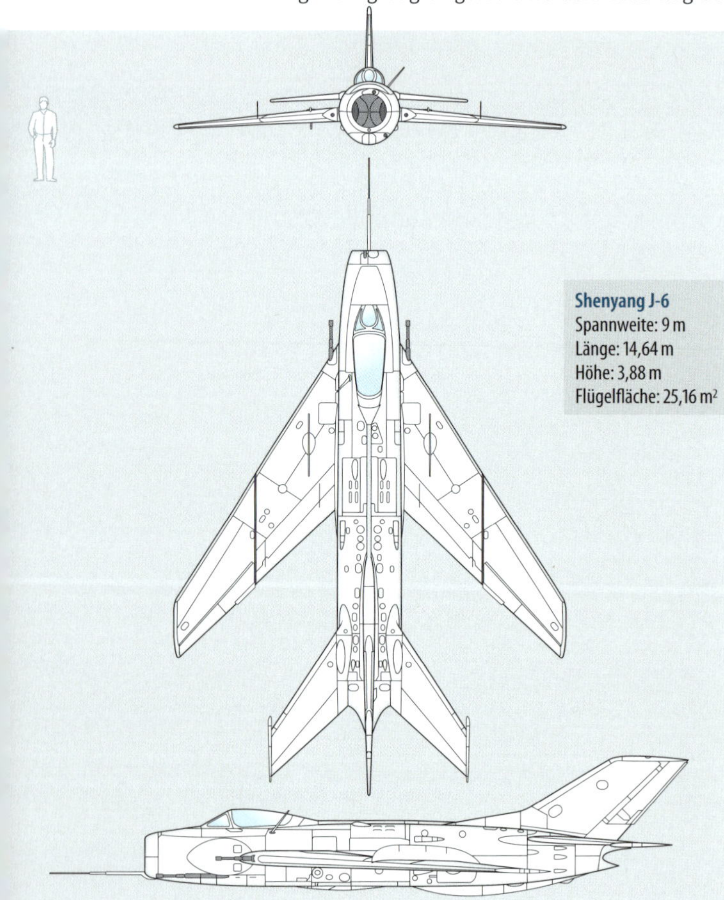

Shenyang J-6
Spannweite: 9 m
Länge: 14,64 m
Höhe: 3,88 m
Flügelfläche: 25,16 m²

Besatzung: 1
Triebwerke: Zwei Axialstrahltriebwerke Wopen WP-6A mit je 25,5 kN Schub und 31,8 kN mit Nachbrenner.
Leistungen: Höchstgeschwindigkeit 1540 km/h, Dienstgipfelhöhe 15 800 m, Kampfreichweite 640 km, sonst 1400 km, Überführungsreichweite 2200 km.
Gewichte: Leermasse 5172 kg, maximale Abflugmasse 7560 kg.
Bewaffnung: 2 MKs in den Flügelwurzeln, eine MK im Rumpf, je nach Variante bis zu 500 kg Bomben, Raketenpods oder Luft-Luft-Raketen an vier Flügelstationen.

Nanchang Q-5

Ursprungsland
China
Kategorie
Jagdbomber

Entwicklung: China suchte bereits 1958 einen Nachfolger für den Jagdbomber Shenjang J-6 [S. 10] und begann auf Basis der J-6 die Q-5 zu entwickeln. Mit einer Rumpfverlängerung, den seitlichen Lufteinlässen, neuen Flügeln und zwei nebeneinanderliegende Wopen WP-6-Triebwerke, einem Nachbau des russischen Tumansky RD-9, entstand praktisch ein neues Flugzeug. Der Rumpfbug war für ein (nie gebautes) Zielradar vorgesehen, der Waffenschacht wurde später auch für Zusatztanks genutzt. 1960 war die Entwicklungsphase beendet, das politische Klima während der Großen Hungersnot verzögerte den Prototypenbau jedoch erheblich, kam schließlich 1961 zum Erliegen, konnte aber ab 1963 wieder fortgesetzt werden. Im Juni 1965 flog schließlich die erste Q-5. Die Serienproduktion begann 1969, erste Flugzeuge wurden 1970 ausgeliefert. Während der Produktionszeit wurden zahlreiche Varianten entwickelt. Dazu gehörten Kernwaffen- und Torpedoträger, eine Allwetter- und Eloka-Version und ein zweisitziger Trainer Q-5 J. Etliche Modernisierungsprogramme vor allem in der Avionik und Waffenausstattung hielten das Flugzeug über die Jahre auf aktuellem Stand und verlängerten seine Lebensdauer. Eine spezielle Exportversion wurde ab den 1980er-Jahren überwiegend an asiatische Länder als A-5 in mehreren Varianten ausgeliefert.

Je nach Quelle wurden zwischen 1000 und 1300 Q-5 von 1969 bis 2012 produziert.

Bemerkungen: NATO-Code *Fantan*. Die Q-5 wurde von den chinesischen Luftstreitkräften sowie den Marinefliegern eingesetzt. Als robustes, leichtes Angriffsflugzeug war es zwar durch seine begrenzten Leistungen, Navigations- und Waffensysteme modernen Flugzeugen unterlegen, war aber trotzdem angeblich bis 2017 aktiv in chinesischen Beständen. Vergleiche legen jedoch nahe, dass die schwerere Q-5 in vielen Leistungsbereichen trotz des moderneren Designs der J-6 [S. 10] unterlegen war. Exportiert wurde der Jagdbomber (Stand 2019) nach Nordkorea (40 Flugzeuge, vermutlich ausgemustert), Bangladesh (40 – 50, noch im Dienst, nach Myanmar (36 im Dienst) und den Sudan (15 – 20). Pakistan erhielt 52 A-5 II mit westlicher Avionik und britischen Martin-Baker-Schleudersitzen und war damit in der Lage auch westliche Waffen einzusetzen (z. Zt. in der Ausmusterung).

Fast alle großen chinesischen Luftfahrtmuseen präsentieren Q-5, auch das Militärmuseum in Peking.

Besatzung: 1
Triebwerke: Zwei Axialstrahltriebwerke Wopen WP-6 mit je 29,42 kN Schub und 36,78 kN mit Nachbrenner.
Leistungen: Höchstgeschwindigkeit 1190 km/h auf 11 000 m, Dienstgipfelhöhe 16 500 m, Reichweite mit maximaler Nutzlast 400 km, Überführungsreichweite 2000 km.
Gewichte: Leermasse 6375 kg, Abflugmasse 9486 kg, maximale Abflugmasse 11 830 kg.
Bewaffnung: Zwei MKs in den Flügelwurzeln, maximal 2000 kg intern und an 10 Außenstationen: Luft-Luft-Raketen, Raketenbehälter, Freifallbomben.

Nanchang Q-5 III
Spannweite: 9,68 m
Länge: 16,74 m
Höhe: 4,33 m
Flügelfläche: 27,95 m²

Xian H-6

Ursprungsland
China
Kategorie
Strategischer Bomber

Entwicklung: China unterzeichnet im September 1957 eine Lizenzabkommen mit der Sowjetunion, zur Produktion des Bombers Tupolew Tu-16 [S. 130]. Das beinhaltete auch zwei fertige Flugzeuge, Bausätze, Rohlinge und Rohstoffe, sowie die Unterstützung durch russische Techniker, die in der Harbin Aircraft Factory die chinesische Produktion in Harbin in Gang bringen sollten. Im September 1959 flog die erste chinesische Tu-16. Die politischen Beziehungen zwischen China und der Sowjetunion verschlechterten sich jedoch zusehends, dazu kam die alles beeinflussende chinesische Kulturrevolution, so dass die erste von China vollständig hergestellte und modifizierte H-6 A erst im Dezember 1968 ihren Erstflug absolvierte. Ein Jahr später begann die Serienproduktion. Mit der H-6 A [Zchng.] stand China der erste Atombomber zur Verfügung, mit dem im Mai 1965 auch Atombombentests durchgeführt wurden. Es folgten zahlreiche Varianten, die alle mit zwei Wopen WP-8, einem Nachbau des russischen Mikulin RD-3M-Triebwerks motorisiert waren. Unter anderem Aufklärer, Anfang der 1980er-Jahre ein mit Anti-Schiffs-Raketen-bewaffneter Marine-Bomber und mehrere Bomber- und Tankervarianten. Erst mit der H-6 K [Bild] wurde 2010(!) eine wesentlich modernisierte Version eingeführt: ein Rumpf aus Verbundwerkstoffen, moderne Avionik und Elektronik, Schleudersitze, spritsparende Turbofan-Triebwerke, Luftbetankung, sechs Flügelstationen für Cruise Missiles, der Bombenschacht wurde durch Tanks ersetzt, die eine größere Reichweite ermöglichen.

Das Flugzeug ist immer noch in Produktion. Bis 2020 sind angeblich insgesamt 231 H-6 ausgeliefert worden.

Bemerkungen: Ursprünglich als konventioneller und nuklearer Bomber eingesetzt, sind heute nur noch die modernen H-6 K der chinesischen Luftwaffe und H-6 J der Marine mit Nuklearwaffen und Cruise Missiles im Einsatz. Sie sind mit ihrer enormen Reichweite und Luftbetankungsmöglichkeit in der Lage, Angriffe auf weit entfernte Ziele Asiens und des Pazifiks auszuführen und stellen somit nicht nur eine Bedrohung für Taiwan, sondern auch für die Militärstützpunkte der USA im Pazifikraum dar. Neben China flog Ägypten eine unbekannte Zahl H-6, die um 2000 stillgelegt wurden, und der Irak, der vier H-6 D mit Anti-Schiffs-Raketen nutzte, die aber alle im Iran-Irak- und im Golf-Krieg zerstört wurden.

Ausgemusterte H-6 werden in fast allen chinesischen Luftfahrtmuseen präsentiert.

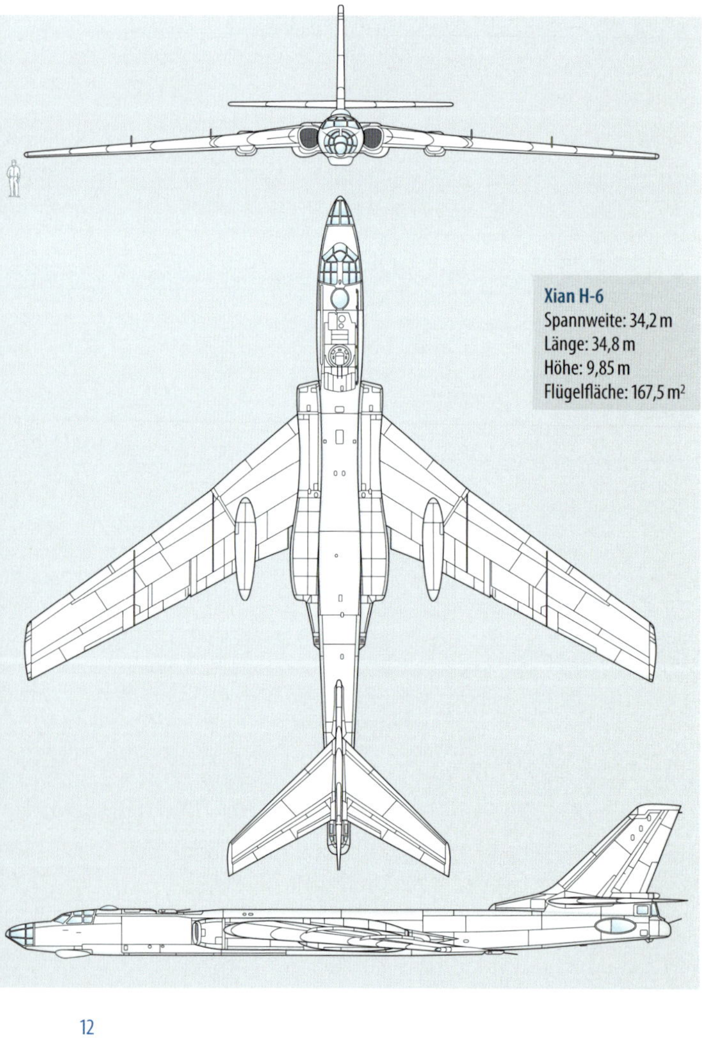

Xian H-6
Spannweite: 34,2 m
Länge: 34,8 m
Höhe: 9,85 m
Flügelfläche: 167,5 m²

Besatzung: 6
Triebwerke: Zwei Axialstrahltriebwerke Wopen WP-8 mit je 93 kN Schub.
Leistungen: Höchstgeschwindigkeit 1050 km/h, Reisegeschwindigkeit 768 km/h, Dienstgipfelhöhe 12 800 m, Reichweite 1800 km, Überführungsreichweite 6000 km.
Gewichte: Leermasse 37 200 kg, maximale Abflugmasse 95 000 kg.
Bewaffnung: Sieben MKs im Rumpf verteilt. Bis zu 9000 kg Bomben intern und extern, und/oder Flügelstationen für Luft-Boden- oder Anti-Schiffsrakten.

Dornier Do-27

Ursprungsland
Deutschland
Kategorie
STOL-Mehrzweckflugzeug

Entwicklung: Nach dem Zweiten Weltkrieg wurde von den Allierten ein Bau- und Flugverbot für deutsche Flugzeuge ausgesprochen, so dass einige Unternehmen gezwungen waren, ihre Aktivitäten ins Ausland zu verlagern. Der Konstrukteur Claude Dornier führte ein Konstruktionsbüro in Madrid und nahm an einer Ausschreibung für ein einmotoriges STOL-Verbindungsflugzeug teil. Die daraus entstandene Do-25 mit einem zu schwachen 150 PS-ENMASA Tigre flog im Juli 1954 erstmals, ein zweiter Prototyp im August 1955. Weiterentwickelt folgte daraus die Do-27, mit deutlich leistungsfähigerem Antrieb und verstärkter Zelle, dessen Prototyp nun in Deutschland nach aufgehobenem Flugverbot im Oktober 1956 erstmals abhob. Der vier- bis sechssitzige Schulterdecker in Ganzmetallbauweise mit breiten Landeklappen und starren Vorflügeln war in der Lage, mit 170 m Bahn ein 15 m-Hindernis zu überfliegen, 160 m genügten zum Landen. Das stabile Fahrwerk eignete sich zudem für unvorbereitete Pisten. Je nach Typ konnten zwei Tragbahren geladen werden. Die erste Serienmaschine wurde im Januar 1957 an die Bundeswehr als Hauptabnehmer mit 428 Exemplaren ausgeliefert. Neben den militärischen Versionen, darunter die Do-27 A und Do-27 B (mit Doppelsteuer), die Q-Baureihe [Bild] mit breiterem Fahrwerk, wurden auch zivile produziert. Prototypen blieben das Wasserflugzeug Do-27 S und das Versuchsflugzeug einer französischen Firma D-27 T-1 mit einer Turbine.

Dornier baute in zwei deutschen Werken von 1956 bis 1965 627 Do-27 aller Varianten. Die spanische CASA produzierte ab 1959 nochmals 50 C-127.

Bemerkungen: Das robuste STOL-Mehrzweckflugzeug war das erste nach dem Zweiten Weltkrieg in Deutschland gebaute Serienflugzeug und war auf Anhieb ein Verkaufserfolg. Militärisch wurde die Do-27 hauptsächlich als Verbindungs-, Schul- und Beobachtungsflugzeug, Nah-Aufklärer, Verwundetentransporter und bei SAR-Einsätzen geflogen, angeblich von Portugal und Israel auch mit Flügelstationen bei Kampfeinsätzen. Neben zahlreichen afrikanischen Ländern gingen miltärische Do-27 auch in die Schweiz, nach Israel, Belgien, Portugal, Schweden, Spanien, Südafrika und die Türkei. Zivil flogen Do-27 als Agrarflugzeuge, für Luftaufnahmen und als Vermessungsflugzeuge, einige in Afrika als Transporter für Missionsstationen und Hospitäler. Zahlreiche ausgemusterte Do-27 der Bundeswehr übernahmen afrikanische Staaten, aber auch private deutsche Halter und Fliegerclubs, die sie als Schleppmaschinen und Fallschirmabsetzer nutzten.

Neben noch flugfähigen Exemplaren, hauptsächlich in Europa, stehen auch einige in europäischen Museen. Eine z. B. im Dornier-Museum in Friedrichshafen und im Militärhistorischen Museum Berlin-Gatow.

Besatzung: 1
Triebwerke: (Q3) Ein luftgekühlter 6-Zylinder Boxermotor Lycoming GO-480 B1A6 mit 201 kW (273 PS).
Leistungen: (Q3) Höchstgeschwindigkeit 227 km/h, Reisegeschwindigkeit 205 km/h, Steigzeit auf 2000 m 6 min 30 sec, Dienstgipfelhöhe 5500 m, Reichweite ca. 870 km.
Gewichte: (Q3) Leermasse 1010 kg, Abflugmasse 1700 kg.

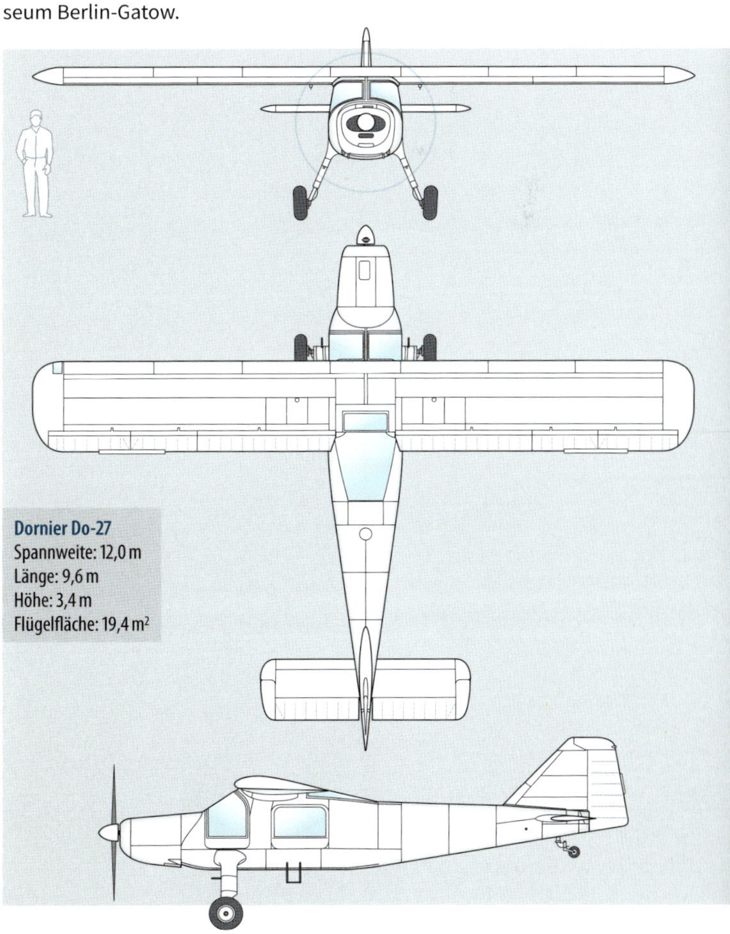

Dornier Do-27
Spannweite: 12,0 m
Länge: 9,6 m
Höhe: 3,4 m
Flügelfläche: 19,4 m²

Dornier Do-28 A

Ursprungsland
Deutschland
Kategorie
STOL-Mehrzweckflugzeug

Entwicklung: Grundlage für die Do-28 war die einmotorige Do-27 [S. 13], von der ca. 80 % der Bauteile übernommen werden konnten. Dazu zählte der Flügel und der Rumpf mit Kabine. Bug, Stummelflügel mit Motorgondeln und Fahrwerk waren Neukonstruktionen. Die seit Dezember 1958 laufende Entwicklung schloss mit dem Erstflug des Prototyps im März 1960 ab, der noch mit zwei 180 PS-Boxermotoren ausgerüstet war. Der in Ganzmetall-Schalenbauweise hergestellte, vier- bis sechssitzige Schulterdecker zeichnete sich durch außergewöhnliche Langsamflug- und Kurzstarteigenschaften aus, auch von unvorbereiteten Pisten. So genügten der Do-28 A für den Start 185 m, über ein 15 -Hindernis 310 m, der stärker motorisierten Do-28 B reichten angeblich 160 m Startstrecke. Die Serienproduktion begann 1960. Nach 60 gebauten Do-28 A wurde mit der Do-28 B ein neu gestalteter Bug, ein vergrößertes Leitwerk und größere Flügel, sowie ein leistungsstärkerer Lyoming IO-540 mit 294 PS eingeführt. Erstflug war im April 1963, die Serienproduktion begann ein Jahr später. Die B-2 sorgte mit einem 350 PS-starken aufgeladenen Lycoming IO-540 für noch bessere Startleistungen. Eine geplante Do-28 C mit zwei 530 PS-Propellerturbinen wurde nicht realisiert. Das Fahrwerk der Do-28 konnten gegen Skier ausgetauscht werden und mindestens sechs wurden mit Schwimmern ausgerüstet.

Bei Dornier verließen insgesamt 120 Do-28 A/B die Werkhallen.

Bemerkungen: Ursprünglich entwickelt wurde die Do-28 A/B als einfaches, robustes und leicht zu reparierendes, zweimotoriges Reise- und Transportflugzeug, das instrumentflugtauglich, im gewerblichen Luftverkehr eingesetzt werden sollte. Im Prinzip eine gut motorisierte zweimotorige Do-27. Sie konnte zwar deshalb auf kurzen Pisten starten, nachteilig war aber der hohe Kraftstoffverbrauch im Reiseflug. Die Bundeswehr besaß nur ein Exemplar, das man aber 1969 wieder abstieß. Militärisch eingesetzt wurde die Zweimot z. B. von Israel als Beobachtungs- und Funkrelaisflugzeug, Fotoaufklärer und Transporter. Ebenso von den Luftwaffen Spaniens, der Türkei, Nigerias, Sambias und Somalias, aber auch von Rebelleneinheiten im Kongo. Frankreichs Zoll überwachte seine Küsten mit der Do-28. Der außergewöhnlichste Nutzer von vermutlich vier Do-28 war aber die „zivile" Fluggesellschaft Air America, eine Tarnorganisation des CIA, die das STOL-Flugzeug in den 1960er-Jahren während des Vietnamkrieges auf „schwierigen" Versorgungsflügen in die abgelegenen Gebiete von Vietnam, Thailand und Laos nutzte.

Eine unbekannte Zahl Do-28 ist noch flugfähig und eine Do-28 A-1 wird im Dornier-Museum in Friedrichshafen präsentiert.

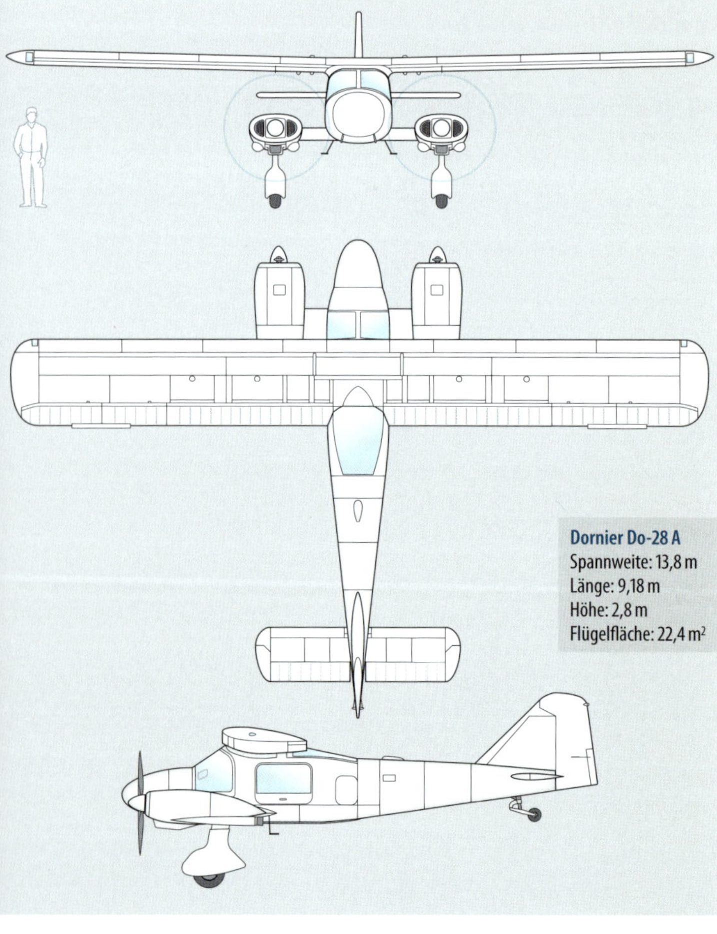

Dornier Do-28 A
Spannweite: 13,8 m
Länge: 9,18 m
Höhe: 2,8 m
Flügelfläche: 22,4 m²

Besatzung: (A-1) 1
Triebwerke: (A-1) Zwei luftgekühlte 6-Zylinder-Boxermotoren Lycoming O-540-A1D mit je 188 kW (255 PS).
Leistungen: (A-1) Höchstgeschwindigkeit 280 km/h, Reisegeschwindigkeit 252 km/h, Dienstgipfelhöhe 5900 m, Reichweite ca. 1220 km.
Gewichte: (A-1) Leermasse 1670 kg, maximale Abflugmasse 2450 kg.

Dornier Do-28 D Skyservant

Ursprungsland
Deutschland
Kategorie
Leichtes STOL-Mehrzweckflugzeug

Entwicklung: Trotz derselben Typenbezeichnung ist die Do-28 D ein völlige Neukonstruktion und hat mit dem Vorgänger [S. 14], außer der Grundkonzeption, keine Gemeinsamkeiten. Das in Ganzmetallbauweise konstruierte Flugzeug besteht aus einem einfach aufgebauten, geräumigen Kastenrumpf für die zweiköpfige Besatzung und maximal 12 Passagiere oder bis zu 1250 kg Nutzlast (D-2), war mit einer hinteren Doppeltür einfach zu beladen, leicht zu reparieren und konnte von kurzen, auch unvorbereiteten Pisten starten. Die Zweimot flog erstmals im Februar 1966. Nach sieben gebauten D wurden 54 D-1 mit vergrößerter Spannweite ausgeliefert. 172 D-2 produzierte Dornier mit verstärktem Rumpf und einem höherem Abfluggewicht. Mehrere Prototypen mit Turbinen von Lycoming, Pratt & Whitney und Garrett führten schließlich zur Do-128-6, die, nur sechsmal gebaut, mit zwei 450 PS-starken Pratt & Whitney Canada PT6A-110 (450 WPS) motorisiert waren. Sieben Do-28 D erhielten in einer Umbauversion je zwei tschechische 750 PS-Walter-Turbinen M601.

Vermutlich wurden inklusive der Prototypen 243 Do-28 D ausgeliefert, davon alleine 125 für die Bundesluftwaffe und -marine.

Bemerkungen: Die Skyservant war ursprünglich als kurzstartfähiges, robustes Flugzeug für Länder der Dritten Welt gedacht, mit dem Verkaufsfokus auf Afrika, was aber wegen damaliger Exportbeschränkungen nicht realisierbar war. Die robusten Flugzeuge bewährten sich trotzdem in über 30 Ländern und fliegen teilweise noch heute. Bei der Bundeswehr nutzte man die beliebte und zuverlässige Zweimot überwiegend als Verbindungs- und Transportflugzeug. Von den 20 an die Marine übergebenen dienten ab 1978 zehn zur ausgedehnten Seeüberwachung mit externen Zusatztanks unter den Tragflächen. Die Bundesmarine-D-2 musterte die letzte 1995 aus. In der Türkei wurden neben Transportern auch zwei speziell ausgerüstete Flugzeuge zur elektronischen Aufklärung (SIGINT) betrieben. Wegen der außergewöhnlich lauten Sechszylinder-Boxermotoren entwickelte Dornier die wesentlich leisere Do-128-6 mit PT-6A-Turbinen von Pratt & Whitney Canada. Sie blieb aber mit nur sechs gebauten Maschinen hinter den Verkaufserwartungen zurück. Sieben D-2 wurden von einer slowakischen Firma auf Walter-Turbinen umgerüstet und als robuste und schnell steigende zivile Absetzflugzeuge für Fallschirmspringer verkauft, die vermutlich heute noch im Einsatz sind.

Neben einer unbekannten Zahl noch flugfähiger Maschinen steht z. B. eine Do-28 D im Dornier-Museum in Friedrichshafen und eine Do-128-6 in der Flugwerft in Schleisheim bei München.

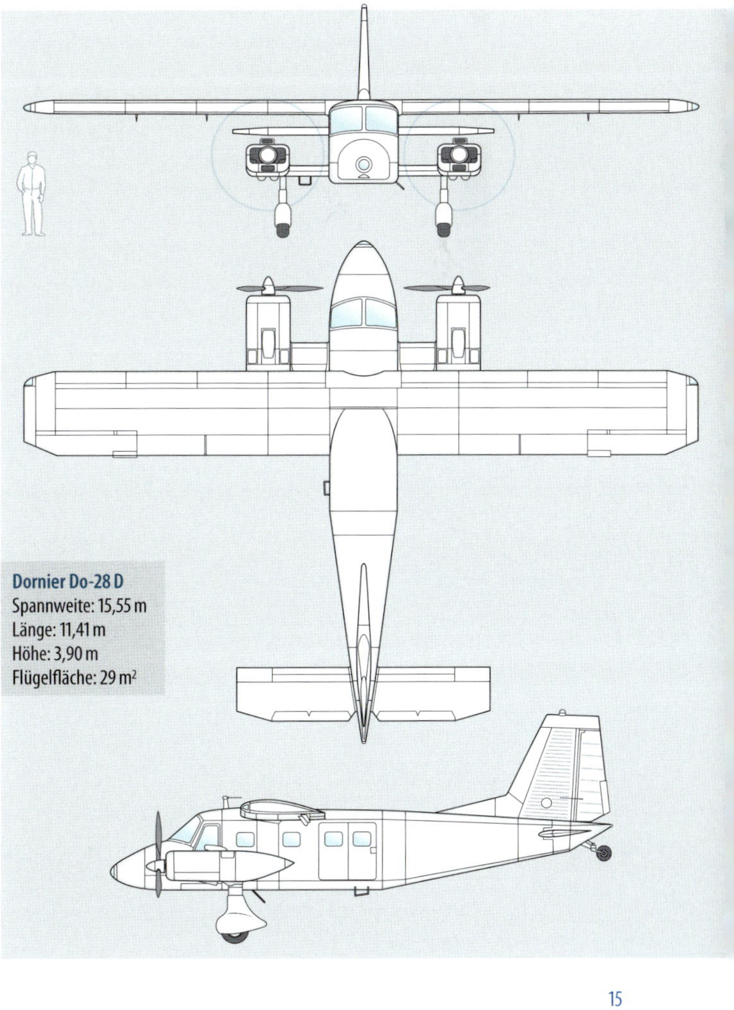

Dornier Do-28 D
Spannweite: 15,55 m
Länge: 11,41 m
Höhe: 3,90 m
Flügelfläche: 29 m²

Besatzung: 2
Triebwerke: Zwei luftgekühlte 6-Zylinder-Boxermotoren Lycoming IGSO-540-A1E mit je 280 kW (380 PS).
Leistungen: Höchstgeschwindigkeit 320 km/h, Reisegeschwindigkeit 211 km/h, Dienstgipfelhöhe 7680 m, Reichweite 2965 km.
Gewichte: Leermasse 2346 kg, Abflugmasse 3842 kg, maximal 5150 kg.

HFB 320 Hansa Jet

Ursprungsland
Deutschland
Kategorie
ECM-Trainer, VIP-Transporter, Geschäftsreiseflugzeug

Entwicklung: In den frühen 1960er-Jahren wurden die ersten Geschäftsreise-Jets auf den Markt gebracht, auf den weitere Hersteller mit Eigenkonstruktionen reagierten. So auch die Hamburger Flugzeugbau (HFB), die mit ihrem Ingenieur H. Wocke, dem Konstrukteur der Ju 287, einen darauf basierenden Entwurf mit nach vorn gepfeilten Flügeln vorschlug. Die zweistrahlige Maschine in Ganzmetall-Schalenbauweise wurde nach aufwendigen Windkanalversuchen als Mitteldecker ausgelegt, dessen nach vorn gepfeilter Flügelhauptholm nicht durch die Druckkabine führte. Während die Zelle komplett von HFB hergestellt wurde, kam das Fahrwerk von Lockheed/USA, die Flügel und der Heckkonus von CASA in Spanien und der deutschen SIAT. Erstflug war im April 1964, der zweite Prototyp flog im Oktober 1964. Im Mai 1965 stürzte der erste Prototyp wegen eines Deep Stalls ab, im selben Monat begann aber auch schon die Montage der ersten 10 Serienflugzeuge, dessen erstes im Februar 1966 abhob. Im Februar 1967 erhielt der Hansa Jet die deutsche Zulassung, im April 1967 die amerikanische. Bereits 1963 bestellte die Deutsche Luftwaffe sechs Flugzeuge für den VIP-Transport der Flugbereitschaft, deren Auslieferung 1969 begann. Acht weitere HFB 320 gingen an die Luftwaffe, um Crews von Luftwaffe, Heer und Marine in ECM-Maßnahmen auszubilden. Dazu waren allerdings erhebliche Umbauten [Bild] an den Flugzeugen notwendig. HFB lieferte alle ECM-Maschinen zwischen August 1976 und April 1982 aus, die bis 1994 in Dienst blieben um durch Canadair Challenger abgelöst zu werden.

HFB beendete 1980 nach nur 45 ausgeliefeten Hansa Jets die Produktion.

Bemerkungen: Die HFB 320 war zwar das erste deutsche in Serie gebaute Nachkriegs-Düsenverkehrsflugzeug, im Grunde genommen aber ein kommerzieller Misserfolg. Mit lediglich 45 verkauften Flugzeugen wurden die Entwicklungskosten bei weitem nicht ausgeglichen. Als Einstieg in die Nachkriegs-Flugzeugproduktion aber durchaus ein respektabler Anfang und eine hervorragende Grundlage für die Beteiligten am später erfolgreichen Airbus-Programm. Der Jet kam zu spät und konnte auf dem bedeutenden amerikanischen Markt ohne transkontinentale Reichweite, mit seinen exotischen Flügeln und als No Name unter den großen amerikanischen Herstellern nicht punkten. Trotzdem fanden die 45 hergestellten HFB 320 in Argentinien, Brasilien, Dänemark, Deutschland, Italien, Kanada, Libyen, Niederlande, Nigeria, Türkei, USA, Venezuela und Mexiko Abnehmer. Neben den militärischen ECM- und VIP-Einsätzen der Luftwaffe wurde die HFB 320 hauptsächlich als Geschäftsreiseflugzeug und Commuter für bis zu 12 Passagiere genutzt.

Eine HFB 320 steht z. B. im Deutschen Museum in München und im Luftfahrtmuseum Laatzen.

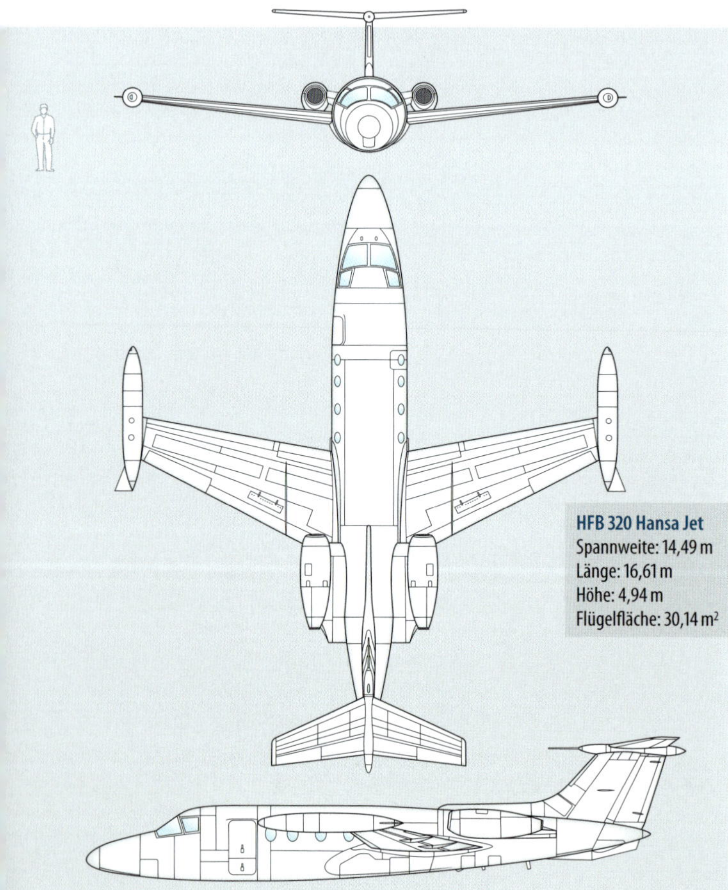

HFB 320 Hansa Jet
Spannweite: 14,49 m
Länge: 16,61 m
Höhe: 4,94 m
Flügelfläche: 30,14 m²

Besatzung: 2
Triebwerke: Zwei Axialstrahltriebwerke General Electric CJ 610-10-5 mit je 13 kN Schub.
Leistungen: Max. Reisegeschwindigkeit 825 km/h, Reisegeschwindigkeit 675 km/h, Dienstgipfelhöhe 11 600 m, maximale Reichweite 2370 km.
Gewichte: Leermasse 5425 kg, maximale Abflugmasse 9218 kg.

Transall C-160

Entwicklung: Noch während der Produktion der Noratlas [S. 31] begann man in Deutschland und Frankreich über einen leistungsfähigeren Ersatz nachzudenken. Ein 1958 ausgearbeitetes Lastenheft führte im Januar 1959 zur deutsch-französischen Transporter-Allianz Transall, die Anfang 1960 mit der eigentlichen Entwicklung der C-160 begann. Der erste von drei Prototypen flog im Februar 1963. Der zweimotorige Schulterdecker mit Heckladerampe konnte in seinem bedruckten Laderaum bis zu 16 t Fracht oder maximal 93 Soldaten transportieren. Es wurde eine Vorserie von sechs Flugzeugen mit einem um 0,5 m verlängertem Rumpf aufgelegt, dem eine Bestellung über 50 C-160 von Frankreich und 110 von Deutschland folgte, an deren Produktion die französische Nord-Aviation (Flügel, Triebwerk) und die deutschen Firmen VFW (Rumpf, Höhenleitwerk) und HFB (Bug, Heck, Leitwerksteile) beteiligt waren. Erste Auslieferungen begannen an Frankreich im August 1967 mit der C-160 F, ab April 1968 mit der C-160 D an die deutsche Luftwaffe. Nach Südafrika wurden 9 C-160 Z exportiert. Bereits 1971 gab die BRD 20 Transall an die Türkei ab, da sie dafür keinen Bedarf hatte. 1976 bestellte Frankreich weitere 29 und Indonesien 6 modernisierte C-160 NG, die sich unter anderem durch stärkere Turbinen und eine Tanksonde auszeichneten.

Die Transall-Werke lieferten inkl. der Prototypen und Vorsereinflugzeuge 214 C-160 aus.

Bemerkungen: Aus der ersten Flugzeugbau-Kooperation zwischen Frankreich und Deutschland entstand ein mittelschweres Transportflugzeug, das sich durch STOL-Fähigkeiten, auch auf unvorbereiteten Pisten, auszeichnete. Eine Springertür und die Heckladerampe ermöglichten das Absetzen von Soldaten und Fracht im Flug. Neben den klassischen militärischen Aufgaben in Europa, flog die Transall auch Versorgungseinsätze im Bosnienkrieg und in Afghanistan sowie für die UNO im Libanesischen Bürgerkrieg. Zahlreiche humanitäre Missionen, z. B. im afrikanischen Äthiopien, Sudan, Tschad, Somalia, Mali, Mosambik, Kongo und Libyen machten das Flugzeug berühmt. Ersetzt durch Airbus A400 M fand nach 53 Jahren Dienstzeit und 300 000 Flugstunden der letzte Transall-Flug der Bundeswehr im September 2021 statt, im April 2022 legte auch Frankreich seine letzten Transporter still. Drei deutsche C-160 übernahm 2023 noch eine australische Firma zur Buschbrandbekämpfung.

Mehrere ausgemusterte C-160 stehen als Gateguards vor deutschen Fliegerhorsten oder wurden von Museen, wie z. B. dem Technikmuseum in Speyer und dem Militärhistorischen Museum in Berlin-Gatow, übernommen.

Ursprungsland
Deutschland/ Frankreich
Kategorie
Transportflugzeug

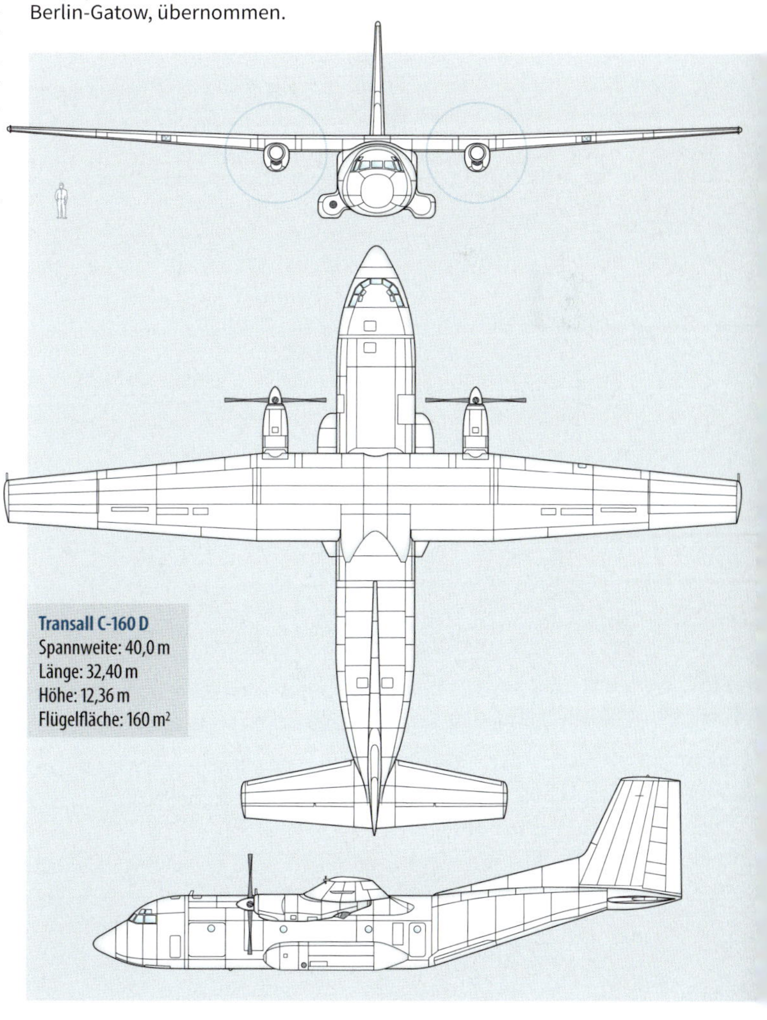

Transall C-160 D
Spannweite: 40,0 m
Länge: 32,40 m
Höhe: 12,36 m
Flügelfläche: 160 m²

Besatzung: 5 – 6
Triebwerke: Zwei Propellerturbinen Rolls-Royce Tyne Mk. 22 mit je 4222 kW (5738 PS).
Leistungen: Höchstgeschwindigkeit 513 km/h, Reisegeschwindigkeit ca. 455 km/h, Dienstgipfelhöhe 8230 m, Reichweite mit 14 t Nutzlast ca. 1200 km, mit 5 t Nutzlast ca. 3800 km.
Gewichte: Leermasse 28 946 kg, Abflugmasse 46 000 kg, maximale Abflugmasse 49 150 kg.

Aérospatiale SA.313/SA.315/SA.318 Alouette II

Ursprungsland
Frankreich
Kategorie
Leichter Mehrzweckhubschrauber

Entwicklung: Die Alouette II basiert auf einer ganzen Reihe experimenteller Hubschrauber, die vom französischen Staat teilweise mitfinanziert wurden und mit dem Dreisitzer SE.312 Alouette, der von einem Salmson-Kolbenmotor angetrieben wurde, ihren Abschluss fand. Die komplizierte Konstruktion war jedoch für eine Serienproduktion ungeeignet. Erst mit Erscheinen der leichten, aber leistungsfähigen Artouste-Turbine kam wieder Leben in das Projekt und man begann die SE.313 zu entwickeln. Der fünfsitzige Helikopter mit seiner unverkleideten Turbine, darunter liegendem Tank und einem Gitterrohr-Heckausleger flog im März 1955 erstmals. Bereits ein Jahr später konnte Sud Aviation (ab 1970 Aérospatiale) Serienexemplare für die französische Luftwaffe zur Verfügung stellen. Die erste Baureihe wurde mit Turbomeca Artouste ausgeliefert, davon 134 zivile und 789 militärische SE.313/SE.313 B, und ab 1964 weitere 174 militärische und 208 zivile SE.318/SE.318 C mit Turbomeca Astazou-Turbinen. Eine leistungsgesteigerte SA.315 B Lama für große Höhen mit 550 PS starker Astazou III flog im März 1969 erstmals. Dazu kamen Lizenzbauten in Schweden (2), USA (20), Indien mit der Lama als HAL Cheetah (250+) und eine unbekannte Zahl in Brasilien als Helibras HB 315 Gaviao.

Nach mehr als 1300 gebauten Alouette II wurde 1975 die französische Produktion eingestellt.

Bemerkungen: Der erste turbinenbetriebene Serienhubschrauber der Welt kam mit der Alouette II nicht aus den USA, sondern aus Frankreich. Schon die Verkaufszahlen bestätigen, dass der Helikopter nicht nur technisch gesehen ein Erfolg war. Weltweit in nahezu 50 Nationen vertreten, war die zivile und militärische Alouette II mit Neubauten oder weiterverkauften, überzähligen Exemplaren. Genutzt wurde sie neben Passagier- und Frachttransporten für die Pilotenausbildung, zur Grenzüberwachung, als SAR- und Beobachtungs-Hubschrauber, als fliegender Kommandoposten, aber auch zur Panzerabwehr mit drahtgelenkten Raketen und als Torpedoträger. Frankreich, mit 394 Alouette bei der Marine, Luftwaffe und Heer der größte Abnehmer, setzte seine Hubschrauber unter anderem auch in den Auseinandersetzungen im Algerienkrieg während der 1960er-Jahre ein. Die Bundesrepublik, mit 280 Exemplaren der zweitgrößte Betreiber, nutzte sie als Beobachtungs- und Verbindungshubschrauber, testete aber auch Panzerabwehrraketen. Erst im März 2006, nach 47 Jahren, wurde die letzte deutsche Alouette II außer Dienst gestellt.

Ob noch flugfähige Alouette II existieren, ist nicht bekannt. Museumsexemplare gibt es jedoch genug. Z. B. in der Flugwerft Schleisheim, im Hubschraubermuseum Bückeburg oder im Flieger Flab Museum Dübendorf/Schweiz.

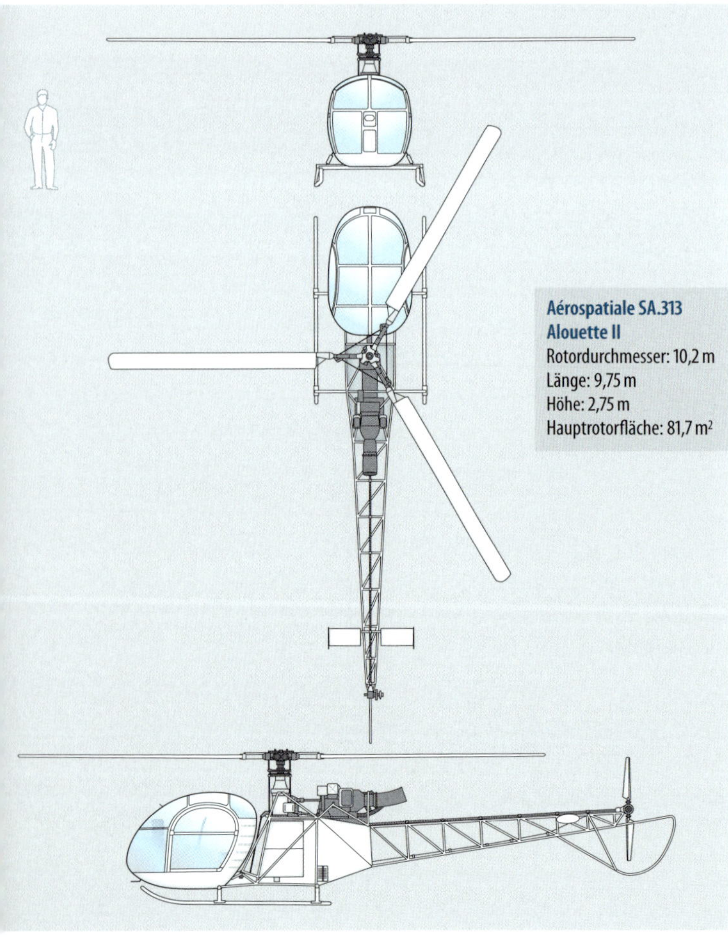

Aérospatiale SA.313 Alouette II
Rotordurchmesser: 10,2 m
Länge: 9,75 m
Höhe: 2,75 m
Hauptrotorfläche: 81,7 m²

Besatzung: 1
Triebwerke: (313 B) Eine Wellenturbine Turbomeca Artouste IIC6 mit maximal 294 kW (400 PS).
Leistungen: (313 B B) Höchstgeschwindigkeit 185 km/h, Reisegeschwindigkeit 170 km/h, Dienstgipfelhöhe 4000 m, Reichweite 560 km.
Gewichte: (313 B) Leermasse 895 kg, max. Abflugmasse 1600 kg.

Aérospatiale SA.316/SA.319 Alouette III

Ursprungsland
Frankreich
Kategorie
leichter Mehrzweckhubschrauber

Entwicklung: Obwohl die Alouette II exzellente Eigenschaften aufwies und sich gut verkaufte, begann man bei Sud Aviation (ab 1970 Aérospatiale) bereits Ende der 1950er-Jahre an einem leistungsfähigeren Nachfolger mit besserer Aerodynamik zu arbeiten. Der neue Hubschrauber in Ganzmetall-Halbschalenbauweise war mit einer 870 PS-starken Turbine motorisiert, die auf 550 PS begrenzt war, besaß damit genug Leistungsreserven, um extremen klimatischen Bedingungen im Hochgebirge oder den Tropen gerecht zu werden. Die Alouette III konnte 7 Passagiere plus Pilot in einer geräumigen Kabine transportieren oder 750 kg Fracht intern oder extern. Erstflug war im Februar 1959. Nach zwei Vorserienmustern, die im Juli 1960 flogen, wurden im Juli 1961 die ersten Serien-SA.316 ausgeliefert. Mit der SA.316 B (Erstflug Juli 1968) ließ sich mit einem verbesserten Rotor ein geringfügig höheres Abfluggewicht realisieren und in der SA.316 C kam die leistungsfähigere Artouste III D-Turbine mit 660 PS zum Einsatz. Eine sparsamere Turbomeca Astazou XIV-Wellenturbine erhielt die ab 1973 produzierte SA.319 B, die letzte Version SA.319 C unterschied sich dazu nur in Details. Eine schwer bewaffnete Alouette-Canon mit einer Maschinenkanone und Außenstationen wurde 1964 wegen enttäuschender Leistungen wieder aufgegeben.

Insgesamt stellte Aérospatiale von 1961 – 1985 1453 Alouette III her. In Lizenz produzierte die Schweiz 60 SA.316 B, Indien 300 als HAL Chetak und Rumänien 230 IAR 316 B.

Bemerkungen: Aérospatiale setzte mit Auslieferungen an über 92 Nationen die Erfolgsgeschichte des Vorgängers fort. Mit genug Leistungsreserven der Turbine, relativ hoher Zuladung an Fracht und Waffen war die Alouette III bei Streitkräften weltweit ein gefragter Helikopter und konnte unter fast allen klimatischen Bedingungen geflogen werden. Wie leistungsfähig er war, wurde schon bei der Einführung 1960 mit mehreren Höhenrekorden am Mont Blanc und im Himalaya demonstriert. Der robuste Mehrzweck-Heli deckte ein breites Aufgabenspektrum ab: Als Verbindungs-Transport- und Schulungshubschrauber, als SAR-Helikopter und zur U-Boot-Bekämpfung, auch von Flugzeugträgern aus, zur Unterstützung von Bodentruppen und zur Panzerbekämpfung. Die letzten französischen Alouettes wurden erst nach 60 Jahren Dienst 2022 ausgemustert. Zahlreiche Alouette III flogen auch für zivile Unternehmen. Bekannt wurden sie vor allem durch Personen- und Gütertransporte und Rettungsdienste im Hochgebirge.

Unzählige Helikopter stehen in Museen der Betreiberstaaten, eine z. B. im Hubschraubermuseum Bückeburg, eine wurde 2024 von einem schweizer „Fan-Club“ wieder flugfähig restauriert.

Besatzung: 1
Triebwerke: (SE.316) Eine Wellentrubine Turbomeca Artouste IIIB mit 419 kW (570 PS).
Leistungen: (SE.316) Höchstgeschwindigkeit 210 km/h, Reisegeschwindigkeit 190 km/h, Dienstgipfelhöhe 5100 m, Reichweite 540 km.
Gewichte: (SE.316) Leermasse 1042 kg, Abflugmasse 2100 kg.
Bewaffnung: Je nach Variante ein MG in der Kabine, bis zu 600 kg an vier Außenlastträgern: Torpedos, MG-Behälter, gelenkte und ungelenkte Luft-Boden-Raketen.

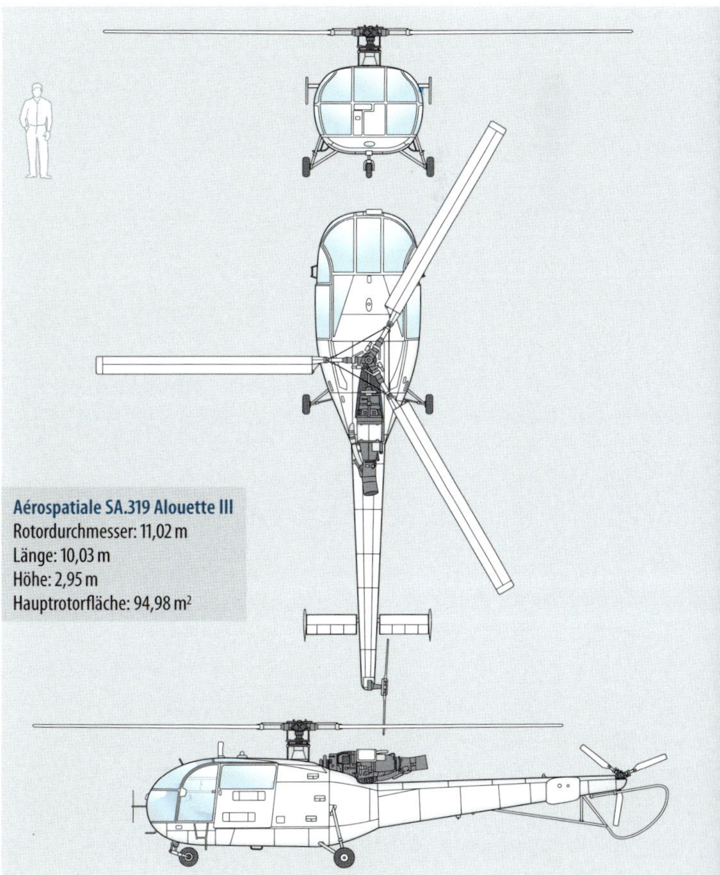

Aérospatiale SA.319 Alouette III
Rotordurchmesser: 11,02 m
Länge: 10,03 m
Höhe: 2,95 m
Hauptrotorfläche: 94,98 m²

Aérospatiale SA.321 Super Frelon

Ursprungsland
Frankreich
Kategorie
Schwerer Transporthubschrauber

Entwicklung: Mitte der 1950er-Jahre forderten die französischen Streitkräfte einen Transporthubschrauber als Ersatz für ihre S-58 [Bd. 1]. Sud Aviation (ab 1970 Aérospatiale) entwickelte daraufhin die SE 3200 Frelon, die jedoch wegen zahlreicher Mängel schon als Prototyp scheiterte. Man zog die Konsequenzen und erarbeitete auf Basis der 3200 zusammen mit Sikorsky (Rotorsystem) und FIAT (Getriebe) das neue Modell SA.321 Super Frelon. Erstflug war im Dezember 1962. Der dreimotorige Helikopter in Halbschalenbauweise flog zuerst in einer Konfiguration für die Luftwaffe, ein zweiter, seetüchtiger Prototyp mit den charakteristischen seitlichen Schwimmern für die Marine folgte später. Neben der Crew (Pilot, Co, Flugingenieur) konnte der schwere Helikopter 30 Soldaten oder 18 Tragbahren plus 2 Begleiter oder maximal 5000 kg Fracht intern oder am Lasthaken transportieren. Nach vier Vorserienexemplaren wurden im Oktober 1965 die ersten Serienexemplare an die Aeronavale ausgeliefert. Neben etlichen speziellen Exportversionen, die sich hauptsächlich in Ausrüstung und Triebwerken unterschieden, wurden auch einige zivile Super Frelons für bis zu 37 Passagiere und als Transporthubschrauber produziert. China erhielt zwischen 1975 und 1977 12 Marine-Super Frelons für ASW- und SAR-Missionen, stellte aber auch eine unbekannte Zahl, zum Teil mit größeren Modifikationen als Change Z-8/Z-18 bis heute noch selbst her.

1981 beendete Aérospatiale nach 110 Super Frelons die Produktion.

Bemerkungen: Sud Aviation/Aérospatiale entwickelte mit der Super Frelon den leistungsstärksten Hubschrauber Europas und den schnellsten weltweit seiner Zeit. Auch die BRD war zu Beginn der Entwicklungen in das multinationale Projekt eingebunden, verlagerte aber später ihr Interesse auf die Sikorsky S-61 SeaKing [S. 200]. Frankreichs Aeronavale erhielt ihre Helikopter in einer ASW-Version mit Bugradar und Anti-Schiffs-Raketen und als Versorgungs- und Truppentransporter. Die letzten französischen SAR-Super Frelons wurden erst 2010 außer Dienst gestellt. Der Irak setzte seine 16 Helikopter zur Schiffsbekämpfung im Irak-Iran- und Golfkrieg ein. Israel erwarb ab 1965 12 schwere Transporthubschrauber, setzte sie in sämtlichen Kriegen an vorderster Front ein und legte sie erst 1991 still. An Südafrika lieferte Aérospatiale 16 Super Frelons und an Libyen 14 als Transport- und ASW-Hubschrauber.

Super Frelons kann man im South African Airforce Museum in Pretoria und im Luft- und Raumfahrtmuseum Le Bourget bei Paris besichtigen.

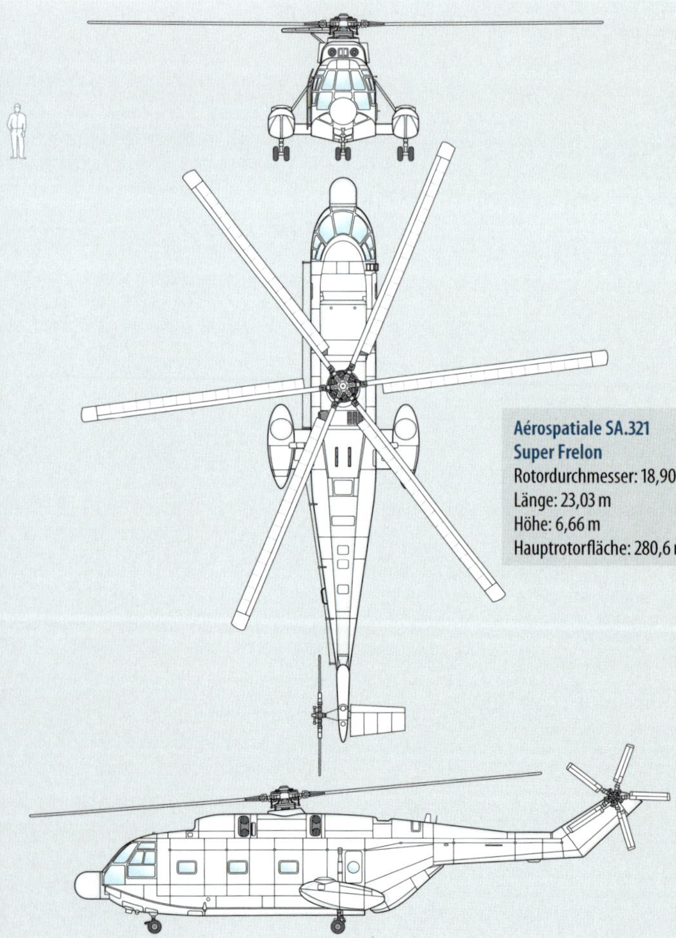

Aérospatiale SA.321 Super Frelon
Rotordurchmesser: 18,90 m
Länge: 23,03 m
Höhe: 6,66 m
Hauptrotorfläche: 280,6 m²

Besatzung: 3
Triebwerke: Drei Wellenturbinen Turbomeca Turmo IIIC mit je 1160 kW (1550 PS).
Leistungen: Höchstgeschwindigkeit 275 km/h, Reisegeschwindigkeit 249 km/h, Dienstgipfelhöhe 3150 m, Reichweite 1020 km.
Gewichte: Leermasse 6863 kg, maximale Startmasse 13 000 kg.
Bewaffnung: ASW-Version: 4 Torpedos oder 2 Anti-Schiffs-Raketen.

Aérospatiale SA.330 Puma

Ursprungsland
Frankreich
Kategorie
Mittelschwerer Transporthubschrauber

Entwicklung: Nach einer Spezifikation der französischen Streitkräfte entwickelte Sud Aviation ab 1963 die SA.330. Im April 1965 hob der erste Prototyp ab, dem sechs Vorserienmodelle folgten. Der mittelschwere Helikopter konnte bis zu 20 ausgerüstete Soldaten oder 2500 kg Fracht transportieren, mit den beiden leistungsfähigen Turbinen auch unter Hot-and-High-Bedingungen. Die erste Serien-Puma flog im September 1968. Bereits 1967 interessierten sich die britischen Streitkräfte und beteiligten sich mit Westland Helicopter am Bau von Komponenten und der Montage der 48 britischen Puma MC Mk. 1. Aérospatiale lieferte zahlreiche Varianten aus, zum Teil mit anderen Triebwerken, oder speziell für Exportkunden ausgerüstete. Die rumänische IAR fertigte 163 lizenzierte IAR 330, auch für zivile Abnehmer und Exportkunden. Südafrikas Atlas Aircraft Corporation entwickelte und baute auf Basis der Puma 50 nahezu identische Oryx-Helikopter. Schon 1974 begann Aérospatiale mit der Entwicklung des Nachfolgers AS.332 Super Puma, die im September 1978 abhob und mit leistungsstärkerem Antrieb und längerem Rumpf noch erfolgreicher verkauft wurde.

Von 1968 bis 1987 fertigte Sud Aviation (ab 1970 Aérospatiale) 697 Maschinen.

Bemerkungen: Mit der mittelschweren, robusten Puma gelang Aérospatiale ein weiterer Verkaufserfolg auf dem internationalen Hubschraubermarkt. Die SA.330 war einfach zu warten, ließ sich mit abgenommenen Rotoren und Heckausleger in der Transall [S. 17] oder Hercules [S. 180] transportieren und gehörte mit zu den ersten Helikoptern, die dank Enteisungssystem wirklich allwettertauglich waren. In nahezu 30 Ländern auf allen Kontinenten wurden Pumas exportiert, zu denen Argentinien mit fünf Helikoptern zählte, die allerdings alle im Falklandkrieg 1982 verloren gingen, aber auch Brasilien, Chile, Libanon, Marokko und Portugal. Frankreich als Hauptabnehmer, setzte seine Hubschrauber teilweise in Afrika ein, im Golfkrieg 1991 und in den Jugoslawienkriegen. Noch 2014 flogen Pumas zur Unterstützung von Bodentruppen im Tschad und Niger. 2016 waren noch rund 20 Stück im Einsatz. Großbritanniens Pumas waren bei allen britischen Auseinandersetzungen zu finden: im Falklandkrieg, in Nordirland, während der Golfkriege, aber auch in Venzuela, Jugoslawien und in Zaire. Mit ständigen Upgrades, auch von kompletten Antriebssträngen, sollen die Helikopter bis 2025 einsatzfähig gehalten werden. Eine unbekannte Zahl ging an zivile Betreiber, die hauptsächlich mit Lasttransporten und der Offshore-Versorgung im Geschäft sind.

Eins von zahlreichen Museumsstücken in den Betreiberländern steht beispielsweise im Hubschraubermuseum Bückeburg.

Besatzung: 2
Triebwerke: (H) Zwei Wellenturbinen Turbomeca Turmo IVC mit je 1175 kW (1575 PS).
Leistungen: (H) Höchstgeschwindigkeit 257 km/h, Reisegeschwindigkeit 248 km/h, Dienstgipfelhöhe 4800 m, Reichweite 580 km.
Gewichte: (H) Leermasse 3536 kg, maximale Abflugmasse 7000 kg.
Bewaffnung: (H) Je nach Variante MGs und Mks.

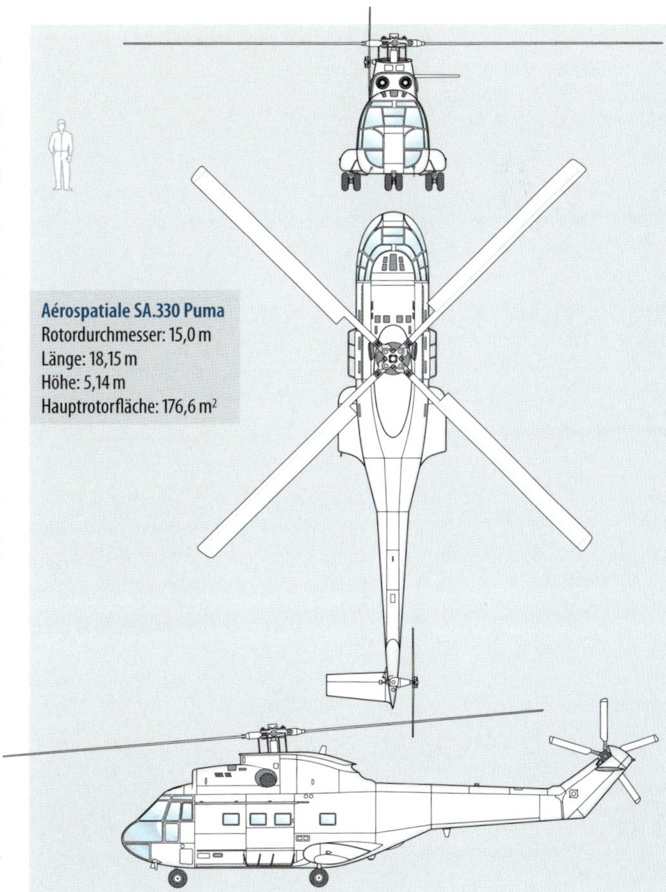

Aérospatiale SA.330 Puma
Rotordurchmesser: 15,0 m
Länge: 18,15 m
Höhe: 5,14 m
Hauptrotorfläche: 176,6 m^2

Breguet Br. 1050 Alizé

Ursprungsland
Frankreich
Kategorie
U-Boot-Jagdflugzeug

Entwicklung: Nach einer Forderung der Aeronavale entwickelte Breguet 1948 die Br. 960 Vulture, ein mit einer Propellerturbine und einem Strahltriebwerk motorisierter U-Boot-Jäger. Zu schwer für Frankreichs Flugzeugträger, entstand aus dem zweiten Prototyp der Vulture die Br. 1050 Alizé, die ihren Erstflug im Oktober 1956 absolvierte. Der Pilot, Radaroperator und Navigator saßen in einer nicht bedruckten Kabine, ein viertes Crewmitglied ließ sich bei Bedarf unterbringen. Im hinteren Rumpf war das einziehbare Radar montiert, davor der Waffenschacht. An den anklappbaren Flügeln befanden sich voluminöse Gondeln für das Einziehfahrwerk und Sonarbojen. Die 2100 PS-starke britische Propellerturbine mit 185 kp Restschub genügte, um unter idealen Bedingungen von einem Flugzeugträger auch ohne Katapult zu starten. Nach 5 Vorserienflugzeugen bestellte die Aéronavale 100 Exemplare, die jedoch auf 75 reduziert wurden. Erste Auslieferungen begannen im Mai 1959. Mehrere Modernisierungsprogramme, die vor allem die Elektronik und Bewaffnung betrafen, führten 1974 zur Alizé ALM (28 Flugzeuge) und 1996/97 15 ehemalige ALM zur ALH. Indonesiens Kaufabsichten wurde aus politischen Gründen abgelehnt, Brasilien war interessiert, erwarb aber die Grumann Tracker [S. 162]. Als einziger Exportkunde blieb Indien mit 12 Flugzeugen.

Inklusive der Vorserie verließen 92 Flugzeuge die Werkhallen Breguets.

Bemerkungen: Ab 1959 auf den Flugzeugträgern *Arromanches*, *Clémenceau* und *Foch* stationiert, waren Alizés mit nahezu 5 h Flugdauer, für die U-Boot-Jagd, Seeüberwachung, als Funkrelais und zur Koordination von Rettungsaktionen prädestiniert. Einige Exemplare nutzte man auch als Zielschlepper. Zur Lebensdauerverlängerung wurden sie immer wieder modernisiert und blieben damit ständig elektronisch und technisch auf dem aktuellen Stand. In den 1990er-Jahren zeichnete sich aber trotz der Updates ab, dass sie nicht mehr zur U-Boot-Jagd geeignet waren, zur Oberflächen-Seeüberwachung blieben sie jedoch im Dienst. Alizés wurden bei fast allen französischen Marineoperationen eingesetzt, so z. B. in den 1980er-Jahren im Libanon und im Kosovo-Krieg 1999, die letzten 7 Alizé wurden allerdings mit dem Verkauf des Trägers *Foch* im September 2000 aus dem Dienst genommen und durch Grumann Hawkeye [S. 167] ersetzt. Indien flog seine Alizés bis 1991 zum Teil von Land, als auch vom Flugzeugträger *Vikrant* aus und setzte sie auch 1971 im Indisch-pakistanischen Krieg ein.

Zahlreiche Alizé sind in französischen Luftfahrtmuseen zu finden. Eine letzte Br. 1050 wird von einem Verein in Südfrankreich flugfähig gehalten.

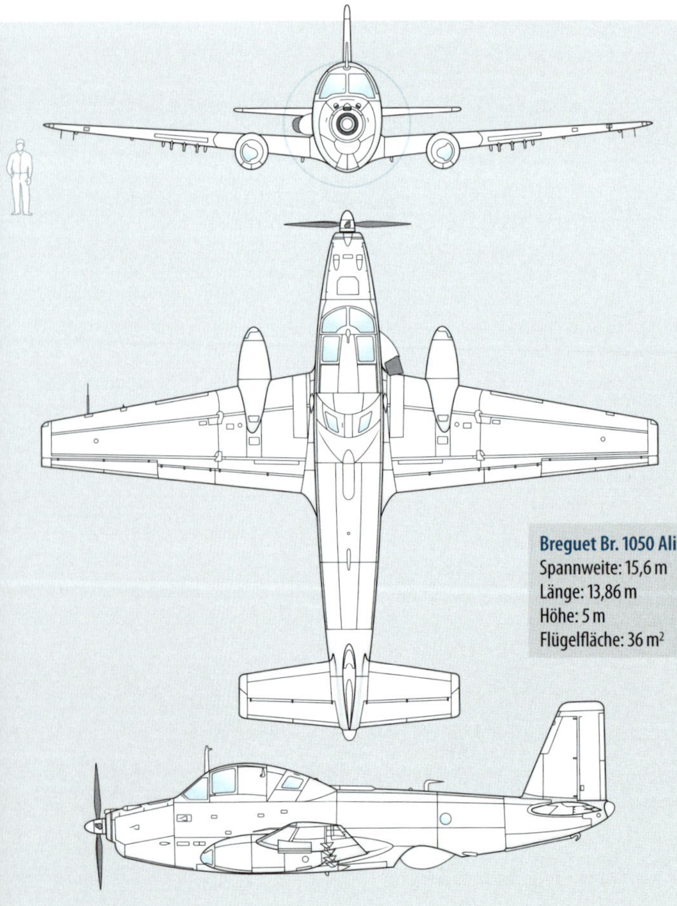

Breguet Br. 1050 Alizé
Spannweite: 15,6 m
Länge: 13,86 m
Höhe: 5 m
Flügelfläche: 36 m²

Besatzung: 3
Triebwerke: Eine Propellerturbine Rolls-Royce Dart RDa.21 mit 1565 kW (2127 PS).
Leistungen: Höchstgeschwindigkeit 475 km/h, Reisegeschwindigkeit 240 – 370 km/h, Dienstgipfelhöhe 6250 m, Reichweite 2500 km.
Gewichte: Leermasse 5700 kg, maximale Startmasse 8250 kg.
Bewaffnung: Im Schacht bis zu 500 kg Torpedos oder Wasserbomben, an den Außenstationen bis zu sechs Anti-Schiffs-Raketen.

Breguet Br.1150 Atlantic

Ursprungsland
Frankreich
Kategorie
See-Patrouillen-flugzeug

Entwicklung: Als Nachfolger für die Lockheed P-2 Neptune [S. 175] beschlossen 1956 die NATO-Mitglieder gemeinsam einen Seefernaufklärer zu entwickeln. Ein Konstruktionskonsortium wurde gegründet (ohne Großbritannien und die USA), an dem Firmen aus Frankreich, Deutschland, Niederlande und Belgien beteiligt waren. Die Leitung wurde Breguet übertragen, produziert wurde der Vorder- und Mittelrumpf bei Breguet, Außenflügel bei Sud Aviation, Heck und Leitwerk bei Dornier, bei Fokker das Flügelmittelteil und die Triebwerksgondeln. Der erste Prototyp flog im Oktober 1961, dem ein zweiter im Februar 1962 folgte. Die Zweimot hatte einen zweigeteilten Rumpf, dessen oberer Teil für die Crew druckbelüftet war und der untere unbedruckt für Waffenschacht, Radar und technische Systeme zur Verfügung stand. Zwei Vorserienflugzeuge mit etwas längerem Rumpf folgten ab Februar 1963. Erste Bestellungen über 40 Atlantic von Frankreich und 20 von Deutschland, darunter 5 SIGINT-Versionen, folgten im selben Jahr. Eine weitere Bestellung von 9 Br. 1150 aus den Niederlanden und 18 aus Italien wurde von 1972 – 74 abgearbeitet. Bereits 1978 bestellte Frankreich weitere 28 modernere Atlantic 2, die sich zellenseitig nicht unterschied, aber mit zeitgemäßer Avionik und Ausrüstung ausgeliefert wurde. Die nochmals verbesserte Atlantic 3 gab man schon in der Projektphase auf, nachdem sich die in Frage kommenden Staaten für die BAE Nimrod [S. 51] oder Lockheed P-3 Orion [S. 183] entschieden hatten.

Es wurden insgesamt 115 Atlantic aller Versionen ausgeliefert.

Bemerkungen: Neben U-Boot-Jagd und Schiffsbekämpfung eignete sich die Atlantic auch für SAR-Aufgaben, Minenverlegung- und Aufklärung und war mit bis zu 18 h Einsatzdauer ein ausgesprochener Fernaufklärer. Frankreich, das 1973 auch drei Atlantic an Pakistan verkaufte, setzte seine Flugzeuge unter anderem Ende der 1980er-Jahre in Libyen und Tschad ein, sowie Ende der 1990er-Jahre im Kosovokrieg, 2013 in Mali und 2015 im Irak und Syrien. Die Aéronavale modernisierte 15 ihrer Maschinen nochmals ab 2019 und beabsichtigt die Flugzeuge bis 2032 weiter zu nutzen. Deutschlands Marine flog ihre Atlantic von 1963 bis 2005, früher oft an der Grenze zur DDR, über der Ostsee und Atlantik, aber auch 1999 mit der SIGINT-Variante im Kosovokrieg, bis sie schließlich alle gegen gebrauchte P-3 Orion aus den Niederlanden ausgetauscht wurden. Italiens Atlantic waren von 1972 bis 2017 im Dienst, die man schließlich durch ATR 72 ersetzte.

Einige Br. 1150 sind in deutschen Museen zu finden, z. B. im Dornier-Museum/Friedrichshafen oder im Militärhistorische Museum in Gatow.

Besatzung: 12
Triebwerke: Zwei Propellerturbinen Rolls-Royce Tyne RTy.20 Mk.21 mit je 3700 kW (6100 PS).
Leistungen: Höchstgeschwindigkeit 590 km/h, Reisegeschwindigkeit 315 km/h, Dienstgipfelhöhe 10 000 m, Reichweite 9075 km.
Gewichte: Leermasse 18 500 kg, Abflugmasse 43 500 kg
Bewaffnung: Torpedos, Wasserbomben, Minen, Anti-Schiffs-Raketen

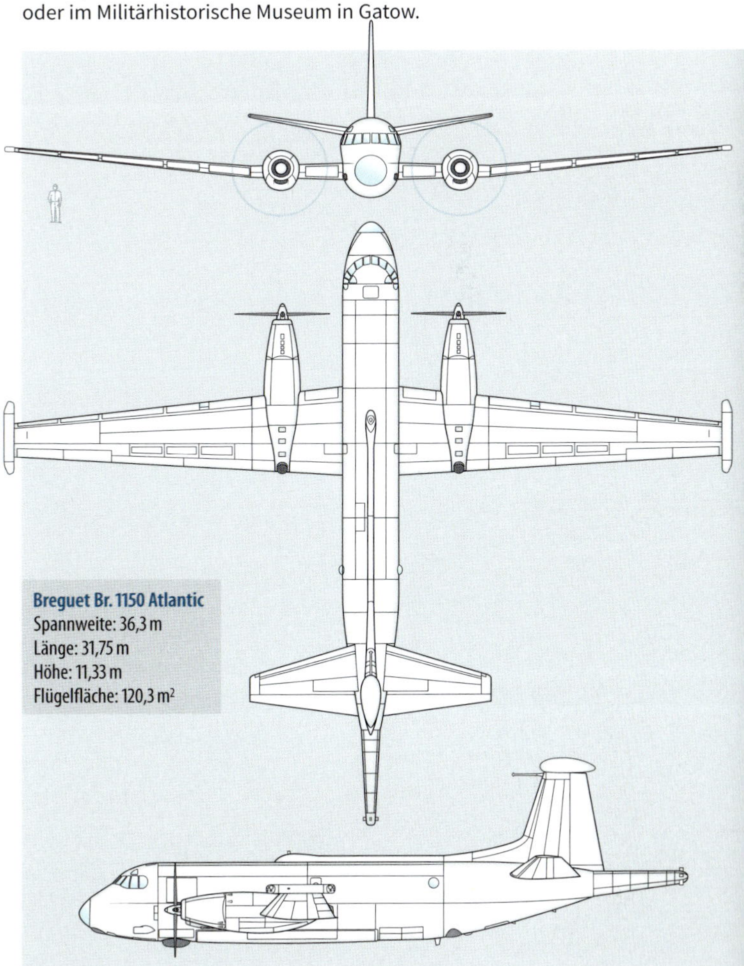

Breguet Br. 1150 Atlantic
Spannweite: 36,3 m
Länge: 31,75 m
Höhe: 11,33 m
Flügelfläche: 120,3 m²

Breguet Br. 941

Ursprungsland
Frankreich
Kategorie
STOL-Transport-flugzeug

Entwicklung: Louis Breguet arbeitete schon 1948 an einem Konzept des „angeblasenen" Flügels, der sehr kurze Start- und Landestrecken ermöglichen sollte. 1954 beginnende Windkanalversuche bestätigten das Prinzip weit auseinanderliegender Triebwerke mit großen Propellern, die über die ganze Flügelbreite ausfahrende breite Doppelspaltklappen beaufschlagen. Ein viermotoriger 7 Tonnen schwerer Demonstrator Breguet 940 flog im Mai 1958 erstmals, dessen erfolgreiche Tests im Februar 1960 zu einem Vertrag führte, der den Bau eines größeren Prototyps sicherte. Die Breguet 941 [Bild], die 7 Tonnen Fracht oder 48 Passagiere befördern sollte, hob erstmals im Juni 1961 ab. Ihre vier Propellerturbinen waren über eine Welle miteinander verbunden, so dass bei Ausfall eines Triebwerks das Flugzeug beherrschbar blieb. Auch die Klappen waren über ein mechanisches System synchronisiert. Damit waren 190 m-Start- und 210 m-Landestrecken realisierbar. Auch die USA interessierten sich für den STOL-Transporter und ein Kooperationsabkommen mit McDonnell wurde im Juni 1962 unterzeichnet. Als MD 188 wurde das Flugzeug von der US Army, der NASA und zwei US-Airlines von Juni 1964 bis April 1965 erfolgreich getestet, bis es durch einen Unfall beschädigt wurde und in den USA langwierig repariert werden musste. Bestellungen blieben allerdings aus. Frankreichs Luftwaffe dagegen orderte vier um 1,5 m verlängerte Breguet 941 S [Zchng.], deren erstes Serienexemplar im April 1967 abhob und im selben Jahr in Dienst ging. Wegen extrem hoher Wartungskosten legte die Armée de l'Air ihre Flugzeuge aber bereits 1974 wieder still. Breguet arbeitet auch an einer zivilen Version Br. 942 mit Druckkabine sowie an einer zweimotorigen militärischen Version Br. 945, die aber beide wegen des zu erwartenden Entwicklungsaufwands aufgegeben wurden.

Lediglich sechs Flugzeuge wurden gebaut: eine Br. 940, eine Br. 941 und vier Br. 941 S.

Bemerkungen: Das vielversprechende Flügel- und Antriebskonzept Breguets war trotz unübertroffener STOL-Fähigkeiten der Br. 941 kein kommerzieller Erfolg. Für den zivilen Einsatz wären dafür kleine, stadtnahe Flugplätze notwendig gewesen, für das Militär war das Flugzeug zu kostspielig. Aufkommende Behauptungen, dass bei der Reparatur in den USA Spionage eine Rolle spielte, ließen sich nicht belegen, allerdings war das Prinzip des von Breguet entwickelten Flügels z. B. beim Prototyp des STOL-Transporters McDonnell Douglas YC-15 wieder zu finden.

Lediglich zwei 941 S sind erhalten geblieben. Eine steht im Musée de l'Air et de l'Espace in Le Bourget/Paris, eine wird vom Verein Ailes Anciennes Toulouse in Blagnac/Toulouse restauriert.

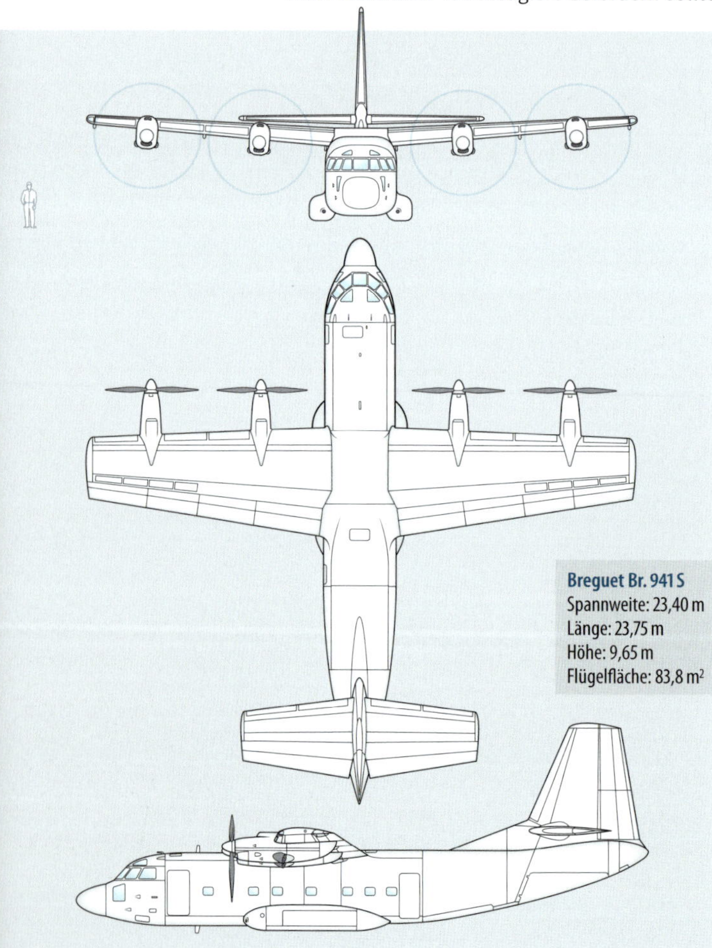

Breguet Br. 941 S
Spannweite: 23,40 m
Länge: 23,75 m
Höhe: 9,65 m
Flügelfläche: 83,8 m²

Besatzung: 2
Triebwerke: Vier Propellerturbinen Turbomeca Turmo III D3 mit je 1119 kW (1520 PS).
Leistungen: Höchstgeschwindigkeit 450 km/h, Reisegeschwindigkeit 400 km/h, Dienstgipfelhöhe 9500 m, Reichweite ca. 1000 km.
Gewichte: Leermasse 13 460 kg, maximale Abflugmasse 26 500 kg.

Dassault Super Mystère

Ursprungsland
Frankreich
Kategorie
Jagdflugzeug, Jagdbomber

Entwicklung: In Eigeninitiative begann Dassault 1953 die Weiterentwicklung der Mystère IV zur Super Mystère. Die Tragflächen wurden mit 45° Grad stärker gepfeilt, erhielten ein dünneres Profil und einen Sägezahn. Der etwas gestreckte Rumpf mit seinem flachen Lufteinlauf, der die Sicht des Piloten verbesserte, wurde mit einem größeren Seitenleitwerk ausgestattet. Ein Rolls-Royce Avon RA7R sorgte für 33,3 kN Schub, 43,34 kN mit Nachbrenner. Erstflug der B1 war im März 1955. Das Flugzeug zeigte außergewöhnlich gute Leistungen und konnte eine Geschwindigkeit über Mach 1 im Horizontalflug halten. Allerdings wollte die Armée de l'Air ein französisches Triebwerk, das sie mit dem von SNECMA entwickelten Atar 101 in der Super Mystère B2 auch bekam. Dassault bot der französischen Luftwaffe an, anstatt der Mystère IV B die Super Mystère in Serie herzustellen, die zustimmte und 220 bestellte. Die erste B2 flog im Mai 1956, das erste Serienflugzeug im Februar 1957. Wegen Haushaltskürzungen erhielt die Armée de l'Air nur 154 B2 und 1958 Israel 24. Eine nochmals leistungsgesteigerte B4, mit größerer Flügelpfeilung, einem deutlich stärkeren SNECMA Atar 9B, das mit Nachbrenner 58,8 kN Schub abgab, hob im Februar 1958 erstmals ab. Es blieb bei zwei Prototypen, denn die Mirage III [S. 26] erwies sich als deutlich leistungsfähiger.

Nach 180 Jets, inklusive der beiden Prototypen B1 und B2, lief bei Dassault im Oktober 1959 die Produktion aus.

Bemerkungen: Mit der B2 endete die erfolgreiche Mystère-Reihe Dassaults. Ein weiterer Meilenstein der Düsenjäger-Entwicklung stand bereits in den Startschuhen: die Mirage. Die letzten Super Mystère blieben zwar bis 1982 im Dienst, wurden aber als Tag-Abfangjäger von der Mirage III abgelöst und nur noch für Erdkampfmissionen und als Fortgeschrittenentrainer eingesetzt. Israel setzte seine 18 Flugzeuge 1967 im Sechs-Tage-Krieg und 1973 im Yom-Kippur-Krieg mit großem Erfolg ein. Das Land begann schon 1972, die Jets mit moderner Avionik auszurüsten und auf amerikanische Pratt & Whitney J72 umzubauen, die deutlich mehr Schub erzeugten und praktischerweise auch die israelischen Douglas A-4 Skyhawks antrieben. Israel verkaufte die übriggebliebenen Super Mystères an Honduras [Bild] weiter, bis sie dort 1989 außer Dienst gestellt wurden.

Es sind einige Museumsexemplare in Frankreich erhalten geblieben. Eine B2 steht aber auch in der Flugausstellung Hermeskeil und im Militärhistorischen Museum in Gatow, Berlin.

Besatzung: 1
Triebwerk: (B2) Ein Axial-Strahltriebwerk SNECMA Atar 101 G-2/3 mit 43,74 kN Schub mit Nachbrenner.
Leistungen: (B2) Höchstgeschwindigkeit 1195 km/h in 11 000 m, Dienstgipfelhöhe 17 000 m, Reichweite 870 km.
Gewichte: (B2) Leermasse 6390 kg, Abflugmasse 9000 kg, maximale Abflugmasse 10 000 kg.
Bewaffnung: (B2) Zwei MKs unter dem Bug, zwei Luft-Boden-Raketenbehälter oder zwei Luft-Luft-Raketen und/oder bis zu 2680 kg Bomben an vier Außenstationen.

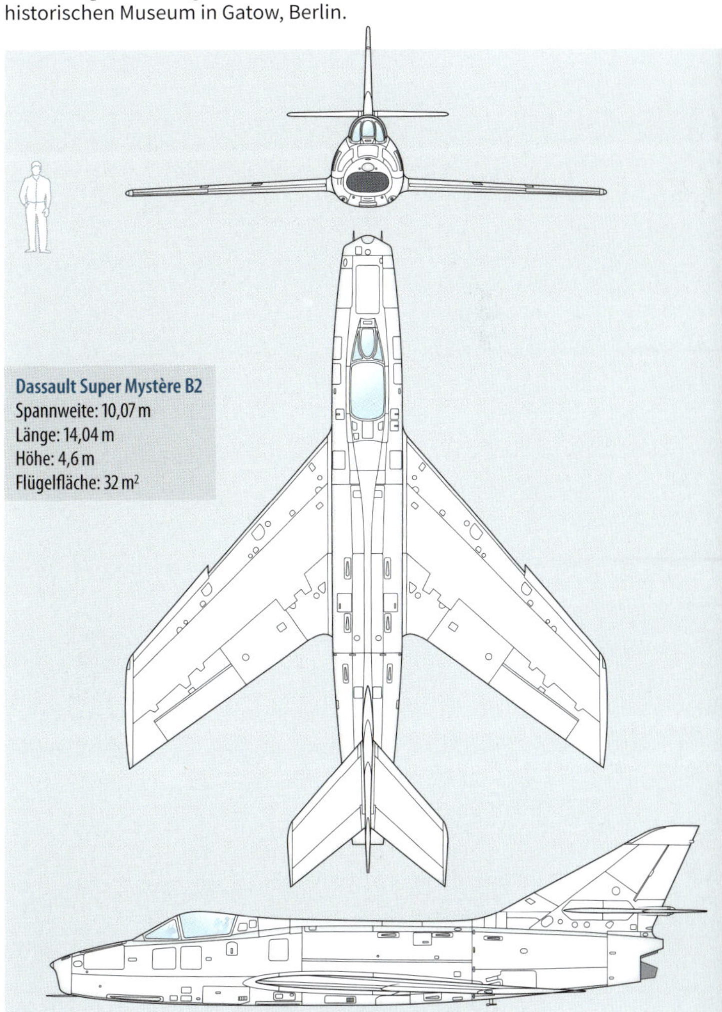

Dassault Super Mystère B2
Spannweite: 10,07 m
Länge: 14,04 m
Höhe: 4,6 m
Flügelfläche: 32 m²

Dassault Mirage III

Ursprungsland
Frankreich
Kategorie
Abfangjäger

Entwicklung: Im Januar 1953 forderte die Armée de l'Air einen leichten, mit Luft-Luft-Raketen bewaffneten Überschalljäger. Neben drei Mitbewerbern erhielt Dassault den Zuschlag für drei zweistrahlige Versuchsflugzeuge MD 550, die aber bei Tests durchfielen. Auf eigene Kosten entwickelte daraufhin Dassault ein größeres, leistungsfähigeres Delta, das im November 1956 abhob und nach überzeugender Erprobung eine Bestellung über 10 Vorserienflugzeuge erhielt. Im Oktober 1958 ging bei Dassault ein Auftrag über 100 Allwetter-Abfangjäger Mirage III C ein, die bei mehreren Herstellern gebaut und von Dassault endmontiert, ab 1961 in Dienst gestellt wurden. Eine zweisitzige Schulmaschine III B flog im Juni 1959. Es folgten zahlreiche Varianten mit Mehrzweckfähigkeiten, auch als Aufklärer oder mit Upgrades der Ausrüstung und des Triebwerks und spezielle Lizenzversionen. Eine VTOL-Mirage III V mit Hubtriebwerken, die III NG und die Milan mit Canards blieben im Experimentalstadium. Die einfachere Mirage 5 wurde in Varianten als Jagdbomber für den Export produziert. Ihr folgte im Serienbau der weiterentwickelte Jagdbomber Mirage 50.

Von allen Varianten, inklusive der Lizenzbauten in Australien, der Schweiz und Belgien, wurden 1401 Flugzeuge ausgeliefert.

Bemerkungen: Mit der Mirage III vollzog Dassault einen bedeutenden Schritt als Hersteller von überschallschnellen Kampfflugzeugen und katapultierte sich damit in die Liga international agierender Exporteure. Der größte Abnehmer der Mirage war Frankreich, das neben Jagdflugzeugen auch Bomber und Aufklärer betrieb und sie zum Teil in Afrika stationierte. Im Juni 1994 wurde die letzten Mirage III E und F ausgemustert. Einige flogen noch zu Testzwecken, die letzte im November 2005. Pakistan war mit fast 300 Mirage III und 5 der zweitgrößte Betreiber. Exportiert wurde das Erfolgsmodell auch nach Abu Dhabi, Ägypten, Argentinien, Brasilien, Chile, Ecuador, Gabun, Kolumbien, Libanon, Libyen, Peru, Spanien, Venezuela und Zaire. Die Schweiz lizenzierte zwar 100 Flugzeuge, reduzierte aber auf 54 Flugzeuge, von denen das letzte erst 2003 ausgemustert wurde. Australien fertigte in Lizenz insgesamt 114 Mirage, Belgien 105. Israel erhielt 1962 78 Mirage, produzierte aber auch in eigener Regie Kopien: die erheblich modifizierte und leistungsstarke *Nesher* und *Kfir* mit Canards, zum Teil mit amerikanischen Triebwerken und Avionik. Und mit israelischer Unterstützung baute Südafrika schließlich die ähnliche *Cheetah*.

Zahlreiche Mirage III stehen in Museen der Betreiberländer. Eine auch im Technikmuseum Speyer und in der Flugausstellung in Hermeskeil.

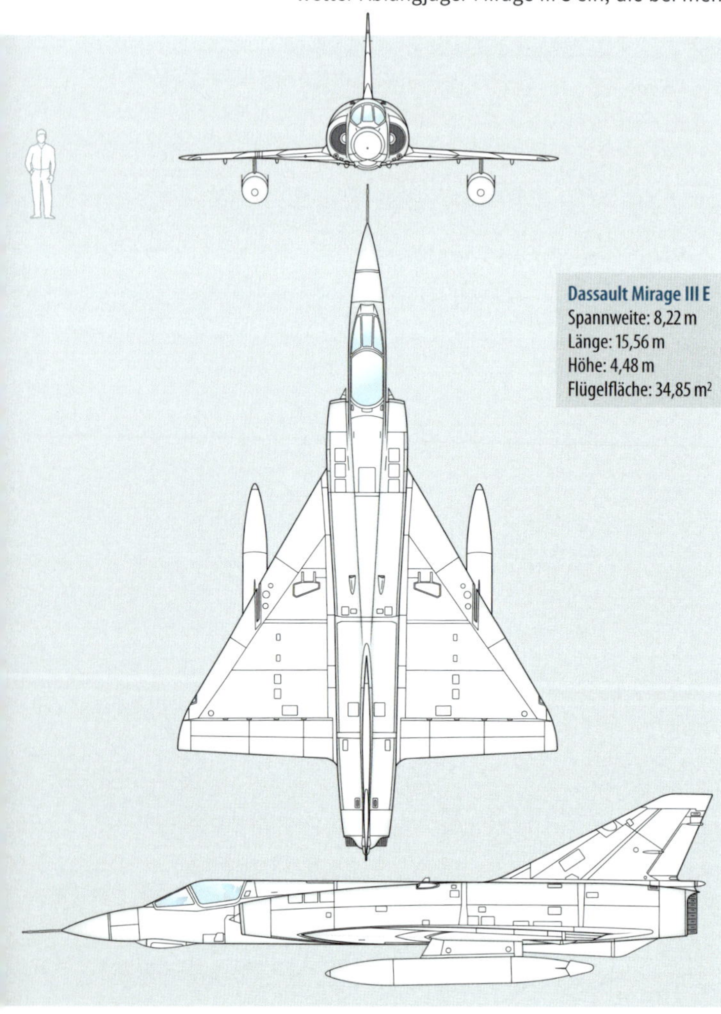

Dassault Mirage III E
Spannweite: 8,22 m
Länge: 15,56 m
Höhe: 4,48 m
Flügelfläche: 34,85 m²

Besatzung: 1
Triebwerke: (E) Ein Axialstrahltriebwerk SNECMA Atar 9 C mit 42 kN Schub, 58,9 kN mit Nachbrenner.
Leistungen: (E) Höchstgeschwindigkeit 2340 km/h, Dienstgipfelhöhe 17 800 m, Reichweite 2860 km mit Zusatztanks.
Gewichte: (E) Leermasse 7050 kg, max. Startmasse 13 670 kg.
Bewaffnung (E) Zwei MKs unter dem Rumpf, max. 4000 kg Außenlasten an fünf Hardpoints: Bomben, Raketen, Tanks.

Dassault Etendard IV

Ursprungsland
Frankreich
Kategorie
Jagdflugzeug, Jagdbomber

Entwicklung: Schon 1953 forderte die NATO in Anbetracht der immer teurer werdenden Jets, ein leichtes, kostengünstiges Kampfflugzeug. Dassault konstruierte und baute daraufhin von 1955 bis 1957 die Prototypen Etendard II, IV und VI. Allerdings entschied sich die NATO für die Fiat G.91 [S. 65] als Standardjäger. Dassault entwickelte die Etendard IV in Eigenregie weiter, die im Juli 1956 mit größerem Tank und stärkerem Triebwerk erstmals abhob. Nun zeigte die Aeronavale Interesse und bestellte einen Prototyp, der im Mai 1958 flog. Dazu kamen sechs Vorserienflugzeuge IV M, die für den Einsatz auf Flugzeugträgern Katapultvorrichtungen, Klappflügel, ein verstärktes Fahrwerk und Luftbetankungsvorrichtungen erhielten, aber kein Radar. Insgesamt wurden 69 Etendards IV M ausgeliefert, die 1962 ihren Dienst auf den Trägern *Clemenceau* und *Foch* antraten. Als Kameraaufklärer und Tanker für die IV M lieferte Dassault noch weitere 21 IV P mit einem Schlauch-Trommelbehälter aus. Nur als Prototyp existierte die IV B mit einem RR Avon-Triebwerk und angeblasenen Klappen. Dassault begann Ende der 1960er-Jahre die Entwicklung der leistungsfähigeren und mit Radar ausgestatteten Super Etendard, die die IV M und die F-8 Crusader [S. 203] ersetzen sollte.

90 Etendard wurden von 1961 – 1965 ausschließlich an die französische Marine geliefert.

Bemerkungen: Mit der Etendard erhielt die Aeronavale erstmals einen leistungsfähigen Jet, der es ermöglichte, den Einsatz auf Flugzeugträgern effektiv zu gestalten. Abwechselnd auf Trägern stationiert, hatten Etendard-Staffeln ihre Heimatbasis an Land. Sie nahmen an nahezu allen Einsatzfahrten der französischen Flugzeugträger teil. Dazu gehörten Missionen zum Schutz der französischen Atomtestgelände im Pazifik Ende der 1960er-Jahre, wie auch Einsätze über dem Libanon oder dem ehemaligen Jugoslawien. Bei über 23 000 Trägerlandungen und 180 000 Flugstunden sind jedoch auch ca 40 Etendards verlorengegangen. Etendards IV M wurde allmählich von 1978 bis Juli 1991 durch Super Etendard ersetzt, der letzte Aufklärer IV P aber erst im September 2000.

In fast allen französischen Luftfahrtmuseen sind Etendards zu finden, selbstverständlich auch im Musée de l'Air et de l'Espace, Le Bourget.

Der Prototyp der Etendard IV, noch ohne Antenne unter dem Bug.

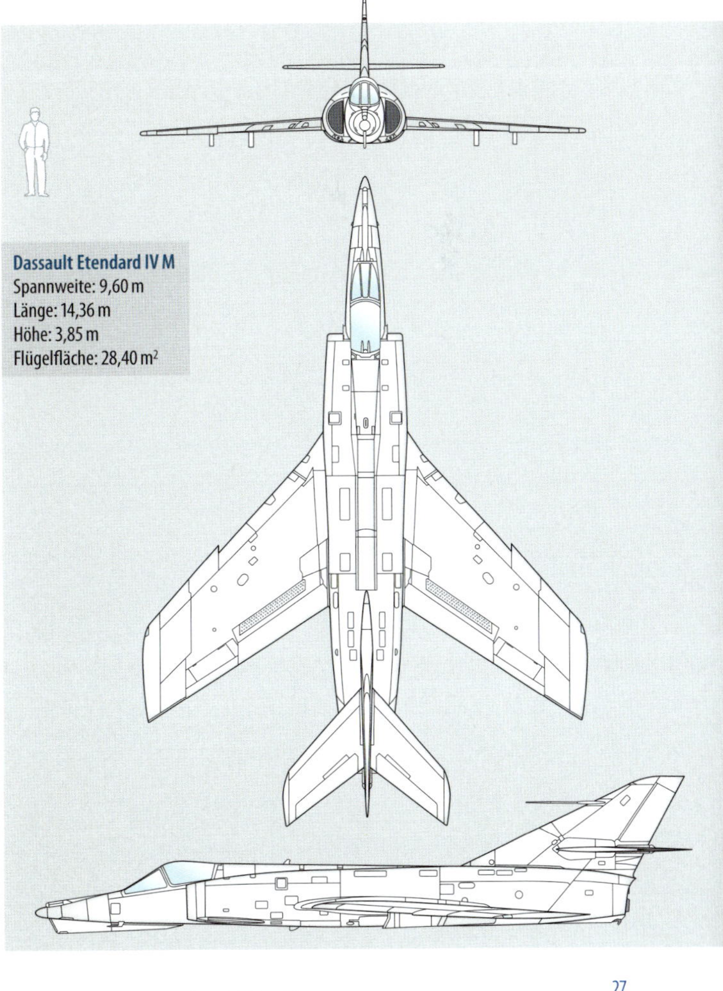

Dassault Etendard IV M
Spannweite: 9,60 m
Länge: 14,36 m
Höhe: 3,85 m
Flügelfläche: 28,40 m²

Besatzung: 1
Triebwerke: (M) Ein Axialstrahltriebwerk SNECMA Atar 8 B mit 43,16 kN Schub.
Leistungen: (M) Höchstgeschwindigkeit 1095 km/h, Dienstgipfelhöhe 15 500 m, Reichweite 1600 km mit Zusatztanks.
Gewichte: (M) Leermasse 5765 kg, Startmasse 10 964 kg.
Bewaffnung (M) Zwei MKs unter dem Rumpf, max. 1360 kg Außenlasten an vier Hardpoints: Tanks, Bomben, Raketen.

U.S. Navy Naval Aviation News October 1959 [1], p. 24.

Dassault Mirage IV

Ursprungsland
Frankreich
Kategorie
Strategischer Bomber

Entwicklung: Nach dem Zweiten Weltkrieg begann Frankreich seine Rüstungsprogramme zu forcieren; auch die atomare Bewaffnung, für die ein Überschall-Langstreckenbomber mit 2000 km Reichweite benötigt wurde. Sud Aviation schlug eine leistungsfähigere, größere Vautour, Dassault eine vergrößerte, zweistrahlige Mirage III vor, die den Wettbewerb gewann. Ein Experimental-Prototyp Mirage IV flog im Juni 1959. Parallel lief das Projekt IV B, deutlich größer und mit höherer Reichweite, das aber aus Kostengründen eingestellt wurde. Im April 1960 erhielt Dassault einen Auftrag über 50 IV A, denen drei Prototypen vorausgingen, deren erster im Oktober 1961 abhob. Die Produktion sollte französisch bleiben und wurde auf Sud Aviation (Flügel/hinterer Rumpf), Breguet (Heckflosse) und Dassault, sowie weitere 300 kleinere Firmen verteilt. Nur wenige Komponenten, wie z. B. Schleudersitze und Navigationsgeräte, wurden importiert. Im September 1963 flog die erste Serienmaschine. Eine zweite Charge von 12 IV A wurde im November 1964 geordert, mit geringfügigen Änderungen in Steuerung, Avionik und Struktur, die später rückwirkend auf die ersten 50 Flugzeuge angewandt wurden. Exportversionen für Australien, das die F-111 [S. 161] bevorzugte und Großbritannien, scheiterten wohl aus politischen, als auch aus technischen Gründen.

Inklusive der vier Prototypen lieferte Dassault 66 Mirage IV aus.

Bemerkungen: Die ersten Mirage IV waren im Oktober 1964 einsatzbereit, die oft, wegen ihrer geringen Reichweite, paarweise als Bombenträger und Buddy-Tanker flogen, aber auch von zusätzlich 12 angeschafften C-135 Tanker [S. 147] betankt werden mussten. Anfangs waren noch Ziele in einem Radius von 3500 km vorgesehen, die in großen Höhen angeflogen werden sollten. Mit Einführung leistungsfähiger sowjetischer Boden-Luft-Raketen Ende der 1960er-Jahre bevorzugte die französische Luftwaffe zwangsweise Tiefflugeinsätze. 12 IV A rüstete man schon 1972 zum Aufklärer IV R um. Anstatt freifallender Atombomben wurde schließlich ab den 1980er-Jahren auf eine Stand-off-Rakete mit Nuklearsprengkopf gesetzt, die erhebliche Modifikationen an 18 Maschinen erforderte, aber im Mai 1986 einsatzbereit waren. Mit Aufstellung ballistischer Raketen gab Frankreich 1996 die Atombomberrolle der Mirage IV auf. Ein Teil der Maschinen wurde eingelagert, fünf verbliebene zum Aufklärer IV R umgerüstet, die in Bosnien, im Kosovo, Irak und Afghanistan zum Einsatz kamen. Die letzten wurden 2005 stillgelegt.

17 Mirage IV sind in Frankreich erhalten geblieben, eine z. B. im Musée de l'Aviation, Lyon.

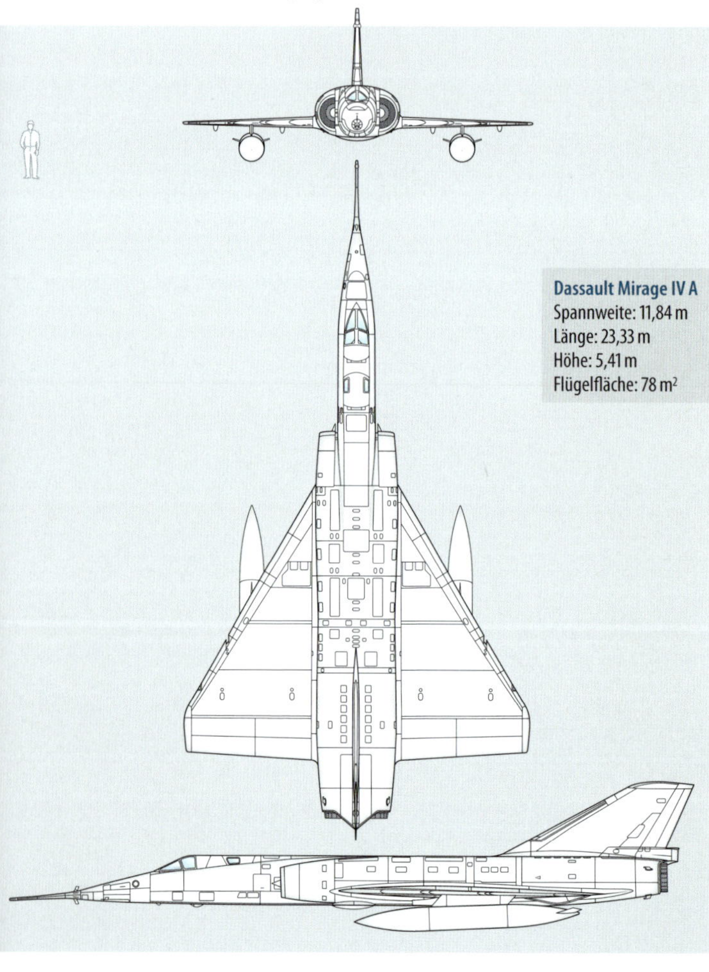

Dassault Mirage IV A
Spannweite: 11,84 m
Länge: 23,33 m
Höhe: 5,41 m
Flügelfläche: 78 m²

Besatzung: 2
Triebwerke: (A) Zwei Axialstrahltriebwerke SNECMA Atar 9K-13 mit je 49,03 kN Schub, 70,61 kN mit Nachbrenner.
Leistungen: (A) Höchstgeschwindigkeit 2340 km/h in 13 000 m, Dienstgipfelhöhe 20 000 m, Reichweite 1240 km, Überführungsreichweite mit Zusatztanks 4000 km.
Gewichte: (A) Leermasse 14 589 kg, Abflugmasse 31 600 kg, maximale Abflugmasse 33 475 kg.
Bewaffnung: (A) Bis zu 7299 kg an vier Flügelstationen und halbversenkt unter dem Rumpf: Marschflugkörper, konventionelle und nukleare Bomben.

Fouga CM.170 Magister

Ursprungsland
Frankreich
Kategorie
Jettrainer

Entwicklung: Bereits 1949 entwickelte Fouga auf Basis eines turbinengetriebenen Motorseglers die zweisitzige Magister als Ersatz für das Propellerflugzeug Morane MS.475. Nachdem das Militär auf das Projekt aufmerksam wurde, bestellte es im Dezember 1950 drei Prototypen, deren erster schon im Juli 1952 abhob. Der zweite trug versuchshalber ein Kreuzleitwerk, das aber keine Vorteile brachte. Das in Ganzmetall-Schalenbauweise konstruierte Flugzeug hatte zwei nebeneinanderliegende Triebwerke, die bei einem Ausfall nur einen geringen asymmetrischen Schub erzeugten. Für eine größere Reichweite sorgten Flügelspitzentanks. Die Magister war einfach zu fliegen und zu warten und nutzte ein Periskop, um dem hinteren Piloten/Fluglehrer bei der Landung eine bessere Sicht zu bieten. Trotz des Verlustes von zwei Prototypen bestellte die französische Regierung im Juli 1953 10 Vorserienflugzeuge und im Januar 1954 weitere 95 Serienflugzeuge. Im März 1956 wurde die erste von insgesamt 394 CM.170-1 von der Armee de l'Air übernommen. Die Magister wurde mit Ausnahme zweier Varianten bis 1970 nahezu unverändert gebaut. Nach 761 Maschinen installierte Fouga zwei leistungsfähigere Marboré VI mit 4,7 kN Schub, sowie Schleudersitze, und lieferte weitere 137 CM.170-2 aus. Von der französischen Aeronaval wurden 32 trägertaugliche CM.175 Zephyr beauftragt, die mit einem verstärkten Fahrwerk, Schiebehaube und Fanghaken ausgerüstet waren. Nur zwei Prototypen eines viersitzigen Privatjets CM.191 mit breiterem Rumpf wurden von von Heinkel-Potez gebaut, es fanden sich jedoch keine Käufer.

Einschließlich deutscher (194 St.), finnischer (62 St.) und israelischer (36 St.) Lizenzflugzeuge wurden bis 1970 insgesamt 929 Jets gefertigt,.

Bemerkungen: Mit der Magister stieg die bis dahin wenig bekannte Firma Fouga in die Produktion von Jettrainern ein, auch wenn große Baugruppen bei Morane-Saulnier und Latécoere hergestellt wurden. Exportkunden, wie z. B. Israel, Brasilien, Marokko, Irland und Kambodscha sind kurze Lieferzeiten eingeräumt worden, so dass schließlich in über 20 Ländern Fouga Magister flogen. Nicht wenige davon nutzten das Flugzeug neben dem Basis- und Fortgeschrittenentraining, auch als kleines und wendiges Kampfflugzeug für Bodenziele. In dieser Rolle flog z. B. Israel 1967, trotz hoher Verluste, seine immer wieder überholten, modifizierten und modernisierten Fougas intensiv im Sechs-Tage-Krieg.

Neben etlichen Museumsexemplaren, wie z. B. im Bundeswehr-Luftwaffenmuseum in Berlin-Gatow, werden Magister auch privat betrieben, unter anderen von einem Verein für historische Flugzeuge auf dem Paderborner Flugplatz.

Besatzung: 2
Triebwerke: (CM.170-1) Zwei Strahltriebwerke Turbomeca Marboré II A mit je 3,92 kN Schub..
Leistungen: Höchstgeschwindigkeit 715 km/h in 9000 m, Dienstgipfelhöhe 11 000 m, Reichweite 1200 km mit Zusatztanks.
Gewichte: Leermasse 2150 kg, Abflugmasse 2850 kg, maximale Abflugmasse 3200 kg.
Bewaffnung: Zwei MGs im Bug und bis zu 100 kg Außenlasten, wie z. B. Bomben, gelenkte und ungelenkte Raketen.

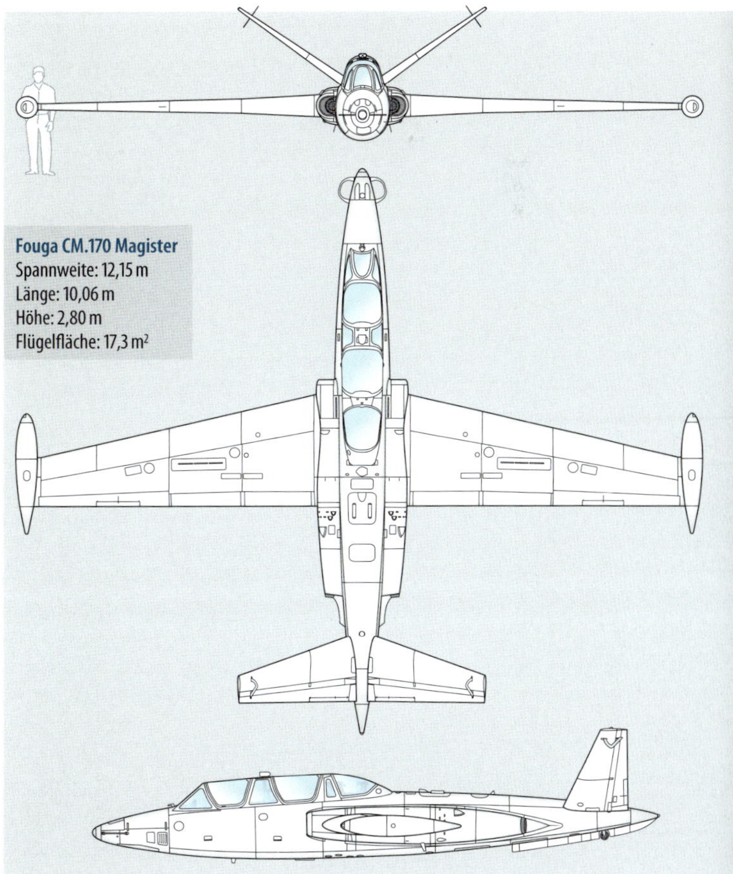

Fouga CM.170 Magister
Spannweite: 12,15 m
Länge: 10,06 m
Höhe: 2,80 m
Flügelfläche: 17,3 m²

Morane-Saulnier MS.760

Ursprungsland
Frankreich
Kategorie
Jet-Trainer

Entwicklung: In den frühen 1950er-Jahren forderte auch die französische Luftwaffe einen Jettrainer für Anfänger und Fortgeschrittene, für den Morane-Saulnier die zweisitzige MS.755 Fleuret (Erstflug Januar 1953) konstruierte, aber am Ende der Fouga Magister [S. 29] unterlag. Auch spätere Testflüge der indischen Luftwaffe führten zu keinem Verkaufserfolg. Morane-Saulnier beschloss deshalb in Eigeninitiative den viersitzigen „Light Jet" MS. 760 Paris zu entwickeln, der im Juli 1954 erstmals abhob. Das in Ganzmetall-Schalenbauweise hergestellte Flugzeug war mit einer klimatisierten Druckkabine ausgestattet und hatte eine Reichweite von 1500 km, behielt aber trotz des längeren Rumpfes die Flugeigenschaften des ursprünglichen Trainers bei. Nun waren auch die französischen Streitkräfte wieder interessiert und bestellten im Juli 1956 36 Flugzeuge für die Luftwaffe und 14 für die Aéronavale. Eine weiterentwickelte MS.760 B Paris II mit Turbomeca Marboré VI mit 4,8 kN Schub, Wingtip-Tanks und einem größeren Gepäckraum erschien 1961. Die MS.760 weckte auch das Interesse von Beechcraft, die den US-Markt bedienen wollte. Nach Vorführungen in den USA und weit fortgeschrittenen Verkaufsaktivitäten, wurde dies aufgrund zu geringer Bestellungen und zu großer US-Konkurrenz 1961 wieder aufgegeben. Im selben Jahr übernahm Potez nach dem Konkurs Morane-Saulnier. Drei Jahre später brachte Potez noch den Sechssitzer Paris III auf den Markt. Erstflug war zwar im Februar 1964, eine Produktion wurde aber nie aufgenommen.

Von 1958 bis 1964 sind insgesamt 153 Flugzeuge ausgeliefert worden.

Bemerkungen: Trotz der Entscheidung der französischen Streitkräfte die Fouga Magister zu erwerben, waren sie mit einer Bestellung von 50 Flugzeugen ausschlaggebend für die Serienproduktion der MS.760. Als Verbindungsflugzeuge ersetzten sie die die Nord Noralpha und Norecrin. Genutzt wurden sie aber auch zur IFR-Schulung von angehenden Etendard- und Crusader-Piloten, zur Fortgeschrittenenschulung, zum Kompetenztraining und für Schlechtwetterflüge, einige angeblich auch in Flug-Testzentren. Die letzten Flugzeuge wurden 1997 außer Dienst genommen. Auch die Niederlande flogen von 1962 bis 1974 sechs MS.760 zur Ausbildung in der Rijkluchtvaartschool in Groningen. Die argentinische Luftwaffe erhielt 12 MS.760 aus Frankreich und produzierte bei FMA 36 in Lizenz. Es war das einzige Land, das seine MS.760 bei Kampfhandlungen gegen Rebellen einsetzte, sie aber schließlich 2007 stilllegte. Brasilien flog seine 30 Trainer von 1960 bis 1974. Angeblich kaufte noch 2009 eine US-Firma 30 MS.760 von Frankreich und Argentinien, um sie mit aktuellen Triebwerken und Avionik zu modernisieren und wieder auf den Markt zu bringen, was allerdings nie geschehen ist.

Wieviele MS.760 noch flugfähig sind, ist unbekannt. Eine steht z. B. im Aeroscopia in Toulouse.

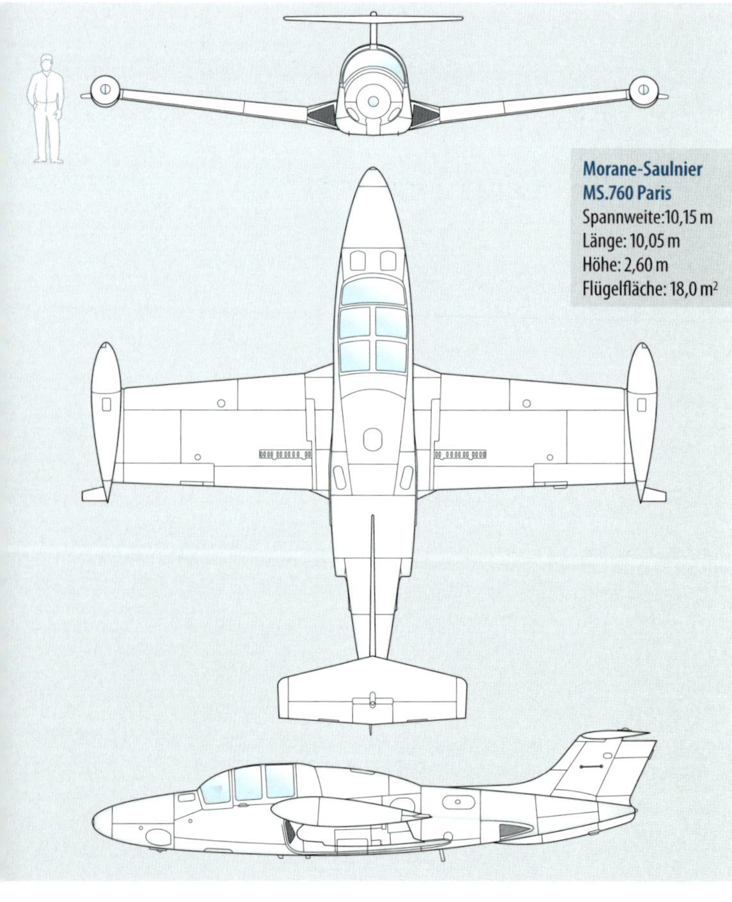

Morane-Saulnier MS.760 Paris
Spannweite:10,15 m
Länge: 10,05 m
Höhe: 2,60 m
Flügelfläche: 18,0 m²

Besatzung: 1 – 2
Triebwerke: Zwei Radialstrahltriebwerke Turbomeca Marboré II mit je 3,9 kN Schub.
Leistungen: Höchstgeschwindigkeit 650 km/h, Reisegeschwindigkeit 570 km/h, Dienstgipfelhöhe 10 000 m, Reichweite 1500 km.
Gewichte: Leermasse 1945 kg, Abflugmasse 3470 kg.

Nord Noratlas

Ursprungsland
Frankreich
Kategorie
Transport-flugzeug

Entwicklung: Um den französischen Streitkräften ein moderneres Transportflugzeug zu beschaffen, wurde 1947 eine Regierungs-Ausschreibung veröffentlicht nach der die Nord 2500 ausgewählt und 1948 zwei Prototypen bestellt wurden. Erstflug war im September 1949 noch mit zwei 1600 PS-Sternmotoren Gnome Rhône 14 R. Der zweite Prototyp, der in Ganzmetall gebauten Nord 2501 mit den typischen Doppelleitwerksträgern, flog im November 1950 bereits mit den deutlich stärkeren, in Lizenz von SNECMA gebauten britischen Hercules-Doppelsternmotoren. Neben zwei Piloten, Funker, Navigator und Flugingenieur und optional einem Lademeister, konnten entweder 38 voll ausgerüstete Fallschirmjäger, 45 Soldaten, 18 Tragbahren plus Personal oder 7,5 t Fracht geladen werden. Als Ausgangsmodell der Serienproduktion bestellte die Armee de l'Air 212 Stück, deren Auslieferung 1954 begann. Zu den weiteren Abnehmern zählte Brasilien (20 St.) und Israel (12 St.), in unbekannter Zahl Griechenland, Honduras und einige afrikanische Staaten. Auch die 1956 neu gegründet deutsche Luftwaffe orderte die ersten 25 N.2501 D in Frankreich, die ab September 1957 ausgeliefert wurden. Weitere 186 Noratlas fertigte Flugzeugbau Nord, ein Zusammenschluss von Weser Flugzeugbau, Hamburger Flugzeugbau und den Siebelwerken in Lizenz. Ständiges Thema war die Untermotorisierung, vor allem bei Hot-and-high-Missionen. Wenig erfolgreich wurde deshalb mit zwei Strahltriebwerken an den Flügeln experimentiert. Auch den Einbau amerikanischer 2500 PS-P & W R-2800 gab man wieder auf. Von einer zivilen 2502 für 47 Passagiere lieferte Nord sieben Exemplare aus.

Bis zum Produktionsende im Oktober 1961 rollten inkl. der Lizenzen 425 Noratlas aus den Hallen.

Bemerkungen: Dem Prinzip folgend: Ähnliche Aufgaben, ähnliche Lösungen, war die Noratlas vergleichbar mit der deutschen, ab 1942 produzierten Gotha 244, der Fairchild C-82 [Bd. 1] und C-119 Boxcar. Französische Noratlas waren im Tschad, Djibouti und Senegal stationiert und flogen unter anderem im Algerienkrieg und während der Suezkrise. Portugiesische Maschinen waren während der Kolonialkriege in Angola und Mozambik im Einsatz, aber von fast allen Betreibern auch bei zahllosen humanitären Misionen zum Transport von Hilfsgütern. Ab 1968 wurden die deutschen „Noras" von der leistungsfähigeren Transall [S. 17] abgelöst, die letzte deutsche wurde im Dezember 1980 außer Dienst gestellt, die letzte der Armee de l'Air erst Ende 1987. Etliche übernahmen zivile Fluggesellschaften und nutzten sie weiter als Frachter, vor allem in Afrika.

Die letzte flugfähige N.2501 wird vom Verein „Le Noratlas de Provence" betrieben und war noch 2023 auf Flugtagen zu sehen. Eine Noratlas präsentiert z. B. auch das Technikmuseum Speyer und das Luftwaffenmuseum in Berlin-Gatow.

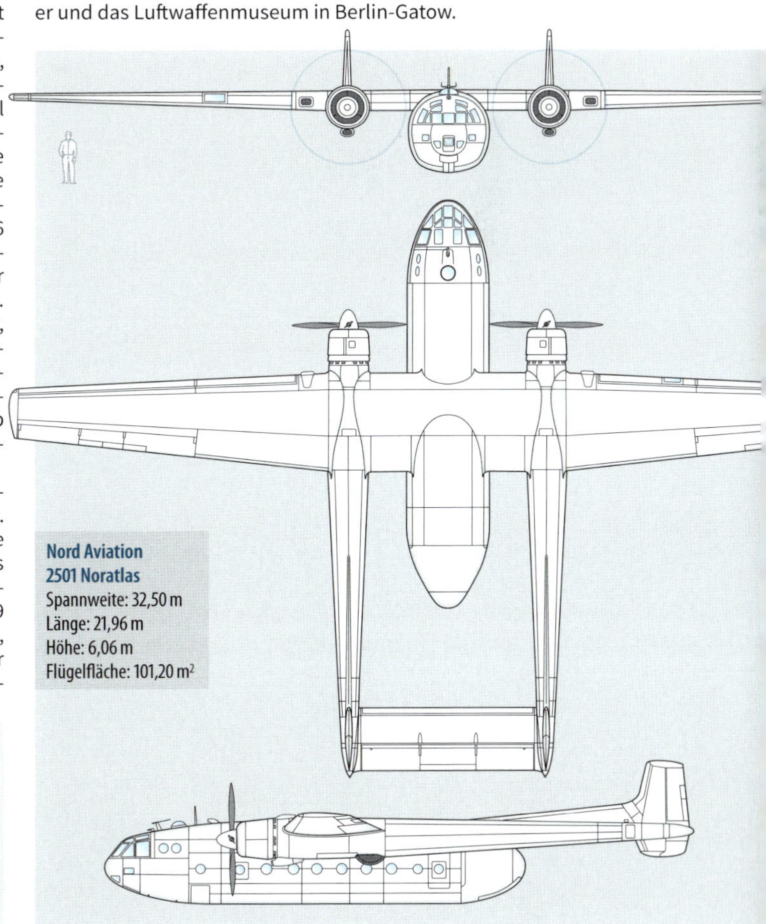

Nord Aviation 2501 Noratlas
Spannweite: 32,50 m
Länge: 21,96 m
Höhe: 6,06 m
Flügelfläche: 101,20 m²

Besatzung: 5 – 6
Triebwerke: Zwei luftgekühlte Doppelsternmotoren SNECMA Hercules 759 mit je 1500 kW (2040 PS).
Leistungen: Höchstgeschwindigkeit 406 km/h, Reisegeschwindigkeit 315 km/h, Dienstgipfelhöhe 7000 m Reichweite je nach Zuladung bis zu 2900 km, Überführungsreichweite 4000 km.
Gewichte: Leermasse 12 362 kg, Abflugmasse 21 700 kg.

Nord Aviation 3202

Ursprungsland
Frankreich
Kategorie
Schulflugzeug, Trainer

Entwicklung: Zu Beginn der 1950er-Jahre entwarf Nord Aviation die Nord 3200, die den Anforderungen der französischen Militärs für einen zweisitzigen Trainer entsprechen sollte. Die 3201 war noch mit einem 170 PS-Salmson motorisiert, deren Erstflug im Juni 1954 stattfand. Die endgültige, stärker motorisierte Serienversion 3202 flog erstmals im September 1957. Der Rumpf des freitragenden Tiefdeckers bestand aus einer geschweißten, teilweise beplankten und hinten bespannten Stahlrohrkonstruktion, die einholmige Metalltragfläche war bespannt. Die ersten 50 Serienflugzeuge wurden noch von einem Vierzylinder-Reihenmotor Potez 4D32 mit 220 PS angetrieben. Die Auslieferungen der von der französischen Heeresfliefertuppe (ALAT) bestellten 50 Trainer begannen im September 1959. Weitere 50 verbesserte Tiefdecker wurden 1962 von der ALAT nachgeordert. Neben einigen Modifikationen erhielt die nun 3202 B genannten Maschinen den 260 PS-starken Potez 4D34 mit einem kunstflugtauglichen Ölsystem und einem verstellbaren dreiblättrigen Metallpropeller, der allerdings 1963 wegen eines Bruchs zu einem zeitweiligen Grounding der ganzen Flotte führte. Für das Akrobatikteam der französischen Armee erhielten 1968 drei Flugzeuge größere Flügel, ein geändertes Fahrwerk und neue Verstellpropropeller und wurden so zur einsitzigen 3202 B1B.

Nord Aviation lieferte insgesamt inklusive des Prototypen 101 Trainer aus.

Bemerkungen: Die Nord 3202 erwies sich als gut geeignetes und eines der wichtigsten Basis-Trainingsflugzeuge für angehende Piloten der französischen Heeresfliegertruppe. Speziell für sie entwickelt, löste sie den inzwischen veralteten Doppeldecker Stampe SV4 ab. Während des andauernden Algerienkriegs (1954 – 1962) hatten die französischen Streitkräfte zudem einen gesteigerten Bedarf an Piloten, vor allem für die dort eingesetzten leichten Verbindungs- und Beobachtungsflugzeuge. Eingesetzt wurde der Tiefdecker aber lediglich in den Flugschulen im Inland. Es gab allerdings Überlegungen des französischen Armee-Generalstabes, das Flugzeug mit leichten Maschinengewehren auszustatten, um es bei COIN-Missionen im Algerienkrieg einzusetzen. Konstruktiv war die 3202 jedoch dafür nie ausgelegt worden. Bemühungen von Nord Aviation, die 3202 als „Master" an die Interessenten Belgien und Portugal zu exportieren, scheiterten an der überlegenen De Havilland Chipmunk [Bd. 1]. Im September 1975 wurden die ersten Flugzeuge außer Dienst gestellt und 1976 waren auch die letzten eingelagert.

Vermulich haben 15 Flugzeuge überlebt, davon einige auch flugfähig, hauptsächlich in Frankreich. Eine steht z. B. im Musée de l'Air et de l'Espace Le Bourget, Frankreich.

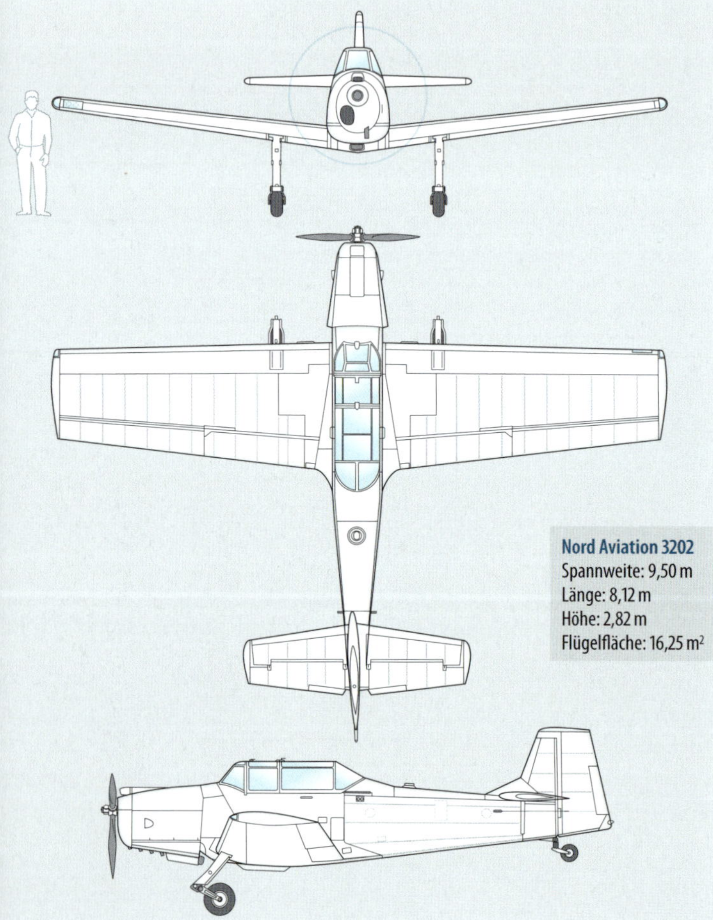

Nord Aviation 3202
Spannweite: 9,50 m
Länge: 8,12 m
Höhe: 2,82 m
Flügelfläche: 16,25 m²

Besatzung: 2
Triebwerke: Ein Vierzylinder-Reihenmotor Potez 4D34 mit 190 kW (258 PS).
Leistungen: Höchstgeschwindigkeit 260 km/h, Reisegeschwindigkeit 198 km/h, Dienstgipfelhöhe 4000 m, Reichweite ca. 1000 km.
Gewichte: Leermasse 860 kg, maximale Abflugmasse 1220 kg.

Nord Aviation 262

Ursprungsland Frankreich
Kategorie Transportflugzeug, Seeaufklärer

Entwicklung: Mit der Übernahme von Avions Max Holste kam auch der zweimotorige Transporter MH.250 Super Broussard, der im Mai 1959 erstmals flog, zu Nord Aviation. Nach nur 10 ausgelieferten Exemplaren wurde das Projekt zwar eingestellt, Nord entwickelte aber weiter, ersetzte den kastenförmigen Rumpf durch einen kreisrunden, druckbelüfteten und bot das Flugzeug als Kurzstrecken-Verkehrsflugzeug an. Der erste von drei Prototypen flog im Dezember 1962. Motorisiert war der Schulterdecker in Ganzmetallbauweise mit zwei Turbomeca Bastan VI-C-Propellerturbinen, der mit zwei Piloten und 26 Passagieren, maximal 29, eine Reichweite von über 1000 km hatte. Die ersten von 71 N 262 A-Serienexmplaren wurden im August 1965 ausgeliefert. Neun lieferte Nord von der im Dezember 1970 zugelassenen N 262 C Frégate aus, die einen auf 22,6 m vergrößerten Flügel erhielt und von stärkeren 1145 PS Bastan VII C-Propellerturbinen angetrieben wurde. Nahezu identisch war die militärische D-Version, von der 24 Exemplare an die Armée de l'Air gingen. 1982 wurden außerdem 12 262 A als 262 E für die Aéronavale zur Seeüberwachung umgebaut. Neun Nord 262 erhielten zwischen 1975 und 1978 von einer US-Firma aus Zulassungsgründen PT6A-45-Propellerturbinen von Pratt & Whitney und flogen bei einer US-amerikanische Fluggesellschaft als Mohawk 298.

Insgesamt wurden von 1962 bis 1976 nur 110 Nord 262 aller Versionen ausgeliefert.

Bemerkungen: Obwohl als Regionalverkehrsflugzeug konzipiert und bei über 20 Airlines in Betrieb, war die N. 262 für Nord Aviation kein Erfolg auf dem zivilen Markt, jedoch für die aus Nord- und Sud Aviation 1970 entstandene Aérospatiale eine Möglichkeit, sich für die spätere ATR 72 zu positionieren. Der größte Betreiber blieb die französische Luftwaffe und Marine, die ihre Flotte auch noch durch Zukäufe aus Zivilbeständen erweiterte. Ein Teil wurde als Verbindungsflugzeug zwischen den Hauptquartieren eingesetzt, der andere zur Umschulung auf mehrmotorige Flugzeuge als Ersatz für die veralteten, mit Sternmotoren angetriebenen Beech 18 [Bd 1]. Weitere wurden bei Seepatrouillen-Lehrgängen für angehende Marinepiloten der komplexeren Breguet Atlantic [S. 23] geflogen. Als „fliegendes Klassenzimmer“ ließen sich zwölf mit Radar und speziellen Ortungssystemen ausgestattete Nord 262 [Bild] bezeichnen, auf denen Bordingenieure und Navigatoren ausgebildet wurden. Sie zog man auch regelmäßig zur See-Überwachung vor der französischen Küste heran. In unbekannter Zahl übernahmen die afrikanischen Staaten Angola, Kongo, Gabun und Burkina Faso französische, militärische Nord 262.

Eine Nord 262 Frégate steht z. B. im Lyon Corbas Aviation Museum, eine ausgeschlachtete N. 262 steht aber auch noch mitten auf dem stillgelegten Flugplatz Tempelhof in Berlin.

Besatzung: 2
Triebwerke: Zwei Propellerturbinen Turbomeca Bastan VI C mit je 794 kW (1065 PS).
Leistungen: Höchstgeschwindigkeit 385 km/h, Reisegeschwindigkeit 360 km/h, Dienstgipfelhöhe 7300 m, Reichweite 1100 km.
Gewichte: Leermasse 6654 kg, max. Abflugmasse 10 800 kg.

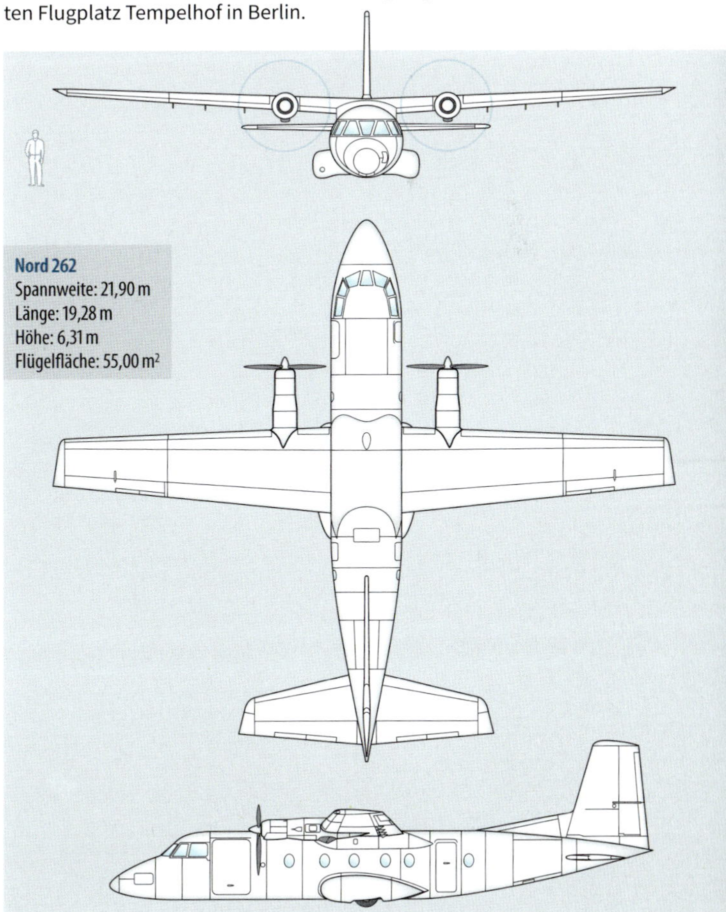

Nord 262
Spannweite: 21,90 m
Länge: 19,28 m
Höhe: 6,31 m
Flügelfläche: 55,00 m²

SEPECAT Jaguar

Ursprungsland
Frankreich/ Großbritannien
Kategorie
Jagdbomber

Entwicklung: Der Jagdbomber ist eine gemeinsame Entwicklung in den 1960er-Jahren von Großbritannien, das seine Hunter [S. 48] ersetzen wollte und Frankreich, das einen Nachfolger für die F-100 Sabre [S. 191] benötigte. Ein erster doppelsitziger Prototyp von acht, flog im September 1968 in Frankreich. Der Schulterdecker war mit zwei gemeinsam von Rolls-Royce und Turbomeca entwickelten Nachbrennertriebwerken Adour ausgestattet und in der Luft betankbar. Während der Erprobungsphase arbeitete man noch zahlreiche Verbesserungen ein, so dass Serienexemplare erst 1973 von der französischen Luftwaffe in Dienst gestellt werden konnten. Frankreich bestellte 160 Jaguar A, davon 40 Doppelsitzer E, Großbritannien 165 Jaguar S, davon 35 zweisitzige B, 75 britische Jaguar wurden später noch mit zwei schubstärkeren Adour 104 (24,6 kN) ausgerüstet. Der Komponentenbau wurde aufgeteilt, beide Länder hatten aber eine eigene Entmontage. Die geplante französische Trägerversion M wurde nicht realisiert. Obwohl die Zellen nahezu identisch waren, unterschieden sich die beiden Länderversionen in Avionik und Bewaffnung. Ab 1981 exportierte SEPECAT 40 Jaguar nach Indien, weitere 100 *Shamsher* baute HAL in Lizenz. Kleinere Stückzahlen gingen an den Oman (24), Nigeria (18) und Ecuador (12).

Inklusive der Lizenzversionen wurden ca. 625 Exemplare ausgeliefert.

Bemerkungen: Mit dem Zweistrahler verwirklichten beide Länder ein erstaunlich gut funktionierendes Gemeinschaftsprojekt, das einen zuverlässigen und leistungsfähigen Jagdbomber hervorbrachte, der immer wieder mit Upgrades modernisiert wurde. Frankreich rüstete ab 1973 ihre Staffeln mit Jaguar aus und flog sie bei zahlreichen bewaffneten Auslandseinsätzen, wie z. B. 1991 im Golfkrieg, in den 1990er-Jahren während der Balkanauseinandersetzungen und über Afrika. Ab 1987 begann man den Zweistrahler durch Mirage III [S. 26] zu ersetzen, die letzte Einsatzstaffel wurde im Juli 2005 aufgelöst. Auch Großbritannien stellte 1973 erste Staffeln auf, die zum Teil in Deutschland zur atomaren Abschreckung und Aufklärung stationiert waren. Aktiv an Kampfhandlungen flogen britische Maschinen im Irak und während der Balkankriege. Die letzten wurden im April 2007 stillgelegt. Als drittgrößter Betreiber erwarb Indien noch 35 zusätzlich von Frankreich als Ersatzteilspender. Angeblich waren 2023 immer noch 130 im Dienst.

In zehn britischen Museen werden Jaguar präsentiert, in Frankreich eine im Aeroscopia/Toulouse, eine auch in der Flugausstellung Hermeskeil.

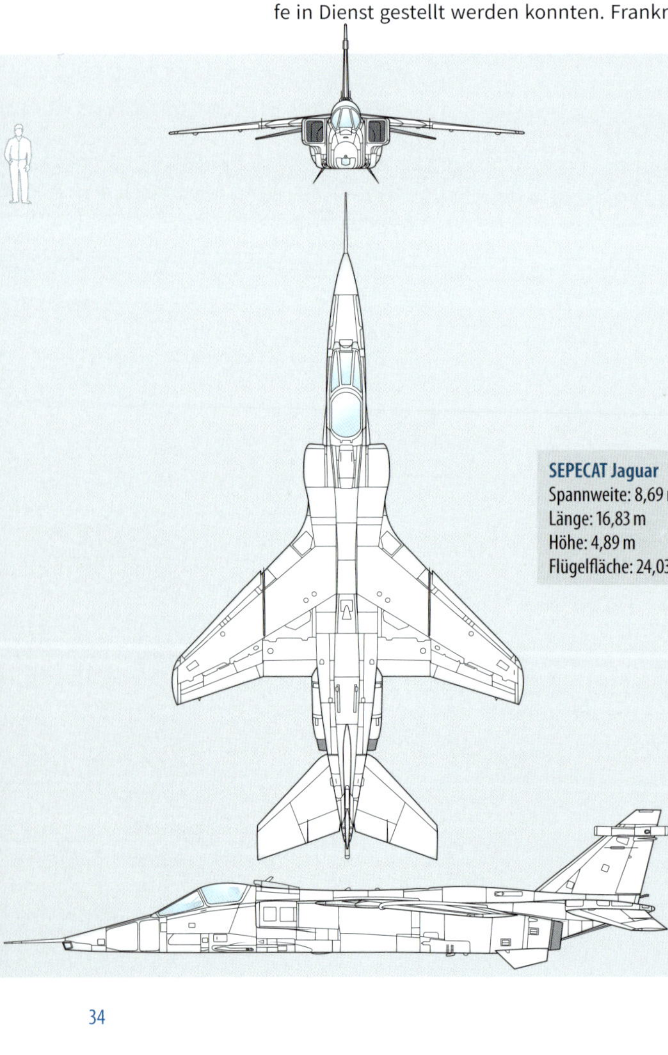

SEPECAT Jaguar
Spannweite: 8,69 m
Länge: 16,83 m
Höhe: 4,89 m
Flügelfläche: 24,03 m²

Besatzung: 1
Triebwerke: (A) Zwei Axialstrahltriebwerke Rolls-Royce/ Turbomeca Adour 102 mit je 22,75 kN Schub und 32,49 kN mit Nachbrenner.
Leistungen: (A) Höchstgeschwindigkeit 1700 km/h, Dienstgipfelhöhe 14 000 m, Reichweite 815 km, Überführungsreichweite 1900 km.
Gewichte: (A) Leermasse 7000 kg, max. Abflugmasse 15 700 kg.
Bewaffnung: (A) Zwei MKs im Rumpf, maximal 4500 kg an 7 Hardpoints, davon zwei über den Flügeln: gelenkte u. ungelenkte Luft-Boden- und Luft-Luft-Raketen, Bomben, Droptanks.

Armstrong Whitworth AW. 660 Argosy

Ursprungsland
Großbritannien
Kategorie
Transport-flugzeug

Entwicklung: Nach einer Forderung des britischen Luftministeriums im Jahr 1955 begann Armstrong-Whitworth (AW) mit der Entwicklung eines zweimotorigen zivilen (AW. 65) und militärischen (AW. 66) Frachtflugzeugs für 11 t Nutzlast und einer Reichweite von 3200 km. Wegen finanzieller Einschränkungen zog sich das Militär aus dem Projekt zurück und AW begann in Eigeninitiative 1956 mit der Weiterentwicklung, jetzt als viermotorige Turboprop. Der Erstflug der AW. 650 fand im Januar 1959 statt. Um Zeit und Kosten zu sparen übernahm man Flügelelemente der Avro Shackleton [S. 36] und die Triebwerksgondeln der Vickers Viscount. Der bedruckte Rumpf mit darüberliegendem Cockpit wurde in einer Kombiversion für maximal 89 Passagiere oder 12,7 Tonnen Fracht angeboten. Es wurden aber lediglich 17 zivile Maschinen verkauft. Um ihre alten Transporter zu ersetzen, forderte die RAF 1959 erneut ein Mehrzweck-Transportflugzeug. AW antwortete darauf mit der AW. 660. Man verzichtete auf das Bugtor, konstruierte eine Clamshell-Heckladerampe für den Frachtabwurf, einen verstärkten Laderaumboden, seitliche Springertüren, stärkere Triebwerke und neue Flügel. Nebeneffekt war mit 5550 km eine deutlich größere Reichweite und mit 13 150 kg eine höhere Nutzlast. Alle 56 von der RAF bestellten Argosy wurden als C Mk. I [Bild/Zchng.] ausgeliefert, die als Frachter, Truppentransporter (max. 72 Passagiere oder 48 Tragbahren) und Absetzflugzeuge eingesetzt werden konnten. 12 Flugzeuge wurden noch 1967/68 zur E Mk. I für die Kalibrierung von Boden-Navigationsanlagen umgebaut. Aufgegeben hat man das Projekt T Mk. I und Mk. II, die als Trainer für mehrmotorige Flugzeuge genutzt werden sollten.

Das Unternehmen lieferte von beiden Serien zusammen nur 74 Flugzeuge aus.

Bemerkungen: Armstrong-Whitworth versprach sich in den 1950er-Jahren mit dem Aufschwung des Luftfrachtgeschäfts auch größere Produktionszahlen, die allerdings weder auf dem zivilen noch auf dem militärischen Markt erzielt wurden. Zwischen 1962 und 1975 wurden die Militär-Turboprops von der RAF weltweit eingesetzt. Neben Großbritannien waren Staffeln in Zypern, im Nahen Osten und in Singapur stationiert. Im zivilen Frachtgeschäft waren zivile Argosy und aus RAF-Beständen aufgekaufte in Australien, Kanada, Luxemburg, Neuseeland, Philippinen, USA Singapur und in ein paar afrikanischen Staaten aktiv. Die letzte zivile Argosy flog noch 1991, die letzte militärische im Februar 1975, nachdem die RAF auf Lockheed C-130 Hercules [S. 180] umgestellt hatte. Lediglich die Nav-Kalibriermaschinen AW.660 E Mk. I flogen noch drei weitere Jahre.

Alle, außer acht Turboprops, die in Museen landeten, wurden verschrottet. Eine steht im Midland Air Museum, Bagington, Großbritannien.

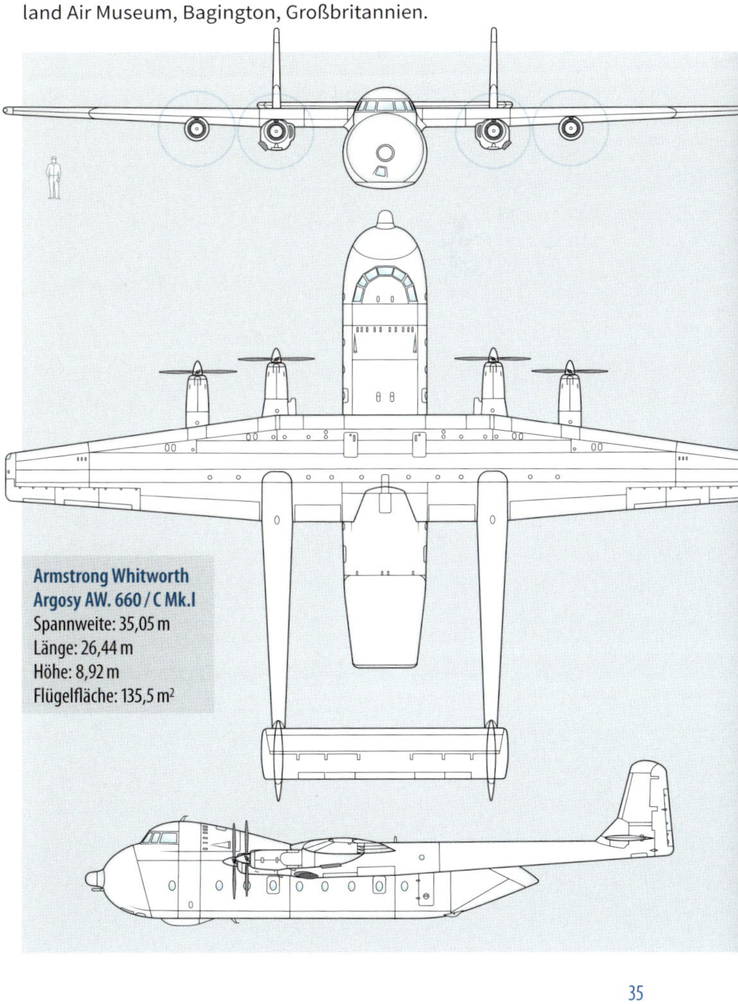

Armstrong Whitworth Argosy AW. 660 / C Mk. I
Spannweite: 35,05 m
Länge: 26,44 m
Höhe: 8,92 m
Flügelfläche: 135,5 m²

Besatzung: 4
Triebwerke: (AW. 660 / C Mk. I) Vier Propellerturbinen Rolls-Royce Dart RDa 8 Mk. 101 mit je 1840 kW (2470 PS).
Leistungen: (AW. 660 / C Mk. I) Reisegeschwindigkeit 407 km/h, Dienstgipfelhöhe 7000 m, Reichweite mit 13,1 t Nutzlast 555 km, maximale Reichweite 5550 km.
Gewichte: (AW. 660 / C Mk. I) Leermasse 25 401 kg, Abflugmasse 43 998 kg, maximale Abflugmasse 47 627 kg.

Avro 696 Shackleton

Ursprungsland
Großbritannien
Kategorie
Fernaufklärer

Entwicklung: Während des Zweiten Weltkrieges wurden überwiegend Flugboote zur Seeaufklärung eingesetzt, aber mit ihrer größeren Reichweite erwiesen sich Landflugzeuge als geeigneter und so bestellte die RAF im März 1946 29 Lincoln Mk. III [Bd. 1], die jedoch nicht genug Platz für Ausrüstung und eine größere Besatzung boten. Avro entwickelte daraufhin den Typ 696 mit einem größeren Rumpf und Rolls-Royce Griffon-Motoren mit gegenläufigen Propellern. Erstflug war im März 1949. Drei Prototypen wurden gebaut und bereits im März 1951 lieferte Avro die ersten von 29 MR. 1 aus. Mit der MR 1 A führte man den V-12 Griffon 57 A ein. Alle MR. 1 wurden noch auf 1 A-Stand gebracht und 47 neu hergestellt. Davon rüstete Avro zwischen 1956 und 1961 17 zu Navigationstrainern um. 1952 flog erstmals die MR. 2, mit Elektroniksystem-Upgrades, einem weiter nach hinten gerückten Radardom, MGs im Bug und im Rückenturm. 59 wurden gebaut, 10 davon wurden zu Radartrainern T 2 modifiziert und 12 zur AEW. 2 [Bild] mit einem großen Radardom für die Luftraumaufklärung und -überwachung (AWACS). Größere Umbauten erforderte die MR. 3 [Zchng.], die im September 1955 erstmals flog. Neben einem Bugfahrwerk wurden Tiptanks und eine komfortablere Einrichtung installiert, um einer 10-köpfigen Crew die bis zu 20 Stunden dauernden Missionen zu erleichtern. Die 42 Flugzeuge erhielten während ihrer Einsatzzeit schrittweise Elektronik-Upgrades und neben Zellenverstärkungen auch, um die Startstrecke zu verkürzen, zusätzliche Viper-Strahltriebwerke in den äußeren Motorgondeln. Projekte blieben die MR. 4 und 5, die mit vier Napier Nomad-Antrieben, einer Kombination aus Dieselmotor und Turbine, fliegen sollten.

Inklusive der Prototypen rollten bei Avro bis 1958 185 Shackletons aus den Werkhallen.

Bemerkungen: Einzige Betreiber waren Großbritannien und Südafrika, das seine Flugzeuge zur See-Überwachung rund um das Kap von 1957 bis 1984 einsetzte. Die RAF nutzte ihre Shackletons weltweit für Aufklärungsmissionen, zur U-Boot-Jagd, aber auch zur Konvoibegleitung, als Relaisstation und sogar für Bodenangriffe. Sie konnte Frachtcontainer im Bombenschacht aufnehmen oder bis zu 16 Soldaten transportieren. Obwohl die Viermot wartungsintensiv und Materialermüdung ein Thema war, wurden AEW. 2-Frühwarnflugzeuge zu Beginn der 1970er-Jahre als Übergangslösung bis Juli 1991 eingesetzt, um sie schließlich mit Hawker Siddeley Nimrod [S. 51] und Boeing Sentry abzulösen.

Etliche Shackletons blieben in Südafrika, Großbritannien, USA und Zypern erhalten. Eine steht im Imperial War Museum, Duxford, Großbritannien.

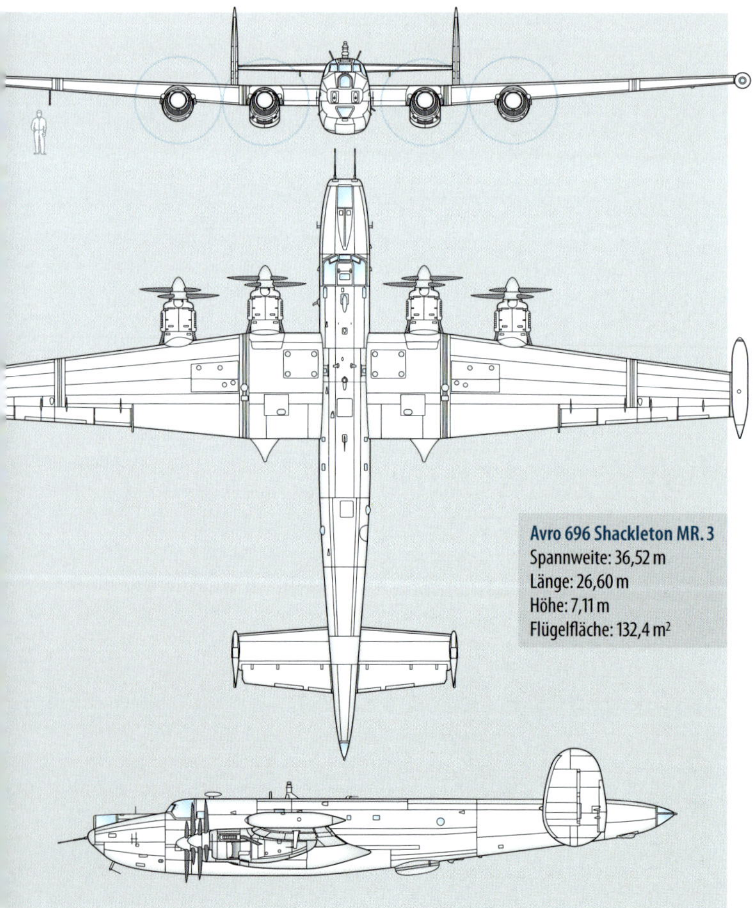

Avro 696 Shackleton MR. 3
Spannweite: 36,52 m
Länge: 26,60 m
Höhe: 7,11 m
Flügelfläche: 132,4 m²

Besatzung: 10
Triebwerke: (MR. 3) Vier flüssigkeitsgekühlte V-12-Kolbenmotoren Rolls-Royce Griffon 57 A mit je 1801 kW (2450 PS).
Leistungen: (MR. 3) Höchstgeschwindigkeit 486 km/h in 3600 m, Reisegeschwindigkeit 320 km/h in 3000 m, Dienstgipfelhöhe 5850 m, maximale Reichweite 6780 km.
Gewichte: (MR. 3) Leermasse 26 217 kg, Abflugmasse 38 555 kg, maximale Abflugmasse 45 359 kg.
Bewaffnung: (MR. 3) Zwei MKs im Bug und bis zu 4530 kg Bomben, Torpedos und Minen.

Avro 698 Vulcan

Ursprungsland
Großbritannien
Kategorie
Strategischer Bomber

Entwicklung: Entsprechend einer Forderung der RAF von 1947 für einen atomwaffenfähigen Bomber, der mit 950 km/h 4500 kg Bombenlast 5500 km weit transportieren konnte, entwarf Avro die Vulcan, Handley Page die Victor [S. 47] und Vickers die Valiant. Da Avro keine Erfahrung mit Deltaflügeln hatte, wurde 1948 mit zwei einsitzigen verkleinerten Modellen experimentiert. Nach vier Jahren flog der erste von zwei Prototypen im August 1952. Sie waren mit Rolls-Royce Avon-Aggregaten motorisiert, weil Olympus-Triebwerke von Bristol noch nicht verfügbar waren. Die Serienversion B. 1 A, von der 49 ausgeliefert wurden, flog im Februar 1955 erstmals, erhielt einen modifizierten Flügel, einen längeren ECM-Heckkegel und die neuen Olympus-Triebwerke. Von 89 B. 2 [Bild oben, Zchng], mit nochmals geänderter Flügelgeometrie, einem Terrainfolgeradar und einer Betankungssonde, hob die erste im August 1957 ab. Davon wurden 9 zum Marine-Radaraufklärer B. 2 MRR umgerüstet und 6 zur K. 2, die mit einem Schlauchbetankungssystem als Tanker genutzt werden konnten. Vulcans wurden immer wieder mit stärkeren Triebwerken und modernerer Elektronik auf den aktuellen Stand gebracht. Das Abfluggewicht der B. 2 lag schließlich bei max. 113 t (B 1 77,1 t) und die Triebwerke gaben je 89 kN Schub ab. Ab 1974 wurden die ersten ausgemustert und 1990 als letztes die Tanker stillgelegt.

Insgesamt 138 Vulcan wurden bis 1965 gebaut.

Einer der beiden Prototypen noch mit geraden Flügelvorderkanten.

Bemerkungen: Der Deltaflügler, einer der drei britischen V-Bomber, flog nur für die RAF, war für ein Flugzeug dieser Größe sehr manövrierfähig und äußerst leistungsfähig. Ursprünglich als Atombomber zur nuklearen Abschreckung eingesetzt, begann man jedoch in den 1960er-Jahren die Vulcan auch mit konventionellen Waffen für Tiefflugmissionen zu nutzen. Zum einzigen Kampfeinsatz kam sie im Falklandkrieg 1982 gegen Argentinien, bei der Vulcans mit Hilfe einer Victor-Tanker-Staffel von Ascension zu den Falklands und zurück flogen. Die geringe Geschwindigkeit, Materialermüdung und der Umstand, dass nur die beiden Piloten Schleudersitze hatten, führten schließlich zur Stilllegung.

Zahlreiche Vulcans findet man in britischen Museen, eine z.B. im RAF Museum, Cosford.

Besatzung: (B. 2) 5
Triebwerke: (B. 2) Vier Axialstrahltriebwerke]] Rolls-Royce Olympus Mk. 301 mit je 88,9 kN Schub.
Leistungen: (B. 2) Höchstgeschwindigkeit 1038 km/h in 12 000 m Höhe, Dienstgipfelhöhe 19 800 m, Reichweite 7400 km.
Gewichte: (B. 2) Leermasse 37 900 kg, maximale Abflugmasse 113 400 kg.
Bewaffnung: (B. 2) Eine nukleare Luft-Boden-Rakete Blue Steel unter dem Rumpf oder eine freifallende Atombombe oder 9450 kg konventionelle Bomben im Schacht.

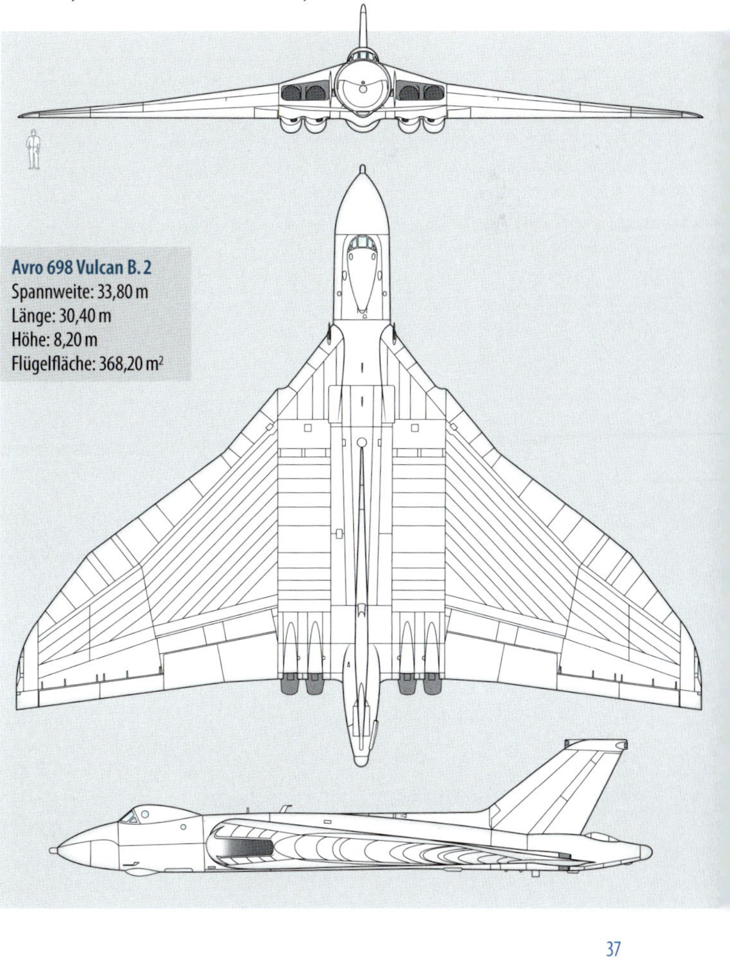

Avro 698 Vulcan B. 2
Spannweite: 33,80 m
Länge: 30,40 m
Höhe: 8,20 m
Flügelfläche: 368,20 m²

BAC 167 Strikemaster

Ursprungsland
Großbritannien
Kategorie
Trainer, Erdkampfflugzeug

Entwicklung: Die Strikemaster basiert auf dem einstrahligen Strahltrainer Huntington Jet Provost, der im Juni 1954 erstmals flog. 1960 wurde Hunting Percival von BAC (British Aircraft Corporation) übernommen, die den robusten Trainer weiter produzierte. Aus der BAC Jet Provost T. 5 [Bd. 1], die im Februar 1967 erstmals abhob und auch in großer Zahl als Trainer für die RAF gebaut wurde, entstand schließlich die BAC 164 mit neuem, verstärktem Flügel, zusätzlichen Tanks, Druckkabine und verlängertem Rumpf. Die erste nochmals verbesserte BAC 167 flog im Oktober 1967. Der in Ganzmetall-Halbschalenbauweise konstruierte Jet, zeichnete sich durch eine verstärkte Zelle, Null-Null-Schleudersitze, vier Hardpoints unter den Flügeln für bis zu 1360 kg Nutzlast und zur Reichweitenverlängerung optionale Wingtiptanks aus. Ausschließlich für den Export vermarktet, wurde der ab Oktober 1968 als Strikemaster bezeichnete Doppelsitzer nun zum multifunktional einsetzbaren Kampfjet für Luftnahunterstützung und zum Jettrainer. Es wurden 12 Exportversionen hergestellt, die sich allerdings technisch nur geringfügig unterschieden.

British Aircraft Corporation lieferte bis 1983 insgesamt 146 Strikemaster aus.

Bemerkungen: Die Strikemaster kann man zwar als bewaffnete Version der Jet Provost T. 5 bezeichnen, sie wurde aber nie für die RAF, sondern nur für den Export produziert. Ein erfolgreiches Geschäft für ein Flugzeug, dessen Grundkonstruktion mehrere Jahrzehnte alt war. In den 1970er-Jahren wurden jedoch modernere Jets wie z. B. die BAE Hawk oder der Alpha Jet auf den Markt gebracht und BAC stellte 1983 die Produktion ein. Zu den Abnehmern zählten Saudi-Arabien, Jemen, Oman, Kuwait, Singapur, Kenia, Neuseeland, Ecuador und Sudan. Botswana erhielt gebrauchte Flugzeuge von Kuwait und Kenia, von denen später zwei an die Elfenbeinküste abgegeben wurden. Saudi-Arabien nutzt seine Strikemaster sowohl als Trainer wie auch als Erdkämpfer. Ebenso der Oman und Botswana, die sie vor allem zur Bekämpfung von Aufständischen einsetzten. Nachdem die neuseeländische Luftwaffe Anfang der 1990er-Jahre Ermüdungsrisse an ihren Flugzeugen festgestellt hatte, wurden von fast allen Betreiberländern Flugbeschränkungen eingeführt. Angeblich waren aber 2020 noch einige Flugzeuge in Betrieb. Ersatzteilmangel machten es aber immer komplizierter, die Jets weiterhin flugfähigzu halten.

Einige gingen an private Betreiber, einige wenige übernahmen zivile Pilotenschulen, etliche landeten in Museen. Eine Strikemaster steht z. B. im Imperial War Museum, Duxford, Großbritannien.

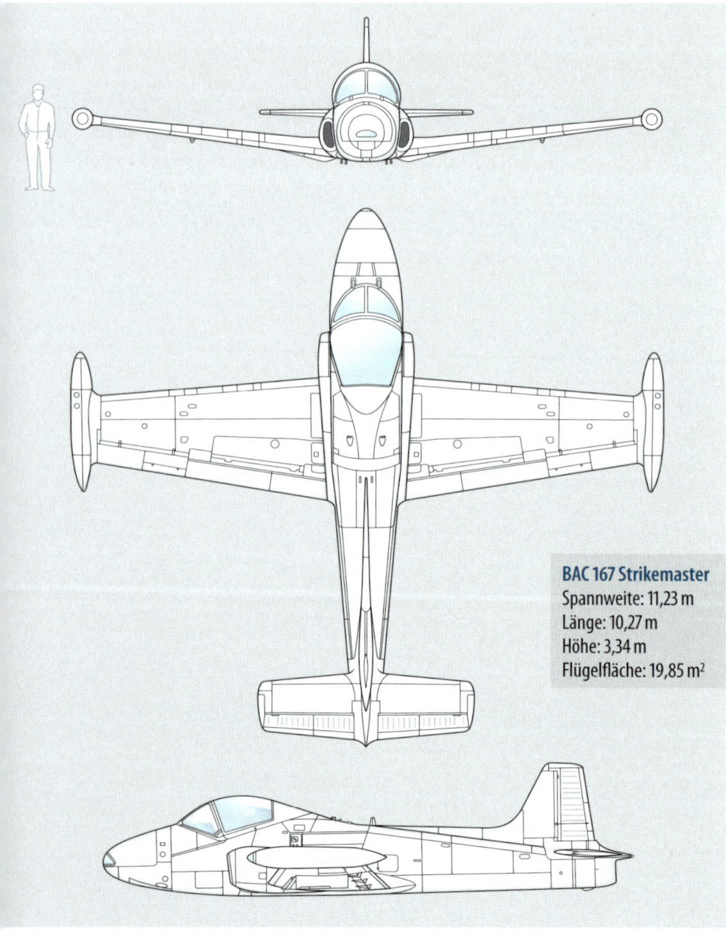

BAC 167 Strikemaster
Spannweite: 11,23 m
Länge: 10,27 m
Höhe: 3,34 m
Flügelfläche: 19,85 m²

Besatzung: 2
Triebwerke: Ein Axialstrahltriebwerk Rolls-Royce Viper Mk. 335 mit 14,0 kn Schub.
Leistungen: Höchstgeschwindigkeit 774 km/h in 5500 m, Dienstgipfelhöhe 12 000 m, Reichweite je nach Beladung 400 – 925 km, Überführungsreichweite 2225 km.
Gewichte: Leermasse 2810 kg, maximale Abflugmasse 5216 kg.
Bewaffnung: Zwei MGs in den Flügelwurzeln, bis zu 1360 kg an vier Außenstationen: Luft-Boden-Raketen, Bomben, MG-Behälter, Aufklärungsbehälter, Zusatztanks.

Blackburn Buccaneer

Ursprungsland
Großbritannien
Kategorie
Tiefangriffs-flugzeug

Entwicklung: Mit Einführung neuer leichter sowjetischer Kreuzer Anfang der 1950er-Jahre forderte die Royal Navy zu deren Bekämpfung ein spezielles, trägergestütztes Tiefangriffsflugzeug, anstatt selbst neue Kreuzer zu bauen. Blackburn war mit der Buccaneer Gewinner des Wettbewerbs, die im April 1958 erstmals abhob. Die zweistrahlige Buccaneer wurde nach damals neuesten aerodynamischen Kenntnissen konstruiert, verfügte über mit Zapfluft angeblasene Landeklappen für kurze Trägerlandungen und hatte einen rotierenden Bombenschacht. Nach 20 Vorserienflugzeugen liefen die ersten 40 S.1 mit De Havilland-Gyron-Junior-Triebwerken vom Band. Untermotorisiert wie sie waren, konnten sie jedoch nicht voll beladen von Trägern starten, so dass sie nach dem Start luftbetankt werden mussten. Bereits im November 1966 wurden sie wieder ausgemustert. Von der S.2 mit deutlich stärkerem Antrieb und zahlreichen Verbesserungen lieferte Blackburn ab 1962 noch 10 aus und weitere 74 Hawker-Siddeley Ltd., die Blackburn 1964 übernommen hatte. 46 neue S.2 B gingen direkt an die RAF, die zudem 62 S.2 A von der Royal Navy übernahm und entsprechend modifizierte. 16 bereits im Januar 1963 bestellte S.2 D wurden nach Südafrika exportiert.

Insgesamt rollten 206 Buccaneer aller Varianten aus den britischen Werkhallen.

Bemerkungen: Ab 1962 nutzte die Royal Navy die Jets auf ihren Flugzeugträgern und setzte sie auch in verschiedenen Krisengebieten, allerdings nur zur Machtdemonstration, ein. Spektakulärer war dagegen 1967 die Versenkung des Öltankers *Torry Canyon* vor Land's End, der dort auf Grund gelaufen war. Mit Außerdienststellung der großen Carrier 1978 endeten auch alle Navy-Einsätze der Buccaneer. Ein Teil wurde an die Royal Air Force übertragen, obwohl sie diese als Ersatz für die Canberra [S. 42] abgelehnt hatte, gleichzeitig aber wegen der Einstellung anderer RAF-Flugzeugprogramme gezwungen war, Buccaneers abzunehmen. Eingesetzt wurden sie im Zweiten Golfkrieg 1991, bei dem sie als Zielmarkierer für Tornados verwendet wurden. 1980 groundete die RAF die gesamte Flotte wegen eines Luftzerlegers durch Materialermüdung und nebenbei bemerkt, hatte sie auch eine relativ hohe Unfallrate: Während der gesamten Betriebszeit gingen 79 von 206 Buccaneers verloren. Die letzten britischen Jets flogen im März 1994, Südafrika löste im Juni 1991 seine Buccaneer-Staffel auf.

Es sind nahezu 30 Museums-Flugzeuge in Großbritannien und Südafrika erhalten geblieben. Eine S.1 z. B. im Fleet Air Arm Museum, RNAS Yeovilton, Großbritannien.

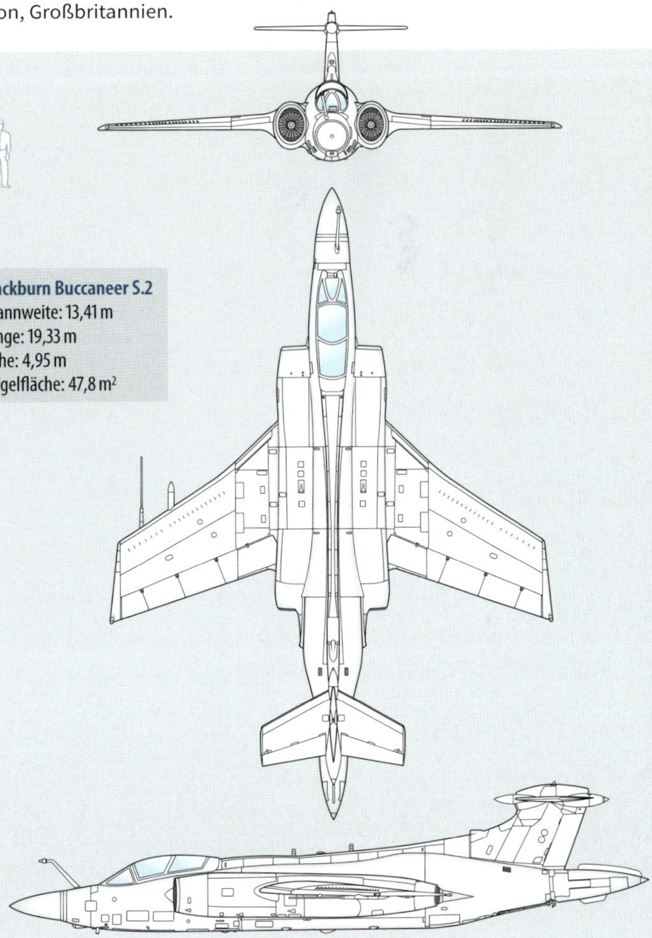

Blackburn Buccaneer S.2
Spannweite: 13,41 m
Länge: 19,33 m
Höhe: 4,95 m
Flügelfläche: 47,8 m²

Besatzung: 2
Triebwerke: (S.2) Zwei Axialstrahltriebwerke Rolls-Royce Spey Mk. 101 mit je 49 kN Schub.
Leistungen: (S.2) Höchstgeschwindigkeit 1074 km/h in Bodennähe, Dienstgipfelhöhe 12 000 m, Reichweite mit Zusatztanks 3700 km.
Gewichte: (S.2) Leermasse 13 608 kg, Abflugmasse 28 123 kg.
Bewaffnung: (S.2) Im Schacht 1814 kg Bomben, auch nukleare; an vier Außenstationen 5364 kg: Luft-Luft-/Luft-Boden-Raketen, Bomben und/oder Stör-, Luftbetankungs- und Fotobehälter, Zusatztanks.

Bristol 192 Belvedere

Ursprungsland
Großbritannien
Kategorie
Transport-hubschrauber

Entwicklung: Der Hubschrauber mit seinen markanten Tandemrotoren basiert auf dem bereits 1952 fliegenden zehnsitzigen Bristol Type 173. Die Entwicklung wurde jedoch 1958 abgebrochen, obwohl schon mehrere Zellen fertiggestellt waren. Die Weiterentwicklungen Type 191 und 193 für die britische und kanadische Navy motorisierte man anfangs noch mit Sternmotoren von Alvis Leonidis, waren aber für zwei Turbinen projektiert. Obwohl die Prototypen nahezu fertiggestellt waren, wurde auch dieser Entwicklungsauftrag storniert. Allerdings interessierte sich die RAF für den Helikopter und so wurden die Zellen für die Erprobung der Type 192 genutzt. Der erste Prototyp flog im Juli 1958, noch mit je drei Holzrotorblättern und unvollständiger technischer Ausstattung. Die in Ganzmetallbauweise konstruierte Zelle beherbergte hinter dem Cockpit nun die Turbine für den vorderen Rotor, danach folgte der röhrenförmige Frachtraum mit Schiebetüren und unter dem hochliegenden Heckrotor wurde die zweite Turbine untergebracht. Beide Rotoren waren über Getriebe und durch eine lange Welle miteinander synchronisiert. Ab dem fünften Exemplar führte Bristol vierblättrige Ganzmetall-Rotorsysteme ein. Das hochbeinige Fahrwerk, ursprünglich für den Torpedotransport bei der Navy konzipiert, erschwerte zwar den Einstieg, genutzt werden konnte der Helikopter aber für 18 voll ausgestattete Soldaten oder eine maximal 2700 kg schwere Last. Eine zivile Version 192 C für bis zu 24 Passagiere blieb mangels Bestellungen nur ein Projekt.

Bristol lieferte inklusive der Prototypen lediglich 29 Belvederes HC Mk. 1 aus.

Bemerkungen: Der zu Beginn der 1960er-Jahre exotische Hubschrauber wurde von 1961 bis 1969 in unterschiedlichen Einheiten der RAF eingesetzt. Dazu gehörten auch Staffeln in Übersee wie z. B. in Afrika, im Jemen und in Singapur. Dort flogen sie zu Beginn der 1950er-Jahre beim Aden-Notfall (1963 – 1967) und im indonesisch-malayischen Konflikt (1963 – 1966). Der einzige in Großbritannien produzierte Tandemhubschrauber wurde vor allem für den Truppen- und Lastentransport, Versorgungsgüterabwurf und Evakuierungsaufgaben herangezogen bis er schließlich ab 1964 gegen Westland Wessex [S. 59] ausgetauscht wurde. Trotz eines werbewirksamen Geschwindigkeitsrekords im Mai 1961 zwischen London und Paris fand die zivile Version der Belvedere keine Abnehmer.

Es blieben drei komplette Bristol 192 in Großbritannien erhalten: zwei im Helicopter Museum in Weston-super-Mare, einer im Royal Air Force-Museum in Hendon.

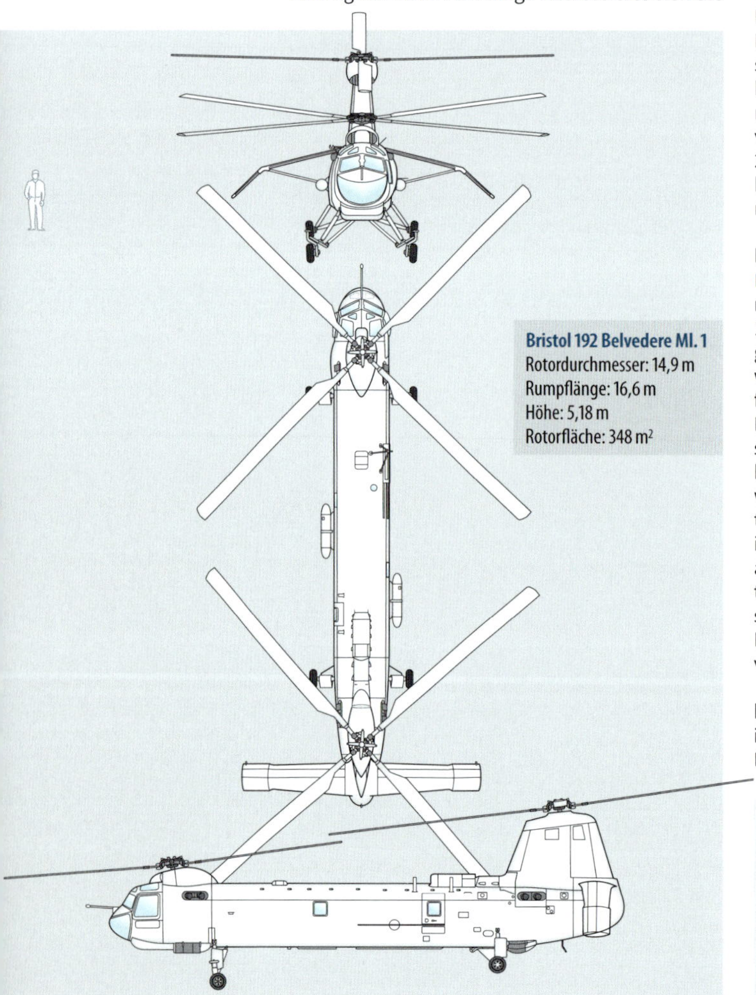

Bristol 192 Belvedere Ml. 1
Rotordurchmesser: 14,9 m
Rumpflänge: 16,6 m
Höhe: 5,18 m
Rotorfläche: 348 m²

Besatzung: 2
Triebwerke: 2 Wellenturbinen Napier Gazelle N Ga. 2 mit je 1092 kW (1485 PS).
Leistungen: Höchstgeschwindigkeit 222 km/h, Reisegeschwindigkeit 185 km/h, Dienstgipfelhöhe 3700 m, Reichweite 740 km
Gewichte: Leermasse 5148 kg, maximale Abflugmasse 8618 kg.

De Havilland DH 110 Sea Vixen

Ursprungsland
Großbritannien
Kategorie
Allwetter-Abfangjäger

Entwicklung: Im Januar 1947 erschien eine Spezifikation der Royal Navy für einen trägergestützten, zweistrahligen Allwetter- und Nachtjäger, für die fünf Firmen Entwürfe einreichten. De Havillands Vorschlag basierte auf einem früheren Entwurf für die RAF, von dem im Juni 1948 die Navy und RAF drei Prototypen und später weitere acht zur gemeinsamen Erprobung bestellte, jedoch im Juni 1952 auf zwei reduzierte. Bereits im September startete die DH. 110 zum Erstflug, der zweite Prototyp im Juli 1952. Mit seinem Twin-Boom-Design war der zweistrahlige Jet deutlich leistungsstärker als die zu ersetzende Sea Venom [Bd. 1]. Der Pilot saß auf der linken Seite und der Navigator/Radaroperator auf der rechten in einem kleinen Compartment. Die Erprobung verlief relativ ereignislos, bis sich im September 1952 bei einer Flugschau eine Vixen in der Luft zerlegte. Nach umfangreichen Untersuchungen und Modifikationen flog im Juni 1955 der dritte Prototyp, dem eine Order der Navy von 75 Exemplaren vorausging – die RAF stieg schon vorher aus dem Vertrag aus. Erste Serienmaschinen FAW. 1 (Fighter All Weather Mark 1), von schließlich 119 bestellten, flogen im März 1957. Währenddessen arbeitet man an einer verbesserten Version FAW. 2 [Zchng.], die erstmals im Juni 1962 abhob. Neben Detailverbesserungen wurden zur Erweiterung des Kerosinvorrats nach vorn verlängerte Heckausleger über dem Flügel montiert. Dazu kam neue Elektronik und die Möglichkeit, gelenkte Luft-Luft-Raketen zu verschießen. Die ersten von 29 neu gebauten FAW 2 wurden 1964 in Dienst gestellt. 16 FAW. 1 erhielten ein Upgrade auf FAW. 2-Level.

Insgesamt wurden nur 148 Sea Vixen produziert.

Bemerkungen: Nachdem sich die RAF für die Gloster Javelin [S. 46] entschied, blieb die Royal Navy der einzige Betreiber der Sea Vixen, die sie teilweise auch als Jagdbomber und Aufklärer von ihren Flugzeugträgern aus einsetzte. Bei seinen Piloten war der erste Navy-Jet, der nur mit Raketen bewaffnet war, offensichtlich beliebt, dagegen sprachen aber insgesamt 55 Totalverluste. Die Sea Vixen nahm nur unterstützend an Kampfhandlungen 1961 in Kuwait und 1964 in Tansania teil, überwachte die Öltransporte in diversen Seegebieten und diente dem Schutz britischer Interessen im gesamten weltweiten Bereich des Commonwealth. Um 1966 stellte die Navy die ersten FAW. 1 außer Dienst und ab 1972 die neueren FAW. 2, die durch F-4 Phantom ersetzt wurden. Einige wenige baute man noch zu Drohnen D. 3 und Zielschleppern TT. 2 um.

Zahlreiche Vixen wurden an überwiegend britische Museen abgegeben, eine z. B. an das Imperial War Museum in Duxford, Großbritannien.

Besatzung: (FAW. 2) 2
Triebwerke: (FAW. 2) Zwei Axialstrahltriebwerke Rolls-Royce Avon 208 mit je 50 kN Schub.
Leistungen: (FAW. 2) Höchstgeschwindigkeit 1110 km/h, Dienstgipfelhöhe 14 600 m, Reichweite 1000 km.
Gewichte: (FAW. 2) Leermasse 12 679 kg, Abflugmasse 18 858 kg, maximale Abflugmasse 21 205 kg.
Bewaffnung: (FAW. 2) Zwei einziehbare Raketenbehälter für je 14 ungelenkte Luft-Luft-Raketen, vier Luft-Luft- oder Luft-Boden-Raketen an Außenstationen.

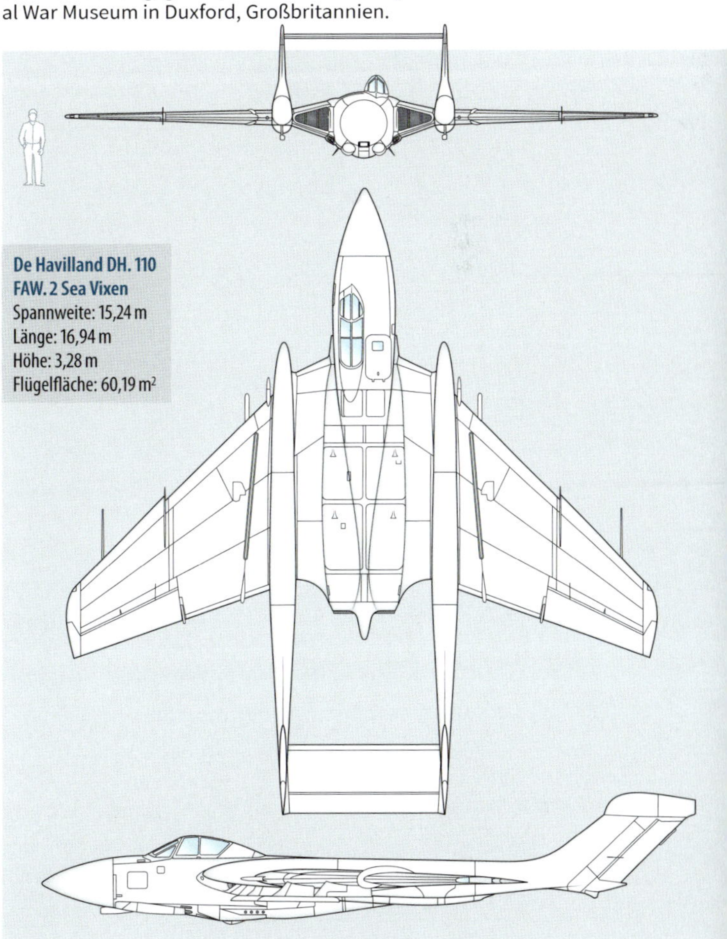

De Havilland DH. 110 FAW. 2 Sea Vixen
Spannweite: 15,24 m
Länge: 16,94 m
Höhe: 3,28 m
Flügelfläche: 60,19 m²

English Electric Canberra

Ursprungsland
Großbritannien
Kategorie
Leichter Bomber, Aufklärer

Entwicklung: Bereits 1944 suchte die RAF einen Nachfolger für die Mosquito, der von Strahltriebwerken angetrieben werden sollte. Im Januar 1946 bestellte das Luftfahrtministerium nach mehreren Überarbeitungen vier Prototypen der A. 1, die in Ganzmetallbauweise noch teilweise auf Konstruktionselementen früherer Flugzeuge basierte, wie z. B. den Verzicht auf gepfeilte Flügel. Der Erstflug verzögerte sich jedoch durch zahlreiche Änderungen und die schwierige Entwicklung des Avon-Triebwerks. Erst im Mai 1949 hob der Prototyp ab. Die Erprobung verlief relativ problemlos, u. A. wurden Tiptanks eingeführt und die Crew um einen Bombenschützen erweitert, weil das Radar noch nicht verfügbar war. Bereits im März 1949 bestellte die RAF die ersten 132 B. 2 von insgesamt 418, deren erste im April 1950 abhob. Der Beginn des Koreakrieges 1950 ließ die Bestellungen stark ansteigen, so dass mehrere britische Firmen in die Produktion einbezogen werden mussten. Mit der 2. Generation, ab der verlängerten B. 5, wurden Avon RA. 7 mit je 33,3 kN Schub und Flügeltanks eingeführt. Die 3. Generation, ab der B. 8, bekam ein nach links versetztes einzelnes Cockpit, rechts davon saß der Navigator im Rumpf. Ein Behälter mit vier MKs konnte mitgeführt werden, dazu kamen zwei Außenstationen für je 450 kg Bomben. Die Konstruktion war so variabel, dass ca. 40 Versionen abgeleitet werden konnten, darunter Nacht-Jagdbomber, Höhenaufklärer, Trainer, ECM-Maschinen, Zielschlepper, Radartrainer usw., dazu kamen noch spezielle Exportversionen. In Lizenz produziert wurden 451 bei Martin [S. 188] in den USA und 48 bei GAF in Australien.

1961 wurde nach 1352 Canberras (inklusive der Lizenzexemplare) die Produktion eingestellt.

Bemerkungen: Noch zur ersten Jet-Generation gehörend, war die Canberra, wegen ihrer damals enormen Geschwindigkeit und Flughöhe, ein Problem für feindliche Jagdflugzeuge und deshalb in zahlreichen Staaten, sogar in den USA, begehrt. Sie wurde, auch wegen ihrer Anpassungsfähigkeit an unterschiedliche Rollen, zum Verkaufsschlager für English Electric. Die RAF flog sie als Höhenaufklärer, auch über Osteuropa und als leichten Bomber in der Suezkrise und in Malaysia, einige Betreiber bei lokalen Auseinandersetzungen in Asien und Afrika. Die USA setzten ihre bei Martin gebauten Canberras in Vietnam als Erdkämpfer und in einer modifizierten Version weltweit als Höhenaufklärer ein. Teilweise blieben die robusten Maschinen sehr lange Zeit in Betrieb: die letzten RAF-Bomber flogen bis 1972, die letzten RAF-Aufklärer wurden erst 2006, nach 55 Jahren, stillgelegt.

Weltweit präsentieren zahlreiche Museen Canberras. Eine z. B. das Technikmuseum Sinsheim, eine die Flugausstellung in Hermeskeil.

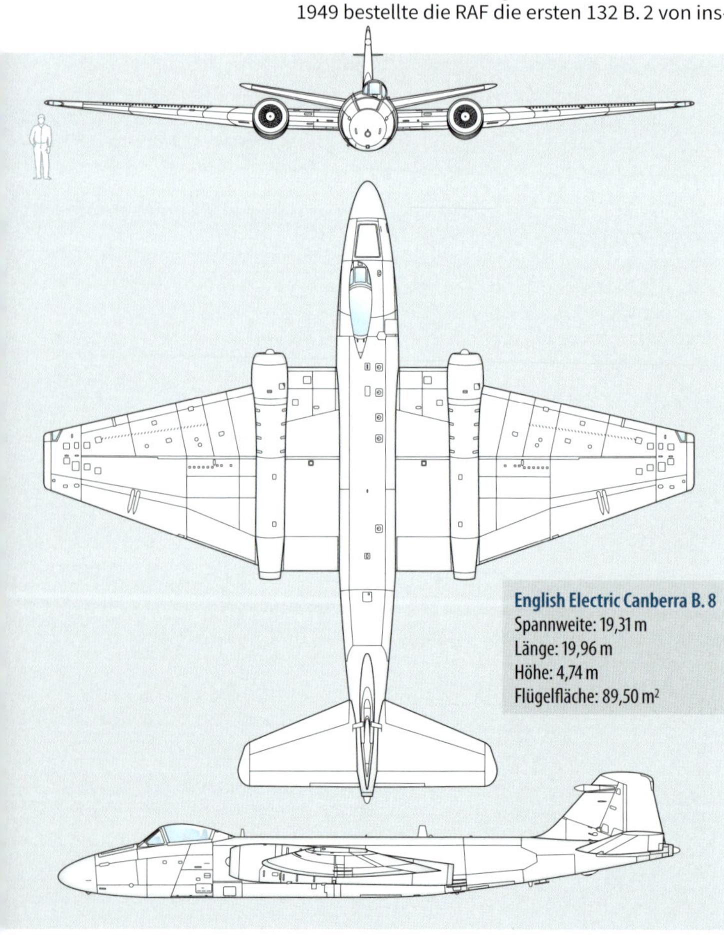

English Electric Canberra B. 8
Spannweite: 19,31 m
Länge: 19,96 m
Höhe: 4,74 m
Flügelfläche: 89,50 m²

Besatzung: 2
Triebwerke: Zwei Axialstrahltriebwerke Rolls-Royce Avon 109 mit je 33,36 kN Schub.
Leistungen: Höchstgeschwindigkeit 901 km/h in 12 200 m, Reisegeschwindigkeit 650 km/h, Dienstgipfelhöhe 14 630 m, Reichweite 1300 km.
Gewichte: Leermasse 10 519 kg, Abflugmasse 21 319 kg, maximale Abflugmasse 23 234 kg.
Bewaffnung: Bis zu 2700 kg Bomben im Schacht und max. 908 kg Bomben, MGs, Raketen oder Droptanks extern.

English Electric Lightning

Ursprungsland
Großbritannien
Kategorie
Abfangjäger

Entwicklung: Schon Ende der 1940er-Jahre arbeitete English Electric an einem Überschalljäger mit stark gepfeilten Tragflächen und bereits 1953 begann man die ersten drei, relativ seriennahen Prototypen P.1 zu bauen, von denen der erste im August 1954 abhob. Sie sollten zum Schutz von RAF-Basen eingesetzt werden und hoch anfliegende sowjetische Bomber abfangen. Auffallend waren die beiden übereinanderliegenden Triebwerke, der dicht gepackte Rumpf und sehr dünne Flügel, die noch das schmale Fahrwerk aufnehmen mussten. Neben den außergewöhnlich guten Flugleistungen blieb aber das geringe Tankvolumen und die Reichweite ein stetes Problem. Die ersten Vorserien-Lightnings wurden im Dezember 1959 der RAF übergeben, die ersten Serien Lightnings F.1 stellte die RAF im Mai 1960 in Dienst. Mit der F.2 A wurden stärkere Triebwerke und ein Unterrumpf-Tank eingeführt. Es folgten etliche einsitzige Varianten bis zur F.6 mit Zusatztanks über den Tragflächen. Vom kampffähigen Side-by-side-Doppelsitzer T.4 und T.5 wurden 44 ausgeliefert. Als Exportversion mit Hardpoints für Raketenbehälter und Bomben erhielt Saudi-Arabien 43 F.52, 2 T.54 und 6 T.55, die kuwaitische Luftwaffe flog 12 F.53 und 2 T.55. Eine 1963 ausgearbeitete zweisitzige Version mit Schwenkflügeln blieb ein Reißbrettprojekt.

Inklusive aller Prototypen und Vorserienflugzeuge produzierte English Electric 337 Lightnings.

Bemerkungen: Mit Einführung der Lightning 1960 stellte Großbritannien das erste britische Serienflugzeug in Dienst, das Mach 2 erreichte und damit einen extrem leistungsfähigen Überschall-Abfangjäger, der auch später mit den modernsten US-Jägern, wie z. B. der F-15, in den Flugleistungen mithalten konnte. Stationiert waren Staffeln in Großbritannien, Singapur, Zypern und Deutschland. Der stets weiterentwickelte Jet war angeblich leicht zu fliegen und zu Beginn seiner Karriere ein effektiver Abfangjäger. Allerdings wurde auch schnell klar, dass sie es mit ihrer geringen Reichweite und Waffenlast z. B. gegen die F-4 Phantom [S. 190] schwer hatte. So begann man schon 1974 die komplexen Jets allmählich aus dem Dienst zunehmen, zumal der hohe Wartungsaufwand mit zunehmendem Alter weiter zunahm. Ende April 1988 wurden die letzten RAF-Lightnings stillgelegt. Bis 1993 flogen noch drei private(!) in Südafrika.

Zahlreiche Lightnings erhielten Museen in Großbritannien, die meisten wurden verschrottet. In Deutschland findet man F.2 A in der Flugausstellung Hermeskeil und im Luftwaffenmuseum Gatow.

Besatzung: 1
Triebwerke: (F.6) Zwei Axialstrahltriebwerke Rolls-Royce Avon 301 R mit je 56,4 kN Schub, 72,8 kN mit Nachbrenner.
Leistungen: (F.6) Höchstgeschwindigkeit 2450 km/h in 12 000 m, Steigzeit auf 11 000 m 2 min 48 sec, Dienstgipfelhöhe 21 000 m, Reichweite 1360 km, Überführungsreichweite 2000 km mit Zusatztanks.
Gewichte: (F.6) Leermasse 14 092 kg, Abflugmasse 18 632 kg, maximale Abflugmasse 20 752 kg.
Bewaffnung: (F.6) Zwei MGs unter dem Rumpf, zwei Luft-Luft-Raketen seitlich, zwei Zusatztanks über den Tragflächen..

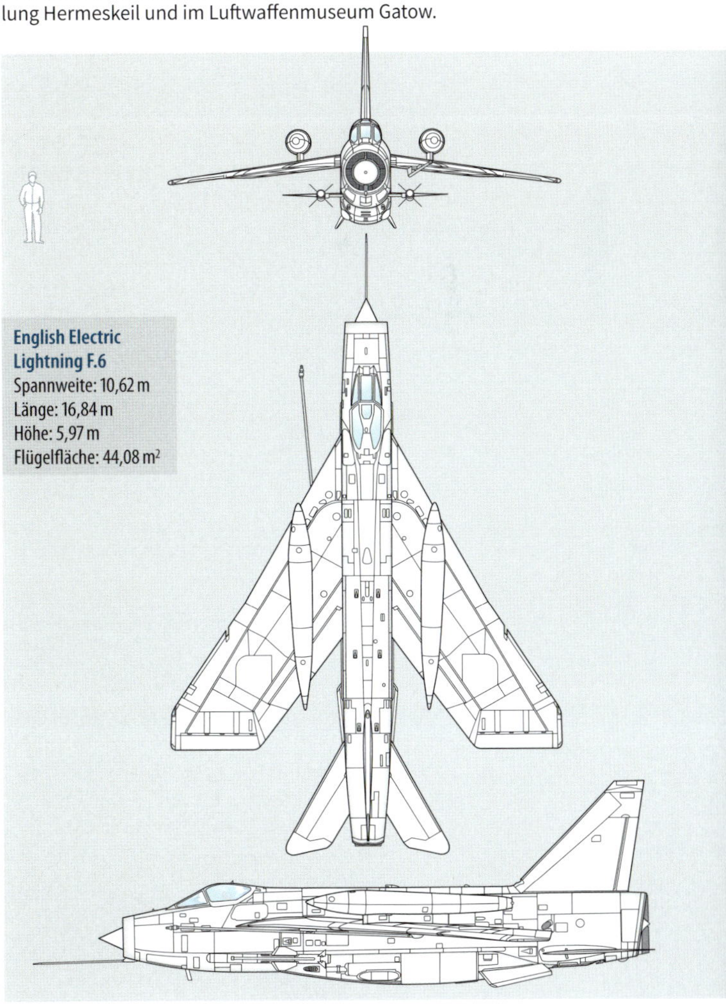

English Electric Lightning F.6
Spannweite: 10,62 m
Länge: 16,84 m
Höhe: 5,97 m
Flügelfläche: 44,08 m²

Fairey Gannet

Ursprungsland
Großbritannien
Kategorie
U-Boot-Jagdflugzeug

Entwicklung: Im August 1946 erhielten Fairey und Blackburn den Auftrag Prototypen eines trägergestützten U-Boot-Jägers zu entwickeln. Faireys Prototyp flog im September 1949 erstmals. Die in Ganzmetallbauweise hergestellte Gannet wurde von einer Propellerturbine Double Mamba angetrieben, die aus zwei gekoppelten Antriebseinheiten bestand, um die beiden gegenläufigen Propeller anzutreiben. So konnte, um Kerosin zu sparen, während des Reiseflugs eine Turbine mit Propeller stillgelegt werden. In jeweils eigenen Kabinen saßen Pilot, Beobachter und Radaroperator, der das hinter dem Waffenschacht liegende ausfahrbare Radar der AS. 1 bediente. Die Flügel konnten zum Verstau über zwei Gelenke z-förmig gefaltet werden. Bereits im Juni 1953 wurden nach ausgiebigen Tests, die noch Änderungen nach sich zogen, die ersten von 183 AS.1-Serienmaschinen ausgeliefert. Im August 1954 flog auch die erste von 38 Gannet T.2 [Bild], eine Trainervariante mit einem Periskop für den hinten sitzenden Fluglehrer. Um die Maschine für trägergestützte Frühwarnmissionen einzusetzen, wurde sie zur zweisitzigen AEW.3 (44 St.) grundlegend umkonstruiert. Sie erhielt einen modifizierten Rumpf mit einer 3875 PS starken Double Mamba, ein neues Cockpit und ein Compartment im Rumpf für den Radaroperator, der das voluminöse Radar unter dem Rumpf bediente [Zchng.]. Ab 1955 wurden die ersten von 75 Maschinen der verbesserten AS.4-Version ausgeliefert, dazu 11 passende Trainer T.5. Für ECM-Missionen baute Fairey 9 AS.4 zur ECM.6 um.

Insgesamt rollten 348 Gannets aller Varianten bei Fairey aus den Werkhallen.

Bemerkungen: Großbritannien betrieb Gannets überwiegend auf Flugzeugträgern, einige wenige Trainer auch von Küstenbasen. Mitte der 1960er-Jahre wurden sie schließlich durch Westland Wessex-Helikopter [S. 59] ersetzt, ein Teil aber für ECM-Missionen weiter geflogen, einige nutzte man auch als Transporter zu Flugzeugträgern. Trotz des komplizierten Antriebs mit Doppelturbine und Getriebe gab es damit relativ wenig Probleme, allerdings sind insgesamt 52 Gannets in Großbritannien und Deutschland verloren gegangen. Neben Australien (33 AS.1 und 3 T.2) flog auch die indonesische Marine 18 AS.4 und T.5, die bis in die 1980er-Jahre im Einsatz waren. Auch die Marineflieger der Bundesrepublik erwarben 1958 15 AS.4 und eine T.5, die in U-Boot-Jagdstaffeln bis 1966 von Norddeutschland aus geflogen wurden, bis sie von der Breguet Atlantic [S. 23] abgelöst wurden.

Museumsexemplare werden in Großbritannien, Australien, Indonesien und Deutschland präsentiert. Eine z. B. im militärhistorischen Museum Gatow und im Marinefliegermuseum Nordholz.

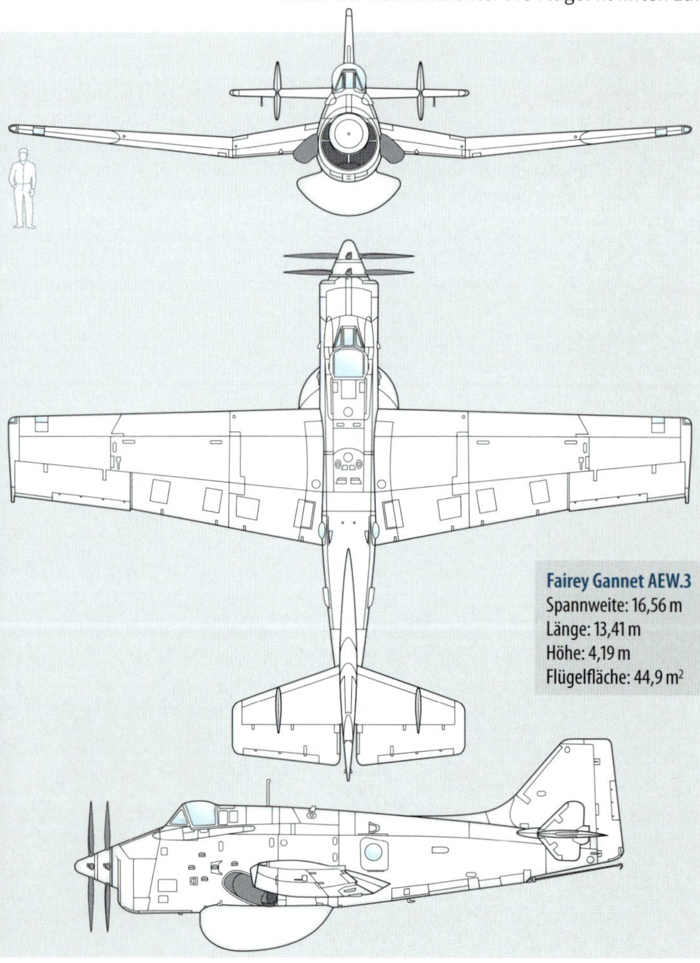

Fairey Gannet AEW.3
Spannweite: 16,56 m
Länge: 13,41 m
Höhe: 4,19 m
Flügelfläche: 44,9 m²

Besatzung: 3
Triebwerk: (AS. 4) Eine Doppel-Propellerturbine Armstrong Siddeley Double Mamba mit 2313 kW (3145 PS).
Leistungen: (AS. 4) Höchstgeschwindigkeit 497 km/h, Reisegeschwindigkeit 400 km/h, Dienstgipfelhöhe 7620 m, Reichweite ca. 1500 km.
Gewichte: (AS. 4) Leermasse 6841 kg, maximale Abflugmasse 8898 kg.
Bewaffnung: (AS. 4) Im Schacht zwei Torpedos oder bis zu 900 kg Minen, Wasserbomben, Sonarbojen und extern Raketen.

Folland Gnat

Ursprungsland
Großbritannien
Kategorie
Kampfflugzeug, Trainer

Entwicklung: Zu Beginn der 1950er-Jahre begann Folland Aircraft an einem Kampfflugzeugprojekt zu arbeiten, das durch eine einfache Konstruktion und geringe Größe leicht herzustellen war, um vor allem die Kosten der immer teurer und größer werdenden Kampfflugzeuge in den Griff zu bekommen. Der Proof-of-Concept-Demonstrator Folland Midge mit einem Armstrong Siddely Viper-Strahltriebwerk, der im August 1954 erstmals abhob, wurde im September 1955 bei einem Unfall zerstört. Folland entwickelte aber in Eigenregie parallel zur Midge die etwas größere Gnat mit einem Bristol Orpheus-Triebwerk, die im Juli 1955 erstmals flog. In herkömmlicher Ganzmetallbauweise einfach aufgebaut, war sie mit einem druckbelüfteten Cockpit und Schleudersitz ausgerüstet und konnte auch von Grasbahnen aus operieren. Mit einer ersten RAF-Bestellung über sechs Exemplare konnte Folland die Entwicklung fortsetzen. Der zweisitzige Trainer T. 1 [Bild] erhielt einen neuen Flügel, größere Tanks und ein leistungsfähigeres Triebwerk. Die RAF erteilte dafür im Januar 1958 einen Auftrag für 14 Vorserienflugzeuge und nach der Übernahme Follands durch Hawker Siddeley wurden ab 1960 weitere 91 doppelsitzige Trainer geordert. Finnland bestellte 11 einsitzige Kampfflugzeuge F. 1 [Zchng.] und 2 Fotoaufklärer FR. 1, deren Auslieferung im Juli 1958 begann. Indiens HAL schloss 1956 einen Lizenzvertrag über 175 Flugzeuge, erhielt 13 fertige Gnats und anschließend vorgefertigte Baugruppen. Die letzte indische, verbessert und komplett selbst hergestellte HAL Ajeet rollte im Januar 1974 aus den Werkhallen. Jugoslawien testete 1958 zwei Gnat F. 1, es folgte aber keine Bestellung.

Inklusive der indischen Lizenzproduktion sind 449 Flugzeuge ausgeliefert worden.

Bemerkungen: Die in herkömmlicher Ganzmetallbauweise konstruierte Gnat erfüllte tatsächlich die in sie gesetzten Erwartungen der Kostenreduktion, es stellte sich jedoch während des Betriebs bei allen Betreibern heraus, dass die Flugzeuge zwar sehr gute Leistungen zeigten, der Wartungsaufwand aber hoch war und die Flugeigenschaften vor allem für Neulinge auf dem Flugzeug nicht problemlos waren. Finnland legte seine Gnats nach einigen Unfällen mit Einführung der Saab Draken [S. 90] 1972 still. Indiens Ajeets wurden zwar erfolgreich in den indisch-pakistanischen Auseinandersetzungen eingesetzt, beklagt wurden aber auch zahlreiche technische Probleme. Großbritannien nahm seine Trainer nach Einführung der Hawk bis November 1978 aus dem Dienst und veräußerte zahlreiche Jets auch an private Käufer, von denen einige heute noch flugfähig sind.

Alle Luftfahrtmuseen in den Betreiberländern Indien, Großbritannien und Finnland präsentieren Gnats.

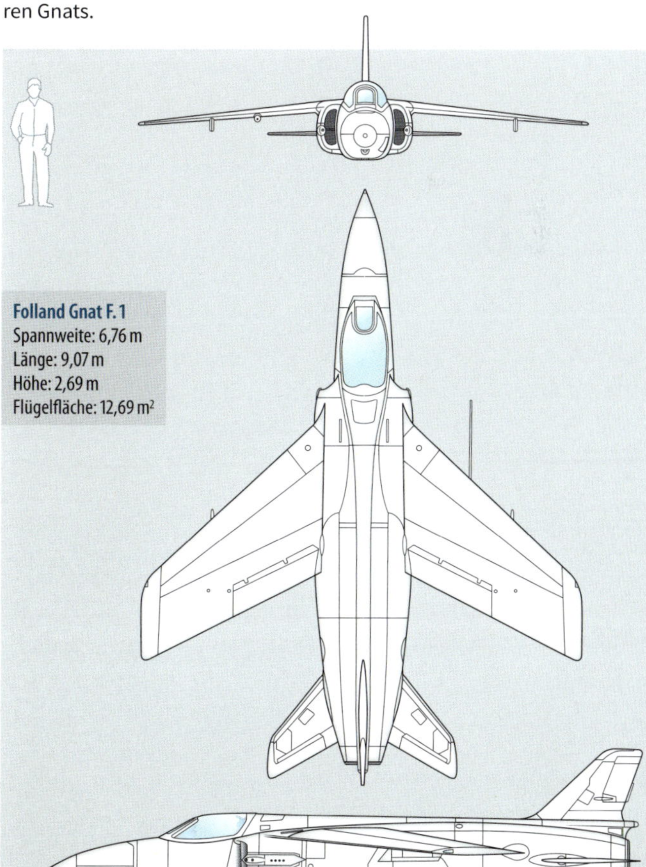

Folland Gnat F. 1
Spannweite: 6,76 m
Länge: 9,07 m
Höhe: 2,69 m
Flügelfläche: 12,69 m²

Besatzung: 1
Triebwerk: (F. 1) Ein Axialstrahltriebwerk Bristol Siddeley BOr. 2 Orpheus 701-01 mit 20,93 kN Schub.
Leistungen: (F. 1) Höchstgeschwindigkeit 1119 km/h in 6100 m, Dienstgipfelhöhe 15 000 m, Steigzeit auf 13 700 m 5 min, Reichweite ca. 800 km.
Gewichte: (F. 1) Leermasse 2177 kg, Abflugmasse 2982 kg, maximale Abflugmasse 4100 kg.
Bewaffnung: (F. 1) Zwei MKs im Rumpf, zwölf Luft-Boden-Raketen oder zwei 227 kg-Bomben.

Gloster Javelin

Ursprungsland
Großbritannien
Kategorie
Abfangjäger

Entwicklung: Im Januar 1947 gab die britische Navy eine Spezifikation für einen zweistrahligen, mit Radar ausgestatteten Allwetter- und Nachtjäger heraus. Im April 1949 erhielten schließlich de Havilland mit der Sea Vixen [S. 41] und Gloster mit der Javelin den Auftrag je vier Prototypen zu bauen. Erstflug war im November 1951. Bei den Tests und der zum Teil problematischen Erprobung mit zwei Crashs, konnte sich Gloster trotzdem bei der RAF durchsetzen, während die Vixen nur von der Navy eingesetzt wurde. Schon Mitte 1953 erhielt Gloster einen Auftrag für 40 FAW. 1 (Fighter All Weather Mk. 1), obwohl die Erprobung mit insgesamt sieben Prototypen noch andauerte. 1954 begannen die Auslieferungen der ersten Serienmaschinen, die auch für die Einsatzerprobung herangezogen wurden. Ständige Verbesserungen führten zu neun Javelin-Varianten, die sich zum Teil nur durch die Ausrüstung unterschieden, aber einige auch durch gravierende konstruktive Änderungen. So wurde mit der FAW. 4 ein Pendelhöhenruder und Stallstrips am Flügel eingeführt, um die kritischen Stall-Eigenschaften zu verbessern. Erst ab November 1956, mit dem Erstflug der FAW. 7 (142 St.) wurden die ursprünglichen Forderungen der RAF erfüllt. Sie erhielt stärkere Triebwerke und einen verlängerten Rumpf. Die FAW. 8 (Erstflug Mai 1958) bekam nochmals verbesserte Sapphire-Antriebe mit Nachbrenner, geänderte Tragflächen und einen Flugstabilisator. Aus 118 vorhandenen FAW. 7-Rümpfen und neugebauten FAW. 8-Tragflächen entstand die FAW. 9 [Bild]. Mit Luftbetankungseinrichtungen wurden 44 zur FAW. 9 R umgerüstet und weitere 40 trugen Zusatztanks unter den Flügeln. Vom 1956 entwickelten, bewaffneten Trainer T. 3 mit höherem hinteren Cockpit wurde ein Prototyp und 22 Serienflugzeuge ausgeliefert.

Gloster produzierte 302 von 435 Javelins und Armstrong Whitworth die restlichen 133.

Bemerkungen: Mit dem Jet erhielt die RAF 1954 einen anfangs problematischen Deltaflügler, der erst im August 1956 einsatzbereit und dank vieler Upgrades mit den letzten Versionen ausgereift war. Mit speziellen Schulungen sind die Crews deshalb auf den Jäger vorbereitet worden. Stationiert waren die Allwetter- und Nachtjäger der RAF zuerst in Großbritannien, später auch in Zypern, Sambia, Singapur, Malaysia und Hongkong, sowie in Deutschland bis 1966. Die letzte Staffel in Singapur löste die RAF 1968 auf und ersetzte sie durch English Electric Lightnings [S. 43].

Vermutlich sind 10 Javelins erhalten geblieben. Davon acht in Großbritannien, eine z. B. im Imperial War Museum in Duxfod.

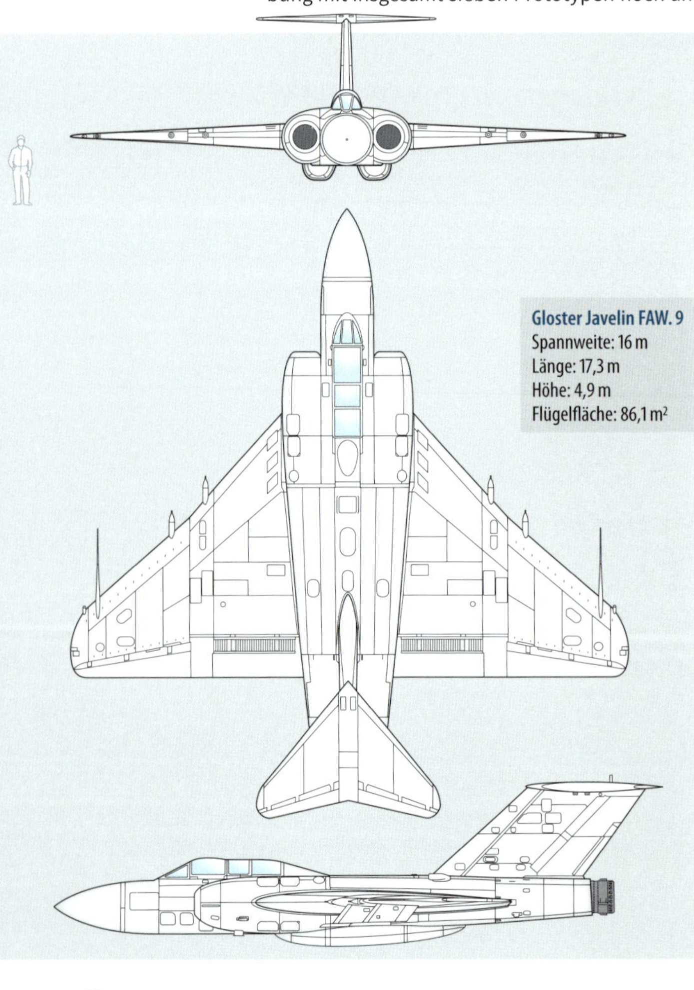

Gloster Javelin FAW. 9
Spannweite: 16 m
Länge: 17,3 m
Höhe: 4,9 m
Flügelfläche: 86,1 m²

Besatzung: 2
Triebwerke: (FAW. 9) Zwei Axialstrahltriebwerke Armstrong-Siddeley Sapphire 7R mit je 48,9 kN Schub, mit Nachbrenner je 54 kN Schub.
Leistungen: (FAW. 9) Höchstgeschwindigkeit 1140 km/h in 8000 m, Dienstgipfelhöhe 16 000 m, Reichweite 1530 km.
Gewichte: (FAW. 9) Leermasse 10 865 kg, Abflugmasse 17 420 kg, maximale Abflugmasse 19 580 kg.
Bewaffnung: (FAW. 9) Zwei MKs im Flügel, Luft-Luft-Raketen oder Raketenpods oder 450 kg-Bomben an vier Flügelstationen.

Handley Page H.P. 80 Victor

Ursprungsland
Großbritannien
Kategorie
Strategischer Bomber, Tankflugzeug

Entwicklung: Im Zuge der atomaren Abschreckung wurde im Januar 1947 eine RAF-Spezifikation publiziert, die einen atomwaffenfähigen Bomber mit einem Einsatzradius von 2800 km und 4,5 t Nutzlast forderte. Handley Page bekam mit der Victor, Vickers mit der Valiant und Avro mit der Vulcan [S. 27] Aufträge für je zwei Prototypen. Nach einem aufwendigen Entwurfsprozess, bei der die außergewöhnliche aerodynamische Flügelform an einem Segler und einem Kampfflugzeug erprobt wurde, startete im Dezember 1952 die Victor zu ihrem Erstflug. Der Absturz des ersten Prototyps im Juli 1954 führte zu einer Rumpfverlängerung um den Schwerpunkt zu korrigieren. Mit dem Serienbau von 50 B.1 [großes Bild], angetrieben von Armstrong Siddeley Sapphire-Triebwerken mit je 49,1 kN Schub, konnten ab Februar 1956 die ersten Victors ausgeliefert werden. Davon wurden 24 zur B.1 A mit Heck-Warnradar nachgerüstet. Währenddessen arbeitet Handley Page an einer von der RAF geforderten leistungsfähigeren B.2 [Zchng.], die schließlich mit Rolls-Royce-Conway-Triebwerken im Februar 1959 erstmals abhob. Die Leistungssteigerungen bedingten jedoch erweiterte Lufteinlässe, eine größere Spannweite und aerodynamische Verdrängungskörper auf der Flügeloberseite. Von den 34 gebauten Bombern wurden ab 1965 neun zu strategischen Kameraufklärern B SR.2 umgebaut. Mit dem Ende der Valiant-Tanker ließ die RAF ab Mitte 1964 31 B.1 in K.1- und 24 B.2 in K.2-Tanker umbauen. Erst nach fast 30 Jahren, im Oktober 1993, wurde der letzte Victor-Tanker stillgelegt.

Inklusive der beiden Prototypen rollten bei Handley Page 86 Victor aus den Werkhallen.

Bemerkungen: Die Victor, einer der drei V-Bomber, wurde nie als Atombomber eingesetzt, auch nicht als konventioneller Bomber, aber sehr erfolgreich 1982 beim Falklandkrieg als Tanker für die Angriffe der Avro Vulcan von England aus(!) und noch einmal 1991 beim Irakkrieg, um dort stationierte Kampfflugzeuge zu betanken.

Vier haben überlebt. Davon steht eine im Imperial War Museum Duxford, Großbritannien.

Ein K.2-Tanker mit zusätzlichen großen, externen Kerosinbehältern unter den Flügeln und Pods für die Schlauchbetankung.

Besatzung: (B.2) 5
Triebwerke: (B.2) Vier Axialstrahltriebwerke Rolls-Royce Conway 201 mit je 87,88 kW Schub.
Leistungen: (B.2) Höchstgeschwindigkeit 1038 km/h, Reisegeschwindigkeit 957 km/h, Dienstgipfelhöhe 16 750 m, Reichweite 7400 km.
Gewichte: (B.2) Leermasse 44 450 kg, maximale Abflugmasse 101 150 kg.
Bewaffnung: (B.2) Im Schacht bis zu 15 750 kg freifallende Bomben unterschiedlichen Kalibers, oder Atombomben oder extern ein Cruise Missile Blue Steel mit Atomsprengkopf.

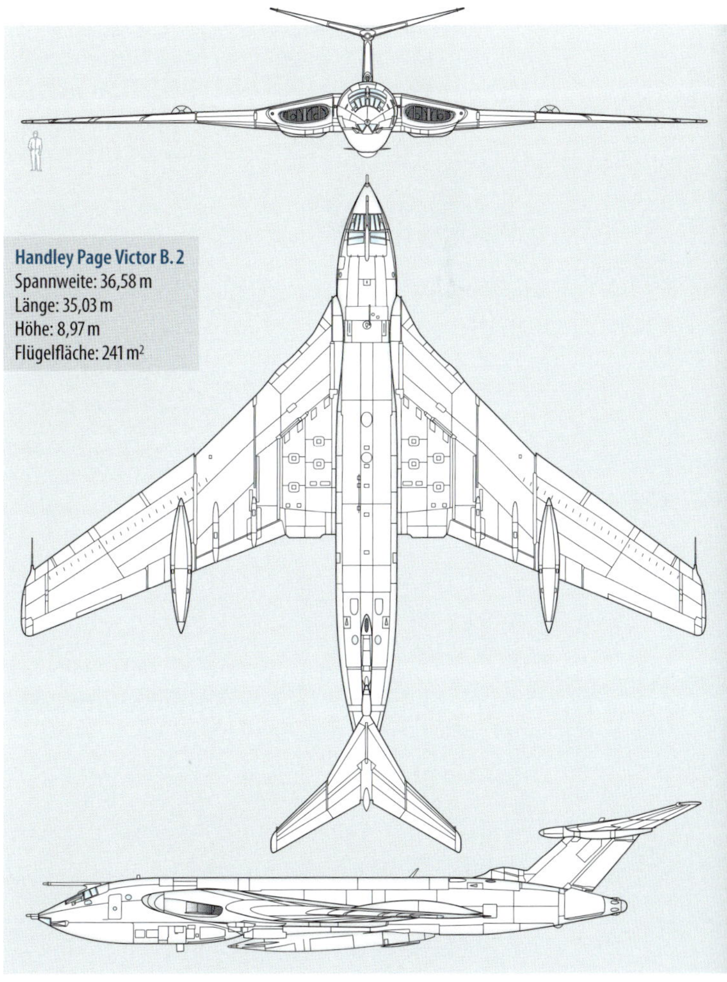

Handley Page Victor B. 2
Spannweite: 36,58 m
Länge: 35,03 m
Höhe: 8,97 m
Flügelfläche: 241 m²

Hawker Siddeley Hunter

Ursprungsland
Großbritannien
Kategorie
Jagdbomber

Entwicklung: 1946 veröffentlichte die britische Regierung eine Spezifikation für einen Abfangjäger, dessen Entwicklung unter dem Druck des Kalten Kriegs, zur Hawker P.1067 führte. Sie sollte durch Radar geführt, sowjetische Bomberverbände abfangen. Im Juli 1951 flog ein Prototyp, im Mai 1952 schon der bewaffnete zweite Prototyp mit einem 33,58 kN-starken Avon 107 und der dritte im November 1952 mit dem alternativ eingebauten Armstrong Siddeley Sapphire. Im März 1953 hob die erste Serien-F.1 ab, (139 Stück). Daraufhin Tagjagd-Varianten bis zur F.5 [Zchng.] auch in größeren Stückzahlen. Mit dem Jagdbomber F.6 [Bild oben] wurde das stärkere Avon 203, größere Tanks und ein überarbeiteter Flügel mit Hardpoints eingeführt. 384 gingen an die RAF, 97 bauten die Niederlande und 144 Belgien unter Lizenz. Es wurden zudem Erdkämpfer, zweisitzige Schul- und Trainingsflugzeuge, eine Navy-Hunter mit Fanghaken und Aufklärer ausgeliefert. Von fast allen Varianten gab es Exportversionen, die an Zahlen über 50 (z. B. F Mk. 58 für die Schweiz) erkennbar waren.

Insgesamt wurden 1972 Hunter hergestellt.

Bemerkungen: Ab 1954 war die Hunter im RAF-Einsatz, erst als Abfangjäger, mit Einführung von Überschalljägern Mitte der 1950er-Jahre als Jagdbomber und Aufklärer. Großbritannien, Dänemark, Niederlande und Belgien beschafften sie in hoher Stückzahl z. T. mit finanzieller Unterstützung der NATO. Daneben exportierte Hawker und einige Betreiberländer neue und gebrauchte Hunter in über 20 Länder. Sie wurden in zahlreichen Konflikten eingesetzt: u. A. während der Suez-Krise 1956, im Brunei-Aufstand 1962 und in Aden 1964. Aber auch 1967 von Jordanien und Irak im Sechstagekrieg, Chile beim Putsch 1970, Somalia im Bürgerkrieg und Rhodesien in den 1970er-Jahren, Indien in den Auseinandersetzungen mit Pakistan 1965 und 1971, sowie von Saudi-Arabien im Jemen 1962 – 1967. Die RAF ersetzte ihre robusten und langlebigen Hunter schließlich durch modernere Jets, die letzten Aufklärer wurden Anfang der 1970er-Jahre ausgemustert, ein paar Schul- und Testmaschinen erst 1980. Die Schweiz flog sie nach etlichen Modifikationen bis 1994 und der Libanon bis 2014.

Zahlreiche Hunter sind noch in Betrieb. Fast 30 stehen in Museen, hauptsächlich in Großbritannien, eine z. B. auch im Flieger Flab Museum, Dübendorf, Schweiz.

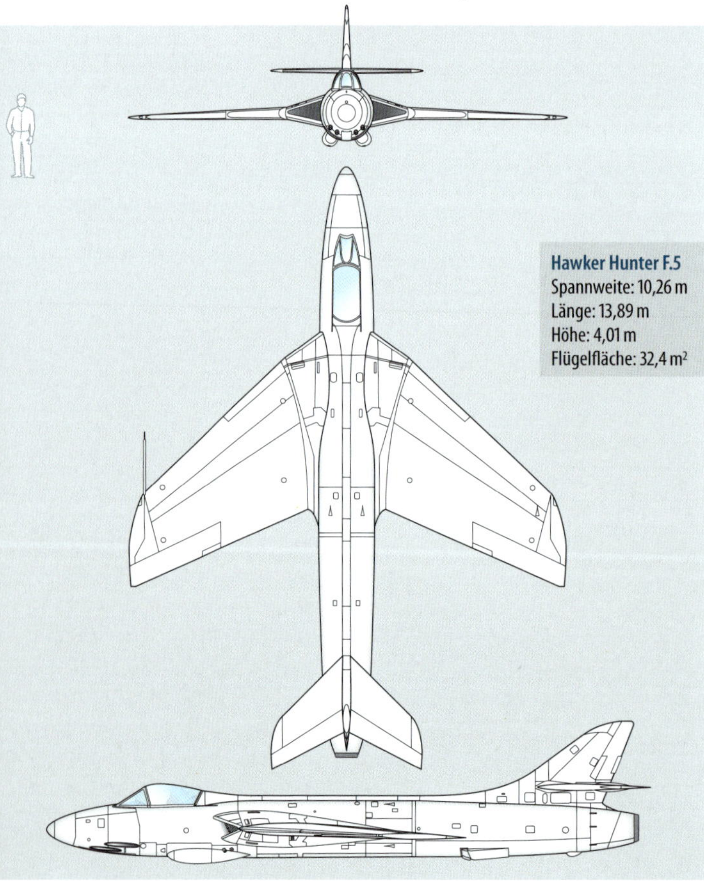

Hawker Hunter F.5
Spannweite: 10,26 m
Länge: 13,89 m
Höhe: 4,01 m
Flügelfläche: 32,4 m²

Ein Side-by-side-Doppelsitzer T.8 C der RAF.

Besatzung: (F.6) 1
Triebwerk: (F.6) Ein Axialstrahltriebwerk Rolls-Royce Avon 207 mit 45,31 kN Schub.
Leistungen: (F.6) Höchstgeschwindigkeit 1003 km/h in 11 000 m, Dienstgipfelhöhe 15 000 m, Reichweite 620 km, Überführungsreichweite mit externen Tanks 3100 km.
Gewichte: (F.6) Leermasse 6406 kg, Abflugmasse 8051 kg, maximale Abflugmasse 11 158 kg.
Bewaffnung: (F.6) Vier MGs im Bug, max. 3400 kg Bomben an vier Flügelstationen oder Raketenpods oder Drop-Tanks.

Hawker Siddeley HS.125 Dominie

Ursprungsland
Großbritannien
Kategorie
Mehrzweck-flugzeug

Entwicklung: Als Nachfolger der Dove entwickelte de Havilland ab März 1961 in Eigeninitiative die DH. 125, deren erster Prototyp im August 1962 erstmals abhob. Bei dem zweistrahligen Mehrzweckjet wurden die Tragflächen unter den kreisrunden, bedruckten Rumpf mit 1,75 m Durchmesser montiert, um einen Rumpf-Holmdurchbruch zu vermeiden und die volle Länge der Kabine nutzen zu können. Die Flugerprobung brachte neben Änderungen am Flügel auch stärkere Triebwerke für die Serie. 1963 übernahm Hawker Siddeley de Havilland und begann die Produktion der HS. 125, so dass die ersten Jets 1964 ausgeliefert werden konnten. Bereits 1963 bestellte die RAF 21 DH 125 für die Navigationsausbildung als Dominie Mk. 1, die noch von Viper 301-Triebwerken mit 13,34 kN Schub angetrieben wurden. Hawker produzierte zahlreiche Varianten, die sich in Rumpflänge, Spannweiten, Ausrüstung, Triebwerk und den Leistungen unterschieden und bei den letzten Baureihen auch im optischen Design wesentlich veränderten. 1977 übernahm British Aerospace (BAe) Hawker und produzierte weiter unter BAe 125. Das Unternehmen veräußerte die Produktion 1993 an die US-Firma Raytheon, die den Jet als Hawker 800 und 1000 vermarktete und 1998 das 1000ste Exemplar auslieferte. Diese letzte Version hatte interkontinentale Reichweite und war für 8 – 15 Passagiere ausgelegt.

2013 endete die Produktion nach 1720 Exemplaren, die zusammen von de Havilland, Hawker Siddeley, BAe und Raytheon produziert wurden.

Bemerkungen: Erst nach fast 50 Jahren wurde die Produktion des ersten und erfolgreichsten britischen Executive-Jets eingestellt, in denen das Flugzeug in ständig neuen, auch bedeutend größeren und leistungsfähigeren Varianten produziert wurde, um mit der wachsenden Konkurrenz mithalten zu können. Neben zahlreichen Privatkunden, von denen viele aus den USA kamen, wurde die HS. 125 auch von unzähligen militärischen Betreibern eingesetzt. Als einer der ersten mit über 20 Jets nutzte die RAF ihre Flugzeuge nicht nur als Navigationstrainer und Transportflugzeug, unter anderem auch bei Afghanistan-Einsätzen, sondern auch als VIP-Transporter für die königliche Familie. Nachdem die ersten HS.125 1996 erneut aktualisiert wurden, nahm man sie schließlich 2015 aus dem Dienst. Zu den militärischen Nutzern zählten z. B. Südafrika, Nigeria und Botswana, Argentinien, Brasilien, Uruguay, Nicaragua, Pakistan, Saudi-Arabien, Turkmenistan, Malaysia, Südkorea und Irland. Japans Streitkräfte nutzten 26 speziell umgerüstete U-125, die mit einem Radardom unter dem Rumpf und großen Fenstern auf Seepatrouille unterwegs waren. Die USA setzten ihre vermutlich sechs C-29A/BAe 125-800, bei Inspektions- und Navigationsmissionen auf US-Basen weltweit ein.

In Großbritannien werden sechs Flugzeuge in Museen präsentiert, der zweite Prototyp z. B. im Midland Air Museum, Coventry.

Besatzung: 2
Triebwerk: (Serie 1) Zwei Axialstrahltriebwerk Bristol Siddeley Viper 521 mit 13,87 kN Schub.
Leistungen: (Serie 1) Höchstgeschwindigkeit 760 km/h, Reisegeschwindigkeit 675 km/h in 11 500 m, Reichweite 2780 km.
Gewichte: (Serie 1) Leermasse 5170 kg, Abflugmasse 9435 kg.

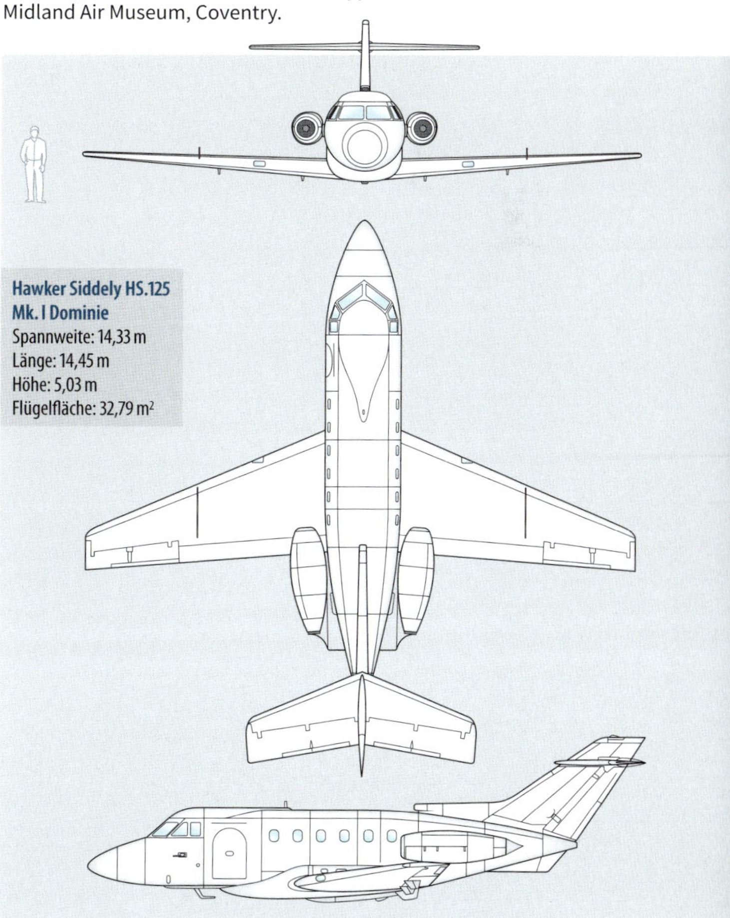

Hawker Siddely HS.125 Mk. I Dominie
Spannweite: 14,33 m
Länge: 14,45 m
Höhe: 5,03 m
Flügelfläche: 32,79 m²

Hawker Siddeley HS.780 Andover

Ursprungsland
Großbritannien
Kategorie
Transportflugzeug

Entwicklung: Avro begann 1958 mit der Entwicklung des Kurzstrecken-Turboprops Avro 748 in Eigenintiative, dessen Prototyp erstmals im Juni 1960 abhob. Hawker Siddeley übernahm 1963 Avro und produzierte die Zweimot in Serie weiter. In dieser Zeit suchte die RAF auch einen mittelschweren Frachter, wofür Hawker Siddeley die HS 780 vorschlug, von dem die RAF im April 1963 auch 31 Flugzeuge bestellte. Der erste Prototyp, eine umgebaute zivile 748 mit längerem Rumpf, stärkeren Triebwerken und größeren Propellern, flog im Dezember 1963. Im Vorderrumpf wurde ein Ladetor eingezogen, das geänderte Heck erhielt eine Laderampe. Die erste Serienmaschine C. 1 [Zchng.] flog im Juli 1965 und vier Maschinen wurden noch im selben Jahr zu Tests ausgeliefert. Weitere sechs Exemplare CC. 2, umgebaute HS 748 [Bild oben], wurden als VIP-Transporter, davon zwei für das britische Königshaus, mit einem konventionellen Heck ausgeliefert. Eine C. 1 modifizierte man für Open-Sky-Einsätze zur C Mk. 1 (PR), sechs weitere C. 1 zum Kalibrierflugzeuge für IFR-Anflugsysteme auf Flugplätzen.

Eine ungewöhnliche Konstruktion – machte aber das Laden über die Heckrampe einfacher – ein absenkbares Hauptfahrwerk.

Hawker Siddeley lieferte insgesamt nur 37 Maschinen der HS 780 Andover aus, von der Zivilversion HS 748 jedoch 381.

Bemerkungen: Die militärische Andover, die ausschließlich von der RAF geflogen wurde, war mit 37 Stück im Gegensatz zur Zivilversion kein Verkaufserfolg. Neben den in Großbritannien beheimateten Maschinen waren Staffeln in Singapur und Aden/Jemen sowie in Bahrain und den Arabischen Emiraten stationiert, die aber alle bis 1971 aufgelöst wurden. Ab 1976 übernahm die neuseeländische Luftwaffe zehn gebrauchte RAF-Maschinen, die sie später an zivile Betreiber veräußerte. Insgesamt 16 C. 1 Andover gingen an Airlines in Afrika, von denen die letzte vermutlich 2015 im Sudan stillgelegt wurde. Mehr Bestellungen erhielt Hawker Siddeley für die zivile HS 748 als Transporter bei ausländischen Streitkräften, zu denen 25 Staaten auf allen Kontinenten zählten, auch Deutschland, das 7 Maschinen als Kalibrierflugzeuge zusammen mit der Bundeswehr und der Flugsicherung betrieb.

Eine C. 1 steht im RNZAF-Museum in Christchurch, Neuseeland, eine im RAF-Museum Cosford, Großbritannien.

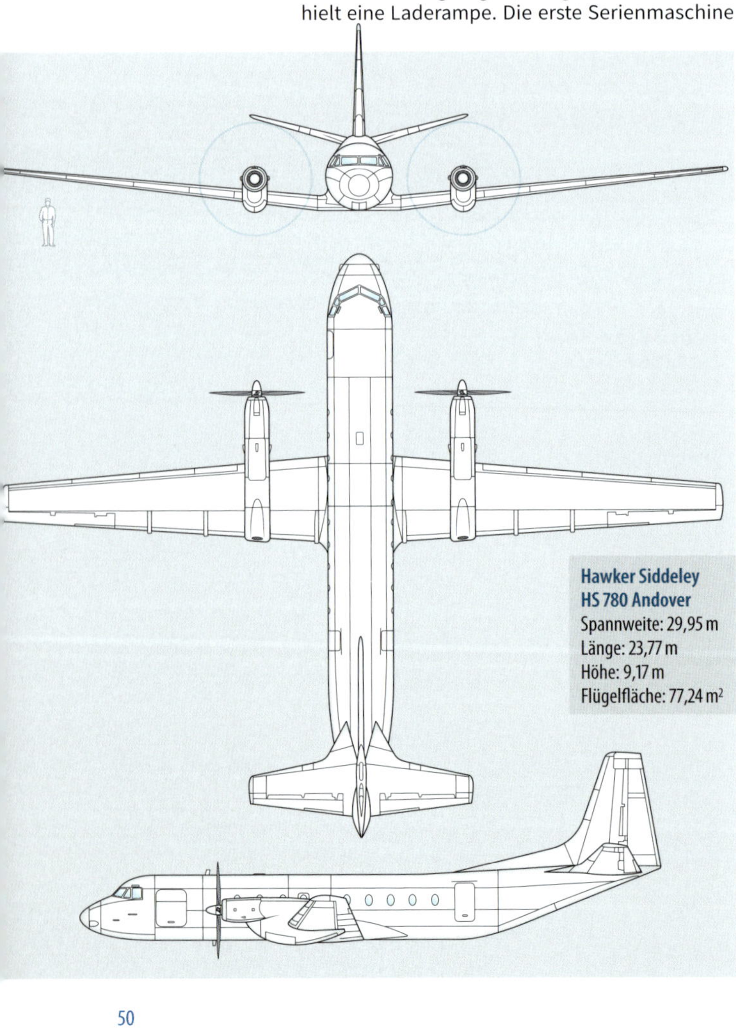

Hawker Siddeley HS 780 Andover
Spannweite: 29,95 m
Länge: 23,77 m
Höhe: 9,17 m
Flügelfläche: 77,24 m²

Besatzung: 2 – 3
Triebwerke: (C.1) Zwei Propellerturbinen Rolls-Royce RDa. 12 Dart Mk. 201 mit je 2420 kW (3245 PS).
Leistungen: (C.1) Höchstgeschwindigkeit 515 km/h in 4500 m, Reisegeschwindigkeit 435 km/h, Dienstgipfelhöhe 7300 m, Reichweite mit max. Nutzlast 1560 km, maximal 2295 km
Gewichte: (C.1) Leermasse 13 301 kg, Abflugmasse 23 133 kg.

Hawker Siddeley Nimrod

Ursprungsland
Großbritannien
Kategorie
Seeaufklärer, U-Boot-Jagdflugzeug, AWACS-Flugzeug

Entwicklung: Als Ersatz für die veraltete Shackleton [S. 36] forderte die RAF einen leistungsfähigeren Nachfolger, dessen Entwicklung 1964 unter Verwendung elementarer Komponenten der zivilen de Havilland Comet 4 begann, von der auch die beiden ersten MR. 1 umgebaut wurden. Erstflug war im Mai 1967. Neben spritsparenden Triebwerken erhielt die Nimrod einen Waffenschacht unter dem Rumpf, einen längeren Radarbug, einen Magnetdetektor-Heckausleger und entsprechend umfangreiche Elektronik-Systeme im Rumpf. Im Mai 1967 bestellte die RAF 46 MR. 1, deren erstes Exemplar im Oktober 1969 in Dienst genommen werden konnte. 1974 beschaffte die RAF drei unbewaffnete R. 1, die als SIGINT-Version noch bis

In den 1980er-Jahren benötigte die RAF AWACS-Flugzeuge, für die elf Nimrods voluminöse Radardome an Bug und Heck erhielten. 1986 wurde das Projekt AEW 3 aber wegen technischer Probleme beendet.

Anfang der 2000er-Jahre ständig Upgrades erhielten. Ab 1975 wurden 35 MR. 1 auf den MR. 2 Standard gebracht, 8 neu gebaut. Sie erhielten ein neues Radar und elektronische Systeme sowie Flügel-Hardpoints und hatten eine größere Reichweite. In den 1990er-Jahren benötigte man schließlich einen Nachfolger für die MR. 2 und beschloss 11 von BAe neu konstruierte MRA. 4 zu beschaffen (Erstflug August 2004). Wegen strategischer Überlegungen und extremer Kosten wurde das Programm jedoch 2010 eingestellt.

Inklusive der beiden Prototypen entstanden lediglich 62 Neuflugzeuge.

Bemerkungen: Eingesetzt wurde die Nimrod erfolgreich im Falklandkrieg 1982, von 1990 bis 2009 im Golf- und Afghanistan-Krieg, sowie von 1992 bis 1997 in Jugoslawien und bei zahlreichen SAR-Missionen. Ursprünglich zur Jagd sowjetischer U-Boote konzipiert, erhielt die Nimrod immer wieder neu definierte Aufgaben und wurde dafür zum Teil erheblich umgebaut. Wegen Kostenüberschreitungen, enormer technischer Probleme und strategischen Neuausrichtungen stellte man aber etliche vielversprechende Entwicklungen schon vor Indienststellung ein. Die letzten älteren Marineaufklärer wurden 2010 stillgelegt und 2011 die letzten SIGINT-R. 1.

Etliche Exemplare stehen in britischen Museen, eine MR. 2 z. B. im RAF Museum Midlands, Cosford, eine R. 1-Cockpit-Sektion im Technikmuseum Speyer.

Besatzung: (MR. 2) 13
Triebwerke: (MR. 2) Vier Turbofan-Strahltriebwerke Rolls-Royce Spey RB. 168-20 mit je 54,1 kN Schub.
Leistungen: (MR. 2) Höchstgeschwindigkeit 927 km/h, Reisegeschwindigkeit 789 km/h, Dienstgipfelhöhe 13 400 m, Reichweite 8340 – 9250 km.
Gewichte: (MR. 2) Leermasse 39 009 kg, maximale Abflugmasse 87 090 kg.
Bewaffnung: (MR. 2) Maximal 9100 kg im Schacht und an zwei Hardpoints: Luft-Luft-/Luft-Boden-Raketen, Seezielflugkörper, Torpedos, Wasserbomben, Bomben (auch nukleare).

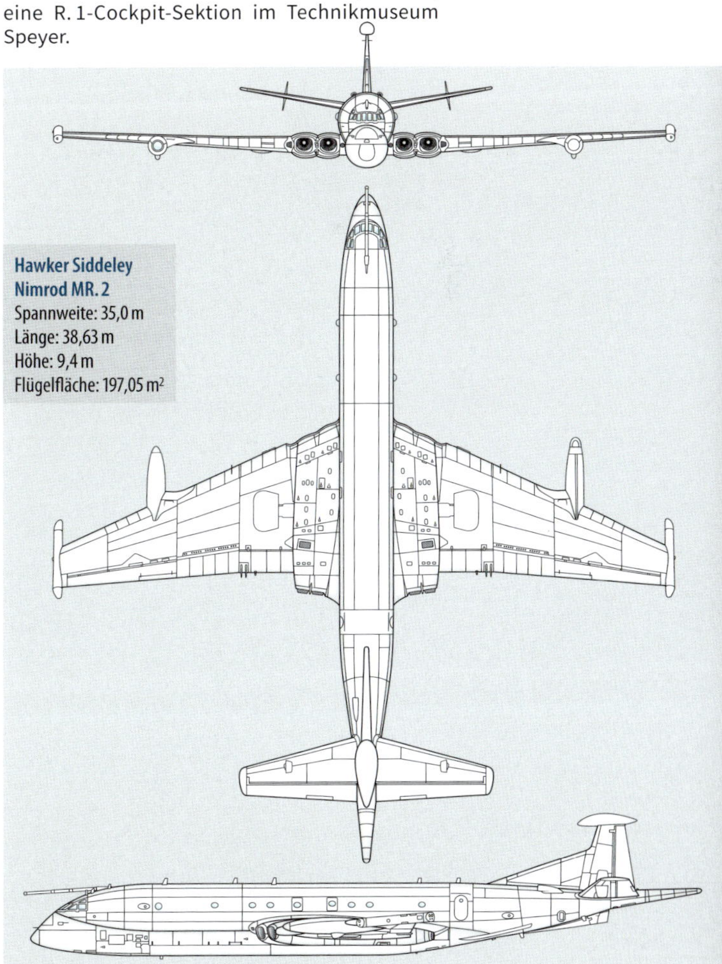

Hawker Siddeley Nimrod MR. 2
Spannweite: 35,0 m
Länge: 38,63 m
Höhe: 9,4 m
Flügelfläche: 197,05 m²

Hawker Siddeley Harrier

Ursprungsland
Großbritannien
Kategorie
VTOL-Erdkampf-flugzeug

Entwicklung: Die Harrier wurde direkt aus der im Oktober 1960 erstmals geflogenen Hawker P.1127 Kestrel entwickelt, von der zur Erprobung des Flugverhaltens, Antriebs und der Systeme neun Stück gebaut wurden. Das Pegasus-Triebwerk mit seinen vier seitlichen, schwenkbaren Düsenauslässen ermöglichte neben Senkrechtstarts und -landungen auch Rückwärtsflug. Hochdruckluftdüsen am Bug, Heck und den Flügelenden sorgten für die nötige Stabilität. Großbritannien erteilte 1965 den Vorserienauftrag für die Entwicklung des späteren Harrier GR. 1. Die ersten Flüge fanden im August 1966 statt. Die erste Serien-GR. 1, von 60 bestellten, flog im Dezember 1967. Ab Anfang 1971 wurde ein leistungsfähigeres Pegasus 10 (91,2 kN Schub) in die GR. 1 A verbaut. Alle GR. 1 wurden schließlich auf GR. 1 A-Standard gebracht. Die GR. 3, die ab Januar 1976 produziert wurde, erhielt das Pegasus 11 mit 95,7 kN Schub, ein Radarsystem im Seitenleitwerk und ein Zielsystem im verlängerten Bug. Von der letzten im Dezember 1986 ausgelieferten GR. 3 wurden 122 Flugzeuge für die RAF gebaut. Auch das US Marine Corps zeigte Interesse und bestellte 110 als AV-8 bezeichnete Senkrechtstarter, deren Auslieferung 1971 begann. Auf der GR. 3 basierte die SeaHarrier FRS. 1, von der ab 1978 57 Stück bei der Fleet Air Arm in Dienst gestellt wurden. Zur SeaHarrier FRS. 2 wurden nach dem Falklandkrieg 1982 34 aus der FRS. 1 um- und 19 neu gebaut. Sie erhielten ein neues Radar, ein verbessertes Cockpit und hatten eine höhere Reichweite. 10 Exemplare erwarb die spanische Marine als VA-1 Matador, die später an Thailand abgegeben wurden. Von fast allen Varianten wurden zweisitzige Trainer mit einem längeren Rumpf und größerem Seitenleitwerk produziert.

Hawker stellte von allen Varianten 278 Flugzeuge her.

Bemerkungen: Das erste militärische VTOL-Serienflugzeug, die britische Harrier, war unter anderem in Westdeutschland stationiert, wurde aber auch erfolgreich 1982 im Falklandkrieg eingesetzt. Der Senkrechtstarter konnte von unvorbereiteten Basen oder von speziellen Trägerschiffen aus starten und wurde überwiegend für Bodenangriffe, zum Teil auch als Aufklärer eingesetzt. Kritik musste das Flugzeug wegen seiner hohen Unfallrate und den außergewöhnlich hohen Wartungskosten einstecken. In den späteren 1980er- und 1990er-Jahren ersetzte Großbritannien seine Harriers der ersten Generation allmählich durch Harrier II und die USA durch die von McDonnell Douglas gebaute AV-8 B.

In zahlreichen Museen Großbritanniens und der USA sind Harriers zu sehen. Auch im Luftwaffenmuseum Gatow und der Flugausstellung Hermeskeil.

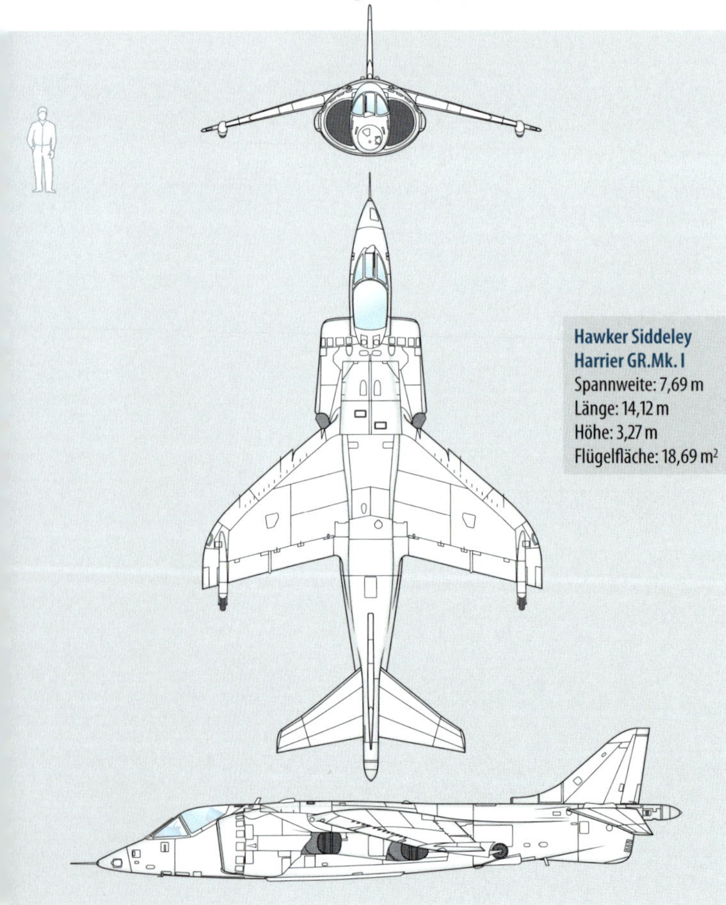

Hawker Siddeley Harrier GR.Mk. I
Spannweite: 7,69 m
Länge: 14,12 m
Höhe: 3,27 m
Flügelfläche: 18,69 m²

Besatzung: 1
Triebwerke: (GR. 3) Ein Rolls-Royce Pegasus 11 Mk. 103 Strahltriebwerk mit 95,65 kN Schub mit Wassereinspritzung.
Leistungen: (GR. 3) Höchstgeschwindigkeit 1186 km/h, Dienstgipfelhöhe 15 240 m, Reichweite mit 2000 kg Außenlasten 370 km – 670 km, je nach Startart und Einsatzhöhe.
Gewichte: (GR. 3) Leermasse 6139 kg, max. Startmasse 11 431 kg.
Bewaffnung: (GR. 3) Zwei MKs extern in Pods und bis zu 2268 kg Raketen, Bomben oder Droptanks an vier Flügel- und einer Rumpfstation.

Scottish Aviation Twin Pioneer

Ursprungsland
Großbritannien
Kategorie
Transportflugzeug

Entwicklung: Die 1935 gegründete schottische Firma Scottish Aviation begann bereits 1953 mit der Entwicklung der zweimotorigen Twin Pioneer, die im Juni 1955, noch mit 540 PS-Alvis Leonides 503-Sternmotoren, zu ihrem Erstflug startete. Der Ganzmetall-Hochdecker mit seinem quadratischen Rumpf und Festfahrwerk benötigte dank aufwendiger Klappentechnik nur kurze Start- und Landestrecken und war in der Lage entweder 16 Passagiere, 12 voll ausgerüstete Soldaten, 10 Fallschirmjäger, 12 Tragbahren ober 1550 kg Fracht zu transportieren. Zwei Abstürze 1957 wegen Materialermüdung erforderten allerdings strukturelle Umkonstruktionen am Flügel. Eine Militärversion CC. Mk. I, die der Serie 2 entsprach, flog erstmals im August 1957. Die RAF bestellte davon 39 Flugzeuge mit 560 PS-starken Alvis Leonides 514, die zwischen 1958 und 1959 ausgeliefert wurden. Parallel dazu wurden zivile Twin Pioneer produziert: 23 aus der Serie 1 mit 560 PS-Alvis Leonides, ab 1958 und dem 33. Flugzeug baute Scottish Aviation 6 Twins der Serie 2 mit 600 PS starken Pratt & Whitney R-1340-Sternmotoren und anschließend 18 der Serie 3 mit 640 PS-Alvis Leonides 531. Von der letzten, 3. Version, erwarb die RAF 7 Twin Pioneer als CC. Mk. II. Sämtliche Mk. I der RAF wurden im Lauf der Zeit nachträglich auf Mk. II-Standard aktualisiert.

Scottish Aviation produzierte insgesamt nur 87 Twin Pioneer aller Varianten.

Mit ausfahrbaren Vorflügeln und einem großflächigen Klappensystem reichen der Twin 340 m Startstrecke über ein 15 m-Hindernis.

Besatzung: 2
Triebwerke: (Mk. III) Zwei luftgekühlte 9-Zylinder-Sternmotoren Alvis Leonides 531 mit je 476 kW (648 PS).
Leistungen: (Mk. III) Höchstgeschwindigkeit 299 km/h, Reisegeschwindigkeit 210 km/h, Dienstgipfelhöhe 5480 m, Reichweite 1126 km.
Gewichte: (Mk. III) Leermasse 4626 kg, maximale Abflugmasse 6622 kg.

Bemerkungen: Neben zahlreichen Ländern, die die Twin Pionier zivil betrieben, nutzte Indonesien, Malaysia (in einer bombentragenden Version), Oman und Nepal, aber hauptsächlich die RAF den Militärtransporter. Das robuste Flugzeug bewährte sich auch unter widrigen klimatischen Bedingungen im Dschungel Borneos und Malaysias sowie in den Wüsten am Persischen Golf oder in Afrika, um Truppen und Nachschub auch auf unvorbereiteten Pisten abzusetzen. Die letzten Twin Pioneers der RAF wurden erst Ende 1968 ausgemustert.

Angeblich sind noch einige Twin Pioneers flugfähig in Großbritannien und Australien. Eine von etlichen Museumsflugzeugen findet man im RAF-Museum Cosford, Großbritannien.

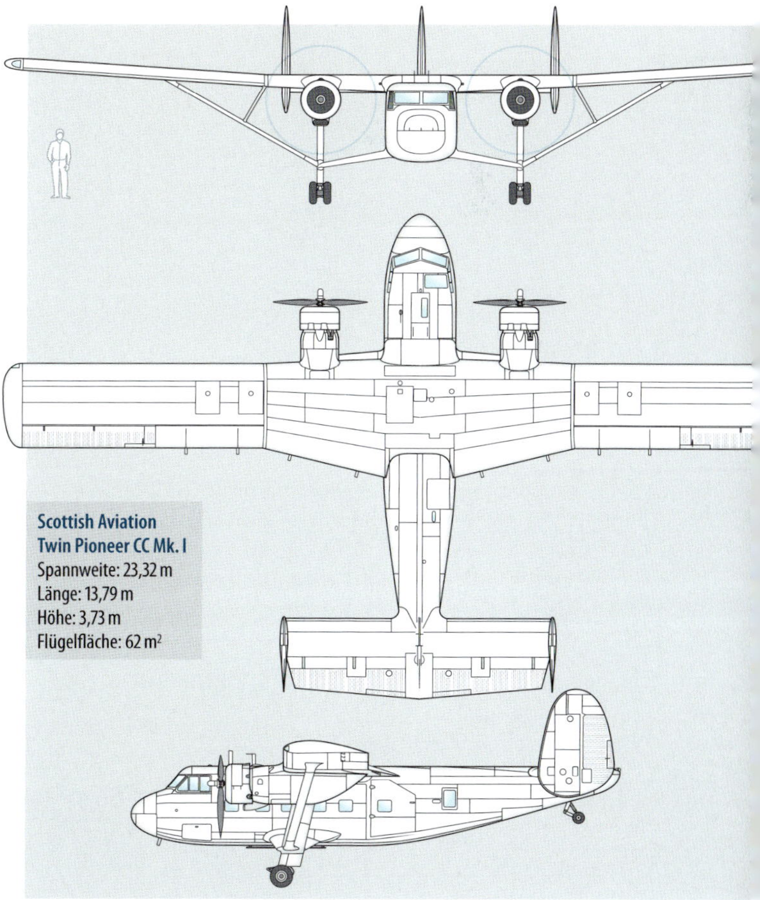

Scottish Aviation Twin Pioneer CC Mk. I
Spannweite: 23,32 m
Länge: 13,79 m
Höhe: 3,73 m
Flügelfläche: 62 m²

Short SC.5 Belfast

Ursprungsland
Großbritannien
Kategorie
Schweres Transportflugzeug

Entwicklung: Mitte der 1950er-Jahre begann der Flugzeughersteller Short Brothers in Belfast an einem Konzept für einen viermotorigen, schweren Transporter zu arbeiten, der Komponenten des Verkehrsflugzeugs Bristol Britannia enthalten sollte. 1957 definierte auch die RAF ihre Anforderungen an einen schweren Transporter und Short begann nach einer Zusage der RAF 1959 mit konkreten Konstruktionsarbeiten, die sich aber immer weiter zu einem komplett neuen Flugzeug entwickelten. Bereits im Dezember 1960 wurde ein Vertrag über die Lieferung von 10 Flugzeugen geschlossen, aber erst vier jahre später, im Januar 1964 hob ein Prototyp in Belfast ab. Der Schulterdecker in Ganzmetall-Halbschalenbauweise mit kreisrundem, bedrucktem Rumpf und Heckladerampe konnte maximal 36 300 kg Fracht in Form von Panzern, LKWs oder z. B. sechs Westland Wasp-Helikoptern [S. 60], oder zwei ballistische Polaris-Raketen oder bis zu 150 vollausgerüstete Soldaten laden. Die fünfköpfige Crew setzte sich aus zwei Piloten, Bordingenieur, Navigator und einem Lademeister zusammen. Obwohl nur 10 Flugzeuge von der RAF bestellt waren, begann Short mit dem Serienbau und die ersten Belfast wurden im Januar 1966 ausgeliefert. Allerdings erreichte der Transporter nicht die gewünschte Reisegeschwindigkeit, so dass nach fünf Exemplaren die Heckverkleidungen modifiziert werden mussten. Short versuchte auch auf dem zivilen Markt Fuß zu fassen. Projekte eines schweren Frachters, einer Passagierversion, einer STOL- und Jet-Variante mit dem Flügel der Lockheed Starlifter [S. 184] kamen jedoch nicht über das Reisbrettstadium hinaus.

Nach nur 10 ausgelieferten Flugzeugen wurde 1968 die Produktion eingestellt.

Bemerkungen: Eine einzige Transportstaffel der RAF flog die Belfast ab 1966. Im Rahmen von gravierenden Umstrukturierungen der RAF wurde wurden die Transporter schon nach 10 Jahren stillgelegt und 1976 eingelagert. Ein Jahr später verkaufte die RAF fünf an die zivile Gesellschaft HeavyLift, die restlichen fünf wurden verschrottet. Nach einer Überarbeitung und der zivilen Zulassung waren ab 1980 drei im Frachtgeschäft weltweit unterwegs. Während des Falklandkrieges 1982 und im Golfkrieg 1990/91 war die RAF erstaunlicherweise gezwungen, sie zurückzuchartern, da ihre Lockheed Hercules [S. 180] für den Transport von Fahrzeugen und Hubschraubern zu klein waren, was die RAF angeblich mehr kostete, als die Maschinen selbst in Dienst zu halten. 2003 flog HeavyLift eine Maschine nach Australien und operierte von dort aus. Sie ist aber seit 2009 auf dem Flugplatz in Cairns eingelagert.

Eine zweite wird im RAF Cosford Museum in Großbritannien präsentiert.

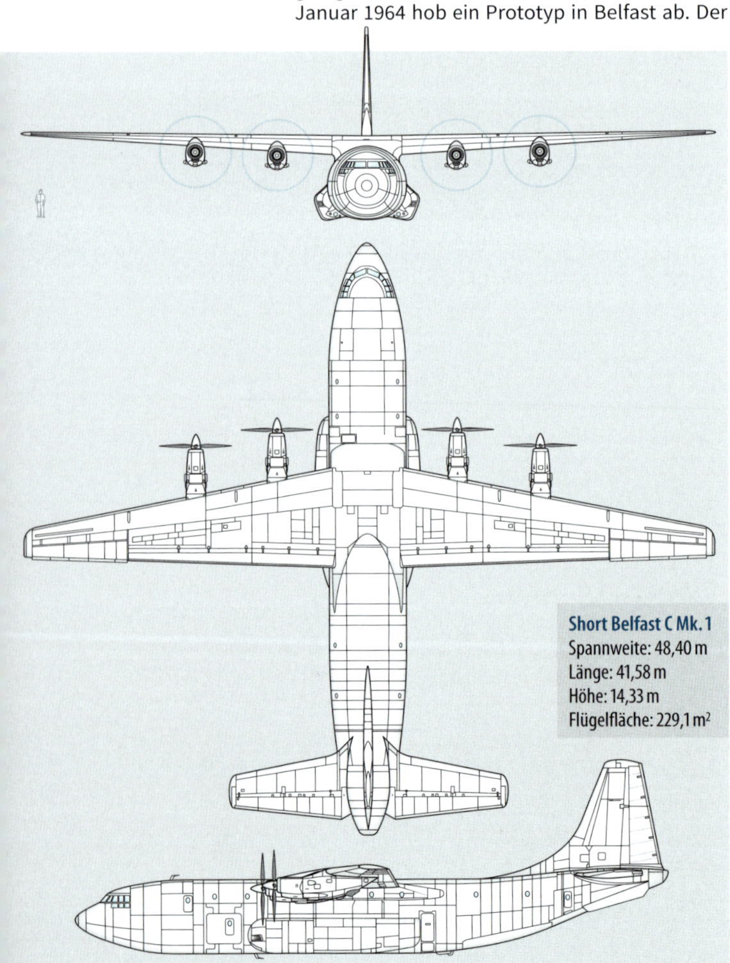

Short Belfast C Mk. 1
Spannweite: 48,40 m
Länge: 41,58 m
Höhe: 14,33 m
Flügelfläche: 229,1 m²

Besatzung: 5
Triebwerke: Vier Propellerturbinen Rolls-Royce Tyne RTy. 12 mit je 4273 kW (5810 PS).
Leistungen: Höchstgeschwindigkeit 567 km/h, Reisegeschwindigkeit 541 km/h, Dienstgipfelhöhe 9100 m, Reichweite mit maximaler Nutzlast 1610 km, mit 10 t Nutzlast 6200 km, maximale Reichweite 9800 km
Gewichte: Leermasse 57 606 kg, Abflugmasse 104 326 kg.

Short SC.7 Skyvan

Ursprungsland
Großbritannien
Kategorie
Transportflugzeug

Entwicklung: Short begann Ende der 1950er-Jahre mit den Entwurfsarbeiten an einem leichten Transportflugzeug, das auf einem gemeinsamen Projekt von Miles Aircraft und der französischen Firma Hurel-Dubois basierte, die einen schmalen Flügel mit hoher Streckung für gute Langsamflugeigenschaften und STOL-Fähigkeiten bevorzugten. Short begann 1960 mit dem Bau und im Januar 1963 hob die erste Skyvan, noch mit zwei 395 PS-Sechszylinder-Continental-Boxermotoren, ab. Die in Ganzmetallbauweise hergestellte Zweimot mit abgestrebten Tragflächen und Heckladerampe zeigte gute Flugeigenschaften bei kurzen Start- und Landestrecken, war aber mit dem voluminösen Rumpf untermotorisiert. Er bot Platz für maximal 19 Passagiere oder bis zu 2270 kg Fracht. Der zweite Prototyp erhielt bereits 520 PS-Turbomeca Astazou II-Propellerturbinen, die in der Serie durch 690 PS-Astazou XII ersetzt wurden. Sie waren jedoch, wie sich später herausstellte, in der Flughöhe limitiert, ein Grund für Short nach 8 ausgelieferten Serie 2-Skyvans, 1968 mit der Serie 3 auf 715 PS-starke Garrett AiResearch-Turbinen umzustellen. Ab 1970 produzierte Short noch eine Serie 3A mit etwas höherem Abfluggewicht. Von der speziellen Militärversion 3 M wurden 50 Exemplare ausgeliefert, darunter auch eine Marine-Patrouillenversion.Eine weiterentwickelte, größere Short 330 für bis zu 30 Passagiere oder 3,6 t Nutzlast flog im August 1974.

Die Produktion lief von 1963 bis 1986, während der 153 Skyvans ausgeliefert wurden.

Bemerkungen: Auch wenn das exotische „Flying Box"-Design nicht für außergewöhnliche Flugeigenschaften spricht, war und ist die Skyvan ein beliebtes, leichtes und leistungsfähiges Transportflugzeug, das immer noch im Einsatz ist. Allerdings blieb die Skyvan mit 153 ausgelieferten Flugzeugen ein relativ bescheidener Verkaufserfolg. Über zwanzig Nationen gehörten zu den Abnehmern militärischer Skyvans, darunter Österreich, Großbritannien und zahlreiche Staaten in Afrika, Asien und Südamerika, die die vielseitigen Einsatzmöglichkeiten, Wartungsfreundlichkeit und die Robustheit der Maschinen schätzten. Mit ihrem eckigen Rumpf war die zweimotorige Turboprop ideal für leichte, sperrige Frach die Material- und Versorgungsflüge, auch von weniger ausgebauten Flugfeldern ermöglichten. Mit ihren leistungsfähigen Turbinen, die für exzellente Steigraten sorgen, der hohen Zuladung, Stehhöhe und einer im Flug zu öffnenden Heckklappe ist die Skyvan aber auch eine geeignete Absetzmaschine für größere Fallschirmspringergruppen.

Außer bei ein paar militärischen Betreibern findet man flugfähige Skyvans nur noch bei Fallschirm-Absetzern. Eine steht auch im Militärluftfahrtmuseum in Zeltweg, Österreich.

Besatzung: 1 – 2
Triebwerke: (Serie 3) Zwei Propellerturbinen Garrett AiResearch TPE-331-2-201 A mit je 533 kW (715 PS).
Leistungen: (Serie 3) Höchstgeschwindigkeit 324 km/h, Reisegeschwindigkeit 278 km/h, Dienstgipfelhöhe 6850 m, Reichweite 1115 km,
Gewichte: (Serie 3) Leermasse 3331 kg, maximale Abflugmasse 5670 kg.

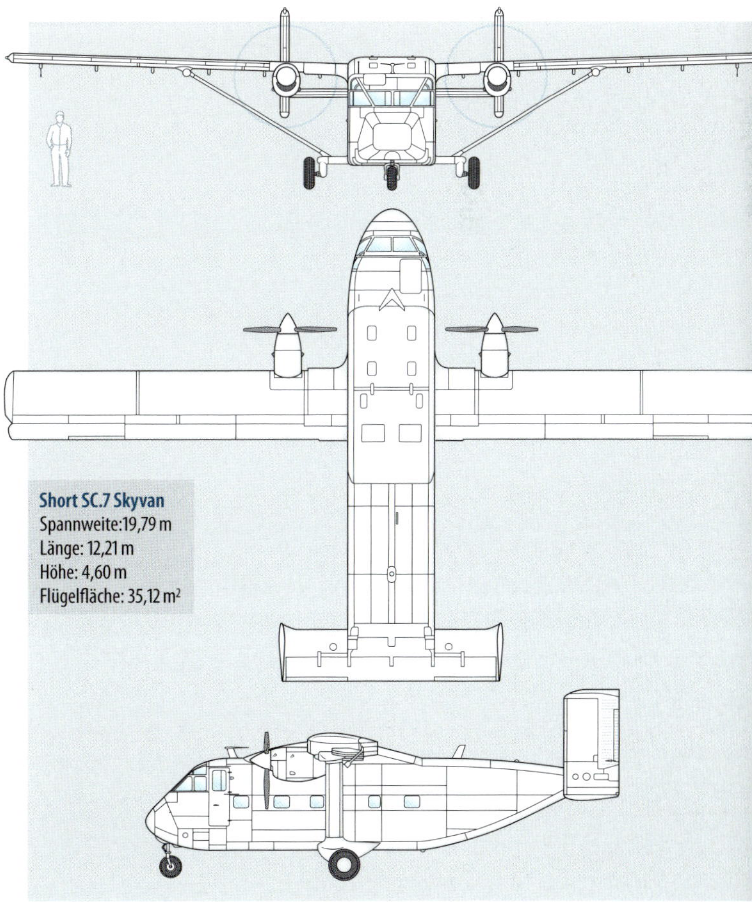

Short SC.7 Skyvan
Spannweite: 19,79 m
Länge: 12,21 m
Höhe: 4,60 m
Flügelfläche: 35,12 m²

Supermarine F.1 Scimitar

Ursprungsland
Großbritannien
Kategorie
Kampfflugzeug

Entwicklung: Supermarines letztes selbst entwickeltes und gebautes trägergestütztes Kampfflugzeug basiert auf den experimentellen Versuchsflugzeugen Typ 508 (Erstflug August 1951) und Typ 529 (Erstflug Mai 1952), die Ende der 1940er-Jahre entwickelt wurden und unter anderem auch fahrwerkslos auf Flugzeugträgern mit Gummidecks(!) landen sollten. Erst mit dem Nachfolger der durch einen Absturz verlorengegangenen 529, dem Typ 544, erfüllte man die Forderungen der britischen Streitkräfte und erreichte nach einer ausgedehnten Testphase mit zahlreichen Modifikationen den Produktionsstandard für die F.1 Scimitar. Die erste Serienmaschine hob im Januar 1957 ab. Das schwere zweistrahlige Jagdflugzeug mit hochklappbaren Tragflächen war allerdings trotz der beiden leistungsstarken, aber nachbrennerlosen Triebwerke nicht überschallfähig. Ein damals modernes System der Grenzschichtbeeinflussung mit Triebwerkszapfluft ermöglichte zwar langsame Anflüge, sie blieben aber bei den kurzen britischen Flugzeugträgern kritisch. An einem Zweisitzer mit Bugradar, der auch die Workload der Piloten verringern sollte, wurde zwar gearbeitet, aber mit Einführung der Sea Vixen [S. 41] wieder beendet.

Neben drei Vorserienexemplaren produzierte Supermarine, obwohl ursprünglich 100 Scimitars bestellt waren, nur 76 F.1-Serienmaschinen.

Bemerkungen: Die Scimitar war 1957 zum Zeitpunkt ihrer Einführung, das zwar leistungsstärkste, aber auch größte, schwerste und nicht einfach zu beherrschende Trägerflugzeug der Fleet Air Arm, das entgegen der geplanten Rolle als Jagdflugzeug, hauptsächlich für Bodenangriffe eingesetzt werden sollte. Mit den hohen Anforderungen an den Piloten war die einsitzige Scimitar nicht unumstritten. Während in den USA größere Flugzeugträger für größere Flugzeuge gebaut wurden, blieb es aus finanziellen Gründen in Großbritannien bei kleineren, trotz immer leistungsfähigerer Jets. Deshalb begannen Unfälle, z. T. auch aus anderen Gründen, zuzunehmen, so dass bis zum Ende ihrer relativ kurzen Karriere 39 von 76 Scimitars verloren gingen, obwohl das Flugzeug nie in Kampfhandlungen verwickelt war. Vor der Ausmusterung 1969/70 setzte man die F.1 noch als Tanker für die Blackburn Buccaneer [S. 39] ein, die nur mit teilweise gefüllten Tanks bewaffnet von Trägern starten konnte, einige wenige endeten als Zielschlepper.

Drei F.1 sind erhalten geblieben: Eine im Air & Space Museum, New York, USA; im Fleet Air Arm Museum in Yeovilton und im Solent Sky Museum, Southampton, Großbritannien.

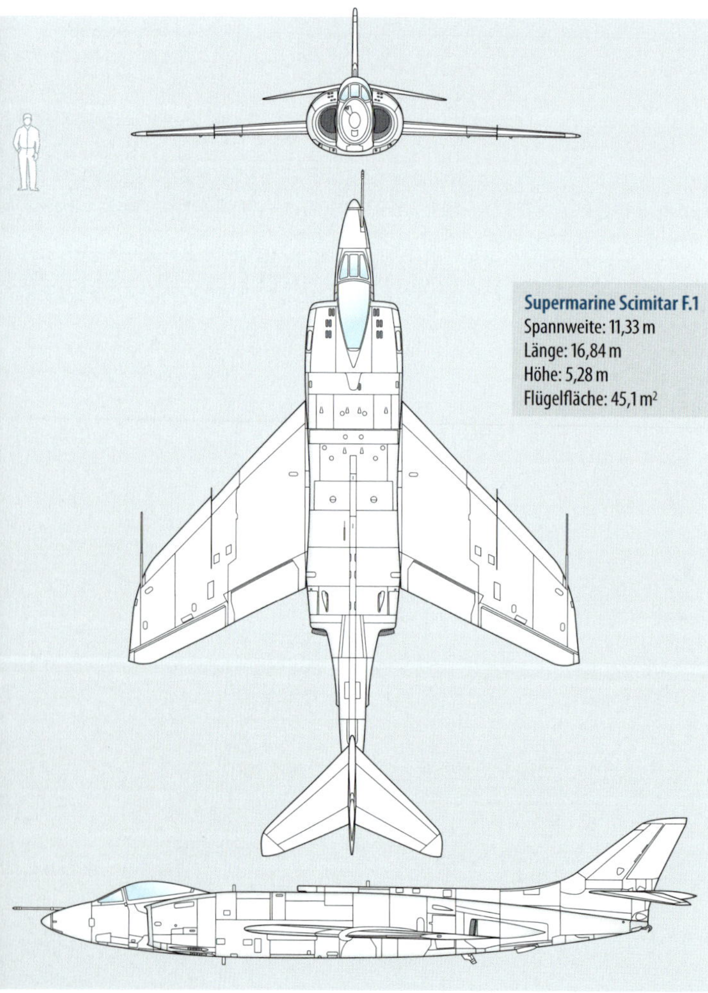

Supermarine Scimitar F.1
Spannweite: 11,33 m
Länge: 16,84 m
Höhe: 5,28 m
Flügelfläche: 45,1 m^2

Besatzung: 1
Triebwerke: Zwei Axialstrahltriebwerke Rolls-Royce Avon 202 mit je 50,0 kN Schub.
Leistungen: Höchstgeschwindigkeit 1190 km/h, Dienstgipfelhöhe 14 000 m, Reichweite 2290 km.
Gewichte: Leermasse 10 869 kg, Abflugmasse 15 513 kg.
Bewaffnung: Vier MKs unter dem Lufteinlauf, an vier Außenstationen ungelenkte Raketen, Luft-Luft-Raketen, konventionelle Bomben oder ein Atombombe.

Vickers VC-10

Ursprungsland
Großbritannien
Kategorie
Transport-flugzeug, Tanker

Entwicklung: Die VC-10 basiert auf dem Frachterentwurf V-1000 für die britischen Streitkräfte, der auch als VC-7 in einer Passagierversion erscheinen sollte. Trotz des weit fortgeschrittenen Prototypenbaus wurde das Projekt aber eingestellt. Der Erstflug des VC-10-Prototyps fand im Juni 1962 statt. Um sämtliche Forderungen der BOAC zu erfüllen, installierte Vickers vier Triebwerke am Heck, die zu einem „sauberen" Flügel führten, der auch für Hot-and-high-Flugplätze geeignet war. Anfang 1958 erhielt Vickers bereits eine erste Bestellung von BOAC über 15 VC-10 (135 Passagiere) und 35 Super-VC-10 für bis zu 180 Passagiere, der aber schon 1960 geändert wurde, so dass schließlich nur 12 VC-10 und 17 Super-VC-10 an die BOAC gingen. Mit der großen Konkurrenz aus den USA war sie deshalb wenig erfolgreich auf dem zivilen Markt. Für die RAF, die bereits 1961 5 VC-10-Transporter bestellte, war das Flugzeug ideal für ihre interkontinentalen Verbindungen. Weitere 14 neugebaute VC-10 C1 wurden ab 1966 ausgeliefert. Sie war in der Lage 150 Passagiere oder 76 Tragbahren oder 26 t Fracht zu transportieren, besaß ein großes seitliches Frachttor und eine Betankungssonde. 13 C1K waren umgebaute C1 zum Transporter/Tankflugzeug mit Schlauchbehältern an den Tragflächen, neun angekaufte zivile Maschinen wurden zu K2/K3 Tankern umgebaut, die insgesamt bis zu 97 t Kraftstoff fassen konnten. Weitere fünf zivile VC-10 erhielten als K4 drei Schlauchsysteme aber keine Tanks in der Kabine.

Lediglich 54 VC-10 rollten bei Vickers aus den Werkhallen.

Bemerkungen: Obwohl die VC-10 bei Passagieren beliebt war, setzte sie sich auf dem zivilen Markt nicht durch. Die RAF blieb der zahlenmäßig größte Betreiber. Bis 1996 stieg die Flottengröße auf 28 Maschinen, die zum Teil durch gebrauchte und umgebaute Zivilmaschinen ergänzt wurde. 1978 begann British Aerospace VC-10 und Super VC-10 zu Tankflugzeugen umzubauen, die sich im Falklandkrieg 1982 erstmals bewährten. Seitdem sind sie als Transport- und Tankflugzeug weltweit unterwegs. Wegen gestiegener Wartungskosten und des hohen Alters wurde die Flotte ab 2001 stets verkleinert und ab 2010 sollten alle VC-10 ausgemustert sein, waren aber noch 2011 bei der Libyen-Krise im Einsatz. 2012 waren schließlich noch neun VC-10 im Dienst. Alle anderen wurden verschrottet. Wegen der verzögerten Beschaffung der Airbus 330 MRTT schob die RAF die Stilllegung bis 2013 hinaus. Im September 2013 landete schließlich die letzte Vickers VC10 K3 in Leicestershire, um außer Dienst gestellt zu werden.

Acht VC-10 sind in britischen Museen erhalten geblieben, eine neunte VC-10 lässt sich in Hermeskeil besichtigen.

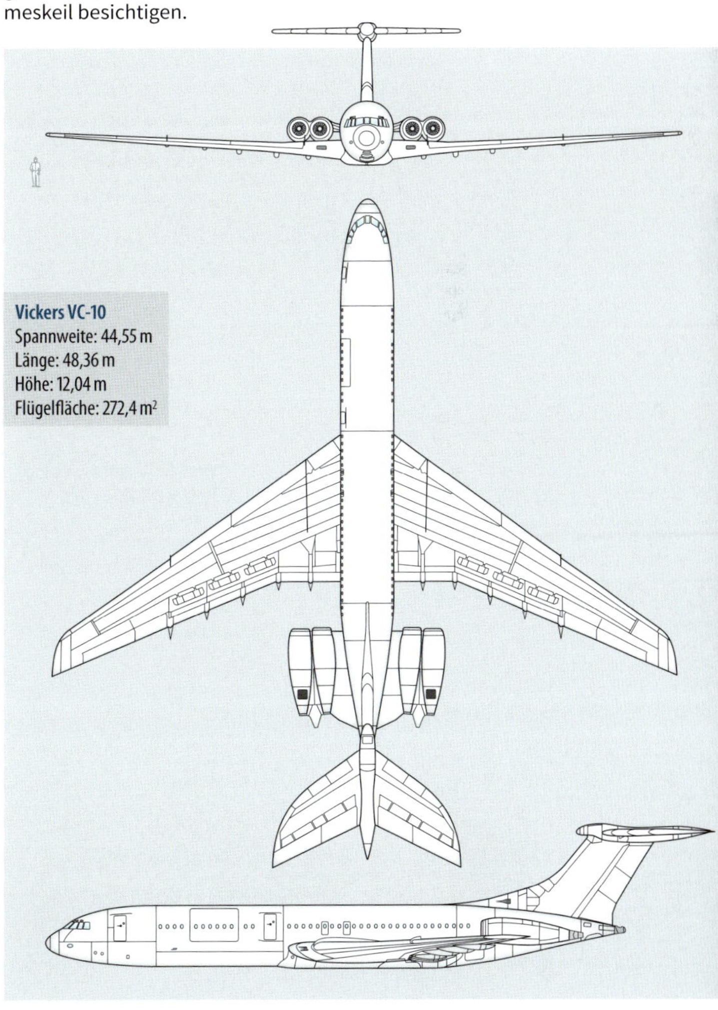

Vickers VC-10
Spannweite: 44,55 m
Länge: 48,36 m
Höhe: 12,04 m
Flügelfläche: 272,4 m²

Besatzung: (C.1) 5
Triebwerke: (C.1) Vier Axialstrahltriebwerke Rolls-Royce Conway RCo43 mit je 100,1 kN Schub.
Leistungen: (C.1) Höchstgeschwindigkeit 915 km/h, Reisegeschwindigkeit 685 km/h, Dienstgipfelhöhe 11 500 m, Reichweite mit maximaler Nutzlast 6280 km.
Gewichte: (C.1) Abflugmasse 146 050 kg.

Westland Whirlwind

Ursprungsland
Großbritannien
Kategorie
Transport-hubschrauber

Entwicklung: Westland erwarb von Sikorsky eine Lizenz zum Bau der S-55, die bereits von Sikorsky produziert, bei der bitischen Navy im Dienst waren. Die erste von Westland in der Serie 2 gebaute Whirlwind H.A.R. 2 flog im November 1952, noch mit einem 600 PS-Pratt & Whitney-Sternmotor. Weitere mit einem Sternmotor R-1340 von Wright produzierte H.A.R. 3 gingen an die britische Navy und eine tropentaugliche Variante H.A.R. 4 mit einem Pratt & Whitney R.1340-Sternmotor erhielt die RAF. Nachdem der britische 750 PS-starke Doppelsternmotors Major von Alvis Leonides verfügbar war, motorisierte man damit die H.A.R. 5, die auch einen leicht abgesenkten Heckausleger erhielt. Sie flog im August 1955 erstmals und ging an das britische Heer. Eine deutlich eigenständigere Konstruktion verwirklichte Westland schließlich in der Serie 3. Mit dem Einbau einer Wellenturbine und einem neuen Antriebsstrang wurde der Bug komplett umkonstruiert, der nun auch für die Piloten bessere Sichtverhältnisse bot. Ein erster Prototyp flog im Februar 1959 noch mit einer Wellenturbine T.58 von General Electric, mit deutlich besseren Leistungen als die kolbenmotorbetriebenen Vorgänger. In der Serie verbaute Westland schließlich Gnome-Turbinen von Rolls-Royce, weiterentwickelte T.58. Neben zwei Piloten war Platz für entweder zehn Passagiere oder sechs Tragbahren oder 1300 kg Fracht und es bestand die Möglichkeit, anstatt des Radfahrwerks Schwimmer zu montieren. Zahlreiche Vorgängermodelle rüstete Westland, neben Neubauten, auf Turbinen um. Eine geringe Anzahl ging an zivile Betreiber, unter anderem an die BEA (British European Airways), die Londons Zentrum mit den Flughäfen verband und einem Betreiber, der Ölplattformen versorgte.

Es wurden über 400 Whirlwind aller Varianten von Westland ausgeliefert, davon gingen ca. 100 in den weltweiten Export.

Bemerkungen: Neben dem zahlenmäßig größten militärischen Betreiber Großbritannien wurde die Whirlwind noch in über zehn weiteren Staaten exportiert, dazu zählten Österreich, Brasilien, Kanada, Spanien und Frankreich, das zwischen 1954 und 1957 alleine 37 H.A.R. 2 erwarb. Whirlwinds wurden von Schiffen wie von Landbasen aus eingesetzt und führten neben Transportaufgaben auch SAR-und U-Boot-Bekämpfungsmissionen aus, bei der ein Helikopter mit Sonarsystemen ausgerüstet war, der zweite die Torpedos transportierte. Die letzten britischen Helikopter wurden 1981 stillgelegt.

Über dreißig Whirlwind überlebten in britischen Museen, zwei Whirlwind H.A.R.10 stehen auch in der Flugausstellung Hermeskeil.

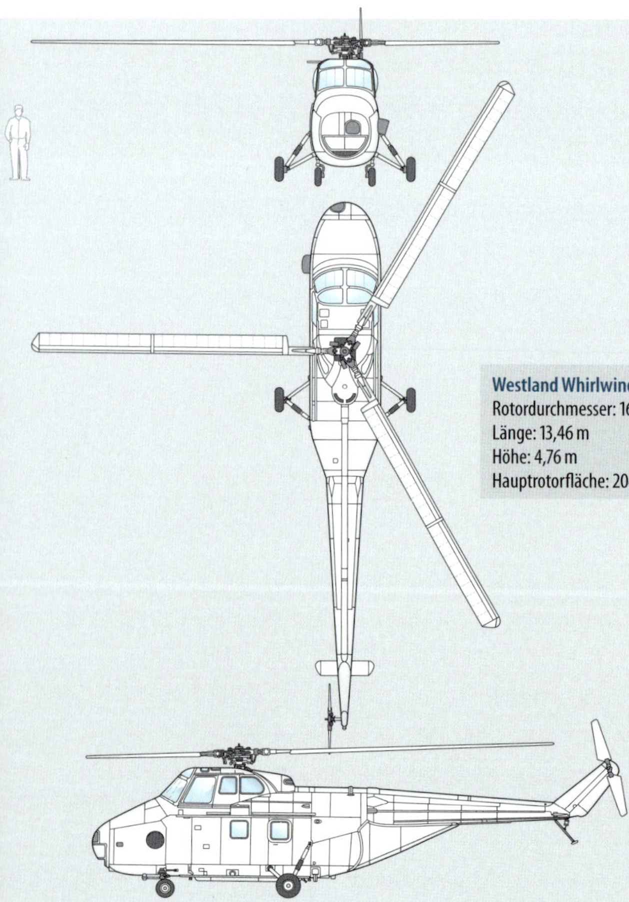

Westland Whirlwind HAR. 10
Rotordurchmesser: 16,15 m
Länge: 13,46 m
Höhe: 4,76 m
Hauptrotorfläche: 204,5 m²

Besatzung: 2
Triebwerke: (Serie 2) Ein 14-Zylinder-Doppelsternmotor Alvis Leonides Major 755 mit 560 kW (750 PS).
(Serie 3) Eine Wellentrubine De Havilland Gnome H.1000 mit 772 kW (1050 PS).
Leistungen: (Serie 2) Höchstgeschwindigkeit 175 km/h, Dienstgipfelhöhe 4000 m, Reichweite 540 km.
(Serie 3) Höchstgeschwindigkeit 175 km/h, Dienstgipfelhöhe 5000 m, Reichweite 510 km.
Gewichte: (Serie 2) Leermasse 2718 kg, Abflugmasse 3538 kg.
(Serie 3) Leermasse 2130 kg, Abflugmasse 3630 kg.

Westland Wessex

Ursprungsland
Großbritannien
Kategorie
Transport- und U-Boot-Jagd-hubschrauber

Entwicklung: Für die Wessex diente als Lizenzgrundlage ein 1956 gelieferter Sikorsky S-58, dem anstatt des Sternmotors eine britische Wellenturbine Napier Gazelle mit 1100 PS im geänderten Bug eingebaut wurde. Sie hob im Mai 1957 erstmals ab. Schon ein Jahr später flog die erste komplett von Westland gebaut Wessex. Deutlich schwerer als die Whirwind konnte sie 16 Soldaten oder 8 Tragbahren oder bis zu 1350 kg Fracht transportieren. Der Hauptrotor war faltbar, das Heck konnte platzsparend beigeklappt werden. In einer ersten Serie H.A.S. 1 (136 St.) für die britische Marine als Mehrzweck- und Anti-U-Boot-Helikopter wurde eine stärkere 1470 PS-Gazelle-Turbine eingebaut. Deutlich sicherer und zuverlässiger war jedoch die ab 1964 an die RAF ausgelieferten Wessex H.C. 2 (73 St.) mit zwei gekoppelten Gnome-Wellenturbinen, die zusammen 1250 PS abgaben. H.A.S. 3 nutzte die australische Marine für die U-Boot-Jagd. Drei waren fabrikneu und 42 wurden aus der H.A.S. 1-Baureihe übernommen und umgebaut. Sie erhielten stärkere Triebwerke und einen Radardom unter dem hinteren Rumpf. Weitere 27 H.A.S. 31 gingen als Anti-U-Boot-Hubschrauber ebenfalls an die australische Marine. Exportversionen lieferte Westland an den Irak (12), an Ghana (2) und Brunei (2) und von einer zivilen Version der H.C 2/ Wessex Mk. 60 setzte man 20 Stück ab.

Westlands konnte insgesamt 356 Helikopter aller Versionen ausliefern.

Bemerkungen: Mit dem Nachfolger der Whirlwind übernahm Westland einen weiteren deutlich leistungsfähigeren Helikopter von Sikorsky und modifizierte ihn entsprechend britischer Anforderungen. Als U-Boot-Jagdhubschrauber war aber auch er nicht in der Lage, gleichzeitig Sonar und Torpedos zu transportieren, was erst mit dem Lizenzbau der Sikorsky Sea King [S. 200] möglich war. Als Mehrzweckhelikopter wurde er jedoch von Großbritannien für Truppentransporte, zur Bodenunterstützung und als Ambulanzhubschrauber eingesetzt, und war IFR- und nachtflugtauglich. Der robuste und wartungsfreundliche Helikopter flog z. B. 1964 bei Operationen gegen Guerillas im Fernen Osten und 1982 setzte Großbritannien etwa 55 Wessex während des Falklandkrieges gegen Argentinien als Truppentransporter und U-Boot-Jäger ein. Die letzten britischen Wessex wurden nach ca. 40 Jahren 2003 außer Dienst gestellt. Australien flog seine Wessex schiffsgestützt auf U-Boot-Patrouillen und bei SAR-Einsätzen, löste sie 1980 mit der Westland SeaKing ab und nahm sie aber erst 1989 aus dem Dienst.

Etliche Exemplare werden in Großbritanniens und Australiens Luftfahrtmuseen präsentiert. Eines besitzt auch die Flugausstellung Hermeskeil.

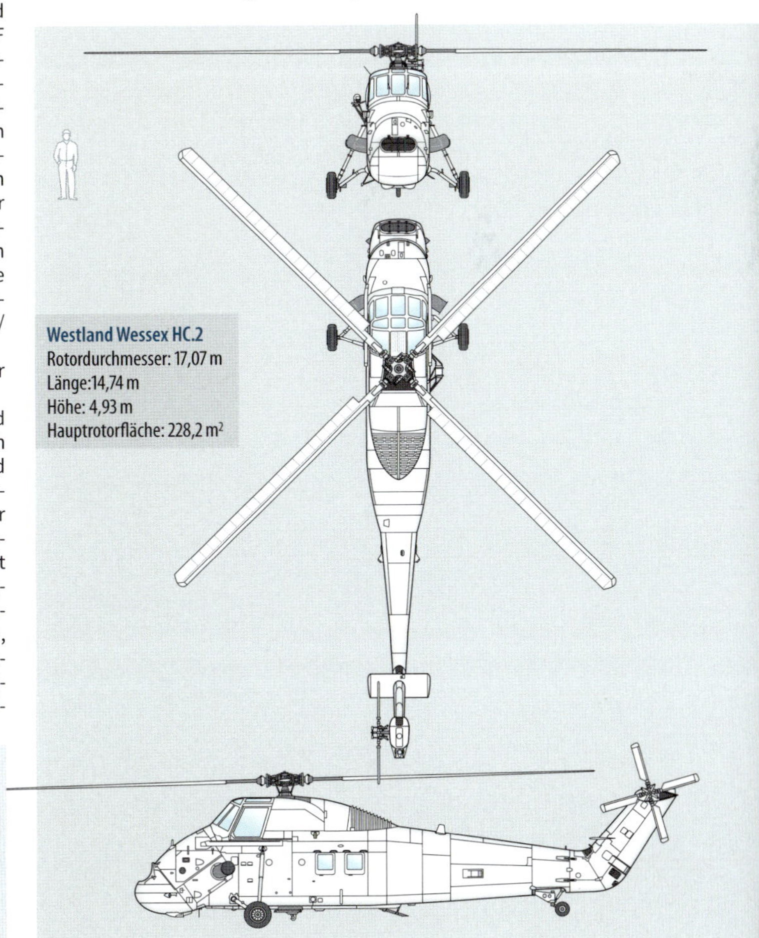

Westland Wessex HC.2
Rotordurchmesser: 17,07 m
Länge:14,74 m
Höhe: 4,93 m
Hauptrotorfläche: 228,2 m²

Besatzung: 2
Triebwerke: (HC.2) Zwei gekoppelte Wellenturbinen Bristol Siddeley Gnome H.1200 Mk.110/111 mit zusammen 1156 kW (1572 PS).
Leistungen: Höchstgeschwindigkeit 212 km/h, Reisegeschwindigkeit 196 km/h, Dienstgipfelhöhe 3700 m, Reichweite ca. 500 km.
Gewichte: Leermasse 3783 kg, Abflugmasse 6123 kg.

Westland Scout / Wasp

Ursprungsland
Großbritannien
Kategorie
Leichter Mehrzweckhubschrauber

Entwicklung: Westland übernahm 1959 die Firma Saunders-Roe und damit auch das Projekt eines leichten Turbinen-Hubschraubers P. 531, von dem zwei Prototypen existierten. Der erste Westland-Prototyp konnte im August 1959 abheben. Versuchsweise wurde auch mit einer de Havilland Gnome-Wellenturbine getestet, man blieb in der Serie aber bei der gedrosselten Rolls-Royce Nimbus-Turbine. Außer als Transporthubschrauber für max. 680 kg Last oder für vier bis fünf Passagiere oder zwei Tragbahren ließ sich die Scout [Zchng.] auch mit zwei MGs und vier Panzerabwehrraketen bewaffnen. Erste Scout-Vorserienexemplare für die britische Armee flogen im August 1960, denen eine Bestellung über 66 Maschinen folgte. Auch die britische Marine erhielt zwei Vorserienmodelle, die im Oktober 1962 für Tests bereitstanden. Nach etwas längerer Entwicklungszeit erhielt die schiffsgestützte Wasp [Bild] ein stärkeres Triebwerk, ein Radfahrwerk, einen Faltrotor und klappbaren Heckausleger, um mit den beengten Schiffsdecks zurechtzukommen. Erste Exemplare traten 1963 in Dienst. Zur U-Boot-Jagd ließen sie sich mit zwei Torpedos oder Wasserbomben (maximal 250 kg) bewaffnen, mit einer Seilwinde an der Tür und einem Lasthaken unter dem Rumpf waren sie auch für SAR- und leichte Transportmissionen geeignet.

Westland lieferte insgesamt etwa 150 Scout und 133 Wasp aus.

Bemerkungen: Westland gelang es, aus dem Saunders-Roe-Projekt einen kleinen, leichten Hubschrauber zu entwickeln, der überwiegend technisch identisch, hauptsächlich als Scout bei der britischen Armee und als Wasp bei der Marine, im Einsatz stand. Im Gegensatz zur Wasp wurde die Scout lediglich in geringer Anzahl nach Australien, Jordanien, Uganda und Südafrika exportiert. Großbritannien setzte seine Scouts in den 1960er-Jahren bei Auseinandersetzungen in Borneo und Aden ein, ebenso in den 1970er-Jahren in Nordirland und 1982 im Falklandkrieg, bei dem auch Wasps von Schiffen aus operierten. Sie wurden als Neubau und gebraucht nach Brasilien, Indonesien, Malaysia, Niederlande, Neuseeland und Südafrika exportiert. Großbritannien legte seine Wasps 1988 still, die letzten flogen noch bis 1998 in Neuseeland.

Angeblich sind noch ein paar bei zivilen Betreibern in Großbritannien flugtüchtig. In fast allen Betreiberländern stehen Museumsexemplare, z. B. auch in der Flugausstellung Hermeskeil.

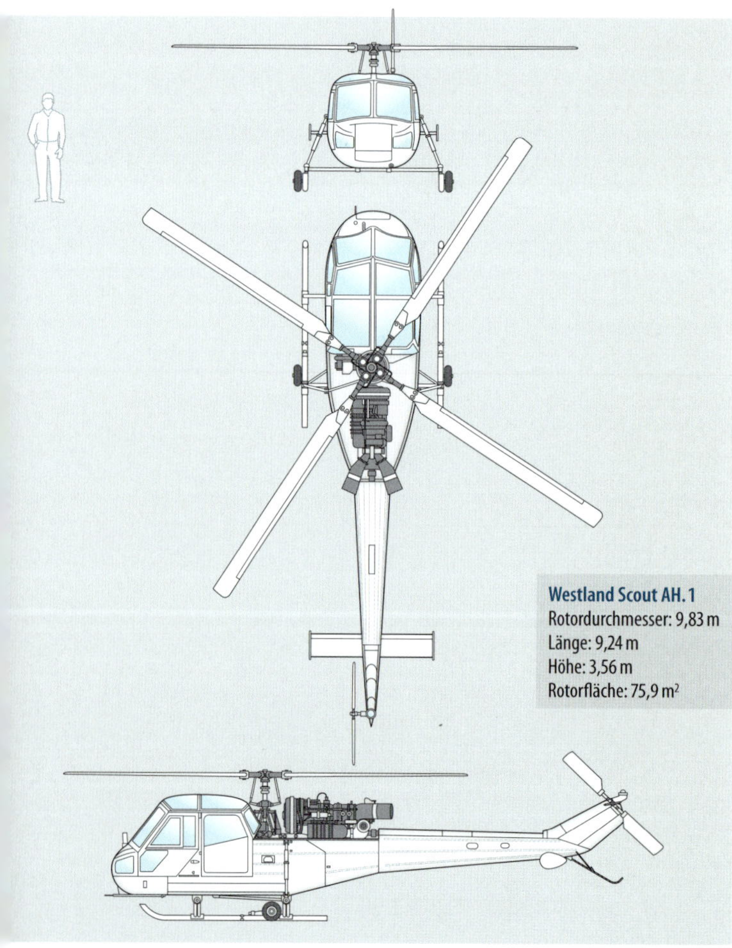

Westland Scout AH. 1
Rotordurchmesser: 9,83 m
Länge: 9,24 m
Höhe: 3,56 m
Rotorfläche: 75,9 m²

Besatzung: 1 – 2
Triebwerk: Scout: Eine Wellenturbine Rolls-Royce Nimbus 101 bzw. 102 mit 511 kW (685 PS);
Wasp: Nimbus 103 mit 522 kW (710 PS)
Leistungen: Scout: Höchstgeschwindigkeit 211 km/h, Reisegeschwindigkeit 196 km/h, Dienstgipfelhöhe 5400 m, Reichweite ca. 500 km;
Wasp: Höchstgeschwindigkeit 193 km/h, Reisegeschwindigkeit 178 km/h, Dienstgipfelhöhe 3700 m, Reichweite ca. 480 km.
Gewichte: Scout: Leermasse 1466 kg, max. Abflugmasse 2404 kg; Wasp: Leermasse 1566 kg, max. Abflugmasse 2495 kg.
Bewaffnung: Scout: ein bis zwei MGs und vier Panzerabwehrraketen; Wasp: zwei Torpedos oder Wasserbomben oder Anti-Schiffs-Raketen.

HAL HF-24 Marut

Ursprungsland
Indien
Kategorie
Jagd- und Erdkampfflugzeug

Entwicklung: Anfang der 1950er-Jahre strebte Indien nach einer geringeren Abhängigkeit von Waffenimporten und beauftragte die staatliche HAL (Hindustan Aeronautics Ltd.) ein Mach 2-Jagdflugzeug zu entwickeln. Die Unerfahrenheit HALs wurde durch die Unterstützung des „eingewanderten", ehemaligen Focke-Wulf-Konstrukteurs K. Tank und zusätzlichen 16 deutschen Fachleuten ausgeglichen, die mit ihren Konstruktionsarbeiten 1956 begannen. Für Versuche wurde ein 1:1-Gleitflugzeug aus Holz gebaut, das im April 1959 im Schlepp einer Douglas Dakota erstmals abhob und 86 erfolgreiche Testflüge absolvierte, bis es nach einem Crash stillgelegt werden musste. Im Juni 1961 flog die erste seriennahe Maschine, mit zwei in Lizenz gebauten Bristol Orpheus 703, weil Bristol die Entwicklung des gewünschten, leistungsstärkeren Orpheus 12 eingestellt hatte. Auch sechs von der Sowjetunion gekaufte Tumanski RD-9-Strahltriebwerke waren wegen ihrer kurzen Lebensdauer und unbekannter technischer Details ungeeignet. Das in Ganzmetall-Schalenbauweise konstruierte Flugzeug zeigte gute Flugeigenschaften, ein anhaltendes Problem blieb aber die Untermotorisierung. Im April 1967 wurde die erste Serienmaschine Mk. I [im Bild vorn] in Dienst gestellt. Bis 1978 produzierte HAL 132 HF-24 Mk. I. Sie wurden vor allem als Erdkampfflugzeuge eingesetzt. Im April 1970 flog die erste doppelsitzige Trainerversion Mk. I T [im Bild hinten], von der schließlich 18 Exemplare ausgeliefert wurden.

Bei Hindustan Aeronautics rollten insgesamt 140 Maruts aus den Werkhallen.

Bemerkungen: Das erste in Indien gebaute Überschall-Kampfflugzeug war technologisch auf dem damals aktuellen Stand der Dinge, hatte nach Aussage ihrer Piloten sehr gute Flugeigenschaften und war sehr zuverlässig. Es hatte zwar das aerodynamische Potenzial für Mach 2, erreichte aber mangels leistungsstarker Triebwerke maximal Mach 1,1 im Stechflug. Trotz mehrerer Versuche, die Marut mit stärkeren Triebwerken weiterzuentwickeln, blieb am Ende das Orpheus 703 das Standardtriebwerk. In scharfen Einsätzen wurde der Jet nur im Indisch-Pakistanischen Krieg 1971 als Erdkämpfer eingesetzt. So lag der eigentliche Wert des Flugzeuges weniger im militärischen Nutzen, eher im Gewinn technologischen Knowhows für die indische Luftfahrtindustrie. Maruts blieben bis Mitte 1985 im aktiven Dienst, die letzte wurde erst 1990 stillgelegt.

Zahlreiche Exemplare stehen in indischen Museen, eine findet man auch in der Flugwerft Schleißheim bei München.

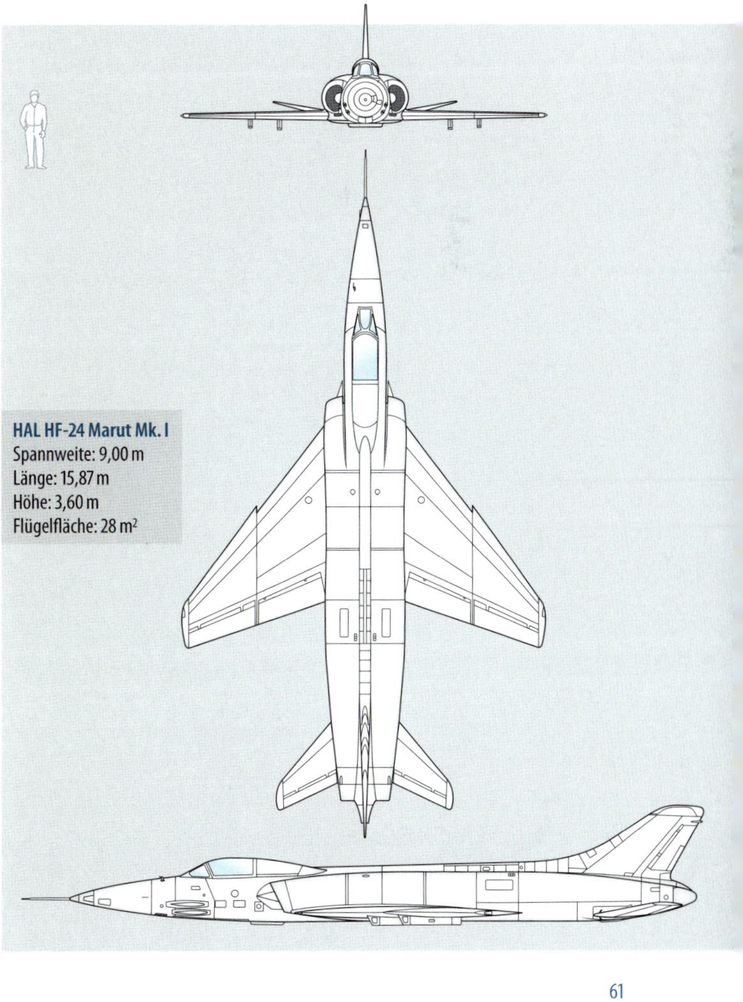

HAL HF-24 Marut Mk. I
Spannweite: 9,00 m
Länge: 15,87 m
Höhe: 3,60 m
Flügelfläche: 28 m²

Besatzung: 1
Triebwerke: Zwei Axialstrahltriebwerke Bristol Siddeley Orpheus Mk. 703 mit je 21,6 kN Schub.
Leistungen: Höchstgeschwindigkeit 1112 km/h auf Meereshöhe, Mach 1,02 in 12 200 m Höhe, Dienstgipfelhöhe 13 750 m, Steigzeit auf 12 000 m Höhe 9 min 20 sec, Reichweite 400 km, mit Zusatztanks 800 km.
Gewichte: Leermasse 6195 kg, maximale Startmasse 10 908 kg.
Bewaffnung: Vier MKs im Bug, 48 Raketen im einziehbaren Raketenschacht, maximal 1800 kg verschiedene Waffen an Außenstationen.

HAL HJT-16 Kiran

Ursprungsland
Indien
Kategorie
Jettrainer, leichtes Erdkampfflugzeug

Entwicklung: Hindustan Aeronautics Ltd. (HAL) wurde zu Beginn der 1960er-Jahre von der indischen Luftwaffe beauftragt einen doppelsitzigen Jettrainer für die Anfänger- und Fortgeschrittenenschulung zu entwickeln, um die de Havilland Vampires zu ersetzen. Erstflug war im September 1964. Der in Ganzmetallbauweise konstruierte Tiefdecker war mit einem druckbelüftetеten Side-by-side-Cockpit und englischen Schleudersitzen ausgestattet. Nach einer relativ problemlosen zweijährigen Erprobung wurden die ersten Kiran Mk. I ab März 1968 an die indische Luftwaffe (IAF) ausgeliefert. Die 118 gebauten Basistrainer Mk. I waren noch mit einem importierten Rolls-Royce Viper-Strahltriebwerk motorisiert. Mit der Mk. I A (72 Stück) erhielt die Kiran vier Aufhängepunkte unter den Tragflächen für Bomben, Raketen und MGs, um als Fortgeschrittenentrainer auch den Waffeneinsatz schulen zu können. Ab den 1970er-Jahren arbeitete Hindustan Aeronautics an einer wesentlich leistungsfähigeren Kiran Mk. II, die auch als leichter Erdkämpfer eingesetzt werden konnte. Sie flog erstmals im Juli 1976, hatte eine höhere Nutzlast dank des Bristol-Siddeley-Orpheus-Strahltriebwerks mit 19 kN Schub und ein im Bug installiertes Zwillings-MG. Die ersten von Mk. II wurden ab 1985 ausgeliefert.

HAL lieferte bis 1989 190 Mk. I und I A und 61 Mk. II aus.

Bemerkungen: Die indische Eigenentwicklung war durchaus ebenbürtig mit den damals eingesetzten Strahltrainern. Der Doppelsitzer lehnte sich im Design an die ähnliche, schon in Serie produzierte britische Huntington Jet Provost [Bd. 1] an. Die Kiran wurde von der indischen Luftwaffe und Marine hauptsächlich für angehende Piloten als Zwischenstufe vom Basistraining zum Kampfpiloten genutzt. Mit der leistungsfähigeren Mk. II verringerte sich ab 1985 auch der immer wieder bemängelte Unterschied zu späteren Kampfflugzeugen. Obwohl HAL ab Ende der 1990er-Jahre an einem moderneren, aber problematischen Nachfolger HJT-36 Sitara arbeitete, der bisher nur in einer Vorserienversion ausgeliefert wurde, erweiterte die indische Luftwaffe die Einsatzdauer der verbliebenen Kiran bis 2019. Auch zusätzliche von HAL in Lizenz gebaute BAE Hawks änderten daran nichts. Noch im Dezember 2018 wurden sechs Kirans dem benachbarten Myanmar gespendet.

Neben zahlreichen Flugzeugen in indischen Museen sind aber nach wie vor 86 Kiran Mk. II im Einsatz und nach einer Verlautbarung der IAF sollen die fast fünfzig Jahre alten Trainer bis ca. 2026 im Einsatz bleiben.

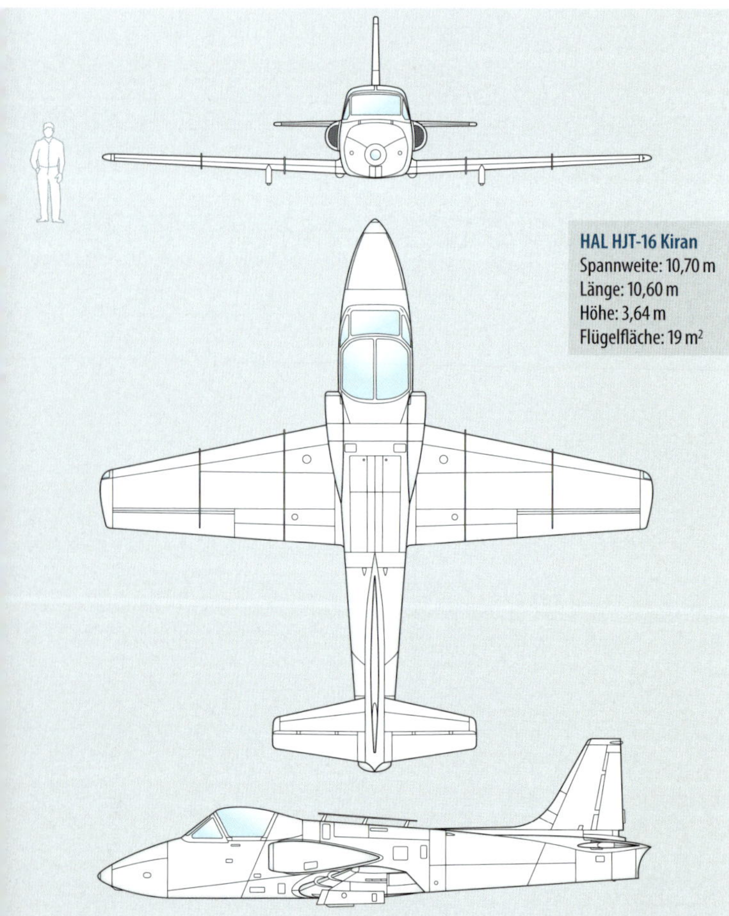

HAL HJT-16 Kiran
Spannweite: 10,70 m
Länge: 10,60 m
Höhe: 3,64 m
Flügelfläche: 19 m^2

Besatzung: 2
Triebwerke: (Mk. I) Ein Axialstrahltriebwerk Rolls-Royce Viper Mk. 11 mit 11,12 kN Schub.
Leistungen: (Mk. I) Höchstgeschwindigkeit 695 km/h auf Meereshöhe, Reisegeschwindigkeit 324 km/h, Steigzeit auf 3000 m 2 min 30 sec, Dienstgipfelhöhe 9150 m, Reichweite 960 km, mit Zusatztanks 1300 km.
Gewichte: (Mk. I) Leermasse 2560 kg, Abflugmasse 3610 kg, maximale Abflugmasse 4235 kg.
Bewaffnung: (Mk. I A) Zwei 225 kg-Bomben, Raketenbehälter oder MG-Pods oder Droptanks an bis zu vier Flügelstationen.

Aermacchi MB 326

Ursprungsland
Italien
Kategorie
Trainer, leichtes Kampfflugzeug

Entwicklung: In Eigeninitiative begann Aermacchi 1953 einen leichten Strahltrainer zu entwickeln, den sie 1954 der italienischen Regierung präsentierte. Die Luftwaffe zeigte Interesse, verlangte aber eine Tandemanordnung des Cockpits. Im Dezember 1957 startete der erste von drei Prototypen, noch mit dem schwächeren Viper 8-Triebwerk. Der Ganzmetall-Tiefdecker, mit Druckkabine und Schleudersitzen, besaß Flugeigenschaften, mit der Anfänger als auch Fortgeschrittene geschult werden konnten. Nach der Erprobungsphase erhielt Aermacchi im März 1959 den ersten Auftrag über 15 Flugzeuge, der ein Jahr später um 100 erweitert wurde. Zahlreiche Versionen, auch speziell für den Export modifizierte, folgten. Ab der E wurde die Struktur verstärkt, mit der G führte Aermacchi das deutlich stärkere Viper 20-Triebwerk ein. Neben Italien war Australien mit 97 bewaffneten MB 326 H, die teilweise dort montiert wurden, einer der größten Abnehmer. Mit der MB 326 K Impala nutzte man das Potenzial der Maschine als einsitziges, leichtes und stärker motorisiertes Erdkampfflugzeug. Alleine 40 Impala Mk. I erwarb Südafrika, das nochmals 125 selbst endmontierte, dazu kamen weitere 100 Mk. II aus Kits oder in Lizenz hergestellte. Embraer in Brasilien lizenzierte und baute 182 als AT-26, die sie auch nach Paraguay und Togo exportierte. Eine weiterentwickelte MB-339, die die 326 ablöste, flog im August 1976.

Bis 1975 wurden ca. 800 MB 326 an weltweit 14 Staaten ausgeliefert.

Bemerkungen: Die MB 326 war eines der erfolgreichsten Schulflugzeuge mit Strahltriebwerk in den 1960/70er-Jahren und bewies, dass mit einem zwar kostspieligeren Typ die ganze Bandbreite der Schulung zum Jet abgedeckt werden konnte. Italien ersetzte damit ihre alternden T-6 der Anfängerschulung und schulte zusammen mit der doppelsitzigen G-91 T [S. 65] auch Fortgeschrittene. Relativ einfach und robust konstruiert, mit einem leicht zu wartenden Triebwerk, einer großen Bandbreite an Flugeigenschaften und der Möglichkeit, den Trainer auch als Erdkämpfer mit einer erstaunlich hohen Waffenlast zu nutzen, machte die MB 326 auch für Dritte-Welt-Staaten in Südamerika und Afrika sowie für die drei Lizenznehmer Brasilien, Australien und Südafrika interessant. Eingesetzt wurde das Kampfflugzeug z. B. von Südafrika in den Auseinandersetzungen von 1975 – 1989 in Angola und von Argentinien im Falklandkrieg 1982.

In nahezu allen Luftfahrtmuseen der Betreiberstaaten stehen MB 326, so z.B. im italienischen Museo Storico dell'Aeronautica Militare, Vigna di Valle, aber auch im Österreichischen Luftfahrtmuseum Graz-Thalerhof.

Besatzung: 2
Triebwerke: (G) Ein Axialstrahltriebwerk Bristol Siddeley Viper 20 Mk. 45 mit 15,2 kN Schub.
Leistungen: (G) Höchstgeschwindigkeit 867 km/h, Reisegeschwindigkeit 797 km/h, Dienstgipfelhöhe 14 325 m, max. Reichweite 1650 km, Überführungsreichweite 2445 km.
Gewichte: (G) Leermasse 2685 kg, maximale Abflugmasse 4577 kg.
Bewaffnung: (G) Zwei MGs im Bug und bis zu 1800 kg Bomben, Raketen oder Lenkwaffen an sechs Flügelstationen.

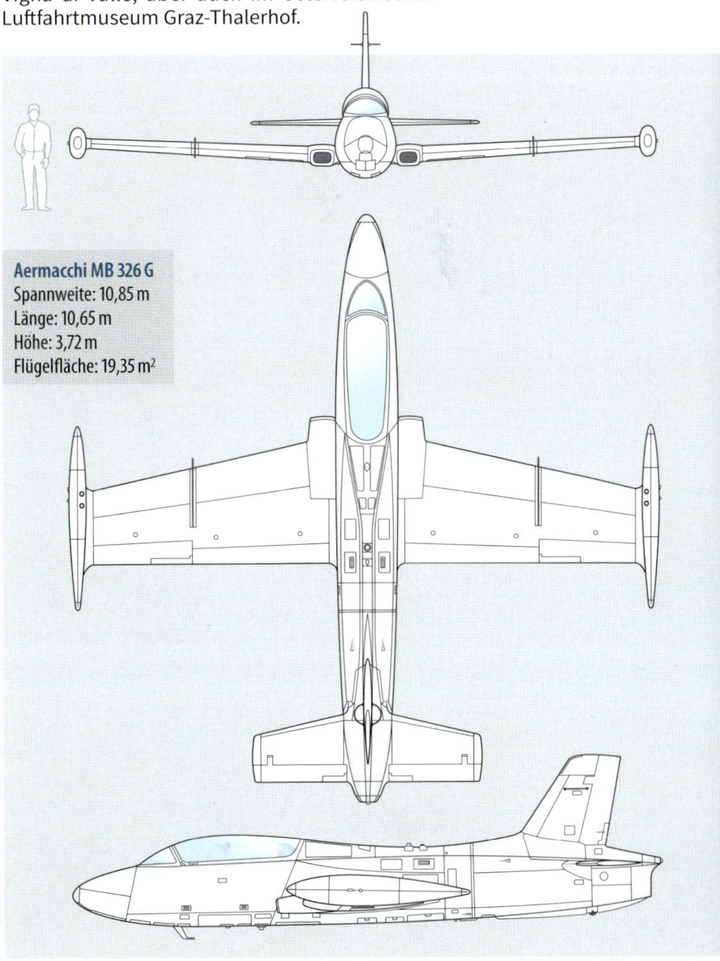

Aermacchi MB 326 G
Spannweite: 10,85 m
Länge: 10,65 m
Höhe: 3,72 m
Flügelfläche: 19,35 m²

Aermacchi AL-60

Ursprungsland
Italien
Kategorie
Leichtes Transportflugzeug

Entwicklung: Die Entwicklung der als ziviles, robustes Transportflugzeug konzipierten L-402 begann 1959 bei Lockheed in den USA durch den Ingenieur Al Mooney, der spätere Gründer der Mooney Aircraft Company. Geplant war ein vier- bis sechssitziges, einmotoriges Ganzmetallflugzeug mit einem kastenförmigen Rumpf, das schnell in eine Frachtversion umgerüstet werden konnte und STOL-Eigenschaften haben sollte. Große, doppelte Ladetüren rechts erleichterten die Beladung, auch für Tragbahren. Eine Schiebetür auf der linken Seite hinten eignete sich für Fallschirmspringer und zum Lastenabwurf. Der Erstflug fand im September 1959 statt. Lockheed baute noch zwei Prototypen und entschied, das Flugzeug im kostengünstigeren Mexiko bei Azacarte SAI als LASA-60 (44 Stück) mit einem 260 PS-Antrieb und in Argentinien herstellen zu lassen. 1961 erwarb die italienische Firma Aermacchi die Herstellungsrechte und begann ab April 1961 mit der Produktion der AL-60 B1 (250 PS-Boxer-Continental) und B2 (260 PS-Boxer-Continental TSIO-470) [Zchng], beide mit Bugrad-Fahrwerk, das durch Skier oder Schwimmer ersetzt werden konnte. Zu den letzten zivilen, italienischen Versionen zählte die mit einem 400 PS-starken Boxermotor ausgerüstete AL-60 F5 Conestoga. Für das südafrikanische Militär wurde die Spornrad-Version C-5 mit einem 340 PS-Boxermotor Lycoming GSO-480 gebaut, von der später die südafrikanische Atlas Aircraft Corporation bis 1979 40 Stück als Atlas C4M Kudu [Bild] unter Lizenz produzierte. Sie war ebenso mit einem 340 PS starken Lycoming GSO-480 gut motorisiert, konnte von unvorbereiteten Pisten operieren und flog im Februar 1974 erstmals. Rhodesien erhielt vermutlich 10 AL-60 F Trojan mit einem 400 PS-Lycoming IO-720. Bereits 1968 verkaufte Aermacchi ihre Lizenzrechte an Northwest Industries Canadian, die den Hochdecker zum Northwest Ranger weiterentwickelte, der mit bis zu 520 PS-starken Motoren flog. Quellen sprechen von lediglich vier bis 1972 produzierten Hochdeckern.

Unterschiedliche Quellen berichten, dass insgesamt etwa 200 bis 250 Flugzeuge aller Varianten von sämtlichen Herstellern ausgeliefert worden sind.

Bemerkungen: Obwohl ursprünglich in den USA entwickelt, flog der leichte und robuste Transporter nie beim US-Militär. Neben etlichen zivilen Abnehmern, die sie auch in der Landwirtschaft einsetzten, nutzten die italienischen Streitkräfte die AL-60 Trojan als Verbindungs- und Transportflugzeug, ebenso Mauretanien, Rhodesien, Tunesien und Südafrika. Mexikos Militär verwendete sie unter anderem auch für den Such- und Rettungsdienst.

Vermutlich sind noch einige AL-60 flugfähig, es sind jedoch keine konkreten Standorte bekannt.

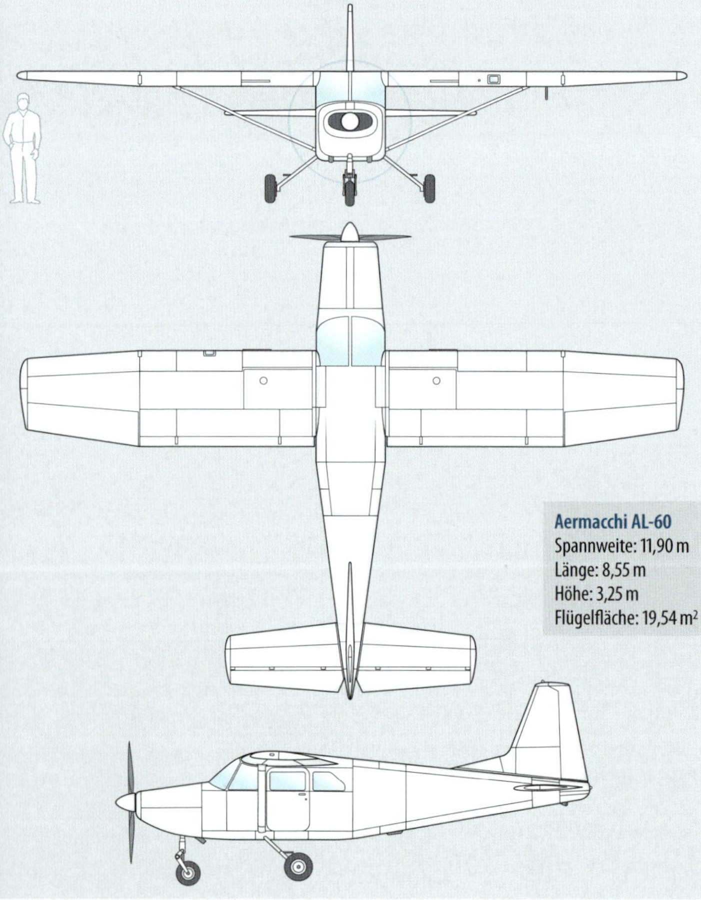

Aermacchi AL-60
Spannweite: 11,90 m
Länge: 8,55 m
Höhe: 3,25 m
Flügelfläche: 19,54 m²

Besatzung: 1 – 2
Triebwerke: (B2) Ein luftgekühlter 6-Zylinder Boxermotor Continental TSIO-470 B mit 193 kW (260 PS).
Leistungen: (B2) Höchstgeschwindigkeit 283 km/h in 4800 m Höhe, Reisegeschwindigkeit 206 km/h in 3000 m, Dienstgipfelhöhe 6700 m, Reichweite ca. 900 km.
Gewichte: Leermasse 1000 kg, maximale Startmasse 1750 kg.

Fiat G.91

Ursprungsland
Italien
Kategorie
Erdkampf- und Aufklärungsflugzeug

Entwicklung: Als leichtes Erdkampfflugzeug war die G.91 Sieger in einem 1953 ausgeschriebenen NATO-Wettbewerb. Ein Prototyp flog erstmals im August 1956. Der in Halbschalen-Ganzmetallbauweise konstruierte leichte, einstrahlige Jet ließ sich auch von Graspisten einsetzen, war aber mit der kleinen Zelle nicht mit Radar und umfangreicher Avionik ausrüstbar, auch einer der Gründe, weshalb die USA ihre Bestellung zurückzogen. Bei einem Vergleichsfliegen 1958 ging die G.91 zwar als Gewinner hervor, wurde aber trotzdem nie das NATO-Standardflugzeug. So blieben Italien und die Bundesrepublik die einzigen direkten Abnehmer der G.91. Die Bundeswehr beschaffte 50 G.91/R4 (ursprünglich von den USA bestellt), 344 G.91/R3 [Zchng.] und 66 Doppelsitzer G.91/T3 [Bild], die zum großen Teil in deutschen Firmen in Lizenz produziert wurden. Außer den R-Versionen, die auch als Fotoaufklärer gebaut wurden, sich aber sonst nur geringfügig unterschieden, flog im Mai 1960 die doppelsitzige G.91 T, von der man insgesamt 142 Stück herstellte. Eine mit zwei General Electric-Strahltriebwerken leistungsfähigere, überarbeitete G.91 Y flog erstmals im Juli 1968, alle 67 Exemplare flogen ausschließlich bei Italiens Luftwaffe.

Insgesamt lieferte Fiat und die Lizenznehmer 770 G.91 aller Varianten aus.

Bemerkungen: Die sinnvollen Ansätze für den Bau eines einheitlichen Flugzeuges der NATO-Mitgliedstaaten waren, zum Teil aus politischen Gründen, schnell vergessen, so blieben am Ende nur Italien und Deutschland, die das Projekt verwirklichten und die G.91 in größerer Stückzahl einsetzten. Fiat war schon Lizenznehmer der F-86 Sabre [Bd. 1], somit waren konstruktive Gemeinsamkeiten unverkennbar. Die deutsche Luftwaffe erhielt 1960 die ersten G.91 und nutzte sie bis 1982. Für die deutschen Lizenznehmer nebenbei auch eine Gelegenheit im Strahlflugzeugbau wieder Fuß zu fassen. Der Jet war bei Piloten beliebt und angeblich leicht beherrschbar und hatte eine „relativ geringe" Unfallrate – in den 22 Jahren Betriebszeit gingen 70 Maschinen verloren. Die meisten wurden schließlich verschrottet, einige erhielten Museen, 24 flogen zur Zieldarstellung bis 1992 bei einem privaten Betreiber. Die letzte italienische G.91 R wurde im April 1992 stillgelegt. Portugal, das ab 1966 110 Exemplare der deutschen Luftwaffe übernahm, war die einzige Nation, die G.91 bei Kampfeinsätzen in seinen afrikanischen Kolonien einsetzte und sie schließlich 1993 aus dem Verkehr zog.

Etliche Exemplare stehen in Luftfahrtmuseen Italiens und Deutschlands. Eine G.91 R3 z. B. im Luftwaffenmuseum der Bundeswehr in Berlin-Gatow, eine doppelsitzige T3 auch in der Flugwelt Altenburg Nobitz.

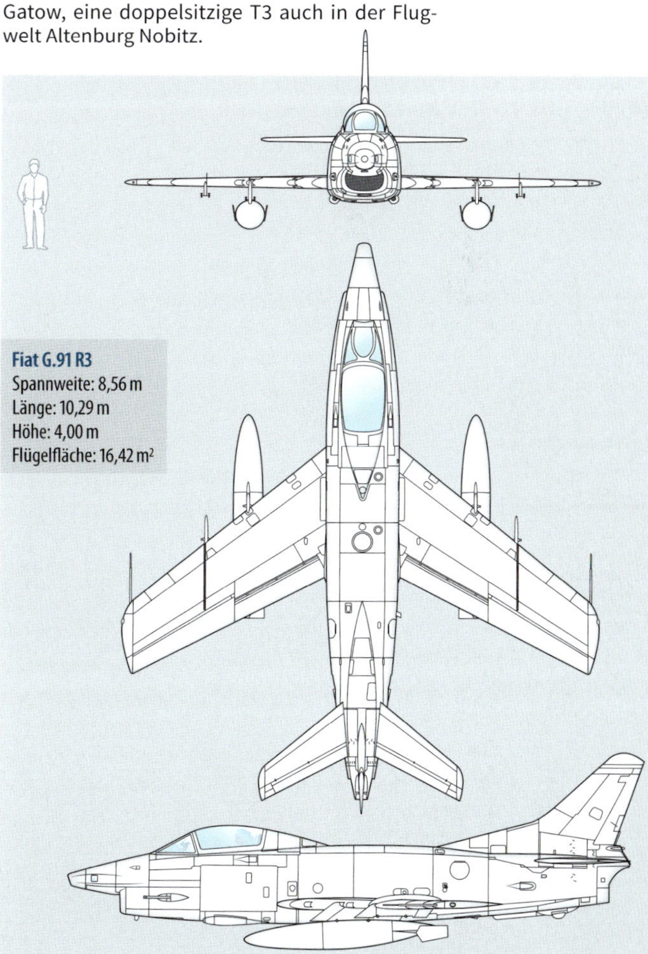

Fiat G.91 R3
Spannweite: 8,56 m
Länge: 10,29 m
Höhe: 4,00 m
Flügelfläche: 16,42 m²

Besatzung: (R3) 1
Triebwerke: (R3) Ein Axialstrahltriebwerk Bristol-Siddely Orpheus 803 mit 22,2 kN Schub.
Leistungen: (R3) Höchstgeschwindigkeit 1086 km/h in 1500 m, Reisegeschwindigkeit 850 km/h, Dienstgipfelhöhe 13 100 m, Reichweite 1150 km, Überführungsreichweite 1800 km.
Gewichte: (R3) Leermasse 3100 kg, Abflugmasse 5500 kg.
Bewaffnung: (R3) Zwei MKs im Bug, bis zu 680 kg Bomben an vier Außenstationen.

Piaggio P.149

Ursprungsland
Italien
Kategorie
Schulflugzeug, Verbindungsflugzeug

Entwicklung: Die P.149 war die konsequente Weiterentwicklung der zweisitzigen P.148 [Bd. 1]. Mit den nahezu gleichen Maßen war der Viersitzer deutlich stärker motorisiert und besaß ein einziehbares Fahrwerk. Der in Ganzmetallbauweise hergestellte, bedingt kunstflugtaugliche Tiefdecker flog im Juni 1953 erstmals. Die deutsche Luftwaffe gehörte nicht nur zu den ersten Kunden, sondern war auch der größte Abnehmer. Nach einem Vergleichsfliegen gegen die Saab Safir (S. 88), und Beechcraft Mentor (S. 141) ging die P.149 als Sieger hervor. Vermutlich weil sie neben der Funktion als Schulflugzeug auch das geeignetere, viersitzige Verbindungsflugzeug für Luftwaffe und Marine war. Im Mai 1957 begannen die Überführungen aus Italien von 72 bestellten P.149. Weitere 190 Flugzeuge wurden bei Focke-Wulf in Bremen in Lizenz als FWP.149 D gefertigt. Die ersten Auslieferungen begannen Ende 1957 in Bremen. Bis auf die 12 P.149 D der Marine wurden alle bei den Luftwaffe-Flugzeugführerschulen in Dienst gestellt. Während ihrer Betriebszeit stellte man etliche gravierende Mängel fest, die gelegentlich zu Startverboten führten. Dazu gehörten die Flügelanschlussbolzen, das Fahrwerk und die kritischen Trudeleigenschaften, die aber im Lauf der Zeit alle behoben werden konnten. Erst im März 1990 wurde die letzte deutsche P.149 als dienstältestes Flugzeug der Luftwaffe stillgelegt. Neben der BRD nutzten auch andere Staaten in deutlich kleinerer Stückzahl den Viersitzer. Israel erhielt vier Flugzeuge von Uganda, die sie 1971 außer Dienst stellte. Österreichs Luftwaffe flog eine von 1958 bis 1965 und Nigeria bezog 14 P.149 D entsprechend einem Vertrag mit Deutschland zum Aufbau der Luftwaffe. Auch Tansania erhielt 9 aus einem ähnlichen Abkommen. Nach einem Auswahlverfahren erwarb die Schweiz fünf P.149 E, die ab April 1961 geliefert wurden. Und zwischen 1970 und 1991 wurden sieben weitere P.149 D von Focke-Wulf an die Schweizerische Luftverkehrsschule verkauft, die sie zur Ausbildung von Swissair-Piloten bis 1997 flog. Angeblich gab es nur eine italienisch zugelassene P.149.

Es gibt keine eindeutigen Produktionszahlen, vermutlich sind es aber über 270.

Bemerkungen: Die von ihren Piloten „Piggie" genannte Maschine war das ideale Trainingsflugzeug für die noch junge Bundesluftwaffe. Sie wurden hauptsächlich im Rahmen eines Ausbildungsprogramms für angehende Piloten bei Instrumenten-, Navigations-, Nacht-, Überland,- Kunst- und Schlechtwetterflügen genutzt. Nach dem die Bundeswehr Teile ihrer Ausbildung in die USA verlagerte, wurden die Maschinen veräußert. Ein Teil ging an afrikanische Staaten, ein Teil an die Sportgruppen der Bundeswehr oder an private Interessenten.

Etliche „Piggies" werden noch in Deutschland von Vereinen und Privatpersonen geflogen. Eine kann man im Militärhistorischen Museum in Gatow und im Aeronauticum Nordholz besichtigen.

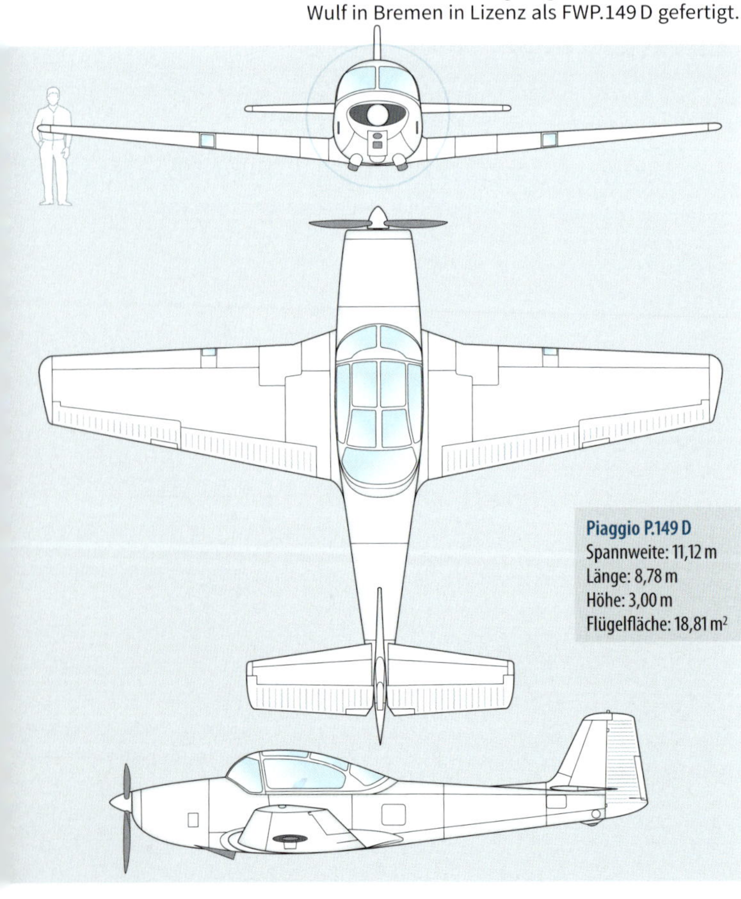

Piaggio P.149 D
Spannweite: 11,12 m
Länge: 8,78 m
Höhe: 3,00 m
Flügelfläche: 18,81 m²

Besatzung: 1
Triebwerk: Ein luftgekühlter 6-Zylinder-Boxermotor Avco Lycoming GO-480-B1A5 mit 201 kW (274 PS).
Leistungen: Höchstgeschwindigkeit 303 km/h, Reisegeschwindigkeit 270 km/h, Dienstgipfelhöhe 5400 m, Reichweite 1050 km.
Gewichte: Leermasse 1160 kg, Abflugmasse 1680 kg, maximale Abflugmasse 1820 kg.

Piaggio P.166

Entwicklung: Die Entwicklung der P.166 basiert auf dem bereits 1946 geflogenen fünfsitzigen Amphibium P.136, von dem der Knickflügel und das unkonventionelle Antriebskonzept mit Druckpropellern übernommen wurde. Mit neuem Rumpf und Leitwerk flog der Prototyp S.166 erstmals im November 1957. Das erste Serienmodell (29 Stück) der in Ganzmetall hergestellten P.166 AL1 wurde noch von zwei 340 PS starken 6-Zylinder-Boxermotoren von Lycoming angetrieben. 49 A-Versionen erhielt die italienische Luftwaffe als P.166 S Albatross. Bereits die P.166 B Portofino war mit 380 PS-Lycoming-Boxer motorisiert, hatte bis zu 10 Sitze und war deutlich leistungsfähiger. Fünf wurden für zivile Zwecke ausgeliefert, zwei gingen als Foto-Vermessungsflugzeug P.166 BL2/APH an die italienische Luftwaffe und 20 erhielt die südafrikanische Luftwaffe als Patrouillen- und SAR-Version P.166 S Albatross [Bild] mit längerer Nase und größeren Tiptanks. Von der 12-sitzigen Passagierversion mit außenliegenden Fahrwerksbehältern P.166 CL2 flogen angeblich nur 2 Stück. Erst mit der DL3 [Zchng.], die von 1976 bis 1991 produziert wurde, führte Piaggio 600 PS-starke Propellerturbinen von Lycoming ein. Sie wurden hauptsächlich an das Militär, die Küstenwache und an die zivile Meeresüberwachung ausgeliefert. Zwei gingen an Somalias Seeüberwachung, 12 an die italienische Küstenwache und 10 an die Guardia Finanza. Acht DL3 der Guarda Finanza rüstete Piaggio später mit leistungsstärkeren, je 615 PS starken Propellerturbinen PT-6 A von Pratt & Whitney zur P.166 DP1 aus.

Nach 154 ausgelieferten P.166 stellte Piaggio die Produktion ein.

Bemerkungen: Mit der P.166 konstruierte Piaggio ein leichtes Nutzflugzeug, das trotz seines außergewöhnlichen Antriebs vielfältige Einsatzmöglichkeiten zuließ. Immer wieder weiterentwickelt und technisch auf den neuesten Stand gebracht, ließ sich die P.166 ihren breit gefächerten Aufgaben anpassen. Eingesetzt wurde die Zweimot von Militärs und staatlichen Organisationen als Trainer, SAR- und Patrouillenflugzeug, für Spezialoperationen, als Verbindungsflugzeug und zur Fotogrammetrie. Das allwettertaugliche Flugzeug flog allerdings nur in italienischen, somalischen und südafrikanischen Diensten. Im März 2022 legte schließlich die Guarda Finanza ihre letzte P.166 DP1 still. Einige zivile P.166 wurden für die Pilotenausbildung genutzt, als Geschäftsreiseflugzeug, leichtes Transport- und Zubringer- Verkehrsflugzeug, neben Europa auch in den USA, Australien und Papua-Neuguinea.

In Italien wird noch eine P.166 C privat betrieben. Es gibt aber auch zahlreiche Museumsexemplare. Eine P.166 M steht z. B. im Parco Tematico dell'Aviazione, Rimini, Italien.

Besatzung: (DL3) 2
Triebwerke: (DL3) 2 Zwei Propellerturbinen Lycoming LTP 101-700 mit je 447,5 kW (608 PS).
Leistungen: (DL3) Höchstgeschwindigkeit 400 km/h in 3000 m, Reisegeschwindigkeit 300 km/h in 3600 m, Dienstgipfelhöhe 8535 m, Reichweite 1390 km mit maximalem Abfluggewicht, maximal 2080 km.
Gewichte: (DL3) Leermasse 2650 kg, Abflugmasse 4300 kg.

Ursprungsland
Italien
Kategorie
Patrouillen-, Transport- und Vermessungsflugzeug

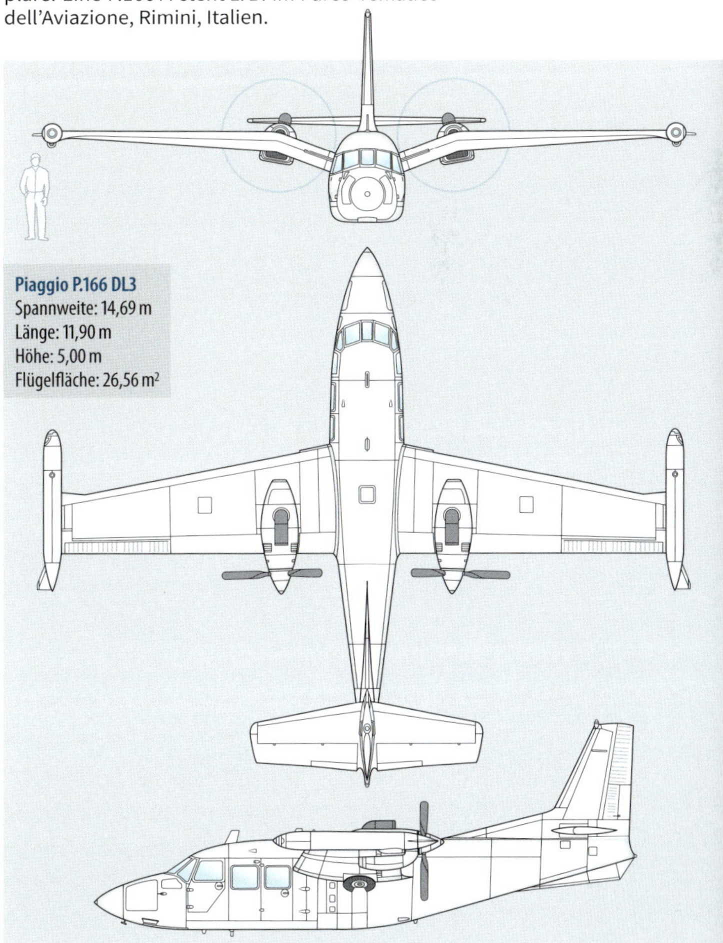

Piaggio P.166 DL3
Spannweite: 14,69 m
Länge: 11,90 m
Höhe: 5,00 m
Flügelfläche: 26,56 m²

SIAI-Marchetti SF.260

Ursprungsland
Italien
Kategorie
Trainer

Entwicklung: Stelio Frati, ein erfolgreicher italienischer Flugzeugkonstrukteur, entwarf zu Beginn der 1960er-Jahre das dreisitzige Kunst- und Reiseflugzeug F. 250, das auch zum Training von Militärpiloten geeignet sein sollte. Der Erstflug, der noch bei Aviamilano gebauten Einmot, erfolgte im Juli 1964. Kurz darauf übernahm SIAI-Marchetti das komplette Projekt und begann 1967 mit der Serienproduktion. Der freitragende Tiefdecker SF. 260 A in Ganzmetallbauweise war ursprünglich mit einem 250 PS-Boxermotor von Lycoming motorisiert und war von +6 bis –4 g voll kunstflugtauglich. Sie wurde aber rasch durch die leicht modifizierte, von einem Einspritzmotor angetriebene SF. 260 B abgelöst. Die 1977 eingeführte C-Version mit neu profiliertem, verstärktem Flügel und besserem Handling sollte vor allem militärische Kunden ansprechen. Sie war mit der im Mai 1972 eingeführten SF.260 W Warrior nahezu identisch und verfügte über waffentragende Außenstationen unter den Flügeln. Die 1986 zugelassenen SF.260 TP erhielt speziell für das Militär eine deutlich leistungsfähigere 350 PS-Allison-Turbine, während parallel die Kolbenmotor-angetriebene SF. 260 D, die 1985 auf den Markt kam, mit einem neuen automatisierten Tanksystem vertrieben wurde.

Der Tiefdecker wird heute noch gebaut. Ab 1997 von Aermacchi, seit 2017 von Leonardo. Bis 2012 waren ca. 900 Stück ausgeliefert.

Bemerkungen: Schon früh nach Produktionsbeginn des eleganten Tiefdeckers gehörte das Militär zu den Hauptabnehmern des kostengünstigen Trainers. Ungefähr ein Viertel der gesamten Produktion ging bisher an ca. 30 Militärflugschulen weltweit. Die voll kunstflugtaugliche Maschine hat ein ausgewogenes, angenehmes, angeblich jetähnliches Flugverhalten, zeigte mit ihrem guten Leistungsgewicht sehr hohe Steigwerte und war schnell, was sich auch in einigen Geschwindigkeitsrekorden widerspiegelte. Die SF. 260 bot im großzügig verglasten Side-by-Side-Cockpit sehr gute Sichtverhältnisse, ideale Bedingungen für die Schulung, konnte aber auch eine dritte Person zuladen. Ein relativ großes Tankvolumen erlaubte bis zu vier Stunden Flugzeit. So eignet sich der flexible und gut motorisierte Tiefdecker, vor allem mit der Turbine, für Basisschulung, Instrumentenflug, Waffentraining und Kunstflug, wurde aber von einigen Staaten in Afrika, Ferner Osten und Südamerika auch als leichtes Erdkampfflugzeug eingesetzt. Angeblich erwarb Libyen alleine 240 Exemplare, die teilweise dort auch endmontiert wurden.

Neben militärischen Betreibern werden weltweit immer noch zahlreiche zivile SF. 260, aber auch ausgemusterte und entmilitarisierte Maschinen privat betrieben.

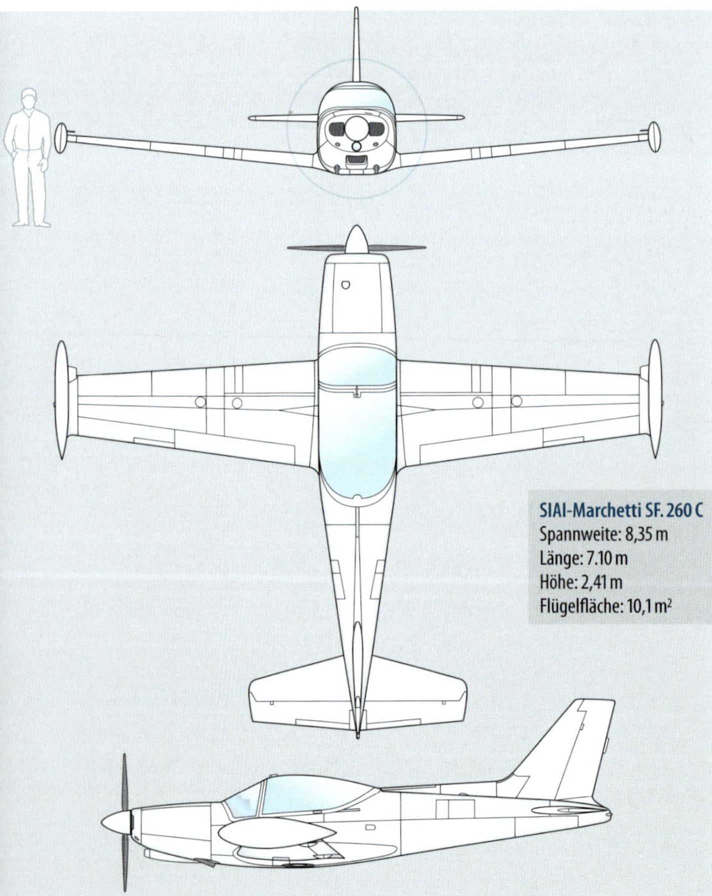

SIAI-Marchetti SF. 260 C
Spannweite: 8,35 m
Länge: 7.10 m
Höhe: 2,41 m
Flügelfläche: 10,1 m²

Besatzung: 2
Triebwerke: (C) Ein luftgekühlter 6-Zylinder-Boxermotor Lycoming 0-540 mit 195 kW (260 PS).
Leistungen: Höchstgeschwindigkeit 350 km/h, Reisegeschwindigkeit , Dienstgipfelhöhe 5800 m, Reichweite 2050 km.
Gewichte: Leermasse 755 kg, Abflugmasse 1200 kg.
Bewaffnung: Je nach Version bis zu 300 kg Bomben, Raketen, MG-Pods als Außenlasten an vier Stationen.

Fuji T-1

Ursprungsland
Japan
Kategorie
Trainer

Entwicklung: Sechs Jahre nach Ende des Zweiten Weltkrieges hoben die USA teilweise das Verbot zur Forschung und Entwicklung in Japans Luftfahrtindustrie wieder auf und um 1954 forderte das Verteidigungsministerium Firmen auf, wieder eigene Flugzeuge zu entwickeln, auf die eine Spezifikation für einen Jet-Trainer folgte. Parallel dazu sollte auch die Entwicklung von Strahltriebwerken beginnen. Unter vier Bewerbern wurde Fuji, als Nachfolger von Nakajima, ausgewählt. Man begann unverzüglich mit der Konstruktion und dem Bau, auch mit amerikanischer Unterstützung, so dass im Januar 1958 der Prototyp Nr. 1 abheben konnte. Der in Ganzmetall-Schalenbauweise produzierte Jet flog mangels eigener japanischer Triebwerke mit einem britischen Orpheus Mk. 805. Nach der Erprobung begann 1960 die Produktion von 46 T-1 A, die noch mit den britischen Triebwerken motorisiert waren. Um 1960 flog der umgebaute erste Prototyp mit dem neuen, sparsameren japanischen Triebwerk Ishikawajima J3, das 11,77 kN Schub lieferte und in den 20 gebauten T-1 B Verwendung fand. Ein leistungsgesteigertes J3 mit 13,72 kN wurde beim Upgrade der T-1 B auf die T-1 C eingebaut. Eigentlich unbewaffnet, ließen sich im Ernstfall Bomben und Luft-Luft-Raketen mitführen und ein MG im Bug montieren.

1963 beendete Fuji die Produktion nach ausgelieferten 66 T-1-Trainern.

Bemerkungen: Fujis T-1 war das erste japanische strahlgetriebene Trainingsflugzeug eigener Entwicklung, das die veralteten, propellergetriebenen North American T-6 [Bd. 1] ersetzen sollte. Es ging nicht ganz ohne amerikanische Hilfe, dazu kam noch der Lizenzbau von Lockheed T-33 [S. 176] und North American F-86 [Bd. 1], mit denen das Know How des modernen Flugzeugbaus erworben wurde. So griff man zwar bei Beginn der Produktion noch auf britische Komponenten zurück, wie z. B. das Triebwerk und die Schleudersitze, war aber schnell in der Lage, eigene Entwicklungen zur Serienreife zu bringen. Trotz des schwächeren Triebwerks konnte die T-1 mit der T-33 konkurieren, war angeblich in einigen Bereich sogar leistungsfähiger. Ursprünglich wurden 200 T-1 gefordert, mit Einführung der F-104 Starfighter [S. 179] installierte man jedoch auch ein neues Schulungssystem, bei der in Lizenz gebaute T-33 zum Einsatz kamen. Mit Indienststellung des Strahltrainers Kawasaki T-4 im Jahr 2000 endet auch die Ausbildung auf der T-1. Die letzte wurde aber erst im März 2006 stillgelegt.

Einige wenige T-1 blieben erhalten. Eine wird z. B. im Kakamihahara Air and Space Museum bei Nagoya, Japan präsentiert.

Besatzung: 2
Triebwerke: (T-1 A) Ein Axialstrahltriebwerk Bristol Orpheus Mk. 805 mit 18 kN Schub.
Leistungen: (T-1 A) Höchstgeschwindigkeit 925 km/h in 6100 m, Reisegeschwindigkeit 620 km/h in 9150 m, Dienstgipfelhöhe 14 400 m, Reichweite 1300 km, Überführungsreichweite 1950 km.
Gewichte: (T-1 A) Leermasse 2420 kg, Abflugmasse 4150 kg, maximale Abflugmasse 5000 kg.
Bewaffnung: Ein MG im Bug, an zwei Flügelstationen Luft-Luft-Raketen, Bomben oder Droptanks.

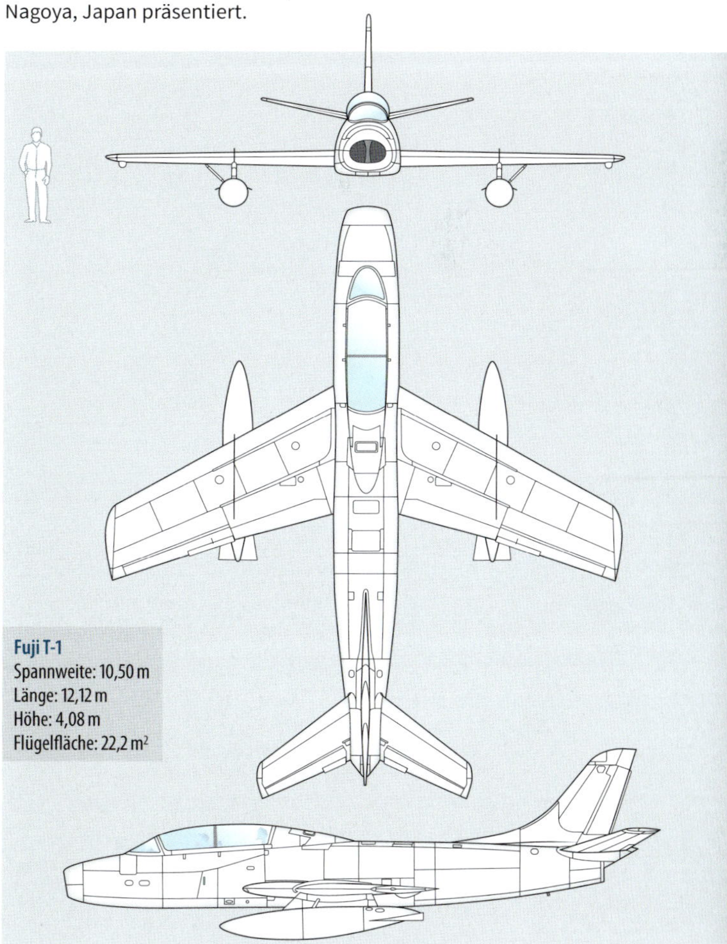

Fuji T-1
Spannweite: 10,50 m
Länge: 12,12 m
Höhe: 4,08 m
Flügelfläche: 22,2 m²

Fuji KM-2

Ursprungsland
Japan
Kategorie
Schulflugzeug

Entwicklung: Das Nachfolgeunternehmen Fuji Heavy Industries des im Zweiten Weltkrieg erfolgreichen Flugzeugherstellers Nakajima, begann 1952 mit der Lizenzproduktion der Beech T-34 Mentor [S. 141] für die japanischen Selbstverteidigungsstreitkräfte. Daraus entwickelte Fuji die LM-1 Nikko, ein viersitziges, leichtes Verbindungsflugzeug mit einem 225 PS starken 6-Zylinder Continental O-470, das im Juni 1955 erstmals abhob und in einer Kleinserie von 27 Stück an die japanischen Streitkräfte ausgeliefert wurde. Mit Installation des 340 PS-Lycomings wurde der Tiefdecker in LM-2 umbenannt, von dem allerdings nur zwei produziert wurden. Fuji versuchte die LM-1 und 2 auch auf dem zivilen Markt als viersitzige KM anzubieten, die schließlich auch von der japanischen Regierung in der zivilen Pilotenausbildung verwendet wurde. Daraus entwickelte das Unternehmen den zweisitzigen Side-by-Side-Trainer KM-2 [Bild/Zchng.], der im Januar 1962 seinen Erstflug absolvierte, jedoch nicht kunstflugtauglich war. Von dem in Ganzmetallbauweise produzierten unbewaffneten Trainer mit Einziehfahrwerk und einem 340 PS-Lycoming-Boxermotor wurden 62 an die japanische Marine und zwei an die japanischen Landstreitkräfte als TL-1 ausgeliefert.

Bei Fuji rollten insgesamt 64 KM-2 aus den Werkhallen.

Bemerkungen: Mit Lizenzproduktionen amerikanischer Flugzeuge begann Japan nach dem Zweiten Weltkrieg seine Flugzeugindustrie wieder anzukurbeln. Zuerst mit lizenzierten Nachbauten, später mit deren Modifikationen und eigenen Entwicklungen. Dazu gehörte auch die KM-2, die anfangs als Fuji LM von Beechcraft lizenziert wurde, aber schließlich nach den Bedürfnissen der japanischen Streitkräfte in mehren Varianten weiterentwickelt wurde und, trotz einiger Unfälle, durchaus erfolgreich in der Schulung und als Verbindungsflugzeug eingesetzt wurde. Anfang der 1970er-Jahre erwarb Japan amerikanische McDonnell F-4 Phantom [S. 190]. Dazu benötigte Japan für die Pilotenausbildung einen Trainer, dessen Sitze in Tandemanordnung lagen. Fuji bot daraufhin die kunstflugtaugliche KM-2 B mit moderner Avionik an, die schließlich zum Haupttrainer der japanischen Streitkräfte wurde. Erstflug war im Januar 1978 und bis 1992 lieferte das Unternehmen 50 als T-3 an die japanische Luftwaffe aus. Die Weiterentwicklung führte schließlich zur T-5, ein unbewaffneter Side-by-Side-Trainer mit einer Allison-Propellerturbine, der 1985 erstmals flog und von der 40 Stück als Schul- und Verbindungsflugzeug von der japanische Marine eingesetzt werden.

Von noch flugtauglichen KM-2 ist nichts bekannt. Ein Museumsexemplar steht im Kanoya Naval Air Base Museum, Japan.

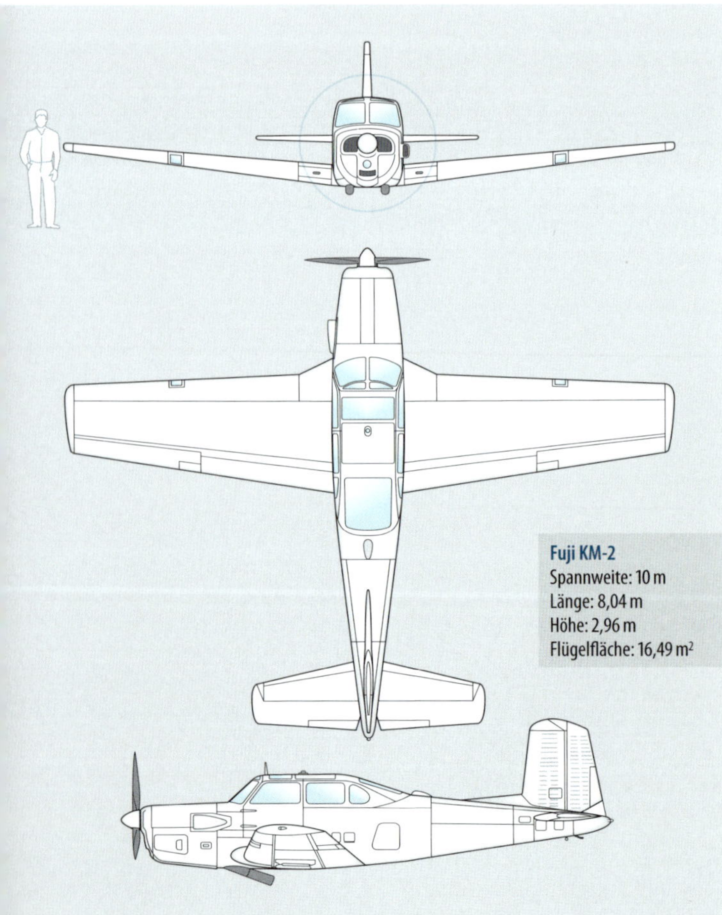

Fuji KM-2
Spannweite: 10 m
Länge: 8,04 m
Höhe: 2,96 m
Flügelfläche: 16,49 m²

Besatzung: 2 – 4
Triebwerke: Ein luftgekühlter 6-Zylinder-Boxermotor Lycoming IGSO-480 mit 250 kW (340 PS).
Leistungen: Höchstgeschwindigkeit 378 km/h in 4880 m Höhe, Reisegeschwindigkeit 304 km/h in 3000 m Höhe, Dienstgipfelhöhe 8200 m, Reichweite 975 km.
Gewichte: Leermasse 1120 kg, maximale Startmasse 1750 kg.

NAMC YS-11

Entwicklung: Bereits 1954 forderte das japanische Ministerium für internationalen Handel und Industrie landeseigene Flugzeughersteller auf, bei der Entwicklung eines Verkehrsflugzeugs für Kurzstrecken zusammenzuarbeiten, um die alternden DC-3 zu ersetzen, aber auch um Japans Flugzeugindustrie zu fördern. Das daraufhin gebildete Konsortium NAMC, an dem die japanische Regierung 54 % Anteil hielt, bestand aus Mitsubishi (Rumpf und Endmontage), Kawasaki (Flügel, Triebwerk), Shin Meiwa (Heck), Fuji, Showa und Japan Aircraft Industry. Geplant war ein zweimotoriger, druckbelüfteter Tiefdecker, der deutlich leistungsfähiger in Konkurrenz zur Vickers Viscount und Fokker F-27 [S. 84] treten sollte. Der erste Prototyp flog im August 1962, der zweite im Dezember 1962. Nach einer ausgiebigen Testphase mit einigen Problemen erhielt die YS-11 im August 1964 die japanische und im September 1965 die amerikanische Zulassung. Von der ersten Variante YS-11-100 mit 23,5 t Abfluggewicht für bis zu 64 Passagiere wurden 48 ausgeliefert. Die um eine Tonne schwerere YS-11 A-200 entwickelte NAMC für den amerikanischen Markt. Dazu kam die YS-11 A-300 CP, eine Combi-Version, von der 16 Stück gebaut wurden und die YS-11 A-400 als reine Frachtversionen mit großem backbordseitigem Ladetor, die ausschließlich an die japanischen Streitkräfte ging. Weitere Typen bis zur YS-11 A-700 waren Flugzeuge mit einer auf 25 Tonnen gesteigerten Abflugmasse. Die letzten fliegenden YS-11 E der japanischen Streitkräfte durchliefen einige Modernisierungsprogramme und erhielten noch stärkere T-64-Propellerturbinen von General Electric mit maximal 3400 PS.

NAMC stellte nach 182 YS-11 aller Varianten 1973 die Produktion ein.

Bemerkungen: Wegen relativ geringer Verkaufszahlen, vor allem international, erwies sich die YS-11 für das japanische Konsortium finanziell zwar als Verlust, war aber insgesamt gesehen für japanische Flugzeugbauer eine Möglichkeit, wieder Fuß zu fassen. Zu den militärischen Betreibern des ungewöhnlich langlebigen Turboprops gehörte neben Japans Heer und Marine auch Gabun, Peru und die Philippinen, sowie Griechenlands Luftwaffe, das ihre sechs YS-11 von Olympic Airways übernahm. Zahlreiche japanische YS-11 blieben bis 2006 im Einsatz, wurden aber mit zunehmenden Alter unrentabel. Einige verkaufte man ins Ausland, etliche wurden an Museen abgegeben oder verschrottet. Die letzten japanischen YS-11 der Streitkräfte erhielten noch einmal neue Triebwerke, wurden dann aber 2021 stillgelegt.

Zehn Flugzeuge findet man in Japans wichtigsten Museen. Eine in Brasilien, aber auch eine im Elefsis Heritage Park, Elefsina, Griechenland.

Besatzung: 2
Triebwerke: Zwei Propellerturbinen Rolls-Royce Dart Mk.542-10 mit 2220 kW (3020 PS).
Leistungen: Höchstgeschwindigkeit 546 km/h in 4700 m Höhe, Reisegeschwindigkeit 452 km/h in 6100 m, Dienstgipfelhöhe 6980 m, Reichweite mit max. Nutzlast 1090 km, maximal 2110 km.
Gewichte: Leermasse 15 396 kg, maximale Abflugmasse 24 500 kg.

Ursprungsland
Japan
Kategorie
Fracht- und ELINT-Flugzeug, Navigationstrainer, VIP-Transporter

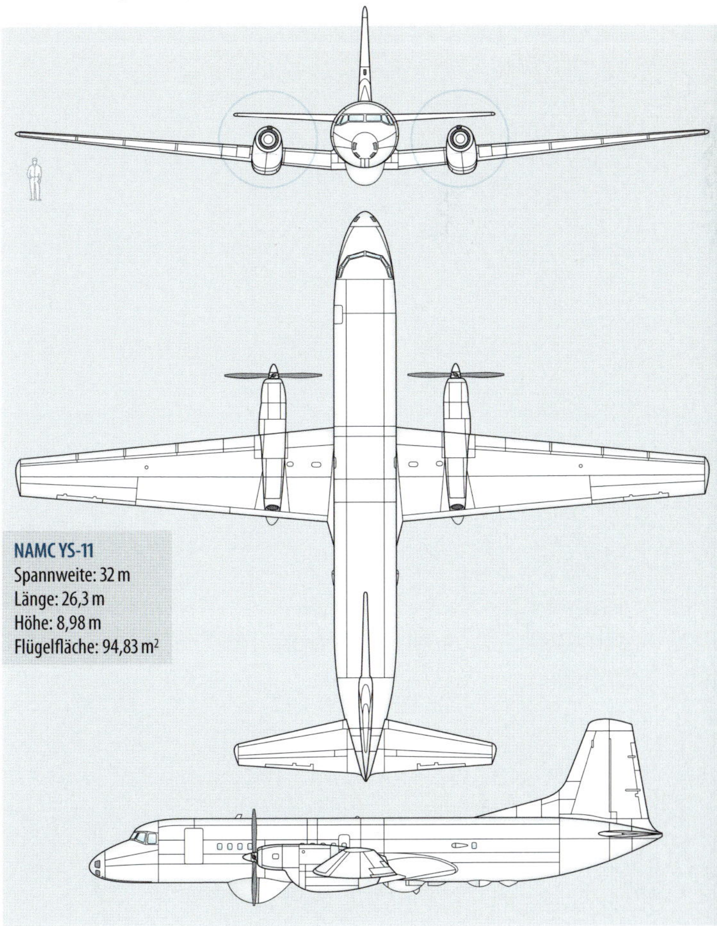

NAMC YS-11
Spannweite: 32 m
Länge: 26,3 m
Höhe: 8,98 m
Flügelfläche: 94,83 m²

Shin Meiwa PS-1

Ursprungsland
Japan
Kategorie
U-Boot-Jäger, SAR-Amphibium

Entwicklung: Schon in den frühen 1950er-Jahren begann Kawanishi, später Shin Meiwa, mit der Entwicklung eines Wasserflugzeugs, das auch von offener, rauer See operieren konnte. Ab 1961 wurde das Projekt vom japanischen Verteidigungsministerium unterstützt und die USA stellten eine Grumann Albatros [Bd. 1] als Testflugzeug zur Verfügung, mit dem, neben zahlreichen Modifikationen, auch ein STOL-System erprobt werden konnte. Mit Abschluss der Tests erhielt Shin Meiwa 1966 den Entwicklungsauftrag für ein viermotoriges Flugboot zur Seeüberwachung und U-Boot-Jagd. Im Oktober 1967 flog der erste Prototyp PS-X. Der Schulterdecker konnte, dank des strömungsgünstigen Unterwasserrumpfs, einem aufwendigen Klappen- und Grenzschicht-Kontrollsystem, das von einer Gasturbine im Rumpf und einem Kompressor angetrieben wurde, mit 185 m Startstrecke ein 15 m-Hindernis überfliegen. Die bis zu 10-köpfige Crew setzte sich aus zwei Piloten, Flugingenieur und ASW-Spezialisten zusammen, denen neben Sonarbojen Wasserbomben und Torpedos zur Verfügung standen. 1969 wurden 21 PS-1 beauftragt. Im Oktober 1972 forderte die Marine auch eine unbewaffnete SAR-Version US-1 [Bild, Zchng.], die mit Einziehfahrwerk auch von Land operieren konnte, ansonsten aber nahezu baugleich war. Erstflug war im Dezember 1974. Bei den 19 bestellten Maschinen wurde ab dem siebten Exemplar neben verbesserter Elektronik auch stärkere Triebwerke eingebaut; alle früheren Maschinen erhielten das Upgrade zur US-1 A. Zahlreiche Weiterentwicklungen, darunter auch deutlich größere Passagierversionen, blieben Reißbrettprojekte.

Shin Meiwa lieferte bis 1978 43 Flugzeuge aus.

Bemerkungen: Mit der PS-1 erhielt Japan zu Beginn der 1970er-Jahre wieder die Möglichkeit, großflächig die Hochsee vor den Küsten zu überwachen und damit auch ein effektives Flugboot zur U-Boot-Bekämpfung. Als Wasserflugzeug mit STOL-Eigenschaften, das auch bei bis zu 4,2 m-hohen Wellen operieren konnte, ließ sich die PS-1 bei fast jedem Wetter das ganze Jahr über einsetzen. Erst in den 1980er-Jahren wurden die ASW-Flugboote durch landgestützte Lockheed P-3 [S. 183] ersetzt. Mitte der 1990er-Jahre veralteten auch die US-1, die neben militärischen SAR-Aufgaben noch zivile Hilfsflüge durchführten. Die letzte wurde erst 2017 außer Dienst gestellt. Eine Weiterentwicklung zur optisch ähnlichen US-2, eine komplette Neukonstruktion, flog im Dezember 2003 erstmals.

Eine US-1 A wird vom Kanoya Air Base Museum, Japan präsentiert.

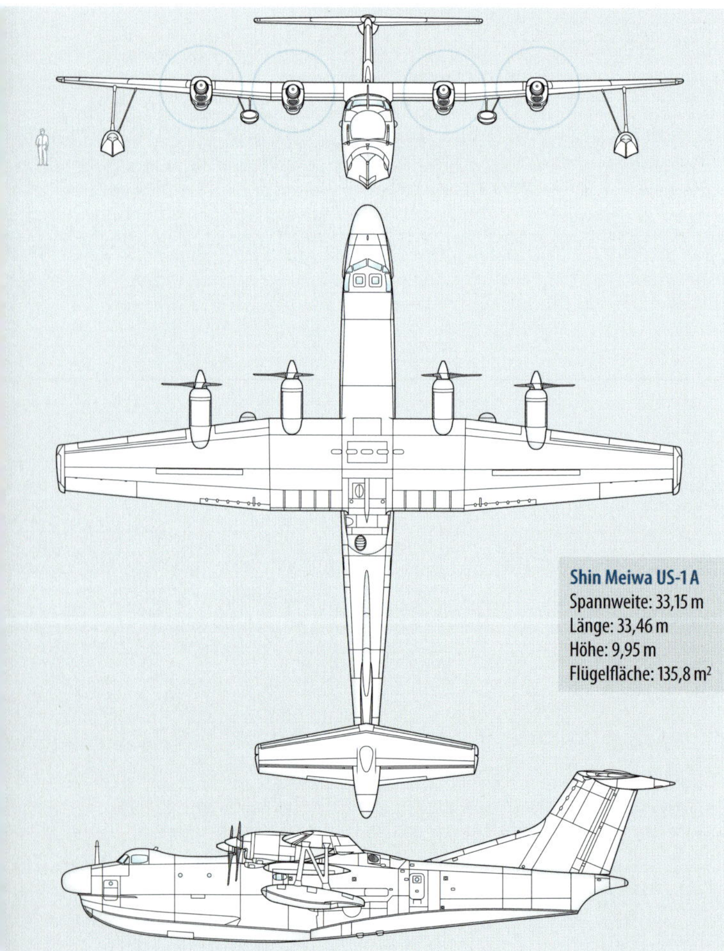

Shin Meiwa US-1 A
Spannweite: 33,15 m
Länge: 33,46 m
Höhe: 9,95 m
Flügelfläche: 135,8 m²

Besatzung: 4
Triebwerke: (US-1) Vier Propellerturbinen General-Electric T64-IHI-10 mit je 2535 kW (3446 PS) und eine Gasturbine General Electric T58-IHI-10 mit 1044 kW (1420 PS).
Leistungen: (US-1) Höchstgeschwindigkeit 511 km/h, Reisegeschwindigkeit 426 km/h, Dienstgipfelhöhe 8600 m, Reichweite 3800 km.
Gewichte: (US-1) Leermasse 25 630 kg, Abflugmasse 36 000 kg, maximale Abflugmasse von Wasser 43 000 kg, 45 000 kg von Land.

Ikarus DM-6 R Kurir

Ursprungsland
Jugoslawien
Kategorie
Leichtes Mehrzweck-STOL-Flugzeug

Entwicklung: Die jugoslawische Luftwaffe forderte Mitte der 1950er-Jahre ein leichtes, vielseitiges Verbindungs- und Aufklärungsflugzeug mit STOL-Eigenschaften. Ikarus, ein staatseigenes Unternehmen, begann daraufhin die Entwicklung der Kurir. Ein erster Prototyp flog 1954. Der leichte Hochdecker, mit eindeutigen Merkmalen des deutschen Fieseler Storch, hatte einen metallbeplankten, freitragenden Flügel, einen metallbeplankten, geschweißten Stahlrohrrumpf, lediglich das Heck nach dem Cockpit und das Leitwerk waren bespannt. Die Kombination aus großen, elektrisch betriebenen Fowlerklappen und festen Schlitzvorflügeln vor den Querrudern ermöglichten sehr kurze Startstrecken. Mit 220 m Startbahn ließ sich ein 15 m-Hindernis überfliegen, zur Landung genügten etwa 100 m Rollstrecke. In der Regel zweisitzig, war auch ein dritter Sitz möglich oder ersatzweise zwei Krankentragen bei Ausbau der hinteren Sitze. Das hochbeinige, gedämpfte Radfahrwerk ließ sich gegen Skier austauschen. Versuchsweise wurde ein Flugzeug (Kurir H) auch mit Schwimmern erprobt, ging aber nicht in Serie. Motorisiert war der Hochdecker mit einem hängend eingebauten, modifizierten tschechischen Walter Minor 155 PS-Reihenmotor, der einen Verstellpropeller antrieb. Wegen Schwingungsproblemen ersetzte Ikarus bei einer zweiten Serie der Kurir L den Reihenmotor durch einen stärkeren, amerikanischen Lycoming-Boxermotor O-435 mit 180 PS.

Die Serienproduktion begann 1955 und endete 1961 nach 155, andere Quellen sprechen von bis zu 166 ausgelieferten Exemplaren.

Bemerkungen: Die Kurir wurde wegen ihrer Vielseitigkeit, des einfachen Aufbaus und ihrer robusten Konstruktion von den jugoslawischen Streitkräften geschätzt und hauptsächlich für den Einsatz in abgelegenen Gebieten und unter schwierigen, rauen Bedingungen entworfen. Überwiegend für Verbindungs- und Ambulanzflüge sowie leichte Transporte genutzt, war der Hochdecker mit seinem großzügig verglasten Cockpit aber auch ideal für Aufklärungsflüge. Mit seinem stabilen Fahrwerk und STOL-Flügeln konnten geübte Piloten kurze, unvorbereitete Flugfelder problemlos anzufliegen. Die jugoslawische Luftwaffe setzte das Flugzeug bis 1972 ein. Zahlreiche Exemplare wurden anschließend von Aeroclubs übernommen und als Fallschirmabsetzer und Seglerschlepper weiterbetrieben. Einige angeblich auch in der Forstwirtschaft und bei Katastropheneinsätzen.

Es gibt keine Information über noch flugtüchtige Kurir. Eine findet man im serbischen Belgrader Museum für Luftfahrt, eine im Auto & Technik Museum in Sinsheim.

Besatzung: 1 + 1
Triebwerke: Ein luftgekühlter, hängender 6-Zylinder-Reihenmotor Walter Minor DM-6 R mit 114 kW (155 PS), in einer zweiten Serie ein 6-Zylinder-Boxermotor Lycoming O-435 mit 180 PS.
Leistungen: Höchstgeschwindigkeit 189 km/h, Reisegeschwindigkeit 160 km/h, Dienstgipfelhöhe 3300 m, Reichweite 760 km.
Gewichte: Leermasse 980 kg, maximale Abflugmasse 1464 kg.

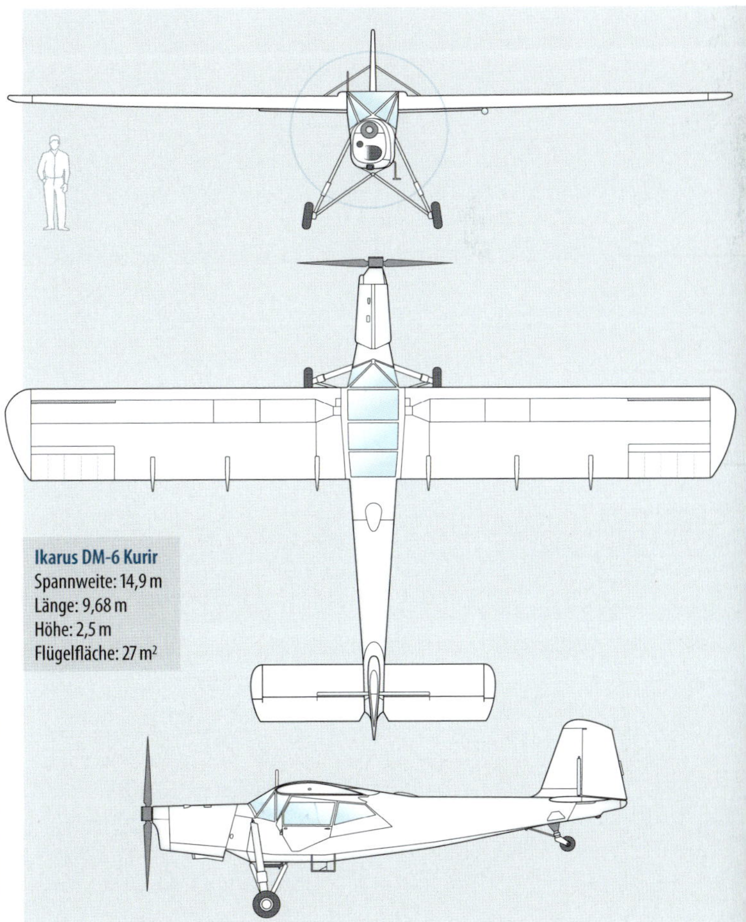

Ikarus DM-6 Kurir
Spannweite: 14,9 m
Länge: 9,68 m
Höhe: 2,5 m
Flügelfläche: 27 m^2

Soko 522

Ursprungsland
Jugoslawien
Kategorie
Trainer

Entwicklung: Die Soko 522 war der Nachfolger der aus Holz gebauten UTVA 213 Vihor [Bd. 1]. Es war das erste eigenständig entworfene und gebaute Flugzeug der 1950 neu gegründeten Firma Soko, die neben anderen Firmen auch UTVA und Ikarus übernommen hatte. Der Ganzmetall-Tiefdecker mit nahezu identischen Maßen des Vorgängers, erhielt einen Aluminium-verkleideten Stahlrohr-Rumpf und nach oben klappbare(!) Tragflächen, die wie das Leitwerk, eine Leichtmetallkonstruktion waren. Als „Militärhilfe" aus den USA bezog UTVA Pratt & Whitney-Sternmotoren, Instrumente und Teile des elektrischen Systems. Jugoslawiens Regierung bestellte 115 Flugzeuge noch vor dem Erstflug im Februar 1955. Bereits im Juni flog das erste Serienexemplar, schon im Juli wurden die ersten Tiefdecker, von dem nur eine Variante produziert wurde, in Dienst gestellt.

Zwischen 1955 und 1961 lieferte UTVA insgesamt 115 Flugzeuge aus.

Bemerkungen: Wie sein Vorgänger, als wichtigstes Schul- und Trainingsflugzeug Jugoslawiens eingesetzt, war die Soko 522 bis 1978/79 im Dienst. Haupteinsatzzweck der 522 war die Übergangsausbildung der Piloten auf die Ikarus S-49 und Republic P-47 Thunderbolt. Geschult wurde neben dem Waffeneinsatz mit MGs, Bomben und Raketen auch Kampftaktik, Nacht- und Instrumentenflug. Obwohl sich die 522 als hervorragendes und leistungsfähiges Flugzeug erwies und sie durchaus als leichtes Erdkampfflugzeug geeignet gewesen wäre, wurde sie nie bei taktischen Einsätzen geflogen. Sie galt als zu gering bewaffnet und zu langsam. Mit dem gut motorisierten Trainer, der öfters auf europäischen Luftfahrtmessen vorgestellt wurde, war Jugoslawiens kleine Luftfahrtindustrie im Vergleich zu westlichen und russischen Mustern eine ernst zu nehmende Konkurrenz. Es kam aber nie zu Verkäufen außerhalb Jugoslawiens. Nebenbei bemerkt: Trotz des kommunistischen Blocks unter russischer Führung pflegte das Land in den 1950er-Jahren engen Kontakt zu westlichen Staaten und bezog von ihnen unter anderem militärische Ausrüstungen, wie z. B. 150 P-47 Thunderbolts oder die Sternmotoren für die 522 von Pratt & Whitney.

Etliche Exemplare gingen nach der Ausmusterung an jugoslawische Fliegerclubs und an ausländische, private Kunden, die teilweise heute noch in flugfähigem Zustand als Warbird betrieben werden. Berühmt wurde das Flugzeug auch durch einige Auftritte in Kriegsfilmen der 1960er- und 70er-Jahre, in der man sie zur Darstellung von Focke-Wulf FW 190 einsetzte.

Eine Soko 522 steht im Belgrad Aviation Museum in Serbien und eine im Militärmuseum Pivka, Slowenien.

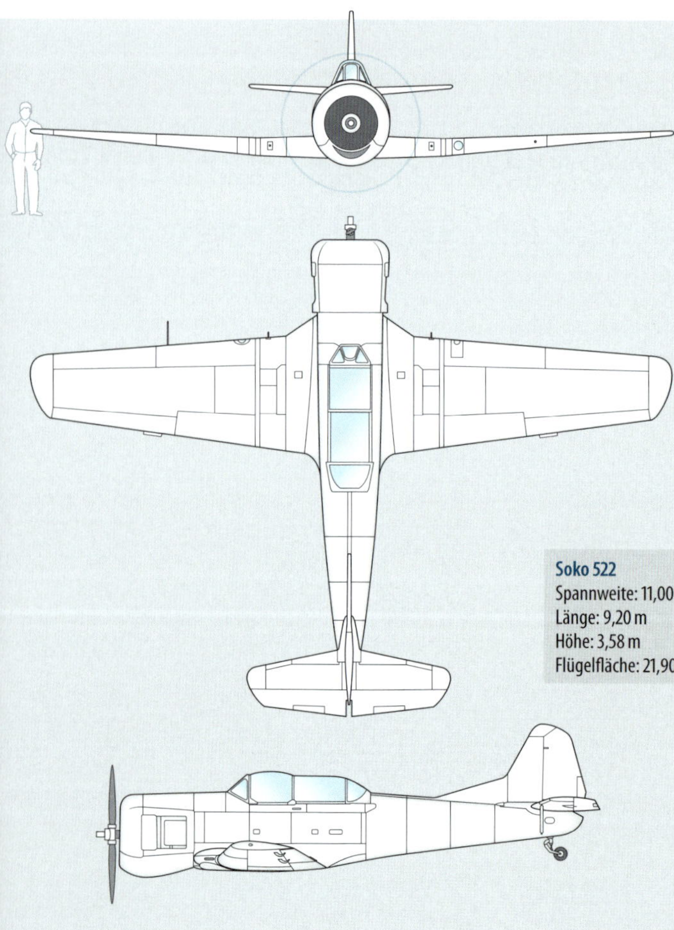

Soko 522
Spannweite: 11,00 m
Länge: 9,20 m
Höhe: 3,58 m
Flügelfläche: 21,90 m²

Besatzung: 2
Triebwerk: Ein luftgekühlter Sternmotor Pratt & Whitney R-1340-AN-1 Wasp mit 441 kW (600 PS).
Leistungen: Höchstgeschwindigkeit 351 km/h, Reisegeschwindigkeit ca. 290 km/h, Dienstgipfelhöhe 7000 m, Reichweite ca. 600 km.
Gewichte: Leermasse 2012 kg, Startmasse 2680 kg.
Bewaffnung: Zwei MGs in den Flügeln und bis zu 200 kg Bomben oder Raketen an externen Stationen.

Soko G-2 Galeb

Ursprungsland
Jugoslawien
Kategorie
Trainer, leichtes Erdkampfflugzeug

Entwicklung: Jugoslawiens Luftfahrt-Institut in Žarkovo begann um 1957 mit der Entwicklung des Strahltrainers, der vor allem die noch vorhandenen, abgeflogenen Lockheed T-33 [S. 176] ersetzen sollte. Schon während der Konstruktionsphase erhielt Jugoslawien Unterstützung von Großbritannien und die 1950 gegründete Firma Soko konnte auf zahlreiche britische Komponenten zurückgegriffen, wie z. B. das Triebwerk, die Schleudersitze und die Avionik. Erstflug der Galeb 1, des ersten von zwei Prototypen, war im Juli 1961, der sich durch fehlende Tiptanks vom zweiten, der Galeb 2 unterschied. Der in Ganzmetallbauweise hergestellte Tiefdecker hatte kein bedrucktes Tandem-Cockpit, was auch die Gipfelhöhe beschränkte. 1964 begann die Serienproduktion der G-2 A, von der bis 1981 132 Galebs an die Luftwaffe Jugoslawiens gingen. Im Juli 1965 flog das direkt aus der Galeb abgeleitete Erdkampfflugzeug J-21 Jastreb, das sich durch eine verstärkte Struktur, das fehlende hintere Cockpit, dessen Raum für zusätzliche Avionik genutzt wurde, einem etwas stärkeren Triebwerk und serienmäßigen Flügel-Hardpoints für bis zu 800 kg Außenlasten, unterschied. Für Aufklärungsmissionen ließen sich auch Kameras mitführen. Eine G-4 Super Galeb, die im Juli 1978 erstmals flog, entstand zwar aus der G-2 zu Beginn der 1970er-Jahre, entfernte sich aber während der Entwicklungsphase technisch weitgehend von der G-2.

Bis Mitte 1983 rollten insgesamt 268 Galebs G-2 und bis 1986 224 Jastrebs aus den Werkhallen Sokos.

Bemerkungen: Der erste im damaligen Jugoslawien entwickelte und serienmäßig hergestellte Jet war für das Land ein wichtiger Schritt, nach dem Zweiten Weltkrieg wieder in die Flugzeugproduktion einzusteigen und war auch gleich ein Exporterfolg. Alleine 116 G-2 A gingen an die libysche Luftwaffe, die sie während ihrer zahlreichen nationalen Kampfhandlungen als Erdkämpfer einsetzte. Auch bei den der Auseinandersetzungen in Jugoslawien in den 1990er-Jahren waren Galebs beteiligt. Der robust gebaute Trainer war laut ihren Piloten leicht zu fliegen und ließ sich durch seine einfache Konstruktion und des strapazierfähigen RR-Viper-Triebwerks auch unkompliziert warten. Die G-2 konnte von unvorbereiteten Pisten aus operieren und ließ sich relativ rasch als Erdkämpfer einsetzen. Fast alle jugoslawischen Jetpiloten durchliefen ihre Ausbildung auf der vielseitigen Galeb, die mit der Anfägerschulung begann und bis zum Kampftraining reichte.

Zahlreiche G-2 wurden unter anderem von US-Warbird-Liebhabern übernommen und werden heute noch geflogen. Eine G-2 A wird aber auch im Luftfahrtmuseum in Belgrad, Serbien präsentiert.

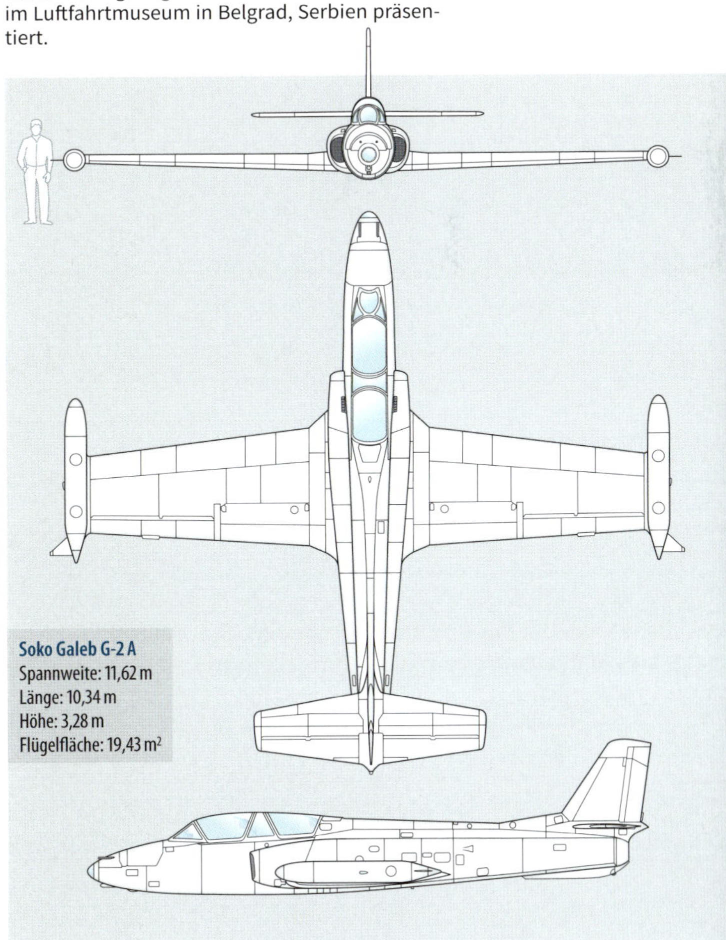

Soko Galeb G-2 A
Spannweite: 11,62 m
Länge: 10,34 m
Höhe: 3,28 m
Flügelfläche: 19,43 m²

Besatzung: 2
Triebwerke: (A) Ein Axialstrahltriebwerk Rolls-Royce Viper ASV.11 Mk. 22-6 mit 11,12 kN Schub.
Leistungen: (A) Höchstgeschwindigkeit 756 km/h, Reisegeschwindigkeit 730 km/h. Dienstgipfelhöhe 12 000 m, Reichweite 670 km.
Gewichte: (A) Leermasse 2620 kg, max. Abflugmasse 3374 kg.
Bewaffnung: (A) Zwei MGs im Bug, maximal 300 kg Bomben. und Raketen an vier Hardpoints.

Soko J-20 Kraguj

Ursprungsland
Jugoslawien
Kategorie
Leichtes Erdkampfflugzeug

Entwicklung: Die jugoslawische Luftwaffe forderte Ende der 1950er-Jahre ein leichtes einmotoriges Propellerflugzeug zur Aufklärung und Guerillabekämpfung. Daraufhin begann Soko mit der Entwicklung eines einsitzigen, robusten Tiefdeckers zu dem die USA Avionik und den Lycoming-Boxermotor mit Verstellpropeller lieferten. Ein erster Prototyp P-2 flog im November 1962. In Ganzmetallbauweise hergestellt, hatte die P-2 ein Festfahrwerk und eignete sich mit großen Klappen auch für kurze, unvorbereitete Flugfelder. Auf einen Schleudersitz verzichtete man aus Kosten- und Gewichtsgründen. Zwei MGs waren neben den Gummitanks in den mit sechs Hardpoints ausgestatteten Flügeln untergebracht. Die Serienproduktion begann 1964 und im selben Jahr wurden die ersten Maschinen, von der jugoslawischen Luftwaffe als J-20 Kraguj bezeichnet, in Dienst gestellt.

Die Produktion endete 1977 nach 85 ausschließlich für Jugoslawien hergestellte J-20.

Bemerkungen: Das sozialistische Jugoslawien, zwar eng befreundet mit der Sowjetunion, aber stets darauf bedacht, eigenständig zu handeln, nutzte auch bei der J-20 seine guten Handelsbeziehungen zum Westen. So entwickelte Soko mit amerikanischer Unterstützung, die Kraguj, ein speziell zur Aufstandsbekämpfung (COIN) entworfenes, wendiges und kleines Flugzeug. Es operierte in geringer Höhe und war mit amerikanischen MGs, Raketenwerfern und Bomben, teilweise aus der Sowjetunion geliefert, bewaffnet, um damit Bodenziele zu bekämpfen und Bodentruppen zu unterstützen. Auch für Jugoslawiens Bergregionen eignete sich die gut motorisierte J-20, die von kurzen, unvorbereiteten Flugplätzen starten konnte und mit ca. 190 m Start- und 320 m Landebahn über ein 15 m-Hindernis zurechtkam. Für Wintereinsätze ließ sich das Radfahrwerk mit Skiern bestücken. Die ausschließlich von Jugoslawien genutzten Maschinen waren eigentlich für die Bekämpfung von Aufständen im Inland bestimmt, wurden aber auch zur Aufklärung und Überwachung an der Grenze zum Moskau-treuen Albanien herangezogen. In den 1980er-Jahren löste man die Flugzeuge allmählich durch in Lizenz gebaute, französische Aérospatiale Gazelle-Helikopter ab und lagerte sie ein. Beim Zerfall Jugoslawiens 1990 reaktivierten Serbien und Kroatien einige J-20 wieder, um sie erneut zur Bodenunterstützung ihrer Truppen und bei Aufklärungsmissionen einzusetzen. Kroatien ersetzte ihre J-20 schließlich 1996 entgültig durch Mil Mi-24.

Einige J-20 wurden an zivile Betreiber ins europäische Ausland und in die USA verkauft, die teilweise heute noch geflogen werden. Eine Kraguj präsentiert das Belgrader Luftfahrtmuseum.

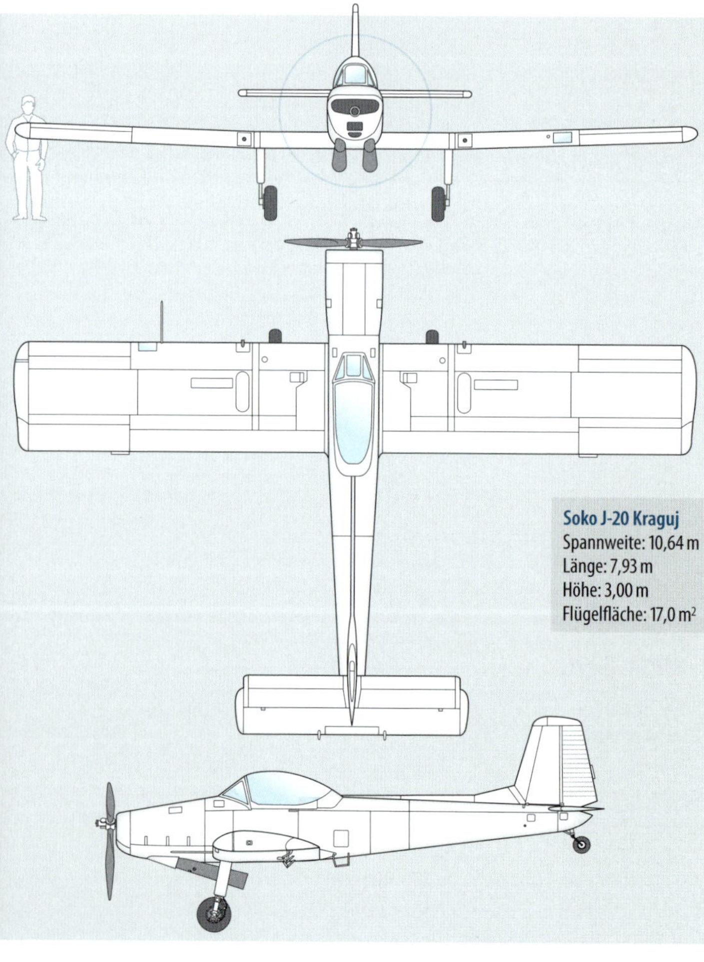

Soko J-20 Kraguj
Spannweite: 10,64 m
Länge: 7,93 m
Höhe: 3,00 m
Flügelfläche: 17,0 m²

Besatzung: 1
Triebwerke: Ein luftgekühlter 6-Zylinder-Boxermotor Lycoming GSO-480-B1A6 mit 250 kW (340 PS).
Leistungen: Höchstgeschwindigkeit 295 km/h, Reisegeschwindigkeit 280 km/h, Reichweite 800 km.
Gewichte: Leermasse 1130 kg, max. Startmasse 1624 kg.
Bewaffnung: Zwei MGs im Flügel, zwei Raketenwerfer oder zwei 100 kg-Bomben unter den Flügeln.

Canadair CP-107 / CL-28 Argus

Entwicklung: Um 1952 formulierte die kanadische Air Force Anforderungen für einen See-Fernaufklärer und U-Bootjäger, der im Gegensatz zu den Vorgängern Avro Lancaster und Lockheed P2V-7 Neptune [S. 175], wesentlich leistungsfähiger und größer sein sollte. Lockheed brachte eine Version der Constellation [S. 177] ins Spiel, Großbritannien die Turboprop Bristol Britannia und Canadair eine billigere Shackleton [S. 36]. Die RCAF entschied sich für eine umkonstruierte Britannia. Canadair übernahm dazu die Entwicklungen, die im April 1954 begannen. Da die CP-107 in niedrigen Höhen operierte, waren erhebliche Verstärkungen notwendig, auch unter Verwendung geklebter Metallverbindungen und Titan. Es wurde ein umfangreicheres Projekt als geplant: ein komplett neuer, nicht mehr druckbelüfteter Rumpf mit Waffenschächten, verstärkte Tragflächen und die durstigen Turbinen mussten durch Sternmotoren ersetzt werden. Die erste Argus flog im März 1957. Zahlreiche Tests mit sieben Flugzeugen endeten mit der Indienststellung der CP-107 im Mai 1958. Nach 13 Argus Mk. 1 stellte Canadair auf die Mk. II um, die sich durch ein britisches Radar, modernere Elektronik und Avionik unterschied.

Canadair lieferte bis 1960 insgesamt 33 CP-107 ausschließlich an die RCAF.

Bemerkungen: Während des Kalten Krieges kontrollierte die Viermot hauptsächlich die Gebiete in der Arktis, im Atlantik bis Grönland und Island und im nördlichen Pazifik. Neben den militärischen Missionen flog die RCAF aber auch SAR-Einsätze, überwachte die Fischerei und nutzte sie für Umweltschutzaufgaben. Die 15-köpfige Besatzung bestand aus Piloten, Navigatoren, Flugingenieuren und Radaroffizieren, denen eine Küche und Schlafkojen für bis zu 26-stündige Missionen zur Verfügung standen. Zur U-Boot-Jagd standen neben Torpedos und Wasserbomben auch Geräte für elektronische Gegenmaßnahmen, Suchradare, Sonarbojen und ein magnetischer Anomaliedetektor im Heckausleger zur Verfügung. Während der Kubakrise im Oktober 1962 flog die RCAF intensiv Einsätze über dem Atlantik, um sowjetische U-Boote und Frachtschiffe aufzuspüren. In den frühen 1970er-Jahren wurde die Ersatzteillage langsam kritisch, die Betriebskosten stiegen eklatant, eine Modernisierung war nicht mehr möglich. Um die CP-107 abzulösen übernahm die RCAF im März 1979 deshalb die erste CP-140 Aurora (Lockheed P-3 S. 183). Der letzte Einsatzflug einer CP-107 fand im Juni 1981 statt.

Fast alle Argus wurden verschrottet. Vier stehen in Museen, eine davon im Comox Air Force Museum, BC, Kanada.

Ursprungsland
Kanada
Kategorie
See-Fernaufklärer, U-Boot-Jäger

Besatzung: 15
Triebwerke: Vier luftgekühlte 18-Zylinder-Sternmotoren Wright R-3350 TC 981 Turbo-Compound mit je 2500 kW (3400 PS), 2720 kW (3700 PS) mit Flüssigkeitseinspritzung.
Leistungen: Höchstgeschwindigkeit 463 km/h, Reisegeschwindigkeit 370 km/h in 1500 m, Dienstgipfelhöhe 7380 m, Reichweite 8190 km.
Gewichte: Leermasse 36 741 kg, max. Startmasse 71 214 kg.
Bewaffnung: Intern Torpedos und Wasserbomben bis zu 3630 kg, extern bis zu 1700 kg.

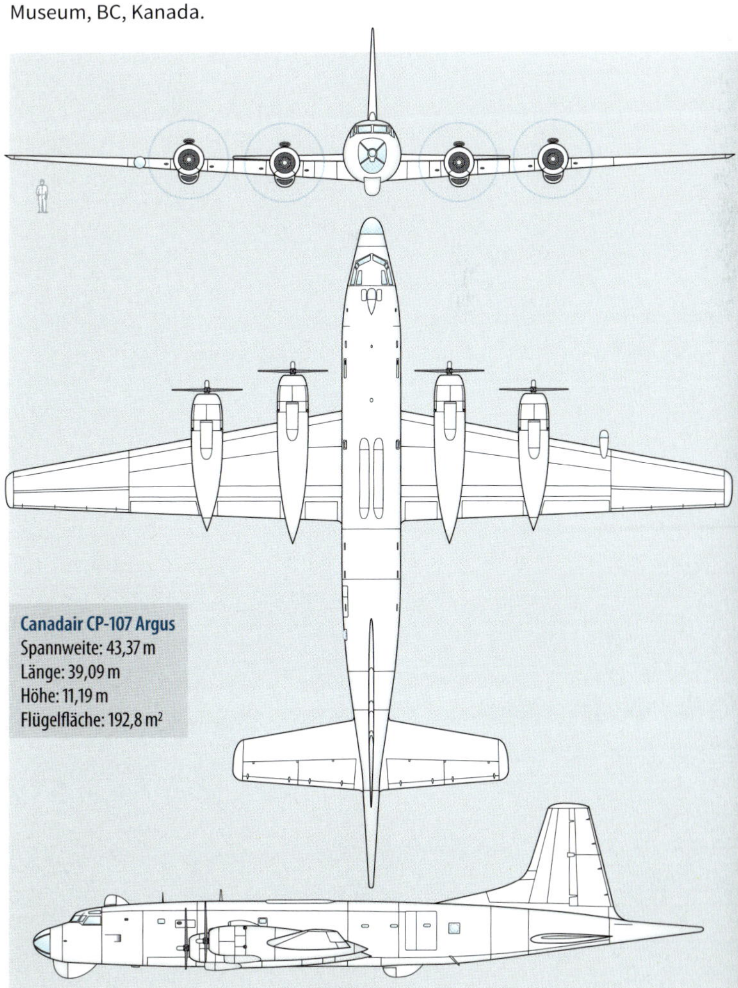

Canadair CP-107 Argus
Spannweite: 43,37 m
Länge: 39,09 m
Höhe: 11,19 m
Flügelfläche: 192,8 m^2

Canadair CT-114 Tutor / CL-41

Ursprungsland
Kanada
Kategorie
Trainer, Erdkampfflugzeug

Entwicklung: Den ersten, ab der zweiten Hälfte der 1950er-Jahre komplett in Kanada entwickelte Jet verwirklichte Canadair anfangs auf eigenes Risiko. Erstflug der CL-41 war im Januar 1960. Der in Ganzmetallbauweise konstruierte Trainer war mit einem lizenzierten General Electric J85-Strahltriebwerk motorisiert und besaß eine Side-by-side-Druckkabine. In einer länger andauernden Testphase, die auf Probleme mit der Triebwerksentwicklung zurückzuführen war, wurden schließlich überzeugende Leistungen nachgewiesen und die RCAF vergab, auch mit dem Hintergrund, die kanadische Luftfahrtindustrie zu fördern, einen Auftrag über 190 CL-41 A, von der Air Force nun CT-114 Tutor benannt. 1976 wurden 113 der verbliebenen CT-114 modernisiert. Sie erhielten eine modernere Avionik, einige technische Verbesserungen und Hardpoints unter dem Rumpf für externe Kraftstofftanks. 1994 investierten die kanadischen Streitkräfte erneut in ein System-Upgrade inklusive neuer Verkabelung. Eine zweite, wesentlich schwerere Variante CL-41 G wurde als Waffentrainer und leichtes Erdkampfflugzeug entworfen. Neben einem stärkeren Orenda J85 mit 13,12 kN Schub gab es automatische Schleudersitze, ein Fahrwerk für Softfield-Einsätze, sowie sechs Flügelstationen für bis zu 1800 kg Bomben, MGs und Raketenpods. 1967 lieferte Canadair die ersten von insgesamt 20 Flugzeugen als CL-41 G *Tebuan* an Malaysia aus.

Bei Canadair rollten insgesamt 212 Flugzeuge aus den Werkhallen.

Bemerkungen: Die RCAF besaß mit der Tutor einen ausgesprochen robusten, langlebigen und kostengünstigen Trainer, der ausschließlich in der Schulung und in Kanada eingesetzt wurde. Einfach zu fliegen, zuverlässig und mit einem breiten Geschwindigkeitsbereich ideal für die Pilotenschulung. Nach ca. 200 Stunden auf CT-114 konnten die Piloten ihr weiterführendes Training auf Kampfflugzeugen, Bombern usw. beginnen. Bis 1998 waren noch ca. 120 Flugzeuge im Einsatz und erst 2000 wurde sie durch CT-156 Harvard (amerikanische Beechcraft T-6) und CT-155 Hawk (britische BAE Hawk) abgelöst. 2019 flogen immer noch 24 CT-114, die hauptsächlich als Testflugzeuge genutzt werden. Weltweit bekannt wurden die Doppelsitzer allerdings mit der Aerobatikformation Snow Birds. Mit den zehn leicht modifizierten Flugzeugen sind sie weltweit immer noch auf Airshows zu sehen. Malaysia flog seine CL-41 G bis Mitte der 1980er-Jahre, bis sie schließlich wegen Korrosionsproblemen und Ermüdungserscheinungen außer Dienst gestellt werden mussten.

Neben einigen privaten CT-114 und den aktiven Snowbird-Flugzeugen sind 18 in kanadischen Museen zu finden. Eine davon z. B. im Canadian Museum of Flight, Langley, BC.

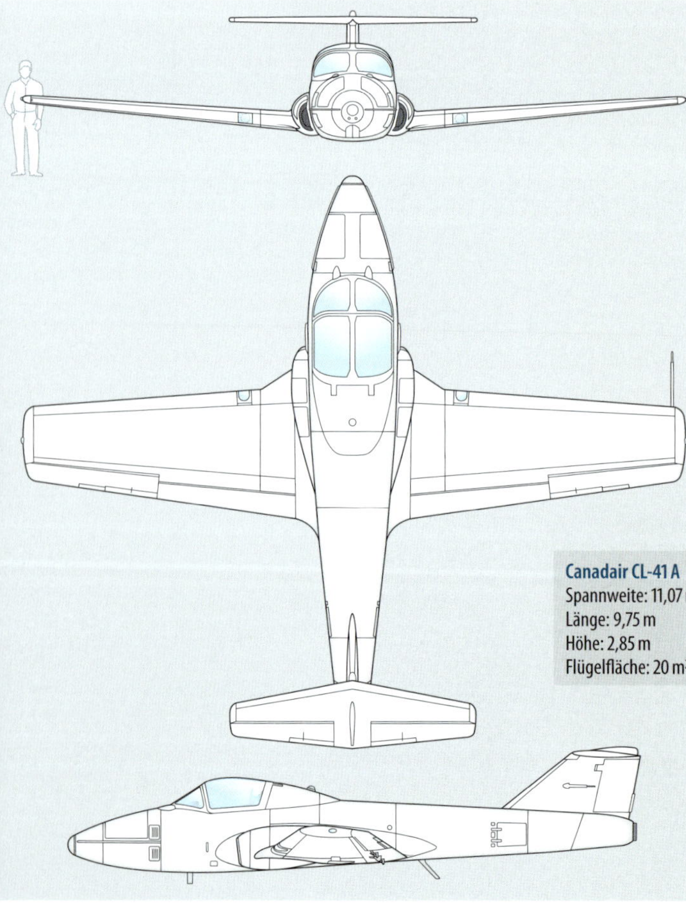

Canadair CL-41 A
Spannweite: 11,07 m
Länge: 9,75 m
Höhe: 2,85 m
Flügelfläche: 20 m²

Besatzung: 2
Triebwerke: Ein Axialstrahltriebwerk Orenda J85-CAN-40 mit 11,8 kN Schub.
Leistungen: Höchstgeschwindigkeit 782 km/h, Dienstgipfelhöhe 13 600 m, Reichweite 1520 km.
Gewichte: Leermasse 2195 kg, maximale Abflugmasse 3532 kg.
Bewaffnung: (CL-41 G) Zwei Flügelstationen für unterschiedliche Außenlasten oder Zusatztanks.

De Havilland Canada DHC-2 Beaver

Ursprungsland
Kanada
Kategorie
Leichtes STOL-Transportflugzeug

Entwicklung: Ende 1946 begann de Havilland Canada nach einer Umfrage bei Piloten und einer Ausschreibung des kanadischen Land- und Forstwirtschaftsministeriums mit der Konstruktion eines „Buschflugzeugs". Im August 1947 startete der erste Prototyp. Der Hochdecker in Ganzmetallbauweise mit Kastenrumpf und einer groß dimensionierten Ladeluke, konnte bis zu sieben Passagiere oder entsprechend Fracht laden. Abgestrebte Tragflächen mit großen Landeklappen, die von gleichzeitig absenkbaren Querrudern unterstützt wurden, sorgten für sehr kurze Start- und Landestrecken. Standardantrieb war ein robuster und 450 PS starker Pratt & Whitney Wasp Junior. Das Fahrwerk konnte mit Skiern ergänzt oder gegen Schwimmer, auch mit integriertem Einziehfahrwerk, ausgetauscht werden. Nach der Erprobung begann im April 1948 die Serienfertigung mit einer Bestellung von 4 Beavern der Provinz Ontario. Anfangs liefen die Verkäufe schleppend, aber bei einem Wettbewerb der USAF und US-Army gewann die DHC-2 gegen sechs andere Muster. Bis Ende 1960 lieferte de Havilland Canada 968, ursprüngliche als C-127, später in L-20 umbenannte Flugzeuge an die amerikanischen Streitkräfte. Ab 1962 nannte die Army ihre Beaver U-6 A / B. Ein Unikat blieb die Mk. II, die mit längeren Tragflächen und einem britischen 570 PS starken Alvis Leonides-Sternmotor flog. Bereits 1963 suchte de Havilland nach einem zeitgemäßeren Antrieb und konstruierte die bis zu elfsitzige Mk. III Turbo Beaver, mit einem längeren Bug, um das geringere Gewicht der PT-6-Propellerturbine auszugleichen. Bis 1972 wurden 60 ausgeliefert.

Insgesamt produzierte de Havilland Canada 1657 Beaver aller Varianten.

Bemerkungen: Der unverwüstliche, legendäre STOL-Hochdecker, der unter extremen Bedingungen von kurzen, unvorbereiteten Pisten, Schnee oder Gewässern operieren kann, ob in tropischen oder arktischen Gebieten, prägt das Bild eines idealen Buschflugzeugs. Mit unzähligen zivilen Käufern und den hohen Bestellzahlen des Militärs wurde die Beaver zum Verkaufserfolg. Die amerikanischen Streitkräfte waren mit fast 1000 Flugzeugen die größten Betreiber. US-Beaver waren über den ganzen Globus verstreut, das als ideales Mehrzweckflugzeug für Personentransporte, Kurier- und Verbindungsaufgaben, Fracht, Aufklärung, Luftaufnahmen, SAR- und Evakuierungs-Missionen, Verwundetentransporte usw. eingesetzt wurde – auch im Korea- und Vietnamkrieg. Neben den USA erwarben über 30 Staaten die L-20, alleine Großbritannien hatte 46 AL.1 Beaver in ihren Diensten. 2006 übernahm die kanadische Viking Air die Produktionsrechte und vermarktet die deutlich leistungsfähigere Turbo-Beaver erneut.

Zahllose aktive Beaver (vermutlich um 500) findet man heute noch in über 50 Ländern, viele davon in Kanada und Nordamerika. Etliche kanadische und US-Museen präsentieren sie, in Europa nur das Luftfahrtmuseum in Vantaa, Finnland.

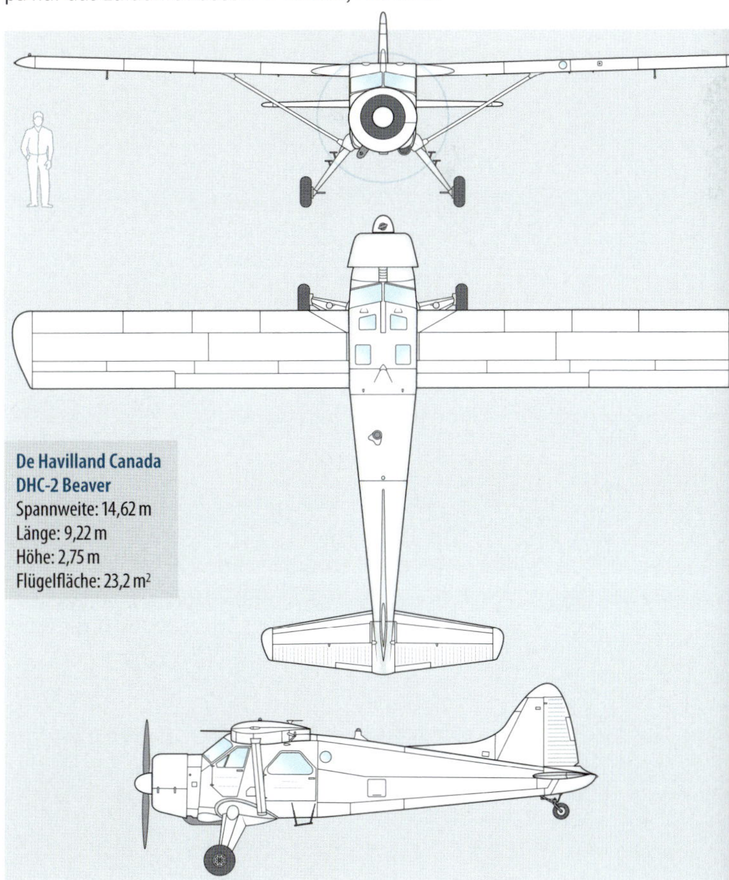

De Havilland Canada DHC-2 Beaver
Spannweite: 14,62 m
Länge: 9,22 m
Höhe: 2,75 m
Flügelfläche: 23,2 m²

Besatzung: 1
Triebwerk: Ein luftgekühlter 9-Zylinder-Sternmotor Pratt & Whitney R-985 Wasp Junior mit 331 kW (450 PS).
Leistungen: Höchstgeschwindigkeit 288 km/h in 1500 m, Reisegeschwindigkeit 230 km/h, Dienstgipfelhöhe 5500 m, Reichweite 930 km.
Gewichte: Leermasse 1360 kg, Abflugmasse 2110 kg.

De Havilland Canada DHC-3 Otter

Ursprungsland
Kanada
Kategorie
STOL-Transportflugzeug

Entwicklung: Nach dem Erfolg der DHC-2 Beaver (S. 79) begann Anfang 1951 de Havilland Canada ein deutlich größeres, einmotoriges Transportflugzeug zu entwickeln, das die guten Flugeigenschaften der Beaver übernehmen sollte. Erstmals hob die Otter im Dezember 1951 ab. Der in Ganzmetall konstruierte Hochdecker war für 10 – 11 Passagiere oder entsprechende Fracht konzipiert, konnte aber auch 6 Tragbahren und 4 Passagiere über die zweiflüglige Frachttür laden. Die abgestrebten Tragflächen mit großzügigen Schlitzklappen und gleichzeitig absenkbaren Querrudern garantierten gute STOL-Fähigkeiten. Wie auch bei der Beaver, war wahlweise die Montage von Skiern und Schwimmern möglich. Obwohl das damals größte einmotorige Flugzeug bei zivilen Betreibern schnell Käufer fand, wurden erst 1955 Flugzeuge an die amerikanischen Streitkräfte verkauft. Nach der Bewertung von 6 Testflugzeugen YU-1 durch die US-Army wurden 183 Serienflugzeuge U-1 A ausgeliefert. 13 UC-1 erhielt die US-Navy und die Coast Guard 4 U-1 A. Die kanadischen Streitkräfte nannten ihre 66 bis 1980 geflogenen Otter CSR-123. Nicht wenige Flugzeuge wurden nach ihrer Ausmusterung an zivile Betreiber abgegeben.

Von den bis 1967 466 gebauten Flugzeugen gingen 350 an militärische Kunden, neben den USA und Kanada auch an Australien und Indien, 69 an zivile und 11 an Unternehmen, 36 wurden als Regierungsflugzeuge zugelassen.

Bemerkungen: Als „One ton truck“ fand auch die große und robuste Einmot in relativ großer Zahl ihre militärischen und zivilen Abnehmer, die in über 30 Ländern weltweit betrieben wurden. Sie flog bei der RCAF bis 1982 als SAR-Flugzeug und Transporter und wurde für Lastenabwürfe zur Versorgung von Manövertruppen verwendet. Um der UN bei der Suezkrise beizustehen, wurden vier Wasserflugzeuge nach Port Said in Ägypten transportiert und bei einem vor Anker liegenden kanadischen Schiff stationiert. Die letzten Otter landeten in Reserveeinheiten bis sie schließlich außer Dienst gestellt wurden. Wegen hoher Wartungskosten und der etwas zu geringen Leistung des Sternmotors setzte man schon in den frühen 1970er-Jahren auf den Tausch des Sternmotors gegen eine Propellerturbine. Mehrere Firmen boten Konversionen unterschiedlicher Turbinenhersteller an. Eine unbekannte Zahl Otter wurde auf die bis zu 1000 PS starken polnischen PZL-Sternmotoren umgerüstet. Das Flugzeug diente schließlich als Basis für die erstmals 1965 fliegende Twin-Otter [S. 83] mit zwei Propellerturbinen.

Zahlreiche Otter sind noch im Einsatz, die meisten in der Turbinenversion. Alleine 22 betreibt eine Wasserfluggesellschaft in Vancouver. Eine DHC-3 kann man aber auch im Brussels Air Museum, Brüssel, Belgien besichtigen.

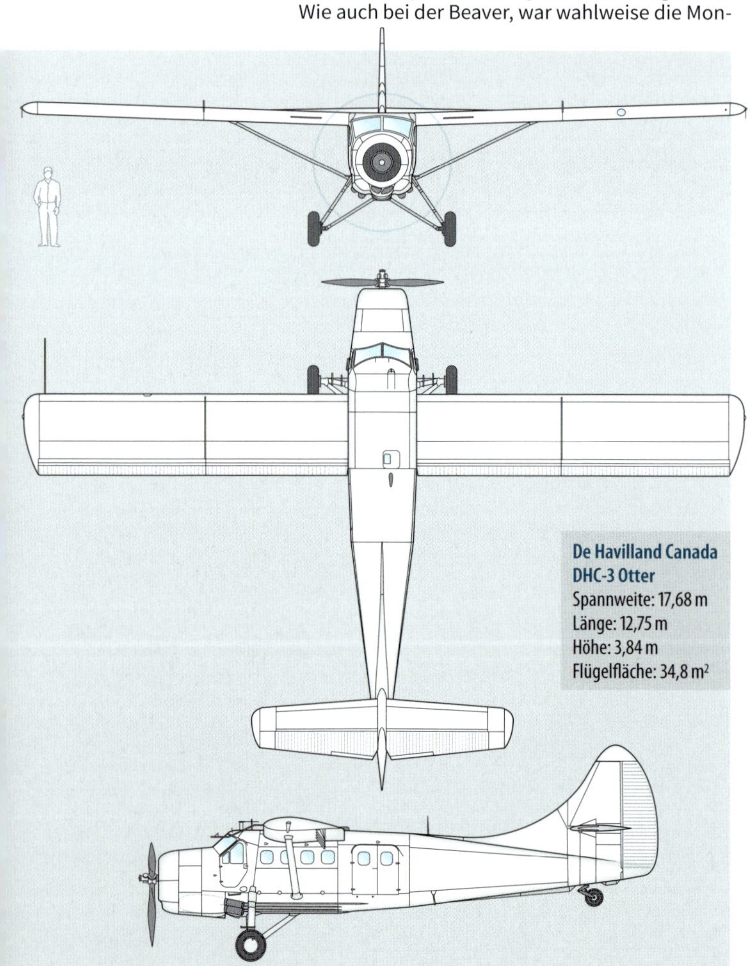

De Havilland Canada DHC-3 Otter
Spannweite: 17,68 m
Länge: 12,75 m
Höhe: 3,84 m
Flügelfläche: 34,8 m²

Besatzung: 1 – 2
Triebwerk: Ein luftgekühlter 9-Zylinder-Sternmotor Pratt & Whitney R-1340-S1H1-G Wasp mit 441 kW (600 PS).
Leistungen: Höchstgeschwindigkeit 257 km/h in 1500 m, Reisegeschwindigkeit 222 km/h, Dienstgipfelhöhe 5460 m, maximale Reichweite 1620 km.
Gewichte: Leermasse 2398 kg, Abflugmasse 3619 kg.

De Havilland DHC-4 Caribou

Ursprungsland
Kanada
Kategorie
STOL-Transportflugzeug

Entwicklung: Die US Army forderte Mitte der 1950er-Jahre ein Transportflugzeug mit STOL-Eigenschaften in der Größe einer DC-3, das im frontnahen Bereich eingesetzt werden konnte. Mit Unterstützung des kanadischen Verteidigungsministeriums baute DHC einen Prototyp, der im Juli 1958 erstmals abhob. Der in Ganzmetall hergestellte, zweimotorige Schulterdecker mit Heckladerampe kam dank eines ausgeklügelten Klappensystems mit einer Bahnlänge von 365 m zurecht und konnte wahlweise 32 Soldaten, zwei Jeeps, 22 Tragbahren plus Begleiter oder maximal 3964 kg Fracht transportieren. Die US-Army bestellte fünf YAC-7 zur Bewertung. Ab 1961 wurden weitere 56 als AC-1 ausgeliefert, die man 1962 in CV-2A umbenannte. Von einer zweiten Charge CV-2B, mit verstärkten Flügeln gingen 103 an die US Army. 1967 wurden alle US-Caribous von der US Air Force übernommen und in C-7A und B umbenannt. Eine etwas leistungsfähigere Version mit 1440 PS-starken PT-6-Turbinen und 4500 kg Nutzlast entwickelte ein US-Unternehmen. Aus vorhandenen DHC-4-Zellen waren bis 2014 3 Exemplare ausgeliefert.

Die Produktion endete 1968 nach insgesamt 307 ausgelieferten DHC-4.

Bemerkungen: Die USA, als größter Abnehmer der Caribou, setzte ihre Transporter unter anderem im Vietnamkrieg ein, wo größere Frachtflugzeuge, wie z. B die C-123 Provider [Bd. 1] oder die C-130 Hercules [S. 180], auf vorgeschobenen, kurzen Landeplätzen nicht mehr operieren konnten, auch bei verdeckten Operationen der CIA-geführten *Air America*. Nach Ende des Krieges wurden sie in den 1980er-Jahren aber doch allmählich durch Hercules ersetzt. Die letzten C-7 der US Air Force wurden 1985 ausgemustert. Auch die australische Luftwaffe zählte mit 29 Maschinen zu den größeren Abnehmern, die teilweise auch im Vietnamkrieg geflogen wurden. Die RAAF legten ihre letzten Maschinen erst Ende 2009 still. In erster Linie war die Caribou mit 22 Betreiberstaaten zwar ein Militärtransporter, der unter UN-Mandat auch bei humanitären Missionen Verwendung fand, war aber auch bei kommerziellen Transportunternehmen in 10 Staaten mit ihrem robusten Design und STOL-Fähigkeiten gefragt und ließ sich oftmals unter schwierigen Bedingungen als robustes, großes „Buschflugzeug" im Frachtverkehr einsetzen. Nicht nur Neuflugzeuge kamen dabei zum Einsatz sondern auch ausgemusterte oder überschüssige Militärflugzeuge.

Neben einigen flugtauglichen Exemplaren in den USA und Australien, findet man zahlreiche Exemplare in Museen der Betreiberländer. Eine Caribou findet, an aber auch im Museo del Aire y del Espacio in Madrid.

Besatzung: 3
Triebwerke: Zwei luftgekühlte 14-Zylinder-Doppelsternmotoren Pratt & Whitney R-2000-7M2 1066 kW (1450 PS).
Leistungen: Höchstgeschwindigkeit 385 km/h in 3000 m, Reisegeschwindigkeit 293 km/h, Dienstgipfelhöhe 7600 m, Reichweite 390 km mit maximaler Nutzlast, maximal 2104 km.
Gewichte: Leermasse 8283 kg, maximale Startmasse 12 927 kg.

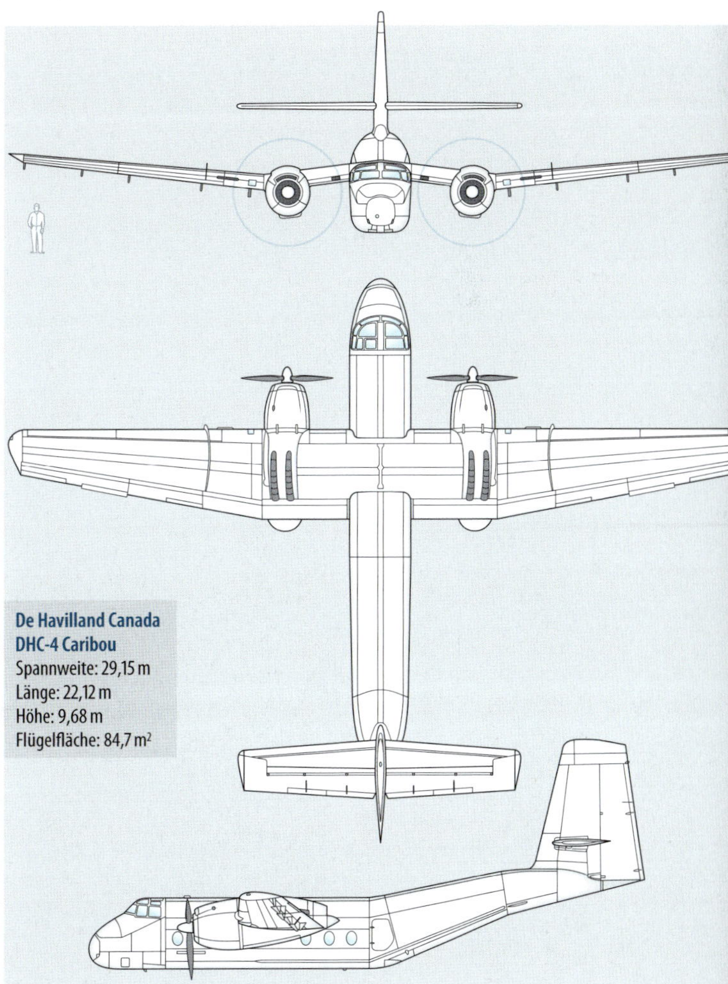

De Havilland Canada DHC-4 Caribou
Spannweite: 29,15 m
Länge: 22,12 m
Höhe: 9,68 m
Flügelfläche: 84,7 m²

De Havilland Canada DHC-5 Buffalo

Ursprungsland
Kanada
Kategorie
Transportflugzeug

Entwicklung: Wie die Caribou [S. 81] entstand die DHC-5 auch nach einer Forderung der US-Army für einen Transporter, der mit STOL-Fähigkeiten eine Nutzlast von 8,1 Tonnen befördern konnte. Basierend auf der DHC-4 wurde der Rumpf verlängert, die Flügel geändert und leistungsfähigere Turbinen installiert, die zusammen mit einem aufwendigen Klappensystem Startstrecken von 370 m ermöglichten, und das mit nahezu doppelter Nutzlast als die Caribou und der Möglichkeit bis zu 41 Soldaten zu transportieren. Erstflug war im April 1964. Die US-Army erhielt vier YAC-2 (ab 1967 C-8) zur Bewertung, eine Bestellung selbst wurde aber nicht ausgesprochen. Kanadas Streitkräfte bestellten 15 Exemplare als CC-115, von denen sechs später für Seepatrouilleneinsätze umgerüstet wurden. Nach weiteren 24 DHC-5 an Brasilien und 16 an Peru wurde die Produktion eingestellt. Erst als zahlreiche Bestellungen aus dem Nahen Osten, Afrika, Mittel- und Südamerika eingegangen sind, nahm DHC 1974 die Produktion mit der überarbeiteten DHC-5 D wieder auf, die durch stärkere Turbinen bessere Flugleistungen erzielte. Eine spezielle, zivile DHC-5 E, die 1981 zugelassen wurde, bot 44 Passagieren Platz und ließ sich in kurzer Zeit zum Frachter umrüsten, blieb aber ein Einzelstück. 2006 übernahm die kanadische Viking Air zwar die DHC-5-Herstellerrechte, es entstanden aber bisher keine weiteren neuen Flugzeuge.

1982 endete die Produktion bereits nach 122 Maschinen.

Bemerkungen: Obwohl sich DHC mit der deutlich leistungsfähigeren Buffalo bei der US Army Hoffnung gemacht hatte, zumal dort Caribous erfolgreich im Einsatz waren, entschieden sich die USA doch nicht für das Muster. Kanadas 15 Buffalos wurden hauptsächlich für Transportaufgaben eingesetzt, später auch im SAR-Bereich. Drei weiße kanadische Maschinen flogen auch unter UN-Mission im Nahen Osten, bei der 1974 eine abgeschossen wurde. Obwohl die Fähigkeiten des Musters im rauhen kanadischen Klima und die Möglichkeit von abgelegenen unvorbereiteten, kurzen Plätzen zu operieren, sehr geschätzt wurden, wollte Kanada bereits 2002 ihre Buffalos ersetzen, aber erst 2019 entschied man sich für die Airbus C-295. Die letzte kanadische DHC-5 wurde im Januar 2022 außer Dienst gestellt. Zahlenmäßig war die DHC-5 kein Verkaufserfolg, trotzdem wurde sie in rund 20 weiteren Betreiberstaaten rund um den Globus exportiert und überwiegend als Militärtransporter eingesetzt.

Über die Anzahl noch flugfähiger Buffalos gibt es keine Angaben. In kanadischen Luftfahrtmuseen, wie z.B. im Canada Aviation and Space Museum in Ottawa werden CH-6 präsentiert.

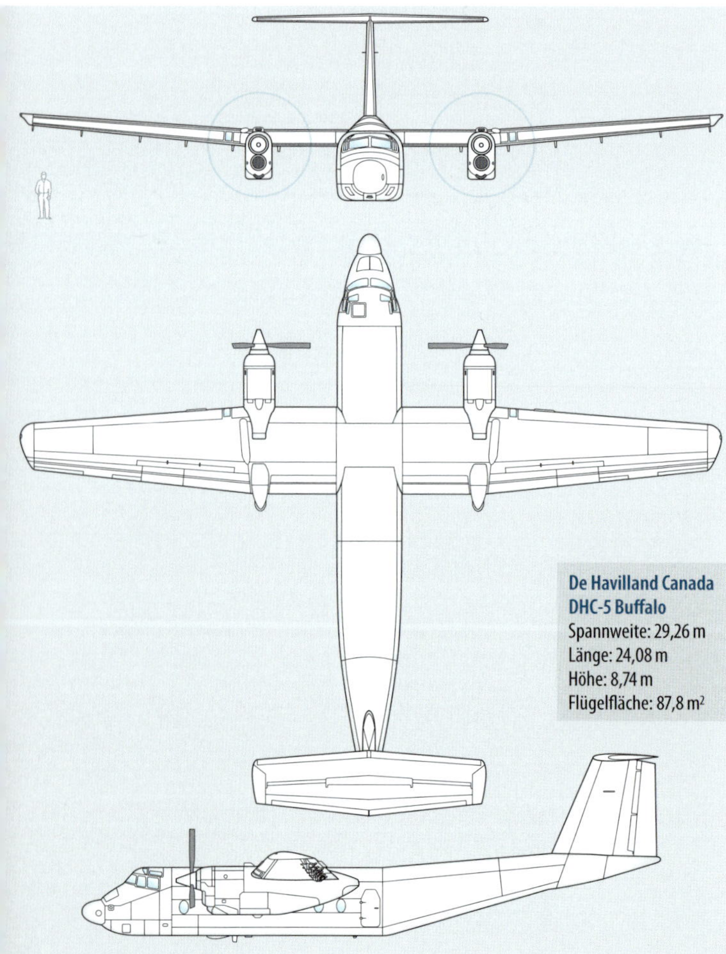

De Havilland Canada DHC-5 Buffalo
Spannweite: 29,26 m
Länge: 24,08 m
Höhe: 8,74 m
Flügelfläche: 87,8 m²

Besatzung: 3
Triebwerke: (D) Zwei Propellerturbinen General Electric CT64-820-4 mit je 2336 kW (3176 PS).
Leistungen: (D) Höchstgeschwindigkeit 467 km/h, Reisegeschwindigkeit 420 km/h in 3000 m, Dienstgipfelhöhe 9400 m, Reichweite 1100 km, Überführungsreichweite 3280 km.
Gewichte: (D) Leermasse 11 412 kg, maximale Abflugmasse 22 317 kg.

De Havilland Canada DHC-6 Twin Otter

Ursprungsland
Kanada
Kategorie
Transportflugzeug

Entwicklung: Als zweimotoriger Ersatz für die Otter [S. 80] war die Twin Otter gedacht, denn mit der Verfügbarkeit leichter Propellerturbinen war das Konzept eines wesentlich leistungsfähigeren Nachfolgers realisierbar, zumal schon eine umgebaute, zweimotorige, turbinengetriebene Otter 1963 erprobt wurde. Erstflug war im Mai 1965. Alle Twin Otter ließen sich mit Schwimmern oder Skiern ausrüsten. Schon die erste Serienversion 100 (115 Stück) war trotz schwächerer Triebwerke in der Lage 15 – 18 Passagiere zu transportieren, hatte sehr gute Langsamflug- und ausgeprägte STOL-Eigenschaften und das robuste Festfahrwerk eignete sich auch für unvorberietete Pisten. Mit einer Frachttür und einem längeren Bug wurden die DHC-6-200 (115 Stück) gebaut. 1969 begann die Produktion der leistungsfähigeren 300-Version. Mit 620 PS-starken PT-6A-27-Turbinen war sie mit 614 Stück das erfolgreichste Modell. Als CC-138 gingen Twin Otter an die kanadischen Streitkräfte für Transport- Such- und Rettungsdienste, und als UV-18 B erhielt die USAF Academy einige Maschinen als Fallschirmabsetzer. Nach 844 gebauten Twin Otter endete 1988 die Produktion bei De Havilland Canada. Viking Air in British Columbia, Kanada übernahm die Ersatzteilversorgung, 2006 auch die Produktionsrechte und liefert bis heute eine verbesserte und leichtere DHC-6-400 mit 750 PS starken PT-6A-Turbinen, modernster Avionik und wesentlich höherer Nutzlast aus.

Mit Stand Juli 2022 waren 990 Twin Otter ausgeliefert. DHC-6-400 werden aber auch 2025 noch hergestellt.

Bemerkungen: Trotz der 60 Jahre alten Konstruktion und einiger Produktionspausen blieb die Twin Otter bis heute ein begehrter zweimotoriger Turboprop mit immer noch guten Verkaufszahlen. Eine Twin Otter ließ sich eben nur durch eine neue Twin Otter ersetzen. Mit der universellen Nutzbarkeit durch Schwimmer, Skier oder dem robusten Radfahrwerk ist sie ideal für Einsätze unter nahezu allen Bedingungen. In klimatischen Extremen wie Alaska, den Polarregionen, Nordkanada oder im Dschungel Südamerikas als ideales, unverwüstliches Buschflugzeug nutzbar, findet man Twin Otter jedoch auch weltweit als kommerzielle Nahverkehrs-, Sightseeing- und Frachtflugzeuge. Noch 2023 waren 342 Exemplare der DHC-6-300 im Einsatz. Über 30 Nationen auf allen Kontinenten, darunter Argentinien, Australien, Äthiopien, Chile, Mexico, Norwegen, Sudan, Senegal und Vietnam nutzen die Twin Otter militärisch. Sei es als Patrouillenflugzeug, Transporter, Fallschirmabsetzer, SAR-Version oder in einer neueren Version als Guardian 400 mit einem Radardom unter dem Bug für militärische Spezialeinsätze.

Vermutlich sind noch ca. 500 Twin-Otter in Betrieb. Eine findet man auch im norwegischen Museum Forsvarets Flysamling Gardermoen bei Oslo.

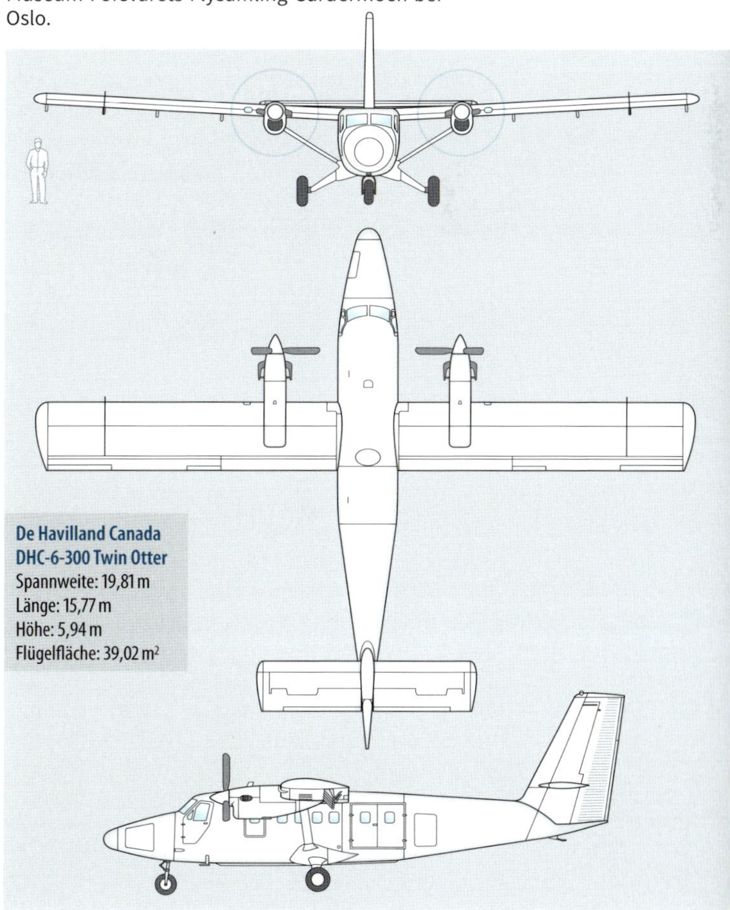

De Havilland Canada DHC-6-300 Twin Otter
Spannweite: 19,81 m
Länge: 15,77 m
Höhe: 5,94 m
Flügelfläche: 39,02 m²

Besatzung: (300) 1 – 2
Triebwerke: (300) Zwei Propellerturbinen Pratt & Whitney PT-6A-27 mit je 460 kW (620 PS).
Leistungen: (300) Höchstgeschwindigkeit 338 km/h, Reisegeschwindigkeit 278 km/h, Dienstgipfelhöhe 7620 m, Reichweite ca. 1450 km.
Gewichte: (300) Leermasse 3363 kg, Abflugmasse 5670 kg

Fokker F.27 / C-31 Troopship

Ursprungsland
Niederlande
Kategorie
Tansport-flugzeug, Seeaufklärer

Entwicklung: Ende 1949 wurde Fokker beauftragt, eine Studie über einen DC-3-Nachfolger mit Strahltriebwerken oder Propellerturbinen auszuarbeiten, 1951 existierten bereits konkrete Windkanalmodelle und 1953 stellte man das Projekt auf der Pariser Luftfahrtschau vor. Zwei fliegende und zwei statische Prototypen wurden gebaut, der Erstflug, noch mit 1540 PS-starken Rolls-Royce Dart 5-Turbinen, fand im November 1955 statt. Bei der Produkzion des Hochdeckers mit Druckkabine wurden teilweise damals revolutionäre geklebte Aluminium-Sandwich-Elemente verwendet. Ursprünglich als Kurzstreckenflugzeug F.27 Friendship für 44 Passagiere entwickelt, konnte die Turboprop an unterschiedliche Einsatzszenarien angepasst werden. Aus der Mk. 200 mit Dart 6-Turbinen (1670 PS) entstand ein Marineaufklärer (15 Stück) mit zusätzlichen Tanks, Suchradar und 15 h Flugzeit. Von der Mk. 300 ließ sich eine Combi-Fracht-/Passagierversion F.27 Mk. 300 M mit seitlichem Frachttor und zwei Hecktüren für Fallschirmspringer ableiten, von der 9 an die niederländische Luftwaffe gingen. Weitere 81 Combis gingen als F.27 Mk. 400 M mit RR-Dart 7-Turbinen (2250 PS) an militärische und zivile Besteller. Bereits 1956 vereinbarte Fokker mit der US- Firma Fairchild eine Lizenzproduktion, die das Flugzeug hauptsächlich für den amerikanischen Markt herstellte. Zwei F-27 Mk. 400 wurden als C-31 A in der Combiversion an die US-Army ausgeliefert. Das Nachfolgemodell Fokker 50, optisch nahezu identisch, flog 1985, war aber eigentlich eine komplette Neukonstruktion.

Bis 1987 produzierte Fokker 592 und Fairchild 207 F-27 und F-227 (eine gestreckte US-Variante).
Bemerkungen: Mit der F.27 hatte Fokker kurz nach dem Zweiten Weltkrieg auf des richtige Muster gesetzt, obwohl sich die F. 27 anfänglich schlecht verkaufte und Fokker dafür finanzielle Unterstützung erhielt. Ab 1960 stieg der Verkauf rapide an, da viele Fluggesellschaften im Vergleich zu Flugzeugen mit Sternmotoren ein effizienteres und schnelleres Flugzeug bevorzugten. Damit wurde die F.27 zu einem der erfolgreichsten westeuropäischen Turboprops. Im späteren Betrieb rüstete man zahlreiche F.27 zu Frachtern um, die auch in Dritte-Welt-Ländern wegen ihrer Robustheit beliebt waren. Etliche davon flogen noch bis in die 2000er-Jahre. Neben den Niederlanden nutzten folgende Streitkräfte F.27 von Fokker oder Fairchild: Argentinien, Bolivien, Finnland, Ghana, Indonesien, Iran, Pakistan, Philippinen, Senegal, Thailand und USA.

Zahlreiche F.27 werden in Museen weltweit präsentiert. Eine F.27 Mk. 100 kann man im Aviodrom in Lelystad / Niederlande besichtigen.

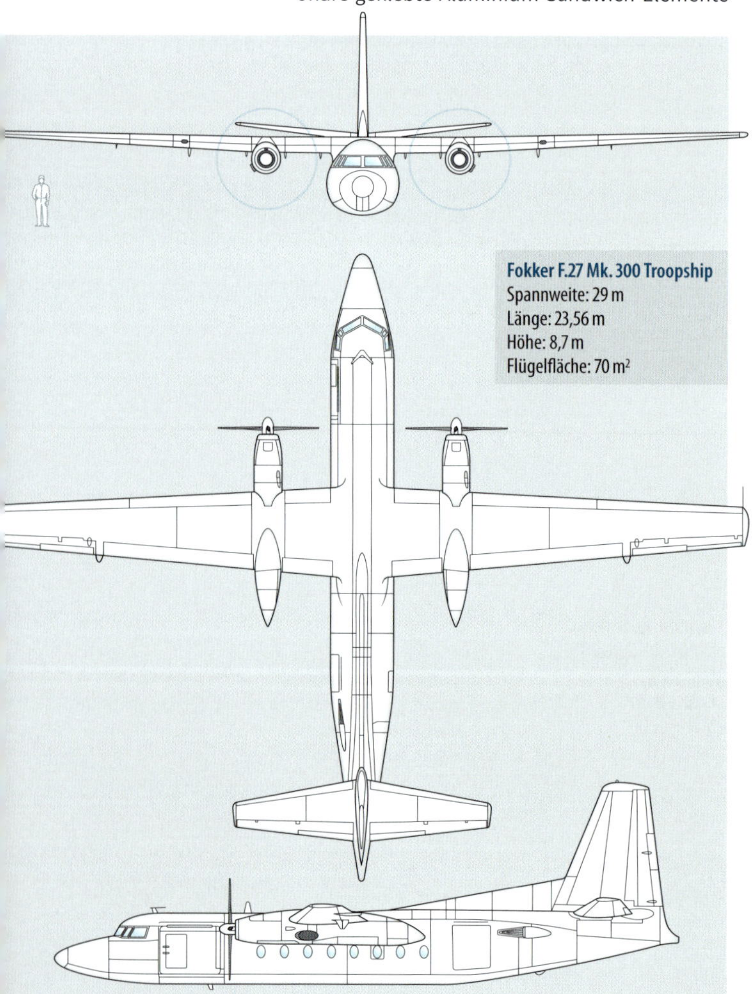

Fokker F.27 Mk. 300 Troopship
Spannweite: 29 m
Länge: 23,56 m
Höhe: 8,7 m
Flügelfläche: 70 m²

Besatzung: 2
Triebwerke: (Mk. 300 M) Zwei Propellerturbinen Rolls-Royce Dart 6 Mk. 514 mit je 1228 kW (1670 PS).
Leistungen: (Mk. 300 M) Höchstgeschwindigkeit 486 km/h, Reisegeschwindigkeit 421 km/h, Dienstgipfelhöhe 8500 m, Reichweite 1715 km
Gewichte: (Mk. 300 M) Leermasse 10 247 kg, maximale Startmasse 18 350 kg.

PZL TS-8 Bies

Ursprungsland
Polen
Kategorie
Schulflugzeug, Trainer

Entwicklung: Bereits Ende der 1940er-Jahre befasste sich ein polnisches Team mit der Konstruktion eines Trainers für Anfangs- und Fortgeschrittenenschulung, aber erst als der in Polen konstruierte und gebaute Narkiewicz-Sternmotor zur Verfügung stand, begann man 1953 im polnischen Luftfahrtinstitut mit der konkreten Entwicklung der TS-8, auch um die veralteteten Jak-11 und TS-9 Junak abzulösen. Ein erster von drei Prototypen hob im Juli 1955 ab. Der in Ganzmetall-Schalenbauweise konstruierte Tiefdecker mit hydraulisch einziehbarem Fahrwerk, war kunstflugtauglich und stellte schon während der Erprobung einige internationale Geschwindigkeits-, Reichweiten- und Höhenrekorde in seiner Klasse auf, allerdings traten auch Mängel auf, die Modifikationen erforderten. 1956 wurde nach weiteren Tests das Flugzeug für die Serienproduktion freigegeben. Mit dem Bau von 10 leicht bewaffneten Vorserienflugzeugen TS-8 BI für die Truppenerprobung begann PZL Mielec 1957. Die Produktion der verbesserten, aber dann doch unbewaffneten Hauptserie TS-8 BII wurde 1958 aufgenommen und nach 229 Einheiten 1960 beendet. Von ihr existierten einige Untervarianten, die sich lediglich in der Ausrüstung, wie z. B. Fest- oder Verstellpropeller, unterschieden. Modernere Funk- und Navigationsgeräte erhielten die letzten 10 ausgelieferten TS-8 BIII.

PZL Mielec produzierte bis 1961 insgesamt 252 TS-8 Bies, außer 2 für Indonesien, nur für die polnischen Streitkräfte.

Bemerkungen: Die TS-8 Bies zählte zu den ersten Ganzmetallflugzeugen, die nach dem Zweiten Weltkrieg in Polen entworfen und gebaut und zudem von einem polnischen Sternmotor angetrieben wurden. Mit dem Tiefdecker erhielten Polens Luftstreit- und Seefliegerkräfte ein damals modernes Schulflugzeug, das von der Grundausbildung, dem Ausbildungsprogramm für Fortgeschrittene bis zur MiG-15 alles abdecken konnte. Mit einem relativ leistungsstarken Triebwerk, hoher Manövrierbarkeit und dabei guten Flugeigenschaften, war die Bies zudem kunstflugtauglich und konnte auch noch als Blindflugtrainer genutzt werden. Nach einer kurzen, sechsjährigen Einsatzdauer wurde sie allerdings bereits Mitte der 1960er-Jahre zurückgezogen, da mit der strahlgetriebenen TS-11 Iskra [S. 87] ein fortschrittlicherer Trainer zur Verfügung stand. Mehr als 100 Flugzeuge wurden daraufhin zwischen 1966 und 1975 an polnische Aeroclubs abgegeben, wo sie bis Ende der 1970er-Jahre geflogen wurden.

Angeblich sind noch einige Bies flugbereit. In einigen polnischen Museen sind TS-8 zu finden. Eine z. B. im Museum für Polnische Militärtechnik in Warschau.

Besatzung: 2
Triebwerke: Ein luftgekühlter 7-Zylinder-Sternmotor Narkiewicz WN-3 mit maximal 250 kW (340 PS).
Leistungen: Höchstgeschwindigkeit 310 km/h, Reisegeschwindigkeit 270 km/h, Dienstgipfelhöhe 6400 m, Reichweite 675 km.
Gewichte: Leermasse 1292 kg, Abflugmasse 1672 kg.
Bewaffnung: (Nur TS-8 BI) Ein MG und zwei Außenstationen für Übungsbomben.

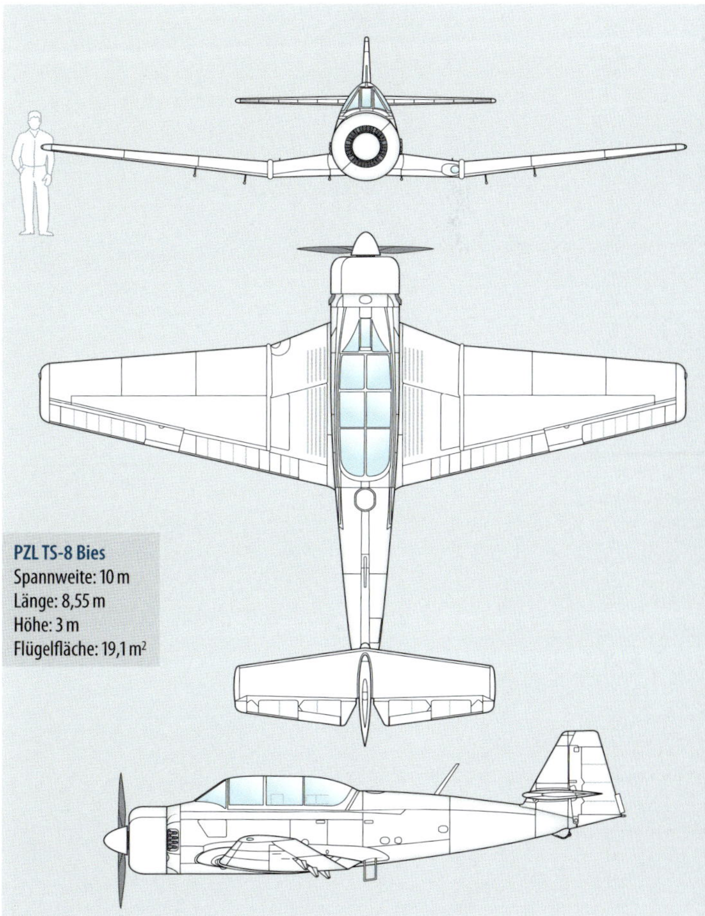

PZL TS-8 Bies
Spannweite: 10 m
Länge: 8,55 m
Höhe: 3 m
Flügelfläche: 19,1 m^2

PZL SM-2

Ursprungsland
Polen
Kategorie
Leichter Mehrzweckhubschrauber

Entwicklung: Die staatlichen Luftfahrtwerke PZL begannen 1956 mit der Lizenzproduktion der sowjetischen Mil Mi-1 [S. 118], die bereits 1948 flog. Mit dessen Eigenschaften war PZL aber unzufrieden. Deshalb begannen 1957 polnische Ingenieure mit der Entwicklung eines völlig neuen Rumpfes, der bis zu vier Passagiere fassen konnte, aber auch eine Tragbahre. Damit ließ sich auch die Leistung des überdimensionierten Sternmotors besser nutzen. Erstflug des ersten von zwei Prototypen war im November 1959, die Serienversion präsentierte PZL im September 1960. Der Helikopter wurde in Halbschalen-Ganzmetallbauweise hergestellt. Das Mittelteil mit von der Mil Mi-1 unverändert übernommenem Motor, Getriebe und Hauptrotor, war als verkleidete Stahlrohrstruktur ausgelegt. Die Blätter des dreiflügeligen Rotors bestanden aus einem Stahlrohr mit beplankten und bespannten Sperrholzrippen und besaßen Enteisungsvorrichtungen(!). Zusätzliche Außentanks [Zchng.] oder zwei externe Tragbahren [Bild] konnten angebracht werden. Produziert wurde die SM-2 in vier Ausführungen: Als Kranhubschrauber mit einer Außenbordwinde für bis zu 120 kg schwere Lasten, der auch in der Seenotrettung eingesetzt werden konnte, eine Sanitätsversion für den Transport eines Verwundeten und Begleiters in der Kabine und zwei Verwundeten in externen Behältern, eine Schulversion mit Doppelsteuer und eine reine Transportversion für Pilot und 4 Passagiere oder bis zu 320 kg Fracht.

1963 endete die Produktion nach 91 PZL SM-2.

Bemerkungen: Mit der „Modernisierung" der russischen Mil Mi-1, von der 2670 ausgeliefert wurden, konnte Polen das Potenzial des Helikopters zwar erheblich steigern, war aber den Produktionszahlen nach weniger erfolgreich. Der robuste Hubschrauber hatte allerdings auch ein deutlich höheres Startgewicht und angeblich schlechtere Flugeigenschaften beim Starten und Hovern. Hauptnutzer mit 70 Maschinen war die polnische Volksarmee, die ab 1960 damit ausgerüstet wurde. Vier Maschinen wurden als zivile Ambulanzhubschrauber eingesetzt und vermutlich ist auch eine unbekannte Anzahl nach Rumänien und in die Tschechoslowakei exportiert worden. In den 1970er-Jahren begann man die SM-2 durch modernere, ausschließlich in Polen produzierten Mil Mi-2 [S. 119] zu ersetzen. Die letzten SM-2 wurden schließlich im März 1979 von der Armee ausgemustert.

Vermutlich sind sieben SM-2 erhalten geblieben. Eine z. B. im Airforce Museum, Deblin, Polen, eine aber auch im Hubschraubermuseum in Weston-super-Mar, Großbritannien.

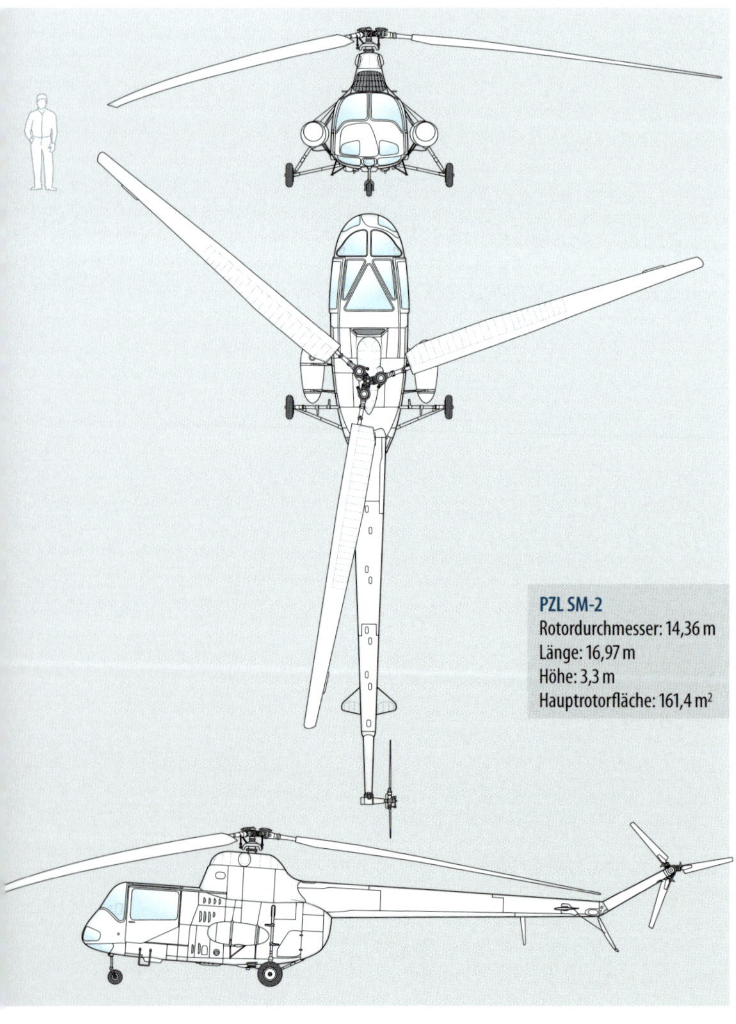

PZL SM-2
Rotordurchmesser: 14,36 m
Länge: 16,97 m
Höhe: 3,3 m
Hauptrotorfläche: 161,4 m²

Besatzung: 1
Triebwerke: Ein luftgekühlter 7 Zylinder-Sternmotor LIT-3 (lizenzierter Ivchenko AI-26V) mit 423 kW (575 PS).
Leistungen: Höchstgeschwindigkeit 170 km/h, Reisegeschwindigkeit 130 km/h, Dienstgipfelhöhe maximal 4000 m, Reichweite 320 km, maximal 550 km mit externen Tanks.
Gewichte: Leermasse 1890 kg, Abflugmasse 2550 kg.

PZL TS-11 Iskra

Ursprungsland
Polen
Kategorie
Trainer

Entwicklung: Ende der 1950er-Jahre suchten die Warschauer-Pakt-Staaten Ersatz für ihre abgeflogenen Strahltrainer MiG-15 UTI [Bd. 1]. Deshalb wurde 1958 in Polen die Entwicklung und der Bau eines Strahltrainers vorangetrieben, dessen Grundlagen schon 1955 in Studien festgelegt wurden. Den ersten Prototyp unterzog man statischen Tests, der zweite flog erstmals im Februar 1960, noch mit einem britischen Viper-8-Triebwerk. Ein dritter Prototyp erhielt einige aerodynamische Verbesserungen und nach der erfolgreichen staatlichen Erprobung flog man einen vierten Prototyp zu einem Vergleichsfliegen gegen Jak-30 und Aero L-29 [S. 137] in die Sowjetunion, bei dem die Iskra allerdings der L-29 unterlag. Polen brachte die in Ganzmetall-Schalenbauweise konstruierte und mit Druckkabine und Schleudersitzen ausgerüstete TS-11 alleine zur Serienreife und begann 1964 die ersten auszuliefern, um ihre PZL TS-8 Bies [S. 85] abzulösen. Anfänglich waren TS-11 noch mit einem HO-10-Triebwerk motorisiert, das auf Basis des britischen Viper-Triebwerks in Polen montiert wurde. Ab 1966 produzierte PZL die TS-11 mit dem polnischen SO-1-Triebwerk serienmäßig, mit der verbesserten TS-11 A führte man zwei Außenstationen ein, ab der B vier mit höherer Traglast. Von der C, einem einsitzigen Aufklärer wurden nur fünf gebaut. Ab 1973 konnten mit der TS-11 D 400 kg Waffen mitgeführt werden, von der auch 50 Exemplare an Indien geliefert wurden. Die DF-Version flog erstmals 1975 und ließ sich als Trainer und Aufklärer nutzen, sechs davon stattete PZL als (DF)R mit Wetterradar aus. Eine geringe Zahl TS-11 MR wurde noch mit moderner Avionik angepasst.

PZL lieferte von 1963 – 1979 und in einer zweiten Produktionsphase von 1982 – 1987 insgesamt 424 TS-11 Iskras aus.

Bemerkungen: Als Standard-Jet-Trainer für die Streitkräfte der Ostblock-Staaten vorgesehen, war sie zwar leistungsfähiger als die Jak-30, unterlag aber schließlich der Aero L-29 Delfin, von der über 3600 Maschinen gefertigt wurden. Es blieb auch bei den rund 370 für Polen und den 50 nach Indien exportierten Iskras. Schon in den 1970er-Jahren wurde über Ersatz nachgedacht und PZL entwickelte Mitte der 1980er-Jahre die zweistrahlige I-22 Iryda. Das Programm wurde jedoch wegen finanziellen und technischen Problemen nach 8 Exemplaren eingestellt. Noch 2013 waren rund 30 TS-11 im Dienst. Mit dem Erwerb der italienischen Aermacchi M-346 legte Polen im Dezember 2020 ihre letzten Iskras still. Indien musterte ihre übrigen Iskras bereits 2004 aus.

Einige Flugzeuge in privater Hand sind noch, weltweit verstreut, flugfähig, zahlreiche in Museen. So z. B. im Luftfahrtmuseum in Krakau/Polen und im Österreichisches Luftfahrtmuseum Graz-Thalerhof.

Besatzung: 2
Triebwerke: (DF) Ein Axialstrahltriebwerk PZL Rzeszów SO-3W mit 10,78 kN Schub.
Leistungen: (DF) Höchstgeschwindigkeit 720 km/h in 5000 m, Reisegeschwindigkeit 600 km/h, Dienstgipfelhöhe 11 000 m, Reichweite 435 km, mit Zusatztanks 1260 km.
Gewichte: (DF) Leermasse 2560 kg, Abflugmasse 3840 kg.
Bewaffnung: (DF) Eine MK im Bug und bis zu 400 kg Bomben, Raketenpods oder MG-Pods an vier Flügelstationen.

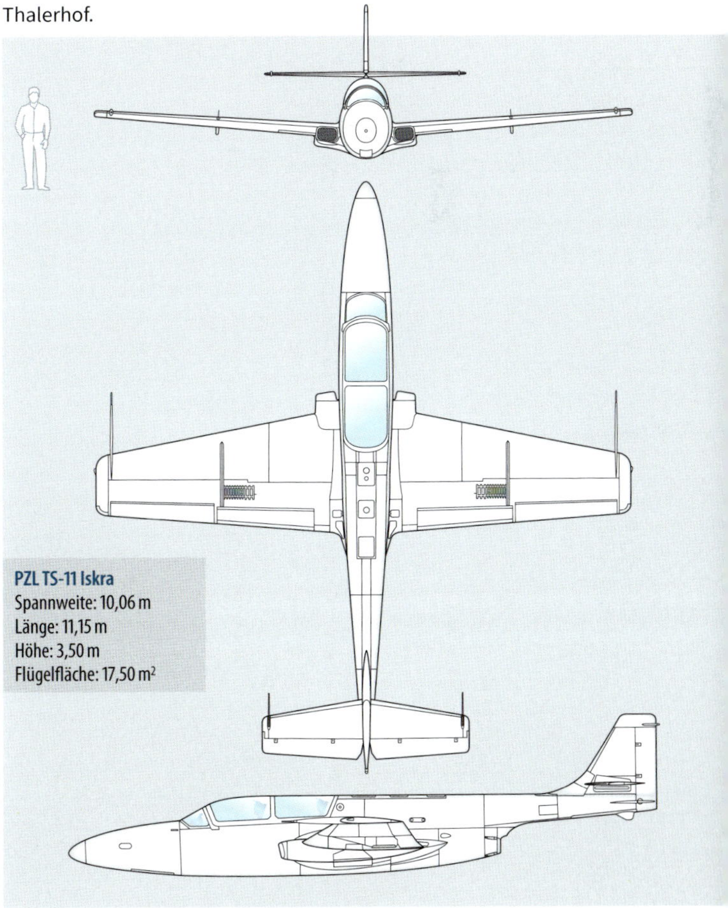

PZL TS-11 Iskra
Spannweite: 10,06 m
Länge: 11,15 m
Höhe: 3,50 m
Flügelfläche: 17,50 m²

Saab 91 Safir

Ursprungsland
Schweden
Kategorie
Verbindungs- und Schulflugzeug

Entwicklung: Vom Konstrukteur der Bücker Bestmann A. Andersson wurde 1944/45 auch die Saab Safir konstruiert. Der Erstflug fand im November 1945 statt, noch von einem 145 PS-De Havilland Gipsy Minor 10 angetrieben. Der Tiefdecker wurde in Ganzmetallbauweise hergestellt, die Flügel waren bis zum Holm beplankt, der Rest, wie auch die Ruder, bespannt. Hinter dem Pilot konnte ein dritter Passagier Platz nehmen, daneben lag der Tank und ein Gepäckraum. Von Anfang 1946 bis 1948 wurden 48 Saab 91 A ausgeliefert, die mit einem 147 PS-Gipsy Major 10 motorisiert waren. Neben den Privatverkäufen gingen 10 an die schwedische Luftwaffe, acht an die staatliche niederländische Lufttransportschule und 16 an die Luftwaffe Äthiopiens. Im Januar 1949 absolvierte die Saab 91 B ihren Erstflug, die mit einem von den Militärs geforderten, deutlich stärkeren 6-Zylinder Lycoming O-435 ausgerüstet war. Die schwedische Flygvapnet bestellte daraufhin 74 Trainer, um ihre deutschen Bücker Bestmann zu ersetzen. Saab war aber mit der Produktion der J 29 Tunnan so ausgelastet, dass sie die Fertigung an die niederländische Firma De Schelde vergab. Auch von der verbesserten 91 B-2 lieferte De Schelde noch drei Flugzeuge aus. Ende 1954 wurde nach einem Neubau bei Saab die Produktion wieder aufgenommen. Die norwegische Luftwaffe erwarb 25 B-2, die den Rumpf der 91 B und die Flächen (ohne Tanks) der 91 C erhielten. Zum Viersitzer wurde die im September 1953 erstmals geflogene 91 C, die neben Tragflächentanks auch einen Verstellpropeller erhielt und von der schwedischen Luftwaffe als Sk 50 C eingesetzt wurde. 11 Mascihnen baute noch De Schelde, 30 Saab. Die letzte, 1957 aufgelegte D-Version, ebenfalls viersitzig, erhielt einen 180 PS-Boxermotor Lycoming O-360 und wurde, dank einiger konstruktiven Änderungen, auch etwas leichter. Von den 99 gebauten D gingen an die Luftwaffen von Österreich 24, je 16 an Tunesien, die Niederlande und Finnland, die zwei kamerabestückt auch als Aufklärer einsetzte.

Insgesamt wurden bis Juli 1966 323 Safir aller Varianten ausgeliefert.

Bemerkungen: Anfangs etwas untermotorisiert, wurde der eingeschränkt kunstflugtaugliche und mit guten Flugeigenschaften ausgestattete Basistrainer in über zwanzig Länder geliefert. Er war nicht nur ein Verkaufserfolg bei Flugschulen der Luftwaffen, er wurde auch von Aeroclubs und Privatleuten erworben. Zahlreiche Fluggesellschaften nutzten das Flugzeuge zur Basisschulung ihrer Piloten, darunter die Sabena, Lufthansa und Air France. Schweden flog sie bis 1971 als Schulmaschine und bis 1993 als Verbindungsflugzeug und gab sie schließlich günstig an Vereine ab.

Etliche sind bis heute flugfähig erhalten geblieben. Von den zahlreichen Museumsflugzeugen in Europa finde man eine im Militärluftfahrtmuseum Zeltweg in Österreich.

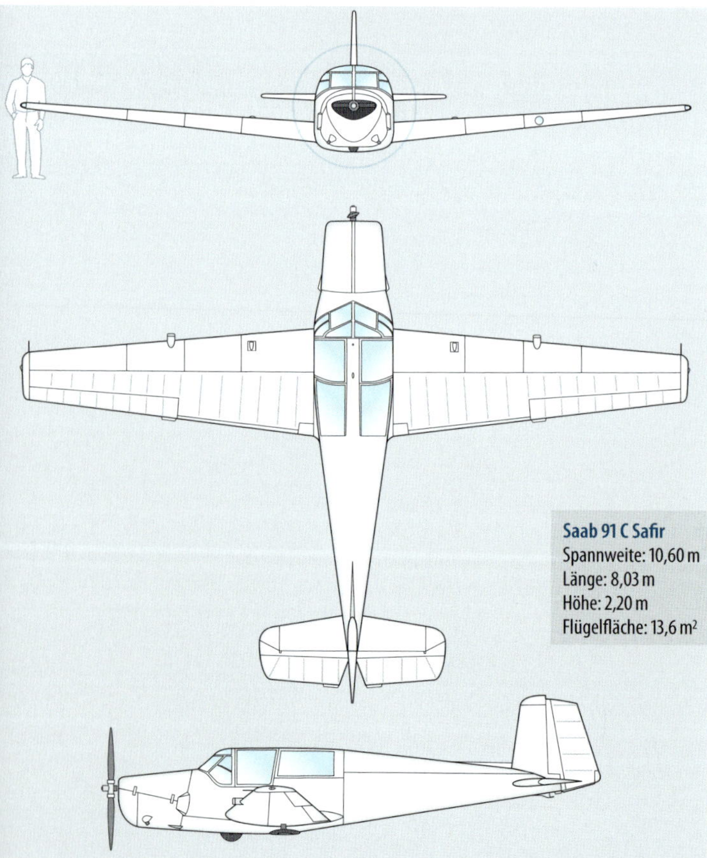

Saab 91 C Safir
Spannweite: 10,60 m
Länge: 8,03 m
Höhe: 2,20 m
Flügelfläche: 13,6 m²

Besatzung: 1
Triebwerk: (C) Ein luftgekühlter 6-Zylinder-Boxermotor Lycoming O-435 A mit 140 kW (190 PS).
Leistungen: (C) Höchstgeschwindigkeit 270 km/h, Reisegeschwindigkeit 227 km/h, Dienstgipfelhöhe 5100 m, Reichweite 960 km.
Gewichte: (C) Leermasse 745 kg, Abflugmasse 1215 kg.

Saab 32 Lansen

Ursprungsland
Schweden
Kategorie
Kampfflugzeug

Entwicklung: Um die veralteten Saab B 18, J 29 [Bd. 1] und De Havilland Mosquitos [Bd. 1] abzulösen, beschäftigte sich Saab bereits 1946 mit einem strahlgetriebenen Kampfflugzeug P 1150, das erst 1948 durch die schwedische Regierung offiziell wurde. Geplant war, den Jet mit zwei schwedischen Strahltriebwerken auszustatten, die aber wegen technischer Probleme durch ein Rolls-Royce Avon ersetzt wurden. Der erste von vier Pro-totypen flog im November 1952 und erreichte im Oktober 1953 im Stechflug Schallgeschwindigkeit. Das zweisitzige Allwetter-Kampfflugzeug besaß eine mit Schleudersitzen ausgestattete Druckkabine, eine in Schweden entwickelte Bordelektronik und gehörte zu den ersten Flugzeugen, das mit Hilfe damals revolutionärer Computertechnologie entworfen wurde. Nach ausgedehnter Erprobung, in der aus aerodynamischen Gründen auch die Flügel geändert wurden, begannen die Auslieferungen der J 32 A im Dezember 1955, die 1957 nach 284 Maschinen endete. Ein Viertel der J 32 A war mit einem Bordradar ausgerüstet, das unter anderem auch zur Steuerung von Anti-Schiffsraketen genutzt werden konnte. Anstelle der Bug-MGs wurden beim Fotoaufklärer S 32, Erstflug März 1957, sechs Kameras und ein verbessertes Radar mit größerer Reichweite installiert. Die ersten Auslieferungen der 44 Maschinen begannen 1960. Ein wesentlich stärkeres Triebwerk und ein nochmals verbessertes Radar zeichnete die Allwetter- und Nachtjagdversion J 32 B [Bild/Zchng.] aus. Zwei Prototypen und 118 Serienflugzeuge wurden bis 1960 produziert. Sechs B modifizierte Saab zum Zielschlepper D und weitere 14 zur ECM-Version E, die als letzte Lansen erst 1997 stillgelegt wurden.

Bei Saab in Linköping rollten insgesamt 452 J 32 aus den Werkhallen.

Bemerkungen: Mit der Lansen erhielt die schwedische Luftwaffe ein für die damalige Zeit sehr modernes und effektives Waffensystem, das gegen Boden- und Seeziele einsetzbar war. Mit bis zu 1000 kg Nutzlast konnte sie neben Bomben auch gelenkte und ungelenkte Luft-Luft- und Luft-Boden-Raketen tragen, sowie ECM-Störbehälter. Nach einer relativ langen Dienstzeit begann deren Ablösung erst 1971 mit der Saab 37 Viggen [S. 92]. Angeblich waren aber bis 2010 noch zwei Lansen in Dienst, um in großen Höhen Luftproben zu ziehen. Nahezu ein Drittel aller Lansen waren allerdings in Unfälle verwickelt, die ca. 100 Piloten das Leben kostete, teils wegen technischer Probleme, aber auch wegen Trainingsmängeln.

Angeblich fliegt noch eine Lansen in Schweden bei Luftfahrtshows, eine von vielen Museums-Lansen findet man im Österreichischen Luftfahrtmuseum, Flughafen Graz-Thalerhof.

Besatzung: (B) 2
Triebwerk: (B) Ein Axialstrahltriebwerk Svenska Flygmotor RM 6A mit 47 kN Schub und 65,3 kN mit Nachbrenner.
Leistungen: (B) Höchstgeschwindigkeit 1150 km/h, Reisegeschwindigkeit 980 km/h, Dienstgipfelhöhe 14 000 m, Reichweite 1000 km.
Gewichte: (B) Leermasse 8077 kg, Abflugmasse 13 500 kg.
Bewaffnung: (B) Vier Maschinenkanonen im Bug und vier Luft-Luft-Raketen an Außenstationen.

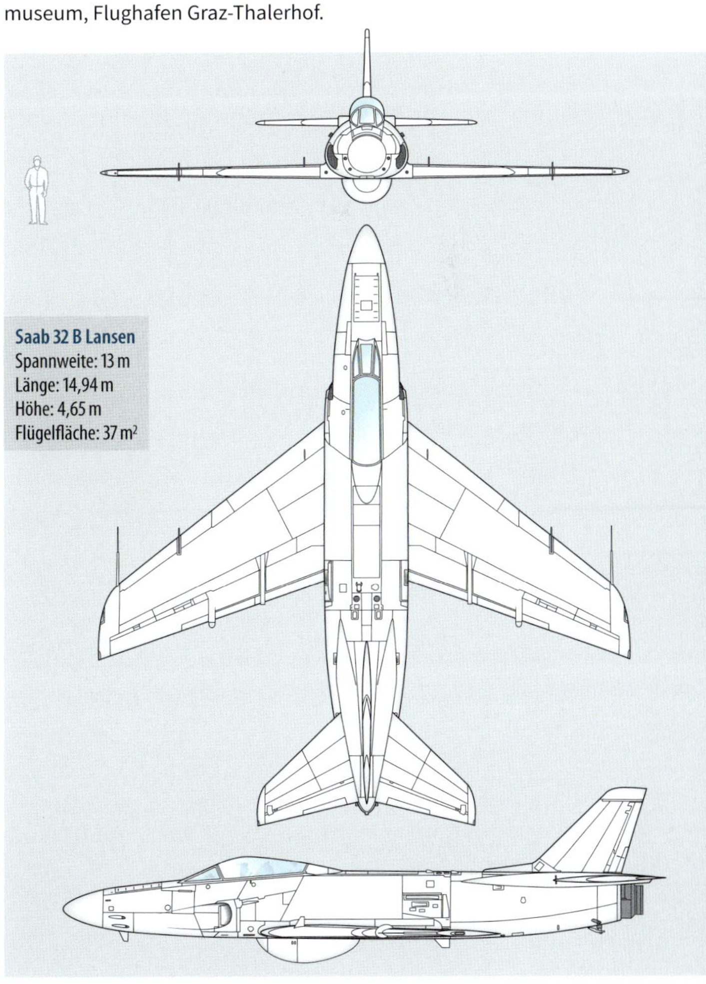

Saab 32 B Lansen
Spannweite: 13 m
Länge: 14,94 m
Höhe: 4,65 m
Flügelfläche: 37 m²

Saab 35 Draken

Ursprungsland
Schweden
Kategorie
Kampfflugzeug

Entwicklung: Kaum war die Lansen [S. 89] produktionsreif, forderte Schwedens Flygvapnet ein überschallschnelles, auch als Bomber einsetzbares Jagdflugzeug. Schon bei den ersten Entwürfen war ein Doppeldelta Favorit, das durch Windkanalversuche und mit einem kleinen Versuchsflugzeug 1952 bestätigt wurde und zu einer Bestellung von drei Prototypen führte, die mit Rolls-Royce Avon-Triebwerken flogen. Erstflug war im Oktober 1955. Nach ausgiebigen Tests begann 1956 der Serienbau, bei dem Saab das nun in Lizenz von Svenska Flygmotor produzierte RM6 mit Nachbrenner einbaute. Es entstanden zahlreiche Varianten, darunter kampftaugliche Doppelsitzer und Aufklärer, die sich in der Bewaffnung, Avionik und in leistungsgesteigerten Triebwerken unterschieden. Mit der J 35 F wurde 1974 die Produktion eingestellt. Etliche Upgrades, die mit der Variante J 35 J in den späten 1980er-Jahre endeten, hielten die Draken auf dem Stand der Dinge. Wegen Etatkürzungen und hohen Wartungskosten begann man sie Mitte der 1980er-Jahre durch die Viggen [S. 92] zu ersetzen. Die letzte schwedische J 35 wurde 1999 ausgemustert. Dänemark erhielt 51 Draken in den Varianten Kampfbomber, Aufklärer und Trainer. Finnland erwarb aus schwedischen Beständen 8 gebrauchte J 35 b Abfangjäger, 5 Doppelsitzer J 35 C und 24 Abfangjäger J 35 F, 12 J 35 F wurden neu gebaut und in Finnland endmontiert. Mitte der 1980er-Jahre kaufte auch Österreich 24 gebrauchte, von Saab überholte J 35 D [Bild], die bis 2005 in Dienst blieben.

Aus Saabs Werkhallen rollten von 1955 bis 1974 651 Draken.

Bemerkungen: Saab entwickelte mit der Draken schon Mitte der 1950er-Jahre ein hochmodernes, unkonventionelles Mach-2-Kampfflugzeug. Neben der Fähigkeit, mit kurzer Vorbereitungszeit auch von öffentlichen Straße starten zu können, war die Draken auch der erste Jet, der das Cobra-Manöver fliegen konnte. Mit zahlreichen Upgrades, auch auf damals moderne Waffensysteme, blieb die J 35 bis Anfang der 2000er-Jahre im Dienst und erwies sich als leistungsfähiges Kampfflugzeug mit überzeugenden Flugeigenschaften. Alle J 35 waren exzellente Abfangjäger bis in große Höhen, ließen sich aber auch begrenzt für Luft-Boden-Operationen nutzen, wurden aber nie bei tatsächlichen Kampfhandlungen eingesetzt.

Swedish Airforce Historic Flight in Såtenäs betreibt noch zwei Draken auf Vereinsbasis. Alle Saab-Betreiber präsentieren Draken in ihren Luftfahrtmuseen. Eine J 35 E findet man aber auch in der Flugausstellung Hermeskeil.

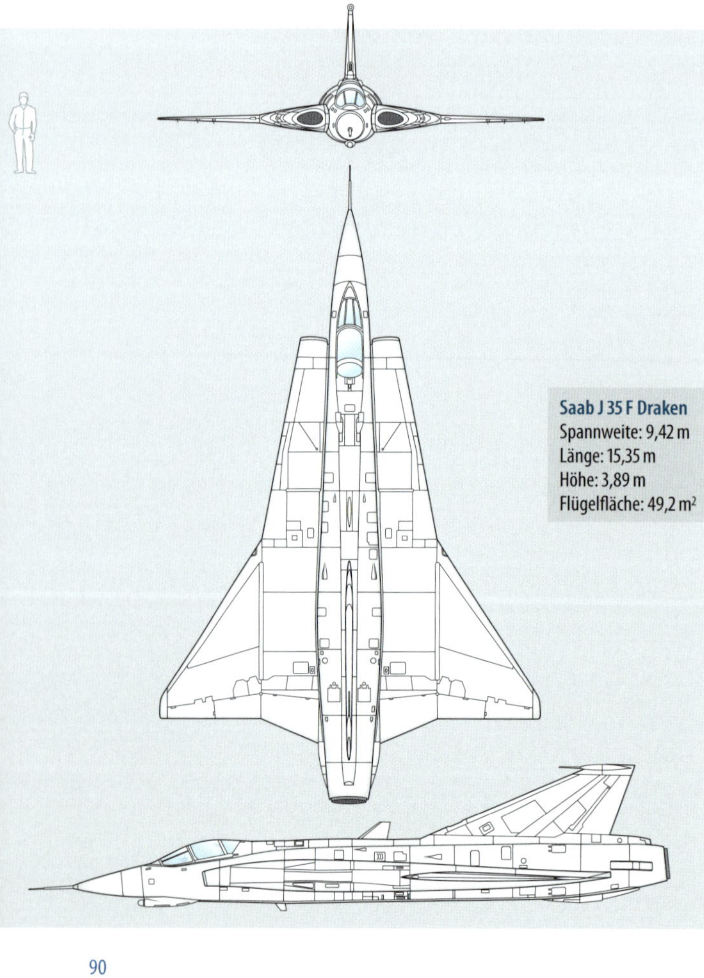

Saab J 35 F Draken
Spannweite: 9,42 m
Länge: 15,35 m
Höhe: 3,89 m
Flügelfläche: 49,2 m²

Besatzung: (F) 1
Triebwerke: (F) Ein Axialstrahltriebwerk Svenska Flygmotor RM6C mit 56,5 kN Schub, 78,4 kN mit Nachbrenner.
Leistungen: (F) Höchstgeschwindigkeit 2450 km/h in 11 000 m, Steigzeit auf 15 000 m 4 min 30 sec, Dienstgipfelhöhe 20 000 m, Reichweite 1120 km, 2750 km mit externen Zusatztanks.
Gewichte: (F) Leermasse 7425 kg, Abflugmasse 11 000 kg, maximale Abflugmasse 11 914 kg.
Bewaffnung: (F) Eine MK in der Flügelwurzel und bis zu 2900 kg Waffen an sechs Außenstationen: Luft-Luft- und Luft-Boden-Raketen, div. Bomben.

Saab 105

Ursprungsland
Schweden
Kategorie
Trainer, leichtes Kampf- und Aufklärungsflugzeug

Entwicklung: Auf Basis eines Geschäftsreiseflugzeugs entwickelte Saab Ende der 1950er-Jahre die militärische Saab 105, die eher einen Verkaufserfolg versprach. Schweden benötigte zudem einen Schulungsjet für ihre Draken-Piloten, was sich auch in einer Flygvapnet-Ausschreibung niederschlug, die zur Saab 105 passte und mit einem Vertrag für einen Prototyp und einer Kaufabsichtserklärung endete. Bereits 1962, noch vor dem Erstflug im Juni 1963 bestellte die schwedische Luftwaffe 130 Maschinen. Nach einer Testphase flog die erste Serienmaschine im August 1965. Der Schulterdecker war mit zwei Volvo Flygmotor RM-9 mit 7,31 kN Schub motorisiert, lizensierte Turboméca Aubisque-Triebwerke. Insgesamt erhielt Schweden zwischen 1966 und 1969 150 als SK 60 bezeichnete Maschinen, davon wurden 1970 46 mit Flügelstationen ausgerüstete zur bewaffneten SK 60 B. Eine Aufklärervariante SK 60 C mit längerem Bug und eine viersitzige SK 60 C als Verbindungs- und Ausbildungsflugzeug ergänzten das Portfolio. Von 1988 bis 1991 erhielten alle Maschinen unter anderem strukturelle Verstärkungen und ab 1995 rüstete Saab 105 Maschinen mit wesentlich sparsameren, amerikanischen Williams-Triebwerken und neuer Avionik aus. Österreich, als einziger Fremdabnehmer, erwarb ab 1970 40 Saab 105 XT, die mit deutlich stärkeren General Electric J85 motorisiert waren und eine höhere Waffenlast tragen konnten.

Saab lieferte insgesamt 191 Flugzeuge aus.

Bemerkungen: Das mit fast 60 Jahren längste betriebsbereite Saab-Flugzeug war nicht nur ein idealer Side-by-Side-Trainer, er konnte auch, trotz der geringen Größe, bis zu 2300 kg Waffen zuladen. Obwohl ansonsten mit Schleudersitzen ausgestattet, ließ sich die 105 mit normalen Passagiersitzen zum viersitzigen Verbindungsflugzeug umrüsten. Der Hauptabnehmer Schweden hält seine Saab 105 durch zahlreiche Upgrades auf aktuellem technischen Stand. Mit dem Einbau moderner Williams-Triebwerke und neuer Avionik 1995 war Schwedens Luftwaffe dabei, die Einsatzfähigkeit bis weit über 2000 zu erhalten. Noch 2020 wurde ein Wartungsvertrag mit Saab abgeschlossen, der bis 2025/26 reichen sollte. Österreichs Saab 105 wurden hauptsächlich zur Schulung und zur Luftraumüberwachung eingesetzt, teilweise auch als Jagdbomber und Aufklärer. Mit zunehmendem Alter wurde die Ersatzteilbeschaffung schwieriger und 2020 wurde beschlossen, die Saab nach 50 Jahren ersatzlos auszumustern.

Museumsexemplare stehen z. B. im Flygvapenmuseum Malmslätt, Schweden und im Militärluftfahrtmuseum Zeltweg/Österreich.

Besatzung: 2
Triebwerke: (XT) Zwei Axialstrahltriebwerke General Electric J85-GE-17B mit je 12,55 kN Schub.
Leistungen: (XT) Höchstgeschwindigkeit 825 km/h, Dienstgipfelhöhe 13 700 m, Reichweite im Tiefflug mit 1380 kg Außenlast 640 km, hoch-tief-hoch 830 km, Überführung maximal 2770 km mit Zusatztanks.
Gewichte: (XT) Leermasse 2520 kg, Abflugmasse 4420 kg, mit maximaler Außenlast 6500 kg.
Bewaffnung: (XT) Maximal 2350 kg Außenlasten an sechs Hardpoints: gelenkte und ungelenkte Luft-Boden-Raketen, Bomben, MK-Behälter.

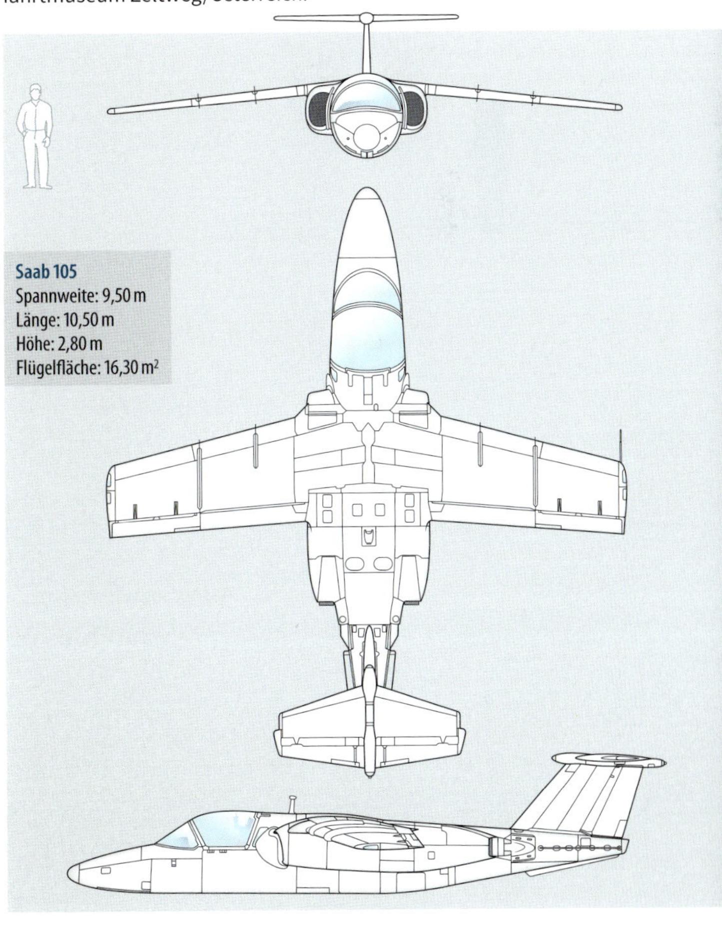

Saab 105
Spannweite: 9,50 m
Länge: 10,50 m
Höhe: 2,80 m
Flügelfläche: 16,30 m²

Saab 37 Viggen

Ursprungsland
Schweden
Kategorie
Mehrzweck-Kampfflugzeug

Entwicklung: Schon in den frühen 1950er-Jahren begann Saab über einen Nachfolger der Lansen [S. 89] und Draken [S. 90] nachzudenken. Eine Canard-Deltakonfiguration konnte die Aufgaben als Kampfflugzeug und Abfangjäger in Verbindung mit einem leistungsstarken Triebwerk erfüllen und versprach zudem Kurzstarteigenschaften. Der erste von sieben Prototypen flog im Februar 1967. Saab nutzte das von Volvo Flygmotor lizenzierte zivile Mantelstromtriebwerk Pratt & Whitney JT8D, das modifiziert, mit Schubumkehr für kurze Landungen und einem Nachbrenner für Kurzstarts auf 500 m-Bahnen oder auch auf öffentlichen Straßen, ausgerüstet wurde. Bereits einen Monat nach dem Erstflug erhielt Saab einen Auftrag über 100 Exemplare AJ 37, darunter 17 Doppelsitzer Sk 37. Das erste Serienflugzeug rollte im Februar 1971 aus den Werkhallen. Saab entwickelte und baute fünf Varianten: den Jagdbomber AJ 37 (108 St.), einen Aufklärer SF 37 (28 St.), mit Kameras im Bug anstatt des Radars, die SH 37 zur Seeüberwachung (27 St.), einen Abfangjäger JA 37 (149 St.) und einen zweisitzigen Trainer Sk 37 (17 St.). Im Laufe der Jahre durchliefen die Flugzeuge diverse Upgrade-Programme, die hauptsächlich zur Kampfwertsteigerung die Elektronik und Bewaffnung betraf.

Obwohl Schweden ursprünglich über 800 Viggen bestellen wollte, um damit alle vorhergehenden Flugzeuge zu ersetzen, reduzierte man, auch aus finanziellen Gründen, auf 329 Flugzeuge, deren Produktion im Juni 1990 endete.

Bemerkungen: Die Viggen war das erste in Serie gebaute Canard-Kampfflugzeug und gehörte mit einem Zentralcomputer, der viele Aufgaben automatisierte um den Copiloten zu ersetzen, zu den modernsten Kampfflugzeugen seiner Zeit. Einziger Betreiber blieb allerdings Schweden, obwohl Saab versuchte das Flugzeug weltweit zu exportieren. So wurde sie Australien und Norwegen angeboten und in den 1970er-Jahren der USAF als Starfighter-Ersatz [S. 179] vorgeschlagen, unterlag aber der General Dynamics F-16. Auch ein Export nach Indien kam 1978 wegen der Blockade durch die USA nicht zustande. Bereits Mitte der 1990er-Jahre begann die schwedische Luftwaffe die Viggen durch Saab Gripen zu ersetzen. Die letzte wurde im November 2005 außer Dienst gestellt. Einige blieben allerdings bis 2007 in flugfähigem Zustand.

Zahlreiche Viggen stehen in schwedischen Museen und europaweit verstreut. Eine AJ wird z. B. in der Flugausstellung Hermeskeil präsentiert.

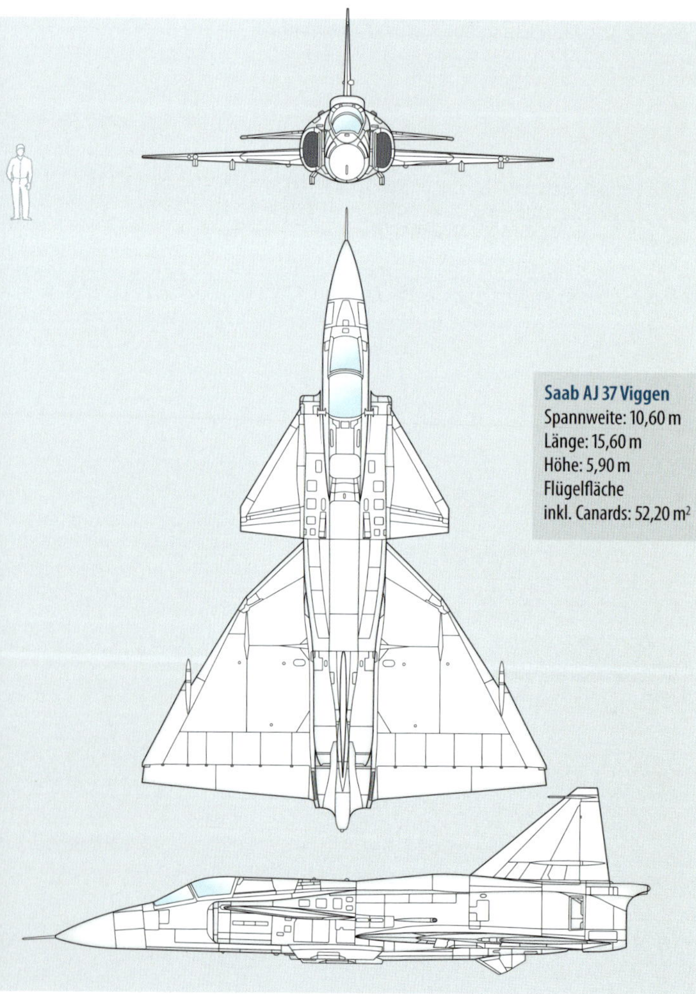

Saab AJ 37 Viggen
Spannweite: 10,60 m
Länge: 15,60 m
Höhe: 5,90 m
Flügelfläche inkl. Canards: 52,20 m²

Besatzung: 1
Triebwerke: (JA) Ein Axialstrahltreibwerk Volvo Flygmotor RM8B mit 72,1 kN Schub, mit Nachbrenner 125,04 kN.
Leistungen: (JA) Höchstgeschwindigkeit 2231 km/h in 11 000 m Höhe, Dienstgipfelhöhe 18 000 m, Reichweite mit internem Kraftstoff maximal 1820 km.
Gewichte: (JA) Leermasse 9500 kg, Abflugmasse 16 439 kg, maximale Abflugmasse 19 274 kg.
Bewaffnung: (JA) Ein MK-Behälter unter dem Rumpf, maximal 7000 kg Außenlasten an bis zu neun Hardpoints: Luft-Luft-Raketen, Anti-Schiffs-Raketen, Bomben.

Pilatus P-3

Entwicklung: Nach der Einführung von strahlgetriebenen Kampfflugzeugen musste man auch in der Schweiz die Pilotenausbildung anpassen. Dies bedingte einen Flugzeugtyp, der die Ausbildung vom Anfänger bis zum Umstieg auf Jettrainer abdeckte und entsprechende Flugeigenschaften besitzen sollte. Pilatus begann deshalb 1952 mit dem Projekt P-3. Bereits im September 1953 hob die erste Maschine ab. Noch mit einem Zweiblattpropeller augestattet, zeigte sich schnell, dass die Flugleistungen verbesserungswürdig sind. Ein überarbeiteter, zweiter Prototyp zeigte zwar bessere Akrobatikleistungen, die relativ schwache Motorisierung für einen Trainer blieb aber während der ganzen Dienstzeit ein Problem der P-3. Der in Ganzmetallbauweise konstruierte Tiefdecker mit Einziehfahrwerk und Doppelsteuer war standardmäßig für Blindflug instrumentiert, das eine P-3 auch nachtflugtauglich machte. Nach den Erprobungsphasen und der Übernahme des zweiten Prototypen bestellte die Schweizer Fliegertruppe zwölf Flugzeuge, die Pilatus 1955/56 auslieferte und zur Erprobung bei der Truppe verwendet werden sollten. Sie erhielten Flügelstationen für Übungswaffen, die aber so nie genutzt wurden. Nachdem die Tests erfolgreich abgeschlossen waren, orderte die Schweiz 1957 weitere 60 Flugzeuge. Eine zivile Serie von sechs Maschinen zur Schulung von Luftverkehrspiloten, ging 1963 über die USA an die brasilianische Marine, dem einzigen militärischen Betreiber außerhalb der Schweiz.

Inklusive des Prototypen fertigte Pilatus lediglich 79 P-3.

Bemerkungen: Die robust gebaute P-3 wird zwar als agiles, exakt zu fliegendes Schulflugzeug mit gutmütigen Flugeigenschaften beschrieben, das im Sturzflug bis zu 500 km/h erreichen konnte, war aber mit seinem 240 PS-Boxermotor eindeutig untermotorisiert. Zudem gab es nach zwei Trudel-Unfällen fliegerische Einschränkungen, die dazu führten, dass sämtliche Flugzeuge eine zusätzliche Finne am Rumpfheck erhielten. Schon 1958 überlegte man, eine P-3 mit einer französischen Propellerturbine auzurüsten, das aber auf kein Interesse stieß. 1966 startete Pilatus einen weiteren Versuch mit einer PT-6A-Turbine und präsentierte sie als P-7 auf der Luftfahrtschau in Paris. Aber erst 1983 wurde die nun turbinenangetriebene Pilatus PC-7 auch bei der Schweizer Fliegertruppe als neues Schulflugzeug eingeführt und die P-3 nur noch als Verbindungsflugzeug genutzt, nachdem man Anfang der 1990er-Jahre schon 35 P-3 an zivile Interessenten veräußerte. Die letzten wurden schließlich 1994 stillgelegt.

Flugfähige P-3 sind weltweit zu finden, hauptsächlich in den USA und Europa, Museumexponate zum Beispiel im Technik Museum Speyer und im Flieger Flab Museum Dübendorf/Schweiz.

Ursprungsland
Schweiz
Kategorie
Schul- und Trainingsflugzeug

Besatzung: 2
Triebwerke: Ein luftgekühlter 6-Zylinder-Boxermotor Lycoming GO-435-C2A2 mit 180 kW (240 PS).
Leistungen: Höchstgeschwindigkeit 306 km/h, Reisegeschwindigkeit 252 km/h, Dienstgipfelhöhe 5500 m, Reichweite 750 km.
Gewichte: Leermasse 1190 kg, Abflugmasse 1530 kg.

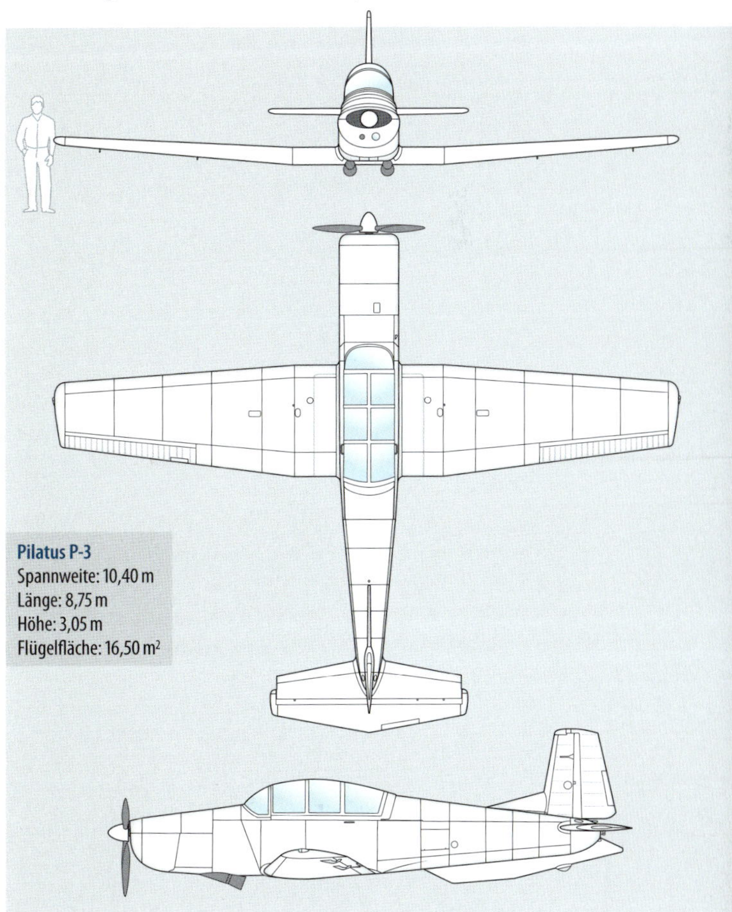

Pilatus P-3
Spannweite: 10,40 m
Länge: 8,75 m
Höhe: 3,05 m
Flügelfläche: 16,50 m²

Pilatus PC-6

Ursprungsland
Schweiz
Kategorie
STOL-Mehrzweckflugzeug

Entwicklung: In Eigeninitiative entwickelte Pilatus ab 1957 das Arbeitsflugzeug PC-6 auf Grundlage der wesentlich kleineren P-4, die bereits 1948 flog. Im Mai 1959 hob der erste von fünf Prototypen ab. Der in Ganzmetallbauweise hergestellte Hochdecker war mit Radfahrwerk, Skiern oder Schwimmern lieferbar und konnte in der Turbinenversion mit bis zu 1200 kg Fracht oder 10 Passagieren auf einer 300 m langen Bahn über ein 15 m Hindernis starten. Erste PC-6 Porter flogen noch mit einem zu schwachen 340 PS-Lycoming-Boxermotor, der aber im Mai 1961 in der PC-6 A von einer französischen Astazou II-Turbine mit 523 PS abgelöst wurde. Schon 1964 wurde die Astazou durch die wesentlich zuverlässigere PT-6A-Turbine von Pratt & Whiney ersetzt, die der PC-6 B schließlich auch zum Verkaufserfolg verhalf. Im selben Jahr vergab Pilatus eine Lizenz an die US-Firma Fairchild, die 92 PC-6 B mit 575 PS starken Garrett-Turbinen motorisierte und neben zivilen Abnehmern auch 15 davon als AU-23 an die amerikanischen Streitkräfte veräußerte. Mit der letzten Variante PC-6/B2, mit etwas größerer Spannweite, ließ sich einhergehend mit einer höheren Abflugmasse auch die Nutzlast steigern. Nach rund 60 Jahren ununterbrochener Bauzeit stellte Pilatus 2022 die Serienproduktion ein.

Inklusive der Lizenzexemplare wurden 613 Porter und Turbo-Porter ausgeliefert.

Bemerkungen: Mit der Turbo-Porter, quasi dem Schweizer Taschenmesser unter den Einmotorigen, schuf Pilatus ein schnell umrüstbares Arbeitsflugzeug, das neben der Rolle als Transporter auch als Sanitäts- und Vermessungsflugzeug, als Fallschirmabsetzer und für landwirtschaftliche Sprüheinsätze genutzt werden konnte. Ob mit Schwimmern, Rädern oder Skiern, der robuste Hochdecker fliegt unter härtesten Bedingungen auf allen Kontinenten und überzeugt mit hervorragenden STOL-Eigenschaften auch von unbefestigten Pisten. Das weckte auch die Begehrlichkeiten der Streitkräfte. In über 30 Nationen, darunter Österreich, Schweiz, Frankreich, Israel, Südafrika, Sudan und Peru werden Turbo-Porter militärisch betrieben, die neben klassischen Transport- und Verbindungsflügen auch zum Lasten- und Fallschirmspringerabsetzen, zur Aufklärung, auf SAR- und Geheim-Missionen geflogen werden. Bekannt wurden vor allem die von der CIA betriebenen AU-23 in den 1960er- und 70er-Jahren im Vietnamkrieg, die man in Burma, Kambodscha, Thailand und Laos zur Versorgung von vorgeschobenen Basen einsetzte. Ein Teil war sogar mit vier Flügel-Hardpoints für Luft-Boden-Raketen, Bomben und MG-Behälter ausgerüstet, es blieb aber bei einer Maschinenkanone, die durch die offene Tür feuerte.

2017 waren noch rund 280 Flugzeuge in 63 Ländern im Einsatz, unter anderem auch in Deutschland als Fallschirmabsetzer.

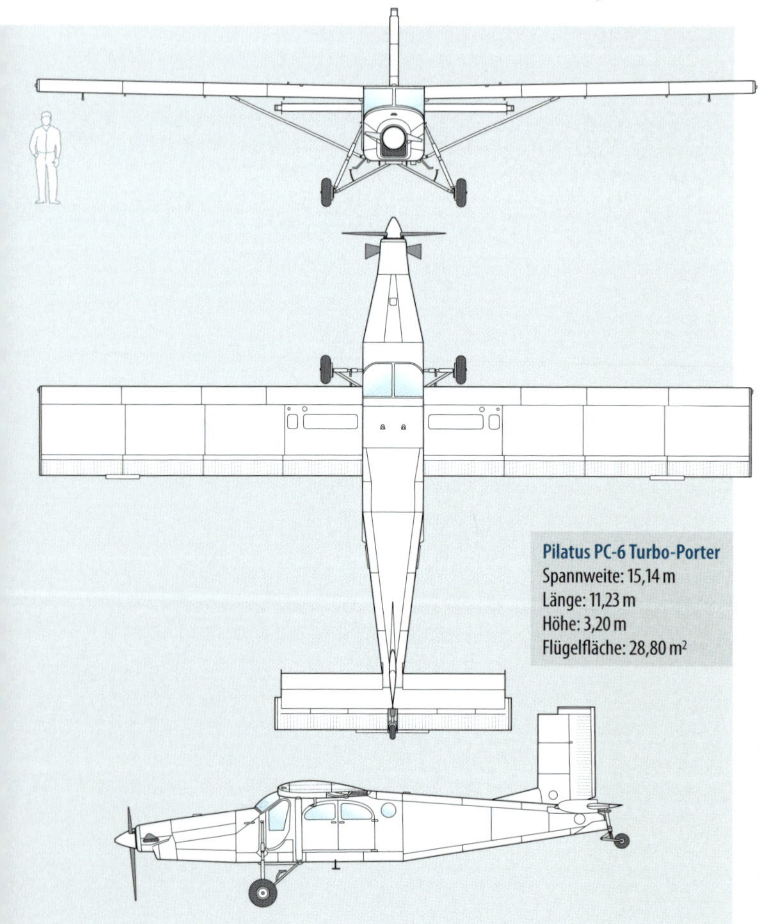

Pilatus PC-6 Turbo-Porter
Spannweite: 15,14 m
Länge: 11,23 m
Höhe: 3,20 m
Flügelfläche: 28,80 m²

Besatzung: 1
Triebwerke: (B) Eine Propellerturbine Pratt & Whitney Canada PT6A-27 mit 404 kW (550 PS).
Leistungen: (B) Höchstgeschwindigkeit 280 km/h, Reisegeschwinsigkeit 220 km/h, Dienstgipfelhöhe 7400 m, Reichweite 915 km.
Gewichte: (B) Leermasse 1060 kg, Abflugmasse 2200 kg.

Antonow An-2

Ursprungsland
Sowjetunion
Kategorie
Mehrzweck-Transport-flugzeug

Entwicklung: Ursprünglich wurde die An-2 vom sowjetischen Land- und Forstwirtschaftsministerium in Auftrag gegeben, um die Po-2 zu ersetzen und damit kleine Ortschaften in abgelegenen Gebieten der Sowjetunion zu versorgen. Es kam nicht auf Geschwindigkeit an, eher auf eine robuste, kompakte und einfache Konstruktion, STOL-Fähigkeiten auf unbefestigten Pisten, hohe Zuladung und einfache Wartung – so war für Antonow der Doppeldecker die ideale Lösung. Die in Ganzmetall-Halbschalenbauweise konstruierte, massige An-2 flog als SKh-1 mit einem ASch-21-Sternmotor erstmals im August 1947, der zweite schon mit dem deutlich stärkeren und für die Serie beibehaltenenen ASch-62, einer Weiterentwicklung des US-Sternmotors Wright R-1820 Cyclone. Die Einmot konnte bis zu 12 Passagiere oder 2140 kg Fracht aufnehmen und kam bei guten Bedingungen mit 150 m Startrollstrecke aus. Im Oktober 1948 begann die Serienproduktion. Sowjetische Werke lieferten bis 1959 ca. 5450 Exemplare aus. Danach wurde die Produktion zur polnischen Firma PZL ausgelagert, die als WSK An-2 bis 1992 weitere 11 950, leicht modifizierte Doppeldecker herstellte. Das Flugzeug bot Potenzial für zahllose Varianten, zu denen neben zivilen Transport- und Landwirtschaftsflugzeugen, auch mit Schwimmern oder Kufen, zahlreiche militärische Varianten zählten, die neben den klassichen Transport- und Verbindungsaufgaben auch als Fallschirmabsetzer, Artilleriebeobacher, Kameraaufklärer, Ambulanzflugzeug, Wetteraufklärer usw. eingesetzt wurden. China nahm 1957 eine Lizenzproduktion auf und lieferte insgesamt 938 Flugzeuge als Y-5 mit einem ebenso in Lizenz gefertigten ASch-62-Sternmotor aus.

Vermutlich sind über 18 000 An-2 inklusive Lizenzproduktionen ausgeliefert worden.

Bemerkungen: NATO-Code *Colt*. Die Zeit der Doppeldecker war zwar Ende der 1940er-Jahre beim Erscheinen der An-2 vorüber, für die vorgesehenen Zwecke war sie aber die richtige Lösung. In allen damaligen Staaten des Warschauer Pakts wurde sie hauptsächlich als Transporter eingesetzt, auch in der damaligen DDR, wo sie von der Interflug, Nationalen Volksarmee und der paramilitärischen GST genutzt wurde. Einige Staaten nutzten ihre An-2 aber auch als leichtes Angriffsflugzeug, wie z. B. Nordkorea, Nordvietnam, Kroatien und Aserbeidschan. Militärische An-2 konnte und kann man immer noch auf allen Kontinenten in zahlreichen Staaten und z. T. unter extremen klimatischen Bedingungen antreffen. Trotz etlicher Versuche den Doppeldecker z. B. mit einer Propellerturbine zu modernisieren, sind heute immer noch Hunderte mit Sternmotoren im Einsatz. Das Alter, steigende Wartungskosten, Benzinpreise usw. tragen allerdings auch dazu bei, sie allmählich auszumustern, bleiben aber von Sammlern klassischer Flugzeuge begehrt.

Einige An-2 werden in Deutschland betrieben, eines von zahllosen Museumsexponaten steht im Luftfahrttechnischen Museum Rechlin.

Besatzung: 1 – 2
Triebwerk: Ein luftgekühlter 9-Zylinder-Sternmotor Schwezow ASch-62 IR mit 743 kW (1010 PS).
Leistungen: Höchstgeschwindigkeit 258 km/h, Reisegeschwindigkeit 190 km/h, Dienstgipfelhöhe 4500 m, Reichweite 850 km, bei maximaler Betankung 1400 km.
Gewichte: Leermasse 3300 kg, Abflugmasse 5440 kg.

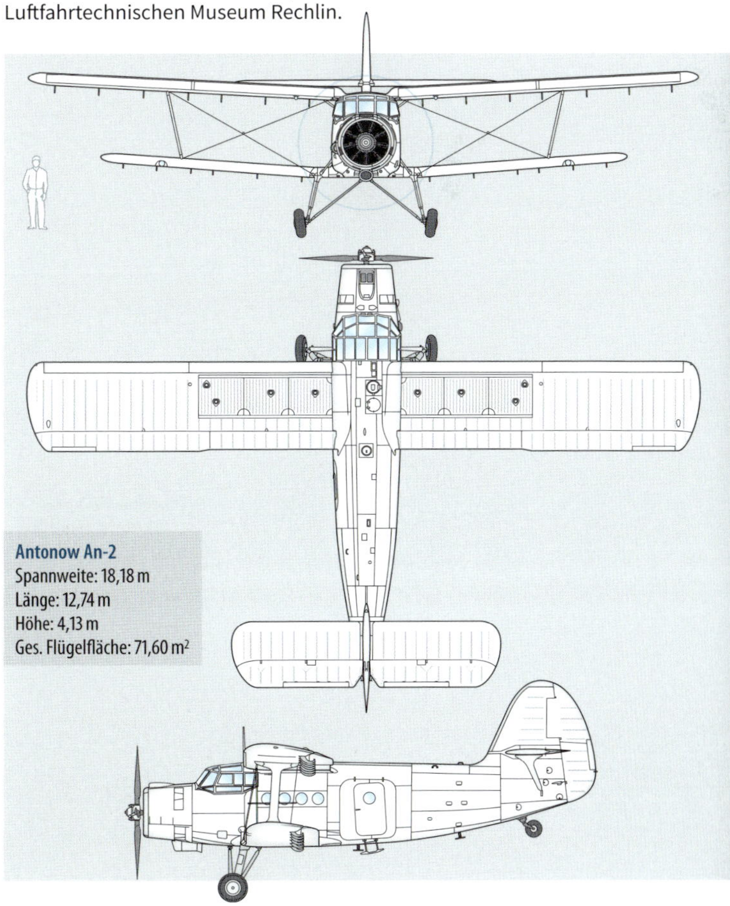

Antonow An-2
Spannweite: 18,18 m
Länge: 12,74 m
Höhe: 4,13 m
Ges. Flügelfläche: 71,60 m²

Antonow An-8

Ursprungsland
Sowjetunion
Kategorie
Transportflugzeug

Entwicklung: Zu Beginn der 1950er-Jahre verfügte die Sowjetunion über kein modernes Transportflugzeug. Deshalb wurde Antonow 1953 aufgefordert, einen zweimotorigen Transporter mit Propellerturbinen und Heckladerampe zu entwickeln. Erstflug war im Februar 1956, noch mit den anfälligen und kurzlebigen 6800 PS-starken TV-2-Turbinen. Der Schulterdecker mit dem abgerundeten, kastenförmigen Rumpf konnte auch von unvorbereiteten Pisten 40 Fallschrimjäger oder 60 Soldaten oder 50 Verwundete oder 7,7 Tonnen Fracht transportieren. Die sechsköpfige Besatzung bestand aus zwei Piloten, Funker, Navigator, Mechaniker und Heckschütze. Nach eingehenden Werktests und zahlreichen Modifikationen entschloss man sich auch, die deutlich zuverlässigeren und leichteren, aber schwächeren Ivchenko Ai-20-Propellerturbinen einzubauen, was aber zu Betriebseinschränkungen beim Einmotorenflug führte. Ende 1958 verließen die ersten 10 Serienmaschinen das Werk in Taschkent, die teilweise noch für staatliche Tests herangezogen wurden. Angeblich entwickelte und baute Antonow auch eine An-8 M für die U-Boot-Bekämpfung, die An-8 Sh zur Piloten- und Navigatorenschulung, die An-8 T als Kraftstofftransporter und eine An-8 Ps für SAR-Missionen. Nicht verwirklicht wurde die Passagierversion mit einem runden bedruckten Rumpf für bis zu 57 Passagiere.

Von 1958 bis 1961 verließen vermutlich 151 AN-8 die Werkhallen.

Bemerkungen: Nato-Code *Camp*. Mt dem Layout der An-8 als Hochdecker, mit Heckladerampe und mehrrädrigem Fahrwerk in Rumpfbehältern entwickelte Antonow die Basis für eine ganze Reihe sowjetischer Transportflugzeuge wie der An-10, An-12 [S. 97] und An-22 [S. 99]. Anfängliche Probleme mit den Turbinen und aerodynamische Unzulänglichkeiten, die während der Erprobung auftraten, ließen sich beheben, einhergehend mit fast 3 Tonnen Gewichtsreduzierung. Schon 1956, noch während der Erprobung, wurde die Maschine auf der Luftparade in Tuschino vorgestellt. Das robuste Flugzeug flog überwiegend bei russischen Transporteinheiten, einige wurden angeblich auch als Aufklärer und als zivile Transporter eingesetzt. Zu den weiteren Betreibern zählte Sri Lanka, Singapur, die Vereinigten Arabischen Emirate und die Ukraine. Anfang der 1990er-Jahre stellte die Sowjetunion ihre An-8 außer Dienst. Eine unbekannte Zahl verkaufte man in den Nahen Osten und nach Afrika, wo sie vermutlich bis 2010 eingesetzt wurde, obwohl Antonow schon 2004 jeglichen Service an der An-8 einstellte.

Eine An-8 steht im Zentralen Museum der Luftstreitkräfte in Monino bei Moskau.

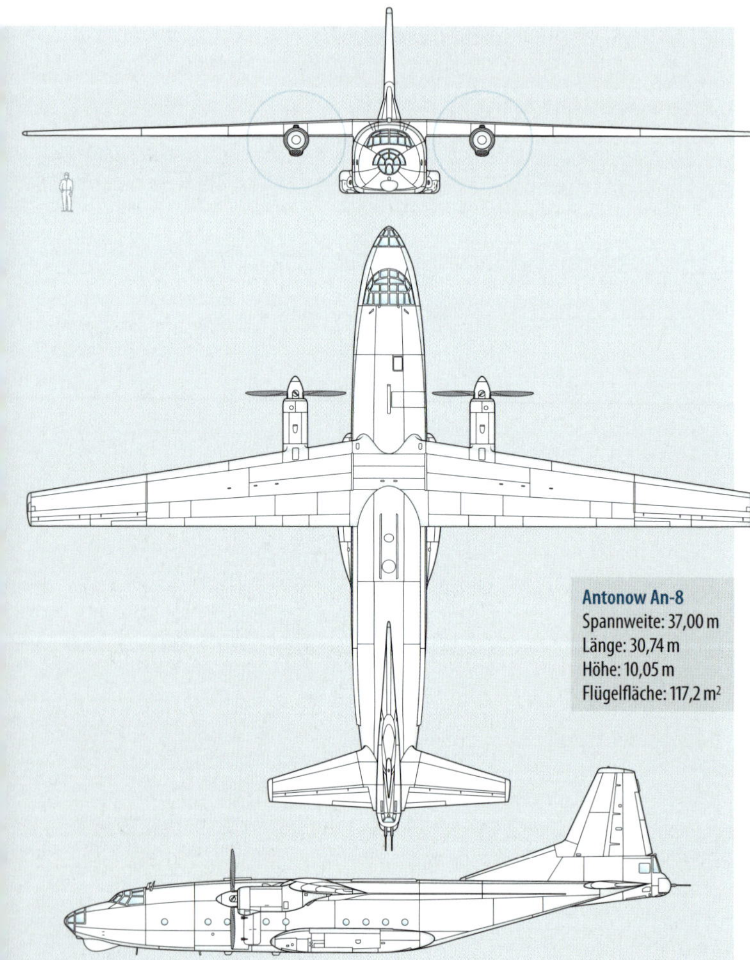

Antonow An-8
Spannweite: 37,00 m
Länge: 30,74 m
Höhe: 10,05 m
Flügelfläche: 117,2 m²

Besatzung: 6
Triebwerke: Zwei Propellerturbinen Iwtschenko AI-20 D mit je 3810 kW (5180 PS).
Leistungen: Höchstgeschwindigkeit 520 km/h, Reisegeschwindigkeit 450 km/h, Dienstgipfelhöhe 9600 m, Reichweite maximal 4400 km.
Gewichte: Leermasse 24 300 kg, Abflugmasse 38 000 kg, maximale Abflugmasse 41 000 kg.
Bewaffnung: Zwei MGs im Heckstand.

Antonow An-12

Ursprungsland Sowjetunion
Kategorie Transportflugzeug

Entwicklung: Aus der zweimotorigen An-8 [S. 96] entstand die An-12, der militärische Ableger der Passagiermaschine An-10, die beide parallel entwickelt wurden. Ein Prototyp hob im Dezember 1957 erstmals ab, angetrieben von 4000 PS-starken Kusnezow-Propellerturbinen. Bis zu 20 Tonnen Last oder 105 Soldaten oder 60 voll ausgerüstete Fallschirmjäger konnte der Schulterdecker transportieren, der zum leichteren Beladen einen Deckenkran besaß. Das Cockpit, in dem zwei Piloten, Funker, Bordingenieur und in der verglasten Bugkanzel ein Navigator Platz fanden, war im Gegensatz zum Frachtraum, druckbelüftet. 1959 wurden die ersten Militärtransporter ausgeliefert, die teilweise schon mit gleichstarken, aber sparsameren Ivchenko Ai-20 K-Turbinen motorisiert waren. Erst später verbaute Antonow den mit 4250 PS etwas leistungsfähigeren AI-20M-Antrieb. Ca. 30 Varianten wurden produziert, darunter ELINT- und SAR-Versionen, dazu kamen diverse Upgrades die ein höheres Startgewicht zuließen und zusätzliche Kraftstoffkapazität brachten. Schon in den 1960er-Jahren erwarb China einige An-12 und eine Lizenz. Politische Differenzen führten aber zum Ende der sowjetischen Unterstützung. Die erste chinesische An-12 flog deshalb erst 1974. Lange nachdem die Sowjetunion die Produktion eingestellt hatte, startete China 1981 eine eigene Produktion als Shaanxi Y-8, die heute noch stark modifiziert, hergestellt wird.

Von 1957 bis 1973 rollten aus mehreren sowjetischen Werken insgesamt 1248 An-12.

Bemerkungen: Nato-Code *Cub*. Über 30 Jahre war der mittelschwere Frachter das Standard-Transportflugzeug der Streitkräfte des Warschauer Paktes. Über 1000 gingen alleine an die sowjetischen Streitkräfte und stellten damit rund 60 % der Luft-Transportkapazität. Exportiert wurden die Transporter aber auch in zahlreiche Länder Asiens und Afrikas. Die robuste, zuverlässige und äußerst langlebige Viermot war bei zahlreichen militärischen Auseinandersetzungen zu finden, unter anderem im sowjetisch-afghanischen und indisch-pakistanischen Krieg. Es wurde als Kampfzonen-Transporter für Luftlandetruppen und schwerer Kampfausrüstung wie z. B. Fahrzeuge und Geschütze, auch im Airdrop-Verfahren über die Laderampe, eingesetzt. Einige Versionen waren zudem in der Lage von unvorbereiteten Plätzen aus zu operieren. Indien z. B. nutzten ihre An-12 zudem als Seeaufklärer, Hilfsbomber und Jägerleitstelle.

Es gibt auch heute noch zahlreiche aktive militärische Transporter neben den vielen zivilen Betreibern, die immer noch rund um den Globus im gut im Frachtgeschäft unterwegs sind.

Besatzung: 5
Triebwerke: Vier Propellerturbinen Iwtschenko AI-20L oder AI-20M mit je 3125 kW (4250 PS).
Leistungen: Höchstgeschwindigkeit 660 km/h, Reisegeschwindigkeit 570 km/h, Dienstgipfelhöhe 10 200 m, Reichweite mit max. Nutzlast 3600 km, maximal 5700 km.
Gewichte: Leermasse 28 000 kg, Abflugmasse 61 000 kg.
Bewaffnung: Zwei Maschinenkanonen im Heckstand.

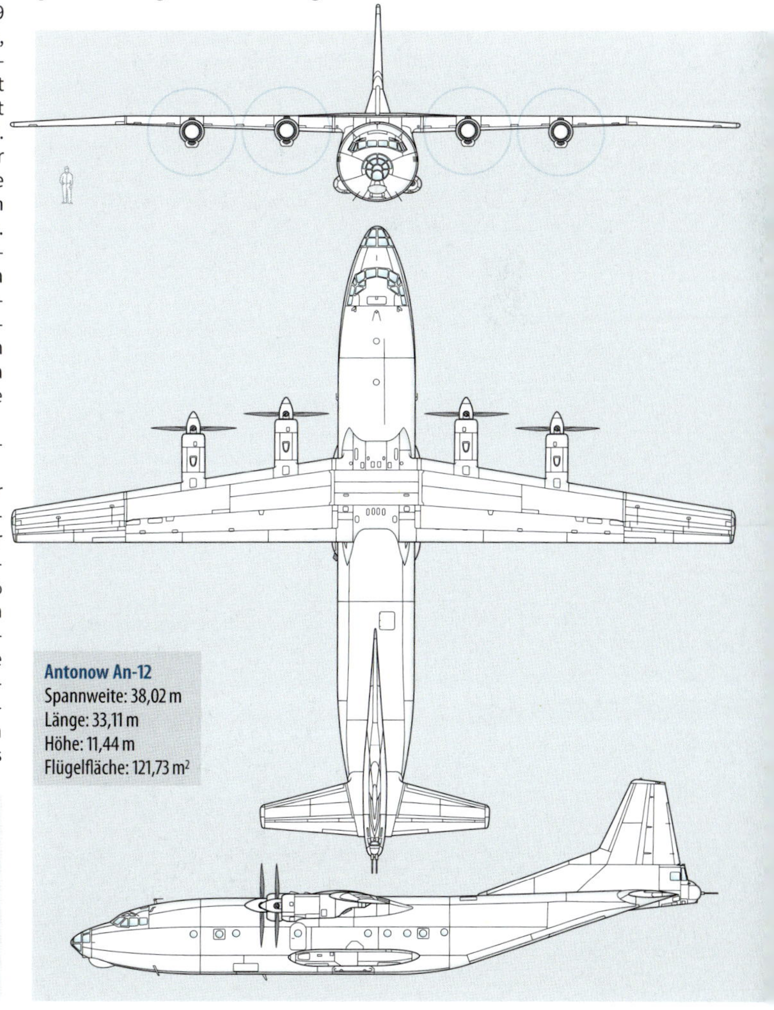

Antonow An-12
Spannweite: 38,02 m
Länge: 33,11 m
Höhe: 11,44 m
Flügelfläche: 121,73 m²

Antonow An-14 Pchelka

Ursprungsland
Sowjetunion
Kategorie
Leichtes Transport- und Verkehrsflugzeug

Entwicklung: Antonow begann zu Beginn der 1950er-Jahre mit der Entwicklung eines leichten Passagier- und Frachtflugzeugs, das ab 1956 von der sowjetischen Regierung offiziell unterstützt wurde. Erstmals flog die An-14 im März 1958. Der abgestrebte Schulterdecker in Ganzmetall-Halbschalenbauweise konnte sieben Passagiere oder sechs Tragbahren mit Begleitung transportieren oder 600 kg Fracht über eine Heckladeluke aufnehmen, die auch für das Absetzen von Fallschirmspringern geeignet war. Dazu war eine Agrar-Version mit Sprühauslegern und eine VIP-Variante für fünf Passagiere geplant. Die robuste Zweimot war mit automatischen Vorflügeln und Klappen mit 110 m benötigter Start- und Landebahn STOL-fähig und ließ sich mit Skiern ausstatten. Unzählige Probleme während der Erprobung und den staatlichen Abnahmetests, deren Folge erhebliche Änderungen am Flügel, Leitwerk, Bug und Heck waren, verzögerten die Serienfertigung der An-14 A, die erst im Mai 1965 in einem staatlichen Flugzeugwerk begann. 1967 wurde die Zweimot auf der Luftfahrtschau in Domodedowo der Öffentlichkeit vorgeführt. Eine weiterentwickelte An-14 M mit Propellerturbinen und längerem Rumpf flog erstmals im Septmber 1969, bleib zwar ein Einzelstück, war aber die Basis für die An-28, die heute noch als PZL M28 in Polen hergestellt wird. Sehr exotisch war ein Versuchsmuster mit einem Luftkissenfahrwerk, das aber wegen zu schlechter Flugeigenschaften nach der Erprobung nicht weiter verfolgt wurde.

Die Produktion wurde bereits 1972 nach insgesamt 332 Exemplaren beendet.

Bemerkungen: Nato-Code *Clod*. Ob wirklich geplant war, mit der An-14 den Doppeldecker An-2 [S. 95] abzulösen, lässt sich heute nicht mehr feststellen, sicher aber ist, dass die Produktion nach 332 Flugzeugen 1972 eingestellt, die An-2 aber von in Polen bis 1992 weiter produziert wurde. Wie der Doppeldecker, sollte die An-14 ein Mehrzweckflugzeug sein, das von unvorbereiteteten Pisten operieren konnte und vor allem in den abgelegenen Gebieten der Sowjetunion als militärisches und ziviles Passagier,- Transport und Ambulanzflugzeug zur Verwendung kam. Angeblich zeichnete sich der Hochdecker durch stabile Flugeigenschaften aus und sollte nach „ein paar Stunden“ Grundausbildung von durchschnittlichen Piloten geflogen werden können. Neben der Aeroflot war die sowjetische Luftwaffe der größte Abnehmer. Exportiert wurde aber auch an die afghanische Luftwaffe, nach Bulgarien und Ungarn, zwei an die mongolische Luftwaffe und vier 1966 an die Luftwaffe der DDR, die sie als Verbindungsflugzeug von Strausberg aus einsetzte.

Von noch flugfähigen An-14 ist nichts bekannt. Eine An-14 aus DDR-Beständen findet man im Flugplatzmuseum Cottbus und eine im Luftwaffenmuseum in Berlin-Gatow.

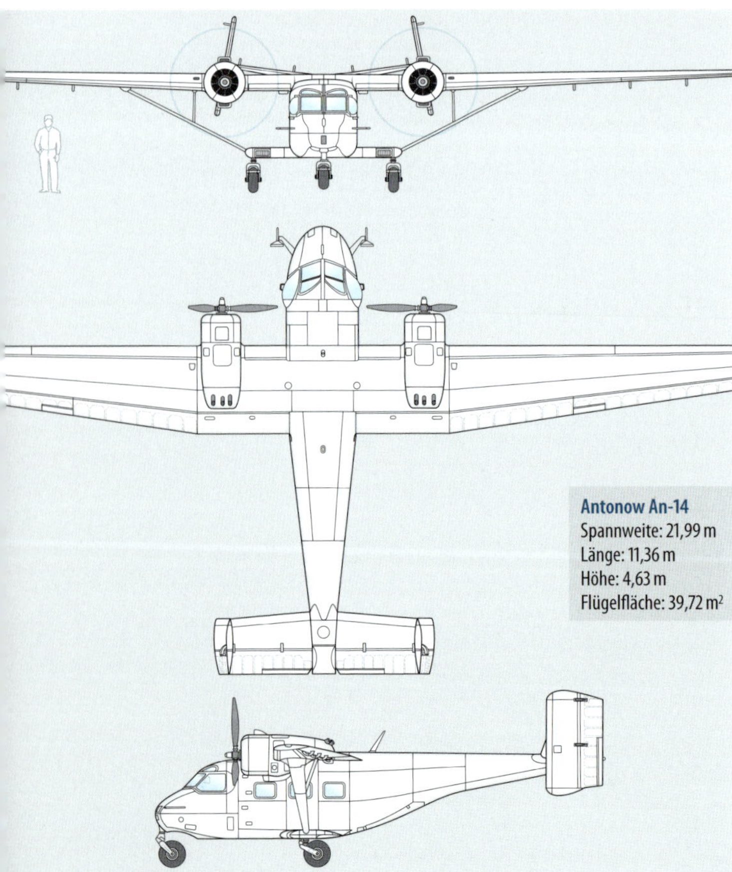

Antonow An-14
Spannweite: 21,99 m
Länge: 11,36 m
Höhe: 4,63 m
Flügelfläche: 39,72 m²

Besatzung: 2
Triebwerke: Zwei luftgekühlte 9-Zylinder Sternmotoren Iwtschenko AI-14RF mit je 220 kW (300 PS).
Leistungen: Höchstgeschwindigkeit 210 km/h, Reisegeschwindigkeit 190 km/h, Dienstgipfelhöhe 5000 m, Reichweite mit voller Nutzlast 300 km, maximal 780 km.
Gewichte: Leermasse 2600 kg, Abflugmasse 3450 kg, maximale Abfliugmasse 3600 kg.

Antonow An-22 Antaeus

Ursprungsland
Sowjetunion
Kategorie
Schweres Transportflugzeug

Entwicklung: Ende der 1950er-Jahre benötigte die Sowjetunion ein größeres Transportflugzeug als die An-12 [S. 97]. Ursprünglich als zweimotoriges Frachtflugzeug An-20 projektiert, aber dann eingestellt, begann man Anfang der 1960er-Jahre daraus den viermotorigen Frachter An-22 zu entwickeln, der im Februar 1965 erstmals flog. Die An-22 konnte mit einem aufwendigen Klappensystem und vier extrem starken 15 000 PS-Wellenturbinen, die jeweils zwei gegenläufige Propeller antrieben, von behelfsmäßigen, relativ kurzen Bahnen ab 1300 m operieren. Sie war in der Lage entweder 290 ausgerüstete Soldaten oder 150 Fallschirmjäger oder 4 leichte Panzer oder bis zu 80 Tonnen Fracht zu transportieren. Eine hydraulische Laderampe im Heck ließ sich während des Flugs öffnen, um Springer oder Fracht abzusetzen. Der vordere Rumpf, der neben der Crew bis zu 29 Passagiere fassen konnte, war bedruckt, der Hauptfrachtraum nur eingeschränkt. Während die ersten drei Prototypen noch mit voll verglastem Bug ausgeliefert wurden, erhielten weitere einen Radardom unter dem Bug. Nach 37 gebauten AN-22 folgten 28 An-22 A mit einem neuen elektrischen System, im Flug wiederstartbaren Triebwerken und neuer Avionik. Eine zivile Passagierversion für bis zu 724 Passagiere, eine amphibische Version, eine Abschussplattform für Interkontinental-Raketen und ein nuklear angetriebenes Flugzeug kamen nicht über die Projektphase hinaus.

Außer den drei Prototypen, die Antonow in Kiew baute, rollten bis 1976 insgesamt 68 An-22 aus den Taschkenter Flugzeugwerften.

Bemerkungen: Nato-Code *Cock*. Das immer noch größte Propellerflugzeug der Welt wurde nach langer Erprobungsphase erst Anfang der 1970er-Jahre in Dienst genommen. Neben zahlreichen humanitären Einsätzen war der schwere Frachter hauptsächlich bei Auseinandersetzungen der Sowjetunion und befreundeter Staaten zum Transport von militärischer Ausrüstung weltweit unterwegs: während der Kriege im Nahen Osten, im Afghanistan-Krieg, in Afrika, zur Zeit der Bosnienkriege und bei zahlreichen regionalen sowjetischen Konflikten. Von 1965 bis 2020 musste man allerdings auch neun Flugzeuge als Totalschaden abschreiben. Bis Mitte der 1990er-Jahre waren angeblich noch 22 in Betrieb, die allmählich von An-128 abgelöst wurden, sechs noch 2018. Eine zivile An-22 flog bis 2021 in der Ukraine, wurde aber zu Beginn des Ukraine-Kriegs beschädigt. Angeblich ist 2024 die letzte flugfähige russiche An-22 in einem Museum abgestellt worden.

Eine An-22 steht im Zentralen Museum der Luftstreitkräfte in Monino, Moskau, eine aber auch im Technikmuseum Speyer.

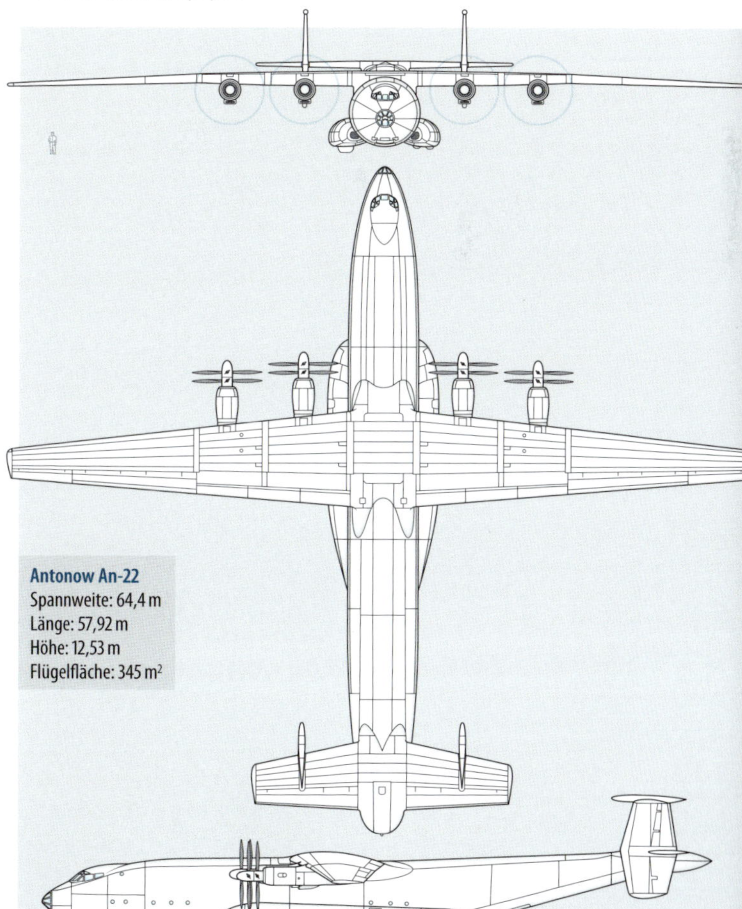

Antonow An-22
Spannweite: 64,4 m
Länge: 57,92 m
Höhe: 12,53 m
Flügelfläche: 345 m²

Besatzung: 5 – 6
Triebwerke: Vier Propellerturbinen Kuznetsow NK-12 MA mit je 11 032 kW (15 000 PS).
Leistungen: Höchstgeschwindigkeit 740 km/h, Reisegeschwindigkeit 560 km/h, Dienstgipfelhöhe 7500 m, Reichweite mit maximaler Nutzlast 5000 km, mit 45 000 kg Nutzlast 10 950 km.
Gewichte: Leermasse 114 000 kg, Abflugmasse 225 000 kg, maximale Abflugmasse 250 000 kg.

Antonow An-24

Ursprungsland
Sowjetunion
Kategorie
Mehrzweck-Transport-flugzeug

Entwicklung: Um die abgeflogenen Iljuschin Il-12 und 14 [Bd. 1] und den DC-3-Nachbau Li 2 [Bd. 1] zu ersetzen, begann Antonow Ende 1957 mit den Arbeiten am Turboprop-Transporter An-24. Die erste Maschine flog im Dezember 1959, der zur Erprobung vier weitere folgten. Erstmals wurden bei der in Ganzmetall-Halbschalenbauweise konstruierten Maschine teilweise geklebte anstatt genietete Verbindungen verwendet. Die Zweimot eignete sich für den Betrieb auf unvorbereiten Pisten, war üppig motorisiert und hatte für eine einfache Beladung einen tiefliegenden, bedruckten Rumpf, der bis zu 52 Passagiere oder 38 Soldaten, 30 Fallschrimspringer oder 24 Tragbahren oder 4612 kg Fracht aufnehmen konnte. 1961 wurde die Serienproduktion beschlossen, die ersten An-24 wurden Mitte 1962 ausgeliefert und gingen Ende 1962 in Betrieb. Während der ganzen Produktionsphase wurden zahlreiche Versionen produziert, die je nach Einsatzzweck und Exportland unterschiedlich ausgerüstet und auch motorisiert waren. Reine Passagier- und Frachtversionen, wie auch Passagier/Fracht-Kombis waren gefragt, dazu kamen etliche Spezialflugzeuge wie z. B. fliegende Kommandoposten, SAR-Flugzeuge oder Aufklärer für nukleare, biologische und chemische Kampfstoffe. Ab der An-24 B wurde ein geändertes Klappensystem und eine Doppelfinne unter dem Heck eingeführt. Zusätzlichen Schub in einer speziellen Hot-and-high-Version An-24 RW erzeugte in der rechten Motorgondel ein zusätzliches 7,8 kN-Strahltriebwerk.

Bis 1978 wurden von den 1362 An-24 985 in Kiew, 180 in Ulan Ude und 197 in Taschkent gebaut. Als lizenzierte Kopie produzierte die chinesische Xian Aircraft ca. 200 Yunshuji Y-7.

Bemerkungen: Nato-Code *Coke*. Mit über 1300 ausgelieferten Exemplaren war die An-24 ein Verkaufserfolg. Die Zweimot fand weltweit in großer Zahl im zivilen Bereich bei über 50 Passagier- und Fracht-Airlines Käufer. Hauptabnehmer war zwar das sowjetischen Militär, das die Transporter für unterschiedliche Aufgaben bei der Luftwaffe und Marine einsetzte, sie war aber auch weltweit, bei Streitkräften von über 40 Nationen ein gefragtes Flugzeug. Die stabile Bauweise, wartungsarme, anspruchslose Technik und ein breites Einsatzspektrum machte sie zum idealen zivilen und militärischen Transporter, vor allem in weit abgelegenen Gebieten von Dritte-Welt-Staaten. Obwohl 2011 nach Abstürzen in der Sowjetunion ein Grounding ausgesprochen wurde, das man später wieder aufhob, waren 2023 angeblich noch über 90 Flugzeuge in Russland, Afrika und Südamerika im Einsatz.

In fast allen Betreiberländern stehen Museumsflugzeuge, eine z. B. im Zruc Air Park bei Pilzen, Tschechien und im Lithuanian Aviation Museu, Kaunas, Litauen.

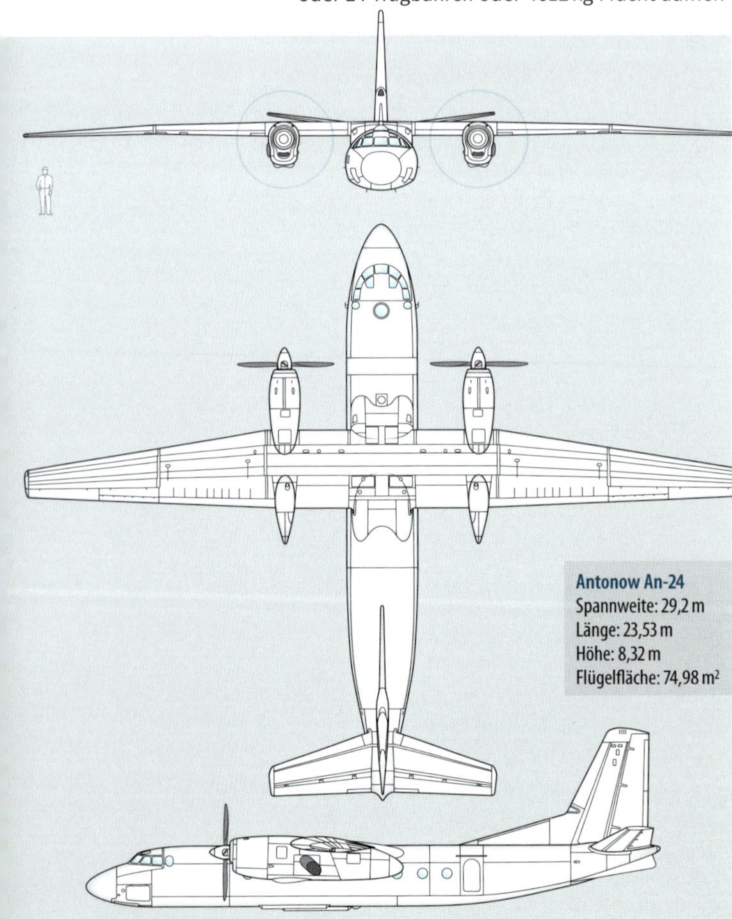

Antonow An-24
Spannweite: 29,2 m
Länge: 23,53 m
Höhe: 8,32 m
Flügelfläche: 74,98 m²

Besatzung: 3
Triebwerke: Zwei Propellerturbinen Iwtschenko AI-24 A mit je 1900 kW (2550 PS).
Leistungen: Höchstgeschwindigkeit 540 km/h, Reisegeschwindigkeit 460 km/h, Dienstgipfelhöhe 7700 m, Reichweite 1850 km.
Gewichte: Leermasse 13 350 Kg, Abflugmasse 21 000 kg, maximale Abfligmasse 22 500 kg.

Antonow An-26

Ursprungsland
Sowjetunion
Kategorie
Transportflugzeug

Entwicklung: Schon mit der An-24 erhielten die Militärs ein akzeptables Transportflugzeug, das jedoch mit einer seitlichen Ladeluke zum Beladen von sperrigen, schweren Gütern und Fahrzeugen wenig geeignet war. Antonow begann deshalb schon 1966 mit der Weiterentwicklung zur An-26, zu der 1968 auch der offizielle staatliche Auftrag kam. Im Mai 1969 flog die erste, eine speziell für die Streitkräfte zugeschnittene Turboprop, die neben der Crew Platz für 41 Passagiere oder 30 ausgerüstete Fallschirmspringer oder 24 Tragbahren bzw. bis zu 5500 kg Fracht bot. Mit der Installation stärkerer Turbinen und größerer Propeller ließ sich das Startgewicht auf 24 t steigernn, der bedruckte und klimatisierte Rumpf wurde komplett überarbeitet. Neben einem widerstandsfähigeren Boden und einem 2 t-Deckenlaufkran installierte Antonow im Heck eine neu entworfene hydraulisch absenkbare Laderampe, die sich während des Flugs öffnen ließ. Flügel und Fahrwerk wurden verstärkt, das zusätzliche Strahltriebwerk in der rechten Motorgondel, wie in der An-24 RW, wurde bei allen Varianten beibehalten. Es war Energie-Hilfsaggregat (APU) und lieferte, wenn nötig, zusätzlichen Startschub. Der Frachtraum kann in kürzester Zeit zum Truppen- bzw. Verwundetentransporter umgebaut werden. Neben den reinen Transportern wurden über 30 Varianten, darunter Passagier/Fracht-Kombiversionen (auch zivile), arktistaugliche Transporter, Ambulanzflugzeuge, Wettererkunder, Aufklärer, Kalibrier- und Löschflugzeuge sowie ELINT-Flugzeuge ausgeliefert.

Die Produktion begann 1969. Nach 1403 ausgelieferten An-26 endete sie 1986.

Bemerkungen: Nato-Code *Curl*. Mit dem zweimotorigen Hochdecker knüpfte Antonow nahtlos an den Erfolg des Vorgängers An-24 an. Wegen ihres breiten Einsatzspektrums wurde auch sie weltweit zu einem gefragten zivilen und militärischen Passagier- und Frachtflugzeug. Bei über 50 Staaten waren oder sind noch An-26 in Betrieb. Zu den unzähligen nationalen zivilen Betreibern in Russland kamen noch weltweit über 30 Fluggesellschaften, die mit der zivilen Variante der Zweimot im Passagier und Frachtgeschäft unterwegs waren. Genauso wie die An-24 überzeugte die An-26 ihre Piloten durch gute Flugeigenschaften und Zuverlässigkeit und das technische Personal durch eine robuste Zelle mit hoher Lebensdauer und einfacher, anspruchsloser Technik, die wenig Wartung benötigte. Angeblich waren 2025 alleine in Russland noch 40 Exemplare im Dienst.

Zahlreiche Betreiberländern haben An-26 in ihren Museen. Drei in der BRD: Flugausstellung Hermeskeil, im Militärhistorischen Museum in Gatow, Berlin und im Technikmuseum Speyer.

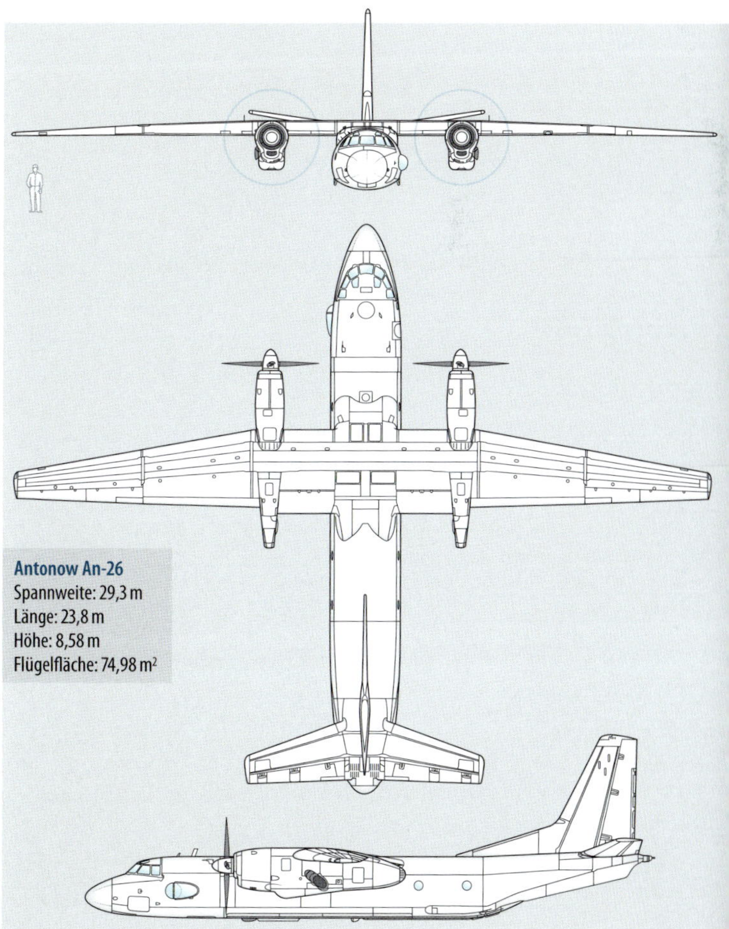

Antonow An-26
Spannweite: 29,3 m
Länge: 23,8 m
Höhe: 8,58 m
Flügelfläche: 74,98 m²

Besatzung: 5
Triebwerke: Zwei Propellerturbinen Iwtschenko AI-24T mit je 2103 kW (2820 PS) und ein Strahltriebwerk Tumanski RU-19 A mit 8,8 kN Schub.
Leistungen: Höchstgeschwindigkeit 540 km/h, Reisegeschwindigkeit 440 km/h, Dienstgipfelhöhe 7500 m, Reichweite mit maximaler Nutzlast 1100 km, maximale Reichweite 2500 km.
Gewichte: Leermasse 15 020 kg, max. Abflugmasse 24 000 kg.

Beriew Be-10

Ursprungsland
Sowjetunion
Kategorie
Seeaufklärer, Patrouillenbomber

Entwicklung: Nach einer 1953 herausgegebenen Spezifikation des Verteidigungsministeriums begann Beriew mit der Entwicklung der strahlgetriebenen Be-10, die nicht nur 1000 km/h schnell sein sollte, sondern auch hochseetauglich. Der Prototyp wurde im Winter 1955 fertiggestellt. Weil das Asowsche Meer nicht eisfrei war, begannen im Dezember 1955 die ersten Versuche nach einem Landtransport der Komponenten zum Schwarzen Meer. Der Erstflug fand jedoch wegen zahlreicher Probleme erst im Juni 1956 statt. Zusammen mit dem ersten Serienflugzeug dauerte die Erprobung bis Oktober 1958, bevor eine Bestellung über 27 Exemplare ausgesprochen wurde. Anschließende staatliche Tests zogen sich bis April 1960. Der Ganzmetall-Schulterdecker mit hochliegenden, spritzwassergeschützten Triebwerken und einem mit mehreren Schotten aufgebauten Rumpf musste mehrmals modifiziert werden, war aber schließlich für bis zu 1,2 m hohen Wellen zugelassen, das jedoch später wieder reduziert wurde. Ein Teil des Bootsrumpfes ließ sich als Bomben- und Kameraschacht nutzen, der mit wasserdichten Luken geschlossen war.

Von 1958 bis 1961 lieferte Beriew nur 27 Exemplare aus.

Bemerkungen: Nato-Code: *Mallow*. Die Be-10 war ein ambitioniertes Projekt und nahm für sich in Anspruch, das erste serienmäßig hergestellte Flugboot mit Strahltriebwerken zu sein. Sie stellte, in einer speziellen, unbewaffneten Variante zwölf FAI-Geschwindigkeits-, Höhen- und Nutzlast-Weltrekorde auf. 1961 präsentierte man das Flugboot in einer Viererformation auf der Luftfahrtparade in Tuschino, die den Eindruck erweckte, sie sei schon in größerer Zahl im Dienst. Die einzige Staffel operierte von einer Basis auf der Krim im Schwarzen und Asowschen Meer. Zahlreiche Unfälle, technische Probleme, hoher Triebwerksverschleiß, Materialermüdung durch den rauen Seebetrieb und Korrosion machten den Flugzeugen zu schaffen. Die Crew bestand aus Pilot und Navigator auf Schleudersitzen und einem Schützen/Funker, der im Heck saß. Der Zweistrahler war nicht einfach zu fliegen und die Ausbildung war mit dem Einmann-Cockpit in einem anspruchsvollen Flugzeug kompliziert, obwohl für ein Lehrercockpit im Bug Vorkehrungen getroffen waren, aber nie umgesetzt wurden. Bereits nach kurzer Einsatzzeit wurde das Flugboot 1968 wieder aus dem Dienst genommen und durch die Be-12 [S. 103] ersetzt.

Alle Flugzeuge wurden nach ihrer Stilllegung verschrottet.

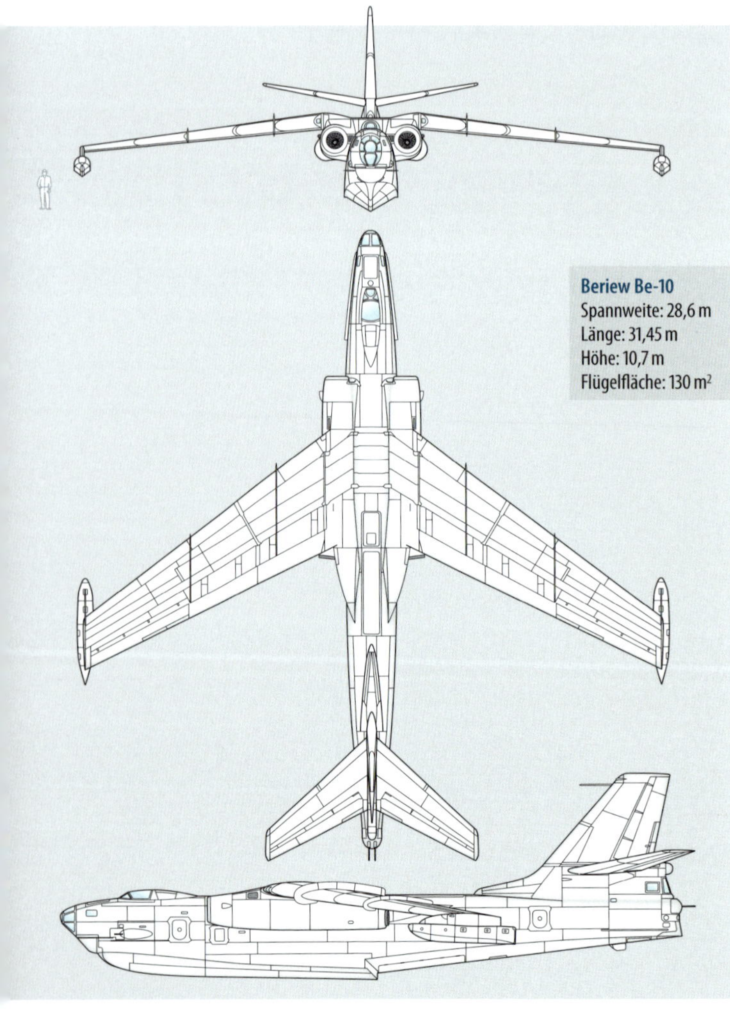

Beriew Be-10
Spannweite: 28,6 m
Länge: 31,45 m
Höhe: 10,7 m
Flügelfläche: 130 m²

Besatzung: 3
Triebwerke: Zwei Axialstrahltriebwerke Ljulka AL-7 PB mit je 71,2 kN Schub.
Leistungen: Höchstgeschwindigkeit 910 km/h, Reisegeschwindigkeit 800 km/h, Dienstgipfelhöhe 12 500 m, Reichweite mit voller Zuladung 2100 km, maximal 4800 km.
Gewichte: Leermasse 27 356 kg, Abflugmasse 45 000 kg, maximal 46 500 kg.
Bewaffnung: Je zwei MKs im Bug und Heck, intern und extern bis zu drei Torpedos, oder max. 3360 kg Bomben oder Minen.

Beriew Be-12

Entwicklung: Als Ersatz für die Be-6 [Bd. 1] beschloss im März 1956 die sowjetische Regierung, ein U-Boot-Jagd- und SAR-Flugzeug mit Turbinen von Beriew entwickeln zu lassen. Bereits im November war ein 1:1-Mockup fertig und im Oktober 1960 hob der erste Prototyp ab. Das in Ganzmetallbauweise konstruierte Amphibium mit einem nicht bedruckten Rumpf bot Platz für zwei Piloten, einem Navigator im verglasten Bug und im Mittelrumpf dem Systemoperator. Bei einer normalen Kampflast von 1500 kg, maximal 3000 kg mit geringerer Treibstoffmenge, konnten unterschiedlichste Waffenkombinationen an Außenstationen und im Waffenschacht geladen werden, zu denen auch taktische Atombomben in einer speziellen Be-12 SK gehörten. Zur U-Boot-Ortung ließen sich Sonarbojen abwerfen und ein Magnetometer im Heckausleger spürte Metallobjekte im Wasser auf. Bereits 1961 stellte man das Flugzeug auf der Luftparade in Tuschino der Weltöffentlichkeit vor. Nach einigen konstruktiven Änderungen, unter anderem wurden die Triebwerke höher gelegt, lief der Serienbau nach abschließenden staatlichen Tests an. 1965 begannen die Auslieferungen des Basismodells Be-12 an die Geschwader. Um die Leistungsfähigkeit des Amphibiums zu unterstreichen, wurden in den 1970er- und 1980er-Jahren 42 Weltrekorde mit einer speziellen Be-12 aufgestellt. Mit Elektronikupgrades modifizierte Beriew 27 Flugzeuge zur Be-12 N, 10 spezielle Be-12 PS zu SAR-Flugzeugen und drei zu Transport- und Passagierflugzeugen Be-12NH. Wegen mangelndem Interesse kam eine reine Zivilversion des Passagier- und Frachtflugzeuges Be-18 nicht über das Projektstadium hinaus.

Die Produktion begann 1960 und wurde 1973 nach 143 Be-12 inkl. der Prototypen eingestellt.

Bemerkungen: Mitte der 1960er-Jahre begann die Sowjetunion erste Anti-U-Boot-Einheiten aufzustellen, die nicht nur von Wasser- sondern auch von Landflughäfen operierten. Sie waren in die vier Bereiche Schwarzmeer-, Nordmeer-, pazifisches und baltisches Geschwader eingeteilt. Mit deutlich größeren Reichweiten der ballistischen Raketen auf westlichen U-Booten verloren die U-Boot-Jäger, die in relativer Küstennähe operierten, ihre Aufgabe und man begann sie in den 1990er-Jahren allmählich außer Dienst zu stellen, einzulagern und später zu verschrotten. Einige wurden noch zu Wasserbombern umgebaut, die vermutlich heute noch im Dienst sind.

Über 10 Be-12 sind in Museen der Ukraine und Russlands erhalten geblieben, eine im Zentralmuseum der russischen Luftwaffe, Monino, Moskau.

Ursprungsland
Sowjetunion
Kategorie
Seeaufklärer, U-Boot-Jäger

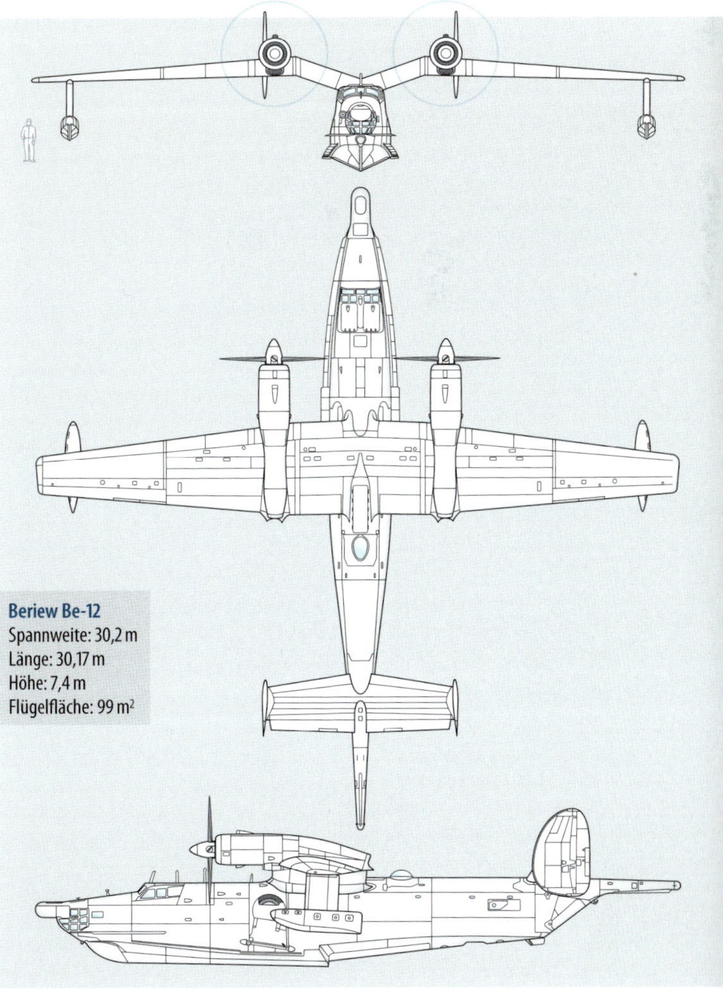

Beriew Be-12
Spannweite: 30,2 m
Länge: 30,17 m
Höhe: 7,4 m
Flügelfläche: 99 m²

Besatzung: 4
Triebwerke: Zwei Propellerturbinen Iwtschenko AI 20 D mit je 3810 kW (5180 PS).
Leistungen: Höchstgeschwindigkeit 610 km/h, Reisegeschwindigkeit 450 km/h, Patrouillengeschwindigkeit 320 km/h, Dienstgipfelhöhe 8000 m, max. Reichweite 4000 km.
Gewichte: Leermasse 24 000 kg, Abflugmasse 36 000 kg.
Bewaffnung: Normal 1500 kg, max. 3000 kg an vier Außenstationen und im Schacht: Torpedos, Wasserbomben, Minen.

Iljuschin Il-28

Ursprungsland
Sowjetunion
Kategorie
Mittelschwerer Bomber

Entwicklung: Nachdem die vierstrahligen Projekte IL-22 und IL-24 an ihren schwachen Triebwerken scheiterten, begann Iljuschin Ende 1947 mit der Entwicklung der IL-28. Aber erst mit dem Erwerb von Rolls-Royce Nene-Triebwerken, die man als RD45 nachbaute, war genug Leistung vorhanden, um ein Flugzeug mit 3 Tonnen Nutzlast zu realisieren. Der erste Prototyp hob im Juli 1948 ab. Pilot, Navigator/Bombenschütze und Heckschütze waren in eigenen Druckkabinen untergebracht. Das Ganzmetallflugzeug wurde bis April 1949 erprobt, im selben Jahr begann auch der Serienbau. Erste Exemplare rüstete man noch mit dem RD45-Triebwerk aus, dem aber schnell das stärkere Klimov WK-1 folgte. Die Auslieferungen begannen bereits Anfang 1950. Aus dem Bomber leitete Iljuschin Schulflugzeuge, Fotoaufklärer, Atom- und Torpedobomber, ELINT-Versionen, Erdkampf- und einige Forschungsflugzeuge ab. Zivile IL-28 P der Aeroflot zur Schulung von Verkehrsflugzeugpiloten setzte man auch zur Beförderung von Eilfracht ein.

Eine ägyptische Schulmaschine IL-28 U mit einem zweiten Cockpit im Bug für den Ausbilder.

Alleine die Sowjetunion produzierte bis Ende der 1960er-Jahre 6635 IL-28 in drei Werken. China erhielt 1952 250 IL-28, erwarb später eine Lizenz. Als sich das Verhältnis zur Sowjetunion verschlechterte, entwickelte China eigene Varianten und baute sie in großer Stückzahl als H-5 weiter. Produktionszahlen sind keine bekannt.

Bemerkungen: NATO-Code *Beagle*. Der Standardbomber zählte in den 1950er-Jahren zu den wichtigsten Flugzeugen der sowjetischen Luftwaffe. Er zeichnete sich durch gute Flugleistungen und Robustheit aus, und wurde deshalb in großer Zahl in über zwanzig Staaten in Afrika, Asien und in den Nahen Osten, aber auch in die damalige DDR und nach Finnland exportiert. Die Il-28 war an nahezu allen Kriegen dieser Zeit beteiligt: Im Koreakrieg, beim Ungarnaufstand, bei den arabisch-israelischen Kriegen, im Jemen, im Irak, in Tibet und bei der Kubakrise.

Zahlreiche IL-28 blieben weltweit in Museen erhalten. Nach ungesicherten Berichten hat Nordkorea noch 8 in China gebaute H-5 im Dienst. Eine IL-28 B präsentiert z. B. das Luftwaffenmuseum Gatow in Berlin.

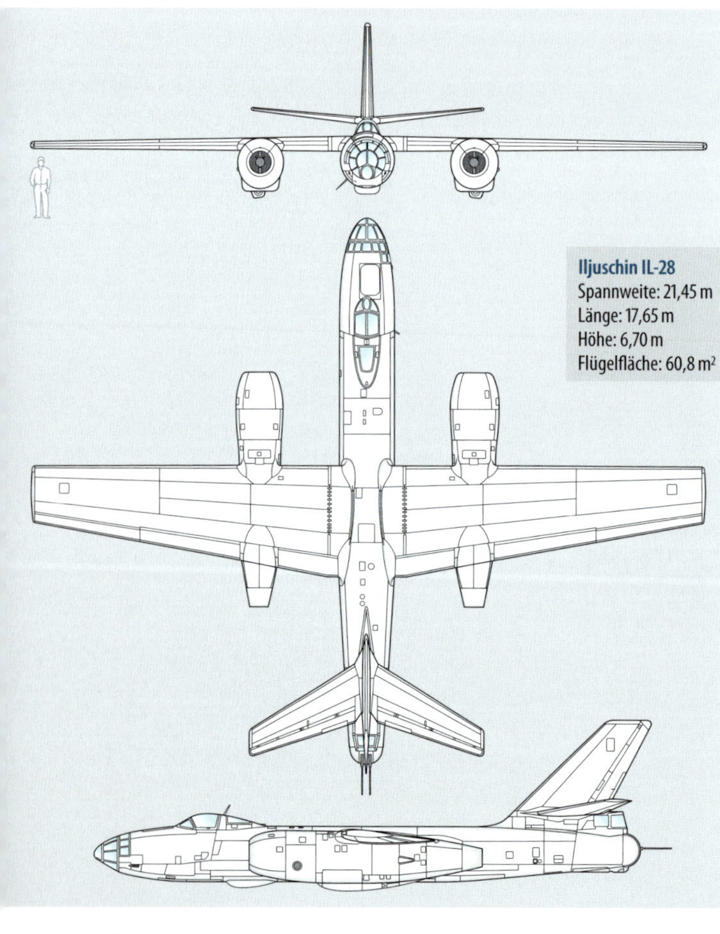

Iljuschin IL-28
Spannweite: 21,45 m
Länge: 17,65 m
Höhe: 6,70 m
Flügelfläche: 60,8 m²

Besatzung: 3
Triebwerke: Zwei Radialstrahltriebwerke Klimow WK-1 mit je 26,46 kN Startschub.
Leistungen: Höchstgeschwindigkeit 902 km/h in 4500 Höhe, Reisegeschwindigkeit 770 km/h, Steigzeit auf 5000 m 6 min 30 sec, Dienstgipfelhöhe 12 500 m, Reichweite 2180 km.
Gewichte: Leermasse 12 890 kg, Abflugmasse 21 200 kg, maximale Abflugmasse 23 200 kg.
Bewaffnung: Je zwei MGs im Bug und im Heckstand. Normal 1000 kg, maximal bis zu 3000 kg Bomben im Schacht.

Iljuschin Il-38

Ursprungsland
Sowjetunion
Kategorie
Anti-U-Boot- und Seepatrouillenflugzeug

Entwicklung: Die sowjetische Regierung forderte im Juni 1960 ein Seepatrouillenflugzeug zur Bekämpfung von mit ballistischen Raketen bestückten amerikanischen U-Booten. Iljuschin nutzte dazu den Rumpf, die Flügel, Triebwerke und das Heck des in Serie gebauten Passagierflugzeugs Il-18, das 1957 erstmals flog. Ein Prototyp der Il-38 flog erstmals im September 1961. Im Gegensatz zur Passagiervariante liegen die Flügel 3 m weiter vorne und nur der vordere Rumpf ist als Druckkabine für die gesamte Besatzung ausgelegt, die aus Piloten, Navigator, Flugingenieur, Funker und der Radaringenieure besteht. Ein Suchradar sowie Sonarbojen, Bomben und Torpedos in zwei Schächten sind im unteren Rumpf untergebracht, der lange Heckausleger trägt einen Magnetdetektor. In der hinteren Rumpfhälfte wurden elektronische und technische Systeme sowie Kraftstofftanks installiert. Die langwierige Entwicklung der Avionik verzögerte allerdings die Auslieferung bis März 1968. Im Laufe ihrer Betreibszeit wurde die Il-38 zahlreichen Modernisierungsprogrammen unterzogen, die sie bis heute einsatzfähig halten. Fünf Il-38 erhielten Anfang der 2010er-Jahre noch ein umfangreiches Upgrade auf die Il-38 N. Es enthielt modernere Elektronik, die in der Lage ist, neben See- auch Luftziele aufzuspüren und das Einsatzspektrum erweiterte sich um elektronische Aufklärung, Überwasser-Schiffsbekämpfung und Seenotrettung. Indien betrieb ab 1977 fünf Il-38, die nach 46 Jahren im Oktober 2023 stillgelegt und durch Lockheed P-3 [S. 183] ersetzt wurden.

Von den geplanten 250 Exemplaren waren bis 1972 nur 65 ausgeliefert.

Bemerkungen: NATO-Code *Mary*. So wie die USA die P-3 aus der Passagiermaschine Lockheed Electra entwickelten, nutzte auch die Sowjetunion die Il-18 als Basis für die Il-38. Sie wurde und wird immer noch von Marine-Einheiten in den nördlichen, pazifischen und baltischen Gebieten zur Seeraumüberwachung eingesetzt. Daneben waren die Turboprops bei den Auseinandersetzungen im Jemen, Äthiopien, Libyen und Syrien während des Kalten Krieges im Einsatz. Einige Il-38 wurden von 1968 bis 1972 an Ägypten ausgeliehen, aber von russischen Crews geflogen. Mit viel Aufwand und zahlreichen Upgrades wird die Il-38 immer im Dienst gehalten. Es ist auch noch kein Nachfolger in Sicht, obwohl der Turboprop schon deutlich in die Jahre gekommen ist. Die russische Marine hat noch einige IL-38 im Einsatz, verlässliche Zahlen gibt es aber nicht.

Eine Il-38 SD steht im National Maritime Heritage Museum in Lothal Indien, eine weitere im Luftfahrtmuseum Luhansk, Ukraine.

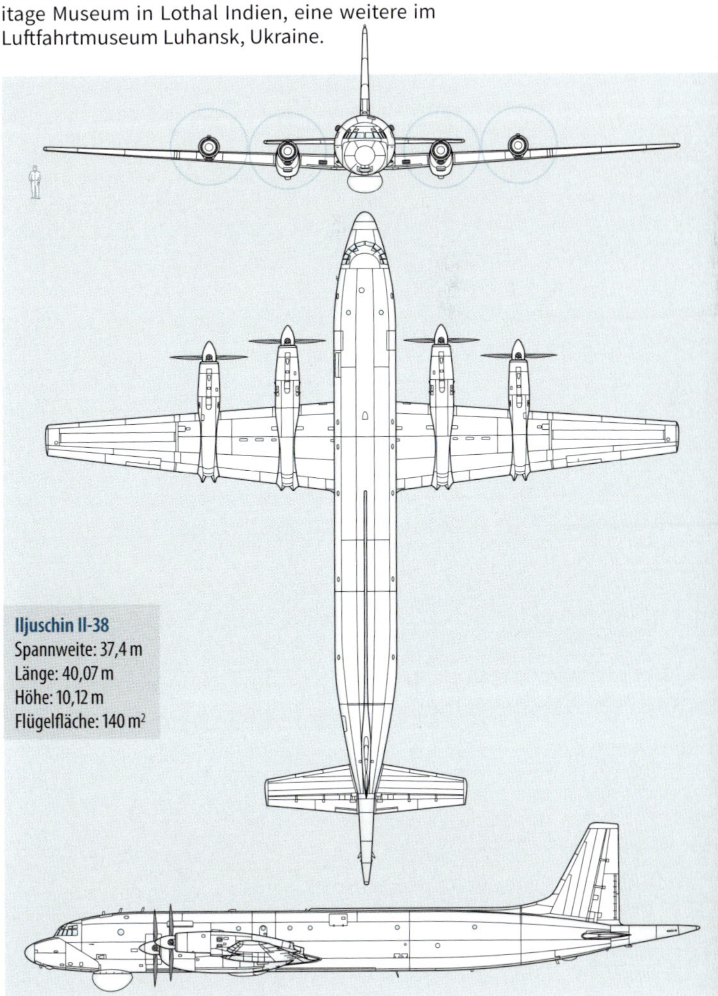

Iljuschin Il-38
Spannweite: 37,4 m
Länge: 40,07 m
Höhe: 10,12 m
Flügelfläche: 140 m²

Besatzung: 7 – 8
Triebwerke: Vier Propellerturbinen Iwtschenko/Progress AI-20 M mit je 3151 kW (4225 PS).
Leistungen: Höchstgeschwindigkeit 650 km/h in 6000 m, Patrouillengeschwindigkeit 350 km/h, Dienstgipfelhöhe 8000 m, Reichweite 2200 km, Überführungsreichweite 7500 km.
Gewichte: Leermasse 34 700 kg, Abflugmasse 52 200 kg, maximale Abflugmasse 68 000 kg.
Bewaffnung: Normal 5430 kg, max. 8400 kg Wasserbomben, Torpedos, Anti-Schiffsraketen.

Jakowlew Jak-12

Ursprungsland
Sowjetunion
Kategorie
Leichtes Transportflugzeug

Entwicklung: Um 1944, kurz vor Kriegsende, begann Jakowlew mit der Entwicklung eines Ersatzmusters für den aus Holz gebauten Doppeldecker Polikarpow Po-2. Er stützte sich auf die Jak-10, ein zweisitziger Hochdecker, entwarf jedoch einen neuen Flügel und Leitwerk, und ergänzte einen dritten Sitz in das nun großzügiger verglaste Cockpit. Im Oktober 1947 fand der Erstflug der neuen Jak-12 statt, noch mit einem 210 PS-starken Schwezow-Sternmotor. Der Rumpf bestand aus einem Stahlrohrgerüst, die abgestrebten Flügel waren aus Holz gebaut und hatten starre Vorflügel, die für kurze Start- und Landestrecken sorgten. Das Fahrwerk sollte durch Schwimmer oder Kufen ersetzbar sein. Nach Abschluss der Erprobung begann 1949 die Serienproduktion von 788 Jak-12 [Bild] in verschiedenen Varianten, zu denen militärische Beobachtungs- und Ambulanz- und Verbindungsflugzeuge zählten, aber auch zivile, wie z. B. Sprühflugzeuge. 1952 überarbeitete Jakowlew den Hochdecker. Ein wesentlich stärkerer 260 PS-Motor und ein größerer Flügel in Ganzmetallbauweise wurde installiert, um die STOL-Eigenschaften zu verbessern. Ab 1955 verstärkte man nochmals die Struktur und änderte das Leitwerk. Mit höherer Zuladung wurde die Jak-12 M nun zum Viersitzer und ist in zahlreichen Varianten ausgeliefert worden: für die Ausbildung mit Doppelsteuer als Jak 12 UT, als Sanitäts-, Patrouillen,- Verbindungs und Passagierflugzeug. Eine letzte Serie, die Jak-12 A [Zchng.] wurde 1957 aufgelegt. Der verstärkte, schlankere Rumpf wurde aerodynamischer, die Flügel trapezförmig, die außenliegende Vorflügel fuhren automatisch aus. Die Abflugmasse lag nun bei 1588 kg und, der Hochdecker wurde etwas schneller und hatte eine größere Reichweite. Polen entwickelte aus der Jak-12 M die PZL-101 Gawron und lieferte davon 325 aus.

Vermutlich sind bis 1960 insgesamt 4992 Jak-12 hergestellt worden. Polen produzierte davon 1054 Jak-12 M und 137 A. China lizenzierte eine unbekannte Zahl als Shenyang Type 5.

Bemerkungen: Die Jak-12 war eines der wichtigsten leichten Transportflugzeuge der zivilen und militärischen Luftfahrt in der Nachkriegszeit Osteuropas. Sie begann ihre militärische Karriere erst als Patrouillen-, Verbindungs- und Artilleriebeobachter bei der sowjetischen Luftwaffe, später auch bei verbündeten Staaten wie Bulgarien, Tschechoslowakei, Jugoslawien, Polen und Ungarn. Als ziviles Mehrzweckflugzeug setzte man sie als Transporter, Ambulanzflugzeug und Agrar-Sprühflugzeug ein, bei den staatlichen Luftfahrtclubs als Schleppflugzeug, Fallschirmabsetzer und zur Ausbildung. Nach der Ausmusterung landeten viele Jak-12 bei privaten Betreibern oder wurden einfach verschrottet.

Jak-12 stehen in fast allen osteuropäischen Museen, etliche sind noch flugfähig. Eine findet man im Luftfahrtmuseum Krakau, Polen.

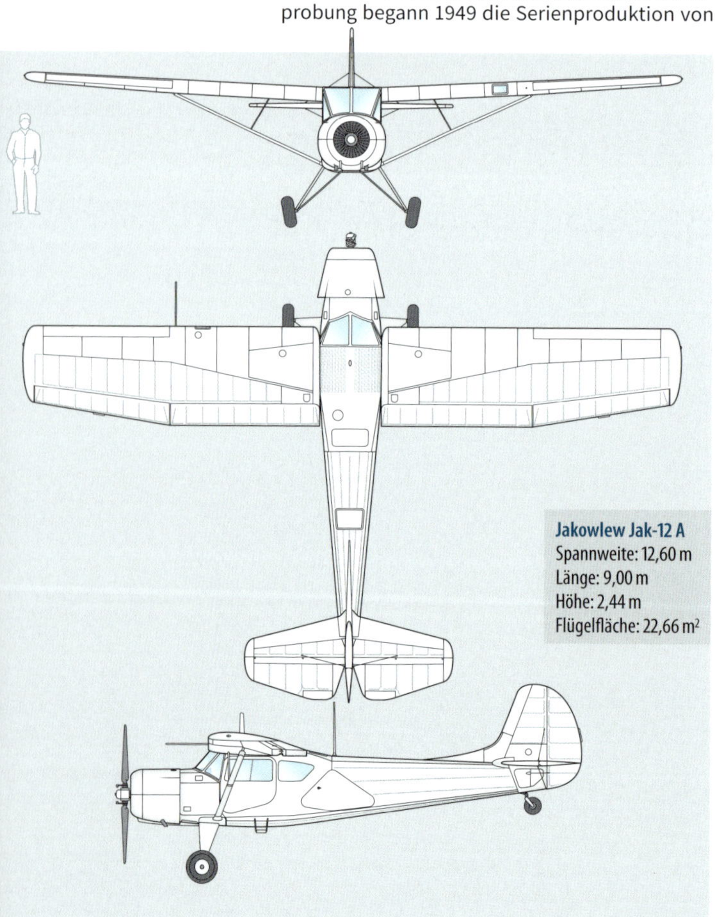

Jakowlew Jak-12 A
Spannweite: 12,60 m
Länge: 9,00 m
Höhe: 2,44 m
Flügelfläche: 22,66 m²

Besatzung: 1
Triebwerk: (M) Ein luftgekühlter 9-Zylinder-Sternmotor Iwtschenko AI-14 R mit 188 kW (256 PS).
Leistungen: (M) Höchstgeschwindigkeit 182 km/h, Reisegeschwindigkeit 130 km/h, Steigzeit auf 1000 m 4 min, Dienstgipfelhöhe 4150 , Reichweite 765 km.
Gewichte: (M) Leermasse 1026 kg, Abflugmasse 1450 kg.

Jakowlew Jak-18

Ursprungsland
Sowjetunion
Kategorie
Schulflugzeug

Entwicklung: Um die nach Ende des Krieges veralteten Schulflugzeuge UT-2 und Jak-5 abzulösen, entwickelte das Konstruktionsbüro Jakowlew 1945 die Jak-18, die aus einer Experimentalversion der UT-2 L hervorging. Zwei gebaute Prototypen unterschieden sich nur in der Motorisierung mit 140 und 160 PS und flogen im Mai 1946 erstmals. Der zweisitzige, bedingt kunstflugtaugliche Tiefdecker mit Spornrad hatte einen geschweißten Stahlrohrrumpf, der bis zum Cockpit blechverkleidet und bis zum Heck bespannt war. Die nach dem Holm bespannten Flügel waren aus Metall gebaut, in die das pneumatisch Fahrwerk halb eingezogen wurde. Jakowlew bot zwei Typen an: eine 970 kg schwere Kunstflug- und eine 1060 kg schwere Grundschulversion mit Generator, elektrischem System und Funk. Während der Serienproduktion in mehreren sowjetischen Produktionsstätten pflegte man ständig weitere Verbesserungen ein. Auslieferungszahlen der Spornradversion variieren zwischen 3750 und 4830. Mit der Jak-18 U führte Jakowlew neben einigen Modifikationen auch ein pneumatisch halb einziehbares Dreibeinfahrwerk ein. Bis Ende 1957 wurden 960 ausgeliefert und anschließend auf die Jak-18 A [Bild, Zchng.] umgestellt, von der ca. 950 Maschinen aus den Werkhallen rollten. Der nun in Ganzmetall-Bauweise hergestellte Tiefdecker war mit einem 9-Zylinder-Sternmotor Iwtschenko AI-14 mit 260 PS, später 300 PS, deutlich besser motorisiert, hatte einen Verstellpropeller, eine verstärkte, etwas längere Zelle und größere Tanks. Mit der Jak-18 P begann Jakowlew ab 1957 eine Reihe von einsitzigen Kunstflugzeugen auf Basis der Jak-18 A zu entwickeln und in Serie herzustellen. China produzierte 379 lizenzierte Jak-18 A als Nanchang CJ-5 von 1954 bis 1958 und entwickelte daraus die CJ-6 [S. 9].

Es sind keine zuverlässigen Produktionszahlen bekannt. Angeblich wurden zwischen 8000 und 11 000 Trainer von drei russischen, von rumänischen und chinesischen Werken ausgeliefert.

Bemerkungen: Die Jak-18 wurde schnell zum Standardtrainer der russischen Streitkräfte und staatlicher, paramilitärischer Fliegerclubs. Sie flog in zahlreichen Ländern auf allen Kontinenten und in allen Staaten des damaligen Warschauer Paktes. Auch in der DDR, die von 1959 bis 1974 insgesamt 62 Jak-18 betrieb. Hauptsächlich zur Erstausbildung eingesetzt, wurde der Tiefdecker auch als Sport-, Verbindungs- und Schleppflugzeug und zum Training des fliegenden Personals verwendet. Nordkorea setzte die Jak-18 während des Koreakriegs sogar nachts als leichten Bomber ein. Der einfach herzustellende, leicht zu wartende und robuste Trainer wurde von seinen Piloten wegen seiner exzellenten Flugeigenschaften und Akrobatikeignung geschätzt.

Vermutlich sind neben den Museumsstücken noch rund 40 Jak-18 weltweit flugfähig. Eine Jak-18 steht im Heeresgeschichtlichen Museum, Zeltweg, Österreich, eine im Depot des Militärmuseums Gatow, Berlin.

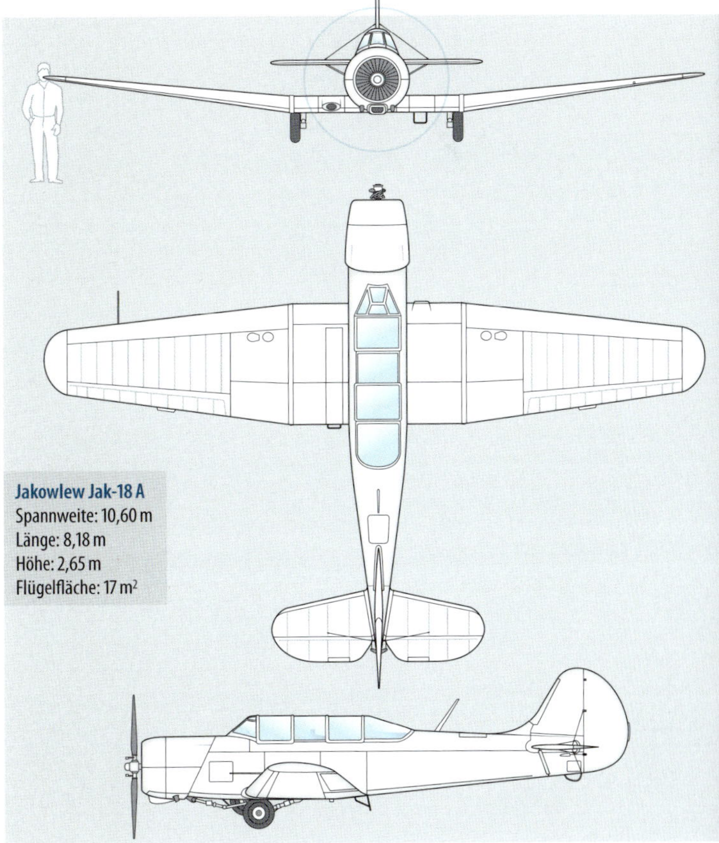

Jakowlew Jak-18 A
Spannweite: 10,60 m
Länge: 8,18 m
Höhe: 2,65 m
Flügelfläche: 17 m²

Besatzung: 2
Triebwerke: (A) Ein luftgekühlter 9-Zylinder-Sternmotor Iwtschenko AI-14 R mit 191 kW (260 PS).
Leistungen: (A) Höchstgeschwindigkeit 254 km/h, Reisegeschwindigkeit 175 km/h, Dienstgipfelhöhe 5000 m, Reichweite 725 km.
Gewichte: (A) Leermasse 995 kg, Abflugmasse 1281 kg.

Jakowlew Jak-24

Ursprungsland
Sowjetunion
Kategorie
Transporthubschrauber

Entwicklung: Anfang der 1950er-Jahre versuchte die Sowjetunion den Rückstand im Hubschrauberbau aufzuholen und vergab einjährige Entwicklungsaufträge für einen 12-sitzigen Hubschrauber an Mil und einen 24-sitzigen, schweren Transporthubschrauber an Jakowlew. Bereits im Juli 1952 hob die erste Jak-24 ab. Der Rumpf war als beplankte und bespannte Stahlrohrkonstruktion aufgebaut. Eine der Antriebseinheitseinheiten, nahezu identisch mit denen der Mil Mi-4, befand sich hinter dem Cockpit, die zweite unter dem Leitwerk. Beide Systeme waren über eine Welle verbunden, die anfangs Vibrationen verursachte und zur Zerstörung des ersten Prototypen führte. Eine längere, schwierige Erprobungsphase, die sich bis 1955 hinzog, folgte. Im Juli 1955 wurde der Helikopter der Öffentlichkeit präsentiert und im Dezember 1955 stellte die Jak-24 zwei Nutzlastweltrekorde über 2 und 4 Tonnen auf. Die Serienproduktion begann vermutlich im selben Jahr mit einer militärischen Variante für maximal 3000 kg Nutzlast oder 20 voll ausgerüstete Soldaten oder 18 Tragbahren. Mit der ab 1957 gebauten, verbesserten Jak-24 U, die ein dreiachsiges Stabilisierungssystem erhielt und bis zu 3500 kg Außenlast heben konnte, endete wahrschienlich auch schon wieder die Serienproduktion. Geplant waren für die Aeroflot 30-sitzige Jak-24 A, VIP-Modelle für 8 – 9 Passagiere und eine gestreckte, 39-sitzige Jak-24 P mit Wellenturbinen. Keine der Varianten kam aber angeblich über die Planung, bzw. das Prototypenstadium hinaus.

Die frühen Exemplare der Jak-24 waren noch mit einem V-förmigen Leitwerk ausgestattet.

Je nach Quelle, wurden ab 1954 zwischen 40 und 100 Jak-24 gebaut.

Bemerkungen: NATO-Code *Horse*. Trotz der dürftigen Quellenlage sind sich die Berichte einig, dass die Jak-24 aufgrund zahlreicher technischer Probleme wenig erfolgreich war und nur in begrenztem Umfang gebaut und ausschließlich in der Sowjetunion eingesetzt wurde. Schnell ist sie durch die zurverlässigere und wesentlich schwerere Mil Mi-6 [S. 121] verdrängt worden.

Im Museum der Luftstreitkräfte in Monino bei Moskau lässt sich eine Jak-24 besichtigen.

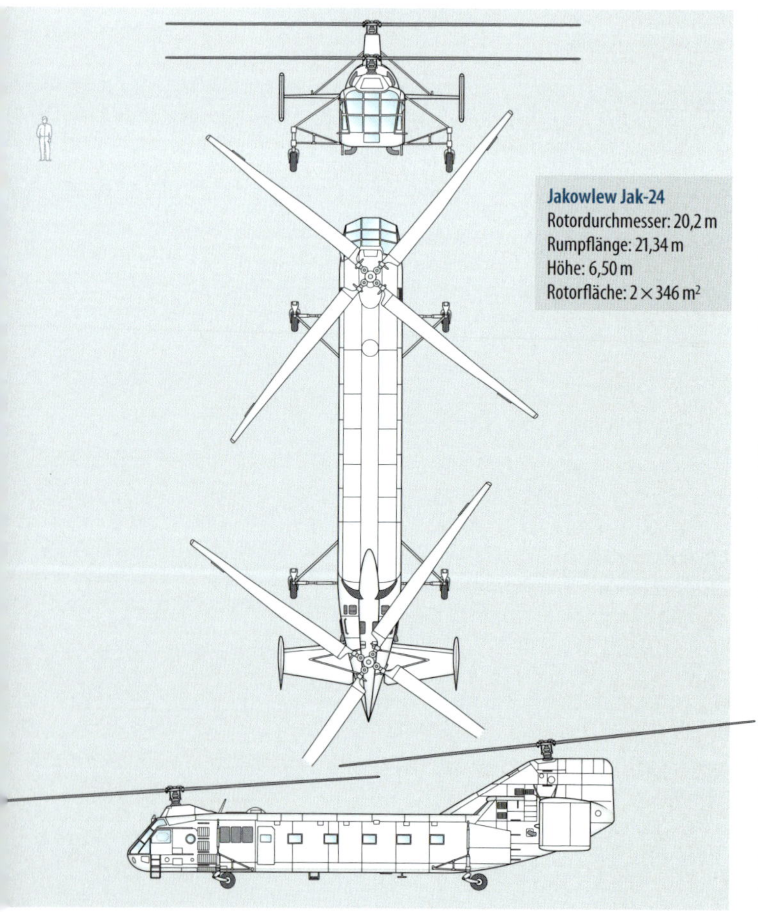

Jakowlew Jak-24
Rotordurchmesser: 20,2 m
Rumpflänge: 21,34 m
Höhe: 6,50 m
Rotorfläche: 2 × 346 m²

Besatzung: 3
Triebwerke: (U) Zwei luftgekühlte 14-Zylinder-Doppelsternmotoren Schwetzow ASh-82 V mit je 1250 kW (1700 PS).
Leistungen: Höchstgeschwindigkeit 173 km/h, Reisegeschwindigkeit 150 km/h, Dienstgipfelhöhe 5000 m, Reichweite ca. 650 km.
Gewichte: Leermasse 10 600 kg, Abflugmasse 14 270 kg, maximale Abflugmasse 16 800 kg.

Jakowlew Jak-25

Ursprungsland Sowjetunion
Kategorie Jagdflugzeug

Entwicklung: Aus einem Wettbewerb der sowjetischen Luftstreitkräfte für ein allwettertaugliches Langstreckenjagdflugzeug, an dem Suchoj, Mikojan, Lawotschkin und Jakowlew 1950 teilnahmen, ging das Versuchsmuster Jak-120 als Sieger hervor. Drei Prototypen wurden beauftragt und im Juni 1952 absolvierte der Zweistrahler seinen Erstflug. Die Triebwerksanordnung unter den Flügeln ermöglichte im Rumpf große Tanks und ein Tandemfahrwerk, sowie ein leistungsfähiges Radar, das im Bugradom untergebracht wurde. Ende 1953 begann der Bau von 20 Vorserienexemplaren und parallel die Weiterentwicklung des allerdings noch nicht serienreifen Radars. Mit Erfüllung nahezu aller Forderungen der Militärs wurde nach geringen Änderungen die Serienproduktion der Jak-25 freigegeben Noch mit einem älteren Radarsystem wurden die ersten 67 Maschinen ab September 1954 ausgeliefert. Die Produktion der Hauptserie Jak-25 M mit einem neuen, weitreichenden Radar, das auch tiefer fliegende Ziele erfassen konnte, verbesserten Mikulin-Triebwerken und überarbeiteten Waffen- und Treibstoffsystemen begann erst im Januar 1955 und endete 1957 nach 480 Exemplaren. Ständige Verbesserungen führten, neben ein paar nicht in Serie gegangenen Varianten, auch zu einem Aufklärer Jak-25 K mit verglastem Bug, der mit vier neu entwickelten Luft-Luft-Raketen bewaffnet war. Es kam aber zu keiner großen Serienproduktion, da sich der Nachfolger Jak-27 bereits in der Prototypenphase befand.

Vermutlich wurden 638 Jak-25 aller Versionen ausgeliefert.

Bemerkungen: NATO-Code *Flashlight A.* Erst mit ihrem Auftauchen auf der Luftparade in Tushino 1955 erfuhr der Westen von der Existenz des Jagdflugzeugs. Mit der MiG-19 [S. 114] und der Tu-16 [S. 130] war die Jak-25 die Hauptstütze der Luftstreitkräfte und in der ganzen Sowjetunion und einem Teil der Warschauer Pakt-Länder stationiert. Probleme bereiteten die tief liegenden Triebwerke, die sehr saubere Startbahnen bedingten. Trotz einer hohen Unfallrate war die Jak-25 bei ihren Piloten beliebt. Sie war leicht zu fliegen, hatte Doppelsteuer für Langzeitmissionen und bei den häufigen Triebwerksausfällen konnte sie auch mit einem Triebwerk zur Basis zurückkehren und war damit noch einfach zu landen. Mitte der 1960er-Jahre gehörte sie aber schon nicht mehr zu den zeitgemäßen Abfangjägern. Bereits 1967 waren alle außer Dienst gestellt, ein Teil wurde noch als Zieldrohne eingesetzt, ein großer Teil verschrottet, einige wenige landeten in Museen.

Eine Jak-25 steht im Zentralen Museum der Luftstreitkräfte in Monino bei Moskau.

Besatzung: (M) 2
Triebwerke: (M) Zwei Axialstrahltriebwerke Mikulin RD-5 A mit je 19,6 kN Schub.
Leistungen: (M) Höchstgeschwindigkeit 1090 km/h in 5000 m, Reisegeschwindigkeit 820 km/h, Dienstgipfelhöhe 13 900 m, Reichweite 2010 km, 2560 km mit Zusatztank.
Gewichte: (M) Abflugmasse 9220 kg, maximale Abflugmasse 10 045 kg.
Bewaffnung: (M) Zwei Maschinenkanonen im Rumpf.

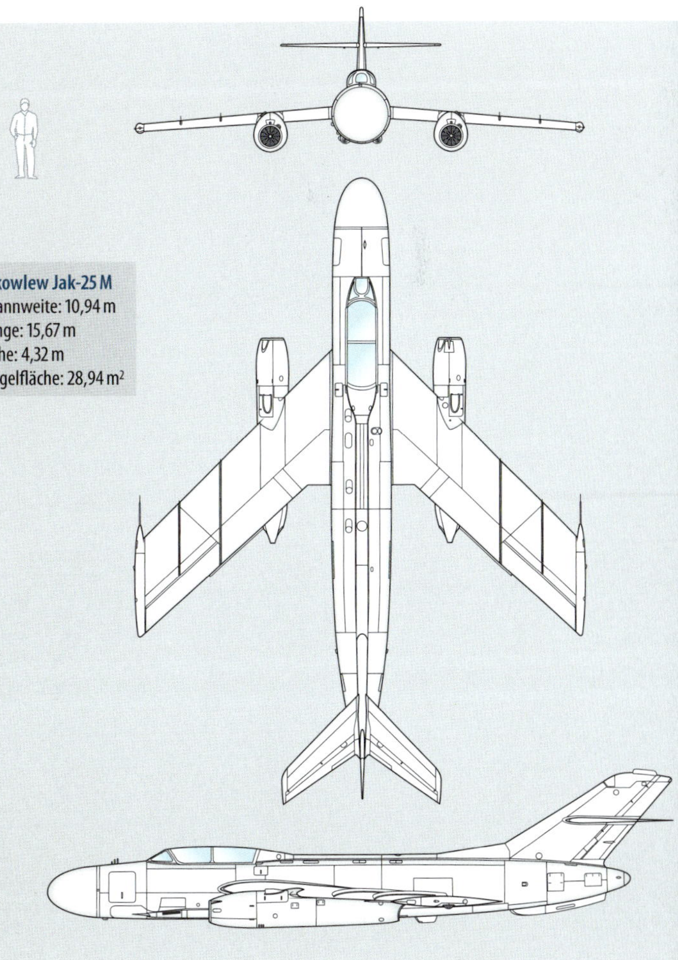

Jakowlew Jak-25 M
Spannweite: 10,94 m
Länge: 15,67 m
Höhe: 4,32 m
Flügelfläche: 28,94 m²

Jakowlew Jak-27

Ursprungsland
Sowjetunion
Kategorie
Aufklärer

Entwicklung: Als Nachfolger der Jak-25 scheiterte die Jak-26 an aerodynamischen Problemen, so dass die Entwicklung zugunsten der Jak-27 aufgegeben wurde. Abgeleitet von der Jak-25 und 26 unterschied sich die Jak 27, die 1956 erstmals abhob, durch einen aerodynamischeren Rumpf und modernere Nachbrenner-Triebwerke. Der neu gestaltete, dünnere Flügel mit Sägezahn sollte die aerodynamischen Instabilitätsprobleme der Jak-25/26 beheben. Wie bei den Vorgängermodellen war nur ein Tandemfahrwerk im Rumpf mit Stützrädern an den Außenflügeln durch die sehr dünnen Flügel und die Treibwerksanordnung realisierbar. Ursprünglich als Überschall-Abfangjäger mit einem doppelsitzigen Tandemcockpit, zwei Maschinenkanonen im Rumpf und Luft-Luft-Raketen vorgesehen, erreichte die Jak-27 zwar die an sie gestellten Anforderungen, blieb aber hinter den Leistungen der Suchoj Su-9 [S. 126] zurück und ging deshalb nicht in Produktion. Auch ein Höhenabfangjäger Jak-27V mit einem zusätzlichen Dushkin-S-155-Raketentriebwerk im Heck wurde trotz guter Leistungen wegen technischer Probleme mit dem Zusatzantrieb gestoppt. Mit der Absicht, die Aufklärerversion der veralteten Iljuschin Il-28 [S. 104] abzulösen, stellte man nur die Jak-28 R nach den 1960 abgeschlossenen staatlichen Tests in Serie her. Sie erhielt ein einsitziges Cockpit, eine getrennte, verglaste Nase für den Beobachter/Navigator, zwei Kameras im verlängerten Rumpf und zwei zusätzliche Außentanks unter den Flügeln, die eine Reichweite von über 2300 km ermöglichten.

Neben dem Prototyp wurden bis 1962 nur 165, andere Quellern sprechen von 180, der Aufklärer-Version Jak-27 R ausgeliefert.

Bemerkungen: NATO-Code Jak-27 *Flashlight-C,* Jak 27 R: *Mangrove.* Um 1960 wurden die ersten Aufklärer in Dienst gestellt, die zwar höher flogen und bedeutend schneller als die Il-28 waren, aber eine geringere Reichweite hatten. Im oberen Geschwindigkeitsbereich hatte die Jak-27 R anspruchsvolle Flugeigenschaften und konnte nur von erfahrenen Piloten geflogen werden. Mit der niedrigen Triebwerksposition, die das Einsaugen von Fremdkörpern begünstigte, war der Einsatz von nicht betonierten Startbahnen, wie sonst bei sowjetischen Jets üblich, nicht möglich. Nach Einführung hochreichender westlicher Flugabwehrraketen über Europa wurden schon nach rund 10 Jahren Betriebszeit Anfang der 1970er-Jahre die ersten Aufklärer außer Betrieb genommen und durch Jak-28 und MiG-25 ersetzt.

Eine Jak-27 R steht im Zentralen Museum der Luftstreitkräfte in Monino bei Moskau, eine aber auch im Technik Museum Speyer und im Junkers-Museum in Dessau.

Jakowlew Jak-27 R
Spannweite: 11,82 m
Länge: 18,55 m
Höhe: 4,05 m
Flügelfläche: 28,94 m²

Besatzung: 2
Triebwerke: (R) Zwei Axialstrahltriebwerke Tumansky RD-9 F mit je 37,2 kN Schub.
Leistungen: (R) Höchstgeschwindigkeit 1285 km/h, Dienstgipfelhöhe 16 550 m, Reichweite 2380 km.
Gewichte: (R) Leermasse 6983 kg, Abflugmasse 13 600 kg.
Bewaffnung: (R) Eine MK an der Rumpfunterseite und an zwei Außenstationen Luft-Luft-Raketen.

Jakowlew Jak-28

Ursprungsland
Sowjetunion
Kategorie
Abfangjäger, Bomber, Aufklärer

Entwicklung: Mit der Jak-28 wurde ein zweistrahliger Jet entwickelt, der mehrere Einsatzszenarien abdecken konnte. Das Konstruktionsprinzip der Vorgänger Jak-25, 26 und 27 wurde beibehalten, neu war die Konfiguration als Schulterdecker mit deutlich leistungsfähigeren Triebwerken. Im März 1958 hob das erste Exemplar ab. Eine erste kleine Serie als leichter Bomber wurde noch ohne Radar ausgeliefert, danach folgten immer wieder Varianten mit wenigen Exemplaren oder nur Prototypen. Größere Stückzahlen mit 223 Stück erreichte die Jak-28 I mit Radardom als Allwetter-Jagdbomber und Nuklearwaffenträger. Einen verglasten Bug für den Navigator, Seitensichtradar und Kameras im Bombenschacht erhielt die Jak-28 R, von der bis 1970 183 Exemplare produziert wurden. 435 Allwetter-Abfangjäger Jak-28 P [Bild, Zchng.] lieferte man ab 1985 an die sowjetischen Luftstreitkräfte aus, dessen Bombenschacht nun ein großer Tank ausfüllte. Die ab 1966 ausgelieferte Unterversion mit längerem Radardom konnte an zwei zusätzlichen Außenstationen insgesamt vier Luft-Luft-Raketen aufnehmen.

Ungewöhnlich mit vorn abgesetztem Schülercockpit, der Trainer Jak-28 U, von dem 123 Exemplare ausgeliefert wurden.

Ausschließlich an die Sowjetunion gingen insgesamt 1180 Jak-28, die zwischen 1959 und 1972 hergestellt wurden.

Bemerkungen: NATO-Code *Brewer,* (P) *Firebar,* (U) *Maestro.* Mit dem Jet erhielt die Sowjetunion ein Überschall-Mehrzweckkampfflugzeug das allwettertauglich in niederen und mittleren Höhen auch nachts eingesetzt werden konnte. Erste Einsätze wurden bei der Niederschlagung des Aufstands in der CSSR 1968 durch Aufklärer Jak-28 R geflogen. Auch im Afghanistan-Konflikt ab 1979 waren Aufklärer und Jagdbomber, vor allem zur Unterstützung von Bodentruppen im Einsatz. Es zeigte sich dabei, dass vor allem die Bomber zu dieser Zeit schon nicht mehr den Anforderungen entsprachen und das Prinzip der Baureihe Jak-25 – 28 mit beiden Triebwerken unter den Flügeln ausgereizt war. Schließlich begann man sie durch Su-24 zu ersetzen. Die letzten verbliebenen Jak-28 sind erst 1992 entgültig stillgelegt worden.

Einige Jak-28 sind in russischen Museen untergekommen. Eine steht im Zentralen Museum der Luftstreitkräfte in Monino bei Moskau und eine im Lennundusmuuseum, Tartu, Estland.

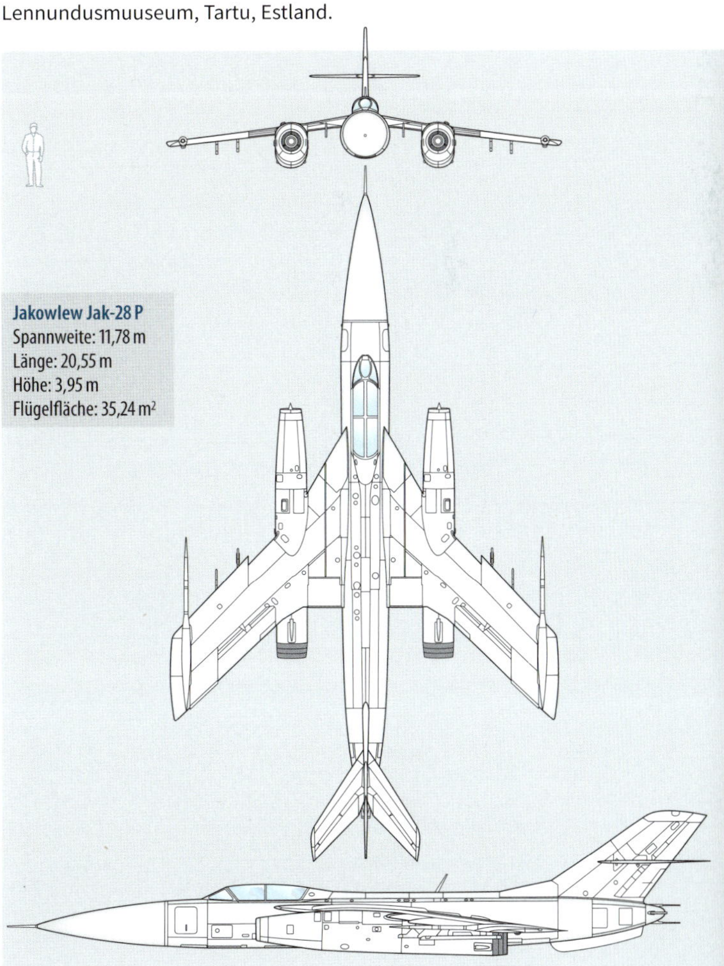

Jakowlew Jak-28 P
Spannweite: 11,78 m
Länge: 20,55 m
Höhe: 3,95 m
Flügelfläche: 35,24 m²

Besatzung: 2
Triebwerke: (P) Zwei Axialstrahltriebwerke Tumanski R-11AF2-300 mit je 46 kN Schub, 60,8 kN mit Nachbrenner.
Leistungen: (P) Höchstgeschwindigkeit 1850 km/h, Reisegeschwindigkeit 925 km/h, Dienstgipfelhöhe 16 000 m, Reichweite 2150 km.
Gewichte: (P) Abflugmasse 16 000 kg, maximale Abflugmasse 18 400 kg.
Bewaffnung: Zwei, spätere Variante vier Luft-Luft-Raketen.

Kamow Ka-25

Ursprungsland
Sowjetunion
Kategorie
U-Boot-Jagd- und Mehrzweckhubschrauber

Entwicklung: Ende der 1950er-Jahre benötigte die Sowjetunion auf ihren neuen, mit Hubschrauberplattform gebauten Schiffen einen kompakten U-Boot-Abwehrhubschrauber. Kamow erhielt dafür 1958 einen Entwicklungsauftrag und baute einen Demonstrator, die Ka-20, mit der Kabinenlayout und Antriebsstrang erprobt wurde. Erstflug vermutlich im Mai 1961. Mit den beiden gegenläufigen Rotoren und einem kurzen, dreifachen Seitenleitwerk kann man auf einen Heckrotor verzichten – das Konstruktionsprinzip Kamows bis heute. Die erste voll ausgestattete, seetaugliche Ka-25 flog im April 1963 und ging Ende 1966 als Ka-25 BSh [Zchng.] in Produktion. Ein mit Torpedos und Wasserbomben bewaffneter ASW-Helikopter, der angeblich auch in der Lage war, Nuklearbomben abzuwerfen. Der typische, kompakte Marinehubschrauber mit Suchradardom unter dem Bug und einem geschleppten Magnetdetektor, verfügte über faltbare Rotoren und am Fahrwerk befestigte, aufblasbare Schwimmer, die auch Wasserlandungen ermöglichten. Als vorgeschobener Beobachtungshubschrauber wurde die unbewaffnete Ka-25 Z eingesetzt, mit der Aufgabe von Schiffen und U-Booten abgefeuerte Marschflugkörper auf ihr Ziel einzuweisen. Die ebenso unbewaffnete Ka-25 PS [Bild] nutzte die sowjetische Marine für Transport- und SAR-Einsätze, als Minenräumer ließ sich die Ka-25 BShZ einsetzen. Der projektierte raketenbewaffnete Kampfhubschrauber Ka-25 F, in Konkurrenz zur Mi-22 und -24, wurde nicht realisiert. Ein Einzelstück blieb der zivile Kranhubschrauber Ka-25 K mit bis zu 1500 kg Nutzlast oder 12 Passagiere und einer zusätzlichen Buggondel für den Einweiser.

Nach etwa 460 Ka-25 aller Versionen, wurde 1973 die Produktion beendet.

Bemerkungen: NATO-Code *Hormone*. Hauptabnehmer waren die sowjetischen Marineflieger, die eine große Anzahl der Ka-25 BSh Ende der 1960er-Jahre auf ihren Hubschrauber- und Flugzeugträgern sowie Kreuzern stationierte. Etliche Helis flogen auch von Marinestützpunkten aus. Angeblich waren 1999 noch 40 Ka-25 als Reserve vorhanden, obwohl sie bereits Mitte der 1980er-Jahre von Ka-29 und Ka-32 abgelöst wurden. Bulgarien flog seine drei Ka-25 bis in die 2010er-Jahre und von Indiens sieben Ka-25 wurden noch 2008, wenn auch eingeschränkt, ASW- und SAR-Operationen gemeldet. Zu den weiteren Nutzern zählte Jugoslawien, die Ukraine, Syrien und Vietnam.

Alle Betreiberstaaten präsentieren Ka-25 in ihren Luftfahrtmuseen. Die nächste Ka-25 findet man im Luftfahrtmuseum Belgrad, Serbien.

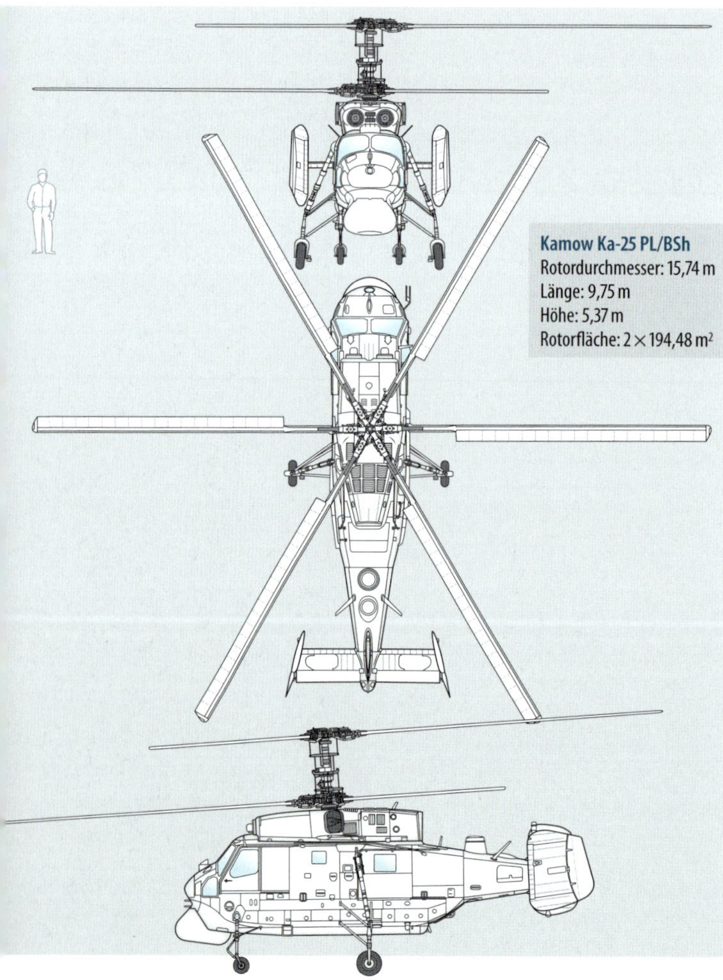

Kamow Ka-25 PL/BSh
Rotordurchmesser: 15,74 m
Länge: 9,75 m
Höhe: 5,37 m
Rotorfläche: 2 × 194,48 m²

Besatzung: (BSh) 4
Triebwerke: (BSh) Zwei Wellenturbinen Gluschenkow GTD-3 F mit je 662 kW (900 PS).
Leistungen: (BSh) Höchstgeschwindigkeit 209 km/h, Reisegeschwindigkeit 193 km/h, Dienstgipfelhöhe 3350 m, Reichweite ca. 400 km.
Gewichte: (BSh) Leermasse 4765 kg, Abflugmasse 7500 kg.
Bewaffnung: (BSh) Bis zu 1100 kg im Waffenschacht: Torpedos und/oder Wasserbomben; bis zu 200 kg Bomben und Marker an einer Außenstation.

Mikojan-Gurewitsch MiG-17

Ursprungsland
Sowjetunion
Kategorie
Jagdflugzeug, Jagdbomber

Entwicklung: Um die aerodynamischen Mängel der MiG-15 [Bd. 1] zu beheben, wurde im Januar 1949 ein Team beauftragt, zusammen mit dem Forschungsinstitut ZAGI einen dünneren Flügel mit geänderter Pfeilung zu entwickeln, der den Hochgeschwindigkeitsbereich beherrschbar machte. Basierend auf einer MiG-15-Zelle, wurde ein Prototyp mit verlängertem Rumpf gebaut. Im Januar 1950 hob er erstmals ab, ging aber schon im März während eines Testflugs verloren. Zwei weitere Prototypen wurden hergestellt und nach Tests, die bis Oktober 1951 andauerten, konnte die Maschine auch bis Mach 1,03 zugelassen werden. Schon im August 1951 hatte man die Serienfertigung als MiG-17 in sechs Werken angeordnet. Die Rumpfkonstruktion mit gepanzerter

Ein allwettertauglicher Tag- und Nachtjäger MiG-17 PF mit modifiziertem Bug für das RP-1 Radar, das zwei Radome benötigte.

Druckkabine und Schleudersitz wurde weitgehend von der MiG-15 übernommen, die Flügel waren neu. Neben zahlreichen experimentellen Varianten wurden die Großserien der MiG-17 F als Mehrzweck-Jagdflugzeug mit Nachbrenner ausgeliefert, die MiG-17 PF als Allwetterjäger mit Bugradar und die MiG-17 PFU als Allwetterjäger mit reiner Raketenbewaffnung.

In den sowjetischen Werken endete 1969 die Produktion nach 10 367 Flugzeugen. Polen baute bis 1964 540 LIM 5 und LIM 6 als Jagdflugzeuge, Aufklärer und Erdkämpfer; China bis 1986 1827 als Shenyang J-5 und die PF als J-5 A.

Bemerkungen: NATO-Code *Fresco*. Schon während der Truppeneinführung zeigte sich, dass der Nachfolger der MiG-15 mit besseren Leistungen deutlich einfacher zu fliegen war, allerdings mit höherer Startmasse und längerer Startstrecke. Die Nähe zur MiG-15 ermöglichte den Umstieg der Piloten ohne einen Schuldoppelsitzer. Auch die MiG-17 war ein Verkaufserfolg für alle drei Produzenten. So wurde das Flugzeug in über 40 Staaten exportiert und war damals bei allen größeren kriegerischen Auseinandersetzungen beteiligt. Sie konnte vor allem im Vietnamkrieg mit ihrer Kanonenbewaffnung und hohen Wendigkeit gegen US-Flugzeuge Erfolge verbuchen.

Neben einigen noch fliegenden Exemplaren gibt es zahllose Museumsexemplare. Eine MiG-17 PF steht z. B. im Militärhistorischen Museum Gatow, Berlin, eine F in der Flugausstellung Hermeskeil.

Besatzung: 1
Triebwerk: (F) Ein Radialstrahltriebwerk Klimow WK-1 F mit 25,69 kN ohne und 33,15 kN Schub mit Nachbrenner.
Leistungen: (F) Höchstgeschwindigkeit 1145 km/h in 3000 m, Dienstgipfelhöhe 16 600 m, Steigzeit auf 5000 m 3 min, Reichweite 1080 km, mit Zusatztanks 1980 km.
Gewichte: (F) Leermasse 3920 kg, Abflugmasse 5345 kg, maximale Abflugmasse 6075 kg.
Bewaffnung: (F) Drei Maschinenkanonen unterschiedlichen Kalibers im Bug, maximal 500 kg Außenlasten an zwei Stationen.

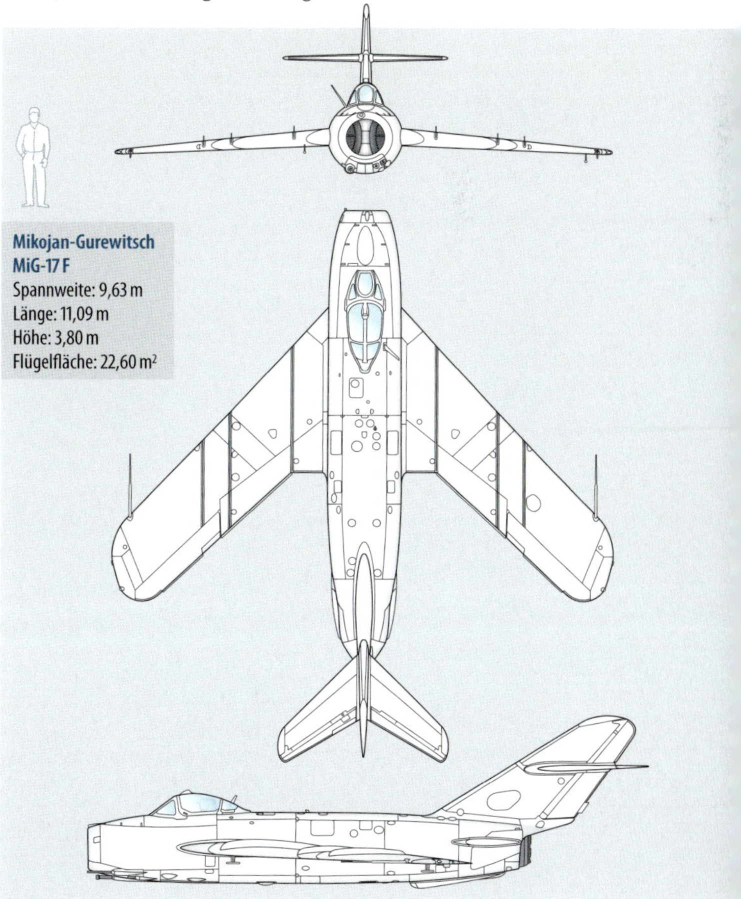

Mikojan-Gurewitsch MiG-17 F
Spannweite: 9,63 m
Länge: 11,09 m
Höhe: 3,80 m
Flügelfläche: 22,60 m²

Mikojan-Gurewitsch MiG-19

Ursprungsland
Sowjetunion
Kategorie
Jagdflugzeug

Entwicklung: Um endlich zu einem Überschall-Abfangjäger zu gelangen, begann Mikojan 1951 mit einer umgebauten, zweistrahligen MiG-15, der SM-1, zu experimentieren. Allerdings wurde dieses Ziel erst mit der SM-2 erreicht, die deshalb einen längerem Rumpf mit einem stärkeren RD-9-Triebwerk und neue Tragflächen erhielt. Im Januar 1954 hob der nun SM-9 genannte Jet erstmals ab. Vorserienflugzeuge durchliefen anschließend die Erprobung bis September 1954. Nach der bereits im Februar 1954 genehmigten Serienproduktion wurden schon im März 1955 die ersten MiG-19 ausgeliefert. Das Jagdflugzeug mit extrem gepfeilten Tragflächen wurde in Schalenbauweise hergestellt und hatte zwei im Heck nebeneinander liegende Triebwerke, der Pilot saß in einer gepanzerten Druckkabine. Die MiG-19 wurde in zahlreichen Varianten produziert. Mit 2120 Exemplaren erreichte der Abfangjäger MiG-19 S, den ein Pendelhöhenruder auszeichnete, die größte Stückzahl. Ausgeliefert wurden Jagdbomber SW, Aufklärer R, mit Raketen bewaffnete Abfangjäger PPN, die teilweise nur in kleiner Zahl gebaut wurden, wie z. B. der leichte Höhenjäger PM, der eigentlich die US-Aufklärer U-2 [S. 181] abfangen sollte. In Polen flogen sie als Lim-7 und in der CSSR als S-105.

Vermutlich baute die Sowjetunion von 1955 bis 1959 ca. 2500 MiG-19. Mit ca. 4500 Shenyang J-6 [S. 10] produzierte und exportierte China bis 1986 weitaus mehr MiG-19, und entwickelten sie noch weiter bis zur Nanchang Q-5 [S. 11].

Bemerkungen: NATO-Code *Farmer*. Die MiG-19 gehörte zu den ersten in Serie gebauten Überschalljagdflugzeugen, war aber angeblich bei hohen Geschwindigkeiten nicht so problemlos zu fliegen wie die MiG-17. Stets von technischen Problemen geplagt, vor allem mit Überhitzung der beiden eng aneinanderliegenden Triebwerke, war die Unfallrate entsprechend hoch und führte zu Einschränkungen im Betrieb. In der Sowjetunion und einigen anderen Staaten, wurde sie deshalb relativ schnell wieder außer Dienst gestellt und an befreundete Staaten abgegeben. Denn die weitaus leistungsfähigere MiG-21 stand schon 1959 in den Startlöchern. MiG-19 wurde von fast allen Warschauer Pakt-Staaten geflogen, darunter auch die DDR, ebenso von Staaten in Afrika, im Nahen und Fernen Osten. China exportierte u. A. nach Nordkorea, Pakistan und Albanien. Vietnam z. B. setzte ihre chinesischen J-6 angeblich erfolgreich gegen die schweren und weniger wendigen amerikanische F-105 [S. 199] ein.

Neben zahllosen Denkmalsflugzeugen in Osteuropa findet man z. B. eine im Prager Luftfahrtmuseum, Kbely, Tschechien.

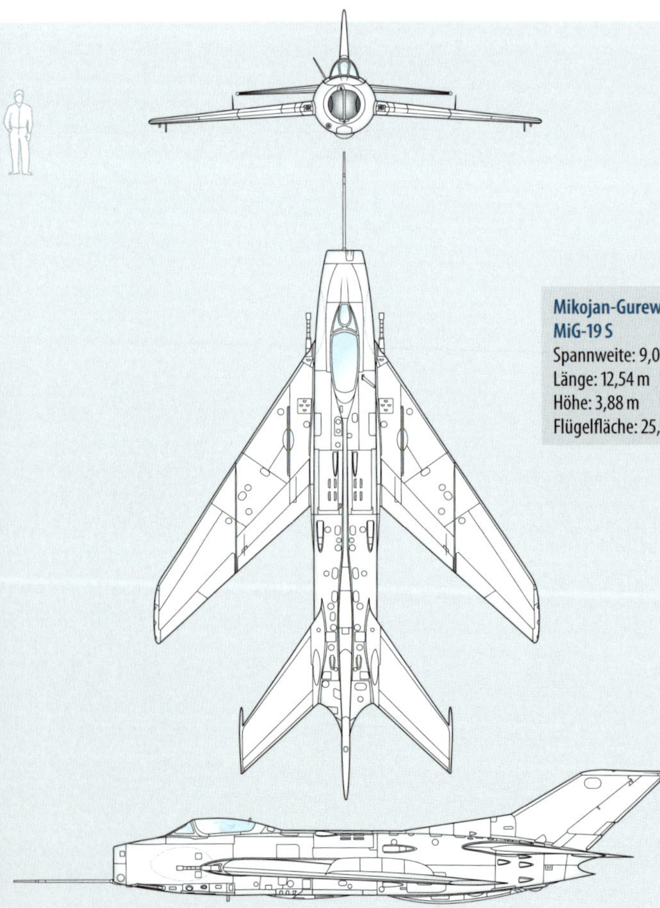

Mikojan-Gurewitsch MiG-19 S
Spannweite: 9,00 m
Länge: 12,54 m
Höhe: 3,88 m
Flügelfläche: 25,16 m²

Besatzung: 1
Triebwerke: (S) Zwei Axialstrahltriebwerke Tumanski RD-9 B mit je 25,5 kN ohne und 31,9 kN Schub mit Nachbrenner.
Leistungen: (S) Höchstgeschwindigkeit 1452 km/h in 10 000 m, Dienstgipfelhöhe 17 500 m, Steigzeit auf 10 000 m 1 min 6 sec, Reichweite 1400 km, mit Zusatztanks 2200 km.
Gewichte: (S) Leermasse 5447 kg, Abflugmase 7560 kg, maximale Abflugmasse 8832 kg.
Bewaffnung: (S) Drei Maschinenkanonen unterschiedlichen Kalibers im Bug und den Flügelwurzeln, maximal 500 kg Außenlasten, je nach Typ an zwei bis vier Stationen.

Mikojan-Gurewitsch MiG-21

Ursprungsland
Sowjetunion
Kategorie
Abfangjäger

Entwicklung: Aus einer ganzen Reihe von Versuchsprototypen, anfangs noch mit Pfeilflügeln, entstand im OKB Mikojan die Ye-4 mit Deltaflügel, die im Juni 1954 ihren Erstflug absolvierte. Die weiterentwickelte Ye-6, die im Mai 1958 flog, war auch Prototyp für die 1959 beginnende Serienproduktion der MiG-21. Das damals typisch russische Layout mit einem Frontlufteinlass wurde beibehalten, der Deltaflügel sorgte für eine hohe Wendigkeit im Luftkampf, mit der leichten und einfachen Bauweise konnte die MiG-21 relativ schnell und preisgünstig hergestellt werden. Parallel zur Produktion arbeitete Mikojan ständig an Verbesserungen zur Leistungssteigerung, der Avionik, dem Antrieb und der Reichweitensteigerung, einhergehend mit entsprechend aktualisierter Bewaffnung. Ergebnis waren über 15 Varianten, auch doppelsitzige Kampftrainer. Mit der MiG-21 *bis* endete 1975 die Produktion, der Nachfolger MiG-29 befand sich schon in der Entwicklung. Mikojan selbst und einige nichtrussische Firmen boten anschließend noch Upgradepakete an, die z. B. zur MiG-21 I der indischen Luftwaffe mit neuem Cockpit und zweitgemäßer Elektronik führte, oder zur *Lancer* in Rumänien, die beide ihre Jets noch bis ins 21. Jahrhundert betreiben wollten. China entwickelte die MiG-21 zur Chengdu J-7 [S. 8] weiter und lieferte bis 2013 vermutlich mehr als 2400 Exemplare, auch für den Export, aus.

Ca. 10 500 MiG-21 wurden von 1959 bis 1975 in drei russichen Werken hergestellt. In Lizenz 194 in der CSSR und 657 in Indien.

Bemerkungen: NATO-Code *Fishbed*. Die MiG-21 gehört zweifellos zu den bekanntesten Jagdflugzeugen des Kalten Krieges und war während der Luftparade in Tuschino 1961 erstmals für den Westen zu sehen. Sie war wegen ihrer überzeugenden Leistungen in über 50 Ländern, darunter allen Staaten des Warschauer Paktes, vertreten. Mit ihren stabilen Flugeigenschaften, gutem Handling, ihrer einfachen und robusten Bauweise, den niedrigen Produktions- und Wartungskosten war die MiG-21 vor allem für damalige Entwicklungsländer, trotz ihrer technologischen Unterlegenheit, erschwinglich und ein sehr gefragtes Produkt. Bei fast allen Konflikten in der Zeit des Kalten Krieges waren MiG-21 beteiligt. Ernstzunehmende Gegner waren sie z. B. im Vietnamkrieg, bei der sie mit ihrer Wendigkeit gegen die schweren US-Flugzeuge gute Chancen im Nahkampf hatten. Noch 2022 waren in 17 Staaten MiG-21 im Bestand.

Fast alle Betreiberstaaten präsentieren den Abfangjäger in ihren Museen. Eine MiG-21 steht z. B. auch in der Flugwerft Schleisheim und im Luftfahrtmuseum Rechlin.

Besatzung: 1
Triebwerke: (M) Ein Axialstrahltriebwerk Tumanski R-11-F2SK-300 mit 38,3 kN Schub, 60,6 kN mit Nachbrenner.
Leistungen: (M) Höchstgeschwindigkeit 2230 km/h in 11 000 m, Dienstgipfelhöhe 18 500 m, Reichweite 1100 km, maximal 1800 km.
Gewichte: (M) Leermasse 5950 kg, Abflugmasse 8950 kg, maximale Abfliugmasse 9400 kg.
Bewaffnung: (M) Ein MK im Bug, bis zu 1000 kg an Außenstationen: Luft-Luft- und/oder Luft-Boden-Raketen, Freifallbomben, Droptanks.

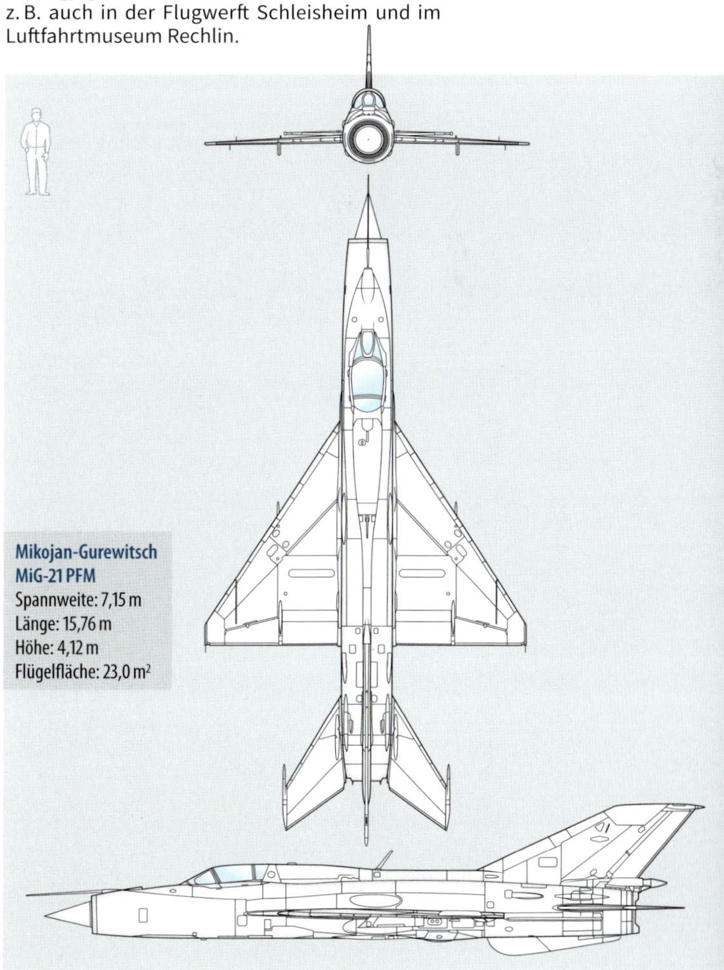

Mikojan-Gurewitsch MiG-21 PFM
Spannweite: 7,15 m
Länge: 15,76 m
Höhe: 4,12 m
Flügelfläche: 23,0 m²

Mikojan-Gurewitsch MiG-23

Ursprungsland
Sowjetunion
Kategorie
Mehrzweck-Kampfflugzeug

Entwicklung: Schon in den frühen 1960er-Jahren suchte man einen Nachfolger der MiG-21, der ursprünglich auf ihr basieren sollte. Der Lufteinlauf war jedoch das Limit für ein neues Radar. Deshalb erhielt die E-8 / MiG-23 einen Lufteinlass unter dem Rumpf, deren Entwicklung aber nach einem Crash gestoppt wurde. Auch um die Startstrecken zu verkürzen, konstruierte man daraufhin die E-8 M mit Hubtriebwerken, parallel dazu auch die 23-11 mit Schwenkflügeln, die im Juni 1967 flog und schließlich zur Serienreife weiterentwickelt werden sollte. Mit der variablen Flügelgeometrie verbesserten sich die Langsamflugeigenschaften, verkürzten sich die Start- und Landestrecken und brachten Vorteile im Luftkampf. 1969 waren sämtliche Tests abgeschlossen und die Produktion begann mit dem Vorserienmuster MiG-23 S. Ihr folgten zahlreiche immer wieder verbesserte Varianten, die sich in Ausrüstung, Bewaffnung und Antrieb unterschieden. Spätere aerodynamische Modifikationen und ein überarbeiteter Flügel verbesserten das Flugverhalten, zahlreiche, vor allem elektronische Upgrades hielten die MiG-23 auf aktuellem Stand. Exportversionen wurden überwiegend mit einfacheren, weniger modernen Systemen ausgeliefert. Von einigen Versionen produzierte Mikojan auch zweisitzige Trainer.

Insgesamt rollten von 1968 bis 1985 5364 MiG-23 aus zwei Werken in Irkutsk und Moskau.

Bemerkungen: NATO-Code *Flogger*. Der Hauptanteil der Produktion, etwa 3500, ging an die sowjetischen Streitkräfte. Exportiert wurde das Flugzeug in über 25 Länder, auch außerhalb des Warschauer Paktes. Alleine Indien erhielt 70 MiG-23, das bis zur Ausmusterung 2008 aber die Hälfte seiner Jets durch Unfälle verlor. Erste Serienflugzeuge flogen noch mit Beschränkungen, von denen aber im Laufe des Betriebs einige aufgehoben wurden. Ein ständiges Problem blieb jedoch der extrem hohe Wartungsaufwand des komplexen Flugzeugs und die kritischen Flugeigenschaften bei bestimmten Geschwindigkeiten. Die MiG-23 konnte sowohl für den Luftkampf, als auch für Angriffe auf Bodenziele eingesetzt werden und kam damit den Vorstellungen eines Mehrzweckkampfflugzeuge ziemlich nahe. Sie flogen bei fast allen Auseinandersetzungen der letzten 50 Jahre in Afrika, dem Nahen und Mittleren Osten und den Anrainerstaaten der Sowjetunion. Mit zunehmendem Alter und schwieriger Ersatzteillage begannen um die 2000er-Jahre erste Stillegungen, bis heute sind aber noch MiG-23 in afrikanischen Staaten und Nordkorea im Einsatz.

In nahezu allen Museen der Betreiberstaaten finden sich MiG-23, alleine ca. 20 Stück aus DDR-Beständen in deutschen Museen, eine z. B. im Militärhistorischen Museum in Berlin-Gatow.

Mikojan-Gurewitsch MiG-23 ML
Spannweite: 7,78 m / 13,97 m
Länge: 16,71 m
Höhe: 4,82 m
Flügelfläche: 37,27 m²

Besatzung: 1
Triebwerke: (MF) Ein Axialstrahltriebwerk Tumanski R-29-300 mit 81,4 kN Schub, mit Nachbrenner 122,6 kN.
Leistungen: Höchstgeschwindigkeit 2500 km/h, Dienstgipfelhöhe 17 700 m, Reichweite 1450 km, mit Zusatztanks 2360 km.
Gewichte: Leermasse 10 550 kg, Abflugmasse 15 600 kg, maximale Abflugmasse 20 100 kg.
Bewaffnung: Ein MG unter dem Cockpit, bis zu 2000 kg extern: Luft-Luft-, Luft-Boden-Raketen und Bomben.

Mikojan-Gurewitsch MiG-25

Ursprungsland
Sowjetunion
Kategorie
Abfangjäger, Aufklärer

Entwicklung: Anfang der 1960er-Jahre verlangte die sowjetische Regierung einen hoch fliegenden Mach-3-Jäger, der die US-Überschallbomber Convair B-58 [S. 155] und Aufklärer Lockheed A-12 [S. 185] abfangen konnte. Ein Entwicklungsauftrag wurde im Februar 1962 erteilt, der erste Prototyp flog im März 1964. Erste Vorserienflugzeuge waren noch mit Canards ausgestattet, die aber im Laufe der Erprobung wieder entfernt wurden. Während der Tests traten Mängel im Flugverhalten, im Hydrauliksystem und Aerodynamik- und Festigkeitsprobleme auf, die bis zum strukturellen Versagen und Absturz während eines Rekordversuches führten. Bereits 1969 begann der Bau der ersten Serienmaschinen und im April 1972 gab man die Maschinen zum Einsatz frei. Produziert wurden drei Baureihen: Abfangjäger, Aufklärer/Bomber und Schulmaschinen. Mit ca. 600 bis 1982 gebauten Jets gehörte der Abfangjäger MiG-25 P [Zchng.] zur meistgebauten Version, der zu Beginn mit weniger haltbaren Triebwerken zu kämpfen hatte und später von der MiG-25 PD/PDS abgelöst wurde. Vom Aufklärer MiG-25 R legte man zahlreiche Baureihen auf, die sich hauptsächlich durch die umfangreiche Aufklärungselektronik unterschieden, aber zum Teil auch als Bomber bis zu sechs 500 kg-Bomben ins Ziel bringen konnten. Zweisitzige MiG-25 wurden mit einem zweiten Sitz im Bug als Schulmaschinen, aber auch als ELINT-Version eingesetzt.

Insgesamt rollten von 1969 bis 1985 1190 MiG-25 aus den Werkhallen.

Bemerkungen: NATO-Code *Foxbat*. Der Hauptabnehmer der MiG-25 war zwar die Sowjetunion, sie exportierte aber auch nach Algerien (24), Aserbeidschan (8), Bulgarien (4), Indien (8), Irak (28), Libyen (40), Peru (3), Syrien (42) und Belarus (62). Neben zahlreichen Höhen- und Geschwindigkeitsweltrekorden in den 1960er- und 70er-Jahren wurde die MiG-25 jedoch auch bei sämtlichen kriegerischen Auseinandersetzungen der Betreiberländer eingesetzt: In den Kriegen im Nahen Osten, den Golfkriegen und über Tschetschenien und Georgien. Stationiert waren MiG-25 auch in den 1980er-Jahren in der ehemaligen DDR, die in Großbritannien gestartete amerikanische SR-71 über der Ostsee abfingen. Eine 1976 nach Japan geflogene MiG-25 P, die von der US Air Force untersucht wurde, zeigte jedoch die zum Teil überschätzten Fähigkeiten des Musters und deren begrenzten Einsatzbereich. Trotz des hohen Alters und der aufwendigen Wartung flog die Sowjetunion einige MiG-25 bis 2013, Algerien z. B. führte noch 2024 zwei MiG-25 bei einem Jahrestag vor.

Einige MiG-25 findet man in sowjetischen Museen, eine MiG-25 RBS steht auch im estnischen Luftfahrtmuseum bei Tartu.

Besatzung: 1
Triebwerke: Zwei Axialstrahltriebwerke Tumanski R-15 B-300 mit je 73,5 kN Schub und 100,1 kN mit Nachbrenner.
Leistungen: Höchstgeschwindigkeit 3000 km/h in 13 000 m, 1200 km/h in Bodennähe, Dienstgipfelhöhe 24 000 m, Steigzeit auf 20 000 m 8 min 54 sec, Reichweite 1860 km, Überführungsreichweite 2575 km.
Gewichte: Leermasse 20 020 kg, max. Abflugmasse 36 720 kg.
Bewaffnung: Maximal 3500 kg an fünf Außenstationen: Luft-Luft-Raketen, Luft-Boden-Lenkflugkörper, freifallende Bomben, Zusatztanks.

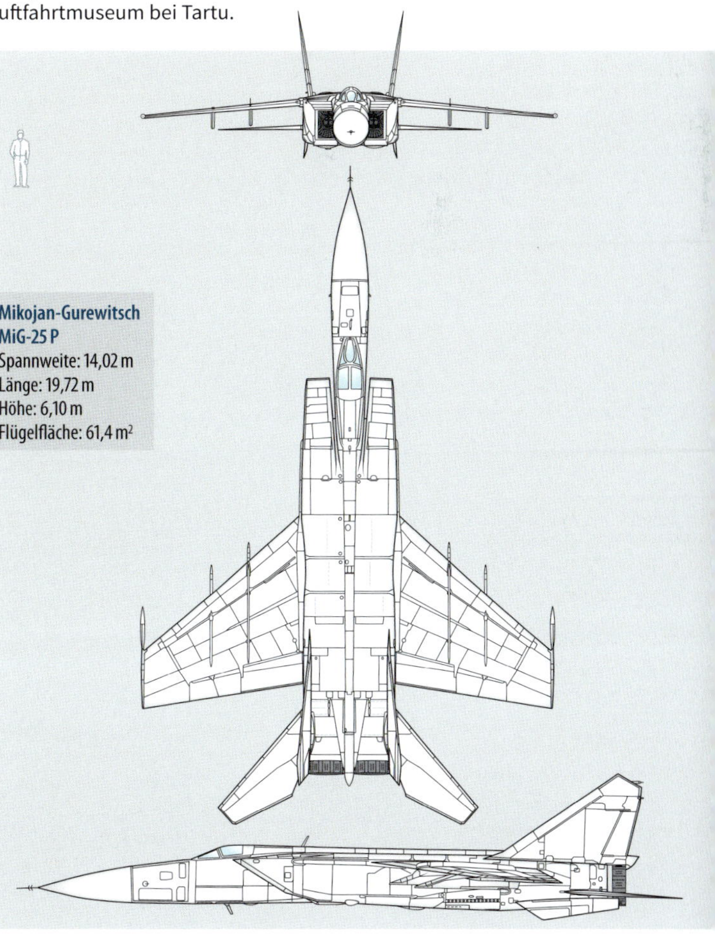

Mikojan-Gurewitsch MiG-25 P
Spannweite: 14,02 m
Länge: 19,72 m
Höhe: 6,10 m
Flügelfläche: 61,4 m²

Mil Mi-1

Ursprungsland
Sowjetunion
Kategorie
Leichter Mehrzweck-hubschrauber

Entwicklung: Michail Mil begann Ende 1947 mit der Entwicklung eines leichten Hubschraubers GM-1, dessen Prototyp im September 1948 flog. Nach dem Absturz der ersten und zweiten Versuchsmaschine wurden bis Anfang 1950 mit einem dritten Prototyp die zum Teil schwierigen Testreihen erfolgreich beendet und im Februar 1950 lieferte man eine Vorserie mit 15 Hubschraubern, offiziell Mi-1 genannt, zur Truppenerprobung aus. Der in Ganzmetallbauweise konstruierte Helikopter für Pilot plus zwei Passagiere hatte ursprünglich Metall-Holz-Rotorblätter, in der Serie aber Metallblätter. Ein mit Pressluft startender, gebläsegekühlter Sternmotor und das Getriebe mit Rotormast waren in einem geschweißten Stahlrohrrahmen aufgehängt. Der Pilot saß vorn, die beiden Passagiere dahinter. In einer ab 1957 gebauten M-Version konnten drei Passagiere in einer größeren Kabine Platz nehmen. Nach einer Demonstration vor dem sowjetischen Regierungskomitee wurde 1951 per Dekret beschlossen die Mi-1 in Großserie zu produzieren. 1952 begann in mehreren Werken die Serienfertigung, die nach zahlreichen Varianten, unter anderem Schul,- Fracht,- Sanitäts und Landwirtschaftshelikopter, erst 1960 endete. 1954 beschloss die sowjetische Regierung in einer staatlichen Abmachung mit Polen, die Produktion zu PZL auszulagern. Bis 1965 produzierte das Unternehmen 1597 Hubschrauber als SM-1, die überwiegend zurück in die Sowjetunion geliefert wurden. Eine von PZL in Polen weiterentwickelte Version SM-2 [S. 86], entstand Ende 1959 aus der Lizenzversion Mi-1 und unterschied sich unter anderem durch eine viersitzige Passagierkabine. Es wurden allerdings bis 1963 nur 91 Exemplare gefertigt.

Insgesamt lieferten mehrere sowjetische Werke und PZL bis 1965 2673 Mi-1 aus.

Bemerkungen: NATO-Code *Hare*. Bereits 1951 erhielten die ersten Geschwader Mi-1, die anfangs hauptsächlich zur Ausbildung eingesetzt wurden. Neben der weit verbreiteten militärischen Nutzung in der gesamten UdSSR wurde die robuste Mi-1 auch bei Explorationen, von der Aeroflot, der Polizei und von paramilitärischen Gruppen geflogen. Bei militärischen Auseinandersetzungen waren bewaffnete Mi-1 in China, Ägypten, Syrien, Irak, Kuba und im Nordjemen zu finden. Sie wurden in nahezu allen mit der Sowjetunion befreundeten Staaten auf allen Kontinenten eingesetzt. Die für die damalige Zeit sehr guten Flugleistungen wurden unter anderem auch durch 27 Weltrekorde unterstrichen. Offiziell legte man die letzte Mi-1 1983 still, aber 1995 waren immer noch rund 150 Mi-1 weltweit im Einsatz und auch heute noch gibt es vereinzelt flugfähige.

Neben zahllosen weltweit verstreuten Museumsexemplaren findet man auch eine Mi-1 im Bückeburger Hubschraubermuseum.

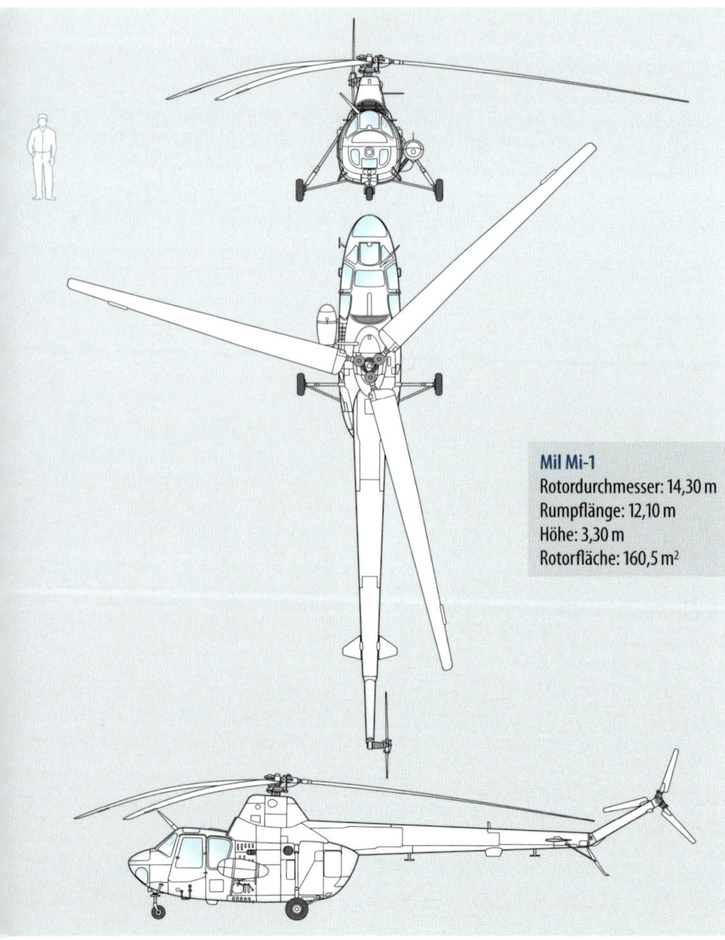

Mil Mi-1
Rotordurchmesser: 14,30 m
Rumpflänge: 12,10 m
Höhe: 3,30 m
Rotorfläche: 160,5 m²

Besatzung: 1
Triebwerk: Ein 7-Zylinder-Sternmotor Iwtschenko AI-26 W mit 419 kW (570 PS).
Leistungen: Höchstgeschwindigkeit 185 km/h, Reisegeschwindigkeit 130 km/h, Steigzeit auf 1000 m 4 min 30 sec, Dienstgipfelhöhe 3500 m, Reichweite 430 km.
Gewichte: Leermasse 1798 kg, Abflugmasse 2265 kg.

Mil Mi-2

Entwicklung: Als konsequente Weiterentwicklung der Mi-1 [S. 118] kann man die Mi-2 bezeichnen, die duch die Verwendung leichter, aber leistungsstarker Wellenturbinen den kompletten Antriebsstrang über dem Rumpf ermöglichte. Im September 1961 hob der noch von Mil gebaute erste Prototyp ab. Der in Ganzmetallbauweise konstruierte Helikopter konnte neben dem Piloten bis zu sieben Passagiere oder vier Tragbahren oder 700 kg interne oder 800 kg externe Last transportieren. Nach eingehender Erprobung wurde 1964 beschlossen, die Serienproduktion an Polen zu PZL Swidnik abzugeben, deren erstes Serienexemplar im November 1965 flog. Zahlreiche, immer wieder von PZL veränderte und verbesserte Varianten, auch mit GFK-Rotorblättern, erschienen im Laufe der Produktionszeit. Dazu zählten Transport-, Verbindungs-, SAR-, Überwachungs-, Aufklärungs-, Medevac-, Schul- und Trainingshubschrauber. Spezielle bewaffnete Versionen mit MKs und MGs, sowie gelenkten und ungelenkten Luft-Boden-Raketen an Außenstationen wurden zur Panzerabwehr und als Gunship eingesetzt. Zivil ließ sich die Mi-2 als Ambulanzhelikopter, Transporter und Cropduster einsetzen. Bei fast allen Versionen waren die typischen Außentanks zur Reichweitenverlängerung montierbar. Eine stärker motorisierte und mit größerem Rumpf für bis zu 10 Passagiere entwickelte Mi-2 M flog im 1974, wurde aber nach dem Bau von sechs Prototypen wieder aufgegeben.

1992 stellte Polen offiziell die Serienproduktion ein, produzierte vermutlich aber bis Ende 1998 in begrenztem Umfang weiter. PZL lieferte insgesamt 5497 Mil Mi-2 aus.

Bemerkungen: NATO-Code *Hoplite*. Die Mi-2 wurde zwar vom sowjetischen Konstruktionsbüro Mil entworfen, aber ausschließlich in Polen von PZL hergestellt. Der universell einsetzbare und robuste Mehrzweck-Turbinenhubschrauber war deutlich leistungsfähiger als Hubschrauber mit Kolbenmotoren und war für Polen ein weltweiter Exportschlager. Etwa ein Drittel der Produktion ging an militärische Nutzer. Hauptsächlich eingesetzt in den Staaten des Warschauer Paktes (UdSSR, Polen, DDR, CSSR, Ungarn und Bulgarien) erhielten Mi-2 auch befreundete Länder wie z. B. Syrien, Jugoslawien, Libyen, Nordkorea und Irak. Exportiert wurde aber weltweit, sowohl zivile, als auch militärische Exemplare.

Zahlreiche Helikopter sind heute noch flugfähig. Nordkorea unterhielt z. B. 2023 immer noch eine Flotte mit 28 Mi-2. In fast allen Luftfahrtmuseen der ehemaligen Ostblock-Staaten werden Mi-2 präsentiert, auch eine im Bückeburger Hubschraubermuseum.

Ursprungsland
Sowjetunion
Kategorie
Leichter Mehrzweckhubschrauber

Besatzung: 2
Triebwerke: Zwei Wellenturbinen Klimow GTD-350 mit je 294 kW (400 PS).
Leistungen: Höchstgeschwindigkeit 210 km/h, Reisegeschwindigkeit 190 km/h, Dienstgipfelhöhe 4000 m, Reichweite 440 km.
Gewichte: Leermasse 2372 kg, Abflugmasse 3550 kg, maximale Abflugmasse 3700 kg.
Bewaffnung: Einige Varianten an Außenstationen MGs, MKs, Raketenpods.

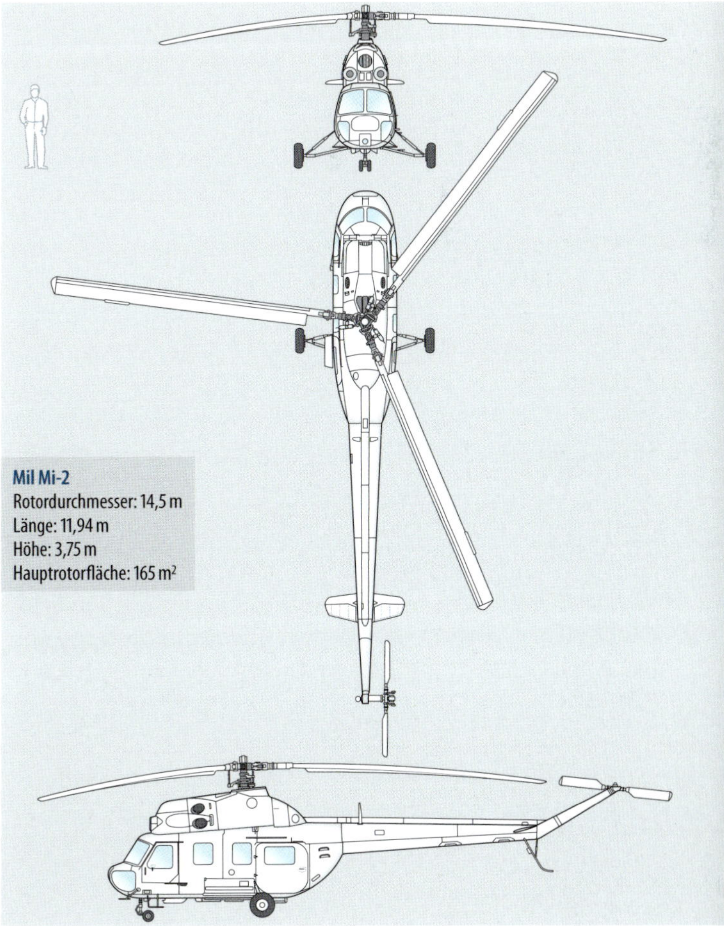

Mil Mi-2
Rotordurchmesser: 14,5 m
Länge: 11,94 m
Höhe: 3,75 m
Hauptrotorfläche: 165 m²

Mil Mi-4

Ursprungsland
Sowjetunion
Kategorie
Mehrzweckhubschrauber

Entwicklung: US-Hubschraubereinsätze im Koreakrieg zeigten der Sowjetunion, dass sie mit dem Bau von mittelschweren Hubschraubern im Rückstand war. Per Regierungsdekret begann deshalb im Oktober 1951 die Entwicklung der Mi-4. Innerhalb eines Jahres konstruierte und baute Mil einen Prototyp, der schon ab April 1952 gefesselte Flüge absolvierte und im Juni 1952 erstmals frei flog. Die Konstruktionsmerkmale entsprachen zwar der Sikorsky S-55 [Bd. 1], bei der ein Sternmotor im Bug über eine schräge Welle den über dem Frachtraum liegenden Hauptrotor antreibt. Die Mi-4 war jedoch wesentlich schwerer und leistungsfähiger und konnte über eine Heckfrachtluke bis zu 16 vollausgerüstete Soldaten oder 8 Tragbahren plus Begleitung in eine geräumige Kabine laden oder bis zu 1600 kg Fracht intern oder extern transportieren. Bereits im Dezember 1952 begann die Serienproduktion, 1953 zusätzlich in einem zweiten Werk. Die Hauptversion Mi-4 A [Bild, Zchng.] wurde als Transport- und bewaffneter Angriffshubschrauber mit einer MG-Bodenwanne ausgeliefert. Es wurden aber zahlreiche Varianten produziert, zu denen bewaffnete Angriffshubschrauber mit Stationen für Raketen oder Bomben, Anti-U-Boot-Helikopter mit Suchradar, Torpedos oder Wasserbomben, Beobachtungs- und Komandoposten, ECM- und SAR-Versionen und spezielle Varianten für die Arktis gehörten. Zivile Hubschrauber setzte man als Passagier-, Transport-, Sanitäts- und Kranhubschrauber, sowie zur Waldbrandbekämpfung und als Sprüh-Helikopter ein.

In der Sowjetunion wurden von 1952 bis 1968 ca. 3200 Mi-4 ausgeliefert. China produzierte von 1958 – 1979 weitere 545 als Harbin Z-5 s in Lizenz.

Bemerkungen: NATO-Code *Hound*. Der erste mittelschwere Mehrzweckhubschrauber der Sowjetunion war bei den Streitkräften und im zivilen Luftverkehr weit verbreitet und gehörte in den 1950er- und 1960er-Jahren zu den wichtigsten Hubschraubern in den Betreiberländern, zu denen neben den Warschauer Pakt-Staaten über 30 weitere Nationen zählten. Mi-4 sind zu fast allen militärischen Auseinandersetzungen der Sowjetunion herangezogen worden. Durch seine Flexibilität konnte er je nach Bedarf für Transport- und/oder Waffeneinsätze genutzt werden. Erst mit Erscheinen der Turbinenhubschrauber Mil Mi-8 begann man Mitte der 1960er-Jahre den Helikopter außer Dienst zu stellen, die letzten wurden aber erst Ende der 1980er-Jahre nach einem schweren Absturz gegroundet. Vermutlich flog Albanien seine Mi-4 noch bis 2005.

Es sind zahlreiche Museumsexemplare in den Betreiberländern erhalten geblieben. Eine Mi-4 findet man z. B. in der Flugausstellung Hermeskeil, aber auch im Flugplatzmuseum Cottbus.

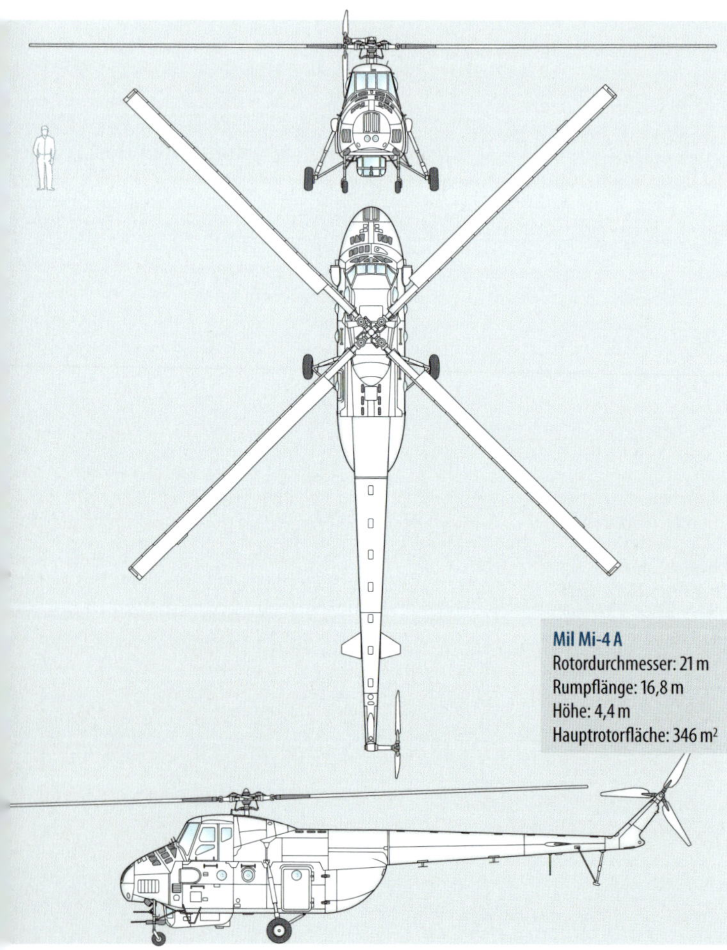

Mil Mi-4 A
Rotordurchmesser: 21 m
Rumpflänge: 16,8 m
Höhe: 4,4 m
Hauptrotorfläche: 346 m²

Besatzung: 1 – 2
Triebwerk: (A) Ein luftgekühlter Schwezow ASH-82 V mit 1235 kW (1680 PS).
Leistungen: Höchstgeschwindigkeit 185 km/h, Reisegeschwindigkeit 140 km/h, Dienstgipfelhöhe 5500 m, Reichweite 410 km, maximal 500 km.
Gewichte: Leermasse 5100 kg, Abflugmasse 7150 kg, maximale Abflugmasse 7550 kg.

Mil Mi-6

Ursprungsland
Sowjetunion
Kategorie
Schwerer Transporthubschrauber

Entwicklung: Zu Beginn der 1950er-Jahre forderte das russische Militär und die Industrie einen Hubschrauber, der 6 Tonnen Nutzlast über größere Distanzen transportieren konnte, die jedoch während der 1952 beginnenden Entwurfsarbeiten vom Militär auf 12 Tonnen gesteigert wurden. Im Juni 1955 präsentierte Mil ein 1:1-Mockup, dem weitere staatlich genehmigte Entwicklungsarbeiten folgten. Trotz der enormen Dimensionen entschied sich Mil, nicht auf das Tandemrotor-Prinzip wie z. B. der Jak-24 [S. 108] zurückzugreifen, nutzte aber erstmals zwei über ein Getriebe gekoppelte Gasturbinen. Im Juni 1957 hob der erste von sechs Prototypen ab. Die Zelle entstand in Aluminium-Halbschalenbauweise, die unter dem Rotor angeflanschten 15,3 m-spannenden Tragflächen lieferten im Vorwärtsflug etwa 20 % des Auftriebs. Der Rumpf mit Clamshell-Hecktüren bot Platz für bis zu 70 ausgerüstete Soldaten, bzw. 120 Passagiere oder 41 Tragbahren oder maximal 12 t Nutzlast, bis zu 9 t waren als Außenlast möglich. Um 1959 begann die Serienproduktion. Während dieser Zeit entstanden über 25 Versionen, zu denen auch einige zivile Passagier- und Frachthubschrauber zählten. In großer Zahl aber Militärtransporter, daneben ASW- und SAR-Varianten, Kraftstoff- und Raketen-Transporter, Feuerlöschhelikopter, fliegende Kommandoposten und einige experimentelle Helis für Spezialaufgaben. Parallel zur Serie wurden ständig neue Komponenten entwickelt, vor allem zur Leistungssteigerung und um die Laufzeit des Antriebsstranges zu verlängern.

Die Produktion endete 1980 nach insgesamt 926 ausgelieferten Schwerlasthubschraubern.

Bemerkungen: NATO-Code *Hook.* Der erste sowjetische Helikopter mit Turbinen war auch lange Zeit der größte und schnellste, und stellte zahlreiche anerkannte Nutzlast- und Geschwindigkeits-Weltrekorde auf. Die Mehrzahl betrieb die Sowjetunion, sie wurden aber weltweit in über 15 der Sowjetunion nahestehenden Nationen genutzt. In ihrer über 40 Jahre dauernden Einsatzzeit war die Mi-6 auch an militärischen Operationen wie z. B. in Afghanistan, Vietnam, Tschetschenien, Tschechoslowakei und im Kaukasus beteiligt. Im Oktober 2002 wurde schließlich nach einem Absturz die Zulassung aller aktiven Mi-6 widerrufen. Der Mi-6 folgte die ab 1985 in Dienst gestellte, ähnliche, aber deutlich leistungsfähigere Mi-26.

Zahlreiche osteuropäische und russische Museen besitzen Mi-6. In Deutschland findet man eine in der Flugausstellung Hermeskeil.

Besatzung: 5 – 6
Triebwerk: Zwei Wellentrubinen Solowjow D-25 V mit je 4045 kW (5500 PS).
Leistungen: Höchstgeschwindigkeit 300 km/h, Reisegeschwindigkeit 250 km/h, Dienstgipfelhöhe 4500 m, Reichweite 970 km bei 40 500 kg Abflugmasse, Überführungsreichweite 1450 km.
Gewichte: Leermasse 27 240 kg, Abflugmasse 40 500 kg, maximale Abflugmasse 42 500 kg.
Bewaffnung: Als Kampfzonenhubschrauber ein MG im Bug.

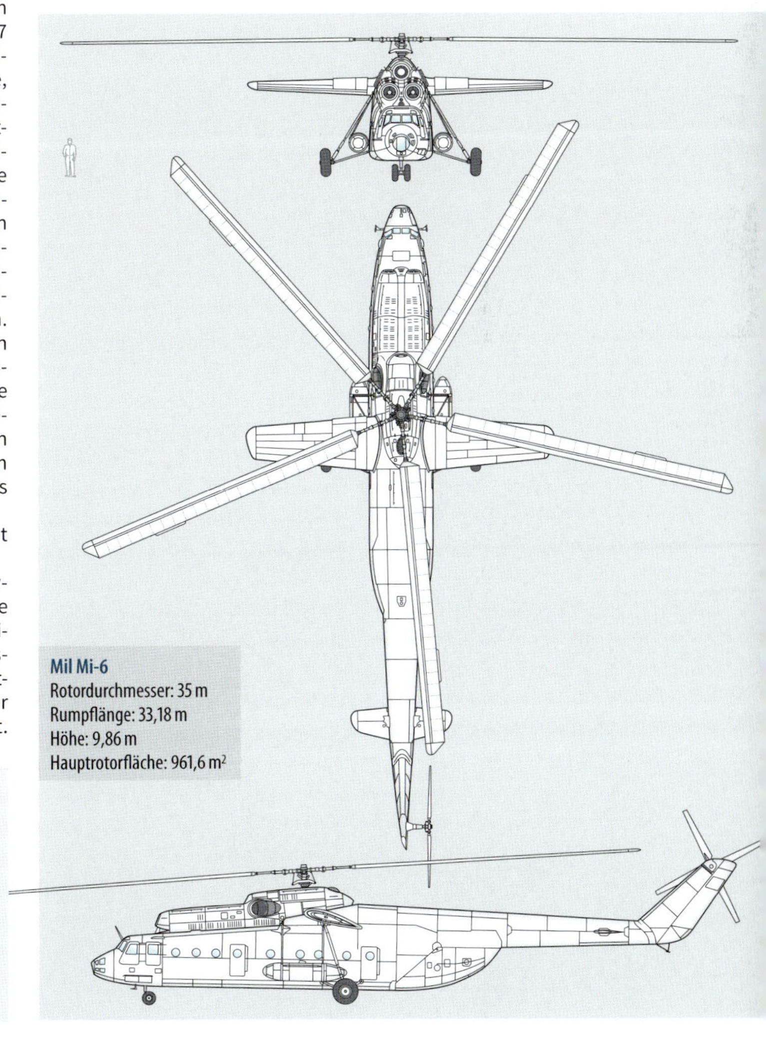

Mil Mi-6
Rotordurchmesser: 35 m
Rumpflänge: 33,18 m
Höhe: 9,86 m
Hauptrotorfläche: 961,6 m²

Mil Mi-8

Ursprungsland
Sowjetunion
Kategorie
Transport-hubschrauber

Entwicklung: Als Ersatz für die Mi-4 [S. 120] begann Mil 1957 einen einmotorigen Turbinenhubschrauber zu entwickeln, der den Antriebsstrang und Rotor der Mi-4 übernahm. Ein Prototyp W-8 flog im Juni 1961 erstmals. Parallel dazu wurde, um Sicherheit und Leistungsfähigkeit zu verbessern an einer zweimotorigen Variante W-8 A gearbeitet, für die Isotow extra eine Turbine entwickelte. Sie hob im September 1962 erstmals ab und ging nach der Erprobung als Mi-8 in Serie. Der in Ganzmetall-Schalenbauweise hergestellte Rumpf mit Clamshell-Hecktüren war, je nach Typ, für bis zu 4 Tonnen Nutzlast ausgelegt, Außenlasten am Seil waren bis max. 3 Tonnen zugelassen. Während der Erprobung mit vier Prototypen wurden etliche Modifikationen durchgeführt, zu dem auch die Installation eines Fünfblatt-Rotors gehörte. Im März 1965 erhielt Mil die Freigabe zur Serienproduktion und Ende 1965 konnten die ersten Mi-8 P und T ausgeliefert werden. Seit dieser Zeit wurden ca. 120 Versionen gebaut, die sich je nach Baujahr und Einsatzzweck durch Triebwerke und Ausrüstung in Gruppen unterscheiden lassen: Passagierversionen P, Transportversionen T und militärische Spezialversionen. Mi-8 M-Exportvarianten werden von 1977 bis heute produziert und als Mi-17 veräußert. Ständige Weiterentwicklungen und Upgrades führten auch zu tiefgreifenden technischen Modifikationen, heute auch unter Verwendung modernster Werkstoffe und elektronischer Systeme.

Verlässliche Produktionszahlen existieren nicht. Hergestellt wird die Mi-8/Mi-17 bis heute in Kasan (7300 St.) und in Ulan Ude (3800 St.). Andere Quellen sprechen von bis zu 17 000 Exemplaren.

Bemerkungen: NATO-Code *Hip*. Weltweit ist die Mi-8 der am häufigsten produzierte Hubschrauber, der in über 70 Ländern auf allen Kontinenten bis heute zum Einsatz kommt. Ursprünglich als militärischer und ziviler Transporthubschrauber, seiner häufigsten Rolle, konzipiert, zeigte sich früh, dass er großes Potenzial für Weiterentwicklungen hatte und ein breites militärisches Aufgabengebiet abdecken konnte: als schwer bewaffneter Kampfhubschrauber, Kampfzonentransporter, Minenverleger, Aufklärer, fliegender Kommandoposten, SAR- und ECM-Heli, im zivilen Bereich als Lasten-, Passagier- und VIP-Transporter. So ist es auch nicht verwunderlich, dass die Mi-8 bei nahezu allen militärischen Auseinandersetzungen der letzten 60 Jahre zu finden war.

Zahlreiche Mi-8 stehen in Museen der Betreiberländer. Eine Mi-8 zeigt z. B. auch das Luftfahrtmuseum Rechlin und das Technik Museum Speyer.

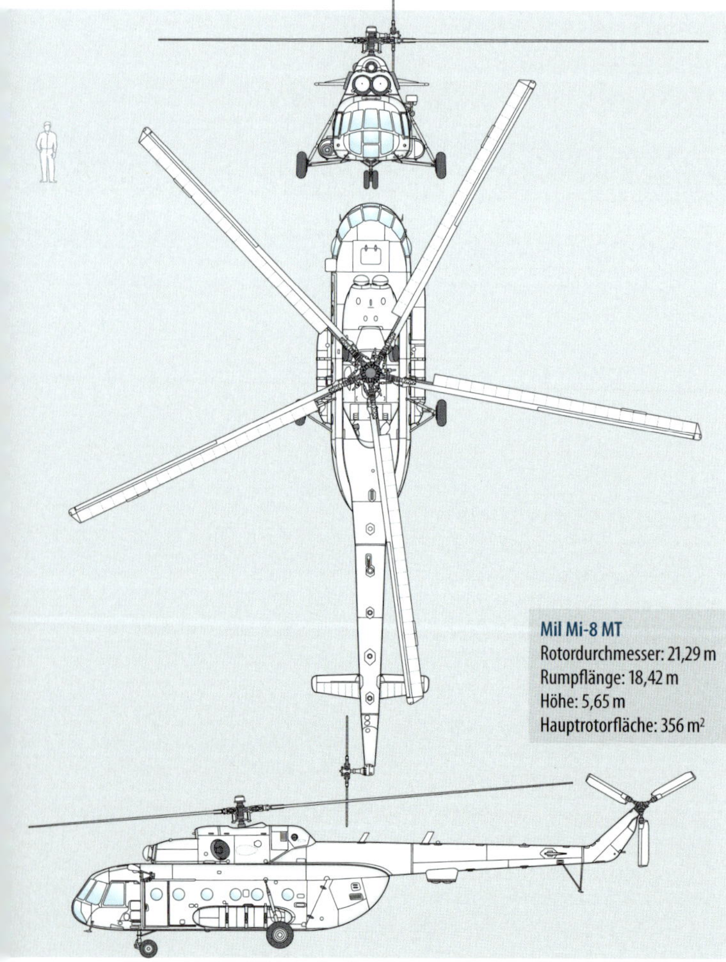

Mil Mi-8 MT
Rotordurchmesser: 21,29 m
Rumpflänge: 18,42 m
Höhe: 5,65 m
Hauptrotorfläche: 356 m²

Besatzung: 3
Triebwerke: (MT) Zwei Wellenturbinen Klimow TV3-117 MT mit je 1435 kW (1950 PS).
Leistungen: (MT) Höchstgeschwindigkeit 250 km/h, Reisegeschwindigkeit 240 km/h, Dienstgipfelhöhe 5000 m, Reichweite ca. 495 km, Überführungsreichweite 950 km.
Gewichte: (MT) Leermasse 7200 kg, max. Abflugmasse 12 000 kg.
Bewaffnung: Je nach Einsatzzweck und Version bewegliche MGs im Bug und an den Türen, bis zu 1500 kg Waffen an seitlichen Trägern: Panzerabwehrraketen, ungelenkte Luft-Boden-Raketen, Freifallbomben, Minen- und MG-Behälter.

Mil Mi-10

Ursprungsland
Sowjetunion
Kategorie
Schwerer Lastenhubschrauber

Entwicklung: Schon zu Beginn des Hubschrauber-Serienbaus nach dem Zweiten Weltkrieg gab es Überlegungen in den USA und der UdSSR spezielle Kranhubschrauber zu entwickeln. Mit Erscheinen der Mi-6 [S. 121] und einem Regierungserlass im Februar 1958 begann deshalb bei Mil die Konstruktion des schweren Lastenhubschraubers Mi-10. Den Antrieb, das Getriebesystem, den Haupt- und Heckrotor übernahm Mil von der Mi-6. Ein speziell konstruierter Rumpf konnte noch bis zu 28 Passagiere oder 3 Tonnen Fracht aufnehmen, das extrem lange Fahrwerk [Bild oben] gewährte eine Bodenfreiheit von 3,75 m bei 6 m Spurweite. Genug Platz um bis zu 8000 kg schwere großvolumige Container und Lasten außenbords zu transportieren. Nach dem Bau eines Mockups flog der erste Prototyp im Juni 1960, der allerdings im Mai 1961 bei einer Landung zu Bruch ging. Mit dem zweiten Prototyp wurde die Erprobung erfolgreich fortgesetzt, die 1964 mit der staatlichen Abnahme und dem Serienbau endete. Erstmals im März 1966 wurde die Version Mi-10 K [Zchng.] präsentiert, von der vermutlich 17 ausgeliefert wurden. Sie konnte mit einem kürzeren Fahrwerk bis zu 11 000 kg heben und war durch einen ausfahrbaren Steuerstand für einen zweiten Piloten unterhalb des Cockpits wesentlich leichter zu manövrieren. Der spätere Einbau stärkerer Solowjow-Turbinen ermöglichten bis zu 14 000 kg Außenlasten.

Vermutlich lieferte Mil bis 1969 63 Mi-10 aller Versionen aus, andere Quellen berichten von lediglich 40 Hubschraubern, davon wurden angeblich auch 3 Mi-10 in den Irak exportiert.

Bemerkungen: NATO-Code *Harke*. Neben den zivilen Aeroflot-Einsätzen des schweren Transporthubschraubers, unter anderem auch in der DDR, sollten Mi-10 laut Luftwaffenmilitärs zum Transport von schweren Lasten genutzt werden. Vor allem für das mobile ballistisches Raketensystem RVK inklusive der Abschussfahrzeuge, die nach dem Absetzen durch die Mi-10 zum Positionieren der Raketen eingesetzt werden sollten. Die zügige Weiterentwicklung ballistischer Raketen erübrigte später jedoch den Einsatz der langbeinigen Mi-10. Deshalb wurden etliche zur Mi-10 PP für ECM-Maßnahmen mit einem großvolumigen Störsender-Container umgebaut. Einzelne Helikopter rüstete Mil für Spezialoperationen um, darunter auch einen Helikopter, der 1965 mit bis zu 25 Tonnen Nutzlast zahlreiche Weltrekorde für Turbinenhubschrauber aufstellte.

Eine Mi-10 wird im Zentralen Museum der Luftstreitkräfte der Russischen Föderation in Monino bei Moskau präsentiert.

Besatzung: 3
Triebwerke: Zwei Turbinen Solowjow D-25 W mit je 4101 kW (5575 PS).
Leistungen: Höchstgeschwindigkeit 200 km/h, Reisegeschwindigkeit 180 km/h, Dienstgipfelhöhe 3000 m, Reichweite ca. 430 km.
Gewichte: Leermasse (K) 25 450 kg, maximale Startmasse (K) 43 700 kg.

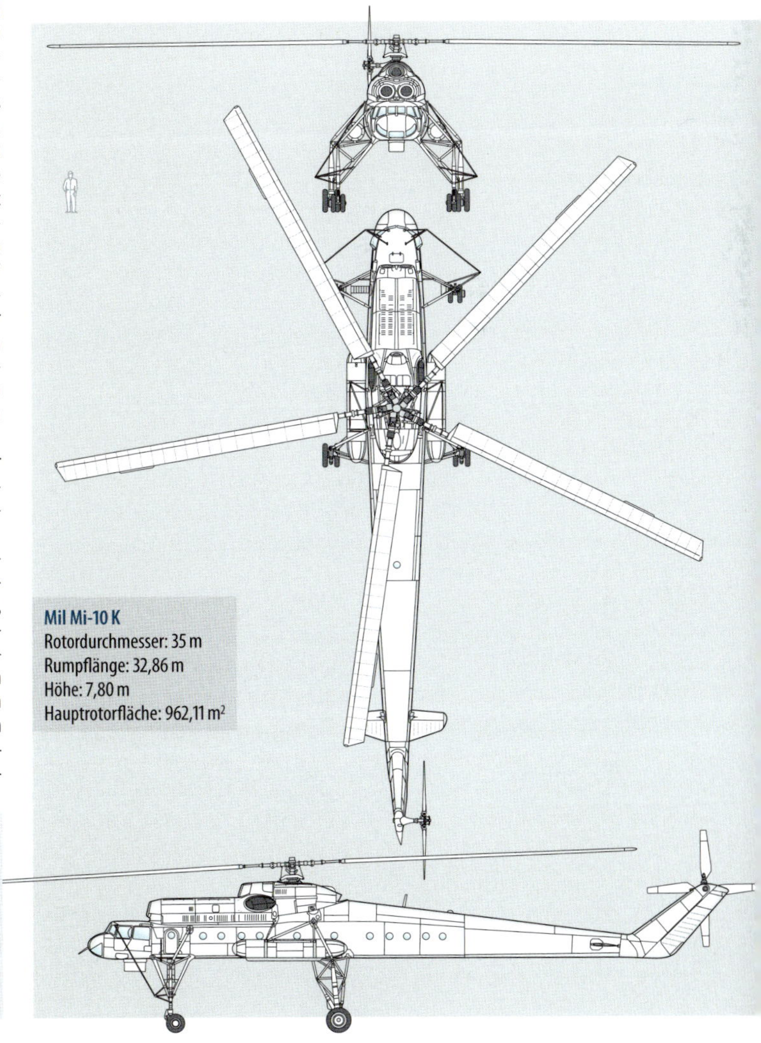

Mil Mi-10 K
Rotordurchmesser: 35 m
Rumpflänge: 32,86 m
Höhe: 7,80 m
Hauptrotorfläche: 962,11 m²

Mjassischtschew M-4 / 3M

Ursprungsland
Sowjetunion
Kategorie
Strategischer Bomber

Entwicklung: Um die USA mit einem atomwaffentragenden Bomber erreichen zu können, benötigte die Sowjetunion einen leistungsfähigeren Langstreckenbomber als die viermotorige Propellermaschine Tu-4, weshalb Mjassischtschew 1951 angewiesen wurde, einen strahlgetriebenen Bomber zu entwickeln. Im Januar 1953 hob die erste M-4 ab, die im März 1954 für staatliche Tests übergeben wurde. Ein Jahr darauf begann die Serienproduktion. Die M-4 [Zchng.] mit einem Zentralfahrwerk und Stützrädern, erreichte allerdings nie die vorgegebenen 12 000 km Reichweite. Deshalb wurden Luftbetankungs-Versuche begonnen, für das einige M-4 mit Betankungssonden, Schlauchtrommeln und Tanks im Bombenschacht ausgerüstet wurden. Ab den späten 1950er-Jahren baute man schließlich zahlreiche Maschinen zu unbewaffneten Tankern M-4 II um. Schon 1954 wurde bei der überarbeiteten Version 3M [Bild] eine Betankungssonde am Bug und vier stärkere Dobrynin RD-7-Triebwerke mit je 93,2 kN Schub eingebaut, die wesentlich effizienter waren. Gewichtsreduktion, eine Neugestaltung des Rumpfes und eine größere Spannweite verhalfen schließlich zu mehr Reichweite. Auch von der 3M wurden in den 1970er und 80er-Jahren zahlreiche Exemplare zum Tanker 3MS-2 und 3MN-2 umgerüstet. Mit einem großvolumigen Behälter auf dem Rumpfrücken und einem Doppelleitwerk nutzte man drei M-4 *Atlant* noch als Transporter für Raketentanks im Rahmen des Buran-Programms.

Vermutlich wurden bis 1963 zusammen 125 Exemplare, davon 90 3M ausgeliefert.

Bemerkungen: NATO-Code *Bison*. Die völlig überraschende Vorstellung von mehreren M-4 auf der Luftparade in Tuschino löste 1954 im Westen die Entwicklung zahlreicher strategischer Bomber aus. Weder die M-4, noch die spätere 3M waren jedoch in der Lage, Ziele in den USA zu erreichen. Nachdem dies klar wurde, stellte man die Produktion ein. Beide Varianten setzte man aber über Jahrzehnte als Langstreckenbomber und -Seeaufklärer sowie bei anderen unterstützenden Missionen ein, aber nie bei Kampfhandlungen. Viele ließ man zu Tankern umbauen, als die Tu-22 [S. 132] auch die Seeaufklärung übernahm. Einige wenige davon blieben bis 1994 in Betrieb, die meisten wurden aber im Rahmen von Abrüstungsverträgen mit den USA verschrottet. Dass die *Bison* aber trotzdem ein leistungsfähiges Flugzeug war, beweisen zahlreiche internationale Nutzlastrekorde, die in den 1950er-Jahren aufgestellt wurden.

Eine 3M findet man im Zentralen Museum der Luftstreitkräfte in Monino, Russland.

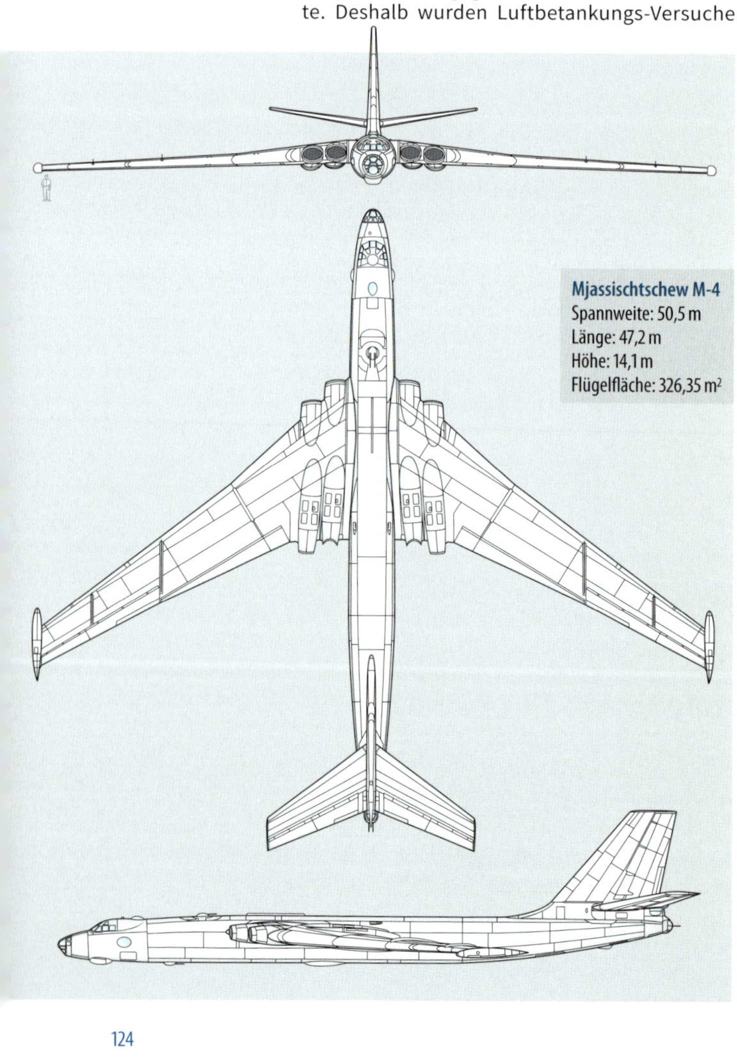

Mjassischtschew M-4
Spannweite: 50,5 m
Länge: 47,2 m
Höhe: 14,1 m
Flügelfläche: 326,35 m²

Besatzung: (3M) 6 – 8
Triebwerke: (3M) Vier Axialstrahltriebwerke Dobrynin VD-7 mit je 93,2 kN Schub.
Leistungen: (3M) Höchstgeschwindigkeit 947 km/h, Dienstgipfelhöhe 15 000 m, Reichweite mit 12 000 kg Last 13 000 km.
Gewichte: (3M) Leermasse 76 800 kg, Abflugmasse 145 600 kg, maximale Abflugmasse 193 000 kg.
Bewaffnung: (3M) Drei ferngesteuerte MKs, normal 5000 kg, maximal 18 000 kg nukleare oder konventionelle Bomben.

Suchoj Su-7

Ursprungsland
Sowjetunion
Kategorie
Jagdbomber

Entwicklung: Das Entwicklungsbüro Suchoi begann Anfang der 1950er-Jahre mit der Entwicklung eines Experimental-Überschall-Kampfflugzeugs, das schon bei Testflügen über 2000 km/h erreichte. Das ermutigte Suchoi die S-1 zu entwickeln, die im September 1955 flog. Mit stark gepfeilten Flügeln, einem erstmals verwendeten Pendelhöhenruder, dem verstellbaren Lufteinlaufkegel für das neu entwickelte Ljulka-Strahltriebwerk und einem von Suchoi entwickelten Schleudersitz entsprach der Jet dem damaligen technischen Stand der Dinge. Nach Abschluss der Erprobung wurden von 1957 bis 1960 132 Su-7 A als Jagdflugzeug ausgeliefert. Im Mai 1957 begann Suchoi auf Anweisung der Streitkräfte die Su-7 als Jagdbomber weiterzuentwickeln. Die erste Su-7 B flog im März 1959, von der bis 1972 431 vom Band rollten. Mit einem verbesserten Triebwerk und zusätzlichen Hardpoints für Bomben und Droptanks wurden von der Su-7 BM [Bild, Zchng.] von 1963 bis 1965 290 hergestellt. Die ab 1965 bis 1972 produzierte Suchoi 267 Su-7 BKL konnte mit Startraketen von unbefestigten Pisten eingesetzt werden und eine vereinfachte Exportversion Su-7 BMK lief bis 1971 441 mal vom Band. Dazu kamen insgesamt noch 411 doppelsitzige Trainer Su-7 U in mehreren Varianten.

Bis 1972 verließen insgesamt 1847 Su-7 die sowjetischen Werkhallen.

Bemerkungen: NATO-Code *Fitter*. Als Abfangjäger Su-7 A wenig erfolgreich, wurde die Su-7 B in den 1960er-Jahren zum wichtigsten Jagdbomber der Sowjetunion. Wegen ihrer durstigen Ljulka-Triebwerke hatte sie jedoch eine eingeschränkte Kampfreichweite, was oft dazu führte, dass an zwei von vier Außenstationen Droptanks mitgeführt wurden. Nachteilig war bei schlechter Sicht das Fehlen eines Instrumentenlandesystems und die hohe Start- und Landegeschwindigkeit und die dazu benötigte lange Bahn. Mit ihren guten Flugeigenschaften und hohen Geschwindigkeit, auch in geringen Höhen, war sie allerdings bei ihren Piloten beliebt. Neben der Sowjetunion als Hauptabnehmer wurden über 700 Su-7, teils neue oder aus sowjetischen Beständen an die Länder Algerien, Afghanistan, Ägypten, Indien Irak, Nordkorea, Polen, Syrien und die Tschechoslowakei abgegeben. Eingesetzt wurden sie in den ägyptisch-israelischen Kriegen 1967 und 1973, während der indisch-pakistanischen Auseinandersetzungen 1971 und im Iran-Irak-Krieg ab 1980. Die Sowjetunion flog ihre Su-7 bis 1986, die letzte polnische flog noch 1990.

Zahlreiche Su-7 findet man in russischen Museen, eine im Luftfahrtmuseum in Krakau, Polen, eine auch in der Flugausstellung Hermeskeil.

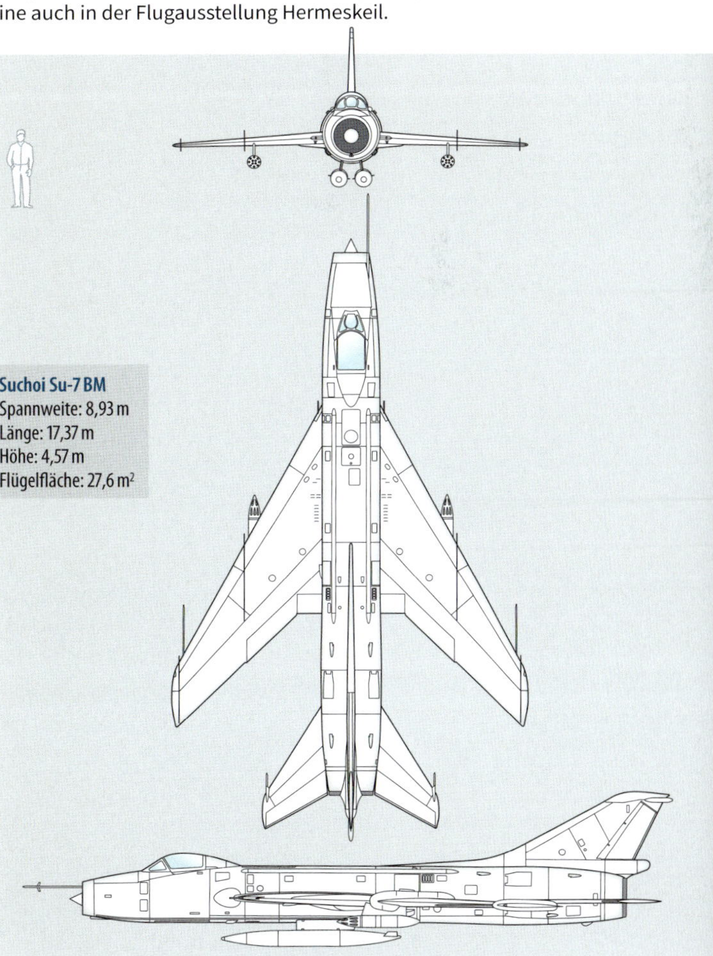

Suchoi Su-7 BM
Spannweite: 8,93 m
Länge: 17,37 m
Höhe: 4,57 m
Flügelfläche: 27,6 m²

Besatzung: 1
Triebwerke: (B) Ein Axialtrahltriebwerk Ljulka AL-7 F-1 mit 66,7 kN Schub und 94,1 kN mit Nachbrenner.
Leistungen: (B) Höchstgeschwindigkeit 2120 km/h, Reisegeschwindigkeit 786 km/h, Dienstgipfelhöhe 15 000 m, Reichweite maximal 1650 km.
Gewichte: (B) Leermasse 8370 kg, Abflugmasse 11 983 kg, maximale Abflugmasse 13 043 kg.
Bewaffnung: (B) Zwei MGs in der Flügelwurzel, an vier Flügelstationen maximal 2000 kg ungelenkte Raketen und/oder Bomben.

Suchoj Su-9

Ursprungsland
Sowjetunion
Kategorie
Abfangjäger

Entwicklung: Parallel zur Su-7 arbeitete Suchoi auch an einem Allwetter-Abfangjäger mit Deltaflügeln, dessen Versuchsmuster T-3 erstmals im Mai 1956 abhob. Um mit der Entwicklung schneller voranzukommen und die Fertigung zu rationalisieren, wurden zahlreiche Rumpfkomponenten der Su-7 [S. 125] übernommen. Das erste von sechs Vorserienmuster T-43 flog im Oktober 1957. Im Gegensatz zur ähnlichen, aber kleineren MiG-21 [S. 115] führte die Su-9 ein Radar im verstellbaren Einlaufkonus mit, sowie umfangreiche elektronische Systeme, die allerdings Platz auf Kosten des Tankvolumens einnahmen. Sie war ausschließlich mit maximal vier Luft-Luft-Raketen bewaffnet. Der Serienbau lief 1958 an und im Juni 1959 begannen die Auslieferungen. Mit einem um 0,6 m verlängerten Rumpf für das Tandem-Cockpit wurden bewaffnete und mit Radar ausgestattete Trainer Su-9 U (Erstflug Januar 1961) gefertigt, die das Training aller komplexen Systeme des Abfangjägers ermöglichten.

Insgesamt wurden aus zwei Werken in Moskau und Novosibirsk 1116 Su-9 ausgeliefert, davon 50 Trainer-Doppelsitzer Su-9 U.

Bemerkungen: NATO-Code *Fishpot*. Mit der Su-9 erhielt die Sowjetunion einen Überschall-Abfangjäger, der über den nicht vom Bodenradar abgedeckten großen sowjetischen Gebieten anfliegende feindliche Bomber aufspüren und abfangen sollte. Mit den damals modernen bordeigenen Radarsystemen und der Raketenbewaffnung, sowie einem schubstarken Triebwerk, das eine Steigrate von ca. 8000 m pro Minute ermöglichte, waren die Leistungen der Su-9 beeindruckend. Belegt wurde dies auch 1959 und 1962 durch etliche Höhen- und Geschwindigkeitsrekorde. Allerdings war die Su-9 mit ihrem extrem hohen Treibstoffverbrauch trotz zweier externer Tanks unter dem Rumpf, mit einer geringen Reichweite in ihren Aktionen deutlich eingeschränkt. Auch das Fehlen einer Maschinenkanone wurde für Luftkämpfe auf kurze Distanzen bemängelt. Piloten lobten zwar ihre Flugeigenschaften, obwohl die Su-9, wie die Su-7, nicht einfach zu fliegen waren. Stationiert waren Su-9 nur auf russischem Territorium, der Abfangjäger wurde nicht exportiert, auch nicht an verbündete Staaten des Warschauer Paktes. Er war auch nie an Kampfhandlungen beteiligt, wenn man vom Versuch, über russischem Gebiet amerikanische U-2 [S. 181] abzufangen, absieht. Die letzten Su-9 wurden um 1980 außer Dienst gestellt, einige noch zu Zieldrohnen umgebaut. Bis auf die ca. 20 erhalten gebliebenen, sind alle verschrottet worden.

Neben zahlreichen Denkmälern in russischen Städten steht auch eine Su-9 im Zentralen Museum der Luftstreitkräfte in Monino, Russland.

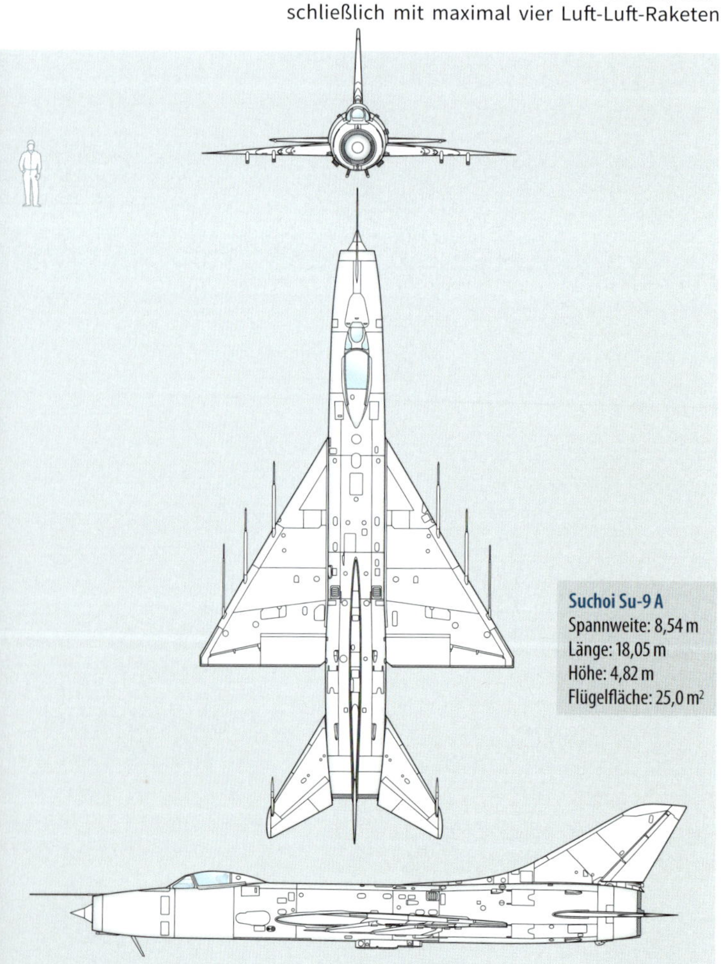

Suchoi Su-9 A
Spannweite: 8,54 m
Länge: 18,05 m
Höhe: 4,82 m
Flügelfläche: 25,0 m²

Besatzung: 1
Triebwerke: Ein Axialstrahltriebwerk Ljulka AI-7 F-1 mit 66,7 kN Schub, 94 kN mit Nachbrenner.
Leistungen: Höchstgeschwindigkeit 2230 km/h in 12 000 m Höhe, Dienstgipfelhöhe 20 000 m, Reichweite 1300 km, mit Droptanks 1800 km.
Gewichte: Leermassse 7675 kg, Abflugmasse 11 442 kg, maximale Abflugmasse 12 512 kg.
Bewaffnung: An sechs Außenstationen vier Luft-Luft-Raketen und zentral zwei Droptanks..

Suchoj Su-11

Ursprungsland
Sowjetunion
Kategorie
Abfangjäger

Entwicklung: Schon 1957 begann Suchoj die T-47, eine weitere Variante des Versuchsmusters T-3, zu entwickeln. Im Prinzip eine Ableitung aus der Su-9, die an ein leistungsfähigeres Waffensystem, bestehend aus einem moderneren Radar und Luft-Luft-Raketen, angepasst werden musste. Um die Radaranlage unterzubringen wurde ein neuer, längerer Bug mit größerem Durchmesser entworfen, die sich verschlechternde Sicht des Piloten und Probleme mit dem Lufteinlass nahm man in Kauf. Ein optimiertes Ljulka-Strahltriebwerk und überarbeiteter Nachbrenner sollte trotz des höheren Gewichts etwas bessere Leistungen in großer Höhe bringen. Der erste Prototyp flog im Dezember 1958. Die in Halbschalenbauweise konstruierte Su-11 war, bis auf den Vorderrumpf und die reduzierten Waffenstationen nahezu identisch mit der Su-9. Noch während der zweijährigen Erprobung wurden weitere Varianten des Bugs getestet. Mitte 1961 waren die Test abgeschlossen und Anfang 1962 gab die Luftwaffe die Maschine zur Serienherstellung als Su-11 frei. Geplant war, damit die Produktion der Su-9 komplett zu ersetzen. Die ersten Serienmaschinen erreichten die Luftwaffe im Juni 1962 zur Truppenerprobung, bei der im Oktober eine Maschine mit tödlichem Ausgang abstürzte. Dies wurde zum Anlass genommen, die Produktion vorübergehend einzustellen, um die Zuverlässigkeit und Qualität der Su-11 zu verbessern.

Anfang 1965 startete die Produktion erneut, allerdings mit einer Reduktion der Stückzahl zugunsten der Jak-28 [S. 111]. Sie endete im selben Jahr nach 108 ausgelieferten Exemplaren.

Bemerkungen: NATO-Code *Fishpot-C*. Mit dem Abfangjäger schuf das Suchoi-Konstruktionsbüro lediglich eine modernisierte Version der Su-9 mit stärkerem Triebwerk und geringfügig besseren Leistungen. Entsprechend der damaligen Verteidigungsdoktrin war auch die Su-11 nicht mit einer Maschinenkanone für den Luftkampf auf kurze Distanz bewaffnet, auch die später genutzten Gunpods waren nur eine Notlösung. Man setzte eigentlich ausschließlich auf das neue Radar und den thermisch-/radargelenkten Raketen. Die Su-11 flog in drei Regimentern der Luftverteidigung bis Ende der 1970er-Jahre nur innerhalb der Sowjetunion, bis sie schließlich durch modernere Jets, wie die Su-15 [S. 128], abgelöst wurden. Mit ihr endete auch die Baureihe und das mit der Su-7 beginnende Konstruktionsprinzip. Selbst das OKB Suchoi gestand ein, dass mit der Su-11 die Entwicklung ausgereizt war.

Eine Su-11 wird im Zentralen Museum der Luftstreitkräfte in Monino, Russland präsentiert.

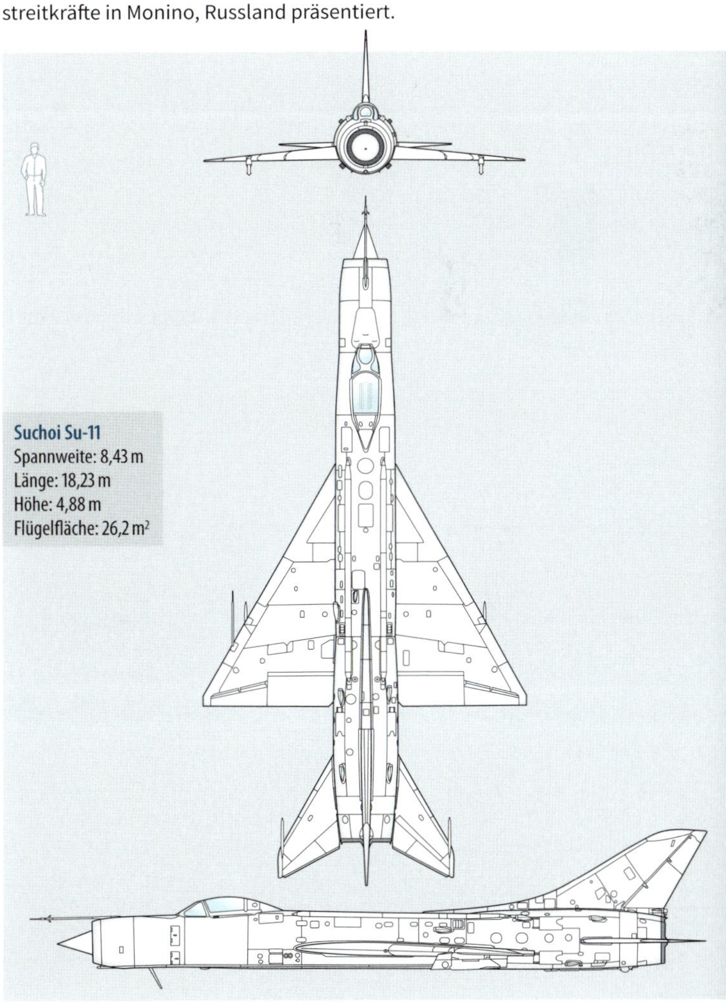

Suchoi Su-11
Spannweite: 8,43 m
Länge: 18,23 m
Höhe: 4,88 m
Flügelfläche: 26,2 m²

Besatzung: 1
Triebwerke: Ein Axialstrahltriebwerk Ljulka AL-7 F-1 mit 68 kN Schub, 101 kN mit Nachbrenner.
Leistungen: Höchstgeschwindigkeit 2340 km/h in 12 000 m, Dienstgipfelhöhe 18 000 m, Reichweite 1350 km, mit Droptanks 1800 km.
Gewichte: Leermasse 8562 kg, Abflugmasse 12 674 kg, maximale Abflugmasse 13 990 kg.
Bewaffnung: Bis zu 1000 kg Außenlasten: Zwei Luft-Luft-Raketen plus zwei Maschinenkanonenbehälter oder Droptanks.

Suchoj Su-15

Ursprungsland
Sowjetunion
Kategorie
Abfangjäger

Entwicklung: Nach dem Misserfolg mit der Su-11 begann das OKB Suchoi an einem leistungsfähigeren, einstrahligen Abfangjäger T-49 zu arbeiten, der zwar den Rumpf und Flügelelemente der SU-11 übernahm, aber mit seitlichen Lufteinläufen einen großen Radardom im Bug zuließ. Ein weiterer Schritt Suchois war die T-58, ein überarbeiteter Abfangjäger mit zwei Tumanski R-11-Triebwerken mit je 61,38 kN Nachbrennerschub, die nun auch die staatliche Zustimmung zur Serienentwicklung erhielt. Erstflug war im Mai 1962. Die in Halbschalen-Ganzmetallbauweise konstruierte Su-15 wurde nach langer Erprobungsphase, die zahlreiche Änderungen zur Folge hatte, im April 1965 zur Serienreife gebracht. Erste Vorserienflugzeuge flogen im März 1966. Eine doppelsitzige unbewaffnete Trainerversion Su-15 UT ohne Radar kam 1970 zum Einsatz. Ein Jahr zuvor stellte man die Serienproduktion auf die Su-15 T um, nun mit Tumanski R-13-Triebwerken, einem modernisierten Radar und neuer Avionik. Parallel dazu arbeitete Suchoi an einem umfassenden Upgrade, das zur modernsten Version, der Su-15 TM [Bild] führte. Das überarbeitete Leitwerk, Doppeldeltaflügel, Grenzschichtzäune und angeblasene Klappen sollten die bemängelten Start- und Landeeigenschaften verbessern. Geändert wurden auch die Lufteinläufe für die beiden leistungsfähigeren Triebwerke. Die ersten von 450 Exemplaren flogen ab 1971 bei den Regimentern zur Luftverteidigung. Eine unbekannte Anzahl wurde noch zwischen 1976 und 1979 vom voll kampffähigen Trainer Su-15 UM ausgeliefert. Einmalige Prototypen blieben die STOL-fähige T-58VD mit Hubtriebwerken, ein Überschall-Erdkämpfer Su-15 Sh und eine Su-15 bis mit R-25-Triebwerken.

Insgesamt wurden vermutlich 1290 Su-15 aller Varianten hergestellt.

Bemerkungen: NATO-Code *Flagon*. Die Su-15 war ab 1967 über Jahre hinweg das wichtigste Flugzeug der sowjetischen Luftverteidigung und vor allem im Fernen Osten und im Norden des riesigen Landes stationiert. Sie wurden nach dem Zerfall der Sowjetunion 1991 nach und nach von MiG-29 und Su-27 abgelöst. Einige verblieben in Georgien, etwa 70 TM in der Ukraine. Die letzten Su-15 sind von Russland 1994 und 1996 von der Ukraine stillgelegt worden. Berühmt wurde der Abfangjäger 1983 durch den Abschuss einer versehentlich über russischem Territorium fliegenden südkoreanischen Boeing 747, bei der alle Insassen ums Leben kamen.

Eine Su-15 steht z. B. im Zentralen Museum der Luftstreitkräfte in Monino, Russland und im Luftfahrt-Museum in Poltava, Ukraine.

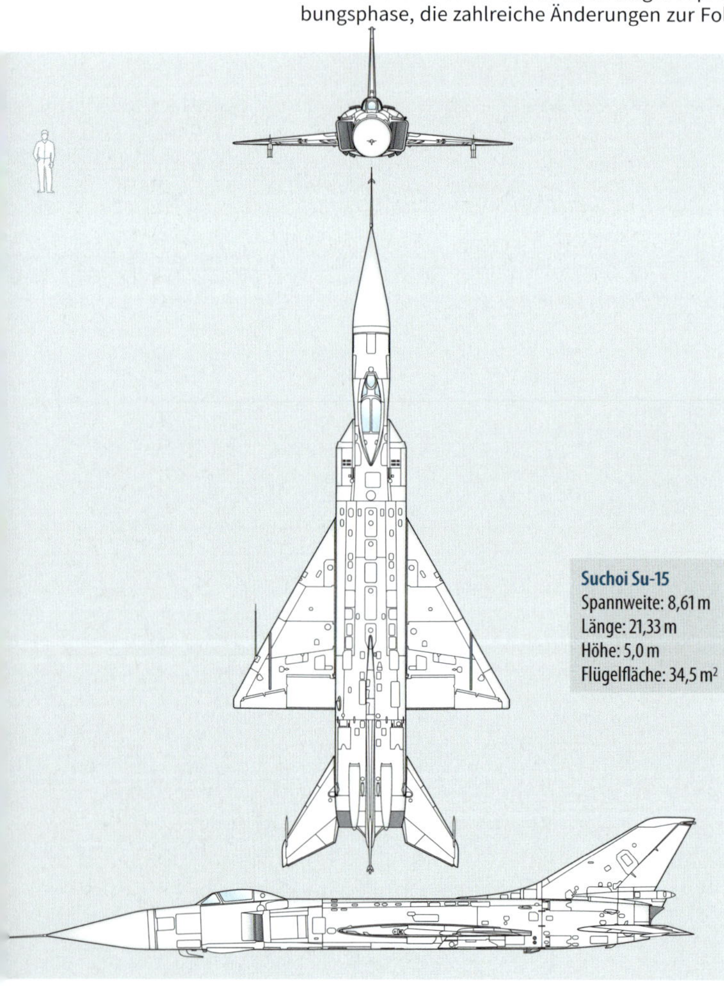

Suchoi Su-15
Spannweite: 8,61 m
Länge: 21,33 m
Höhe: 5,0 m
Flügelfläche: 34,5 m²

Besatzung: 1
Triebwerke: (TM) Zwei Axialstrahltriebwerke Tumanski R-13 F-300 mit je 40,2 kN Schub, mit Nachbrenner 70 kN.
Leistungen: (TM) Höchstgeschwindigkeit 2230 km/h in 12 000 m, Dienstgipfelhöhe 18 500 m, Reichweite 1380 km, Reichweite mit Droptanks 1700 km.
Gewichte: (TM) Leermasse 10 760 kg, Abflugmasse 17 200 kg, maximale Abflugmasse 17 900 kg.
Bewaffnung: (TM) Maximal 1500 kg an 6 Außenstationen: Luft-Luft-Raketen, Bomben, MG-Pods.

Suchoj Su-17/20/22

Ursprungsland Sowjetunion
Kategorie Jagdbomber

Entwicklung: Ab 1963 begann Suchoi die S-221 (Erstflug August 1966) mit Schwenkflügeln zu entwickeln, für die Rumpf und Leitwerk der Su-7 [S. 125] übernommen wurde. Die neuen variablen Flügel verbesserten das Handling und die Start- und Landeeigenschaften. Bereits im November 1967 wurde eine Vorserie aufgelegt, 1969 lief die Su-17-Serienproduktion mit einem 66,7 kN-starken Ljulka AL-7 F-1 an. Im Dezember 1971 flog die erste Su-17 M mit neuer Avionik, überarbeitetem Rumpf, neuem Tanksystem, stärkerem Triebwerk, das 4 Tonnen Nutzlast zuließ. Die Serienproduktion lief von 1972 bis 1975, exportiert wurde sie als Su-20. Schon ein Jahr später begann die Herstellung der Su-17 M2 mit neuem Bug, größeren Tanks, neuer Avionik, als Su-22 für den Export. Die größte Stückzahl mit fast 1000 von 1976 bis 1981 gebauten Exemplaren erreichte die M3 [Zchng., Bild], mit größerem Tank, modernerem Radar, Avionik und weiteren Außenstationen, Exportversion war die Su-22 M3. Die letzte große Serienversion M4 (Export als Su-22 M4) flog im Juni 1980, mit modernster Avionik und einem leistungsstärkeren Triebwerk. Von allen Versionen wurden auch doppelsitzige Trainer ausgeliefert.

Noch nahe an der Su-7, die erste Serienversion Su-17 M.

Vermutlich wurden insgesamt 2867 Su-17 inkl. Exportversionen ausgeliefert. Andere Quellen geben 2179 Einsitzer und 335 Doppelsitzer an.

Bemerkungen: NATO-Code *Fitter*. Der erste sowjetische, in Serie gebaute Jet mit Schwenkflügeln, war in den 1970er- und 1980er-Jahren neben der MiG-27 der wichtigste Jagdbomber der sowjetischen Streitkräfte, war aber wegen seiner relativ geringen Reichweite auf frontnahe Basen angewiesen. Mit den vier Hauptversionen und zahlreichen Untervarianten veränderte sich die Su-17 optisch und technisch bis zur M4 erheblich. Gefragt war der Jagdbomber in über 20 Nationen, in die spezielle Su-20/22, oft mit weniger hochwertigen Systemen ausgestattet, exportiert wurden. Trotz zahlreicher Upgrades veralteten die Jets zusehends und viele Betreiber begannen Ende der 1990er-Jahre ihre Su-17/20/22 stillzulegen, außer Angola, Iran, Jemen, Syrien, Polen und Vietnam, die sie auch noch 2023 einsatzbereit hielten.

Fast alle Betreiberländer haben die Jets in ihren Museen, eine Su-22 z. B. auch das Luftfahrtmuseum Rechlin und das Technikmuseum in Speyer.

Besatzung: 1
Triebwerke: (M4) Ein Axialstrahltriebwerk Lyulka AL-21 F-3 mit 76,4 kN Schub, mit Nachbrenner 109,8 kN.
Leistungen: (M4) Höchstgeschwindigkeit 1860 km/h, Dienstgipfelhöhe 14 200 m, Reichweite mit 2000 kg Nutzlast 1150 km, Überführungsreichweite 2300 km.
Gewichte: (M4) Leermasse 12 160 kg, Abflugmasse 16 400 kg, maximale Abflugmasse 19 430 kg.
Bewaffnung: (M4) Bis zu 4000 kg an 12 Außenstationen: Luft-Luft-/Luft-Boden-Raketen, div. Bombenarten.

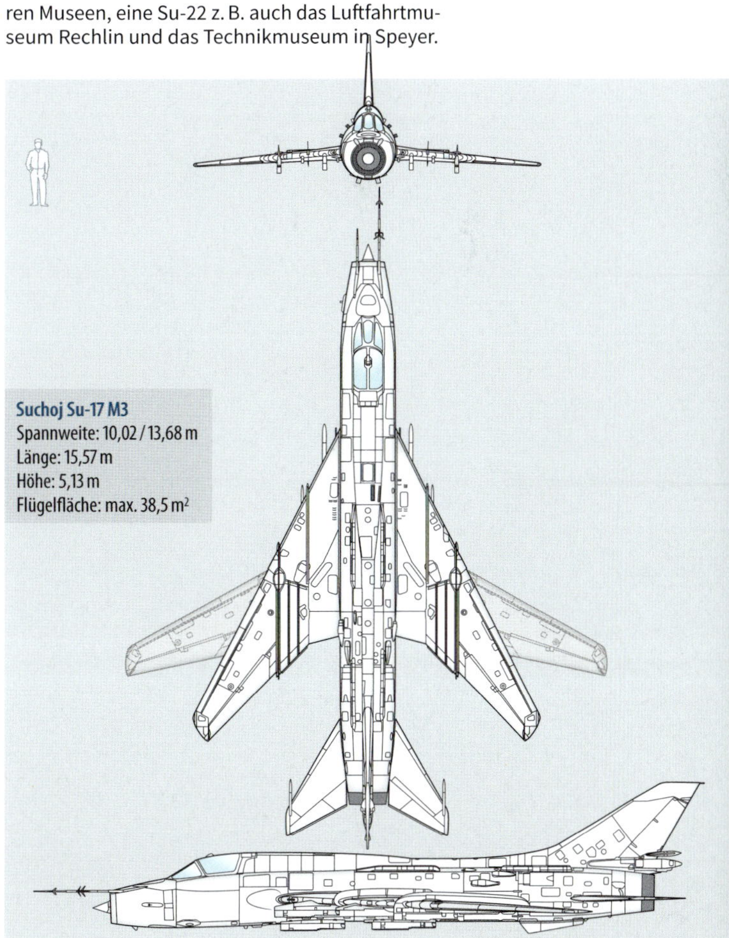

Suchoj Su-17 M3
Spannweite: 10,02 / 13,68 m
Länge: 15,57 m
Höhe: 5,13 m
Flügelfläche: max. 38,5 m²

Tupolew Tu-16

Ursprungsland
Sowjetunion
Kategorie
Mittelschwerer strategischer Bomber

Entwicklung: Nach dem Misserfolg aus der Propellermaschine Tu-4 die Tu-85 zu entwickeln, war Tupolew gezwungen, ein völlig neues Flugzeug zu entwerfen. Ausgiebige Forschungen mit Pfeilflügeln und der Unterbringung der noch großen Strahltriebwerke führten zum Typ 88, der im hohen Unterschallbereich operieren sollte. Im Februar 1951 begannen die detaillierten Konstruktionsarbeiten und bereits im April 1952 hob die erste 88-1 ab. Der Mitteldecker mit seiner außergewöhnlichen Triebwerksanordnung am Rumpf besaß eine vordere Druckkabine für die 4-köpfige Crew und eine hintere für die beiden Heckschützen. Das Hauptfahrwerk wurde in die aerodynamisch notwendigen Verdrängungskörper im Flügel eingefahren. Ein zweiter Prototyp erhielt zahlreiche Verbesserungen und war nahezu vollständig bewaffnet. In kürzester Zeit wurde getestet und parallel dazu die Serienfertigung vorbereitet. Im Oktober 1953 rollte die erste Serienmaschine, jetzt Tu-16 genannt, aus der Halle und nach einem Jahr waren schon über 70 Tu-16 ausgeliefert. Unzählige Varianten wurden neben dem Bombern Tu-16 und dem Atombomber Tu-16 A hergestellt. Dazu zählten unter anderem Tanker, Torpedobomber, Langstrecken-Aufklärer, SAR-, ELINT-[Zchng.] und ECM-Versionen und etliche Varianten eines Trägerflugzeugs für Marschflugkörper. Ägypten erwarb 25 Tu-16, Indonesien 25 und der Irak 8. 1959 erhielt China Bausätze, entwickelte und baute aber eigene Varianten, vermutlich circa 180 Stück, die heute noch als Xian H-6 [S. 12] im Dienst sind.

In drei sowjetischen Werken wurden von 1951 bis Ende 1963 1509 Tu-16 hergestellt.

Bemerkungen: Nato-Code *Badger.* Mit der Tu-16 besaß die Sowjetunion einen für ihre Zeit außergewöhnlich leistungsfähigen und nuklearwaffenfähigen Bomber mit hoher Reichweite, der erstmals 1954 öffentlich auf der Luftparade in Tuschino vorgeflogen wurde. In großer Stückzahl produziert, stationierte die Sowjetunion ihre Bomber auch auf Stützpunkten verbündeter Länder, vor allem in den damaligen Warschauer-Pakt-Staaten. Dort war die Tu-16 A für einen nuklearen Gegenschlag vorgesehen, das von 1962 bis 1988 auch intensiv mit Flügen bis zur Grenze der BRD trainiert wurde. Außerdem war die Sowjetunion mit Tu-16-Aufklärern über fast allen Weltmeeren präsent. Ständige Modernisierungsprogramme hielten den Zweistrahler vermutlich bis 1993 im aktiven Dienst.

Eine Tu-16 findet man im Zentralen Luftwaffenmuseum, Monino, Russland oder im Museum der indonesischen Luftwaffe, Yogyakarta, Indonesien.

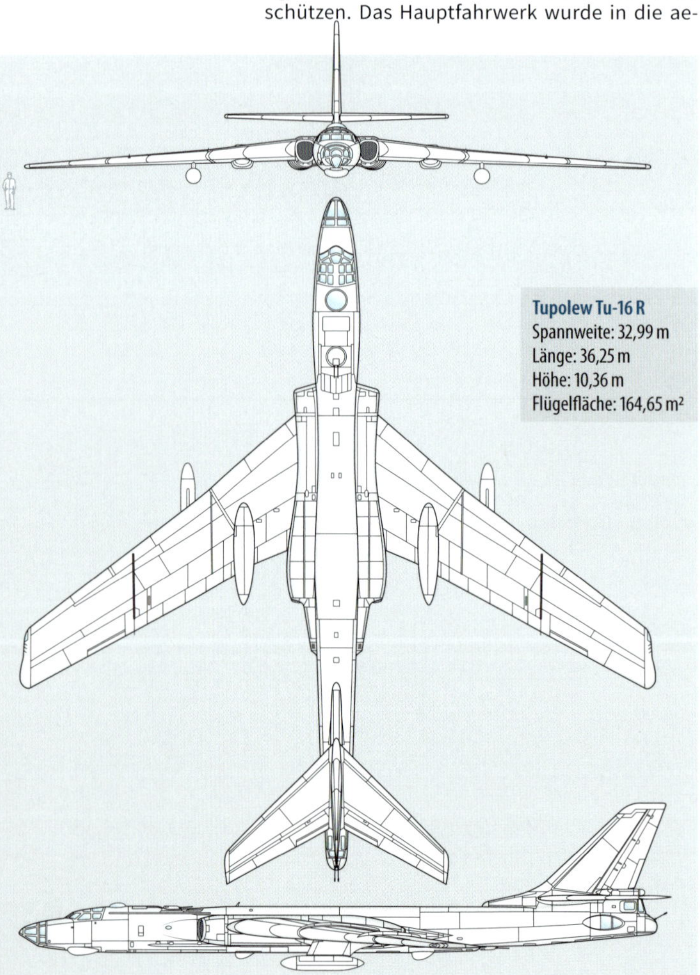

Tupolew Tu-16 R
Spannweite: 32,99 m
Länge: 36,25 m
Höhe: 10,36 m
Flügelfläche: 164,65 m²

Besatzung: 6
Triebwerke: Zwei Axialstrahltriebwerke Mikulin AM-3M mit je 92,3 kN Schub.
Leistungen: Höchstgeschwindigkeit 992 km/h, Reisegeschwindigkeit 850 km/h, Dienstgipfelhöhe 12 800 m, Reichweite beladen 3150 km, maximale Reichweite 5925 km.
Gewichte: Leermasse 36 600 kg, max. Startmasse 75 800 kg.
Bewaffnung: Eine starr eingebaute MK nach vorn, Zwillings-MKs in zwei ferngesteuerten Drehtürmen, eine Zwillings-MK im Heckturm, bis zu 9000 kg Bomben (auch Atombomben) im Schacht, bei manchen Versionen teilweise als Außenlasten.

Tupolew Tu-95

Ursprungsland
Sowjetunion
Kategorie
Schwerer strategischer Bomber

Entwicklung: Entwicklung: Als Nachfolgemodell der Tu-4, ein Nachbau der Boeing B-29 [Bd. 1], und der nicht verwirklichten Tu-85 mit Sternmotoren, wurde von der sowjetischen Regierung ein modernerer Langstreckenbomber erwartet. Tupolew entwarf daraufhin die Tu-95, (Erstflug Dezember 1952), die von vier unausgereiften Doppelturbinen Kusnezow 2TW-2F angetrieben wurde, aber im Mai 1953 nach 17 Testflügen wegen eines Getriebeschadens abstürzte. Der Anlass, die bis heute leistungsstärkste Propellerturbine NK-12 zu entwickeln, die zwei gegenläufige Propeller antreibt. Erstflug des zweiten Prototypen war im Mai 1953. Der Bomber erreichte mit den neuen Triebwerken und gepfeilten Tragflächen die Leistungen eines strahlgetriebenen Bombers. Von 1955 bis 1957 wurden die ersten 49 Tu-95 [Bd. 1] ausgeliefert. Während der Produktionsphase baute man zahlreiche Varianten, vorhandene Tu-95 wurden zudem immer wieder modifiziert. Eingeführt wurde ein Luftbetankungssystem, die Avionik verbessert, leistungsstärkere Triebwerke installiert und vor allem die Bewaffnungs- und Zulademöglichkeiten erweitert bzw. auf den aktuellen Stand gebracht. Das Flugzeug durchlief etliche große Modernisierungsprogramme und ist nach einem Upgrade zur Tu-95 MS [Bild/Zchng.] unter anderem als Träger für Cruise Missiles im Einsatz. Die russiche Marine flog die Tu-142, eine gestreckte Tu-95 auf Patrouillen- und Anti-U-Boot-Einsätzen (Erstflug Juli 1968, vermutlich 100 produziert). Aus der Tu-95 leitete Tupolew das Passagierflugzeug Tu-114 (31 St.), die Tu-126 AWACS (8 St.) und eine projektierte strahlgetriebene Tu-156 AWACS ab. Geplant war sogar eine nuklear-angetriebene Tu-119, deren Entwicklung aber eingestellt wurde.

Vermutlich wurden bis 1993 über 500 Tu-95 gebaut. Einziger Exportkunde war die indische Marine, die ihre 8 Tu-142 von 1988 bis 2017 flog.

Bemerkungen: Nato-Code *Bear.* Mit der Tu-95 besitzt die Sowjetunion, trotz unterschiedlicher Technik, einen ähnlich leistungsfähigen, strategischen und atomwaffenfähigen Bomber, wie die USA mit der B-52 [S.146]. Genauso robust, zuverlässig und langlebig, werden die immer wieder verbesserten Maschinen heute noch eingesetzt. Neben Missionen entlang der NATO-Grenzen, im Syrienkrieg und seit 2022 im Ukrainekrieg als Lenkwaffenträger. Mit entsprechenden Instandhaltungsprogrammen wird die Tu-95 vermutlich noch weitere Jahrzehnte im Einsatz bleiben.

Eine Tu-95 der frühen Serie und eine Tu-114 findet man im Zentralen Luftwaffen Museum in Monino bei Moskau, Russland.

Tupolew Tu-95 MS
Spannweite: 50,1 m
Länge: 46,2 m
Höhe: 12,12 m
Flügelfläche: 283,7 m²

Besatzung: (MS) 6 – 7
Triebwerke: (MS) Vier Wellenturbinen Kusnezow NK-12 mit je 11 032 kW (15 000 PS).
Leistungen: (MS) Höchstgeschwindigkeit 925 km/h, Reisegeschwindigkeit 710 km/h, Dienstgipfelhöhe 13 700 m, Reichweite 15 000 km.
Gewichte: (MS) Leermasse 90 000 kg, Abflugmasse 171 000 kg.
Bewaffnung: (MS) Zwei MGs im Heck, bis zu 15 000 kg Raketen oder Marschflugkörper intern und extern.
Andere Typen maximal 25 Tonnen Waffenzuladung: Bomben, Raketen, Cruise Missiles, Minen, Torpedos.

Tupolew Tu-22

Ursprungsland
Sowjetunion
Kategorie
Mittelschwerer Bomber

Entwicklung: Mitte der 1950er-Jahre benötigte die Sowjetunion einen schnelleren und höher fliegenden Nachfolger der Tu-16 [S. 130] für den das Konstruktionsbüro Tupolew das Projekt 105 vorschlug. Erstflug des Versuchsflugzeugs war im Juni 1958. Nach andauernden Tests und einem Unfall war aber auch früh klar, dass diese Maschine die Anforderungen nicht erfüllen konnte. Parallel dazu wurde ab August 1957 an einem Projekt 105 A gearbeitet, das auch regierungsseitig unterstützt wurde. Geplant war dabei ein völlig neuer Überschallbomber, der in 16 000 m Höhe 3 Tonnen Bomben ca. 3000 km weit tragen sollte. Der erste Flug der 105 A fand im September 1959 statt. Die in Halbschalenbauweise und nach der Flächenregel mit Rumpfeinschnürung konstruierte Tu-22 mit ihrer außergewöhnlichen Triebwerksanordnung wurde von einer dreiköpfigen Crew geflogen, die in Tandemanordnung auf nach unten ausschießenden Schleudersitzen saß. Noch bevor die Erprobung beendet war, wurden 20 Serienflugzeuge bestellt, deren erstes ein Jahr später bereits flog. Trotz zahlreicher technischer Probleme und dem Absturz beider Prototypen wurde die Tu-22 1962 in Dienst genommen, obwohl mit der Einführung von Langstreckenraketen deutlich wurde, dass Atombombenträger keine mehr Zukunft hatten. Tupolew schlug deshalb eine kampffähige Aufklärerversion Tu-22 R [Bild] vor, von der 127 ausgeliefert wurden und 62 davon als Seeaufklärer an die Marine gingen. Parallel dazu entstanden 46 Trainer Tu-22 U mit einem erhöhten zweiten Cockpit, außerdem die Tu-22 K, die im Waffenschacht eine Langstreckenrakete trug und eine ECM-Version Tu-22 P. Zahlreiche Verbesserungen, zu denen neue Avionik, leistungsstärkere Triebwerke und Luftbetankungssonden gehörten, wurden während der Produktion eingebracht. Jeweils 16 Tu-22 exportierte man nach Libyen und den Irak.

1969 endete die Produktion nach 311 ausgelieferten Flugzeugen.

Bemerkungen: Nato-Code *Blinder*. Die Tu-22 war nie in der Lage, die geforderte Geschwindigkeit und angestrebten Aktionsradius zu erreichen. Sie benötigte mit den Pfeilflügeln lange Startbahnen, war anspruchsvoll und nur von erfahrenen Piloten zu beherrschen, das zahlreiche Unfälle und 31 verlorene Maschinen belegen. Den einzigen Einsatz flogen 1988 ECM-Tu-22 P beim Rückzug aus Afghanistan. Am Ende wurde sie zum Aufklärer und Raketenträger degradiert und in den 1970er-Jahren durch den komplett neu konstruierten Schwenkflügel-Bomber Tu-22 M, ersetzt.

Eine Tu-22 wird im Zentralen Luftwaffenmuseum, Monino und auf dem Fliegerhorst Engels bei Saratow, Russland präsentiert.

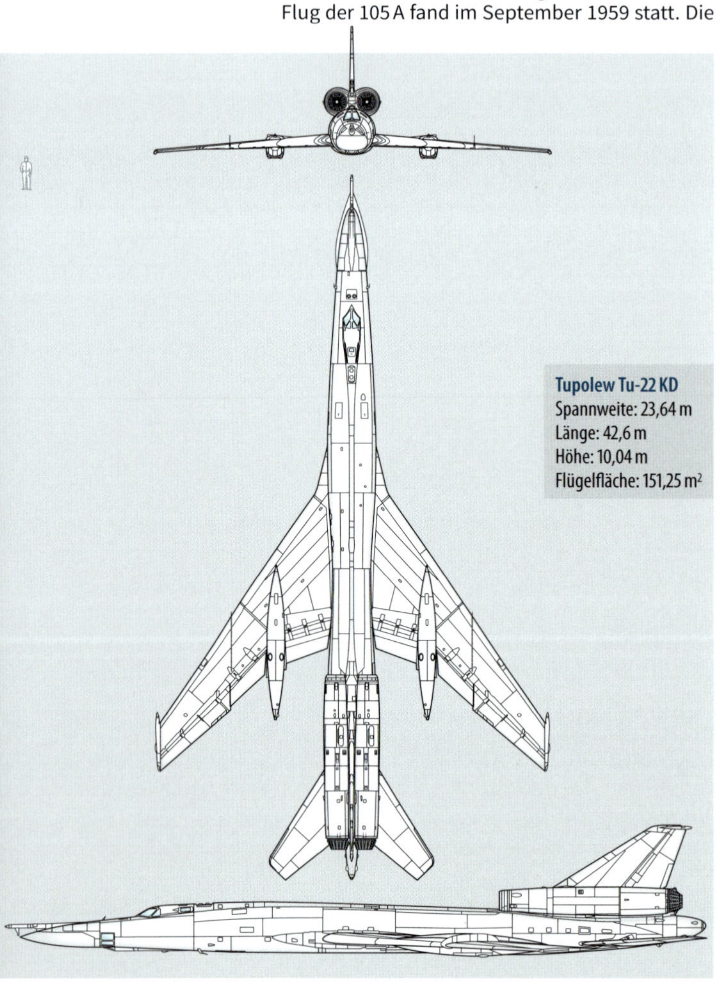

Tupolew Tu-22 KD
Spannweite: 23,64 m
Länge: 42,6 m
Höhe: 10,04 m
Flügelfläche: 151,25 m²

Besatzung: 3
Triebwerke: (R) Zwei Axialstrahltriebwerke Dobrynin RD-7 M2 mit 107,9 kN Schub, 161,9 kN mit Nachbrenner.
Leistungen: (R) Höchstgeschwindigkeit 1510 km/h, Reisegeschwindigkeit 950 – 1000 km/h, Dienstgipfelhöhe 13 500 m, Reichweite Überschall 2400 km, sonst 5650 km.
Gewichte: (R) Abflugmasse 85 000 kg, maximal 91 000 kg.
Bewaffnung: Normal 3000 kg, maximal 12 000 kg freifallende Bomben und Marschflugkörper oder eine Nuklearbombe.

Tupolew Tu-128

Ursprungsland
Sowjetunion
Kategorie
Langstrecken-Abfangjäger

Entwicklung: Mit der Einführung weitreichender westlicher Raketen und Flugzeugen war die Sowjetunion gezwungen, Abfangjäger mit großer Reichweite und leistungsfähigeren Radarsystemen zu entwickeln. Mitte 1959 forderte die sowjetische Regierung die Entwicklung eines ganzen Systems, das aus Flugzeug, Radar, Triebwerke und Luft-Luft-Raketen bestand. Der Prototypenbau der Tu-28 begann im Dezember 1959, wegen fehlender Komponenten flog die Tu-28 A aber erst im März 1961. Der in Halbschalenbauweise und nach der Flächenregel mit eingeschnürtem Rumpf konstruierte Tiefdecker war mit einem bedruckten Cockpit und Schleudersitzen für Pilot und Navigator ausgestattet. Nach zwei Prototypen begannen im März 1962 fünf Serienmaschinen die staatlichen Abnahmetest. Erst im Dezember erhielten sie die Bezeichnung Tu-128 und im April 1965 wurden die Maschinen offiziell in die Streitkräfte eingegliedert. Während der Serienproduktion ließ man ständig Verbesserungen einfließen. Trotzdem dängten das Militär schon 1968 darauf, die Tu-128 zu modernisieren und sie für tieffliegende Ziele mit neuem Radar und stärkeren Triebwerken nachzurüsten. In der Zeit begann auch der Umbau von 14 neuen Tu-128 zum Trainer Tu-128 UT mit einem dritten, separaten Cockpit. Ein Jahr später lief das Upgrade zur tiefflugfähigen Tu-128 M [Zchng.] an. Die Erprobung begann 1970, das anschließende, langsam laufende Umbauprogramm endete erst 1984.

Während der Produktionszeit bis 1971 rollten 198 Tu-128 aus Tupolews Werkhallen.

Bemerkungen: Nato-Code *Fiddler*. Mit der Tu-128 erhielt die Sowjetunion einen hochfliegenden Abfangjäger, der überwiegend an den sowjetischen Grenzen stationiert war und zusammen mit Tu-126 [S. 134] hoch anfliegende feindliche Flugzeuge schon weit vor der Grenze abfangen sollte. Man setzte nicht auf einen Luftkampf, für den die Tu-128 auch nicht geeignet war, sondern auf Distanz, zu dem das weitreichende bordeigene Radar und die vier schweren Luft-Luft-Raketen benötigt wurden. Mit dem Umbau und der Modernisierung aller vorhandenen Exemplare zur Tu-128 M konnten die Maschinen zusätzlich auch tieffliegende Ziele bekämpfen. Für Gefechtseinsätze wurden Tu-128 nie herangezogen, man aktivierte sie lediglich zum Abschuss von US-Aufklärungsballons über der Sowjetunion und zum Abfangen amerikanischer SR-71 [S. 185] und RC-135 [S. 147] vor den sowjetischen Hoheitsgebieten. Sie blieben bis 1990 im Dienst und wurden durch die deutlich leistungsfähigere und modernere MiG-31 ersetzt.

Fast alle Tu-128 wurden verschrottet. Der erste Prototyp steht im Zentralen Luftwaffenmuseum, Monino, Russland, eine Tu-128 M und UT in Rschew, Russland.

Besatzung: 2
Triebwerke: Zwei Axialstrahltriebwerke]] Ljulka AL-7 F-2 mit je 67,6 kN Schub, mit Nachbrenner 100 kN.
Leistungen: Höchstgeschwindigkeit 1910 km/h in 12 000 m, Reisegeschwindigkeit 910 km/h, Dienstgipfelhöhe 15 400 m, Reichweite je nach Einsatzart 580 – 2510 km.
Gewichte: Leermasse 25 960 kg, Abflugmasse max. 43 000 kg.
Bewaffnung: Maximal 2500 kg: vier Luft-Luft-Raketen an vier Außenstationen.

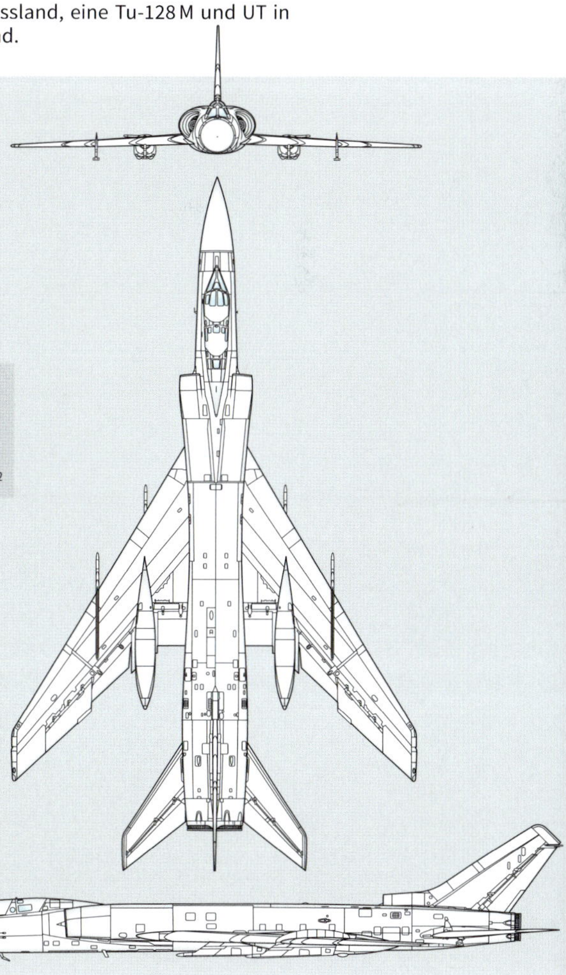

Tupolew Tu-128 M
Spannweite: 17,53 m
Länge: 30,06 m
Höhe: 8,0 m
Flügelfläche: 96,9 m²

Tupolew Tu-126

Ursprungsland
Sowjetunion
Kategorie
Frühwarnflugzeug

Entwicklung: Um die Luftverteidigung der UdSSR zu auszubauen, wurde 1958 Tupolew beauftragt, ein Frühwarnflugzeug zu entwickeln, das bei einer Flugdauer von 10 – 12 Stunden in 8 – 12 000 m Höhe anfliegende Flugzeuge aus mehreren hundert Kilometern erfassen konnte. Naheliegend war, die Tu-95 [S. 131] mit entsprechenden Modifikationen zu verwenden, was aber nach zweijähriger Entwicklungszeit aus Platz- und Kühlungsproblemen mit der Elektronik und der 12-köpfigen Besatzung in dem schmalen Rumpf verworfen wurde. Stattdessen wurde auf das von der Tu-95 abgeleitete Passagierflugzeug Tu-114 zurückgegriffen, das einen wesentlich geräumigeren Rumpf aufwies. Der vordere und mittlere Teil war mit Konsolen für die sechsköpfige Technik-Crew ausgestattet, im letzten Drittel war die Elektronik untergebracht. Zur Reichweitenverlängerung installierte man eine Betankungssonde am Bug. Der Prototyp flog im Januar 1962, anschließend begann die bis Dezember 1964 andauernde Erprobungsphase. Sie brachte vor allem die Problematik des riesigen Radardoms mit 10,5 m Durchmesser zu Tage, der die Flugeigenschaften deutlich beeinflusste. Noch während der Erprobung wurde die Tu-126 zur Serienproduktion freigegeben. Allerdings lieferte man 1965 lediglich zwei Tu-126 aus, jeweils weitere drei 1966 und 1967.

Bereits nach 8 Serienflugzeugen wurde 1968 die Produktion eingestellt.

Bemerkungen: Nato-Code *Moss*. Zu den Einsatzgebieten der Frühwarnflugzeuge zählten bei Indienststellung ab 1965 die arktischen Gewässer nördlich der Sowjetunion und die Ostsee, seltener Gebiete an der Westgrenze bis zum Schwarzen Meer. Mit der Tu-126 sollten Langstreckenabfangjäger zu anfliegenden Zielen geleitet werden, für die sie auch gleichzeitig Kommandozentrale war. In der Praxis war die Technik aber unbrauchbar. Über Land war das Radar durch Bodenreflektionen stark beeinträchtigt, dazu beeinflussten die riesigen Turbinen und Propeller die Radarsignale. Unter optimalen Bedingungen konnte das Radar ein Jagdflugzeug auf 100 km erkennen, einen Bomber auf 200 – 350 km. Berichtet wird zudem von Beeinträchtigungen der Crews durch extremen Triebwerkslärm, mangelndem Komfort und Gesundheitsproblemen durch Strahlung. Schon bei Indienststellung suchte man deshalb nach einem Nachfolger, der von Tupolew in Form eines Tu-126-Rumpfes mit Pfeilflügel und Strahltriebwerken als Tu-156 projektiert war. Schließlich entschied man sich jedoch für den vierstrahligen Transporter Iljuschin Il-76, der schon ab 1973 in Serie gebaut wurde. Die Tu-126 blieben bis 1984/85 im Dienst und wurden dann eingelagert. Bis 1995 waren alle verschrottet.

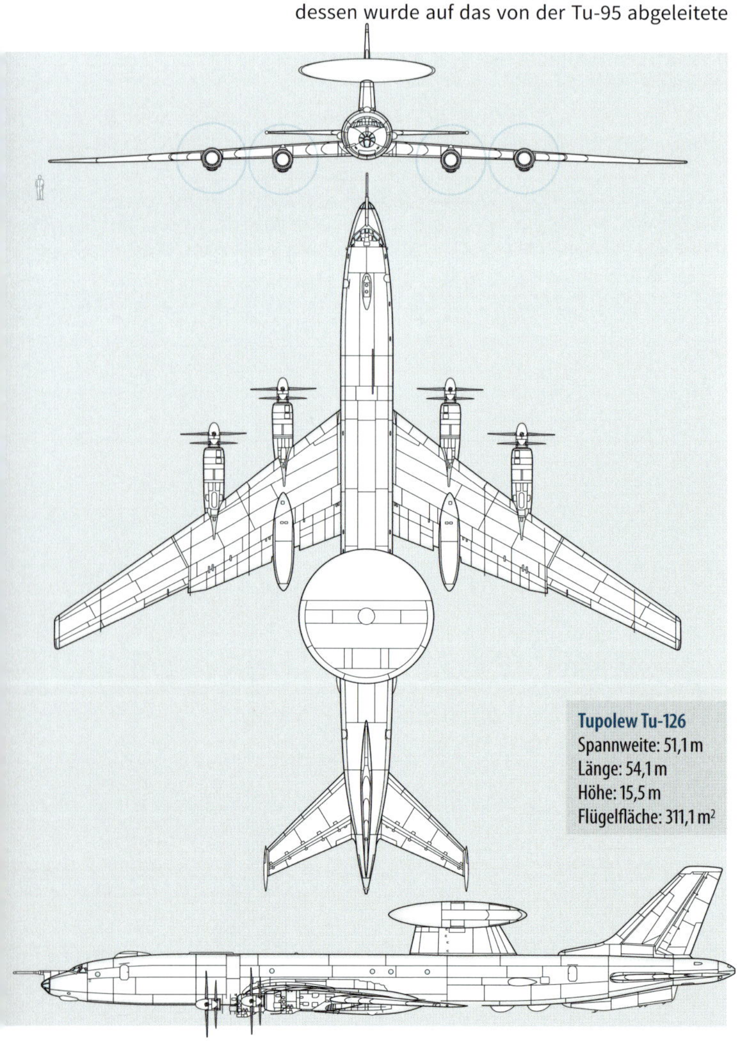

Tupolew Tu-126
Spannweite: 51,1 m
Länge: 54,1 m
Höhe: 15,5 m
Flügelfläche: 311,1 m²

Besatzung: 6
Triebwerke: Vier Propellerturbinen Kusnezow NK-12 MW mit je 11 032 kW (15 000 PS).
Leistungen: Höchstgeschwindigkeit 790 km/h in 9000 m, Reisegeschwindigkeit 520 km/h in 9000 m, Dienstgipfelhöhe 10 700 m, Reichweite 7000 km ohne Betankung.
Gewichte: Leermasse 105 000 kg, Abflugmasse 171 000 kg.

Hispano Aviación HA-200 Saeta/ HA-220 Super Saeta

Entwicklung: Spanien verpflichtete 1952 den deutschen Flugzeugkonstrukteur Messerschmitt und sein Team als „Berater" eine Flugzeugreihe zu entwickeln, zu der neben einem strahlgetriebenen Jagdflugzeug auch ein Trainer gehören sollte. Um Kosten zu sparen wurde auf das Design des Motorflugzeugs HA-100 zurückgegriffen. Die in konventioneller Ganzmetallbauweise konstruierte, zweistrahlige HA-200 [Bild] wurde durch zwei kleine Turboméca-Turbinen, die im Bug untergebracht waren, angetrieben. Erstflug war im August 1955, der zweite, bereits bewaffnete Prototyp flog imJanuar 1957. Die Ergebnisse der Testflüge überzeugten und die spanische Luftwaffe bestellte im selben Jahr 10 Vorserienflugzeuge, die bereits mit Druckkabine ausgestattet waren. 1959 beendete Messerschmitt seine Arbeiten und wandte sich neuen Projekten in Ägypten zu. Im selben Jahr wurden 30 Serienflugzeuge HA-200 A geordert. Zusätzliche 55 HA-200 D ließ die spanische Luftwaffe ab 1963 bauen, die mit einem etwas leistungsstärkeren Turboméca Marboré IV mit je 4,7 kN Schub motorisiert waren. Von den vorhandenen Trainern wurden schließlich noch 40 als HA-200 E auf den Stand der D gebracht. Zur HA-220 Super Saeta [Zchng.], eine einsitzige Erdkampfversion, die von 1971 – 1977 eingeführt wurde, rüstete Hispano Aviación 25 HA-200 um. Davon erhielten einige auch Kamerasysteme zur Aufklärung. Die frühen 10 Vorserienflugzeuge wurden 1959 an Ägypten abgegeben, das anschließend vermutlich 90 Flugzeuge als *Al-Kahira* in Lizenz bei Helwan herstellen ließ.

Hispano Aviación produzierte inklusiv der Prototypen 122 Saetas, Ägypten baute 90 in Lizenz.

Bemerkungen: Mit dem Bau der Saeta gelang Spanien Ende der 1950er-Jahre ein weiterer, wichtiger Schritt zur Bildung einer unabhängigen Flugzeugindustrie. So sollten auch die alten, abgeflogenen CASA 2.111, ein Nachbau der deutschen He 111 ersetzt werden. Neben ihrer Rolle als bewaffneter Trainer flog die spanische Luftwaffe unter anderem aber auch Einsätze ab 1970 von Gran Canaria aus über der Spanischen Sahara gegen die Rebellen der Polisario. Spanien nutzte ihre HA-200 bis zu Beginn der 1980er-Jahre, die letzte wurde 1982 ausgemustert. Ägypten flog seine Lizenzversion hauptsächlich als Trainer. Über Einsätze im Sechs-Tage-Krieg 1967 gibt es widersprüchliche Informationen, obwohl dabei einige Flugzeuge verloren gingen. Angeblich wurden auch 12 HA-220 von Spanien in die Vereinigte Arabische Republik exportiert.

Vermutlich sind neben zahlreichen Museumsexemplaren in Spanien noch rund 20 HA-200 weltweit flugfähig. Eine davon wird vom Flugmuseum Messerschmitt in Manching betrieben.

Ursprungsland
Spanien
Kategorie
Trainer, leichtes Erdkampfflugzeug

Besatzung: 2
Triebwerke: (HA-200) Zwei Radialstrahlttriebwerke Turboméca-Marboré II A mit je 3,92 kN Schub.
Leistungen: (HA-200) Höchstgeschwindigkeit 740 km/h in 8000 m Höhe, Reisegeschwindigkeit 600 km/h in 8000 m, Dienstgipfelhöhe 13 000 m, Reichweite 1400 km.
Gewichte: (HA-200) Leermasse 1990 kg, maximale Abflugmasse 3700 kg.
Bewaffnung: (HA-200) Zwei MGs im Bug und bis zu 1500 kg Bomben oder ungelenkte Raketen unter Rumpf und Flügel.

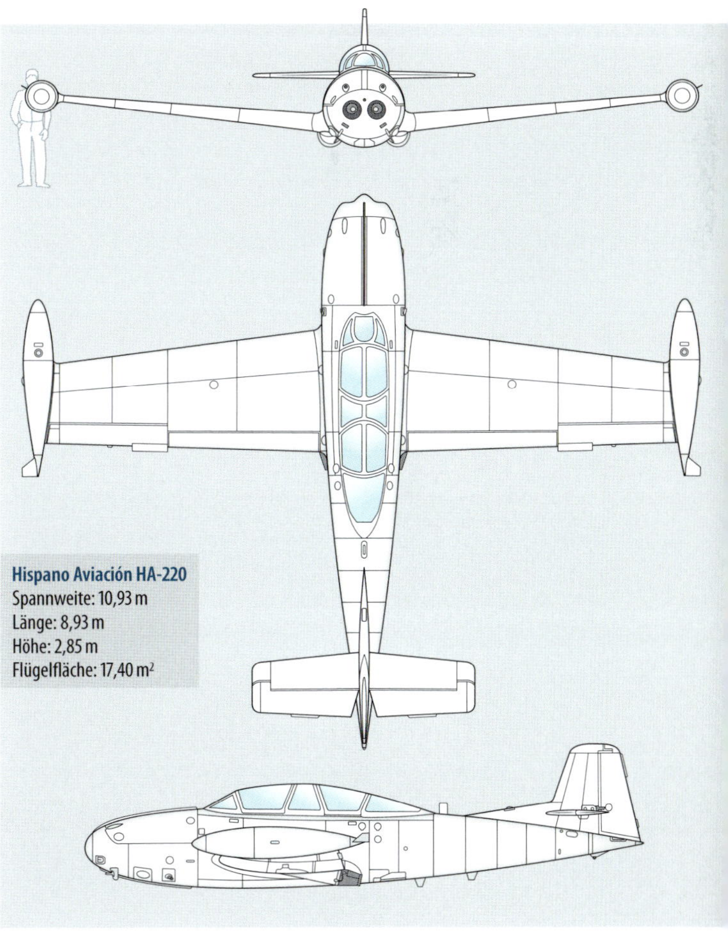

Hispano Aviación HA-220
Spannweite: 10,93 m
Länge: 8,93 m
Höhe: 2,85 m
Flügelfläche: 17,40 m²

Aero L-60 Brigadýr

Ursprungsland
Tschechoslowakei
Kategorie
Leichtes Mehrzweckflugzeug

Entwicklung: Aero begann 1951 mit der Entwicklung eines neuen STOL-fähigen leichten Mehrzweckflugzeugs, das als Nachfolger der Mráz K-65 Čáp, einer bis 1949 gebauten Nachkriegsversion des Fieseler Storchs, gedacht war. Der Prototyp, noch mit einem deutschen Argus AS-10-Motor ausgerüstet, flog erstmals 1953. Der zweite Prototyp XL-60, als Landwirtschaftsversion, war bereits mit dem Walter M-208 motorisiert, der unter dem Markennamen Praga Doris produziert wurde. Erst der dritte Prototyp war eine militärische Variante. Der in Ganzmetall-Schalenbauweise konstruierte Schulterdecker hatte abgestrebte Tragflächen mit Vorflügeln über die ganze Flügelbreite und große Landeklappen. Sie sorgten für eine kurze, 220 m lange Startstrecke über ein 15 m-Hindernis und für hervorragende Langsamflugeigenschaften. Während der Erprobung wurden noch zahlreiche Modifikationen ausgeführt. Dazu gehörte die Verbreiterung des Cockpits für einen vierten Sitz und eine Neugestaltung des Hecks, so dass erst 1955 mit der Serienproduktion begonnen werden konnte. Gebaut wurde eine Agrarversion L-60 B, bei der die Passagiersitze durch einen 400 l-Chemikalienbehälter mit Streu- und Sprüheinrichtungen unter dem Rumpf oder am Flügel ersetzt wurden. Als L-60 A wurden vermutlich 50 bis 60 an die tschechoslowakische Luftwaffe geliefert. Sie konnten mit einem nach hinten gerichteten MG bewaffnet werden und zwei Flügelstationen trugen je eine 125 kg-Bombe oder eine Kamera und einen Scheinwerfer. Wurden die Passagiersitze entfernt, ließen sich zwei Tragbahren und eine Begleitperson transportieren. Halbstaatliche Aeroclubs bekamen L-60 D als Schleppflugzeuge und L-60 C als Absetzer für Fallschirmspringer, die aber auch schnell zum Ambulanzflugzeug umrüstbar waren. Neben einer reinen Ambulanzversion L-60 E ging vermutlich auch eine unbekannte Anzahl L-60 F als Verbindungsflugzeug mit Heizung, komfortableren Sitzen und einer Nachtfluginstrumentierung an die tschechoslowakische Luftwaffe.

1959 lief die Produktion nach 273 L-60 aus.

Bemerkungen: Neben dem inländischen Absatz wurden Brigadýrs nach Ägypten, Argentinien, Jugoslawien, Kuba, Neuseeland, Polen, die Sowjetunion, und Ungarn exportiert. Auch die DDR erhielt bis 1960 45 L-60, die überwiegend als Sprühflugzeuge eingesetzt wurden, bis man sie mit Z-37 Čmelaks ablöste. Ab 1960 flogen 20 L-60 bei der Nationalen Volksarmee, die zur Schulung und für Kurierflüge genutzt wurden und bei der vormilitärischen Gesellschaft für Sport und Technik als Fallschirm-Absetzer flogen. Um 1973/74 wurden alle außer Dienst gestellt. Ein stetes Problem blieb der unzuverlässige Praga-Antrieb, den einige Staaten durch leistungsstärkere sowjetische Iwtschenko AI-14R-Sternmotoren ersetzten.

Einige flugfähige sind in Tschechien und der Slowakei stationiert, eine L-60 z. B. steht im Agroneum in Alt Schwerin und im Polnischen Luftfahrtmuseum in Krakau.

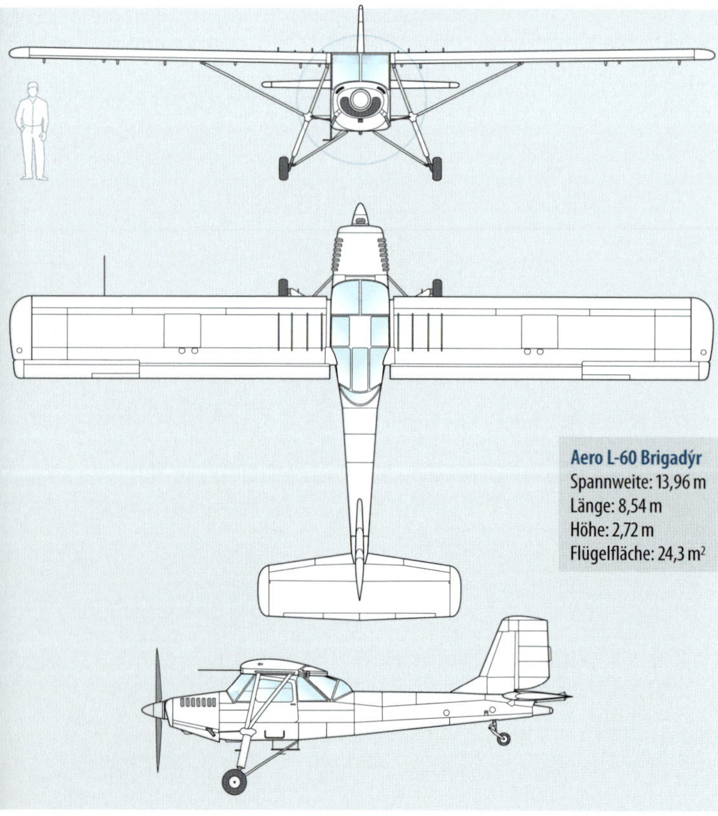

Aero L-60 Brigadýr
Spannweite: 13,96 m
Länge: 8,54 m
Höhe: 2,72 m
Flügelfläche: 24,3 m²

Besatzung: 1
Triebwerk: Ein luftgekühlter 6-Zylinder-Boxermotor Praga M-208 B mit 162 kW (220 PS).
Leistungen: Höchstgeschwindigkeit 193 km/h, Reisegeschwindigkeit 175 km/h, Dienstgipfelhöhe 4500 m, Reichweite 720 km.
Gewichte: Leermasse 968 kg, Abflugmasse 1414 kg, maximale Abflugmasse 1560 kg.

Aero L-29 Delfin

Ursprungsland
Tschechoslowakei
Kategorie
Trainer, leichtes Erdkampfflugzeug

Entwicklung: Als Ersatz für ihre Propellertrainer begann Ende der 1950er-Jahre die Suche nach einem Jet-Standardtrainer bei den Warschauer Paktstaaten Albanien, Bulgarien, DDR, Jugoslawien, Polen, Rumänien Tschechoslowakei, UdSSR, Ungarn und den baltischen Staaten. In dieser Zeit entwickelte Aero bereits einen eigenen Jettrainer, der einfach zu bauen und zu fliegen war. Im April 1959 flog noch mit einem britischen Triebwerk Bristol-Viper der erste Prototyp. Der Mitteldecker in Ganzmetall-Halbschalenbauweise wurde von den auf Schleudersitzen untergebrachten Piloten mechanisch gesteuert, lediglich die Landeklappen und Luftbremsen ließen sich hydraulisch betätigen. Das stabile Fahrwerk war grasplatztauglich. Schon der zweite Prototyp flog mit dem in der kompletten Serie beibehaltenen Motorlet M-701, das erste in der Tschechoslowakei entwickelte Jet-Triebwerk. Vorserienflugzeuge traten 1961 in einem Wettbewerb gegen die Konkurrenten PZL TS-11 Iskra aus Polen, [S. 87] und russische Jak-30 an, den die L-29 für sich entscheiden konnte. Im April 1963 begann die Serienproduktion. Eine einsitzige Akrobatikversion L-29 A Akrobat wurde nur in geringer Stückzahl ausgeliefert und die Entwicklung einer bewaffneten Aufklärerversion L-29 R wurde bereits im Projektstadium 1965 beendet. Mit der Entwicklung der L-39 [S. 138] sank die Nachfrage und die Produktion wurde 1974 eingestellt.

In den 11 Produktionsjahren rollten 3665 Delfin aus den tschechoslowakischen Werkhallen. Davon 1943 bei Aero und 1722 bei LET.

Bemerkungen: Nato-Code *Maya*. Mit dem Trainer konnten die Warschauer-Pakt-Staaten nicht nur ihre kolbenmotorbetriebenen Basistrainer ersetzen, mit der Delfin war eine komplette Ausbildung bis zum Jetpiloten möglich. Dazu zählte auch das Waffentraining mit Bomben und Raketen. Weil die L-29 einfach zu fliegen, robust und anspruchslos in der Wartung war, wurde sie vonzahlreiche Staaten importiert. Viele nutzten ihre L-29 auch bei militärischen Auseinandersetzungen als gut geeignetes, leichtes Erdkampfflugzeug, so z. B. Ägypten 1973 im Jom-Kippur-Krieg oder von Armenien und Aserbeidschan 1991–94 im Berg-Karabach-Krieg. Neben den Warschauer-Pakt-Staaten, davon alleine ca. 2000 in der Sowjetunion, flogen Angola, Afghanistan, Armenien, Ägypten, China, Georgien, Ghana, Guinea, Indonesien, Irak, Libyen, Mali, Nigeria, Syrien, Tadschikistan, Uganda und Vietnam den Trainer.

Zahlreiche Delfin gingen nach deren Ausmusterung in private Hände, die zum Teil auch heute noch in Betrieb sind. Viele stehen in Museen der Betreiberländer, davon eine beispielsweise im Luftfahrttechnischen Museum Rothenburg.

Besatzung: 2
Triebwerke: Ein Radialstrahltriebwerk Motorlet M-701 mit 8 kN Standschub und 8,9 kN Maximalschub.
Leistungen: Höchstgeschwindigkeit 655 km/h in 5000 m, Reisegeschwindigkeit 575 km/h, Dienstgipfelhöhe 11 000 m, Reichweite 640 km, mit Zusatztanks 900 km.
Gewichte: Leermasse 2280 kg, max. Abflugmasse 3280 kg.
Bewaffnung: 200 kg Zuladung an zwei Flügelstationen: MG-Pods, Luft-Boden-Raketenbehälter, Bomben oder Zusatztanks.

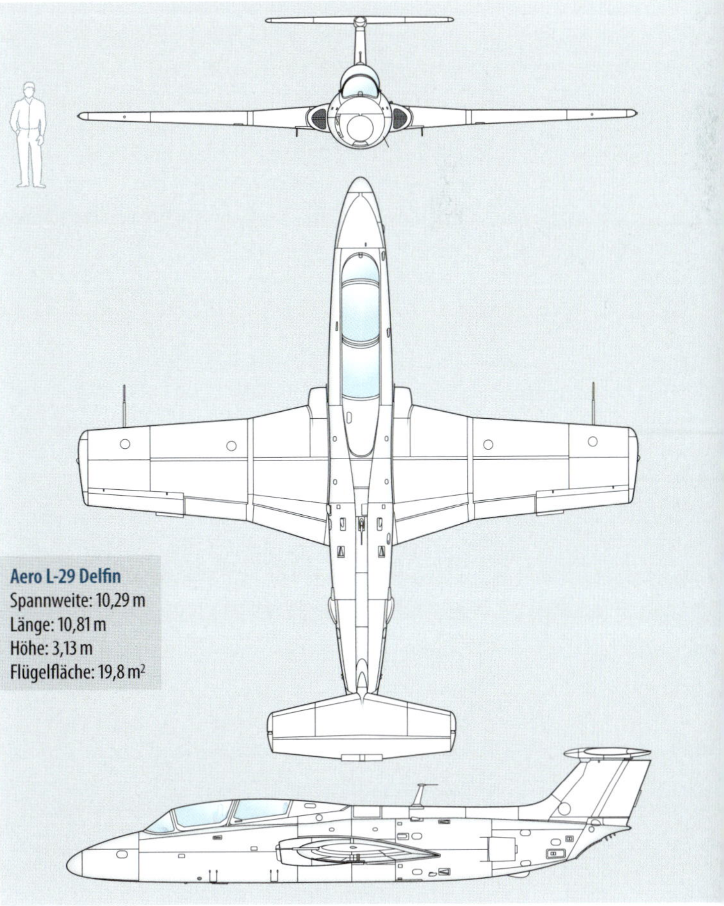

Aero L-29 Delfin
Spannweite: 10,29 m
Länge: 10,81 m
Höhe: 3,13 m
Flügelfläche: 19,8 m²

Aero L-39 Albatros

Ursprungsland
Tschechoslowakei
Kategorie
Trainer, leichtes Erdkampfflugzeug

Entwicklung: Als Nachfolger der L-29 Delfin [S. 138] stellte sich Aero 1963 eine modernisierte L-29-Variante vor, die allerdings einer 1964 beginnenden kompletten Neukonstruktion weichen musste. 1967 wurde das Programm genehmigt, dem zahlreiche Versuche mit Modellen und Mockups vorausgingen. Im November 1968 hob die erste Albatros ab. Nach der Erpobung von elf Prototypen und der Einführung eines überarbeiteten russischen Triebwerks Iwtschenko AI-25 wurde ab Anfang 1974 das erste Serienexemplar L-39 C ausgeliefert. Bei dem in Ganzmetall-Halbschalenbauweise hergestellten Trainer legte Aero großen Wert auf eine einfache und robuste Konstruktion, kostengünstige Produktion und leichte Wartbarkeit und einer Einsatzflexibilität, die auch bewaffnete Einsätze und die Operation von unvorbereiteten Pisten einschloss. Die höchste Produktionszahl erreichte die L-39 C mit 2660 Stück, dazu kamen zahlreiche weitere Varianten für unterschiedliche Aufgaben und Abnehmer. Zu Beginn der 1990er-Jahre, mit Abklingen des Kalten Krieges, ebbte die Nachfrage ab und 1996 endete die Produktion der ursprünglichen L-39. Zahlreiche Weiterentwicklungen, wie z. B. die L-59 Super-Albatros, die L-139 und die L-159 ALCA hielten die Produktion bis heute aufrecht, wenn auch mit geringeren Stückzahlen. Stand 2025: die L-39 NG mit westlichen Systemen und einem amerikanischen Triebwerk flog im Dezember 2018 und wird bis heute produziert.

Vermutlich wurden bis 2025 mehr als 3000 Trainer aller Varianten ausgeliefert.

Bemerkungen: Mit der L-39 setzte Aero die Erfolgsgeschichte der L-29 fort. Die Albatros entwickelte sich ebenso zum Standardtrainer der Warschauer-Pakt-Staaten, deren größter Abnehmer wieder die Sowjetunion mit ca. 1000 LC-39 C war. Auch die ehemalige DDR flog 52 L-39 ZO als Waffentrainer. Weltweit wird die Albatros von rund 30 Staaten betrieben. Mit ausgewogenen Flugeigenschaften, einfacher Technik und einem robusten Design ist sie für angehende Piloten gut geeignet und bildete mit dazu lieferbaren Simulatoren und Wartungsgeräten eine ideale und komplette Ausbildungsplattform. Neben Trainingsmissionen verwenden zahlreiche Staaten die L-39 mit bis zu vier Außenstationen auch als leichtes Erdkampfflugzeug, was einige Berichte aus Kriegsgebieten in Syrien, Tschetschenien, Libyen und Afghanistan belegen. Nicht wenige ausgemusterte landeten auch in privaten Händen. So waren alleine in den USA 2012 ca. 250 L-39 gemeldet.

In vielen östlichen Museen findet man L-39, aber auch im Auto- und Technikmuseum in Sinsheim und der Flugausstellung Hermeskeil.

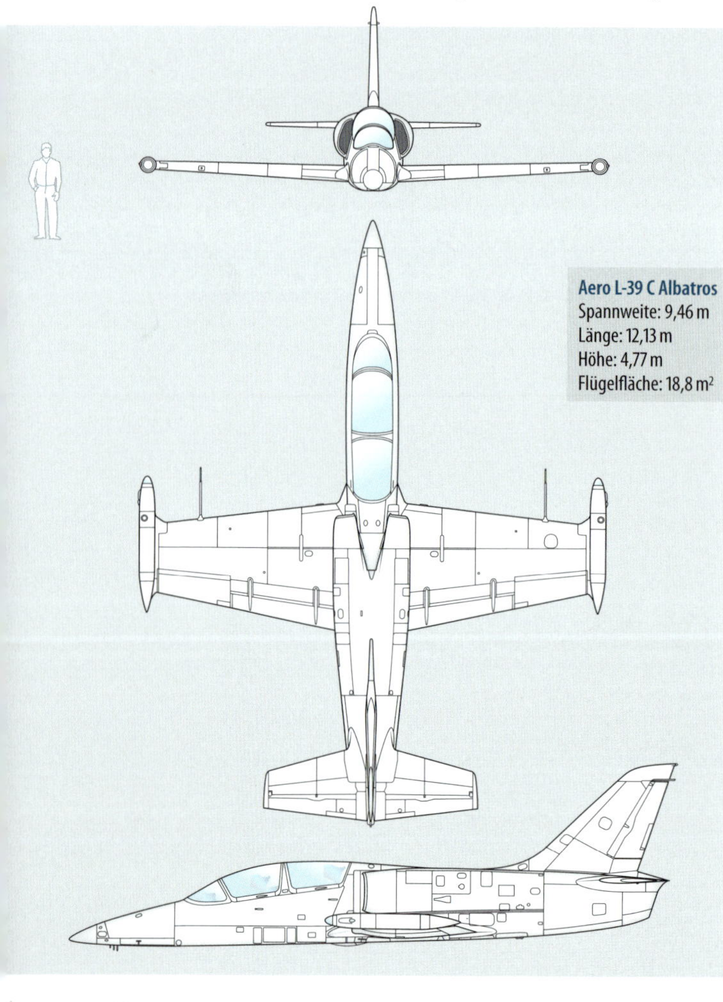

Aero L-39 C Albatros
Spannweite: 9,46 m
Länge: 12,13 m
Höhe: 4,77 m
Flügelfläche: 18,8 m²

Besatzung: (C) 2
Triebwerke: (C) Ein Axialstrahltriebwerk Iwtschenko Progress AI-25-TL-Triebwerk mit maximal 16,87 kN Schub.
Leistungen: (C) Höchstgeschwindigkeit 750 km/h in 5000 m, Dienstgipfelhöhe 11 500 m, Reichweite 840 km.
Gewichte: (C) Leermasse 3565 kg, maximale Abflugmasse 4700 kg.
Bewaffnung: (C) Bis zu 284 kg in Form von Luft-Luft-, Luft-Boden-Raketen, Bomben, MG-Behälter, Zusatztanks.

Zlin Z-226 Tréner

Ursprungsland
Tschechoslowakei
Kategorie
Schul- und Sportflugzeug

Entwicklung: Die Zlin-226 war eine Weiterentwicklung der erstmals im September 1946 geflogenen Z-26 und Z-126 [Bd. I], die sich hauptsächlich durch einen stärkeren 6-Zylinder-Walter-Minor unterschied und im April 1956 erstmals abhob. Zlin konstruierte den freitragenden, zweisitzigen Tiefdecker in Gemischtbauweise. Der Trainer war aus einem geschweißten Stahlrohr-Fachwerkrumpf aufgebaut, der nach dem blechbeplankten Motorraum bespannt war. Im Gegensatz zum Vorgänger Z-126 aus Holz, wurden die Tragflächen aus Metall hergestellt und ebenso wie das Leitwerk teilweise bespannt. Mit der Serienproduktion begann Zlin nicht mit dem Doppelsitzer Z-226, sondern mit der 50 kg leichteren, einsitzigen Segelflug-Schlepp-Version Z-226 B mit deutlich besserer Steigleistung, von der 77 Stück ausgeliefert wurden. Die abgebildete Trainerversion Z-226 T wurde von 1957 bis 1961 hergestellt und war mit 283 Exemplaren die meistgebaute Variante. Sie besaß ein Doppelsteuer für die Schulung, war aber einsitzig geflogen, kunstflugtauglich. Eine leichtere, einsitzige Akrobatikversion Z-226 AS wurden in geringerer, unbekannter Stückzahl ausgeliefert. Bereits 1957 folgte der Z-226 die Z-326, die sich, mit nahezu identischem Rumpf, durch einen längeren Flügel, optionalen Zusatz-Tiptanks und einem Einziehfahrwerk auszeichnete und von der bis 1968 420 Maschinen hergestellt wurden.

Zlin lieferte, je nach Quelle, insgesamt 364 oder 370 Z-226 aller Versionen aus.

Bemerkungen: Zlin-Schulflugzeuge haben ein lange Tradition. Schon mit der Z-26 begann 1946 eine erfolgreiche Trainer-Baureihe, die erst 1977 mit der etwas kleineren Z-726 ein Ende fand. Der robust konstruierte Tréner war einfach zu warten und besaß für die Schulung geeignete Flugeigenschaften. Er konnte von sehr kurzen Start- und Landebahnen eingesetzt werden, war zudem bedingt kunstflugtauglich und damit eine gut geeignete und zuverlässige Schul- und Trainingsmaschine, nicht nur beim Militär, auch bei den im Osten weit verbreiteten staatlichen Aeroclubs. Eingesetzt wurde der Tiefdecker in zahlreichen Luftwaffen, zu denen Ägypten mit 50 tropentauglichen Z-226, die ehemalige DDR mit 46, die Sowjetunion mit 72, die Tschechoslowakei als C-205 mit 166, Ungarn mit 11 und Vietnam mit 8 Z-226 T zählten. Berühmt wurden sie jedoch nicht, trotz großer Stückzahl, als militärischer Trainer, sondern als sehr erfolgreiches Akrobatikflugzeug, das oft in nur kleinen Serien gebaut, auf großen, auch internationalen Wettbewerben, von den bekanntesten Piloten geflogen wurde.

Neben zahlreichen weltweit verstreuten, flugfähigen Exemplaren von der Z-126 bis Z-726, steht eine Z-226 im Luftfahrtmuseum Merseburg bei Leipzig.

Besatzung: 2
Triebwerke: Ein luftgekühlter 6-Zylinder-Reihenmotor Walter Minor 6-III mit 118 kW (160 PS).
Leistungen: Höchstgeschwindigkeit 220 km/h, Reisegeschwindigkeit 195 km/h. Dienstgipfelhöhe 6000 m, Reichweite 480 km.
Gewichte: Leermasse 570 kg, Abflugmasse 818 kg.

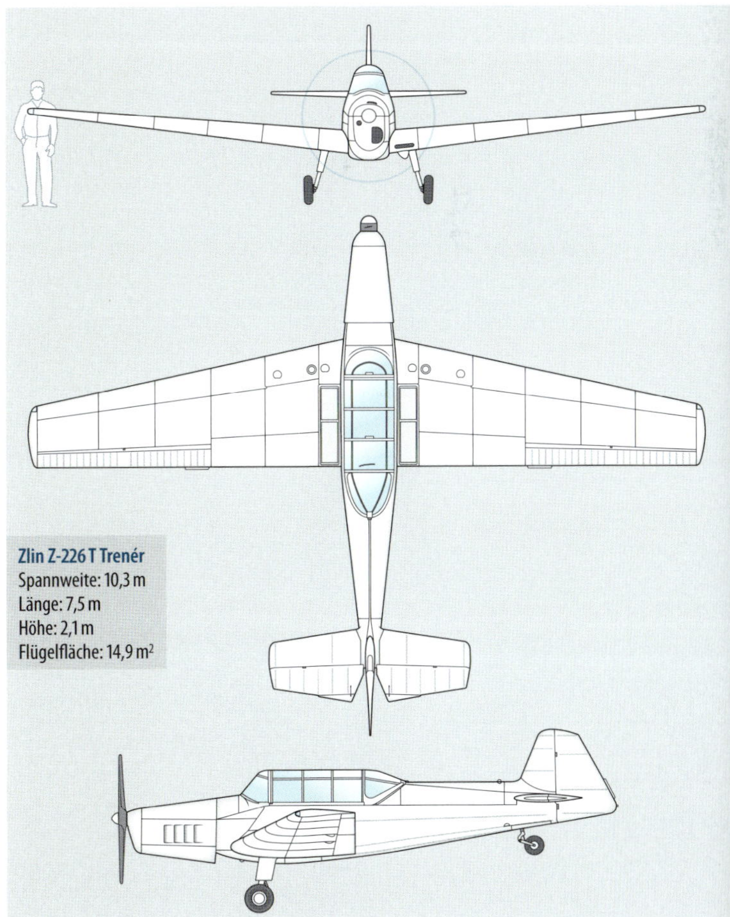

Zlin Z-226 T Trenér
Spannweite: 10,3 m
Länge: 7,5 m
Höhe: 2,1 m
Flügelfläche: 14,9 m²

Beechcraft L-23

Ursprungsland
USA
Kategorie
Leichtes Mehrzweckflugzeug

Entwicklung: Die L-23 war eigentlich eine im November 1949 erstmals geflogene Beechcraft Model D50 Twin Bonanza, die wiederum auf der einmotorigen Bonanza basierte. Der leichte, zweimotorige Tiefdecker wurde in Ganzmetallbauweise produziert und konnte neben den beiden Piloten vier Passagiere transportieren. Beechcraft lieferte Anfang 1952 vier Twin Bonanza als YL-23 zur Bewertung an die US-Army, die daraufhin eine Order über 55 L-23 A Seminole vergab. Sie waren noch mit zwei 260 PS-Lycomings und Zweiblatt-Holzpropellern ausgestattet, im Gegensatz zu weiteren 40, mit einem Zweiblatt-Metallprop ausgerüsteten L-23 B. Auch die USAF interessierte sich für die Zweimot, erwarb eine C50 als XL-23 C zur Bewertung, erteilte aber keine Bestellung. Im Januar 1955 begann Beechcraft mit der Entwicklung der Twin Bonanza E50, die eine höhere Abflugmasse hatte und mit zwei 340 PS-Boxermotoren O-480 etwas schneller war. Erstflug war im Oktober 1955, erste Auslieferungen als L-23 D begannen im November 1956. 93 ältere L-23 A und B wurden noch auf den D-Stand [Bild oben] gebracht. Ende der 1950er-Jahre erwarb die Army vermutlich 11 RL-23 D [Bild unten] und lies 29 D zur RL umbauen, die mit einem Radarpod und Bugradom ELINT-Missionen ausführten. Ein letztes Los mit 6 L-23 E wurde 1956 ausgeliefert, die wieder von einem schwächeren 295 PS-Boxermotor angetrieben wurden. Mit der Umbenennung 1962 wurden L-23D zu U-8D usw. Zwar nannte die US-Army ihre Queen Air B50 auch L-23 F und D, diese waren aber wesentlich größer und konnten neben zwei Piloten bis zu 7 Passagiere transportieren.

Beechcraft lieferte insgesamt 217 L-23 aus.

Bemerkungen: Für Beechcraft machten die Bestellungen der militärischen Zweimot, die ab 1953 hauptsächlich als Verbindungsflugzeuge genutzt wurden, einen Großteil der Produktion in den Jahren 1952/53 aus, die aber nach Auslieferung der L-23 B 1954 eingestellt, mit der L-23 E aber 1956 wieder neu aufgenommen wurde. Alle L-23 wurden 1962 in U-8 umbenannt. Die Zweimots waren weltweit unterwegs und verblieben fast 40 Jahre im Dienst der US-Army.

Zahlreiche stillgelegte L-23 veräußerte die Army Anfang der 1990er-Jahre auf dem zivilen Markt, etliche sind noch flugfähig. Eine findet man im Pima Air & Space Museum in Tucson, USA.

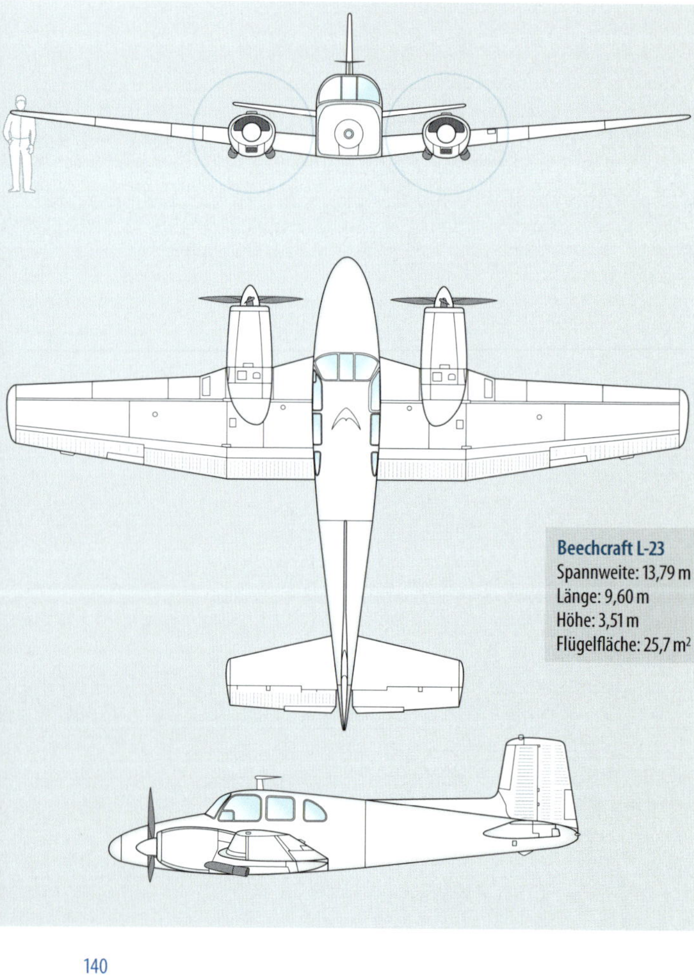

Beechcraft L-23
Spannweite: 13,79 m
Länge: 9,60 m
Höhe: 3,51 m
Flügelfläche: 25,7 m²

Eine RL-23 D mit Radardom am Bug und einem Seitwärtsradar.

Besatzung: 2
Triebwerke: Zwei luftgekühlte 6-Zylinder-Boxermotoren Lycoming GSO-480-1 mit je 250 kW (340 PS).
Leistungen: Höchstgeschwindigkeit 375 km/h, Reisegeschwindigkeit 290 km/h, Dienstgipfelhöhe 8200 m, Reichweite 2370 km.
Gewichte: Leermasse 2254 kg, maximale Abflugmasse 3311 kg.

Beechcraft T-34 Mentor

Ursprungsland USA
Kategorie Trainingsflugzeug

Entwicklung: In Eigeninitiative begann die vom Firmeninhaber W. Beech angestoßene Entwicklung des Models 45, das als Alternative zur T-6 gesehen wurde. Grundlage war das viersitzige Model 35 Bonanza, das mit einem schmäleren Rumpf und erheblichen Strukturverstärkungen für +10/–5 G zu einem Zweisitzer in Tandemanordnung wurde. Der erste Prototyp hob im Dezember 1948 ab, noch mit einem 185 PS Boxer von Continental. Ein dritter Prototyp flog bereits mit dem serienmäßig verwendeten 220 PS-starken Boxermotor. 1950 bestellte die USAF drei Testflugzeuge YT-34. Nach einem langwierigen Auswahlprozess entschied man sich erst im März 1953 für die T-34. Erste Lieferungen an die USAF von 450 T-34 A [Zchng.] begannen 1954 und wurden 1956 abgeschlossen. 1955 startete die Produktion von 423 T-34 B [Bild] für die Navy, die sich nur geringfügig von der A unterschieden. Beechcraft lieferte die letzte Kolben-T-34 1959 aus. Aber nach fast 15 Jahre Produktionspause entwickelte Beechcraft die auch aerodynamisch verbesserte T-34 C mit einer 550 PS-Propellerturbine, deren Produktion 1975 anlief und die 1990 nach 375 Flugzeugen endete. Der gut motorisierte Trainer konnte in der C-1-Version auch bis zu 540 kg Waffen an vier Flügelstationen laden. Beechcraft versuchte sich noch mit einem einstrahligen Model 73 Jet Mentor, das zahlreiche Komponenten der T-34 übernahm und im Dezember 1955 auch flog. Es blieb aber bei einem Einzelstück.

Von den insgesamt 1904 gebauten T-34 mit Kolbenmotor wurden 125 von Canadian Car and Foundry in Kanada, 173 von Fuji in Japan und 75 von der argentinischen FMA in Lizenz hergestellt.

Bemerkungen: Die Beech Mentor war ein idealer Standard-Primärtrainer für die USAF und Navy. Mit ausgezeichneten Flugeigenschaften und einer stabilen Zelle für eingeschränkten Kunstflug lässt sich die T-34 auch noch wirtschaftlich zu betreiben. Die meisten T-34 der USAF blieben bis Anfang der 1960er-Jahre im Dienst, bis sie vom Jet-Trainer Cessna T-37 [S. 151] abgelöst wurde. Ein Teil ging an die Civil Air Patrol, ein Teil wurde exportiert oder ging an USAF-Aeroclubs. Ende der 1990er-Jahre tauchten Probleme mit den Flügelholmen auf, die dazu führten, dass 2003 die letzte T-34 stillgelegt wurde. Die Navy hielt einen Teil ihrer Trainer bis Anfang der 1990er-Jahre in Betrieb, begann aber ihre Schulungen schon 1975 mit der turbinengetriebenen T-34 C, bis sie vom Turboprop-Trainer T-6 Texan, einer Weiterentwicklung der schweizerischen Pilatus PC-9, abgelöst wurde. Neben dem Hauptbetreiber USA nutzten T-34 über 20 Staaten, darunter Chile, Türkei, Kolumbien, Frankreich, Indonesien, Saudi-Arabien und Spanien, teilweise als Schulflugzeuge, C-Versionen hauptsächlich als leichte Erdkämpfer bis heute. Im Gegensatz zu Argentinien, das 1982 im Falklandkrieg seine T-34 C überwiegend als Aufklärer einsetzte.

Fast jedes US-Museum besitzt eine T-34, zahlose (angeblich über 100) sind in privatem Besitz und werden immer noch geflogen.

Besatzung: 2
Triebwerke: Ein luftgekühlter 6-Zylinder-Boxermotor Continental 0-470-13 mit 162 kW (220 PS).
Leistungen: Höchstgeschwindigkeit 302 km/h, Reisegeschwindigkeit 274 km/h, Dienstgipfelhöhe 5520 m, Reichweite 1170 km.
Gewichte: Leermasse 1022 kg, Abflugmasse 1354 kg.

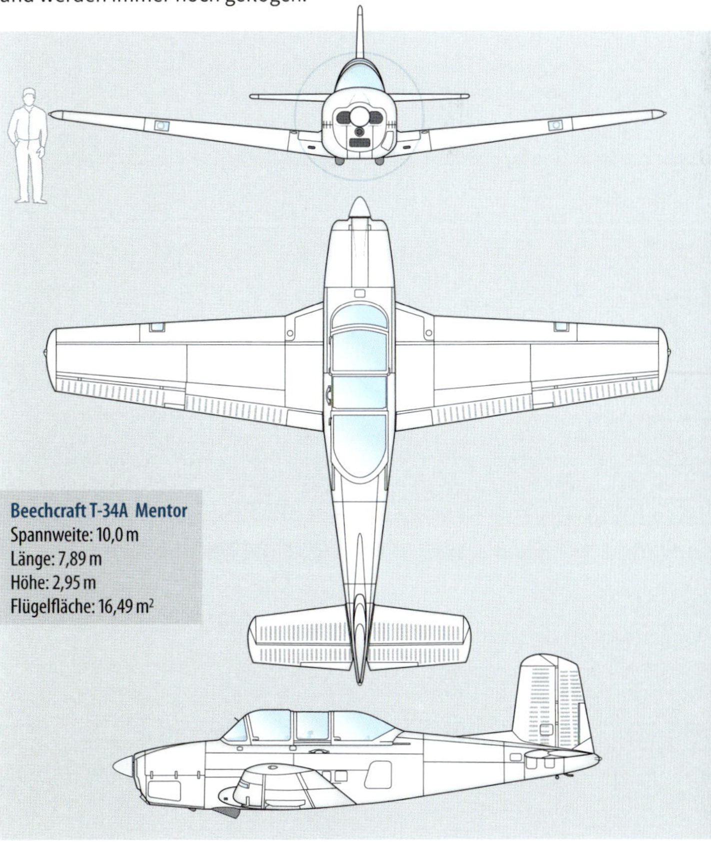

Beechcraft T-34A Mentor
Spannweite: 10,0 m
Länge: 7,89 m
Höhe: 2,95 m
Flügelfläche: 16,49 m²

Bell 47

Ursprungsland
USA
Kategorie
Leichter Mehrzweckhubschrauber

Entwicklung: Die Entwicklung der Bell 47 geht bis ins Jahr 1943 zurück, als das Modell 30 gebaut wurde. Ein im Juni 1943 erstmals fiegender Helikopter mit Zweiblatt-Rotor aus laminiertem Holz, zyklischer Blattverstellung und Stabilisator. Die erste Bell 47 A war ein Zweisitzer mit Flugzeugähnlicher Zelle , von der die Army 13 als YR-13 und die Marine 10 zur Bewertung erhielten. Erst das dreisitzige D-Modell, noch mit einem verkleideten Heckausleger, wurde mit der markanten „Glaskugel" ausgestattet, von einem 178 PS-Franklin angetrieben und von der Army als H-13 und der Navy als TH-13 [Zchng.] erworben. Die Bell 47 G erhielt Metallrotorblätter, sowie einen unverkleideten Heckausleger und wurden in sehr großer Zahl von der Army als OH-13 Sioux [Bild], der Luftwaffe als UH-13 und der Navy als TH-13 erworben. Sie waren bereits mit einem 250 PS-Boxermotor von Lycoming ausgerüstet. Bei der letzten Version TH-13 T wurde ein 270 PS starker 6-Zylinder von Lycoming verbaut. Den Heli gab es in zahlreichen Varianten, mit Schwimmern, mit Doppelsteuer, mit Tragbahren über den Kufen, unterschiedlicher Motorisierung und Detailmodifikationen. Die britische Armee flog 300 47 G, von der 50 Exemplare in Italien unter Lizenz von Agusta hergestellt und der Rest als Bausatz über die britische Westland Aircraft geliefert wurden. Kawasaki (Japan) erhielt eine Lizenz und baute 211 einer eigenen Variante KH-4.

Bei Bell blieb die 47 bis 1973 ununterbrochen in Produktion, Hauptserie war das Modell 47 G mit all ihren Varianten. Inklusive der zivilen Exemplare wurden über 5600 gebaut.

Bemerkungen: Die militärische Bell 47 gehörte nach 1945 zu den wichtigsten US-Leichthubschraubern und war als einfache, aber robuste Konstruktion auch preisgünstig zu haben. Sie wurde vor allem im Koreakrieg (1950 – 1953) erstmals in großer Zahl eingesetzt. Dazu gehörten Beobachtungs- und Aufklärungsmissionen und die Bergung von Verwundeten, die auf zwei windgeschützten Tragbahren auf den Kufen transportiert wurden. Auch im Vietnamkrieg wurde die Bell von 1964 bis 1966 als Beobachtungshubschrauber verwendet, bis ihn die Hughes OH-6 [S. 170] ablöste. Neben den USA als Hauptbetreiber flog die Bell 47 rund um den Globus in mehr als 50 Staaten, darunter auch 45 Agusta 47 G von 1957 bis 1974 in Deutschland. Erst in den 1980er-Jahre wurden sie allmählich mit Auftauchen leistungsfähigerer Helikopter außer Dienst gestellt, zahlreiche aber auch darüber hinaus weiter betrieben. Ausgemusterte landeten öfters bei zivilen Betreibern, einige wurden von speziellen Firmen für den landwirtschaftlichen Einsatz umgebaut, zum Teil mit bis zu 420 PS-starken Turbinen.

Neben unzähligen noch flugfähigen Bell 47, findet man sie in den Museen der Betreiberländer, auch im Bückeburger Hubschraubermuseum.

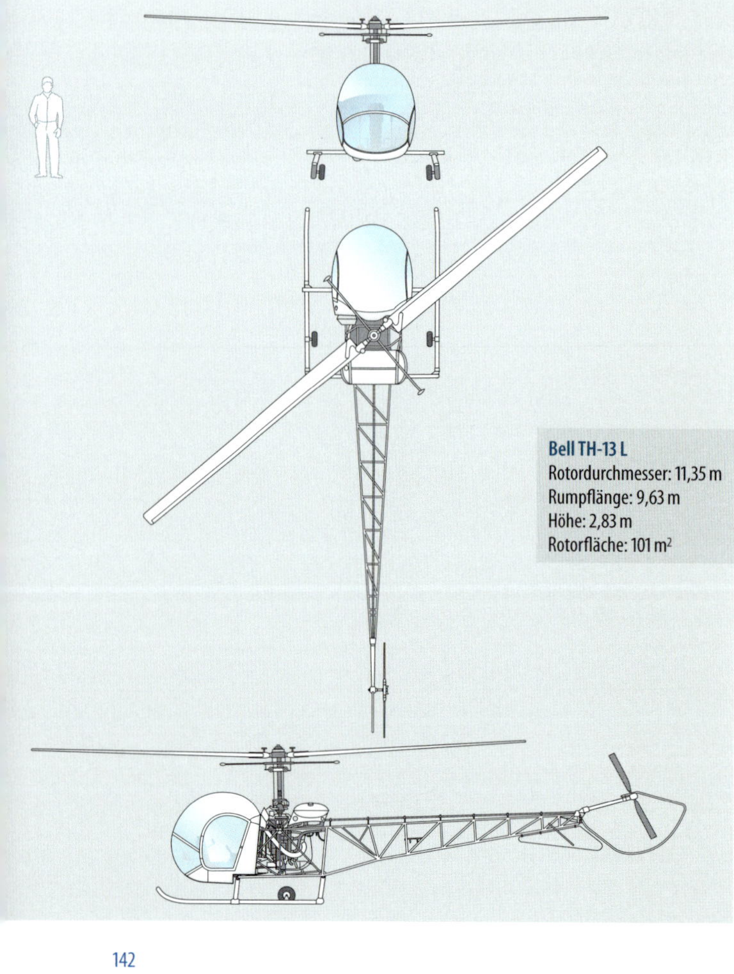

Bell TH-13 L
Rotordurchmesser: 11,35 m
Rumpflänge: 9,63 m
Höhe: 2,83 m
Rotorfläche: 101 m²

Besatzung: 1 – 3
Triebwerke: Ein luftgekühlter 6-Zylinder Boxermotor Lycoming TVO-435 mit 198 kW (270 PS).
Leistungen: Höchstgeschwindigkeit 170 km/h, Dienstgipfelhöhe (TH-13) 6100 m, Reichweite 500 km.
Gewichte: Leermasse 858 kg, Startmasse 1340 kg.

Bell UH-1 Iroquois

Ursprungsland
USA
Kategorie
Mehrzweck-hubschrauber

Entwicklung: 1954 forderte die US Army in einem Wettbewerb, an dem zwanzig Unternehmen teilnahmen, einen leichten Turbinen-Mehrzweckhubschrauber. Bell gewann und erhielt im Mai 1955 den Auftrag für drei Prototypen des Models 204. Erstflug war im Oktober 1956. Dem folgte nach der Erprobung ein Auftrag über 182 HU-1 A (1962 in UH-1 geändert; Spitzname *Huey*), die jedoch mit einer 770 PS-Turbine untermotorisiert waren. Bell reagierte mit der UH-1 B [Bild] und einer 960 PS-Turbine, sowie einer längeren Kabine für maximal 7 Passagiere. Mit der C wurde ein 1100 PS-Antrieb eingeführt und neue Rotorblätter. Bereits 1960 brachte Bell ein 104 cm längeres Model 205, die UH-1 D [Zchng.], heraus, von der über 2000 an die US-Army gingen. Fast 8000 Stück, davon alleine 4850 an die US-Army, lieferte Bell von der UH-1 H aus, den eine 1400 PS-Turbine antrieb und der maximal 14 Passagiere oder bis zu 1760 kg Last tragen konnte. Dazu kommen eine unüberschaubare Zahl an Upgrades, Modifikationen und weitere Varianten, auch zivile, die je nach Verwendungszweck und Exportland unterschiedlichste Ausrüstungen erhielten.

Es wurden inklusive der Lizenzversionen Italiens, Japans und Taiwans mehr als 16 000 UH-1-Hubschrauber gebaut. Zweimotorige Bell 212/214/412 sind immer noch in Produktion.

Bemerkungen: Einsatzerfahrungen mit Helikoptern im Koreakrieg zwangen die US Air Force und Army vermehrt auf Transporthelis zu setzen, das bei Einsätzen in Vietnam mit der UH-1 als universeller Mehrzweckhelikopter auch umgesetzt wurde. Ob beim Transport in Kampfzonen, bei der Bergung Verwundeter oder zur Nahunterstützung von Bodentruppen, wofür sie eigentlich nicht konstruiert war, die *Huey* war für nahezu alles zu haben. Von den 7000 in Vietnam eingesetzten UH-1 blieben am Kriegsende allerdings auch nur 2000 übrig. Nach Vietnam war die UH-1 weiterhin bei allen US-Auseinandersetzungen in großer Zahl zu finden. Es gab aber bereits ab 1992 Überlegungen sie abzulösen und mit dem Serienbau der Sikorsky UH-60 waren bis 2004 fast alle ersetzt. Einige wenige flogen noch bei der National Guard, 2009 war aber auch da Schluss. Für Bell war die *Huey* nicht nur bei den US-Streitkräften als Standardhubschrauber ein Verkaufshit, sie wurden auch in großen Stückzahlen in über 70 Länder exportiert. Auch die Bundeswehr beschaffte ab 1968 352 UH-1 D, hauptsächlich für Transportaufgaben. Der letzte flog im Juli 2022. Es gibt keine verlässlichen Zahlen über noch im Einsatz befindliche *Hueys*.

In fast allen Betreiberländern stehen UH-1 in Museen. Eine z. B. in der Flugwerft Schleisheim und im Hubschraubermuseum Bückeburg.

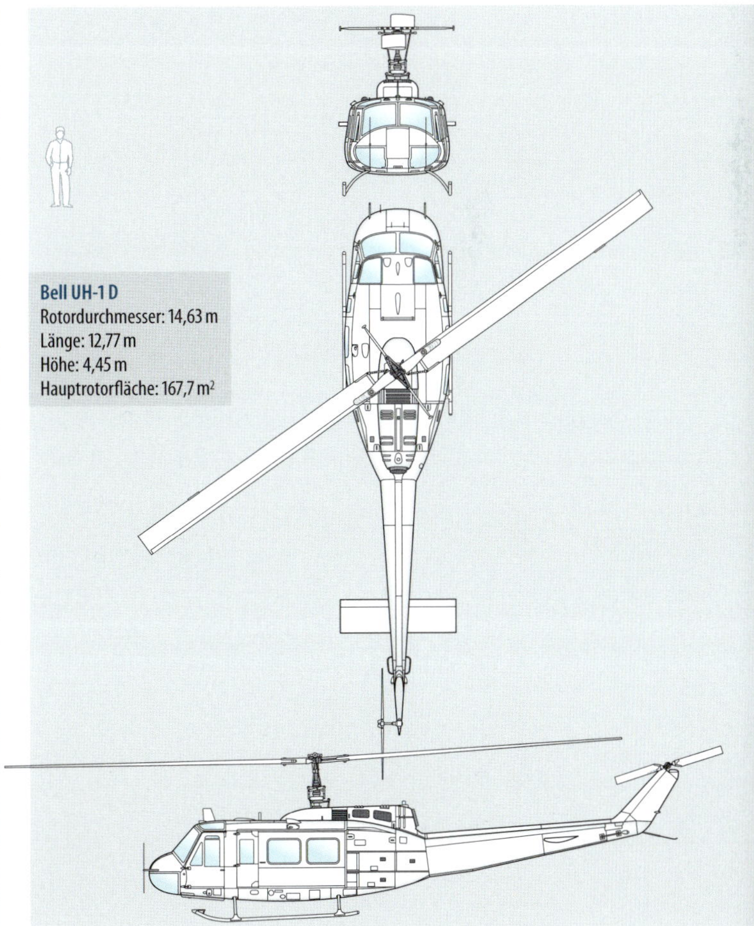

Bell UH-1 D
Rotordurchmesser: 14,63 m
Länge: 12,77 m
Höhe: 4,45 m
Hauptrotorfläche: 167,7 m²

Besatzung: 1 – 2
Triebwerke: (UH-1 H) Eine Wellenturbine Avco Lycoming T53-L-13 mit 1044 kW (1420 PS).
Leistungen: (UH-1 H) Höchstgeschwindigkeit 220 km/h, Reisegeschwindigkeit 165 km/h, Dienstgipfelhöhe 4145 m, Reichweite ca. 500 km.
Gewichte: (UH-1 H) Leermasse 2140 kg, Abflugmasse 4310 kg.
Bewaffnung: Je nach Typ: Zwei MG-Lafetten an der Tür, an zwei Außenträgern ungelenkte Luft-Boden-Raketen und Lenkflugkörper, MG-Behälter.

Bell AH-1 Cobra

Ursprungsland
USA
Kategorie
Kampfhubschrauber

Entwicklung: Schon Ende der 1950er-Jahre beschäftigte sich Bell mit einem reinen Kampfhubschrauber, 1962 präsentierte man ein Mockup be dem Bell Rotor, Turbine und Getriebe der UH-1 [S. 143] übernahm. Der Helicopter ließ sich von beiden leicht gepanzerten, schlanken Cockpits aus steuern, der vorn sitzende Bordschütze bediente die Bugkanone und Waffen an den Auslegern. Zwei Jahre später schrieb die US Army einen Wettbewerb aus, bei dem allerdings Lockheed mit der AH-56 Cheyenne gewann, aber dann mit der Entwicklung nicht vorankam und das Projekt später einstellte. Mit Intensivierung des Vietnamkriegs und dringend benötigter Kampfhubschrauber war Bell wieder mit der AH-1 zur Stelle und erhielt prompt eine Order über 110 Stück. Bereits im September 1965 flog die erste AH-1. Einsätze in Vietnam brachten zahlreiche Modifikationen um die Effektivität zu steigern, mit sich. 1975 modernisierte die Army ihre AH-1 G-Flotte [Bild] zur AH-1 Q und führte die Panzerabwehrrakete TOW und ein Sichtsystem ein. Es zeigte sich jedoch, dass der Heli mit den TOWs untermotorisiert war und die AH-1 Q wurden mit einer 1800 PS-Wellenturbine zur AH-1 S aufgerüstet. Es folgten weitere Upgrades, die neue Rotoren, Cockpitausstattungen und Bewaffnung mit den entsprechenden Systemen umfassten. Auch die US Marine interessierte sich für die Cobra und bestellte im Mai 1969 die ersten zweimotorigen AH-1 J SeaCobras, von der zahlreiche Varianten entwickelt wurden. Die modernste Variante, die zweimotorige AH-1 Z Viper mit einem Vierblattrotor, wird auch 2025 noch produziert.

Von 1966 bis 1973 lieferte Bell insgesamt 1116 AH-1 G aus, von der zweimotorigen Baureihe 1271. Japan baute 89 AH-1 S in Lizenz.

Bemerkungen: Mitte 1967 wurden die ersten AH-1 G im Vietnamkrieg eingesetzt, deren Hauptaufgabe die Unterstützung der Bodentruppen im Gefecht und Eskortierung von Transporthelis war. Dabei gingen rund 300 Cobras verloren. Über viele Jahrzehnte war die AH-1 der wichtigste Kampfhubschrauber der US-Army und flog in fast allen Auseinandersetzungen von Vietnam bis zu den Golfkriegen, bis er schließlich in den 1990er-Jahren durch die deutlich größere AH-64 Apache abgelöst wurde. Die letzten US-Army-Cobras wurden 2001 stillgelegt, die letzten AH-1 W der Marines 2020, die AH-1 Z Viper wird weiterhin betrieben. Cobras waren begehrte Helikopter und wurden auch an Israel, Jordanien, Türkei, Pakistan und die Philippinen geliefert.

Fast alle US-Luftfahrtmuseum präsentieren Cobras, die nächste flugfähige AH-1 F steht im Hangar 7 in Salzburg, Österreich.

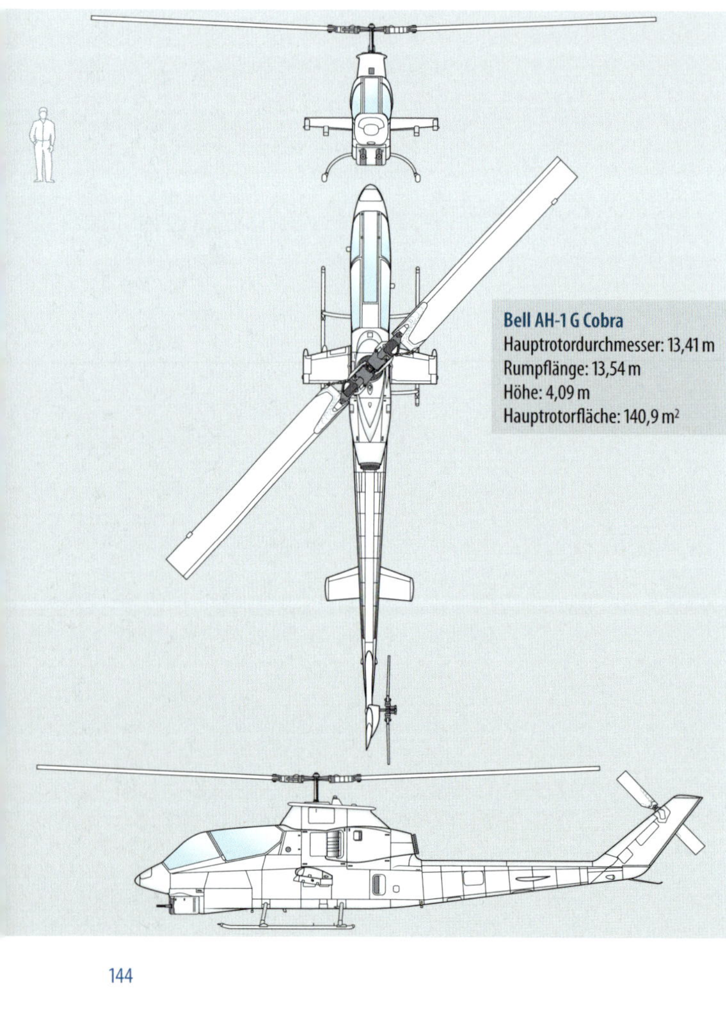

Bell AH-1 G Cobra
Hauptrotordurchmesser: 13,41 m
Rumpflänge: 13,54 m
Höhe: 4,09 m
Hauptrotorfläche: 140,9 m²

Besatzung: 2
Triebwerke: (G) Eine Wellenturbine Lycoming T53-L-13 mit 810 kW (1100 PS).
Leistungen: (G) Höchstgeschwindigkeit 276 km/h, Reisegeschwindigkeit 200 km/h, Dienstgipfelhöhe 4145 m, Reichweite 570 km.
Gewichte: (G) Leermasse 2765 kg, Abflugmasse 4000 kg, maximale Abflugmasse 4309 kg.
Bewaffnung: (G) Im Bugdrehturm zwei MGs oder Granatwerfer, an den Hardpoints Raketen- und MG-Behälter.

Bell OH-58 Kiowa

Ursprungsland
USA
Kategorie
Leichter Beobachtungs- und Kampfhubschrauber

Entwicklung: 1960 nahm Bell mit der OH-4/206 A am Wettbewerb *Light Obervation Helicopter* (LOH) teil, verlor aber gegen die Hughes OH-6 [S. 170] und bot daraufhin den Heli mit neuem Rumpf als Bell 206 (Erstflug Januar 1966) auf dem zivilen Markt an. 1967 kam es erneut wegen Problemen bei Hughes und dringend benötigter Helis im Vietnamkrieg zu einem LOH-Wettbewerb, den Bell mit der 206/OH-58 Kiowa für sich entschied. Die ersten viersitzigen, leichten und ungepanzerten Beobachtungshubschrauber OH-58 A wurden bereits im Mai 1969 an die amerikanischen Streitkräfte ausgeliefert. Sie waren für eine Abflugmasse von 1450 kg ausgelegt, hatten einen Zweiblattrotor, der von einer 400 PS starken Turbine angetrieben wurde. Neben der Exportversion OH-58 B [großes Bild] kam bei der C ein überarbeiteter Antrieb und modernere Avionik zum Zug. Ein umfassenderes Upgrade erhielt die OH-58 D [Zchng.] (Erstflug Oktober 1983) mit einer Abflugmasse von 2495 kg, einem leiseren Vierblattrotor, verbessertem Antrieb sowie einem Mastvisier. Abnehmbare Außenstationen für Luft-Luft-/Luft-Boden-Raketen und Gunpods machten die D-Version zum *Kiowa Warrior*. Auch sie erhielt 2012 ein Upgrade zur F, das vor allem der Kampfwertsteigerung diente und von der Army selbst ausgeführt, aber 2014 wieder eingestellt wurde.

Insgesamt lieferte Bell 2325 OH-58 aller Varianten aus.

Die OH-4, Ausgangsmuster aller Bell OH-58/B-206-Varianten.

Bemerkungen: Die Kiowa wurde als leichter und kostengünstiger Verbindungs-, Aufklärungs- und Kampfhubschrauber während des Vietnamkriegs eingeführt, stets weiterenwickelt oder auf höhere Versionen umgebaut, bei denen immer wieder modernste elektronische Systeme verbaut wurden, so dass heute noch, vor allem die kampfwertgesteigerten OH-58 D, eingesetzt werden können. Der robuste Helikopter bewährte sich im Vietnamkrieg, im Golfkrieg, im Irak und Afghanistan, aber auch bei der National Guard im Kampf gegen Drogen. Neben den USA flogen oder fliegen immer noch OH-58 in Australien, Griechenland, Irak, Kroatien, Kanada, Österreich, Spanien, Saudi-Arabien, Taiwan und Türkei.

Zahlreiche US-Museen besitzen OH-58, eine stellt auch das Polnische Luftfahrtmuseum in Krakau aus.

Besatzung: 2
Triebwerke: (D) Eine Wellenturbine Allison T 703 AD-700 mit 478 kW (650 PS).
Leistungen: (D) Höchstgeschwindigkeit 241 km/h, Reisegeschwindigkiet 204 km/h, Dienstgipfelhöhe 4575 m, Reichweite ca. 450 km.
Gewichte: (D) Leermasse 1737 kg, Abflugmasse 2495 kg.
Bewaffnung: (D) Maximal 907 kg an zwei Außenstationen: Luft-Boden-/Luft-Luft-Raketen, Raketenwerfer, Panzerabwehrraketen, MG-Behälter.

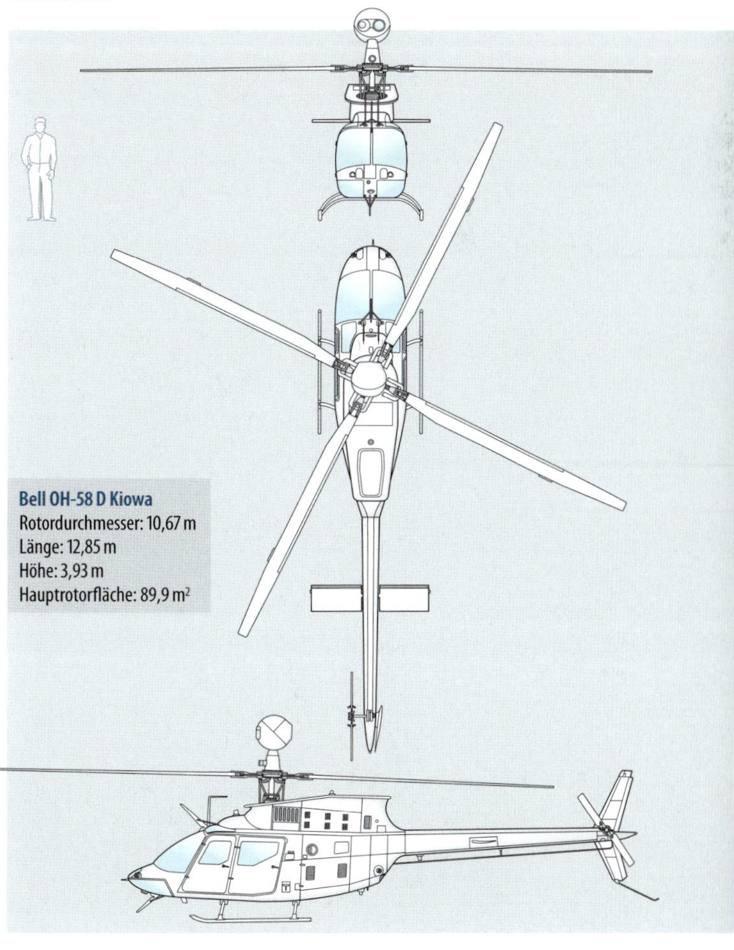

Bell OH-58 D Kiowa
Rotordurchmesser: 10,67 m
Länge: 12,85 m
Höhe: 3,93 m
Hauptrotorfläche: 89,9 m²

Boeing B-52 Stratofortress

Ursprungsland
USA
Kategorie
Schwerer strategischer Bomber

Entwicklung: Nach dem Zweiten Weltkrieg wollte sich die USA nicht mehr auf Militärbasen im Ausland stützen und forderte Ersatz für die B-36 [Bd. I]. Der erste Entwurf, eine vergrößerte B-29 mit Turboprops, wandelte sich 1948 mit immer wieder neuen Anforderungen zur XB-52 mit Strahltriebwerken, für die Boeing im Februar 1951 einen Auftrag über 13 B-52 A erhielt. Bei beiden Prototypen, von denen die YB-52 erstmals im April 1952 abhob, saßen beide Piloten und der Elektronikoffizier noch hintereinander, ein Stock tiefer der Navigator und Radar-Operator und im Heck ein Schütze. Ein dünner, flexibler Flügel mit acht untergehängten Triebwerken und Zusatztanks ließ nur ein Tandemfahrwerk im Rumpf und Stützräder am Außenflügel zu. Die erste der 13 bestellten B-52 A flog im August 1954. Allerdings wurde die Order auf drei reduziert, die nur zu Tests geflogen wurden. Mit der B erhielt die USAF die erste einsatzfähige B-52 mit stärkeren Triebwerken und einem neuen Side-by-side-Cockpit. Von 50 bestellten B-52 B wurden 27 als RB-52 B ausgeliefert, die einen austauschbaren Aufklärungsbehälter mit Kameras, Radar und zwei Bedienern im Bombenschacht(!) tragen konnten, aber so nie eingesetzt wurden. Trotz guter Flugeigenschaften erhielten die im Juni 1955 in Dienst gestellten B-52 B wegen technischer Probleme 1956 ein befristetes Flugverbot. Die B-52 C (36 St., ab 1952) unterschied sich nur gering von der B, hatte größere Außentanks, verbesserte Triebwerke und 204 t Startgewicht. Es folgten weitere Versionen: D (170 St. , ab 1956) und E (100 St., ab 1957) mit neuer Elektronik, F (89 St., ab 1958) mit stärkeren Triebwerken [Bild], G (193 St., ab 1958) mit 221 t Abfluggewicht und die H (102 St.), mit neuen Turbofans und höherer Reichweite [Zchng.], die im Juli 1960 erstmals flog. Immer wieder modernisiert, sind heute noch 76 B-52 H mit zum Teil über 20 000 Flugstunden im Betrieb, die ab 2023 noch einmal mit Rolls-Royce Br700-Turbofans auf den neuesten Stand gebracht werden.

Nach 744 B-52 endete die Produktion 1962.

Bemerkungen: B-52 gehören zu den bekanntesten und langlebigsten strategischen Atom-Bombern der USA und können als Grundpfeiler der Abschreckungspolitik im Kalten Krieg gesehen werden. Den Achtstrahler benötigte man aber auch ab dem Vietnamkrieg als konventioneller Bomber. Er flog auch noch im Golfkrieg 1991, im Kosovokrieg 1999 und 2015 über Syrien und dem Irak, um Cruise Missiles abzusetzen.

Fast alle großen US-Museen präsentieren B-52, die einzige B-52 in Europa steht im Imperial War Museum in Duxford, Großbritannien.

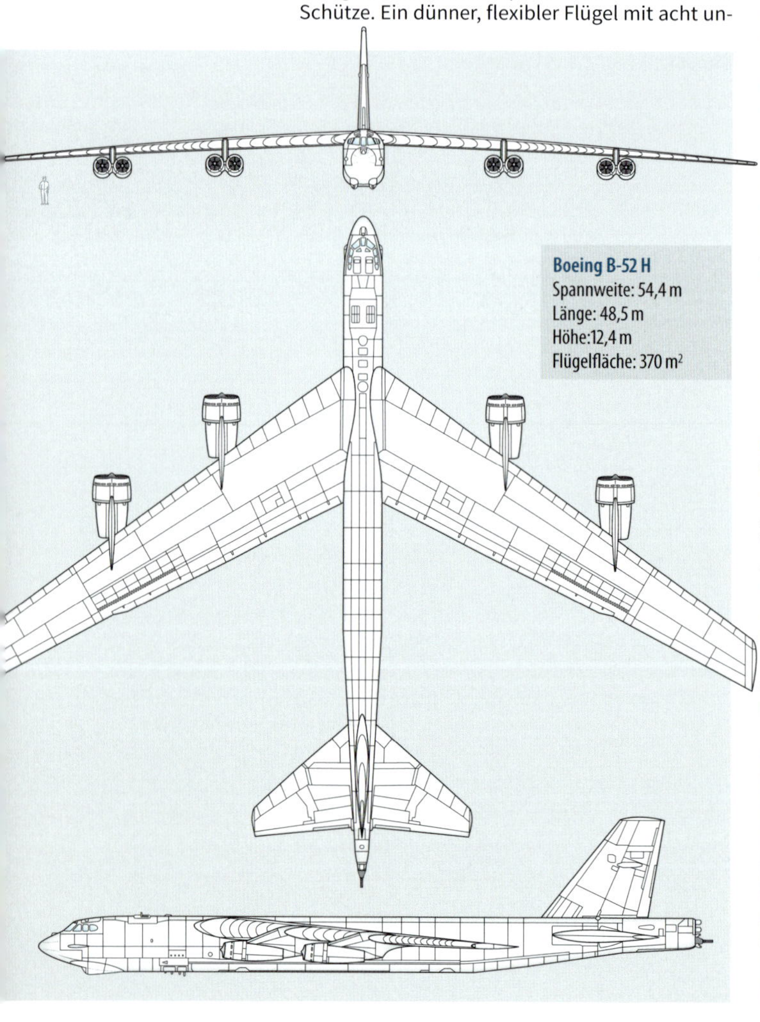

Boeing B-52 H
Spannweite: 54,4 m
Länge: 48,5 m
Höhe:12,4 m
Flügelfläche: 370 m^2

Besatzung: (B) 6
Triebwerke: (B) Acht Axialstrahltriebwerke Pratt & Whitney J57-P-19WA mit je 53,82 kN Schub mit Wassereinspritzung.
Leistungen: (B) Höchstgeschwindigkeit 1014 km/h, Reisegeschwindigkeit 842 km/h, Dienstgipfelhöhe 14 400 m, Reichweite 5780 km, Überführungsreichweite 11 800 km.
Gewichte: (B) Leermasse 74 426 kg, Abflugmasse 123 377 kg, maximales Abfluggewicht 190 508 kg.
Bewaffnung: (B) Vier MGs im Heck und bis zu 19 500 kg konventionelle Bomben oder vier Atombomben.

Boeing C-135 Stratolifter / KC-135 Stratotanker

Ursprungsland
USA
Kategorie
Tankflugzeug, Transportflugzeug

Entwicklung: Mit der Einführung der strahlgetriebenen Bomber B-47 [Bd. I] und B-52 [S. 146] benötigte die USAF auch schnellere Tanker, die ihre veralteten KC-97 ablösten. Boeing entschloss sich deshalb 1952 auf eigenes Risiko einen Demonstrator zu bauen. Bis ein Wettbewerb entschieden war, bestellte die USAF als Zwischenlösung im August 1954 29 KC-135 A Stratotanker. Lockheed war zwar Sieger und baute einen Prototyp, in der Zwischenzeit hatte aber Boeing Bestellungen über 88 und 169 KC-135 in der Tasche, und bereits im August 1956 flog die erste KC-135. Der druckbelüftete Rumpf konnte neben Treibstofftanks auch bis zu 37,6 t Fracht oder 37 Passagiere, oder als MedEvac bis zu 44 Krankentragen aufnehmen. Von einem im Heck liegenden Bediener wird der von Boeing entwickelte Tankboom gesteuert, der die über 100 000 Liter gebunkertes Kerosin abgeben kann. Nach eingehender Erprobung übergab Boeing die erste Serien-KC-135 im Januar 1957 für USAF-Tests. Alleine 732 Tanker KC-135 A wurden bis Ende 1964 ausgeliefert, dem 17 fliegende Kommandoposten EC-135 B [Bild] ab 1963 folgten. Parallel dazu fertigte Boeing 45 C-135 A und B als reine Transporter. Frankreich erhielt 12 Fracht/Tankerkombis C-135 F. Ein ständiges Problem waren die schwachen Triebwerke. Mit der Umrüstung auf 80 kN-starke P & W TF33 von 160 Tankern zur KC-135 E wurde dies behoben. Ab 1982 bekamen aber nochmals 365 Tanker KC-135 R ein Upgrade auf neue CFM 56-Turbofans (99 kN).

Insgesamt 808 Vierstrahler rollten bei Boeing aus den Hallen.

Bemerkungen: Ursprünglich nur als Zwischenlösung gedacht, entwickelte sich die KC-135 zu einem Erfolgsmodell für Boeing, ebenso wie das daraus abgeleitete Passagierflugzeug B-707. Seit den 1960er-Jahren bis heute spielen bei allen militärischen Auseinandersetzungen der USA KC-135 die wichtigste Rolle bei der Luftbetankung von Bombern, Jagdflugzeugen und Aufklärern, um deren Einsatzdauer erheblich auszudehnen. Neben den USA als Hauptbetreiber flogen bis 2024 in Frankreich 14 KC-135 F, in der Türkei 7 und in Singapur 4 KC-135 R und in Chile 3 KC-135 E. Trotz ständiger Überholungen und dem Einbau neuer Triebwerke und Systeme wurde schon Ende der 1990er-Jahre an einen Nachfolger gedacht. 2008 waren aber immer noch 490 KC-135 in den USA im Einsatz, deren Lebenserwartung bis ca. 2040 reichen würde. Die USAF wählte zwar 2011 die Boeing KC-46 aus, deren Basis der Airliner B-767 war. Sie flog auch im Dezember 2014 erstmals, aber wegen zahlloser Technikprobleme kommen die Auslieferungen nur sehr langsam voran.

Viele US-Museen besitzen KC-135. Eine z. B. das Air Mobility Command Museum, Dover AFB, USA.

Besatzung: (KC-135 A) 4
Triebwerke: (KC-135 A) Vier Axialstrahltriebwerke Pratt & Whitney J57-P-59W mit je 49,8 kN Schub.
Leistungen (KC-135 A) Höchstgeschwindigkeit 982 km/h, Reisegeschwindigkeit 890 km/h, Dienstgipfelhöhe 15 200 m, Reichweite 10 000 km.
Gewichte: (KC-135 A) Leermasse 44 600 kg, Abflugmasse 123 377 kg, maximales Abfluggewicht 132 400 kg.

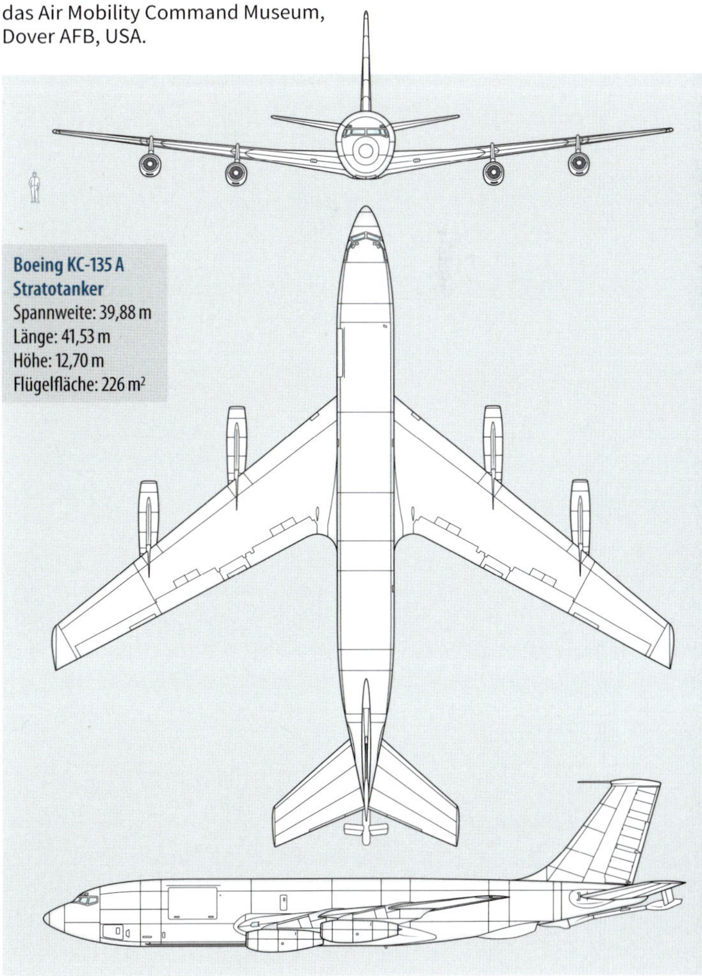

Boeing KC-135 A Stratotanker
Spannweite: 39,88 m
Länge: 41,53 m
Höhe: 12,70 m
Flügelfläche: 226 m²

Boeing-Vertol CH-46 SeaKnight

Entwicklung: In den 1940er-Jahren begann Piasecki bereits Helikopter mit Tandemrotoren zu konstruieren und produzierte ab 1952 den Transporthubschrauber H-21 [Bd. 1] auch in großer Stückzahl. 1955 wurde die Firma in Vertol Corporation umbenannt, in der Zeit wurde auch das Model 107 entwickelt. Der Prototyp flog im April 1958. Die beiden gekoppelten Turbinen und das Getriebe lagen im Heck über dem großvolumigen Laderaum, der vordere Rotor wurde über eine Welle angetrieben. Über eine Laderampe ließen sich z. B. bei der CH-46 D bis zu 25 Soldaten oder 3180 kg Fracht laden. Obwohl sie eigentlich nur an der größeren Chinook [S. 149] interessiert war, bestellte die US Army 1958 10 CH-46 reduzierte sie aber auf 3 Stück. In der Zeit als Boeing 1960 Vertol übernahm, forderte das US-Marine Corps einen mittelschweren Hubschrauber, der nach einem Wettbewerb zugunsten Boeings ausfiel. Erste Bestellungen folgten und im November 1964 konnte die CH-46 in Dienst gestellt werden. Auch die Navy orderte schließlich CH-46, ab 1966 auch von der deutlich leistungsfähigeren D mit stärkeren Turbinen und neuen Rotorblättern. Es folgten im Laufe der Produktionsjahre weitere Varianten mit anderen Antrieben, modernerer Avionik und angepasster Ausrüstungen. Durch einige Upgrades ließ sich die Einsatzzeit noch beträchtlich verlängern.

Boeing Vertol lieferte bis 1971 insgesamt 524 CH-46 aus. Kawasaki erwarb weltweite Rechte und fertigte eine unbekannte Zahl als KV-107.

Bemerkungen: Während des Vietnamkriegs war die CH-46 einer der wichtigsten Transporthubschrauber, der sich leistungsmäßig zwischen der UH-1 [S. 143] und der CH-53 [S. 202] einordnen ließ. Intensiv eingesetzt, um vor allem Bodentruppen zu transportieren, gingen dabei auch über 100 Helis verloren. Verwendet wurde die CH-46 noch bei der Invasion in den Irak 2003, bei der allerdings Ermüdungserscheinungen und Wartungsprobleme deutlich wurden. Bis 2004 waren alle durch MH-60 Seahawks ersetzt. Die Marines lösten ihre Seaknights erst 2014, nach 40 Jahren Dienstzeit, durch das Kipprotorflugzeug V-22 Osprey ab. Einige wenige flogen auch noch 2021 bei der Evakuierung Kabuls. Schweden erhielt seine HKP 4 von Kawasaki und setzte sie für SAR- und ASW-Missionen bis 2011 ein. Kanada erhielt ab 1963 18 CH-113 und hielt sie bis 2004 im Dienst. Acht davon ließen sich noch an ein privates Unternehmen verkaufen.

Alle Betreiberländer zeigen CH-46 in Museen. Eine KV 107-II HKP 4C steht z. B. im Aeroseum in Göteborg, Schweden. Heliswiss nutzt auch noch 2025 eine 107-II für Logging und Transporte.

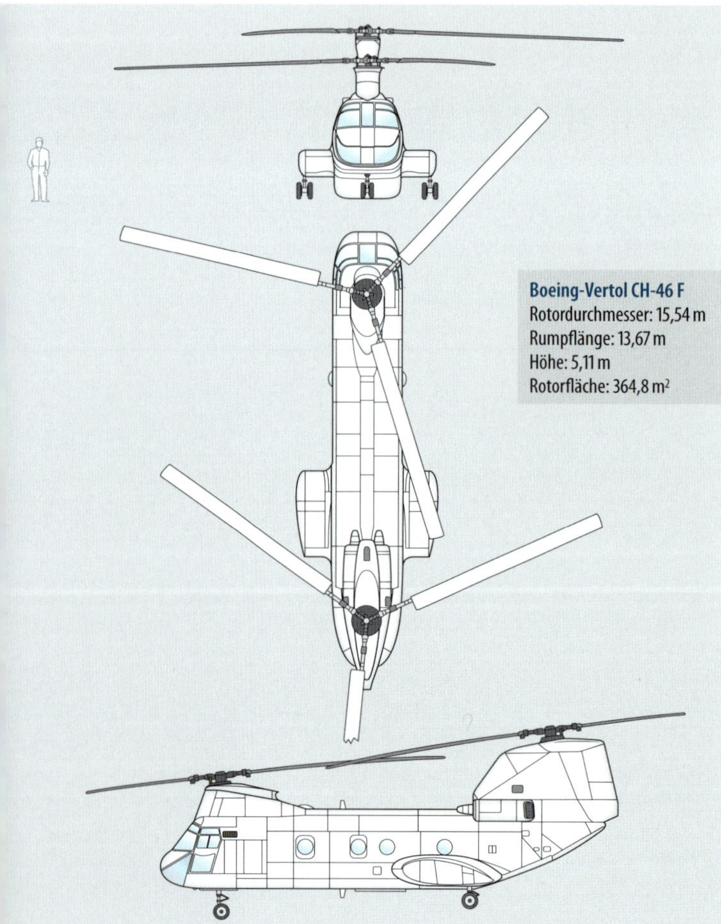

Boeing-Vertol CH-46 F
Rotordurchmesser: 15,54 m
Rumpflänge: 13,67 m
Höhe: 5,11 m
Rotorfläche: 364,8 m²

Besatzung: (E) 2 – 5
Triebwerke: (E) Zwei Wellenturbinen General Electric T58-GE-16 mit je 1375 kW (1870 PS).
Leistungen: (E) Höchstgeschwindigkeit 267 km/h, Reisegeschwindigkeit 248 km/h, Dienstgipfelhöhe 5200 m, Reichweite mit 1100 kg Nutzlast 1020 km, Überführungsreichweite 1100 km.
Gewichte: (E) Leermasse 7047 kg, max. Abflugmasse 11 022 kg.
Bewaffnung: (E) Optional drei MGs an den Türen und der Rampe.

Boeing-Vertol CH-47 Chinook

Entwicklung: Obwohl die US-Army das Model 107/CH-46) [S.148] testete, war schnell klar, dass sie einen leistungsfähigeren taktischen Transporthubschrauber benötigte und Vertol, 1960 von Boeing übernommen, deshalb 1958 einen Entwicklungsauftrag erhielt. Im September 1961 hob die erste YCH-1 B ab. Von zwei außenliegenden Wellenturbinen über dem Heck angetrieben, war die CH-47 A in der Lage eine ca. 4500 kg schwere Last zu transportieren. Bereits die A-Version wurde 439mal ausgeliefert. Bei der B wurden leitungsfähigere Turbinen, neue Rotorblätter und ein Außenlastkran installiert. Nochmals stärkere Motoren und ein neues Getriebe sowie ein höheres Abfluggewicht von 21 t zeichnete die C aus, die von früheren Modellen umgebaut wurde. Großbritannien erhielt zu Beginn der 1980er-Jahre eine Kombination aus C und D, die HC. 1, der bis 2015 weitere Versionen bis zur HC. 6 folgten, insgesamt 87 Stück. 2001 flog die weiter verbesserte CH-47 F, die seit 2006 ausgeliefert wird. Sie verfügt über ein digitales Cockpit, 3630 kW-starke Honeywell-Turbinen und kann intern bis zu 57 Soldaten oder 9,5 t Fracht transportieren, spätere Varianten bis zu 10 t und extern bis zu 12,7 t. In verschiedenen Varianten, je nach Auftraggeber wird sie auch heute noch produziert.

Bis 2017 waren mehr als 1200 Chinooks ausgeliefert. Kawasaki in Japan und Agusta in Italien produzierten Chinooks in Lizenz.

Bemerkungen: Zu den bedeutendsten Transporthubschraubern der US-Army zählt die Chinook, die auf allen Kriegsschauplätzen der USA zu finden ist. Teilweise schwer bewaffnet fliegen sie Truppen und schweres Gerät oft direkt in Kampfzonen, sind aber auch in der Lage, Verwundete zu transportieren oder Flug- und Fahrzeuge am Außenhaken zu bergen. Ihre ersten Einsätze flog die allwetterfähige CH-47 im Vietnamkrieg. Von den rund 750 eingesetzten Maschinen gingen allerdings auch ca. 200 verloren. Auch an den Golfkriegen, in Afghanistan und im Irakkrieg waren Chinooks beteiligt. Für Boeing-Vertol ist die CH-47 seit über 50 Jahren ein Verkaufsschlager, der immer wieder modernisiert und verbessert bis heute produziert wird und bisher in über 20 Ländern exportiert wurde. Alleine die Bundeswehr wird ab 2027 60 fabrikneue CH-47 F in Dienst stellen. Dagegen werden nur einige wenige Chinooks auch zivil eingesetzt.

Zahlreiche ausgemusterte CH-47 präsentieren US-Museen. Eine steht auch im RAF Museum Cosford, Großbritannien, eine CH-47 D im Nationalen Militärmuseum in Soest, Niederlande.

Ursprungsland
USA
Kategorie
Schwerer Transporthubschrauber

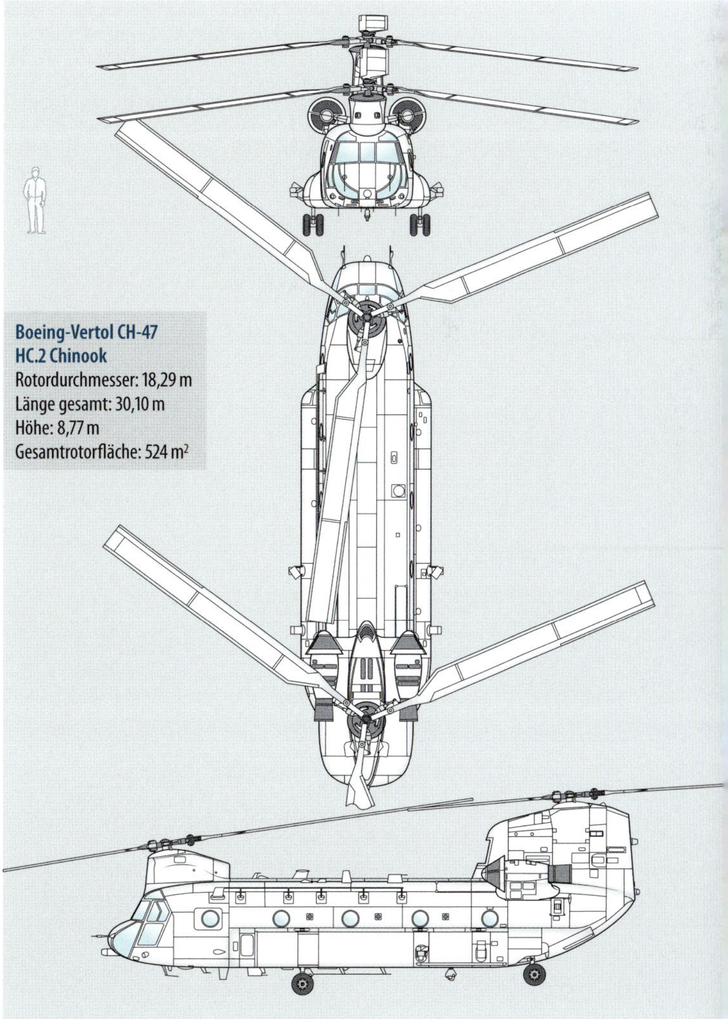

Boeing-Vertol CH-47 HC.2 Chinook
Rotordurchmesser: 18,29 m
Länge gesamt: 30,10 m
Höhe: 8,77 m
Gesamtrotorfläche: 524 m²

Besatzung: 2
Triebwerke: (A) Zwei Wellenturbinen Lycoming T55-L-5 mit je 1640 kW (2230 PS) oder T-55-L-7 mit je 1976 kW.
Leistungen: (A) Höchstgeschwindigkeit 298 km/h, Reisegeschwindigkeit 265 km/h, Dienstgipfelhöhe 2895 m, Kampfreichweite 360 km, Überführungsreichweite 1600 km.
Gewichte: (A) Leermasse 7770 kg, max. Abflugmasse 14 970 kg.
Bewaffnung: Je nach Einsatz MGs an Fenster und Laderampe.

Cessna L-27

Ursprungsland
USA
Kategorie
Leichtes Mehrzweckflugzeug

Entwicklung: Die zivile Version Cessna 310 der L-27 hob erstmals im Januar 1953 ab. Der für seine Zeit elegante, zweimotorige Ganzmetall-Tiefdecker fand mit seinen guten Flugleistungen und günstigen Betriebskosten auf dem zivilen Markt als Privat- und Geschäftsreiseflugzeug zahlreiche Abnehmer und wurde im Laufe der Jahre ständig weiterentwickelt. Um ihre alternde Beech C-45-Flotte zu ersetzen, benötigte die USAF 1956 ein zweimotoriges Trainingsflugzeug, das zur Vermeidung der Entwicklungskosten, auf dem zivilen Markt erhältlich sein sollte. Die Air Force entschied sich nicht für die Beech L-23 [S. 140], die nur von der US Army bestellt wurde, sondern für die Cessna 310. Eine erste Bestellung über 160 310 A, als L-27 A, ging 1957 bei Cessna ein, 1960 folgten weitere 36, nun allwettertaugliche L-27 B (Cessna 310 E) mit leistungsstärkeren 260 PS-Continental-Boxermotoren, einem längeren Bug, zusätzlichen seitlichen Fenstern und einem geneigten Seitenleitwerk. 1962 nannte man nach dem US-Tri-Service-Flugzeugbezeichnungssystem alle L-27 in U-3 um.

Cessna lieferte 196 rein militärische L-27 aus, produzierte aber von der zivilen C-310 bis 1981 5450 Flugzeuge und von der etwas schwereren, weiterentwickelten C-320 577 Exemplare.

Bemerkungen: Mit der L-27 erwarb die USAF ein äußerst erfolgreiches zweimotoriges Flugzeug, das lediglich in der Instrumentierung von der zivilen Version abwich. Mit ihrem unverwechselbaren dunkelblauen USAF-Anstrich erhielt das Flugzeug von ihren Piloten schnell den Spitznamen *Blue Canoe*. Die sehr zuverlässige Zweimot mit ausgezeichneten Flugeigenschaften war bei ihren Piloten beliebt und zeichnete sich durch ihre geringen Anschaffungs- und Betriebskosten aus. Eingesetzt wurde die L-27 als leichtes Fracht- und Verbindungsflugzeug, aber auch als Schul- und Begleitflugzeug für das Spionageflugzeug Lockheed U-2 [S. 181]. Die Zweimot flog für die USAF nebenbei zur Navigationsvermessung, für Avionikzertifizierungen und während des Vietnamkrieges auch auf Kurierflügen zwischen südvietnamesischen Luftwaffenstützpunkten, um Aufklärungsfilme, -fotos und Lageberichte zu transportieren. Angeblich übernahm die US-Army 38 und die US-Marine 12 L-27 von der USAF und nutzte sie bis Mitte der 1970er-Jahre. Streitkräfte der Länder Argentinien, Bolivien, Frankreich, Indonesien, Iran, Kongo, Madagaskar, Mexiko, Peru, Philippinen, Saudi Arabien, und Tansania erwarben oft zivile C-310 zur Pilotenausbildung und nutzten sie als militärische Verbindungs- und leichte Transportflugzeuge. Die meisten amerikanischen L-27 wurden Mitte der 1980er-Jahre ausgemustert, auf dem freien Markt angeboten oder verschrottet.

Zahlreiche L-27 sind noch flugfähig, viele stehen aber auch in amerikanischen Museen, so z. B. im Pima Air & Space Museum, Tucson, USA.

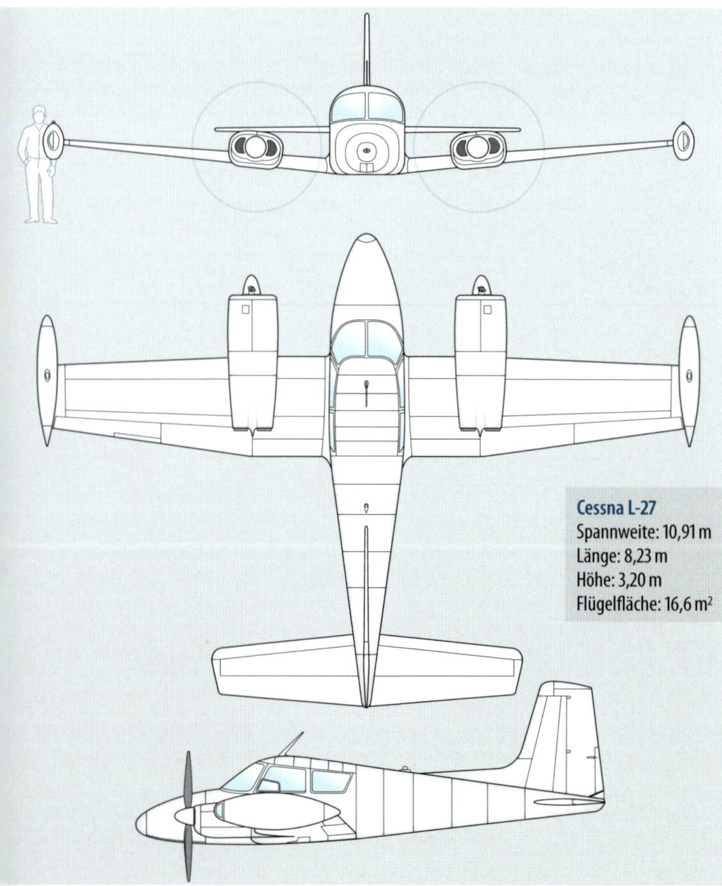

Cessna L-27
Spannweite: 10,91 m
Länge: 8,23 m
Höhe: 3,20 m
Flügelfläche: 16,6 m²

Besatzung: 1 + 4
Triebwerke: Zwei luftgekühlte 6-Zylinder-Boxermotoren Continental 0-470 M mit je 176 kW (240 PS).
Leistungen: Höchstgeschwindigkeit 380 km/h, Reisegeschwindigkeit 345 km/h, Dienstgipfelhöhe 6700 m, Reichweite ca. 1600 km.
Gewichte: Leermasse 1508 kg, Abflugmasse 2190 kg.

Cessna T-37 Tweet / A-37 Dragonfly

Ursprungsland
USA
Kategorie
Leichtes Kampfflugzeug, Trainer

Entwicklung: Anfang der 1950er-Jahre begann Cessna mit der Entwicklung des Modells 318, mit dem sie gegen acht weitere Teilnehmer Ende 1952 den USAF-Wettbewerb für einen leichten Strahltrainer gewann. Im Oktober 1954 flog der erste Prototyp XT-37. Der unbewaffnete Trainer mit zwei Radialstrahltriebwerken Teledyne J69 mit je 4,1 kN Schub verfügte über Side-by-side-Schleudersitze, war relativ einfach zu fliegen und eignete sich gut für die Schulung. Nach 444 etwas untermotorisierten T-37 A, deren Auslieferung 1959 beendet war, verbesserte Cessna die Avionik, verbaute geringfügig stärkere J-69-Triebwerke und lieferte weitere 466 T-37 B [Bild] an die USAF aus. 66 T-37 A brachte Cessna noch auf den B-Standard. Von einer bewaffneten Exportversion T-37 C mit zwei Außenstationen wurden 269 produziert. 1986 schlug Cessna noch eine weiterentwickelte T-48 vor, erhielt aber keinen Auftrag. Nach 1179 T-37 Tweet endete die Produktion 1977.

Zu Beginn des Vietnamkrieges entwickelte Cessna aus dem Trainer ein leichtes Kampfflugzeug A-37, das im Oktober 1964 flog. Die verstärkte Zelle, wesentlich leistungsfähigere Triebwerke und Hardpoints an den Flügeln, machten das nun auch deutlich schwerere Flugzeug so interessant, dass nach dem Umbau von 39 TRainern T-37 zur A-37 A im Januar 1967 ein erster Auftrag für 240 neue A-37 B [Zchng.] folgte. Bis 1977 waren insgesamt 577 A-37 B ausgeliefert. Inklusive der Exportversionen und Umbauten produzierte Cessna 615 Erdkämpfer A-37 Dragonfly.

Bemerkungen: Mit dem Trainer T-37 erhielt die USAF einen bei Piloten beliebten Jet mit gutem Handling, der erst ab 2001 durch die Turboprop T-6 Texan ersetzt werden konnte. Die letzten T-37 wurden 2009 stillgelegt. Neben Neuflugzeugen gingen auch aus USAF-Beständen T-37 an ca. 20 Luftwaffen, darunter auch an die deutsche, die 47 T-37 B bis 2009 auf einer US-Base in Texas zur Schulung einsetzte. Mit dem nahezu doppelt so schweren Erdkämpfer A-37 Dragonfly, der auch als Ersatz für die Douglas A-7 Skyraider gedacht war, flog die USAF vor allem ab 1967 Angriffe zur Unterstützung von Bodentruppen in Vietnam und Laos. Das kleine Flugzeug mit einer relativ hohen Waffenzuladung und seiner geringen Geschwindigkeit konnte im Vergleich zu schnelleren und größeren Erdkampfflugzeugen präziser eingesetzt werden und war deutlich günstiger im Unterhalt.

Zahlreiche T-37 stehen in US-Museen, einige werden noch flugfähig gehalten. Die nächste steht im Norsk Luftfartsmuseum, Bodø, Norwegen. Über 50 A-37 fliegen noch in südamerikanischen Staaten. Eine von vielen Museums-A-37 steht auch im Luftfahrtmuseum Krakau, Polen.

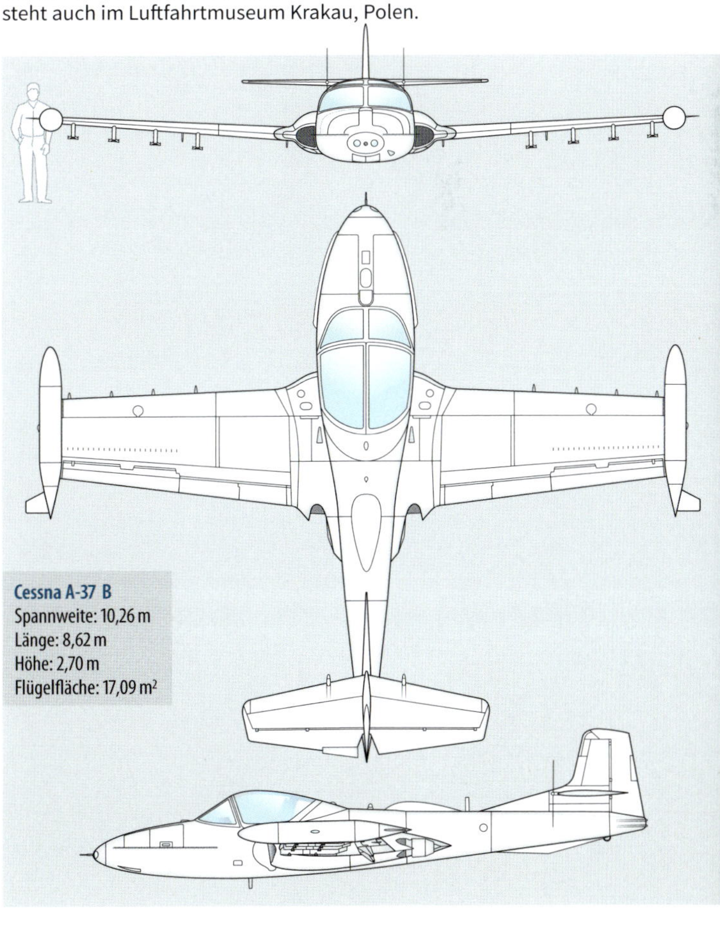

Cessna A-37 B
Spannweite: 10,26 m
Länge: 8,62 m
Höhe: 2,70 m
Flügelfläche: 17,09 m²

Besatzung: 2
Triebwerke: (A-37 B) Zwei Axialstrahltriebwerke General Electric J85-GE-17 A mit je 12,67 kN Schub..
Leistungen: (A-37 B) Höchstgeschwindigkeit 816 km/h, Reisegeschwindigkeit 787 km/h, Dienstgipfelhöhe 12 730 m, Reichweite 740 km mit max. Nutzlast, Überführungsreichweite 1630 km mit externen Zusatztanks.
Gewichte: (A-37 B) Leermasse 2817 kg, maximale Abflugmasse 6350 kg.
Bewaffnung: (A-37 B) Ein MG im Bug, bis zu 2575 kg an acht Außenstationen: Luft-Luft- und Luft-Boden-Raketen, ungelenkte Bomben, MG-Behälter, Zusatztanks.

Cessna T-41 Mescalero

Ursprungsland
USA
Kategorie
Basistrainer

Entwicklung: Die C 172 war im Prinzip eine Bugradversion der C 170, die bereits 1948 flog. Der Prototyp des in Ganzmetallbauweise konstruierten Viersitzers hob noch mit einem 145 PS starken Boxermotor erstmals im Juni 1955 ab. Nach eingehender Erprobung entwickelte sich der Hochdecker schnell zum Verkaufsschlager und zahlreiche Versionen mit Zellenmodifikationen und mit geringfügig stärkerem Antrieb folgten. Ab Oktober 1963 begannen zudem Testflüge mit einem 210 PS starken Boxermotor Continental IO-360 und Verstellpropeller. Im Jahr darauf änderte die USAF ihre Pilotenausbildung und beschloss die Grundschulung nicht mehr mit der T-37 [S. 151] zu beginnen, sondern mit der C-172, nun T-41 A genannt, die noch mit einem 145 PS-Boxermotor Continental O-300 und Festpropeller motorisiert waren. Nach einer Bestellung von 211 Exemplaren begannen im August 1965 die ersten Piloten mit der Ausbildung. Auch die US Army zählte zu den Bestellern: sie flog die T-41 B, eine Variante der C 172 E. Mit dem 210 PS-Boxer IO-360 von Continental und einem Verstellpropeller wurde sie hauptsächlich als Trainer und Verbindungsflugzeug eingesetzt. Ebenso mit 210 PS-Conti motorisiert waren 52 T-41 C, die speziell für die USAF-Academy produziert wurden und noch 1996 mit neuer Avionik und Verstellpropeller ein Upgrade erhielten. Für den Export im Rahmen eines Militärhilfsprogrammes entwickelte Cessna die T-41 D. Mit einem 28 Volt-Elektriksystem und einer vereinfachten Ausstattung, aber auch mit 210 PS motorisiert, wurden 238 Stück gebaut, deren erste Exemplare 1968 an die philippinische Luftwaffe gingen.

Bis 1996 lieferte Cessna insgesamt 756 aller T-41-Varianten aus. Von den zivilen C-172-Versionen sind mit Unterbrechungen bis heute mehr als 44 000 produziert worden.

Bemerkungen: Mit der T-41 Mescalero, begann 1964 die US-Luftwaffe bei ihrer Basisschulung wieder auf ein einfaches Propellerflugzeug zurückzugreifen, das sich kaum von der bewährten, zivilen C-172 unterschied. Nach rund 30 Flugstunden auf der 172 sollten die angehenden Piloten auf die T-37 umsteigen. Erst 1993 ersetzte die USAF allmählich ihre T-41 durch den britischen Tiefdecker Slingsby T-3A Firefly, der zwar kunstflugtauglich war, aber schon 2006 wegen zahlreichen Unfällen wieder außer Dienst gestellt werden musste. Abgesehen von den ausgemusterten T-41 der USA, die weltweit in über zwanzig Ländern weiter ihren Dienst absolvieren, erwarb eine Reihe von Luftstreitkräften rund um den Globus zahlreiche zivile C-172 um sie militärisch für Transport- und Verbindungsaufgaben und natürlich auch zur Basis-Schulung einzusetzen.

Eine unbekannte Zahl originaler T-41 ist noch flugfähig, nicht wenige findet man in US-Flugzeugmuseen, so z. B. im National Museum of the United States Air Force in Dayton, USA.

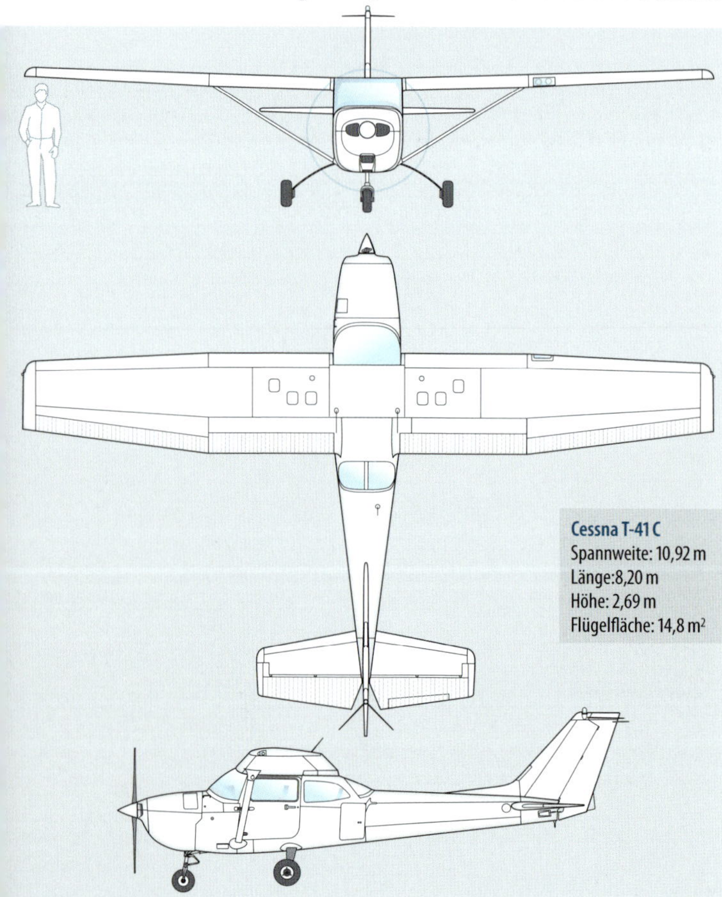

Cessna T-41 C
Spannweite: 10,92 m
Länge: 8,20 m
Höhe: 2,69 m
Flügelfläche: 14,8 m²

Besatzung: 1 + 3
Triebwerke: (C) Ein luftgekühlter 6-Zylinder-Boxermotor Continental IO-360-D mit 155 kW (210 PS).
Leistungen: (C) Höchstgeschwindigkeit 232 km/h, Reisegeschwindigkeit 210 km/h, Dienstgipfelhöhe 5200 m, Reichweite 1150 km.
Gewichte: (C) Leermasse 618 kg, Abflugmasse 1134 kg.

Cessna O-2 Skymaster

Ursprungsland
USA
Kategorie
Beobachtungsflugzeug

Entwicklung: Mit den Erfahrungen im Vietnamkrieg suchte die USAF ein Beobachtungsflugzeug, das die veralteten, einmotorigen Cessna O-1 Bird Dog [Bd. 1] ersetzen sollte. 1966 beauftragte die USAF Cessna aus der zivilen C 336 Skymaster, die 1961 erstmals flog, eine militärische Variante O-2 zu entwickeln, um Entwicklungskosten zu sparen. Sie absolvierte im Januar 1967 ihren Erstflug. Die Push-pull-Maschine ließ sich problemlos einmotorig fliegen, war als abgestrebter Hochdecker ideal zur Beobachtung, weshalb ein Teil der Flugzeuge zusätzliche seitliche Fenster [Bild] für den „Forward Air Controller“ erhielt. Obwohl nur Zweisitzer, wurde die O-2 mit militärischer Avionik, zahlreichen Antennen und geänderten Tanks, vier Flügelstationen für leichte Waffen oder Raketen deutlich schwerer. Alleine von der O-2 A wurden bis 1969 467 Stück ausgeliefert. Weitere 31 O-2 B, die aus zivilen C 337 umgebaut wurden, rüstete man für die psychologische Kriegführung mit starken Richtlautsprechern und Abwurfvorrichtungen für Flugblätter aus. Eine deutlich leistungsfähigere Variante O-2 T mit zwei 317 PS-Propellerturbinen wurde nicht realisiert. Von der französischen Reims Aviation wurden neben einigen zivilen auch 61 militärische Skymaster als FT-337 und FTMA Milirole hergestellt, ein Teil davon mit STOL-Modifikationen.

Cessna lieferte insgesamt 502 militärische Skymasters aus, andere Quellen sprechen von 513.

Bemerkungen: Die US-Luftwaffe war ab 1967 der Hauptbetreiber der militärischen Skymaster, die sie intensiv im Vietnamkrieg einsetzte. Überführt wurden die Flugzeuge mit Langstrecken-Zusatztanks im Verband mit einer C-130 Hercules von den USA nach Vietnam! Die unverwüstlichen Zweimots leisteten dort offensichtlich gute Dienste beim Auffinden und Markieren von Bodenzielen für Bomber. Sie waren aber angeblich bei ihren Piloten nicht so beliebt wie die langsameren, einmotorigen Bird Dog, obwohl diese vor allem durch ihre geringe Geschwindigkeit feindliches Feuer auf sich zogen. Aus den unterschiedlichsten Gründen gingen allein in Vietnam 178 Maschinen verloren. Von den dort stationierten O-2 überließ man später der Luftwaffe Südvietnams 35 Flugzeuge. Die übrig gebliebenen Maschinen blieben nach dem Vietnamkrieg bei der US Air Force und der Air National Guard, bis sie in den späten 1980er-Jahren außer Dienst gestellt und zum Teil veräußert wurden. Über 40 Staaten flogen die robusten O-2, darunter afrikanische und südamerikanische Länder, sowie der Iran (12), El Salvador (20), Südkorea (14), Thailand (11) und Haiti (8), die sie teilweise auch bewaffnet bei scharfen Einsätzen verwendeten.

Neben flugfähigen Maschinen, auch in Europa, findet man in fast allen US-Luftfahrtmuseen O-2. Eine französische Milirole steht im Museu do Ar, Alverca do Ribatejo, Portugal.

Besatzung: 1
Triebwerke: Zwei luftgekühlte 6-Zylinder-Boxermotoren Continental IO-360 GB mit je 154,5 kW (210 PS).
Leistungen: Höchstgeschwindigkeit 315 km/h, Reisegeschwindigkeit 232 km/h, Dienstgipfelhöhe 6000 m, Reichweite ca. 1700 km.
Gewichte: Leermasse 1264 kg, max. Abflugmasse 2450 kg.
Bewaffnung: Minigun-Pods, Bomblets, Raketenwerfer an vier Außenstationen.

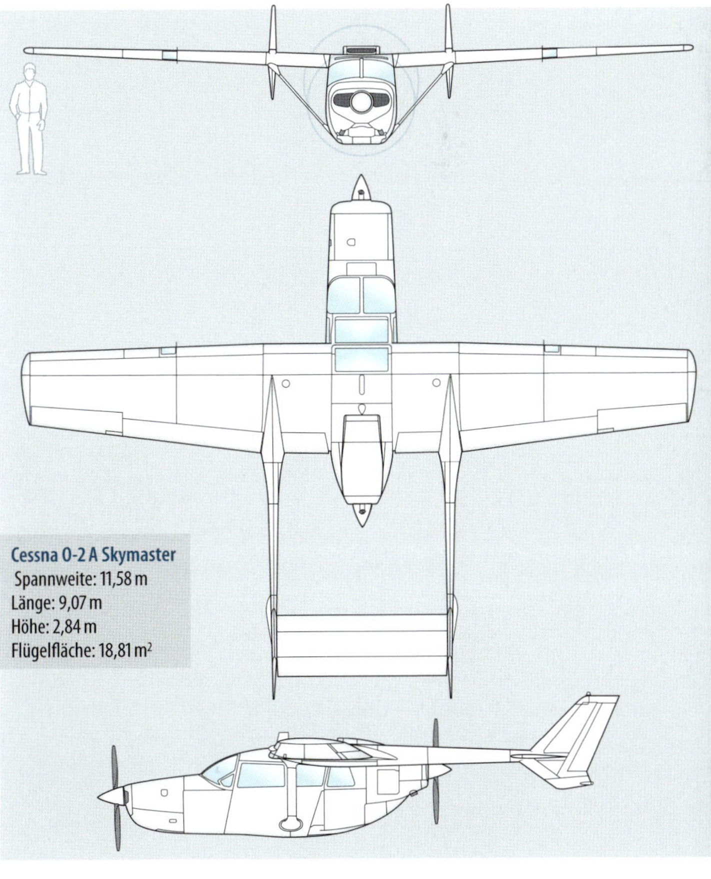

Cessna O-2 A Skymaster
Spannweite: 11,58 m
Länge: 9,07 m
Höhe: 2,84 m
Flügelfläche: 18,81 m²

Convair F-102 Delta Dagger

Ursprungsland
USA
Kategorie
Abfangjäger

Entwicklung: Mit einer Forderung der USAF in den späten 1940er-Jahren nach einem „Ultimate Interceptor 1954“, der angreifende sowjetische Bomberflotten abfangen sollte, begann die Entwicklung bei Convair, das neben weiteren Firmen im Januar 1951 einen Vorschlag für einen Delta-Abfangjäger einreichte. Convair erhielt den Zuschlag, es zeigte sich jedoch schon beim Prototypenbau der YF-102, dass die gewünschten Leistungen nicht erreicht werden konnten, das der Erstflug im Oktober 1953 auch bestätigte. Nach einem grundlegend überarbeiteten Entwurf unter Berücksichtigung aerodynamischer Regeln bei der Rumpfgestaltung und einem dünneren Flügel flog im Dezember 1954 die neue YF-102 A erstmals und erreichte nun auch mühelos Überschallgeschwindigkeit. Bereits im Juni 1955 flog die erste von 889 Serien-F-102 A [Bild oben], die ab dem 26. Flugzeug ein modifiziertes Seitenleitwerk erhielt. Parallel zur F-102 arbeitete Convair am Trainer TF-102 A, der im November 1955 flog. Während ihrer Einsatzzeit erhielt die Dagger mehrere umfangreiche Updates, hauptsächlich am Flügel, der Avionik und dem Feuerleitsystem. Die Weiterentwicklung und wesentlich leistungsfähigere F-106 Delta Dart [S. 156] flog im Dezember 1956 erstmals und löste schließlich die F-102 ab.

Convair baute insgesamt 1000 F-102 davon 111 Trainer TF-102. 36 gingen an die Türkei und 16 an Griechenland.

Bemerkungen: Erste F-102 A wurden Mitte 1956 in Dienst gestellt. Stationiert waren die Deltaflügler neben den USA in Grönland, Island, Spanien, Niederlande und Deutschland, um ein frühes Abfangen russischer Bomber sicherzustellen. In kleinerer Zahl flogen sie später auch in Vietnam als Bombereskorte und seltener als Jagdbomber. Die F-102 wurde bis weit in die 1970er-Jahre bei der USAF und der National Guard im Dienst, bis 1977 die letzten stillgelegt wurden. Mehr als 200 davon baute man schließlich noch zu Zieldrohnen um.

Unzählige F-102 werden in nahezu allen Luftfahrtmuseen der USA, aber auch in der Flugausstellung Hermeskeil und im Nationaal Militair Museum Soesterberg, Niederlande, präsentiert.

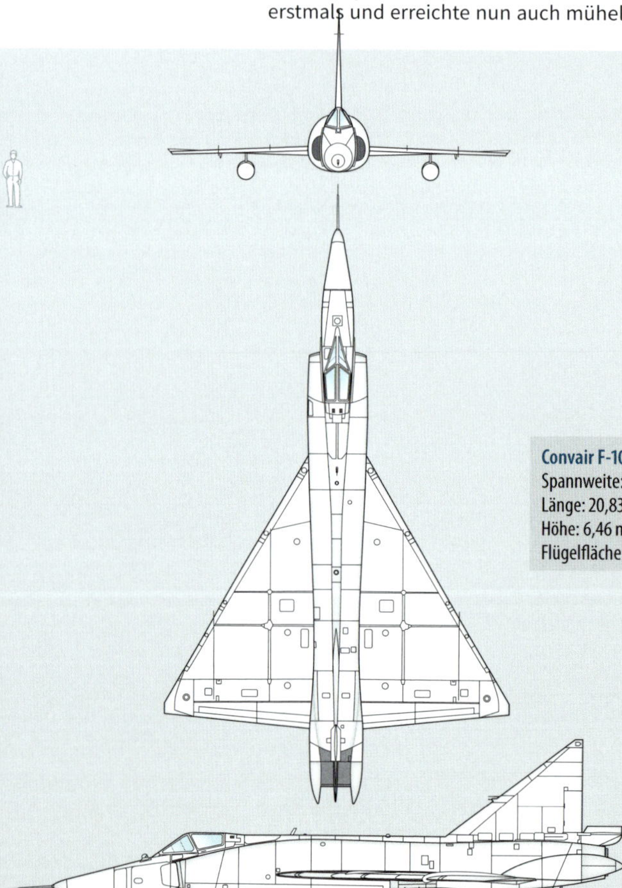

Convair F-102 A
Spannweite: 11,61 m
Länge: 20,83 m
Höhe: 6,46 m
Flügelfläche: 64,56 m²

Die TF-102 mit einem breiten Side-by-side-Cockpit, benötigte modifizierte Lufteinläufe, erreichte aber nicht mehr Mach 1.

Besatzung: 1
Triebwerk: Ein Axialstrahltriebwerk Pratt & Whitney J57-P-25 mit 52 kN Schub und 76 kN mit Nachbrenner.
Leistungen: Höchstgeschwindigkeit 1328 km/h in 12 200 m, Dienstgipfelhöhe 16 300 m, maximale Reichweite 2170 km.
Gewichte: Leermasse 8777 kg, Abflugmasse 11 110 kg, maximale Abflugmasse 14 288 kg.
Bewaffnung: Bis zu sechs Luft-Luft-Raketen oder zwei Raketenwerfer mit je 12 ungelenkten Raketen im Schacht, maximal 2400 kg. Zwei Droptanks oder Düppelwerfer an Außenstationen.

Convair B-58 Hustler

Entwicklung: Ende der 1940er-Jahre zeichnete sich für die USA ab, dass strategische Bomber nur mit Überschall in fremdes Territorium eindringen konnten. Boeing begann daraufhin 1949 mit dem Design der XB-59 in Konkurrenz zu Convair mit der XB-58, die als Sieger hervorging. Im Laufe der fünfjährigen Entwicklungsarbeiten wandelte sich der Bomber zu einem vierstrahligen Deltaflügler, der nach damals modernsten Erkenntnissen konstruiert war. Erstflug war im November 1956. Die dreiköpfige Crew saß hintereinander in Rettungskapseln mit integrierten Sitzen, die auch im Überschallflug in großer Höhe ausgeschossen werden konnten. Erstmals war ein zentraler Bordrechner für die Systeme zuständig. Unter dem schlanken Rumpf war ein stromlinienförmiger, abwerfbarer Nutzlastbehälter befestigt, der für zusätzlichen Kraftstoff und Bombenlast genutzt werden konnte. 1955 bestellte die noch skeptische US Air Force erst einmal elf Vorserien- und Testflugzeuge YB-58A. Weitere 17 wurden im November 1956 für Betriebs- und Waffentests geordert. Die erste B-58A einer Serie von 86 Stück, flog im Dezember 1958, die alle bis Ende 1962 ausgeliefert waren. Von den Vorserienflugzeugen wurden acht später zu Trainern TB-58A umgebaut. Convair leitete von der B-58 noch einen zivilen Überschalljet ab, der aber ein Reißbrettprojekt blieb.

Inklusive der Vorserienflugzeuge lieferte Convair 116 Flugzeuge aus.

Bemerkungen: Das zu seiner Zeit ehrgeizige Projekt, einen vierstrahligen Überschallbomber zu entwickeln, der schneller als damalige sowjetische Abfangjäger war, kann zwar als gelungen bezeichnet werden, war aber nur mit extrem hohem Entwicklungsaufwand erreichbar. Die Hustler war nicht einfach zu fliegen, vor allem bei Ausfall eines Triebwerks und zeichnete sich durch eine hohe Unfallrate aus. Alleine die Erprobung kostete 8 Piloten das Leben und bei 25 späteren Totalverlusten weitere 24. Mit Einführung sowjetischer hochfliegender Luftabwehrraketen verlor die B-58 ihre ursprüngliche Berechtigung und sollte nun für überschallschnelle Tiefflüge herangezogen werden, für die sie nicht geeignet war. Steigende Wartungskosten und die hohen Unfallzahlen führten ab 1965 zur allmählichen Stilllegung des Musters. Die letzte B-58 wurde 1970 außer Dienst gestellt.

In etlichen US-Luftfahrtmuseen stehen B-58. Im Ntl. Museum of the US Air Force, Dayton, USA steht neben einer B-58 auch eine Rettungskapsel.

Ursprungsland
USA
Kategorie
Strategischer Bomber

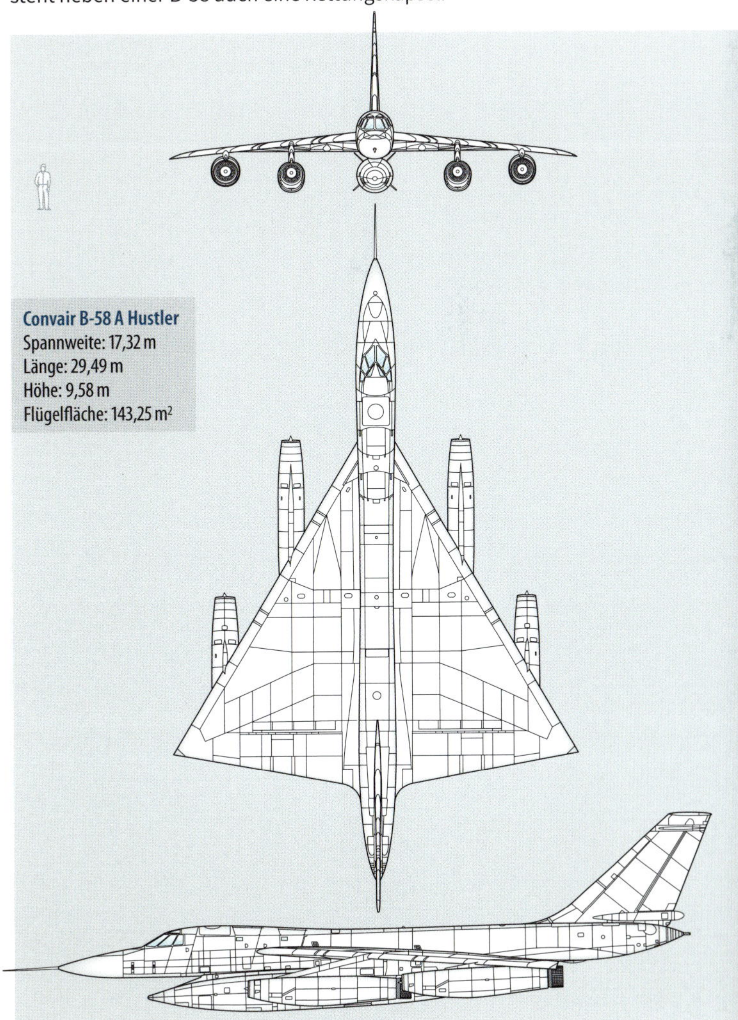

Convair B-58 A Hustler
Spannweite: 17,32 m
Länge: 29,49 m
Höhe: 9,58 m
Flügelfläche: 143,25 m²

Besatzung: 3
Triebwerke: Vier Axialstrahltriebwerke General Electric J79-GE-5A mit je 44,45 kN Schub, mit Nachbrenner je 69,3 kN.
Leistungen: Höchstgeschwindigkeit 2300 km/h in 12 000 m, Dienstgipfelhöhe 19 350 m, Reichweite ohne Betankung 4200 km.
Gewichte: Leermasse 25 243 kg, Abflugmasse 74 390 kg.
Bewaffnung: Eine MK im Heck, ein Behälter unter dem Rumpf für Kraftstoff und Atombomben und/oder zusätzliche Atom- und Freifallbomben an Flügelstationen.

Convair F-106 Delta Dart

Ursprungsland
USA
Kategorie
Abfangjäger

Entwicklung: Früh zeichnete sich ab, dass der „Ultimate Interceptor“ F-102 [S. 154] nicht bis 1954 einsatzfähig war. Die USAF beschloss deshalb, einen technisch anspruchsloseren Jäger als Übergangslösung zu beschaffen. Ursprünglich von der F-102 abgeleitet, mit zahlreichen Detailverbesserungen, besserer Aerodynamik und einem anderen Triebwerk hob die F-106 im Dezember 1956 erstmals ab. Der allwetterfähige Abfangjäger sollte von einer Bodenstation an Ziele herangeführt werden, ein bordeigenes Raketensystem übernahm in Zielreichweite die Steuerung und den Abschuss der Luft-Luft-Raketen. Nach einer anfangs enttäuschenden Testphase mit Modifikationen und wegen Budgetkürzungen bestellte die USAF nur 350 von geplanten 1000 Flugzeugen. Die ersten einsatzfähigen Flugzeuge wurden im Mai 1959 ausgeliefert. Nur Projekte blieben geplante Weiterentwicklungen mit neuen Systemen, verbesserter Avionik und stärkerem Triebwerk.

Aus Convairs Werkhallen rollten bis 1964 insgesamt 342 Deltas.

Bemerkungen: Mit der F-106 führte die USAF einen nach neuesten aerodynamischen Kenntnissen konstruierten und mit modernster Technik ausgestatteten überlegenen Abfangjäger ein, der mit hohem Wartungsaufwand auch zu einem Albtraum für Mechaniker wurde. Neben einem digitalen Bordcomputer zur Zielidentifizierung besaß die F-106 ein Bordradar und ein Infrarot-Zielsystem. Üblicherweise war die F-106 mit zwei infrarotgelenkten AIM-4D Falcon und zwei radargelenkten AIM-4F-Raketen bewaffnet, konnte aber auch eine nukleare AIR-2-Rakete zur Bekämpfung von Bomberflotten ins Ziel steuern. Der wichtigste Abfangjäger während des Kalten Krieges wurde zwar nie im Kampf eingesetzt, blieb aber bis in die 1980er-Jahre im Dienst. Erst mit Einführung der F-15 Eagle wurden sie allmählich ausgemustert. Die letzte Einheit flog Delta Darts bis Mitte 1988. In den fast 30 Jahren Einsatzzeit gingen allerdings auch 112 Maschinen verloren.

Fast alle US-Museen präsentieren Delta Darts, so z. B. das Yanks Air Museum in Chino, USA.

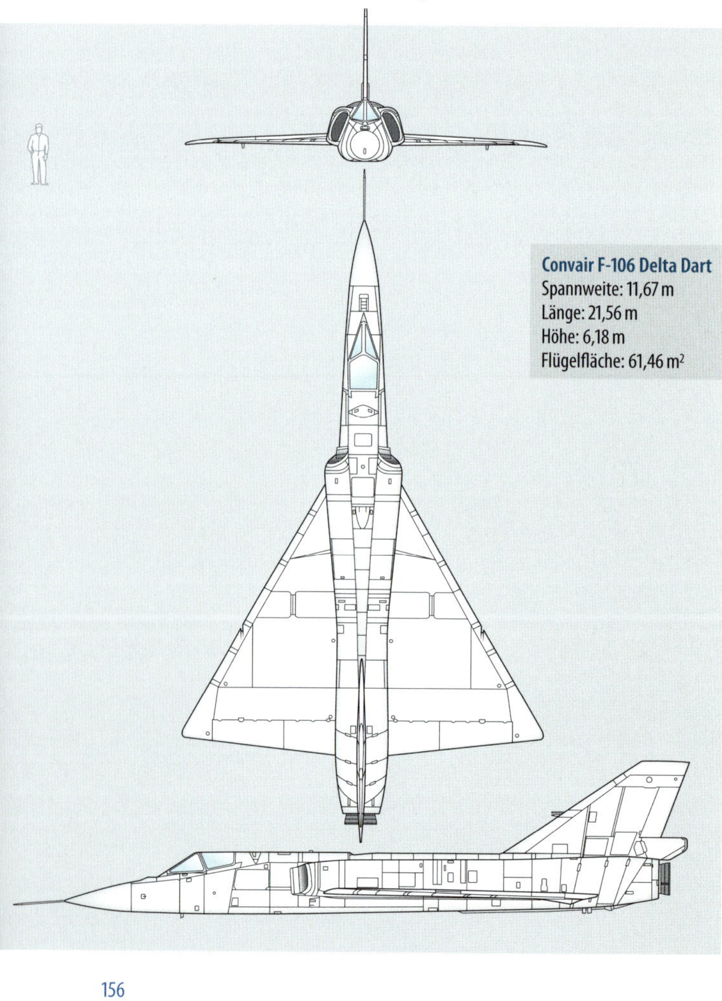

Convair F-106 Delta Dart
Spannweite: 11,67 m
Länge: 21,56 m
Höhe: 6,18 m
Flügelfläche: 61,46 m²

Alle 63 Trainer F-106 B mit Tandemcokpit waren voll ausgestattete und einsatztaugliche Maschine.

Besatzung: 1
Triebwerke: Ein Axial-Strahltriebwerk Pratt & Whitney J75-17 mit 76,52 kN Schub und 109,04 kN mit Nachbrenner.
Leistungen: Höchstgeschwindigkeit 2455 km/h in 12 200 m, Steigzeit auf 16 000 m 6 min 54 sec, Dienstgipfelhöhe 17 700 m, Reichweite 1850 km, mit Zusatztanks 2450 km.
Gewichte: Leermasse 10 728 kg, Abflugmasse 15 670 kg, maximale Abflugmasse 18 974 kg.
Bewaffnung: Eine MK im Rumpf, bis zu maximal 2400 kg im Schacht und/oder extern Luft-Luft-Raketen oder Droptanks.

Douglas A-3 Skywarrior

Ursprungsland
USA
Kategorie
Bomber, Tanker

Entwicklung: Planungen für den Bomber begannen schon 1948, als Curtiss und Douglas von der Navy einen Entwicklungsauftrag für einen zweistrahligen, trägertauglichen, ca. 30 t(!) schweren Bomber erhielten. Douglas konnte das projektierte Gewicht einhalten und bekam im Juli 1949 den Auftrag zwei Prototypen zu bauen. Im Oktober 1952 flog der erste XA3 D-1, noch mit Westinghouse J40-Triebwerken, die aber wegen ständiger Probleme gegen Pratt & Whitney J57 ausgetauscht wurden, mit denen sie im Oktober 1953 erstmals abhob. Aus Gewichtsgründen wurde auf Schleudersitze verzichtet, die Crew sollte im Notfall über eine Rutsche entkommen. Im März 1956 wurden die ersten A-3 A von 50 Serienflugzeugen in Dienst gestellt. Mit verstärkter Zelle, größerem Bombenschacht und stärkeren Triebwerken begann ein Jahr später die Auslieferung der Hauptserie A-3 B [Bild], die sich aus 164 Bombern, 24 ECM-Maschinen EA-3 B mit bedrucktem Waffenschacht für eine vierköpfige Bedienermannschaft und 30 Fotoaufklärern RA-3 B zusammensetzte. 12 wurden als Navigations- und Bombenschützen-Trainer TA-3 B ausgeliefert. Ab 1967 baute Douglas schließlich 85 A-3 B zu Tankern KA-3 B, einige auch zu VIP-Transportern UA-3 B/VA-3 B um.

Nach 282, inklusive der Prototypen, endete die Produktion bei Douglas.

Bemerkungen: Das mit über 30 Tonnen schwerste, allwettertaugliche Flugzeug auf US-Flugzeugträgern war ursprünglich als strategischer Nuklear-Bomber vorgesehen, wurde aber mit der Entwicklung ballistischer Raketen überflüssig. Die vielseitige Skywarrior konnte jedoch weiter als konventioneller Bomber genutzt werden, im Vietnamkrieg aber überwiegend für ECM/ELINT-Missionen und als Foto-Aufklärer. Zahlreiche Bomber wurden in dieser Zeit auch zu Tankern umgebaut, einige zu Multi-Mission-Tankern EKA-3 B, die feindliches Radar blockieren konnten, aber gleichzeitig auch Flugzeuge betanken. EA-3 B wurden ab 1956 auf ELINT-Missionen rund um den Globus mit einer siebenköpfigen Besatzung auf Aufklärungs- und Spionageflügen gegen den Warschauer Pakt genutzt. Einige wenige flogen sogar noch 1991 im Golfkrieg. Erste A-3 wurden Anfang der 1960er-Jahre von der A-5 Vigilante [S. 193] abgelöst, ab 1989 von der EA-6 B Prowler [S. 169], die letzten wurden im September 1991 ausgemustert. Ausschließlich von der US-Navy geflogen, hatte das für Flugzeugträger außergewöhnlich große und schwere Flugzeug, von ihren Crews auch *Wal* genannt, eine sehr hohe Unfallrate. Von 283 Flugzeugen gingen 123 verloren, davon nur 2 im Kampf.

Zahlreiche A-3 stehen ausschließlich in US-Museen, eine z. B. im Yanks Air Museum, Chino, USA.

Besatzung: (B) 3
Triebwerk: (B) Zwei Axialstrahltriebwerke Pratt & Whitney J57-P-10 mit je 47 kN Schub, mit Wassereinspritzung 55 kN.
Leistungen: (B) Höchstgeschwindigkeit 980 km/h in 3000 m, Reisegeschwindigkeit 960 km/h, Dienstgipfelhöhe 12 000 m, Reichweite 3380 km, Überführungsreichweite 4670 km.
Gewichte: (B) Leermasse 17 876 kg, Startmasse 31 751 kg, maximale Startmasse 37 195 kg.
Bewaffnung: (B) Zwei MKs im Heck und bis zu 5800 kg konventionelle Bomben oder eine nukleare Bombe.

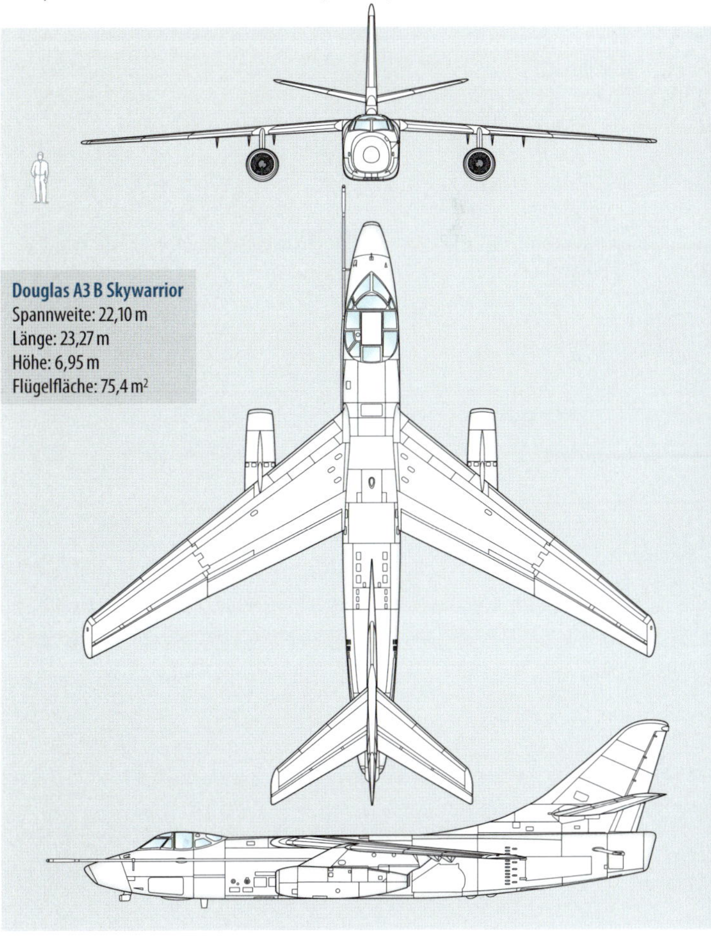

Douglas A3 B Skywarrior
Spannweite: 22,10 m
Länge: 23,27 m
Höhe: 6,95 m
Flügelfläche: 75,4 m²

Douglas A-4 Skyhawk

Ursprungsland
USA
Kategorie
Kampfflugzeug

Entwicklung: Anfang der 1950er-Jahre reagierte Douglas auf eine Navy-Forderung, mit der Konstruktion der A-4 als Ersatz für die Douglas Skyraider. Im Juni 1952 wurden Prototypen beauftragt, im Juni 1954 hob der erste ab. Douglas setzte im Gegensatz zu immer schwerer werdenden Jets auf einen kleinen, leichten und kostengünstigen Tiefdecker, der einfach gebaut, nur halb so viel wog, als die Navy vorgab. Mit kurzen Deltaflügeln passte die trägergestützte A-4 ohne Klappflügel in Decksaufzüge, auf ein Bugradar wurde ganz verzichtet. Bereits im August folgten Vorserienflugzeuge YA4D-1 und im Oktober 1956 wurden die ersten von 165 A4D-1 (A-4A) ausgeliefert. Schon vorher im März 1956 flog die erste A4D-2 (A-4B, 542 St.) mit verstärktem Heck, einem leistungsfähigeren Triebwerk, neuer Avionik und einer Luftbetankungssonde. Sie konnte auch mit Tank-Schlauchbehältern andere Skyhawks betanken. Die größte Stückzahl (638 St.) erreichte die bedingt allwettertaugliche A4D-2N (A-4C) [Zchng.] nun mit Bugradar, Autopilot und neuem Schleudersitz. Ab der A4D-5 (A-4E, 499 St.) wurden Pratt & Whitney J52 mit 37 kN Schub eingebaut, die Zelle verstärkt, Avionik verbessert und zusätzlich Hardpoints angebracht, von denen später viele auf das noch stärkere J52 mit 41 kN umgerüstet wurden. Es folgten etliche kleinere Serien, darunter Doppelsitzer als Trainer und spezielle Exportversionen. Zahleiche Exemplare wurden auf höhere Versionen umgebaut oder je nach Einsatzzweck neu ausgestattet. Ab 1962 wurden alle A4D-1 in A-4A usw. umbenannt.

Nach 2960 ausgelieferten A-4 stellte Douglas 1979 die Produktion ein.

Bemerkungen: Mit der A-4 schuf Douglas ein leistungsstarkes, robustes Kampfflugzeug, das über 25 Jahre produziert und als neue, ausgemusterte oder überholte in über zehn Länder exportiert wurde. Die A-4 bot genug Potenzial, um sie mit Modernisierungen und Überholungen über Jahrzehnte einsatzbereit zu halten. Skyhawks spielten eine wichtige Rolle im Vietnamkrieg 1964 – 1975, bei dem sie überwiegend als Erdkämpfer eingesetzt wurden, wobei 362 verloren gingen. Israel setzte seine 263 A-4 im Jom-Kippur-Krieg 1973 und im Libanon-Krieg 1982 mit großem Erfolg ein und stellte sie Ende 2008 außer Dienst, einige wenige erst 2015. Argentinien flog 1982 Skyhawks gegen Großbritannien im Falklandkrieg, und nach einigen Modernisierungen flogen 2022 immer noch 27 Stück.

Unzählige A-4 stehen in Museen der Betreiberländer. Einige werden noch zu Trainigszwecken und zur Zieldarstellung flugfähig gehalten.

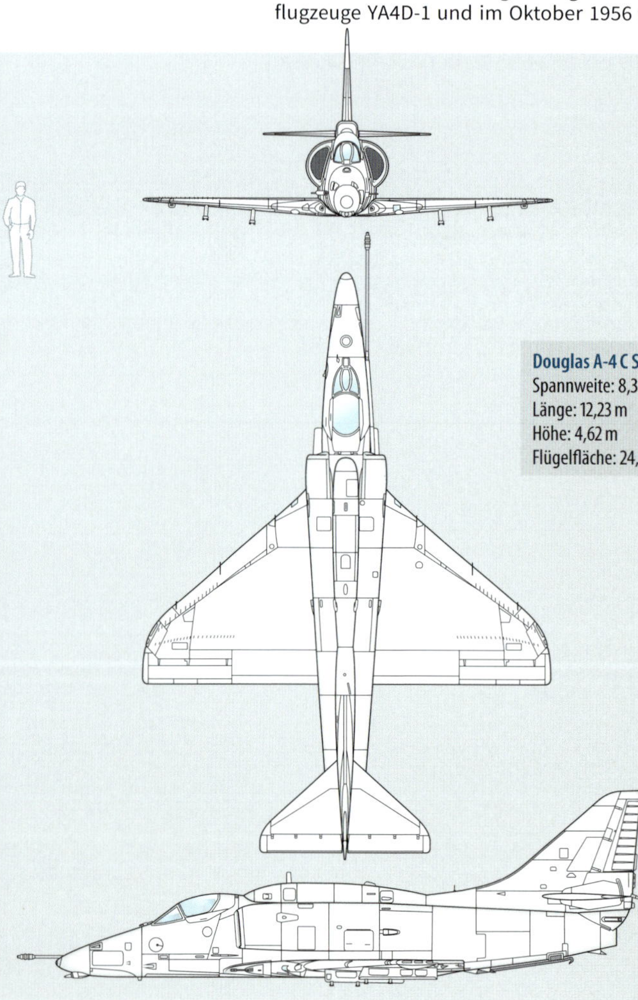

Douglas A-4 C Skyhawk
Spannweite: 8,38 m
Länge: 12,23 m
Höhe: 4,62 m
Flügelfläche: 24,16 m²

Besatzung: 1
Triebwerk: (A-4 C) Ein Strahltriebwerk Wright J65-W-20 mit 36,5 kN Schub.
Leistungen: (A-4 C) Höchstgeschwindigkeit 1050 km/h, Reisegeschwindigkeit 750 km/h, Dienstgipfelhöhe 13 400 m, Reichweite ohne Droptanks 1610 km
Gewichte: (A-4 C) Leermasse 4470 kg, Abflugmasse 7355 kg, maximale Abflugmasse 11 113 kg
Bewaffnung: (A-4 C) Zwei Maschinenkanonen in den Flügelwurzeln und bis zu 2630 kg Bomben an Außenstationen.

Douglas B-66 Destroyer

Ursprungsland
USA
Kategorie
Bomber, Aufklärer

Entwicklung: Offensichtlich hatte es die USAF versäumt, einen Nachfolger des Zweiten-Weltkriegs-Bombers A-26 in Auftrag zu geben. In Anbetracht des beginnenden Koreakriegs war sie deshalb gezwungen, eine rasche Lösung zu finden. Gefordert waren Atomwaffen-, Tiefflug- und Allwetterfähigkeit, 1850 km Reichweite und Platz für umfangreiche Elektronik. Douglas nutzte die Gelegenheit, die in Entwicklung befindliche Navy-Version A-3 [S. 157] ins Spiel zu bringen und erhielt im Februar 1952 einen Auftrag über fünf „angepasste" Vorserienflugzeuge. Die USAF forderte jedoch Änderungen: neue Flügel und Triebwerke, andere elektrische und hydraulische Systeme, einen größeren Bombenschacht, neue Avionik und im Gegensatz zur A-3 Schleudersitze, die ein geändertes Cockpit bedingten. Dazu kam ein überarbeitetes Heck mit Waffenstand. Bis zum Prototyp wurde es ein deutlich kostspieligeres, eigentlich neues Flugzeug, das im Juni 1954 erstmals flog. 1955 begann die Serienproduktion von 72 Bombern B-66 B, parallel dazu wurden bis 1957 145 Fotoaufklärer RB-66 B [Bild] und 36 RB-66 C (ELINT) gefertigt, sowie 36 Wettererkunder WB-66 D bis Anfang 1958. Der Aufklärer RB-66 C bedingte größere Umbauten. Neben zahlreichen Antennen und zwei Wingpods besaß das Flugzeug auch eine druckbelüftete Kabine im Bombenschacht, in dem vier Elektronikspezialisten untergebracht waren. Eine unbekannte Zahl Bomber wurden während des Vietnamkriegs noch zu ECM-Maschinen umgebaut.

Bei Douglas rollten insgesamt 294 Destroyer aller Versionen aus den Hallen.

Bemerkungen: Die USAF stieg bei der B-66 sofort mit einer Vorserie ein und Douglas ging von wenigen Änderungen an der Navy-Version A-3 aus, was sich als Irrtum herausstellte. Wegen enormer Kostensteigerungen baute man deshalb anstatt 363 nur 294 B-66. Erste Aufklärer RB-66 wurden 1956 in Dienst gestellt, die 1962 während der Kuba-Krise, aber auch von Japan aus entlang der russischen Grenzen eingesetzt wurden. RB-66 waren auch in der BRD stationiert, von denen eine 1964 an der DDR-Grenze von russischen MiGs abgeschossen wurde. Ab 1965 waren RB-66 im Vietnamkrieg im Einsatz, vor allem auf Missionen um das gegnerische Radar zu stören oder um angreifende Bomber zu eskortieren. Bemängelt wurden dort die schwachen Triebwerke, die an heißen Tagen einen Start nahezu unmöglich machten. Trotzdem kann man die B-66, weniger als Bomber, eher als wichtigen Baustein in der Geschichte der elektronischen Kriegsführung während des Kalten Krieges bezeichnen. Während die Bomber schon 1961 durch F-105 ersetzt wurden, musterte man die letzten Aufklärer erst im März 1974 aus.

Es sind einige RB-66 erhalten geblieben, eine z. B. im USAF National Museum, Dayton, USA.

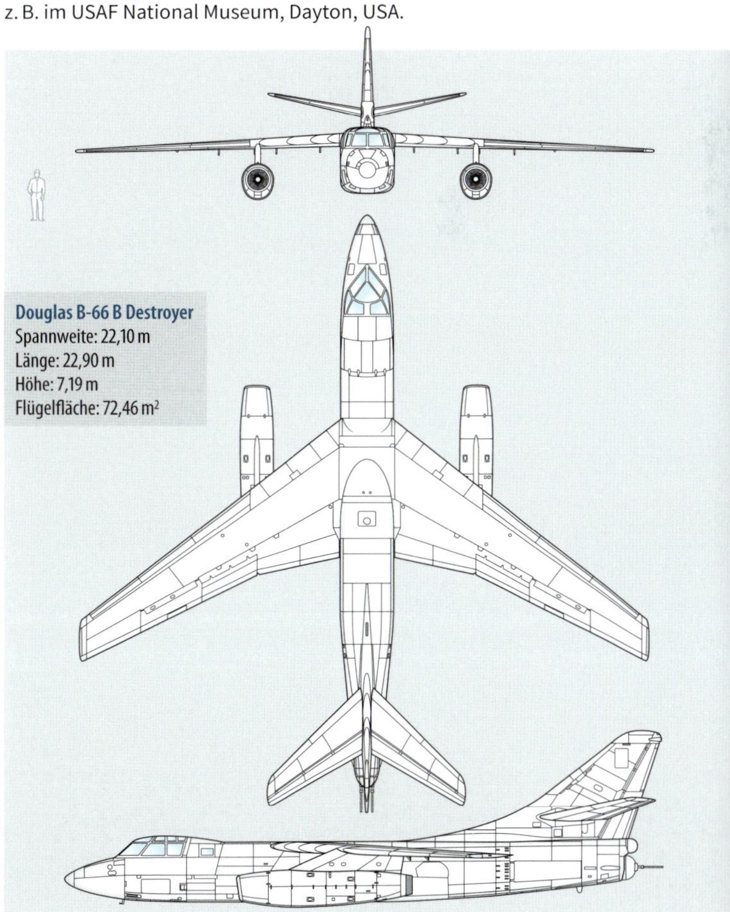

Douglas B-66 B Destroyer
Spannweite: 22,10 m
Länge: 22,90 m
Höhe: 7,19 m
Flügelfläche: 72,46 m²

Besatzung: (B) 3
Triebwerke: (B) Zwei Axialstrahltriebwerke Allison J71-A-13 mit je 45,4 kN Schub.
Leistungen: (B) Höchstgeschwindigkeit 1015 km/h, Reisegeschwindigkeit 850 km/h, Dienstgipfelhöhe 12 000 m, Reichweite 1500 km, Überführungsreichweite 4500 km.
Gewichte: (B) Leermasse 19317 kg, Abflugmasse 26 213 kg, maximale Abflugmasse 37 641 kg.
Bewaffnung: (B) Zwei Maschinenkanonen im Heck, bis zu 6800 kg konventionelle Bomben oder eine nukleare Bombe.

Douglas C-133 Cargomaster

Ursprungsland
USA
Kategorie
Schweres Transportflugzeug

Entwicklung: Nach dem Zweiten Weltkrieg setzten fast alle Flugzeughersteller auf Düsentriebwerke, nur Transporter behielten ihre Sternmotoren. Anfang der 1950er-Jahre forderte das MATS (Military Air Transport Command) auch Frachter mit Strahltriebwerken, die Air Force hatte jedoch andere Pläne, aus denen die viermotorigen Turboprops C-130 Hercules [S. 180] und die Cargomaster hervorgingen. Schon im Juli 1951 wurde bei Douglas an Projekten gearbeitet, die auf der C-124 Globemaster basierten, jedoch mehrmals verworfen wurden. Im Juni 1953 präsentierte Douglas schließlich eine völlige Neukonstruktion als Schulterdecker mit kreisrundem, bedrucktem Laderaum und im Dezember 1953 unterzeichnete man den Entwicklungsvertrag mit der USAF. Die erste C-133 A flog im April 1956. Ohne Prototypenbau begann die Produktion schon während der Testflüge der ersten Maschine. Nach einer ausgiebigen, nicht ganz unproblematischen Erprobung wurde die erste von 35 bestellten C-133 A im August 1957 ausgeliefert. Bereits im Dezember 1957 folgte eine weitere Bestellung von 15 C-133 B, die sich, neben etwas stärkeren Turbinen vor allem durch ein umkonstruiertes Heck mit einem Clamshell-Tor und einem höheren Frachtraum unterschied, um komplette Interkontinental-Raketen verladen zu können.

Im April 1961 stellte Douglas die Produktion nach 50 Cargomastern ein.

Bemerkungen: Ursprünglich plante die MATS mit 109 C-133, gab sich jedoch mit Blick auf strahlgetriebene Transporter mit 50 Stück zufrieden. Die Viermot machte zu dieser Zeit ihrem Namen alle Ehre, stellte sie im Dezember 1958 doch einen Nutzlastrekord von 53,4 Tonnen auf. Der relativ schnelle Frachter wurde weltweit eingesetzt. Er konnte neben losen Gütern, Panzern, Fahrzeugen und Geschützen auch z. B. CH-47 Hubschrauber [S. 149] laden, für Truppentransporte waren bis zu 200 Sitze montierbar. Auch komplizierte Straßentransporte amerikanischer Interkontinental-Raketen vom Hersteller zum Abschussbunker ließen sich mit der C-133 umgehen. Während des Vietnamkrieges waren die großen Turboprops mit interkontinentaler Reichweite von unschätzbarem Wert. Allerdings gingen auch 9 Maschinen verloren und nach ersten Ermüdungserscheinungen und der Einführung der C-5 A Galaxy [S. 186] waren bis Mitte 1971 alle Cargomaster ausgemustert. Drei C-133 übernahm eine Frachtgesellschaft in Alaska und nutzte sie noch bis August 2008 für Spezialtransporte.

Es sind sechs Cargomaster in den USA erhalten geblieben. Davon steht eine im Pima Air & Space Museum, Tucson, USA.

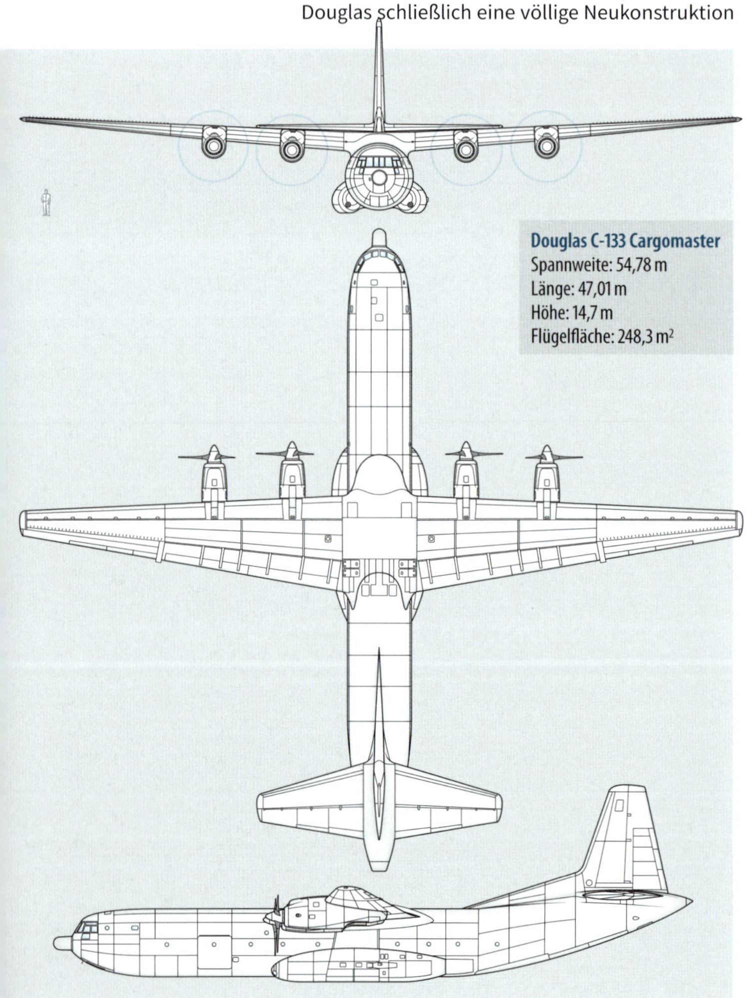

Douglas C-133 Cargomaster
Spannweite: 54,78 m
Länge: 47,01 m
Höhe: 14,7 m
Flügelfläche: 248,3 m²

Besatzung: 4 – 5
Triebwerke: (B) Vier Propellerturbinen Pratt & Whitney T34-P-9W mit je 5520 kW (7500 PS) mit Wassereinspritzung.
Leistungen: (B) Höchstgeschwindigkeit 578 km/h in 2700 m Höhe, Reisegeschwindigkeit 520 km/h, Dienstgipfelhöhe 9130 m, Reichweite 6590 km mit 24 000 kg Nutzlast, Reichweite mit 41 300 kg Nutzlast 3620 km, Überführungsreichweite 7015 km.
Gewichte: (B) Leermasse 54 550 kg, Abflugmasse 124 738 kg, maximale Abflugmasse 129 727 kg.

General Dynamics F-111

Ursprungsland
USA
Kategorie
Jagdbomber

Entwicklung: Zu Beginn der 1960er-Jahre forderte die US-Regierung einen Jagdbomber, der, um Kosten einzusparen, Aufgaben der USAF als auch der Navy übernehmen konnte. General Dynamics erhielt nach einem Wettbewerb den Auftrag, einen überschallschnellen Jet zu entwickeln, der auch kurze Start- und Landebahnen nutzen konnte. Der Erstflug des Schwenkflüglers fand im Dezember 1964 statt. Mit für die damalige Zeit modernster Avionik ausgestattet, hatte die F-111 anstatt Schleudersitze eine komplett absprengbare Kabine mit Fallschirm. Inklusive 30 Vorserienflugzeuge wurden 159 F-111 A [Bild] gebaut, deren erste 1967 in Dienst gestellt wurden. Die Entwicklung der trägergestützten F-111 B mit längeren Flügeln wurde nach sieben Testflugzeugen eingestellt, da sie nicht wendig genug war. Mit den Flügeln der B erwarb der einzige Exportkunde Australien 24 F-111 C. Modernere Avionik, stärkere Antriebe und ein Glascockpit erhielten ab 1970 96 F-111 D. Davor produzierte das Unternehmen bis 1971 eine weniger komplexe F-111 E [Zchng.], von der bereits 1968 94 von der USAF bestellt waren. In die leistungsfähigste F-111 F und letzte Variante, von der bis 1976 106 Exemplare ausgeliefert wurden, baute man stärkere Triebwerke und zeitgemäßere Avionik ein. Großbritannien bestellte 1967 zwar 50 F-111 K, zog aber bereits 1968 den Auftrag wegen ausufernder Kosten zurück. Von der strategischen Bomberversion FB-111 A mit neu gestaltetem Rumpf, den langen B-Flügeln wurden zwischen 1969 und 1971 76 ausgeliefert. Grumman rüstete noch ab 1972 42 F-111 A zu EF-111 A Raven für ECM-Missionen um.

Bei General Dynamics rollten insgesamt 563 F-111 aus den Werkhallen.

Bemerkungen: Die F-111 war des erste in Serie produzierte US-Schwenkflügel-Kampfflugzeug und war technisch gesehen ihrer Zeit um Jahre voraus. Schon 1968 setzte man sie intensiv als Bomber im Vietnamkrieg ein, auch im Tiefflug mit Terrainfolgeradar. Dabei gingen nur fünf Flugzeuge verloren. 1986 wurden sie für Angriffe auf Libyen genutzt und im Golfkrieg 1991 spielten sie eine tragende Rolle beim Einsatz von lasergelenkten, bunkerbrechenden Bomben. Nahezu 30 Jahre im Dienst, begann man ab 1996 die Schwenkflügler schließlich wegen der hohen Wartungs- und Unterhaltskosten außer Dienst zu stellen. Lediglich EF-111 flogen bis 1998 und Australien legte seine letzte F-111 erst im Dezember 2010 still.

Nahezu alle US-Luftfahrtmuseen präsentieren F-111, in Europa steht eine F-111 E im britischen Imperial War Museum, Duxford und eine F-111 F im RAF Museum Cosford.

Besatzung: 2
Triebwerke: (F) Zwei Turbofan-Triebwerke Pratt & Whitney TF30-P-100 mit je 80 kN Schub, 112 kN mit Nachbrenner.
Leistungen: (F) Höchstgeschwindigkeit 2656 km/h, 1470 km auf Meereshöhe, Dienstgipfelhöhe 20 000 m, Kampfreichweite 2140 km, Reichweite mit Droptanks 5940 km.
Gewichte: (F) Leermasse 21 410 kg, maximale Abflugmasse 45 359 kg.
Bewaffnung: (F) Eine MK im Waffenschacht, an insgesamt 9 Außenstationen bis zu 14 300 kg Luft-Luft/Luft-Boden-Raketen und/oder Bomben, auch nukleare.

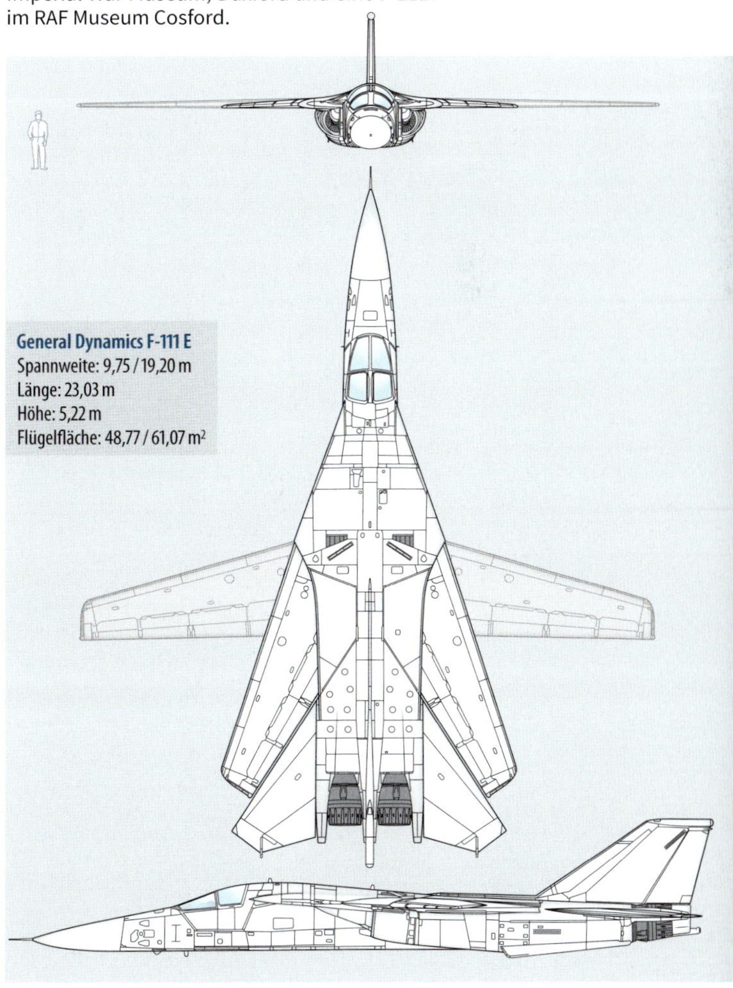

General Dynamics F-111 E
Spannweite: 9,75 / 19,20 m
Länge: 23,03 m
Höhe: 5,22 m
Flügelfläche: 48,77 / 61,07 m²

Grumman S-2 Tracker

Ursprungsland
USA
Kategorie
U-Boot-Jagdflugzeug

Entwicklung: Mit einer Tracker konnte die Navy endlich die während und nach dem Zweiten Weltkrieg aus zwei Flugzeugen bestehenden U-Boot-Hunter-Killer-Teams, wie z. B. die AF-2 [Bd. 1] ablösen. Zusammen mit zwei Prototypen XS2F-1 bestellte die Navy im Juni 1950 gleich 15 S2F-1 Serienflugzeuge. Die erste Tracker flog im Dezember 1952. Der trägertaugliche Hochdecker mit faltbaren Tragflächen hatte einen großen Waffenschacht, in den Motorgondeln waren Sonarbojen deponiert, ein ausfahrbares Radar unter dem Rumpf, einen einziehbaren Magnetdetektor am Heck und einen Suchscheinwerfer an der Tragfläche. Schon von der ersten Serienversion S2F-1 [Zchng.], die ab Februar 1954 in Dienst gestellt wurde, baute Grumman 740 Stück, von der wiederum zahlreiche Untervarianten und Umbauten existierten, auch von der S2F-2 (77 St.) mit geändertem Bombenschacht und Leitwerk. Mit der S2F-3 (Bild, 252 St.) führte Grumman einen längeren Vorderrumpf ein, vergrößerte Leitwerk, Tanks und Motorgondeln, die nun 32 Sonarbojen fassen konnten. Von fast allen Versionen gab es Patrouillen- und Trainingsflugzeuge, Zielschlepper, Aufklärer, unbewaffnete Mehrzweckflugzeuge, auch Transporter C-1 Trader, die zwischen Träger und Festland pendelten. De Havilland Canada baute ca. 100 als CS2F-1, 2 und 3. Zahlreiche Flugzeuge gingen mit unterschiedlichen Ausrüstungen in den Export. Mit der Änderung des Bezeichnungssystems 1962 benannte die Navy alle Tracker um. Z. B. wurde aus der S2F-1 die S-2 A.

Bei Grumman verließen insgesamt 1284 S-2 Tracker die Werkhallen.

Bemerkungen: Die Navy erhielt mit der Tracker ihr erstes Flugzeug, das gleichzeitig alle Aufgaben der U-Boot-Bekämpfung übernehmen konnte. In der für den Trägerbetrieb relativ großen Zweimot war neben der mehrköpfigen Crew und der Bewaffnung, Platz für eine umfangreiche elektronische Ausrüstung. Die letzten S-2-Varianten wurden bis Mitte der 1970er-Jahre weltweit von US-Trägern aus eingesetzt und schließlich von der zweistrahligen Lockheed S-3 Viking abgelöst. Exportiert wurde der U-Boot-Jäger in mehr als 15 Staaten, darunter Australien, Brasilien, Türkei, Taiwan und die Niederlande. Viele Tracker wurden modernisiert, teilweise grundüberholt und konnten oft über lange Zeit im Dienst bleiben. Noch 1990 wurden S-2 auf Propellerturbinen umgerüstet und von Argentinien und Taiwan eingesetzt. Etliche Tracker baute man nach der Ausmusterung zum Feuerlöscher um, oft mit Propellerturbinen, die beispielsweise in Frankreich bis 2020 flogen.

Zahlreiche S2F sind in Museen der Betreiberländer zu finden. Eine z. B. steht im Nationalen Militärmuseum in Soest, Niederlande.

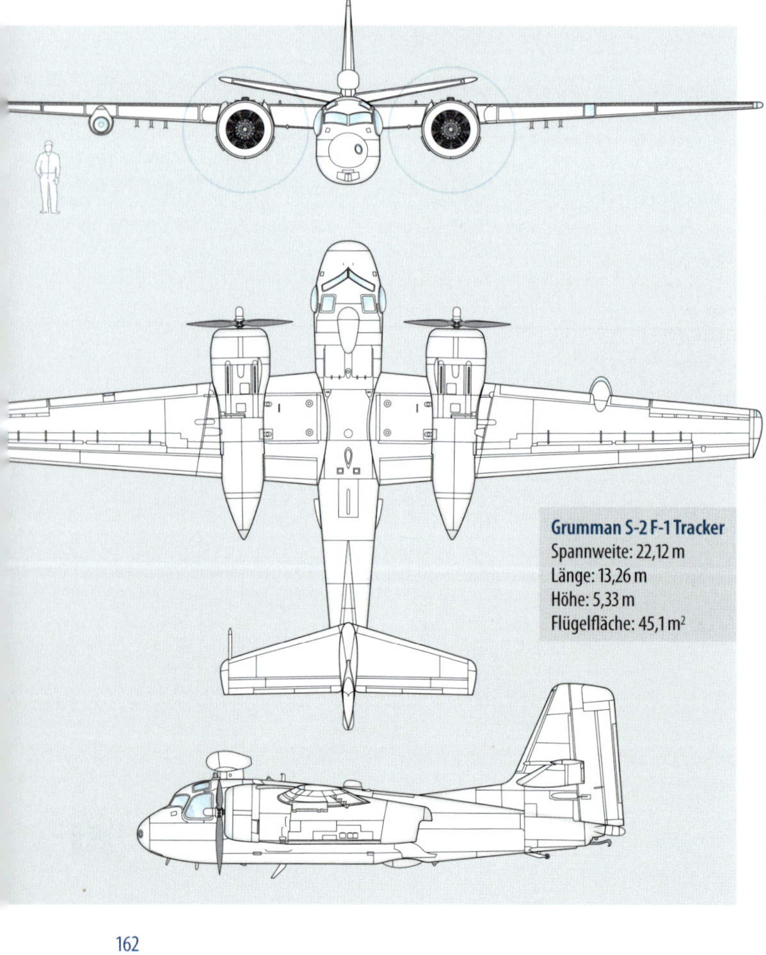

Grumman S-2 F-1 Tracker
Spannweite: 22,12 m
Länge: 13,26 m
Höhe: 5,33 m
Flügelfläche: 45,1 m²

Besatzung: (S-2 F) 4
Triebwerk: (S-2 F) Zwei luftgekühlte 9-Zylinder-Sternmotoren Wright R-1820-82WA mit 1122 kW (1525 PS).
Leistungen: (S-2 F) Höchstgeschwindigkeit 450 km/h, Reisegeschwindigkeit 240 km/h, Dienstgipfelhöhe 6700 m, Reichweite 2170 km.
Gewichte: (S-2 F) Leermasse 8308 kg, Abflugmasse 10 630 kg, maximale Abflugmasse 11 860 kg.
Bewaffnung: (S-2 F) Insgesamt bis zu 2200 kg Waffenzuladung: Torpedos oder Wasserbomben im Waffenschacht und an Flügelstationen.

Grumman F-11 Tiger

Ursprungsland
USA
Kategorie
Jagdflugzeug

Entwicklung: Um die Cougar weiterzuentwickeln begann Grumman 1952 in Eigeninitiative mit den Arbeiten am Projekt G-98, das zu einem bedeutend leistungsfähigeren, trägergestützten Jagdflugzeug führen sollte. Der Jet wurde komplett nach den Flächenregeln entworfen, um mit einem leistungsstarken Wright J65-Triebwerk Überschallgeschwindigkeit erreichen zu können. Die Klapptragflächen erhielten ausfahrbare Vorflügel und Spoiler. Anfang 1953 beauftragte schließlich die Navy zwei Prototypen, von denen die XF9F-8 im Juli 1954 erstmals abhob. Allerdings überschritt erst der zweite Prototyp mit Nachbrenner die Schallmauer. Ab April 1955 erhielt der Jäger die Bezeichnung F-11 F-1, nach dem neuen Bezeichnungssystem ab 1962 F-11 A. Trägerversuche begannen im April 1956 und die Navy rüstete sieben Geschwader mit 199 F-11 A aus, die alle auf Flugzeugträgern stationiert waren. Schon 1961 wurden sie wieder aus den ersten Linien zurückgezogen. Neben den ungenügenden Flugleistungen waren es die wenig zuverlässigen Triebwerke und die geringe Reichweite, die dazu beitrugen, dass sie von der F-8 Crusader [S. 203] früh abgelöst wurde. Eine weitere Order über 85 Fotoaufklärer F-11 F1P wurde deshalb auch storniert, ebenso ein geplanter zweisitziger Trainer F-11 F-1 T. Das bedeutete aber noch nicht das Aus der Tiger. Sie flogen bis Ende der 1960er-Jahre als landgestützte Jettrainerin der Fortgeschrittenen-Schulung und traten mit der Kunstflugstaffel Blue Angels von 1957 bis 1968 auf. Eine leistungsgesteigerte F-11 F-2 Super Tiger mit einem Wright J79, von der zwei Prototypen existierten, erreichte 1957 über Mach 2, fand aber trotz Verkaufskampagnen keine Käufer, weder im Ausland noch bei der Navy.

Grumman lieferte insgesamt 199 F-11 Tiger aus.

Bemerkungen: Neben einer relativ ereignislosen kurzen Karriere als trägergestütztes Jagdflugzeug, konnte die F-11 zwar einen Höhenweltrekord über 24 365 m nachweisen, hatte aber auch das Pech, sich als erstes US-Jagdflugzeug im September 1956 selbst abzuschießen, als es im Sturzflug durch die eigene Geschossgarbe flog. Mit Erscheinen der deutlich überlegenen Vought F-8 Crusader [S. 203] war aber klar, dass die F-11 zurückgezogen wird. Sie war auch nie in der Lage, bei Einsätzen anhaltend über Mach 1 zu fliegen, taugte aber offensichtlich in ihrer Ausbildungsrolle als Fortgeschrittenentrainer, der Piloten auf Überschalljäger vorbereiten sollte.

In nahezu allen Museen in den USA stehen F-11 Tiger, so z. B. im Planes of Fame Air Museum, Chino, USA.

Besatzung: 1
Triebwerke: Ein Axialstrahltriebwerk Wright J65-W-18 mit 33,1 kN Schub, 47 kN mit Nachbrenner.
Leistungen: Höchstgeschwindigkeit 1170 km/h in 10 600 m, Reisegeschwindigkeit 928 km/h, Dienstgipfelhöhe 15 000 m, Reichweite 2060 km.
Gewichte: Leermasse 6264 kg, Abflugmasse 9541 kg, maximale Abflugmasse 10 641 kg.
Bewaffnung: Vier MGs an den Lufteinläufen, vier Luft-Luft-Raketen an vier Flügel-Hardpoints und/oder Droptanks.

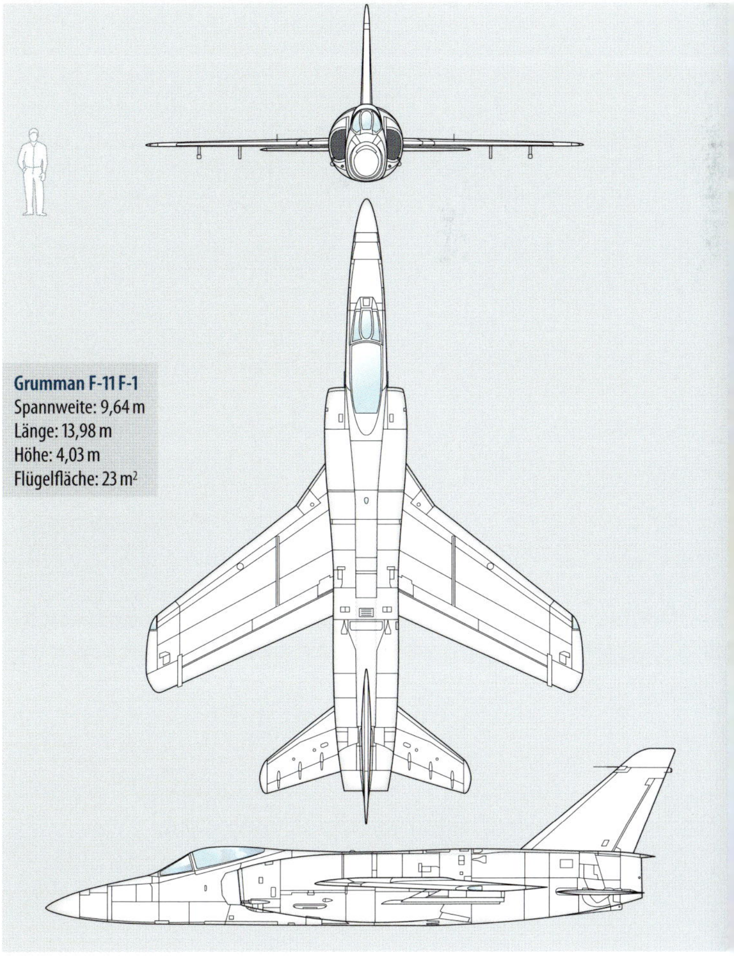

Grumman F-11 F-1
Spannweite: 9,64 m
Länge: 13,98 m
Höhe: 4,03 m
Flügelfläche: 23 m²

Grumman E-1 Tracer

Ursprungsland
USA
Kategorie
Frühwarnflugzeug

Entwicklung: Um ihre veralteten Frühwarnflugzeuge Grumann Avenger und Douglas Skyraider [Bd. 1] zu ersetzen, forderte 1951 die US-Marine von Grumman und Vought Vorschläge für ein tragergestütztes Frühwarnflugzeug einzureichen. Grumman bekam mit einer Weiterentwicklung aus der trägergestützten S-2 Tracker [S. 162] und Trader den Zuschlag und begann unter Berücksichtigung eines neu entwickelten Radars, das in einem Dom auf dem Rumpfrücken installiert werden sollte, die Entwicklung. Nach Windkanaltests, vor allem um die Auswirkungen des riesigen Radardoms zu erforschen, entstand der Prototyp XWF-1, noch ohne Elektronik, der im Dezember 1956 erstmals abhob. Neben den beiden Piloten fanden noch zwei Systemoperateure Platz. Seitlich an den Rumpf anklappbare Flügel und ein dreifaches, niederes Seitenleitwerk sorgten für eine kompakten Verstau an Bord von Flugzeugträgern. Das groß dimensionierte Radar hatte eine Reichweite von 320 km, konnte auch Ziele über Land erfassen und war über einen Downlink mit der Jägerleitstelle auf dem Flugzeugträger verbunden. Die Einsatzdauer ließ sich bis auf fast sieben Stunden ausdehnen. Erste Einheiten wurden 1958 mit der WF-2 ausgerüstet, die damit die einmotorigen AD-5W Skyraider ablösten. 1962 benannte man alle WF-2 in E-1 B um.

Grumman lieferte von 1958 bis 1961 insgesamt 88 Tracer aus.

Bemerkungen: Die Tracer war das erste speziell zur Luftraumüberwachung gebaute Flugzeug, das von der US-Navy auf Flugzeugträgern eingesetzt werden konnte. Mit dem damals modernsten leistungsfähigen Radar ließen sich die Möglichkeiten eines trägergestützten AWACS-Flugzeugs erheblich erweitern, zumal der Rumpf der E-1 B genug Raum für beide Piloten und zwei Radarbediener bot. Stationiert waren ab 1958 E-1 B-Frühwarnflugzeuge in Einheiten von drei bis vier Maschinen auf im Atlantik und Pazifik operierenden Trägern. Bereits zu Beginn des Vietnamkrieges wurden Tracer intensiv genutzt, um angreifenden US-Bombern über Nordvietnam Zielvektoren zur Verfügung zu stellen und feindliche Flugzeuge, vor allem MiGs, im Umkreis von 300 km aufzuspüren. Obwohl die Tracer nur als Übergangslösung gedacht war, blieb sie bis Mitte der 1970er-Jahre das wichtigste trägergestützte Frühwarnflugzeug der Navy. Sie wurde erst ab Mitte der 1970er-Jahre allmählich durch die Turboprop Grumman Hawkeye [S. 167] abgelöst. Die letzte Tracer hob 1977 vom Flugzeugträger *USS Roosevelt* ab. Ein großer Teil wurde eingelagert, einige verschrottet oder an Museen abgegeben.

Zahlreiche E-1 B präsentieren US-Museen. Eine davon z. B. das Pima Air & Space Museum, Tucson, USA.

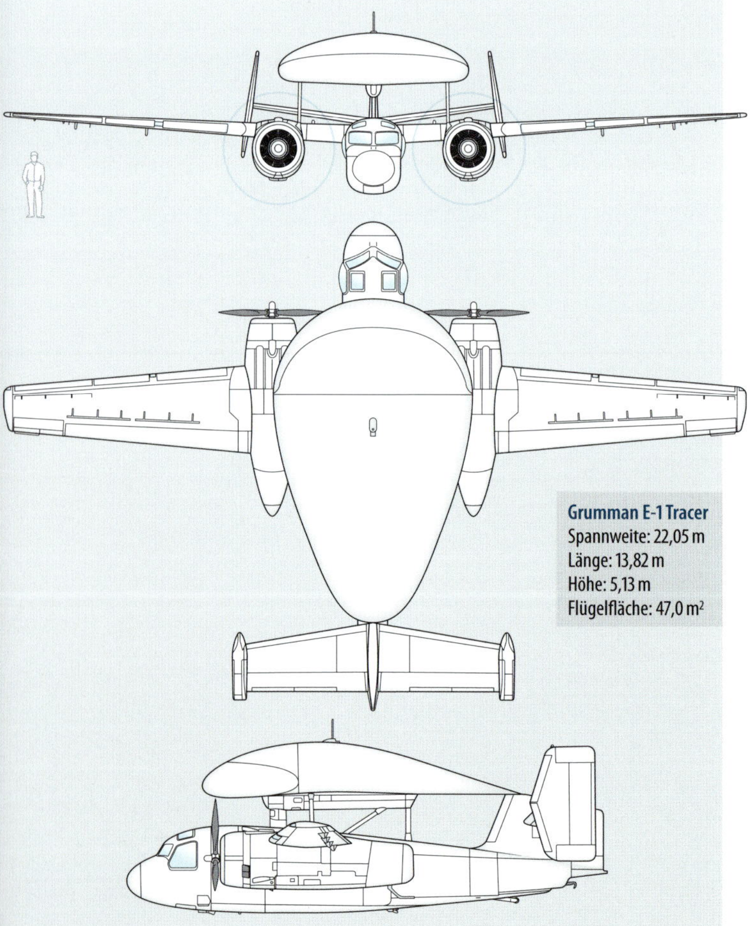

Grumman E-1 Tracer
Spannweite: 22,05 m
Länge: 13,82 m
Höhe: 5,13 m
Flügelfläche: 47,0 m²

Besatzung: 4
Triebwerke: Zwei luftgekühlte 9-Zylinder Sternmotoren Wright R-1820-82A mit je 1122 kW (1525 PS).
Leistungen: Höchstgeschwindigkeit 383 km/h in 1200 m, Reisegeschwindigkeit 262 km/h, Dienstgipfelhöhe 4800 m, Reichweite 1660 km.
Gewichte: Leermasse 9361 kg, max. Abflugmasse 12 066 kg.

Grumman OV-1 Mohawk

Entwicklung: Die Entwicklung der Mohawk begann als gemeinsamer Auftrag der US Army und Marine Mitte der 1950er-Jahre. Sie sollte als leichtes Angriffs- und Aufklärungsflugzeug die Cessna Bird Dog ersetzen. 1957 erhielt Grumman einen Auftrag für 9 Test- und Vorserienmuster G-134. Im April 1959 hob die erste Maschine ab. Der zweisitzige, allwettertaugliche Turboprop sollte von unvorbereiteten Pisten operieren, schwerbewaffnet und mit einer Cockpitpanzerung augestattet werden. Gut motorisiert genügten ihr 360 m Startbahn. Die Marine plante den Einsatz auf kleinen Flugzeugträgern und eine Skier-Version, die auch eine Landung auf Wasser ermöglichen sollten (!), stieg aber schon früh aus dem Projekt aus. Nach der Erprobungsphase begannen Mitte 1961 die ersten Auslieferungen der OV-1 A an die US Army, ein Tagaufklärer, von dem 64 gebaut wurden. Mit größerer Spannweite und einem Seitensichtradar lieferte Grumman 101 OV-1 B aus. Weitere 169 OV-1 C wurden mit einem Infrarot-Überwachungssystem ausgerüstet. Von der letzte gebauten Variante OV-1 D mit Infrarot- und Seitensichtradar in einem schnell austauschbaren Modul produzierte Grumman 37 neu, 82 wurden von älteren Mustern aufgerüstet. 59 bewaffnete JOV-1 A [Bild] baute Grumman aus alten A und C-Varianten um, 31 ältere Exemplare wurden für ELINT-Einsätze zur RV-1 D.

1970 endeten die Auslieferungen bei Grumann nach 380 Mohawks.

Bemerkungen: Mit der OV-1 erhielt die US Army ihr erstes Propellerturbinen-Flugzeug, das trotz Einspruch der USAF, auch bewaffnet eingesetzt wurde. Schon 1961 stationierten die USA OV-1 in der BRD und führte sie nebenbei potentiellen europäischen Kunden vor. Die STOL-Turboprop erfüllte im Vietnamkrieg mehrere Aufgaben, zu denen neben Beobachtungs- und Aufklärungsmissionen mit visuellen, fotografischen und elektronischen Mitteln auch leichte, bewaffnete Einsätze zählten. Wegen der geringen Geschwindigkeit war das wendige Flugzeug zwar ein leichtes Ziel, aber mit dem gepanzerten Cockpit relativ unempfindlich gegen Beschuss. Trotzdem verlor die US Army in Vietnam 65 Maschinen, teils durch Unfälle, teils wurden sie abgeschossen, was auch dazu führte, dass 1966 weitere Mohawks nachbestellt werden mussten. Noch 1990/91 setzte die US-Army während des Irak-Krieges ihre Aufklärer ein, musterte sie aber 1996 allmählich aus. 2011 versuchte eine US-Firma modernisierte OV-1 für COIN-Missionen anzubieten, blieb aber erfolglos. Argentinien erhielt in den 1990er-Jahren 10 betriebsbereite OV-1 und 13 als Ersatzteilspender, die erst 2015 stillgelegt wurden und die israelische Luftwaffe flog ab 1974 zwei OV-1 D, bis sie 1984 wieder an die USA zurückgegeben wurden.

Angeblich sind noch einige OV-1 in privaten Händen in den USA flugfähig, zahlreiche sind jedoch in fast allen US-Luftfahrt-Museen zu finden.

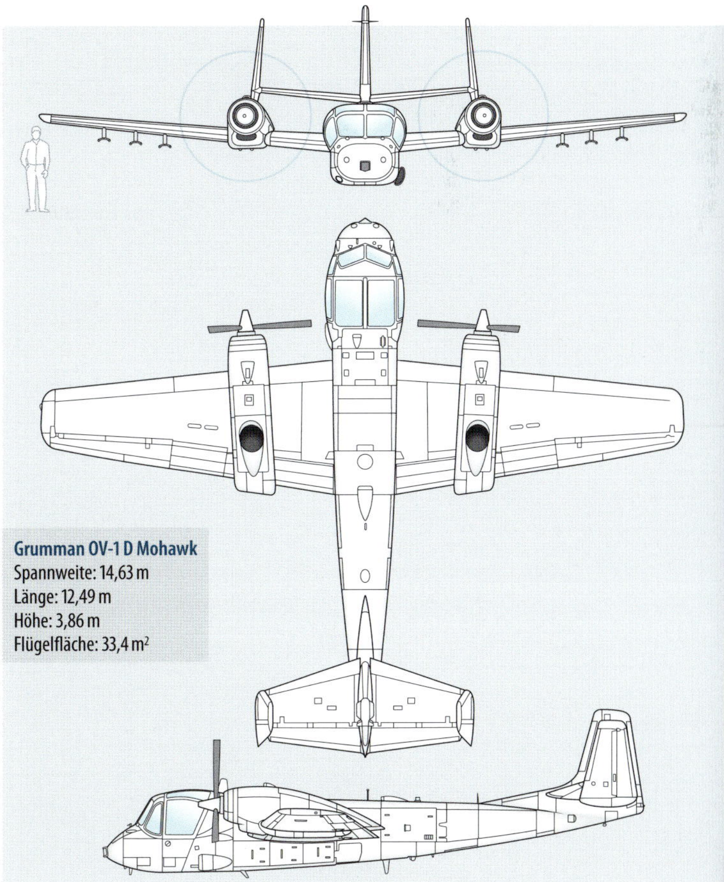

Grumman OV-1 D Mohawk
Spannweite: 14,63 m
Länge: 12,49 m
Höhe: 3,86 m
Flügelfläche: 33,4 m²

Besatzung: 2
Triebwerke: (D) Zwei Propellerturbinen Lycoming T53-L-701 mit je 1044 kW (1420 PS).
Leistungen: (D) Höchstgeschwindigkeit 490 km/h in 3055 m, Reisegeschwindigkeit 333 km/h, Dienstgipfelhöhe 7600 m, Reichweite 1620 km.
Gewichte: (D) Leermasse 5467 kg, Abflugmasse 8214 kg.

Grumman A-6 Intruder

Ursprungsland
USA
Kategorie
Erdkampfflugzeug

Entwicklung: Mit den Erfahrungen aus dem Koreakrieg und als Ersatz für die Propellermaschine A-1 Skyraider [Bd. 1], forderte die US-Marine 1956/57 ein trägergestütztes Allwetter-Erdkampfflugzeug, zu dem acht Firmen Vorschläge einreichten. Grumman erhielt 1958 den Entwicklungsauftrag und im April 1960 hob die erste YA2F-1 ab. Das zweistrahlige Flugzeug mit Side-by-side-Cockpit für Pilot und Bombenschütze/Navigator war mit einem komplexen Radarsystem und Avionik zur Navigation und Zieldarstellung ausgestattet und war in der Lage bis zu 8,2 t Bomben, auch nukleare, zu schleppen. Nach langwieriger Erprobung mit acht Prototypen und zahlreichen Änderungen wurde im Februar 1963 die erste von 480 A-6 A [Bild/Zeichnung] an die US-Marine ausgeliefert. Davon wurden 19 A-6 A zur A-6 B für die Bekämpfung feindlicher Radarstationen umgebaut. Zwölf A-6 C erhielten Sensoren und Restlicht-Kameras für Nachtmissionen. Anfang der 1970er-Jahre wurden 78 A-6 A und 12 E zum Tanker KA-6 D mit Schlauchsystemen und vier Außentanks umgerüstet. Verbesserte Elektronik und Avionik steigerte bei der A-6 E die Zielgenauigkeit, unter anderem auch für lasergelenkte Bomben, von der insgesamt 445 ausgeliefert wurden, davon 240 Umbauten vorhergehender Serien. In den 1980er- und 90er-Jahren erhielten noch 34 Intruder ein Upgrade zur Kampfwertsteigerung. Wegen Materialermüdung mussten in den 1990er-Jahren bei über 80 % der A-6-Flotte die Tragflächen gegen Flügel aus Verbundwerkstoffen ausgetauscht werden, die nebenbei noch ein größeres Tankvolumen boten. Mitte der 1980er-Jahre arbeitete Grumman an einer stärker motorisierten A-6 F und G Intruder II. Nach fünf Prototypen wurde das Programm jedoch eingestellt.

Von allen A-6 Varianten rollten 693 Flugzeuge aus Grummans Werkhallen.

Bemerkungen: Die A-6 gehört ab Mitte der 1960er- bis in die 1990er-Jahre zu den wichtigsten Erdkampfflugzeugen der US-Navy und des Marine Corps. Erstmalig im Vietnamkrieg eingesetzt, zeichneten sie sich durch Allwetterfähigkeit, eine sehr hohe Nutzlast und ihre große Reichweite aus. Weitere Einsätze folgten 1983 über dem Libanon, 1986 über Libyen, 1988 im Iran-Irak-krieg und 1991 im Zweiten Golfkrieg. Anfang der 1990er-Jahre sollte die Intruder durch die A-12 Avenger II, ein Stealth-Nurflügler, abgelöst werden, der aber wegen ausufernder Entwicklungskosten aufgegeben wurde. So gingen die letzten Intruder erst im Dezember 1996 außer Dienst und wurden überwiegend eingelagert.

Nahezu alle US-Luftfahrtmuseen besitzen A-6, so z. B. das Yanks Air Museum, Chino, USA.

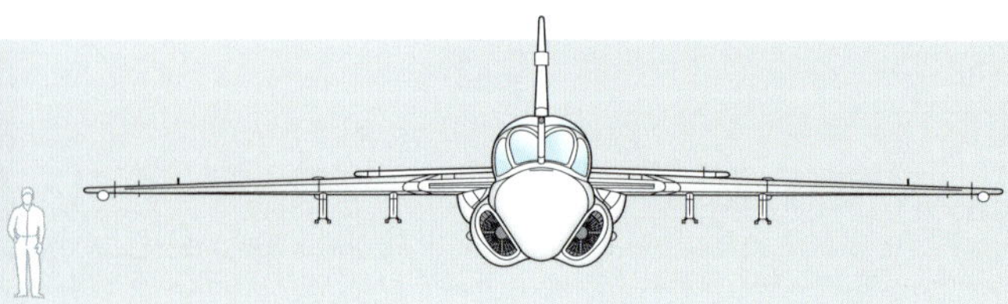

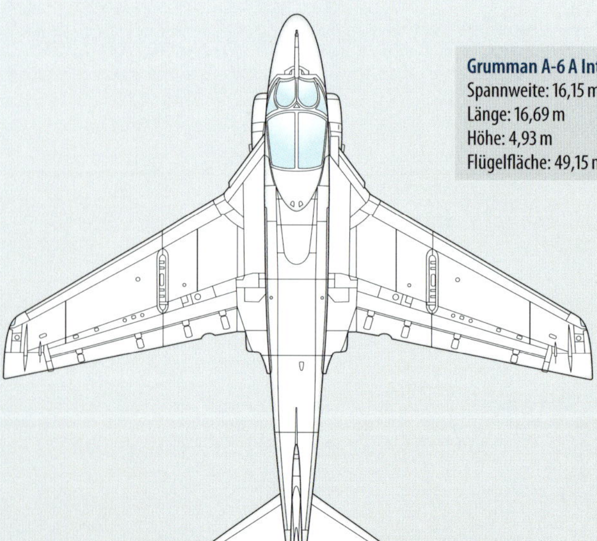

Grumman A-6 A Intruder
Spannweite: 16,15 m
Länge: 16,69 m
Höhe: 4,93 m
Flügelfläche: 49,15 m²

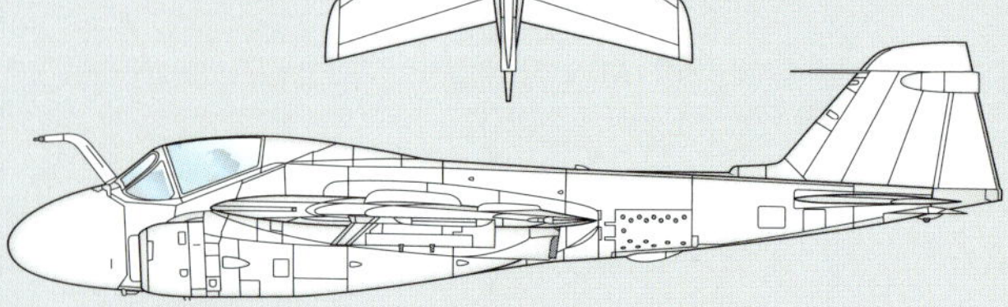

Besatzung: 2
Triebwerke: (A) Zwei Axialstrahltriebwerke Pratt & Whitney J52-P-8A mit je 37,81 kN.
Leistungen: Höchstgeschwindigkeit 1039 km/h auf Meereshöhe, Reisegeschwindigkeit 744 km/h auf Meereshöhe, Dienstgipfelhöhe 12 250 m, max. Reichweite 5190 km.
Gewichte: Leermasse 11 476 kg, max. Startmasse 24 358 kg.
Bewaffnung: An fünf Außenstationen bis zu 8170 kg: Luft-Luft- und Luft-Boden-Raketen, div. Bomben, Störbehälter, Zusatztanks.

Grumman E-2 Hawkeye

Ursprungsland
USA
Kategorie
Frühwarn-flugzeug

Entwicklung: Noch vor der Indienststellung der E-1 Tracer [S. 164] erhielt Grumman im März 1957 als Gewinner eines Wettbewerbs den Auftrag, ein speziell konstruiertes, trägergestütztes Frühwarnflugzeug zu entwickeln, das sich auch noch für engere Decksaufzüge von älteren Trägern eignete. Bereits im Oktober 1960 hob die erste, noch nicht ausgerüstete W2F-1 ab. Die fünfköpfige Crew besteht aus zwei Piloten und drei Systemoffizieren, die Daten des bis zu 650 km weit reichenden, 7,3 m großen rotierenden Radars bearbeiten und direkt per Datenlink an den Schiffsverband weitergeben können. Eine erste voll ausgestattete Hawkeye flog im April 1961. Von der 1962 in E-2 A umbenannten Maschine wurden 59, inklusive zwei Trainer, ausgeliefert. Davon wurden 52 später zur E-2 B modernisiert. Technisch wie die E-2 B, erhielt die E-2 C modernere Elektronik und ein neueres Radar, einige auch stärkere Propellerturbinen und 8-Blatt-Propeller. Es wurden drei C-Varianten ausgeliefert, die sich hauptsächlich im Radar und Elektronik unterscheiden. Nochmals mit einem besseren Zentralrechner modernisiert und im April 1998 erstmals geflogen ist die E-2 C Hawkeye 2000. Die modernste, strukturverstärkte E-2 D flog 2007 mit leistungsfähigerem Radar, Glascockpit, Satellitenkommunikationssystemen, stärkeren Triebwerken und Luftbetankungssonde. Erste Auslieferungen begannen 2010. Sie wird heute noch produziert.

Mit Stand 2020 waren 313 E-2 aller Varianten ausgeliefert.

Bemerkungen: Mitte der 1950er-Jahre begannen die USA Frühwarnflugzeuge mit Computern auszustatten, die anhand des Radarbildes die Situation der eigenen und feindlichen Flugzeuge und Schiffe darstellen konnten, das eine optimale Führung aller Einsatzkräfte sicherstellte. Die E-2 war als Datenlieferant davon der wichtigste Teil. Stetige Upgrades, modernere Radare und fortschrittlichere Elektronik dienten der Hawkeye nicht nur zur See-, Land- und Luftüberwachung, sondern ließ auch aktive Kommandofunktionen zu. Seit über 60 Jahren fliegt nun Grummans Hawkeye für zahlreiche Streitkräfte rund um den Globus, viele von Landbasen aus, und ein Ende ist nicht in Sicht. Außer der US Navy haben oder hatten E-2 im Bestand: Ägypten, Frankreich, Israel, Japan, Mexiko, Singapur und Taiwan. Die Neuproduktion der Zweimot läuft immer noch. Frankreichs Aéronavale z. B. will seine drei trägergestützten E-2 C durch modernste E-2 D ersetzen und erwartet die erste Maschine 2027. Die USAF überlegt 2025 neue E-2 D anstatt der aus der B 737 entstandenen glücklosen Boeing E-7 zu beschaffen.

In über 10 US-Luftfahrtmuseen stehen vor allem E-2 B und C. Eine z. B. im Patuxent River Naval Air Museum, Maryland, USA.

Besatzung: (C) 5
Triebwerke: (C) Zwei Propellerturbinen Allison/Rolls-Royce T56-A-427 mit je 3751 kW (5100 PS).
Leistungen: (C) X Höchstgeschwindigkeit 626 km/h, Reisegeschwindigkeit 480 km/h, Dienstgipfelhöhe 9400 m, Reichweite 2850 km.
Gewichte: (C) Leermasse 18 234 kg, maximale Abflugmasse 26 082 kg.

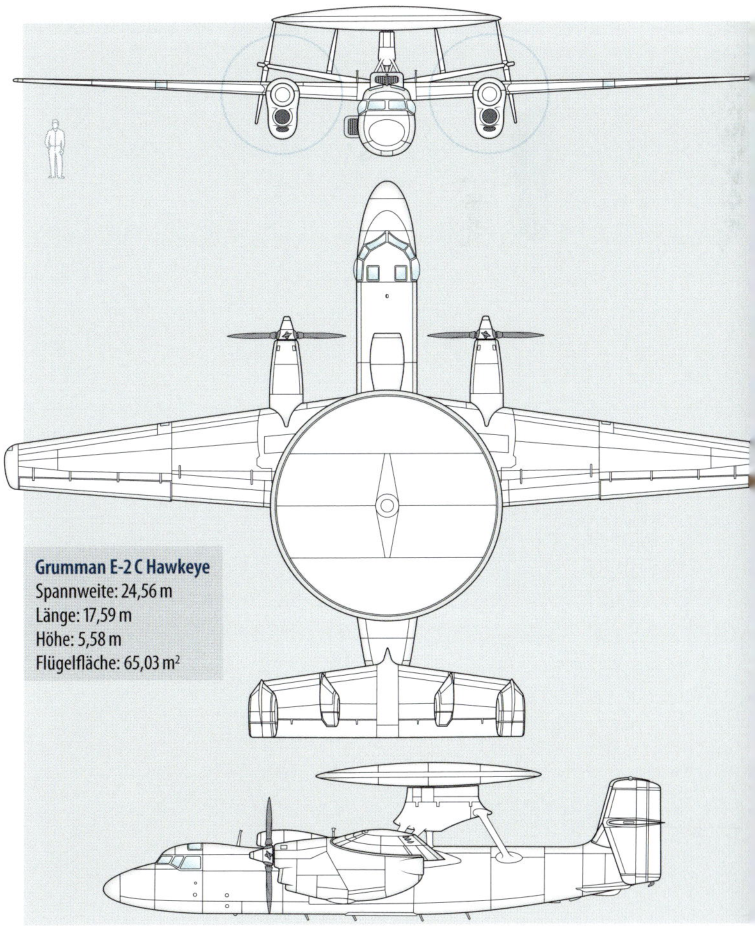

Grumman E-2 C Hawkeye
Spannweite: 24,56 m
Länge: 17,59 m
Höhe: 5,58 m
Flügelfläche: 65,03 m²

Grumman C-2 Greyhound

Ursprungsland
USA
Kategorie
Transportflugzeug

Entwicklung: Die Navy benötigte in den 1960er-Jahren ein neues Flugzeug, das Passagiere und Fracht zwischen Stützpunkten und Flugzeugträgern transportieren konnte und um die mit Sternmotoren angetriebenen C-1 Trader [S. 162] abzulösen. Faltflügel und Antrieb konnte Grumman von der E-2 [S. 167] übernehmen, Rumpf und Leitwerk wurden neu konstruiert. Der erste von zwei Prototypen hob bereits 1964 ab. Über eine Heckladerampe ließen sich in kurzer Zeit bis zu 28 Passagiere oder 4500 kg Fracht oder ein Mix laden. Die Rampe eignete sich auch für Frachtabwürfe und Fallschirmspringer. Ein spezielles System im Laderaum hält die Fracht bei hohen Beschleunigungskräften während Katapultstarts und Trägerlandungen zurück. Der relativ große Flügel und ein ausgeklügeltes Klappensystem ließen langsame Anflüge zu. Nach kurzer, erfolgreicher Erprobungsphase begann Grumman 1965 mit der Serienproduktion der C-2 A, von der man 17 Stück auslieferte. In einer zweiten Produktionsphase von 1984 – 89 bezog die Marine 39 fabrikneue C-2 A, um vor allem ältere, abgeflogene C-2 zu ersetzen. Sie erhielten modernere Avionik und einige Verbesserungen an der Zelle. Um ihre begrenzte Lebensdauer, (10 000 h oder 15 000 Trägerlandungen) zu verlängern, begann das Unternehmen zu Beginn der 2000erJahre ein Programm auszuarbeiten, zu dem ein Upgrade des Mittelflügels, ein 8-Blatt-Propeller, Avionik mit GPS und ein neues Navigations-System gehörte. Bis 2015 waren alle Greyhounds mit dem Ziel modernisiert, sie erst nach 15 000 h oder 36 000 Trägerlandungen stilllegen zu müssen und sie bis mindestens 2027 einsatzbereit zu halten.

Produziert wurden bis 1989 56 Transporter beider Varianten.

Bemerkungen: Mit der Greyhound besitzt die US-Marine ein nahezu unverzichtbares Trägerflugzeug, das hauptsächlich für den Transport von Fracht und Passagieren mit hoher Priorität genutzt wird. Eingesetzt wird der Transporter von US-Flugzeugträgern auf allen Ozeanen. Unter anderem auch um Kampfgruppen von Trägern aus einzufliegen, wie z. B. bei den Operationen *Desert Shield* und *Desert Storm* 1990 – 1991 während des Golfkrieges und während des Krieges in Afghanistan von 2001 bis 2021. Ersetzt werden sollte die C-2 Anfang der 1990er-Jahre durch das *Common Support Aircraft*, das allerdings nie verwirklicht wurde. Um 2009 war die US-Marine wieder auf der Suche nach Ersatz. Vorgeschlagen wurde eine neue Greyhound-Version, die Lockheed S-3 Viking oder Bells Kipprotor-Flugzeug V-22 Osprey, das schießlich auch bestellt wurde. Bis 2028 sollen alle C-2 durch Ospreys abgelöst sein.

Einige stehen schon in US-Museen. Eine z. B. im Patuxent River Naval Air Museum, Maryland, USA.

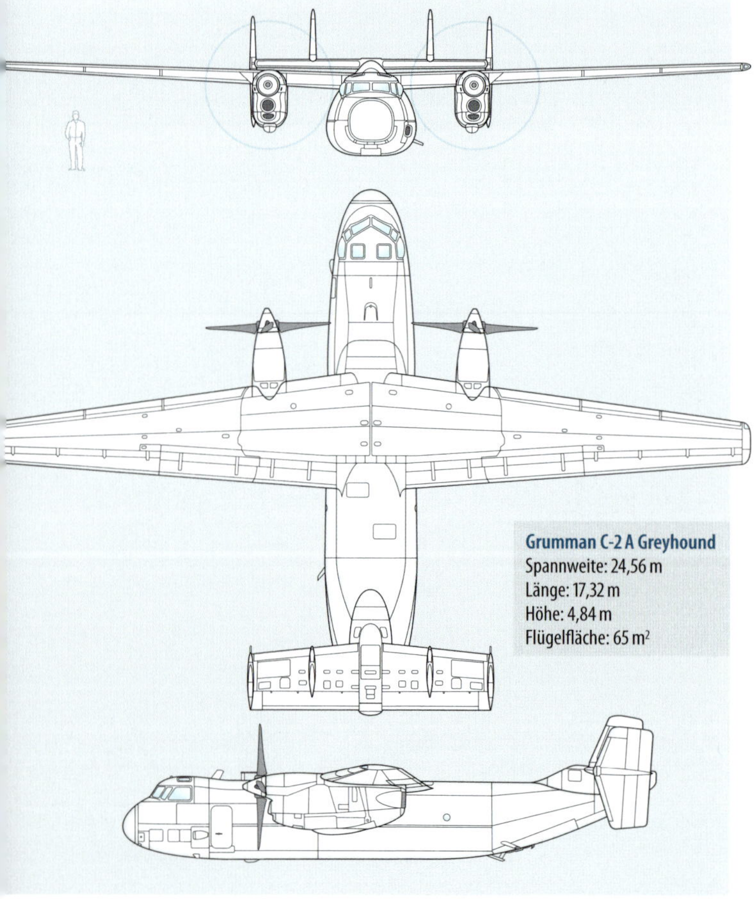

Grumman C-2 A Greyhound
Spannweite: 24,56 m
Länge: 17,32 m
Höhe: 4,84 m
Flügelfläche: 65 m²

Besatzung: 2
Triebwerke: (A) Zwei Propellerturbinen Allison T56-A-425 mit je 3383 kW (4600 PS).
Leistungen: (A) Höchstgeschwindigkeit 635 km/h in 3650 m, Reisegeschwindigkeit 465 km/h in 8700 m, Reichweite 2400 km mit 4500 kg Nutzlast, Überführungsreichweite 3700 km.
Gewichte: (A) Leermasse 15 307 kg, Abflugmasse 22 405 kg, maximale Abflugmasse 27 216 kg.

Grumman EA-6 Prowler

Ursprungsland
USA
Kategorie
EloKa-Kampf-flugzeug

Entwicklung: Um die veralteten ECM-Douglas Skyknights und Skyraider [Bd. 1] zu ersetzen, begann die US-Marine in den 1960er-Jahren 12 A-6 Intruder [S. 166] als Übergangslösung umzurüsten und 15 neu zu produzieren und sie als EA-6 A einzusetzen, bis die ab 1966 neu entwickelte, viersitzige EA-6 B, die auch als Ersatz für die deutlich veralteten A-3 Skywarrior [S. 157] gedacht war, genutzt werden konnte. Die ersten drei Prototypen wurden aus A-6 A umgebaut, fünf waren Neubauten. Erstflug war im Mai 1968. Der Rumpf wurde komplett überarbietet, um Platz für Elektronik-Compartments und die vierköpfige Crew zu schaffen, die aus Pilot und drei EloKa-Systemoffizieren bestand. Das Seitenruder erhielt eine voluminöse Antennenverkleidung. Die ersten Prowler wurden nach kurzer Erprobung 1971 auf Flugzeugträgern in Dienst gestellt. Schon 1973 begann man mit kontinuierlichen Upgrades, hauptsächlich der Elektronik. Dem folgten 1976 und 1980 weitere, die auch den Einsatz von Luft-Boden-Raketen und in beschränktem Maße SIGINT-Aufgaben zuließ.

Bei Grumman rollten bis 1991 insgesamt 170 EA-6 B aus den Werkhallen, davon 38 für das US Marine Corps und 132 für die US-Navy.

Bemerkungen: Die ersten Einsätze der zweisitzigen EA-6 A wurden schon im Vietnamkrieg geflogen. Mit der EA-6 B, die nach den Erfahrungen mit der EA-6 A konstruiert, aber erst 1971 in Dienst gestellt wurde, war man nun in der Lage, umfangreiche Operationen der elektronischen Kriegführung auszuführen, aber auch Kommando- und Kontrollfunktionen für Luftangriffe wahrzunehmen und selbst mit bordeigenen Raketen z. B. ausfindig gemachte feindliche Radaranlagen anzugreifen. Die Prowler wurde seit 1971 bei fast allen Kampfhandlungen der USA eingesetzt. Im Vietnam-, Golf und den Balkankriegen anfangs lediglich zur Störung feindlicher Luftabwehr, in Afghanistan unter anderem auch zur Blockade von Fernzündern bei Sprengfallen. Mit Ausmusterung der Air Force-EF-111 Raven [S. 161] 1995 blieb den US-Streitkräften nur noch die EA-6 B als einziges ECM-Flugzeug. Zur Unterstützung der Air Force konnte man deshalb auf vier Staffeln gemeinsam betriebener EA-6 B zugriefen. Ersetzt werden sollte auch die Prowler in den 1990er-Jahren durch das projektierte, aber wieder aufgegebene *Common Support Aircraft*. 2001 flogen noch 124 EA-6 B und 2009 begann man allmählich die Prowler gegen EA-18 G Growler, ein Derivat der F-18 Super Hornet, zu ersetzen. Der letzte Einsatzflug einer EA-6 B des Marine Corps fand im März 2019 statt.

Fast alle US-Luftfahrtmuseen besitzen EA-6 B. so z. B. das USS Midway Museum, San Diego, aber auch das Naval Air Facility Atsugi, Kanagawa, Japan.

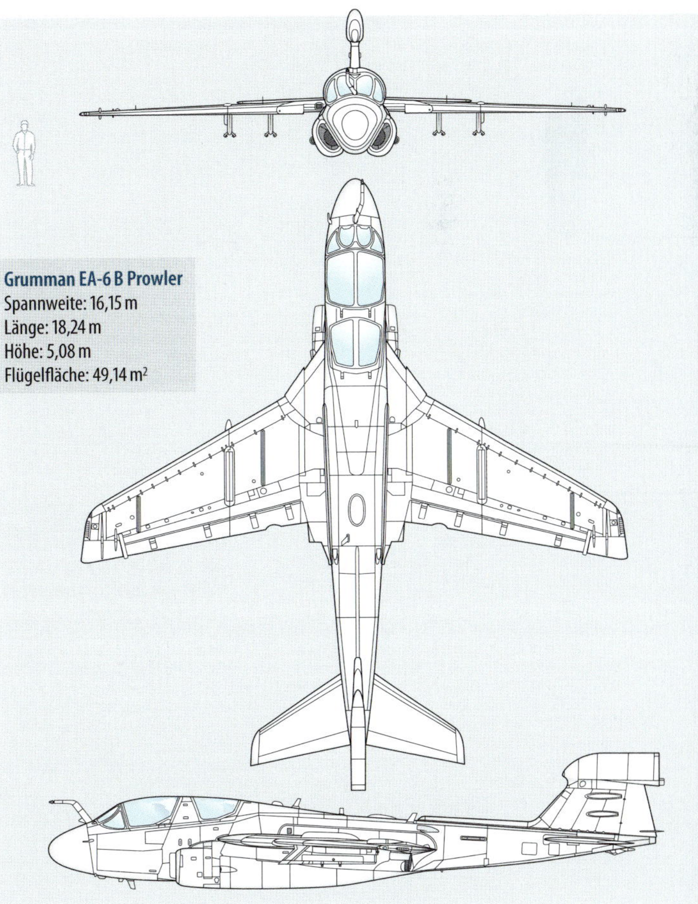

Grumman EA-6 B Prowler
Spannweite: 16,15 m
Länge: 18,24 m
Höhe: 5,08 m
Flügelfläche: 49,14 m²

Besatzung: 4
Triebwerke: Zwei Axialstrahltriebwerke Pratt & Whitney J52-P-408A mit je 46 kN Schub.
Leistungen: Höchstgeschwindigkeit 1048 km/h, Reisegeschwindigkeit 774 km/h, Dienstgipfelhöhe 11 500 m, Reichweite maximal 3900 km.
Gewichte: Leermasse 14 588 kg, max. Abflugmasse 29 484 kg.
Bewaffnung: Bis zu 8164 kg an fünf Außenstationen: Vier Luft-Boden-Raketen gegen Radarstationen, elektronische Störbehälter, Zusatztanks.

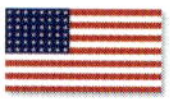

Hughes OH-6 Cayuse

Ursprungsland
USA
Kategorie
Leichter Aufklärungs- und Kampfhubschrauber

Entwicklung: 1960 veröffentlichte die US-Army einen Anforderungskatalog für einen leichten Aufklärungshubschrauber, der die kolbenmotorbetriebene Bell 47/H-13 [S. 142] ablösen sollte. Hughes gewann mit seinem Model 369 gegen die Konkurrenten Fairchild-Hiller und Bell. Der erste Prototyp von fünf flog im Februar 1963. Schon mit seinem ursprünglich vierblättrigen, faltbaren Rotor, der tropfenförmigen, bis zu fünfsitzigen Kabine und einer leistungsfähigen Turbine eignet sich der wendige Heli neben Aufkläsungs- auch für Transport-, Begleit- und Angriffsmissionen. Im Mai 1965 erhielt Hughes einen ersten Serienauftrag über 714 OH-6 A, der später auf 1300 erhöht wurde. Bereits nach einem Jahr wurde der Helikopter von der Army in Betrieb genommen. Zahlreiche Varianten verließen anschließend die Produktionshallen. Dazu zählten vor allem leistungsstärkere Versionen und für Spezialeinsätze geeignete, wie z. B. die MH-6 [Bild]. 1984 verkaufte Hughes seine Helikoptersparte an McDonnell Helicopter Systems, die den Heli weiter produzierte. Boeing übernahm McDonnell 1997 und entwickelt und baut immer noch weitere AH/MH-6 und arbeitet an einem unbemannten Demonstrator. Neben militärischen wurden zivile als Hughes 500 ausgeliefert und von der eigenständigen MD Helicopters bis heute eine weiterentwickelte und größere MD 500.

Alleine von der OH-6 A wurden seit 1965 1420 Stück produziert, von der gesamten Baureihe inklusive der zivilen Modelle bis heute vermutlich 4700 Stück. Japans Kawasaki Heavy Industries produzierte das Modell in Lizenz.

Bemerkungen: Die von zahlreichen Nationen auf allen Kontinenten militärisch eingesetzten OH-6 und ihre Derivate gehören zu den erfolgreichsten Leichthubschraubern der Welt. Im Vietnamkrieg bestätigte sich erstmals, trotz der 947 verloren gegangenen OH-6, das Konzept des kompakten und robusten Kampfhubschraubers, der oft zusammen mit der Bell AH-1 Cobra [S. 144] im Einsatz war, bis sie schließlich von der Bell OH-48 Kiowa [S. 145] abgelöst werden sollte. Bekannt wurden sie vor allem durch zahlreiche militärische Spezialoperationen verschiedener Länder. Sie werden immer noch von Kampf- und Sondereinheiten geflogen, zumal sich beispielsweise die AH/MH-6 für ihre Größe mit MGs, Granatwerfer und Panzerabwehrrakten schwer bewaffnen lässt. Dazu kommt eine hohe Zuladung, von bis zu sechs Soldaten außerhalb der Kabine auf Sitzplatformen und der geringe Platzbedarf in Frachtflugzeugen, der einen schnellen Transport des Helis zum Einsatzort ermöglicht.

Zahlreiche US-Museen präsentieren OH-6. In Europa das Danmarks Flymuseum Stauning/Skjern.

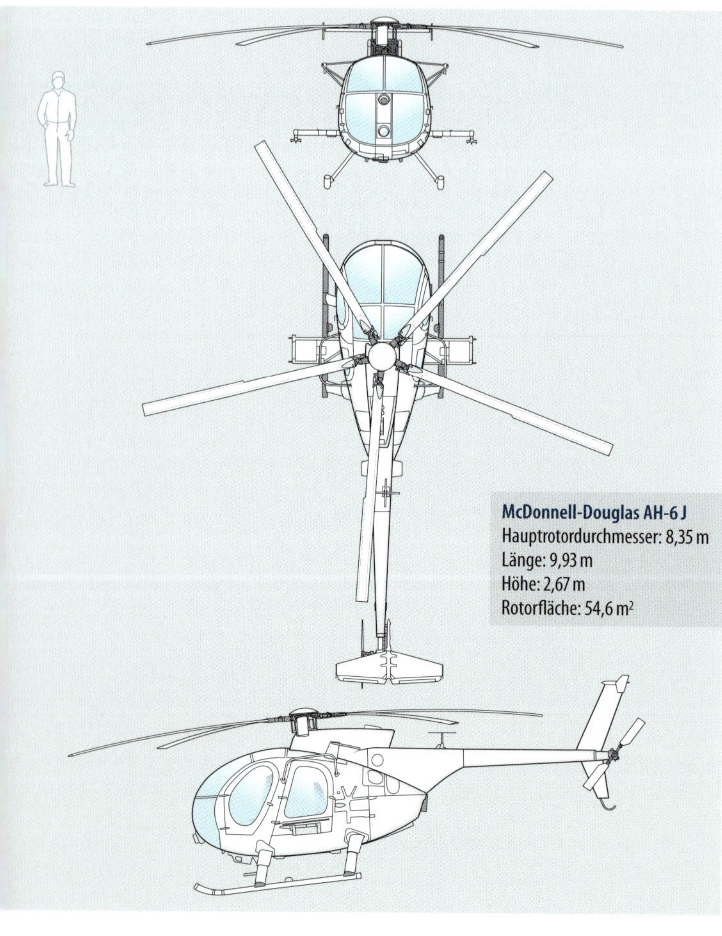

McDonnell-Douglas AH-6 J
Hauptrotordurchmesser: 8,35 m
Länge: 9,93 m
Höhe: 2,67 m
Rotorfläche: 54,6 m²

Besatzung: 2
Triebwerke: (OH-6 A) Eine Wellenturbine Allison T63-A-5A mit 235 kW (317 PS) Startleistung.
Leistungen: (OH-6 A) Höchstgeschwindigkeit 240 km/h, Reisegeschwindigkeit 215 km/h, Dienstgipfelhöhe 4800 m, Reichweite ca. 610 km, Überführungsreichweite 2500 km.
Gewichte: (OH-6 A) Leermasse 557 kg, Abfluggewicht 1089 kg, maximales Abfluggewicht 1225 kg.
Bewaffnung: (OH-6 A) Je nach Einsatzart zwei schwenkbare MGs, zwei Behälter für ungelenkte Luft-Boden-Raketen.

Hughes TH-55 / Schweizer S-269/300

Ursprungsland
USA
Kategorie
Leichter Mehrzweckhubschrauber

Entwicklung: Hughes begann Mitte der 1950er-Jahre mit der Entwicklung eines leichten Trainingshubschrauber, nachdem eine Marktstudie einen weltweiten Bedarf feststellte. Erstflug des Models 269 war im Oktober 1956, noch mit einem Gitterrohrahmen-Heckausleger und einer offenen Cockpithaube. Mit der Serienproduktion des 269 A wurde der nun aus einem abgestützten Rohr bestehende Heckausleger und ein neues geschlossenes, komplett verglastes Cockpit eingeführt. Der relativ einfach aufgebaute und kostengünstige Heli besaß kein hydraulisches System zur Rotorsteuerung. Aus der Vorserie wurden fünf Helikopter als YHO-2HU an die US-Armee zur Bewertung als Beobachtungshubschrauber geliefert, die jedoch abgelehnt wurden. Erst 1964 erwarb die US-Army die modifizierte 269 A als Trainer TH-55 A Osage, um ihre veralteten Hiller TH-23 abzulösen. Bis 1969 wurden 792 Osage als Standard-Hubschraubertrainer an die Army ausgeliefert, die man erst 1988 durch die UH-1 [S. 143] ersetzte. Ein Teil wurde zur Erstausbildung von Piloten auch von U.S. Air Force, Navy, Marines und Coast Guard herangezogen. 1969 folgte das leistungsfähigere Modell 300 C mit einem stärkeren Lycoming-Boxermotor, einem etwas größeren Hauptrotor, einhergehend mit deutlich erhöhter Nutzlast und besserer Performance. 1983 begann Schweizer Aircraft Corp. die Hughes 300 in Lizenz zu bauen und 1984 erwarb sie die kompletten Baurechte von McDonnell Douglas, die in der Zwischenzeit Hughes aufgekauft hatte.

Bis 1983 lieferte Hughes ca 2800 Hubschrauber aller Versionen aus. Kawasaki baute 38 TH-55 in Lizenz

Bemerkungen: Das Model 269/300 war für Hughes und später Schweizer Aircraft ein Verkaufsschlager und Exporterfolg, mit dem sie den zivilen und militärischen Markt der leichten Hubschrauber eroberten. Neben den USA nutzen weltweit zahlreiche Streitkräfte den kleinen Heli zur Grundausbildung ihrer Hubschrauberpiloten. Zivile Versionen findet man in der Landwirtschaft, bei der Polizei und der Pilotenausbildung. Über all die Jahre ist das Modell zwar verbessert worden, die einfache Grundkonstruktion blieb aber erhalten. Auch der Einbau einer Turbine änderte daran nichts. Zu Beginn der 1990er-Jahre wurde allerdings mit der S-333 ein komplett neuer stromlinienförmiger Rumpf, eine 230 PS-starke Turbine, ein verbesserter Antriebsstrang und ein leiserer Vierblatt-Rotor eingeführt. Mit der Übernahme 2004 von Schweizer Aircraft durch Sikorsky vermarktete man sie bis 2015 als Sikorsky S-434.

Zahlreiche S-269/S-300 befinden sich heute noch weltweit im Einsatz. Eine originale TH-55 Osage präsentiert das Hubschraubermuseum in Bückeburg.

Besatzung: 2
Triebwerke: Ein luftgekühlter 4-Zylinder-Boxermotor Lycoming HIO-360 B mit 140 kW (190 PS).
Leistungen: Höchstgeschwindigkeit 140 km/h, Reisegeschwindigkeit 130 km/h, Dienstgipfelhöhe 4450 m, Reichweite ca. 300 km.
Gewichte: Leermasse 435 kg, Abflugmasse 703 kg, maximale Abflugmasse 757 kg.

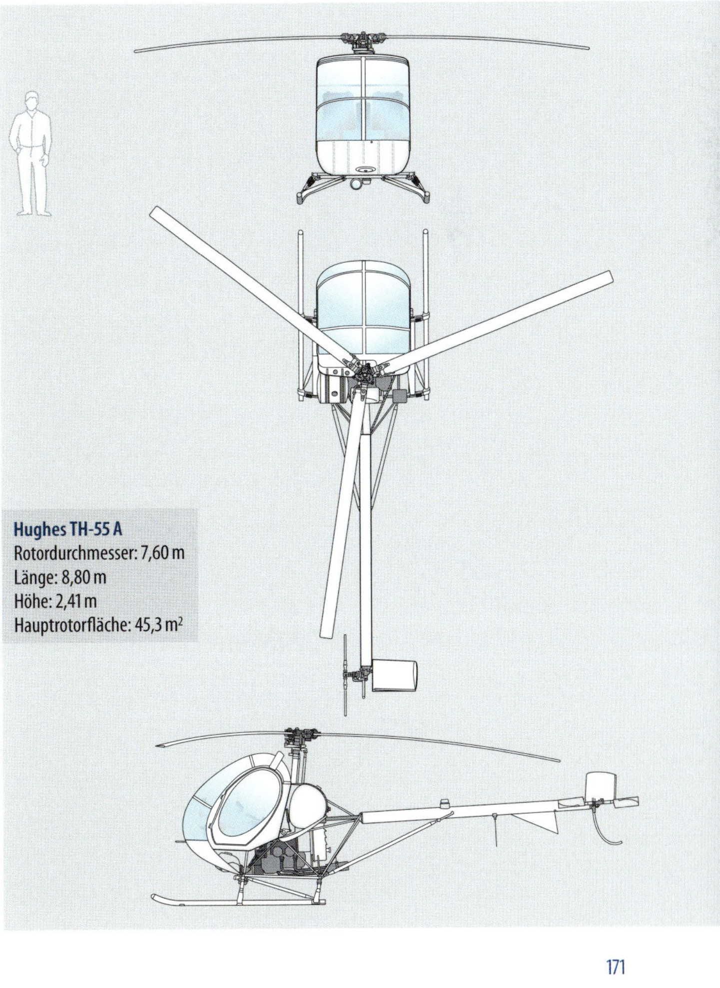

Hughes TH-55 A
Rotordurchmesser: 7,60 m
Länge: 8,80 m
Höhe: 2,41 m
Hauptrotorfläche: 45,3 m²

Kaman H-43 Huskie

Ursprungsland
USA
Kategorie
SAR-/Rettungshubschrauber

Entwicklung: Die H-43 geht auf eine Ausschreibung des US Marine Corps von 1949 zurück, die einen Beobachtungs-, Rettungs- und Transporthubschrauber benötigte. Kaman verlor gegen die Sikorsky S-52, erhielt aber trotzdem eine Bestellung über vier HOK-1, deren Erstflug 1951 stattfand. Bei zwei ineinander„kämmenden“, gegenläufigen Rotoren kann man auf einen Heckrotor verzichten – ein Prinzip, das vom deutschen Ingenieur A. Flettner übernommen wurde. Die Rotoren selbst werden über Servoklappen an den Blättern angesteuert. Kaman lieferte zuerst 29 dreisitzige HTK-1 (TH-43) [kleines Bild] an die US Navy aus. Das Marine Corps erhielt insgesamt 81 mit einem 600 PS-Sternmotor Pratt & Whitney Wasp ausgerüstete HOK-1 (ab 1962 UH-43) [Bild oben], und 18 die Airforce (ab 1962 H-43 A). Erst mit der H-43 B (Erstflug März 1959) [Zchng.], von der 200 Stück geliefert wurden, führte man leistungsstarke Lycoming-Wellenturbinen ein, mit denen man in der Lage war, bis zu 10 Personen oder 4 Tragbahren oder 1760 kg Fracht zu heben. Für SAR-Aktionen im Vietnamkrieg lieferte Kaman 37 gepanzerte und bewaffnete H-43 F an die Air Force. Eine deutlich größere 12-sitzige Huskie III mit zwei Wellenturbinen flog im August 1962, wurde aber mangels Nachfrage nicht weiterentwickelt.

Der Vorläufer der HOK-1, die kleinere HTK-1 mit einem 240 PS-Boxermotor.

Vermutlich sind 378 Helikopter aller Varianten von Kaman ausgeliefert worden,

Bemerkungen: Die kleinere HTK-1 wurden noch zur Schulung und gelegentlich für Transporte genutzt, erst die größeren HOK-1/H-43 zog man zur Rettung und Brandbekämpfung auf Flugplätzen heran. Mit Einführung der turbinengetriebenen H-43 B und F erhielt der Air Rescue Service einen Helikopter, der weltweit als Rettungshubschrauber auf USAF-Basen stationiert war, vor allem aber im Vietnamkrieg bei oft riskanten Rettungen abgeschossener Besatzungen, auch in entlegenen Gebieten, intensiv zum Einsatz kam. Erst nach Einführung der S-61 [S. 200] und S-65 [S. 202] konnte man die H-43 wieder auf flugplatznahe Aktionen beschränken. Neben den USA nutzten Huskies die Streitkräfte Thailands (3), Burmas (12), Kolumbiens (6), Marokkos (4), Pakistans (6) und die iranische Luftwaffe (17). Einige vom Militär übernommene H-43 B flogen wegen ihrer guten Hebeleistung bis in die späteren 1990er-Jahre noch Logging-Einsätze.

Neben vielen US-Luftfahrtmuseen, wie z. B. das Museum of Aviation, Robins AFB, besitzt auch das Bückeburger Hubschraubermuseum eine H-43 F.

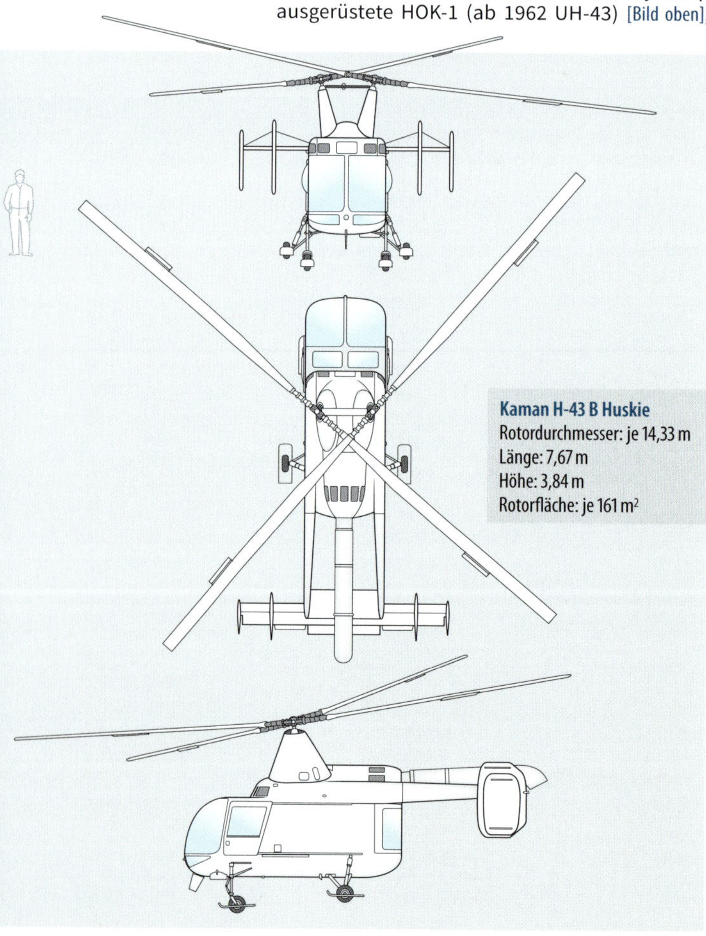

Kaman H-43 B Huskie
Rotordurchmesser: je 14,33 m
Länge: 7,67 m
Höhe: 3,84 m
Rotorfläche: je 161 m²

Besatzung: 2
Triebwerke: (H-43 F) Eine Wellenturbine Lycoming T53-L-11 A mit 845 kW (1150 PS).
Leistungen: (H-43 F) Höchstgeschwindigkeit 193 km/h, Dienstgipfelhöhe 7000 m, Reichweite 810 km.
Gewichte: (H-43 F) Leermasse 2095 kg, Abflugmasse 2950 kg, maximal 4150 kg.

Kaman H-2 Seasprite

Ursprungsland
USA
Kategorie
Mehrzweck-hubschrauber

Entwicklung: Nach einer 1956 veröffentlichten Anforderung der US-Navy für einen Mehrzweckhubschrauber erhielt Kaman den Zuschlag für 4 Prototypen und eine Kleinserie von 12 HU2K-1 (UH-2 A). Ein Prototyp flog im Juli 1959. Als allwettertaugliche Hubschrauber, mit einer 1250 PS-General Electric-Wellenturbine ausgerüstet, sollte er von Trägern und kleineren Schiffen aus SAR-Aufgaben, Aufklärungs- und Beobachtungsmissionen, Verbindungsflüge und Verwundetentransporte übernehmen. Nach 84 weiteren UH-2 A und 102 UH-2 B begann Kaman 1968 deshalb nach beanstandeten Leistungsdefiziten, mit der UH-2 C zwei Wellenturbinen T58 von General Electric zu installieren. Für Einsätze während des Vietnamkrieges rüstete Kaman sechs UH-2 C zu bewaffneten und gepanzerten SAR-Versionen HH-2 C um. Weitere 67 einmotorige UH-2 wurden zur zweimotorigen, unbewaffneten und ungepanzerten HH-2 D. 20 ältere H-2 erhielten Upgrades zum U-Boot-Jagdhubschrauber SH-2 D mit modernen Radar- und Sonarsystemen. Von einer leistungsfähigeren ASW-Version SH-2 F übernahm die Navy 110 Umbauten aus früheren Modellen und 54 Neubauten. Dreißig Jahre nach ihrem Erstflug hob im April 1985 die letzte Version SH-2 G Super Seasprite ab, ein ASW-Helikopter mit zwei 1700 PS-Wellenturbinen, von dem 17 neu gebaut und 9 ältere Exemplare umgerüstet wurden.

Kaman lieferte vermutlich insgesamt 264 Seasprites aller Versionen aus.

Bemerkungen: Die US-Navy besaß fast 200 Seasprites und nutzte sie überwiegend als SAR-, ASW- und Versorgungshubschrauber. Bereits im Vietnamkrieg wurde sie erfolgreich zur Rettung abgeschossener Flugzeugbesatzungen genutzt. Zu Beginn der 1970er-Jahre begann die Navy ihre Helikopter, zum Teil mit Radar- und Sonarsystemen ausgerüstet, auch als Anti-Schiffs- und U-Boot-Heli einzusetzen. Mit Faltrotoren und den kompakten Abmessungen ließen sich die Hubschrauber auch auf kleineren Kriegsschiffen stationieren. Eine letzte Version erhielt die Navy 1991 mit der Super Seasprite, die erst 2001 stillgelegt wurden. Mitte der 1990er-Jahre begannen die USA überschüssige Seasprites und Neubauten weltweit anzubieten. Ägypten bestellte 10 SHG-2, die sie 1997 erhielten. Australien erwarb elf Ex-Navy-Seasprites, die jedoch wegen zahlreicher Probleme gegroundet und im März 2008 wegen ausufernder Kosten komplett stillgelegt wurden. Neuseeland erhielt 2014/15 fünf neue Super Seasprite, die auch 2025 noch auf Fregatten im Einsatz waren. Peru übernahm 2015 fünf und Polen 2003 vier Super Seasprites.

Zahlreiche US-Luftfahrtmuseen besitzen Seasprites. Eine SH-2 F lagert auch im Air Force Museum of New Zealand, Christchurch.

Besatzung: 3
Triebwerke: (F) Zwei Wellenturbinen General Electric T58-GE-8F mit je 992 kW (1350 PS).
Leistungen: (F) Höchstgeschwindigkeit 265 km/h, Reisegeschwindigkeit 240 km/h, Dienstgipfelhöhe 6900 m, Reichweite 680 km.
Gewichte: (F) Leermasse 3193 kg, Abflugmasse 5670 kg, maximale Abflugmasse 6000 kg.
Bewaffnung: (F) An zwei seitlichen Pylonen Anti-Schiffs-Flugkörper, Torpedos, Wasserbomben.

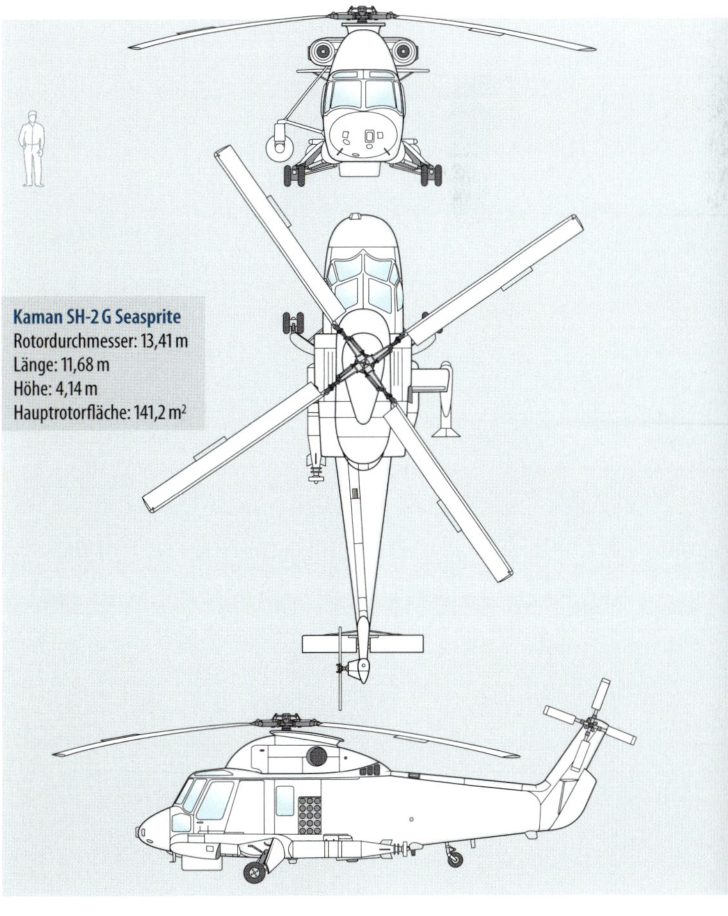

Kaman SH-2 G Seasprite
Rotordurchmesser: 13,41 m
Länge: 11,68 m
Höhe: 4,14 m
Hauptrotorfläche: 141,2 m²

Ling-Temco-Vought A-7 Corsair

Ursprungsland
USA
Kategorie
Erdkampfflugzeug

Entwicklung: Als Ersatz für die Douglas A-4 [S. 158] forderte die US Navy in einer Ausschreibung 1963 ein leichtes, trägergestütztes Kampfflugzeug. Ling-Temco-Vought (LTV) erhielt 1964 den den Auftrag für eine Vorserie. Der erste Prototyp flog im September 1965. Obwohl das Designkonzept der F-8 Crusader [S. 203] übernommen wurde, war die A-7 eine komplette Neukonstruktion. Die nicht überschallfähige Corsair II erlaubte mit einem groß dimensionierten Klappensystem langsame Anflüge auf Flugzeugträger, war in der Lage erstaunliche 6,8 t Außenlasten zu transportieren und besaß für ihre Zeit modernste Avioniksysteme. Die erste Serie mit 199 A-7 A [Bild], die 1966 an die Navy ging, war noch mit zwei MGs ausgerüstet. A-7 B (196 Stück) unterschieden sich lediglich durch ein leistungsfähigeres Triebwerk und die A-7 C (67 St.) durch eine Gatling-Kanone im Bug. Zu Doppelsitzern TA-7 C baute man 60 B und C-Versionen um. Auch die US Air Force interessierte sich Ende der 1960er-Jahre für die Corsair II. Sie erhielt 454 A-7 D und 30 Doppelsitzer A-7 K, die mit einem stärkeren Allison-Triebwerk, verbesserter Avionik und einer Luftbetankungssonde geliefert wurden und deren Indienststellung Anfang 1970 begann. Weitere 529 A-7 E [Zchng.] mit Allison-Antrieb gingen an die US-Navy. Griechenland erhielt ohne Luftbetankungseinrichtung 60 A-7 E als A-7 H, plus 5 Trainer TA-7 H. Portugal erwarb 1981 noch 44 A-7 P und 6 TA-7 P und Thailand 14 A-7 T plus 4 TA-7 C.

Nach 18 Jahren und 1569 ausgelieferten Corsair II beendete LTV 1983 die Produktion.

Bemerkungen: Die ersten A-7 A gelangten 1966 zu den Ausbildungsstaffeln und Ende 1967 begannen erste Kampfeinsätze in Vietnam, bei denen 98 A-7 verloren gingen. Probleme bereitete im tropischen Klima die geringe Leistung der nachbrennerlosen Triebwerke bei Starts mit hoher Zuladung von Flugzeugträgern und kurzen Rollbahnen. Corsairs, die auf Trägern, die in nahezu allen Ozeanen operierten, stationiert waren, sind zu zahlreichen Kampfhandlungen herangezogen worden. Unter anderem zu Einsätzen in Grenada 1983, im Libanon 1982 – 1984 und in Libyen 1986, ebenso bei den Operationen *Desert Shield* und *Desert Storm* 1990/91. Ende der 1980er-Jahre musterte die USAF ihre A-7 aus, ein Teil ging an die National Guard, die sie bis 1993 flog, einige an Griechenland, Portugal und Thailand. Die letzte Corsair II wurde von der griechischen Luftwaffe erst im Oktober 2014 stillgelegt.

Nahezu alle US-Luftfahrtmuseen präsentieren A-7. Auch das Hellenic Air Force Museum, Acharnes, Griechenland und das Polish Aviation Museum, Krakau, Polen.

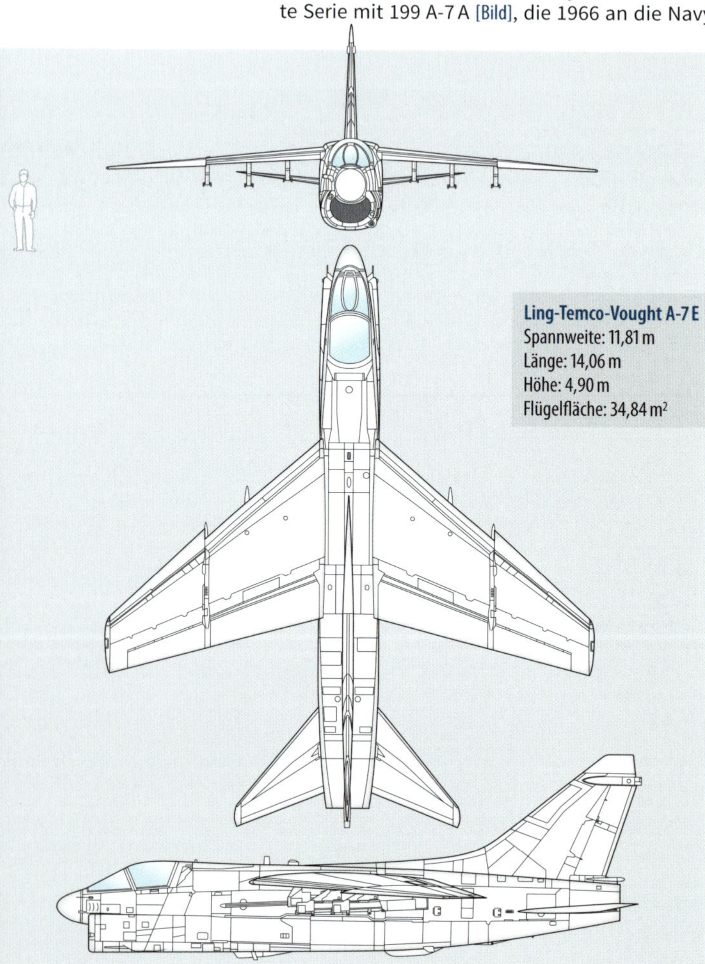

Ling-Temco-Vought A-7 E
Spannweite: 11,81 m
Länge: 14,06 m
Höhe: 4,90 m
Flügelfläche: 34,84 m²

Besatzung: (E) 1
Triebwerke: (E) Ein Axialstrahltriebwerk Allison TF-41-A-2 mit 66,75 kN Schub.
Leistungen: (E) Höchstgeschwindigkeit 1100 km/h, Reisegeschwindigkeit 933 km/h, Dienstgipfelhöhe 11 800 m, Reichweite 1980 km, Überführungsreichweite 2485 km.
Gewichte: (E) Leermasse 8676 kg, max. Abflugmasse 19 051 kg.
Bewaffnung: (E) Ein MG am Lufteinlauf, bis zu 6800 kg Luft-Luft- und Luft-Boden-Raketen, gelenkte und ungelenkte Bomben, MK- und Störbehälter, Zusatztanks.

Lockheed P-2 Neptune

Ursprungsland
USA
Kategorie
U-Boot-Jagdflugzeug, Aufklärer

Entwicklung: Studien für ein neues landgestütztes U-Boot-Jagd- und Seepatrouillenflugzeug begannen bei Lockheed bereits Ende 1941, die sich jedoch durch den Krieg verzögerten. Schließlich bestellte die US-Navy 1944 zwei Prototypen XP2V und 15 Serienflugzeuge P2V-1. Erstflug war im Mai 1945. Weitere Produktionen wurden durch das Kriegsende hinausgeschoben, so dass erst ab 1946 eine zweite Serie von 80 P2V-2 mit stärkeren Motoren ausgeliefert werden konnte. Bis 1950 produzierte Lockheed weitere 52 P2V-4, mit aufgeladenen R-3350-Sternmotoren, Tiptanks und größerem Radardom. Die P2V-5F erhielt zwei Jet-Triebwerke am Außenflügel, um die Startleistung zu erhöhen. Letzte Version war die P2V-7 [Bild, Zchng.], mit dem markanten gewölbten Cockpitdach (287 St.). Von nahezu allen 7 Versionen fertigte Lockheed weitere Varianten, die sich durch Einsatzzweck und Ausrüstung unterschieden. Neben den Hauptaufgaben als See-Fernaufklärer und U-Boot-Jäger, oft mit Beobachtersitz im Bug, Sonar-Bojen-Schacht und Suchradar unter dem Rumpf, bei manchen auch mit Magnetdetektor im verlängerten Heck, wurde die Neptune auch als Atombombenträger, VIP-Transporter, Frühwarnflugzeug, für SIGINT- und ELINT-Einsätze (AP-2E) und als Trainer eingesetzt.

Bei Lockheed endete 1962 die Produktion nach 1118 P2V. Japan erwarb von Kawasaki 1966–1979 in Lizenz gebaut, 83 mit General Electric T64-Turboprops ausgerüstete P-2 J.

Bemerkungen: Die Neptune gehört zu den ersten Landflugzeugen, die speziell als U-Boot-Jäger und Seefernaufklärer entworfen wurde. In den 1950er-Jahren das wichtigste Flugzeuge dieser Kategorie der US-Navy, durchlief sie mehrere Modernisierungsprogramme, um auf aktuellem technischem Stand zu bleiben. 1962 wurden alle P2V in P-2 umbenannt. Sie sind u. A. während der Kuba-Krise, im Korea- und im Vietnamkrieg als Aufklärer eingesetzt worden. Ab 1970 aus den ersten Linien zurückgezogen, blieb die P-2 allerdings bis Ende der 1970er-Jahre bei Reserveeinheiten im Dienst, wurde aber schließlich von der P-3 Orion [S. 183] abgelöst. Außer den USA flogen P2V auch in Argentinien, Australien, Brasilien, Kanada, Chile, Taiwan, Frankreich, Japan, Niederlande [Bild], Großbritannien und Portugal. Fast alle wurden verschrottet, einige gingen an Museen oder dienten noch als Feuerlöschflugzeuge.

Über 40 P2V haben überlebt. Neben weltweiten Museumsexponaten sind vier noch flugfähig, eine beim HARS Aviation Museum in Australien. Eine P2V-7 steht im Dutch National Military Museum Soesterberg in den Niederlande.

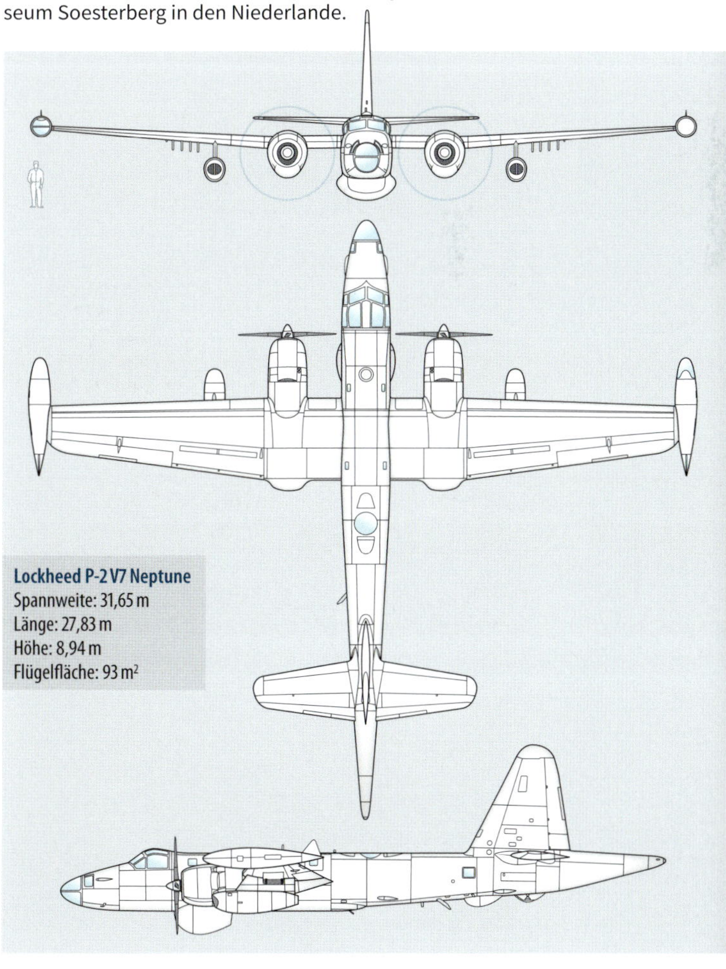

Lockheed P-2 V7 Neptune
Spannweite: 31,65 m
Länge: 27,83 m
Höhe: 8,94 m
Flügelfläche: 93 m²

Besatzung: (P-2 V7) 7–9
Triebwerke: (P-2 V7) Zwei luftgekühlte, aufgeladene Turbo-Compound-18-Zylinder-Sternmotoren Wright R-3350-32W Duplex-Cyclone mit je 2721 kW (3700 PS) und zwei Strahltriebwerke Westinghouse J34-WE-34 mit je 15 kN Schub.
Leistungen: (P-2 V7) Höchstgeschwindigkeit 584 km/h, Reisegeschwindigkeit 333 km/h, Dienstgipfelhöhe 6800 m, Reichweite 3470 km.
Gewichte: (P-2 V7) Leermasse 22 650 kg, maximale Abflugmasse 36 240 kg.
Bewaffnung: Bis zu 3630 kg Bomben und/oder Torpedos im Schacht und Luft-Boden-Raketen in Flügel-Raketenpods.

Lockheed T-33

Ursprungsland
USA
Kategorie
Trainings- und Schulflugzeug

Entwicklung: Die T-33 war eine Weiterentwicklung der P-80/F-80, die erstmals im Januar 1944 abhob. Ursprünglich als TF-80 C bezeichnet, absolvierte der Tiefdecker seinen Erstflug im März 1948. Der in Ganzmetall konstruierte Doppelsitzer wurde um ca. 1 m verlängert, um den zweiten Pilotensitz und eine entsprechende Instrumentierung und Steuerung unterzubringen. Anfangs trug die im Mai 1949 in T-33 A umbenannte Maschine noch kleine Tiptanks, später deutlich größere [Bild, Zchng.]. Die Produktion der T-33 erreichte hohe Stückzahlen. Alleine 4090 von der Basisversion T-33 A wurden an die USAF ausgeliefert. Neben zahlreichen Varianten lieferte sie Lockheed auch als unbemannte Zieldrohne aus. Dazu kamen Exportversionen AT-33 A mit Außenstationen für Raketen und Bomben und einsitzige Aufklärer RT-33 A mit Kameras im Bug. Die Navy orderte 699 T-33 B, die als TV-2 bezeichnet wurden, aber nicht für Trägerlandungen geeignet waren. Daraufhin entwickelte Lockheed die T2V [S. 178] in Eigenregie und produzierte 150 Stück für die US-Marine.

Bei Lockheed rollten von allen Varianten 6557 Flugzeuge aus den Werkhallen. Die kanadische Canadair baute 656 in Lizenz als CT-133 Silver Star, 210 baute Kawasaki in Japan.

Bemerkungen: Nach dem Zweiten Weltkrieg besaßen die USA lediglich Propellermaschinen für die Ausbildung angehender Jetpiloten. Mit der ab 1945 in Serie gebauten, einsitzigen F-80 Shooting Star stand jedoch ein Jet zur Verfügung, der sich hervorragend für den Umbau zu einem doppelsitzigen Trainer eignete. Nicht nur in den USA wurde die T-33 schnell zum Standardflugzeug in der Fortgeschrittenen-Ausbildung. Der äußerst robuste und langlebige Trainer flog in über 30 Nationen, wozu auch Deutschland als größter Nutzer nach den USA mit 192 T-33 gehörte. Er ist heute immer noch in einigen Luftstreitkräften aktiv.

Einige private, flugfähige T-33 findet man in den USA, zahlreiche in Museen. Eine T-33 steht auch im Militärhistorischen Museum in Berlin-Gatow und in der Flugwerft Schleisheim.

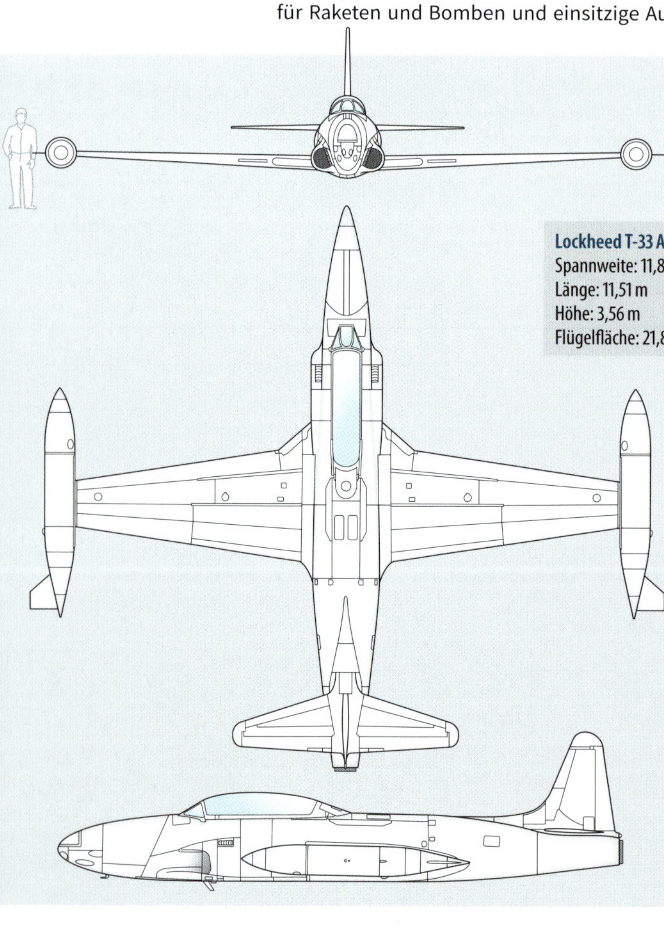

Lockheed T-33 A
Spannweite: 11,85 m
Länge: 11,51 m
Höhe: 3,56 m
Flügelfläche: 21,81 m²

Der Aufklärer RT-33 war eine mit Kameras ausgerüstete einsitzige T-33 A, deren umfangreiche technische Ausrüstung im Bereich des hinteren Sitzes installiert wurde.

Besatzung: 2
Triebwerk: (T-33 A) Ein Radialstrahltriebwerk Allison J33-A-35 mit 20 kN Trockenschub und 24 kN mit Wassereinspritzung.
Leistungen: (T-33 A) Höchstgeschwindigkeit 970 km/h auf Meereshöhe, Reisegeschwindigkeit 732 km/h, Dienstgipfelhöhe 15 000 m, Reichweite ca. 2050 km.
Gewichte: (T-33 A) Leermasse 3794 kg, Abflugmasse 5475 kg, maximale Abflugmasse 6832 kg.
Bewaffnung: (AT-33) Maximal 800 kg Bomben oder Raketen an zwei Flügelstationen.

Lockheed C-121

Entwicklung: Die C-121 geht auf die Entwicklung des Passagierflugzeuges L-49 zurück (Erstflug im Januar 1943), von denen 22 als C-69 Truppentransporter noch im Zweiten Weltkrieg dienten. Lockheed verlängerte 1947 den Rumpf, installierte leistungsfähigere R-3350-Motoren und bot sie als zivile L-749 Constellation an. Die USAF bestellte daraufhin 10 als Transporter C-121 A, einige davon als VIP-Transporter, und die Navy zwei AWACS PO-1 W mit Radardomen über und unter dem Rumpf. Im Oktober 1950 flog die weiterentwickelte L-1049 mit größerer Spannweite und längerem Rumpf. Als C-121 C (Erstflug Juli 1955) orderte die USAF nun 33 Stück, die als Langstreckentransporter 75 Passagiere oder 47 Tragbahren oder entsprechend Fracht laden konnte. Die US Navy zog nach und bestellte 142 Frühwarnflugzeuge WV-2/EC-121 K [Bild]. Es folgten für die Navy und Air Force unüberschaubar viele Varianten der L-1049, mit speziellen Modifikationen und Kleinserien, wie auch Transfers von Flugzeugen zwischen USAF und Navy mit oft mehrmaliger technischer Umrüstung. Neben Transportern wurden Constellations vor allem als ELINT-, ECM-, Überwachungs-, und Frühwarnflugzeuge eingesetzt. Dazu kamen Fotoaufklärer, Crewtrainer, Wettererkunder, VIP-Transporter, auch als Air Force One, etliche Testflugzeuge, hauptsächlich für Elektronik. Vier C-121 wurden versuchsweise mit 5500 PS-Turbinen T-34 von P & W motorisiert, die aber noch zu komplex waren.

Von allen Constellations produzierte Lockheed 856 Exemplare, davon 346 militärische.

Bemerkungen: Erst mit der verlängerten L-1049 konnte Lockheed bei der USAF und US Navy große Stückzahlen absetzen. In Zeiten des Kalten Krieges war es den Militärs damit erstmals möglich, ein luftgestütztes Frühwarnsystem aufzustellen, das mit hoch fliegenden EC-121 einen Blick „über den Horizont" zuließ, um frühzeitig auf anfliegende sowjetische Bomber reagieren zu können. In zwei „Barrieren", über dem Pazifik und Atlantik, flogen bis 1965 rund um die Uhr ständig Frühwarnflugzeuge, um die Radarstationen an Land zu ergänzen. Auch im Vietnamkrieg übernahmen EC-121 wichtige Rollen in der Luftraumüberwachung und der elektronischen Kriegsführung – es waren die Vorläufer der heutigen AWACS von Boeing. Sie waren über relativ lange Zeit im Einsatz, die letzte der USAF wurde erst 1978, die letzte der Navy 1982, stillgelegt. Einige erwarben kleinere, zivile Frachtgesellschaften, der Rest wurde verschrottet.

Es sind vermutlich 13 EC-121 erhalten geblieben. Eine steht National Naval Aviation Museum, Pensacola, USA. Eine C-121 A wurde über Jahre in den USA restauriert und flog im Juni 2023 erneut.

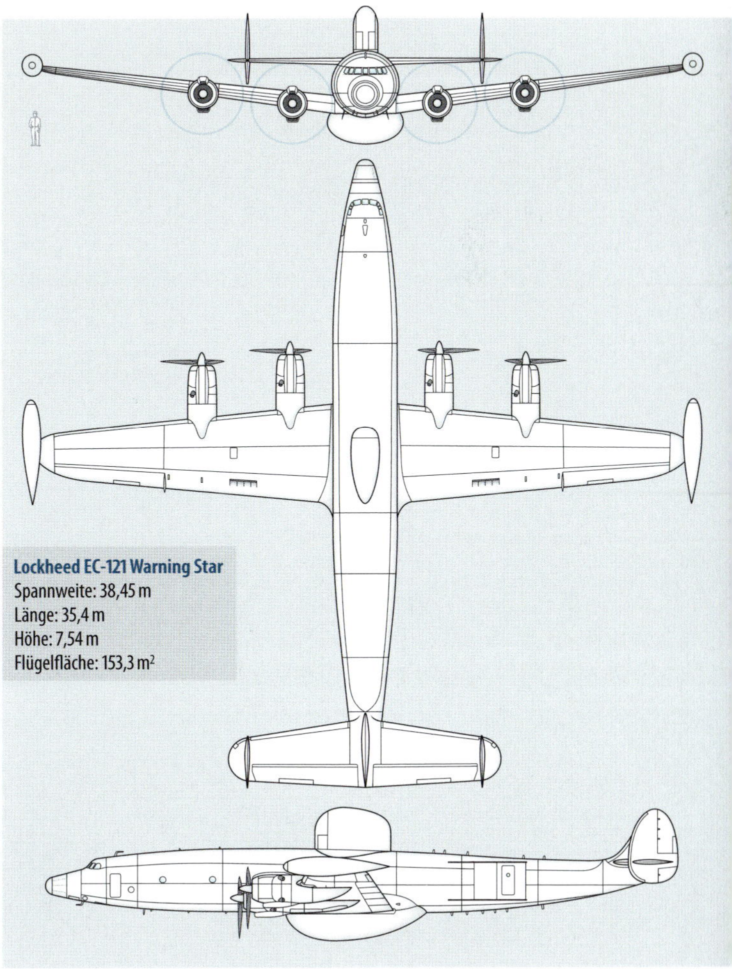

Lockheed EC-121 Warning Star
Spannweite: 38,45 m
Länge: 35,4 m
Höhe: 7,54 m
Flügelfläche: 153,3 m²

Besatzung: (EC-121 D) 6
Triebwerke: (EC-121 D) Vier luftgekühlte 18-Zylinder-Doppelsternmotoren Wright R-3350-34 mit je 2501 kW (3400 PS).
Leistungen: (EC-121 D) Höchstgeschwindigkeit 481 km/h, Reisegeschwindigkeit 410 km/h, Dienstgipfelhöhe 7620 m, Reichweite 6850 km.
Gewichte: (EC-121 D) Leermasse 31 387 kg, maximale Abflugmase 65 000 kg.

Lockheed T2V SeaStar

Ursprungsland
USA
Kategorie
Trägertauglicher Jettrainer

Entwicklung: Ausgangsmuster der T2V war die T-33 (S. 176), eine Weiterentwicklung der P-80/F-80 Shooting Star (Erstflug Januar 1944). Ursprünglich als TF-80 C, später als T-33 bezeichnet, absolvierte der Tiefdecker seinen Erstflug im März 1948. Die US Navy nannte ihre identischen doppelsitzigen Trainer TV-2, die allerdings nicht für den Dienst auf Flugzeugträgern geeignet waren. In eigener Initiative begann Lockheed deshalb 1952 mit der Weiterentwicklung der TV-2 zu einem trägerkompatiblen Trainer, mit dem Ziel, die Flugeigenschaften bei niedrigen Geschwindigkeiten und die Sicht für die Piloten zu verbessern. Anfang 1953 wurde auf eigene Kosten und auf Basis einer T-33 ein Demonstrator gebaut, der Ende des Jahres erstmals flog. Notwendig war der Einbau eines leistungsfähigeren Triebwerks und die Überarbeitung des Cockpits. Dazu zählte die Marine-Standardinstrumentierung und ein höherer, hinterer Sitz des Ausbilders. Neben einem verstärkten Fahrwerk installierte Lockheed Katapult- und Landehaken, die Flügel erhielten neue Klappen und beim Langsamflug konnte zur Grenzschichtkontrolle Zapfluft des Triebwerks über die Flügeloberseite geblasen werden. Das Seitenleitwerk und das Heck wurden komplett überarbeitet, die Zelle generell verstärkt und geschützt, um dem erhöhten Verschleiß bei Trägerlandungen und dem rauen, salzhaltigen Seeklima standzuhalten. Nach eingehender Erprobung mit weiteren Änderungen erhielt die Navy die ersten zehn Serienflugzeuge im Januar 1956 und die Trägerqualifikationen wurden mit einer Bestellung von ursprünglich 390 Flugzeugen erfolgreich abgeschlossen, die jedoch später auf 150 Stück reduziert wurde. Die Auslieferungen und Indienststellung begannen allerdings erst Ende 1957.

Bei Lockheed rollten insgesamt 150 SeaStars aus den Produktionshallen.

Bemerkungen: Die unbewaffnete T2V Seastar (1962 in T-1 A SeaStar umbenannt) hatte eine relativ kurze Karriere im Geschwaderdienst. Zwar wurde sie als guter Deckslande-Trainer geschätzt, das neuartige Grenzschicht-Kontrollsystem für den Langsamflug erwies sich aber als zu kompliziert und problematisch, weshalb man die meisten schnell in unterstützende Rollen verbannte. Schon 1956 suchte die US-Marine deshalb nach einem geeigneteren trägergestützten Trainer, den sie schließlich mit der North American T-2 Buckeye [S. 192] fand und ab 1959 in Dienst stellte. Diese wurde überwiegend in der Erstausbildung eingesetzt, während die T2V SeaStar weiterhin in der Fortgeschrittenen-Ausbildung bis in die 1970er-Jahre blieb.

Von den 150 gebauten SeaStars haben angeblich nur zwei überlebt. Davon steht eine im Pima Air and Space Museum, Tucson, USA.

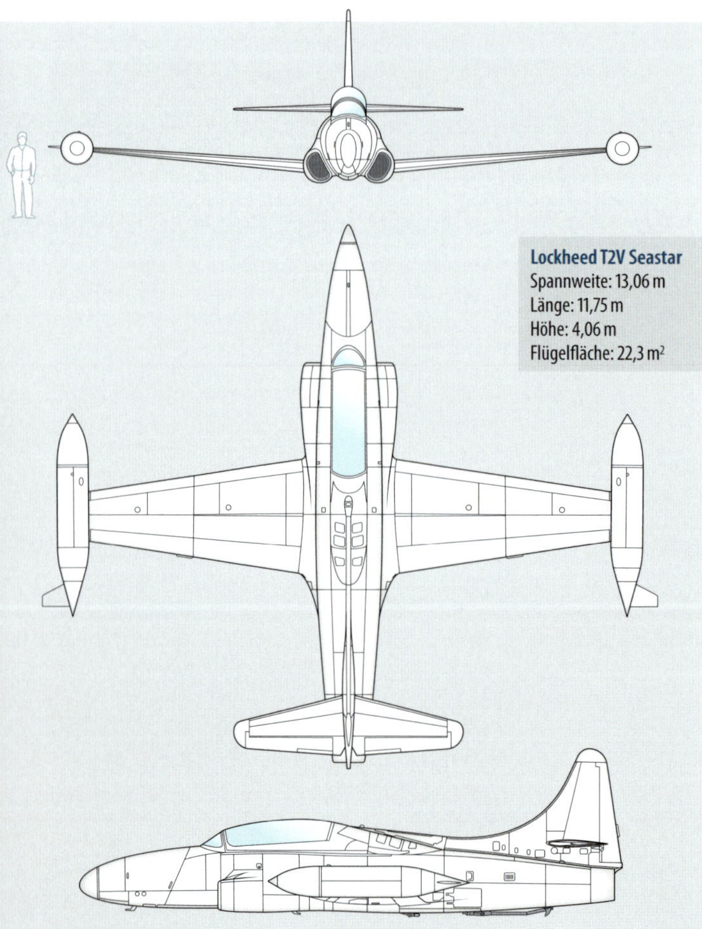

Lockheed T2V Seastar
Spannweite: 13,06 m
Länge: 11,75 m
Höhe: 4,06 m
Flügelfläche: 22,3 m²

Besatzung: 2
Triebwerke: Ein Radialstrahltriebwerk Allison J33-A-24 mit 27 kN Schub.
Leistungen: Höchstgeschwindigkeit 933 km/h in 10 600 m Höhe, Dienstgipfelhöhe 12 200 m, Reichweite 1560 km.
Gewichte: Leermasse 5427 kg, Abflugmasse 7031 kg, maximale Abflugmasse 7636 kg.

Lockheed F-104 Starfighter

Ursprungsland
USA
Kategorie
Abfangjäger, Kampfbomber

Entwicklung: Anfang der 1950er-Jahre forderten im Koreakrieg eingesetzte US-Piloten ein einfaches, leistungsfähiges Kampfflugzeug, das Lockheed mit dem Starfighter nach einem gewonnenen Wettbewerb umsetzte. Der Prototyp XF-104 A flog im März 1954, wegen dem noch nicht lieferbaren General Electric J79-Triebwerk mit einem Wright J65 mit 32 kN Schub, erst im Februar 1956 mit dem J79 und einem neuen Fahrwerk. Zwei Monate später wurde die YF-104 A öffentlich vorgestellt, von der 17 Vorserienmuster bestellt wurden. Der radikale Entwurf zeichnete sich durch einen extrem dünnen und hochbelasteten Flügel aus, der allerdings nur mit Vorflügelklappen und durch Zapfluft angeblasene Landeklappen akzeptable Landegeschwindigkeiten zuließ. Nach umfangreichen Tests wurden die ersten von 722 bestellten F-104 A [Zchng.] und dem Doppelsitzer F-104 B im Januar 1958 an die USAF ausgeliefert, obwohl sie eigentlich keinen Bedarf für einen weiteren Jäger hatte und später ihre Bestellung auf 170 reduzierte. Nach einigen Varianten mit kleineren Stückzahlen produzierte eine europäisch/amerikanische Arbeitsgemeinschaft von der F-104 G [Bild], einem Jagdbomber mit verstärkter Zelle und Flügel, überarbeiteten Klappen und modernerer Avionik 1122 Stück. Alleine die Bundeswehr erhielt 916 Exemplare, weitere gingen an Belgien, Dänemark, Griechenland, Italien, Niederlande, Spanien, die Türkei und Taiwan. In Lizenz stellte Japan 178 F-104 J und Italien 205 selbst weiterentwickelte F-104 S her, Kanada 200 CF-104 und 28 CF-104 D.

Inklusive der Lizenzflugzeuge wurden 2578 Starfighter ausgeliefert.

Bemerkungen: Der Starfighter war zwar ein überschallschneller Tagjäger, der einige Weltrekorde aufstellte, für Luftkämpfe aber wegen seiner eingeschränkten Wendigkeit kaum geeignet und ohne externe Zusatztanks hatte die anspruchsvoll zu fliegende F-104 nur eine geringe Reichweite. Von den USA wurden nur 277 F-104 bis Ende der 1960er-Jahre eingesetzt, auch als Kampfbomber in Vietnam. Bei anderen NATO-Staaten flog sie bis in die 1990er-Jahre in verschiedenen Einsatzrollen. Auch Missionen als Allwetter-Jagdbomber bei der deutschen Luftwaffe und Marine, für die sie nicht konstruiert war. So hatte die F-104 auch eine hohe Unfallrate. Alleine von 916 deutschen F-104 gingen bis zur Außerdienststellung 1991 269 verloren, von Italiens 360 Jets 137 bis 2014.

Alle Betreiberländer präsentieren F-104 in Ihren Luftfahrtmuseen. In der BRD z. B. im Technik Museum Speyer und in der Flugwerft Schleisheim.

Besatzung: (G) 1
Triebwerke (G) Ein Axialstrahltriebwerk General Electric J79-GE-11 A mit 44,5 kN Schub, mit Nachbrenner 69,42 kN.
Leistungen: (G) Höchstgeschwindigkeit 2200 km/h in 11 000 m, Reisegeschwindigkeit 810 km/h, Dienstgipfelhöhe 15 240 m, Reichweite 670 km, mit Zusatztanks 1740 km, Überführungsreichweite 2600 km.
Gewichte: (G) Leermasse 6350 kg, Abflugmasse 9365 kg, maximal 13 170 kg.
Bewaffnung: (G) Eine MK im Bug und bis zu 1840 kg in Form von Luft-Luft- und Luft-Boden-Raketen, Bomben und/oder Aufklärungspods oder Zusatztanks.

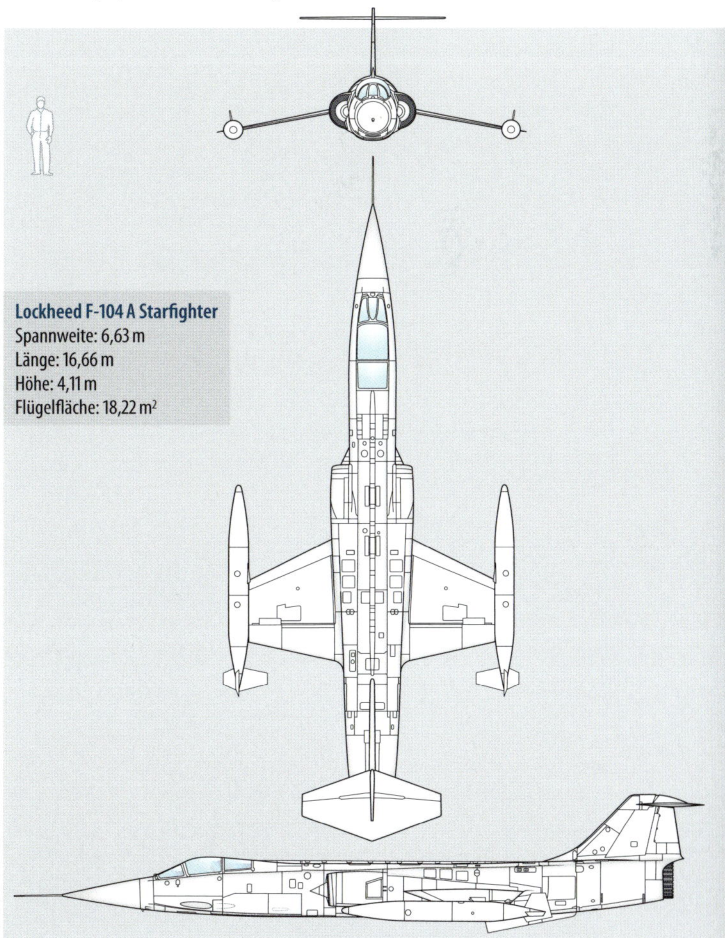

Lockheed F-104 A Starfighter
Spannweite: 6,63 m
Länge: 16,66 m
Höhe: 4,11 m
Flügelfläche: 18,22 m²

Lockheed C-130 Hercules

Ursprungsland
USA
Kategorie
Transportflugzeug

Entwicklung: Im Koreakrieg (1950 – 53) zeigte sich deutlich, dass Transporter aus dem II. Weltkrieg, wie z. B. die DC-3, nicht mehr ausreichten. Deshalb forderte die USAF 1951 in einem Wettbewerb ein größeres Turboprop-Transportflugzeug mit Laderampe, das auch von unvorbereiteten Pisten operieren konnte. Lockheed bekam von neun Bewerbern den Zuschlag. Die erste YC-130 flog im August 1954. Auslieferungen der Serienversion C-130 A begannen im Dezember 1956. Sie waren noch mit 2790 kW-starken Turbinen motorisiert und mit maximal 16 600 kg Nutzlast, z. B. 64 voll ausgerüstete Fallschirmspringern, hatte sie lediglich 2950 km Reichweite. Schon bei der B wurden deshalb zusätzliche Flügelkastentanks eingebaut. Ab 1961 lieferte Lockheed strukturell verbesserte E-Versionen mit stärkeren Turbinen, höherer Nutzlast und externen Zusatztanks aus. Mit der 1964 nochmals aktualisierten und schwereren H [Zchng.], als Exportversion K, waren schließlich bei 20,5 t Nutzlast 3950 km Reichweite möglich. Immer noch gebaut wird die im April 1996 erstmals geflogene C-130 J, mit längerem Rumpf, modernen 3458 kW-starken Turbinen, Sechsblatt-Propellern, Glascockpit und mehr als 5000 km Reichweite bei 18 t Nutzlast. Über 40 Varianten wurden bis heute produziert oder umgebaut, neben den Transportern u. a. zum Gunship AC-130 [Bild], Tanker KC-130, SAR-Flugzeug HC-130, Kommando- und ECM-Flugzeug EC-130, Fotoaufklärer RC-130, für Spezialeinsätze MC-130, Wettererkunder WC-130 und als ziviler Transporter L-100, vom dem bis 1992 120 ausgeliefert waren.

Mit Stand Juni 2024 lieferte Lockheed bisher ca. 2700 C-130 aus.

Bemerkungen: Die heute, nach 70 Jahren immer noch gefertigte C-130, gehört zu den meistgebauten und wichtigsten Transportflugzeugen der Welt und ist in über 70 Staaten im Einsatz. Neben einer großen Bandbreite an militärischen Einsatzmöglichkeiten ließ sich die Viermot auch zur Ölpest-Bekämpfung, als Feuerlöscher, Sprühflugzeug und Wettererkunder nutzen. Mit STOL-Fähigkeiten von unbefestigten Pisten, Langstreckeneigenschaften mit relativ hoher Geschwindigkeit, einer Druckkabine und übersichtlichem Cockpit wurde die variable und robuste Turboprop zum Exportschlager für Lockheed. Auch die Bundeswehr hat seit 2024 sechs neue C-130 J im Dienst. Moderne Transporter, wie z. B. die Boeing C-17 oder Embraer C-390 konnten die Hercules bisher nicht ersetzen. Beginnend mit dem Vietnamkrieg, spielten bei fast allen militärische Auseinandersetzung der USA und der Betreiberstaaten C-130 eine wichtige Rolle.

Zahlreiche US-Luftfahrtmuseen präsentieren Hercules. In Europa besitzt z. B. das RAF Museum Midland, Cosford, Großbritannien eine C-130 K.

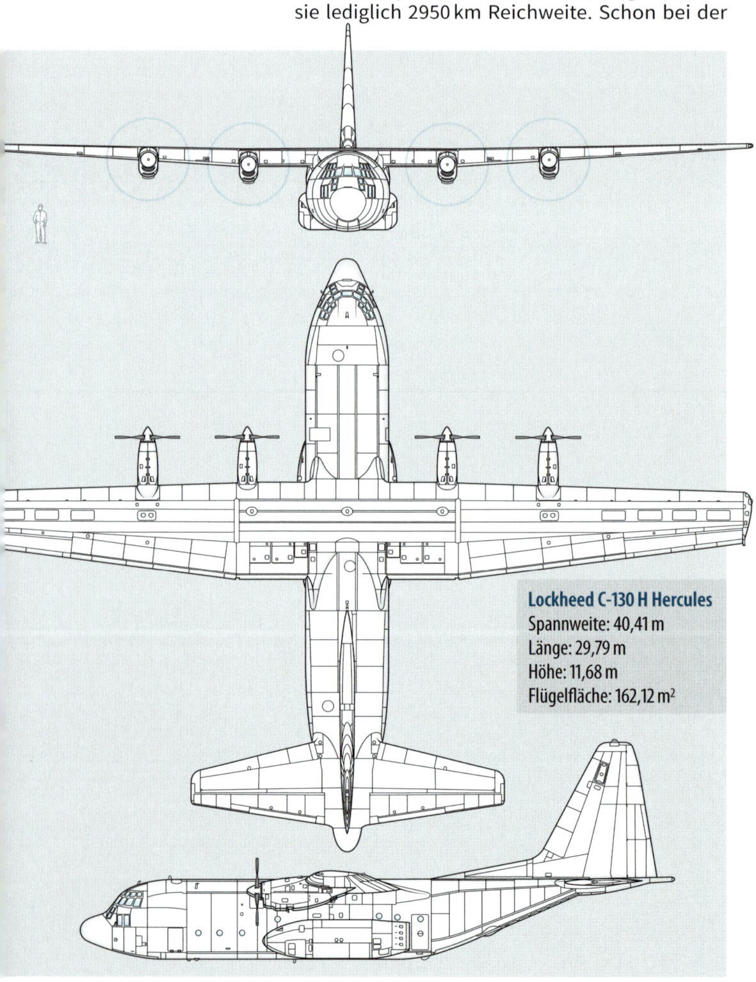

Lockheed C-130 H Hercules
Spannweite: 40,41 m
Länge: 29,79 m
Höhe: 11,68 m
Flügelfläche: 162,12 m²

Besatzung: (H) 5
Triebwerke: (H) Vier Propellerturbinen Allison T56-A-15 mit je 3118 kW (4240 PS).
Leistungen: (H) Höchstgeschwindigkeit 592 km/h, Reisegeschwindigkeit 540 km/h, Dienstgipfelhöhe 8080 m, 3950 km Reichweite mit maximaler Nutzlast, 7675 km Überführungsreichweite.
Gewichte: (H) Leermasse 34 274 kg, max. Abflugmasse 70 308 kg.

Lockheed U-2

Ursprungsland
USA
Kategorie
Strategisches Aufklärungsflugzeug

Entwicklung: Anfang 1950 brach die Sowjetunion das Atomwaffen-Monopol der USA. Deshalb forderte im März 1953 das US-Verteidigungsministerium einen Aufklärer, der über der Sowjetunion in unerreichbarer Höhe spionieren konnte. Bell, Martin und Fairchild reichten Vorschläge ein, Lockheed schlug unaufgefordert ein Projekt vor, das auf dem Rumpf des Starfighters (S. 179) und extrem großen Flügeln basierte. Nach Ablehnung durch die USAF versuchte es Lockheed beim US-Auslandsgeheimdienst CIA, der prompt im Dezember 1954 einen Entwicklungsauftrag erteilte. Der Prototyp des in Ganzmetallbauweise konstruierten Flugzeugs flog im August 1955, dem eine Bestellung der CIA von 20 Maschinen U-2 A [Bild] folgte. Frühe U-2 A flogen noch ohne Schleudersitz, später wurden alle damit ausgerüstet, im Gegensatz zur fehlenden Druckkabine – U-2-Piloten tragen immer noch einen Druckanzug. Aus Gewichtsgründen blieb es auch beim Tandemfahrwerk mit Flügelstützrädern. Sieben U-2 B wurden mit P & W J75-Triebwerken und größeren Lufteinläufen gebaut. U-2 C [Zchng.] erhielten ein nochmals leistungsfähigeres Triebwerk, einen längeren Bug, zusätzliche externe Tanks an den Tragflächen und einen aufgesetzten Rumpfrücken. Nutzlasten konnten im Rumpf, Bug und in externen Behältern transportiert werden. Ein weiteres erhöhtes hinteres Cockpit zeichnete die doppelsitzige Schulversion U-2 CT aus. Weder eine genaue Angabe der Produktionszahlen noch eine exakte Zuordnung der Typenbezeichnungen ist möglich, U-2 wurden wegen zahlreicher Spezialversionen, Umrüstungen, Upgrades und Rückbauten als Einzelstücke produziert, dazu kommt noch die Geheimhaltung.

Die vergrößerte, zweite Variante (U-2 R/TR-1) mit nahezu 32 m Spannweite flog im August 1967. Eine unbekannte Zahl wurde produziert, von denen 2023 vermutlich noch 27 im Einsatz waren.

Man vermutet, dass Lockheed rund 60 Maschinen der ersten, kleinen Variante auslieferte.

Bemerkungen: Ab 1956 setzte die USA ihre Aufklärer weltweit ein. Während des Kalten Krieges hauptsächlich über Osteuropa und der Sowjetunion, zum Teil von Asien aus, aber auch von Deutschland. Bekannt wurden die Spionageflüge durch den Abschuss einer U-2 im Mai 1960 über der Sowjetunion, das für einen internationalen Eklat sorgte. Atomwaffenanlagen wurden in den 1960er-Jahren auch über Kuba und China ausspioniert, obwohl schon in dieser Zeit ein Teil der Aufgaben durch SR-71 (S. 185) und Satelliten abgedeckt werden konnte. Dazu kamen Aufklärungsmissionen während des Vietnamkriegs, über dem Irak und Afghanistan. Einige waren auch für die NASA zur Erfoschung der Atmosphäre unterwegs.

Neben abgeschossenen U-2-Wracks in Museen der Sowjetunion, Kubas und Chinas findet man U-2 in US-Museen. Eine U-2 C besitzt auch das Norwegian Aviation Museum, Bodø.

Besatzung: 1
Triebwerke: (A/C/D) Ein Zweiwellen-Axialstrahltriebwerk Pratt & Whitney J57-P-37 A mit 46,7 kN Schub. Spätere Updates auf P & W J75-P-13 mit 81,4 kN Schub.
Leistungen: (A/C/D) Höchstgeschwindigkeit 692 km/h, Dienstgipfelhöhe mehr als 21 300 m, Reichweite 5550 km.
Gewichte: (A/C/D) Leermasse 6463 kg, maximale Abflugmasse 10 954 kg.

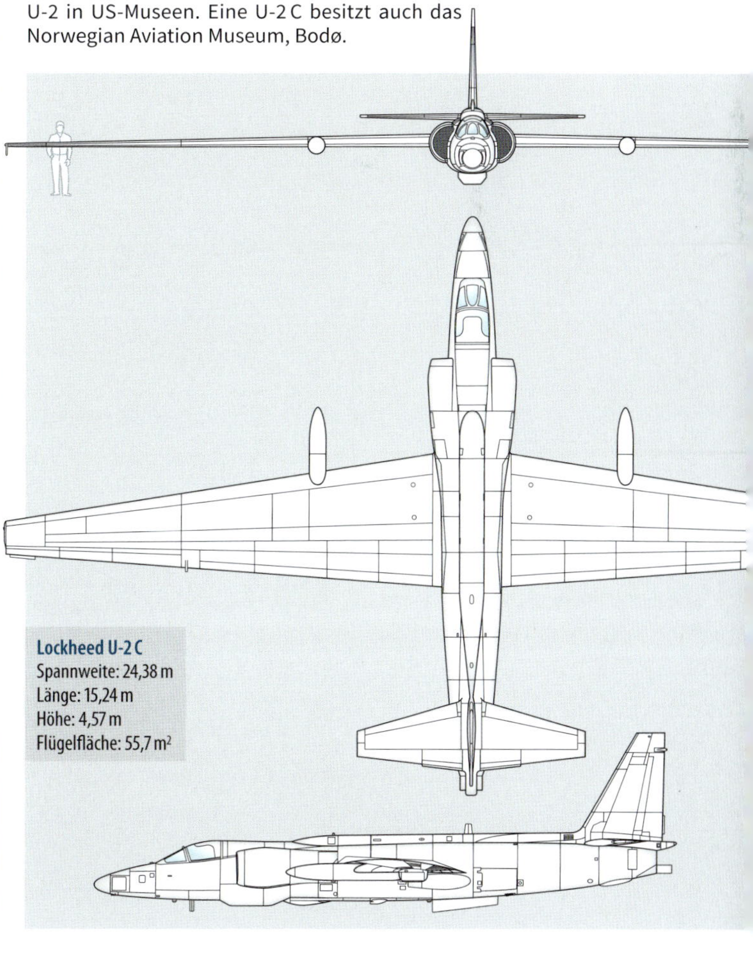

Lockheed U-2 C
Spannweite: 24,38 m
Länge: 15,24 m
Höhe: 4,57 m
Flügelfläche: 55,7 m²

Lockheed C-140 Jetstar

Ursprungsland
USA
Kategorie
Transport- und Verbindungsflugzeug

Entwicklung: Im August 1956 veröffentlichte die US Air Force eine Ausschreibung für einen strahlgeriebenen Trainer, der auch als Verbindungs- und Transportflugzeug genutzt werden sollte. Ein Auftrag über 300 Flugzeug wurde in Aussicht gestellt, die Hersteller sollten allerdings die Entwicklungskosten tragen. Lockheed begann daraufhin im Januar 1957 mit den Entwicklungsarbeiten und bereits im September 1957(!) hob der erste von zwei Prototypen ab. Mangels US-Triebwerken war der Vierstrahler mit in Lizenz von Curtiss-Wright gefertigten, durstigen Bristol Orpheus motorisiert, die von externen Tanks in der Flügelmitte gespeist wurden. Drei Monate später wurde der Jet für Tests an die Air Force übergeben. Lockheed erhielt zwar den Auftrag, den Trainer zu produzieren, aus wirtschaftlichen Gründen bevorzugte man aber später die North American T-39 Sabreliner [S. 194]. Man entschied sich daraufhin, den Rumpf zu verlängern und auf vier stärkere Pratt & Whitney JT12 umzustellen um die ETOPS-Regelungen für lange Überwasserstrecken zu umgehen. Schließlich erhielt Lockheed einen USAF-Order über 5 Kalibrierungsflugzeuge C-140 A und einen später wieder stornierten Auftrag von der US Navy über zwei Verbindungsflugzeuge UV-1. 1962 genehmigte der US-Kongress die Beschaffung von 35 C-140, die Air Force bestellte jedoch nur 11, davon sechs als VC-140 B mit VIP-Ausstattung. Auch Deutschlands Luftwaffe erwarb vier C-140 B als VIP-Transporter. Nach den unergiebigen Militäraufträgen begann Lockheed das Flugzeug als ziviles Geschäftsreiseflugzeug zu vermarkten. Im Oktober 1972 begann man deshalb auch mit der Entwicklung einer modernisierten Jetstar II. Garrett-AiResearch TFE-731-3-Triebwerke mit je 16,45 kN Schub versprachen weniger Lärm und Verbrauch, sowie ein höheres Startgewicht. Erstflug war im Juni 1976. Nach lediglich 40 Exemplaren Jetstar II wurde die Produktion eingestellt.

Insgesamt lieferte Lockheed 205 Jetstar von allen Varianten aus.

Bemerkungen: Statt des versprochenen Großauftrages der USAF war Lockheed gezwungen, seinen Jet auf dem Zivilmarkt anzubieten. Trotz weiterer militärischer Nutzer wie Deutschland, Indonesien, Irak, Iran, Kuwait, Libyen, Mexiko und Saudi-Arabien, die ihre Jets hauptsächlich als Regierungstransporter einsetzten, war die Jetstar ein Verlustgeschäft für Lockheed. Wegen des hohen Treibstoffverbrauchs, der enormen Lärmemissionen und der wesentlich moderneren zweistrahligen Konkurrenz verschwanden die glücklosen Vierstrahler in den 1990er-Jahren. Eine letzte Jetstar flog angeblich bis Mitte 2021.

Einige Exemplare sind bis heute in Museen erhalten geblieben. Der Prototyp ist im Museum of Flight in Seattle, USA zu besichtigen.

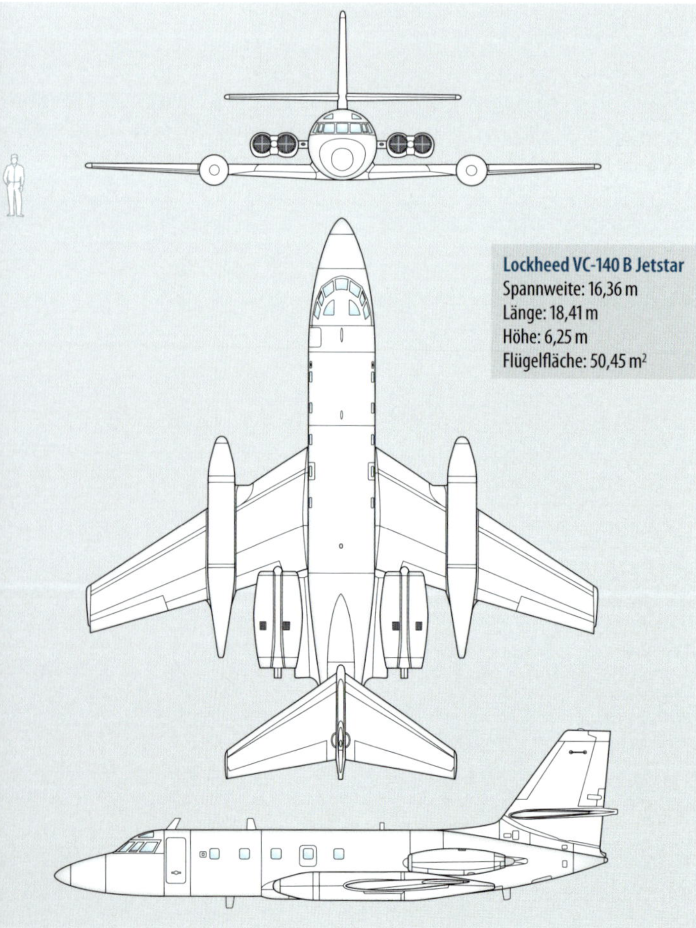

Lockheed VC-140 B Jetstar
Spannweite: 16,36 m
Länge: 18,41 m
Höhe: 6,25 m
Flügelfläche: 50,45 m²

Besatzung: 2
Triebwerke: Vier Axialstrahltriebwerke Pratt & Whitney JT-12 (J60-P-5) mit je 13,34 kN Schub.
Leistungen: Höchstgeschwindigkeit 922 km/h, Reisegeschwindigkeit 816 km/h, Dienstgipfelhöhe 11 580 m, Reichweite maximal 3620 km.
Gewichte: Leermasse 8755 kg, max. Startmasse 19 050 kg.

Lockheed P-3 Orion

Ursprungsland
USA
Kategorie
Seeaufklärer- und U-Boot-Jagdflugzeug

Entwicklung: Um ihre veralteten U-Boot-Jäger mit Sternmotoren abzulösen, forderte die US-Marine 1957 ein moderneres Flugzeug. Lockheed brachte, um Kosten zu sparen und schnell in den Serienbau zu kommen, eine Militärversion des Airliners L-188 Electra ins Spiel. Ein umgebauter Prototyp flog im August 1958. Strukturell unterschied sich die P3 durch einen kürzeren Vorderrumpf, den Bombenschacht, Hardpoints und den Heckausleger. Das erste Serienflugzeug P3V-1 flog im April 1961, die erste Staffel wurde im August 1962 mit der nun P-3A Orion benannten, ausgerüstet. Nach 157 ausgelieferten P-3A, folgte die B mit geänderten Turbinen, die C und nachfolgende Typen wurden mit komplett neuer Elektronik ausgeliefert. Von allen Varianten flogen mehrere Untervarianten, mit entsprechend unterschiedlichen Ausrüstungen. Es folgten bis 1990 weitere modifizierte Typen, als Upgrade oder Neubauten in kleinerer Stückzahl, zum Teil speziell auf das jeweilige Exportland abgestimmt.

Lockheed lieferte von 1961 bis 1990 650 P-3 Orion aus, Kawasaki in Lizenz 107.

Bemerkungen: Während der „heißen“ Phase des Kalten Krieges verfügte der größte Betreiber USA über 24 Staffeln, deren Aufgabe es war, im Atlantik und Pazifik kreuzende sowjetische Atom-Raketen-bestückte U-Boote zu lokalisieren und zu bekämpfen. Mit der P-3 ließen sich Missionen ausführen, die mit Triebwerksabschaltung auch deutlich über 10 Stunden dauern konnten, die auch Schiffsbekämpfung, Aufklärung und Grenzpatrouillen einschlossen. Eingesetzt wurde die Orion 1962 während der Kuba-Krise, während des Vietnamkrieges in den 1960er-Jahren, in allen Irakkriegen und von 2008 bis 2012 in Afghanistan. Die zivile Electra war kein Verkaufserfolg für Lockheed, die P-3 aber sehr wohl. Neben den USA gingen die Viermots an rund 20 Staaten. Dazu zählte Kanada mit 18 P-3A als CP-140 Aurora, Südkorea mit 16 P-3C, Australien 18 P-3C, Niederlande 13 P-3C, von denen Deutschland 2006 acht Maschinen übernahm und sie auch noch 2024, wie viele Streitkräfte, im Einsatz hatte. Japan erhielt vier Bausätze und produzierte in Lizenz 103 weitere. Ab 2010 begannen die USA ihre P-3 gegen P-8, ein B 737-Ableger, auszutauschen, ledigliche eine spezielle Aufklärungsstaffel flog noch bis 2025. Einige gingen an die NASA oder an zivile Betreiber als Firefighter oder Wettererkunder. Vermutlich stehen aber noch rund 100 P-3 bei Exportkunden weltweit im Dienst.

Fast alle US-Luftfahrtmuseen haben P-3 im Bestand. Eine P-3B steht aber auch im Air Force Museum of New Zealand, Christchurch.

Besatzung: (C) Je nach Einsatzart bis zu 12
Triebwerke: (C) Vier Propellerturbinen Allison T-56-A-14 mit je 3611 kW (4910 PS).
Leistungen: (C) Höchstgeschwindigkeit 761 km/h in 4500 m, Reisegeschwindigkeit 607 km/h in 7620 m, Patrouillengeschwindigkeit 382 km/h in 450 m, Dienstgipfelhöhe 8600 m, Reichweite 2490 km, Überführungsreichweite 8950 km.
Gewichte: (C) Leermasse 27 892 kg, max. Abflugmasse 61 235 kg.
Bewaffnung: (C) An 10 Außenstationen und im Schacht 9100 kg: Luft-Boden-Raketen, Wasserbomben, Torpedos, Sonarboyen, US-P-3 auch Atombomben.

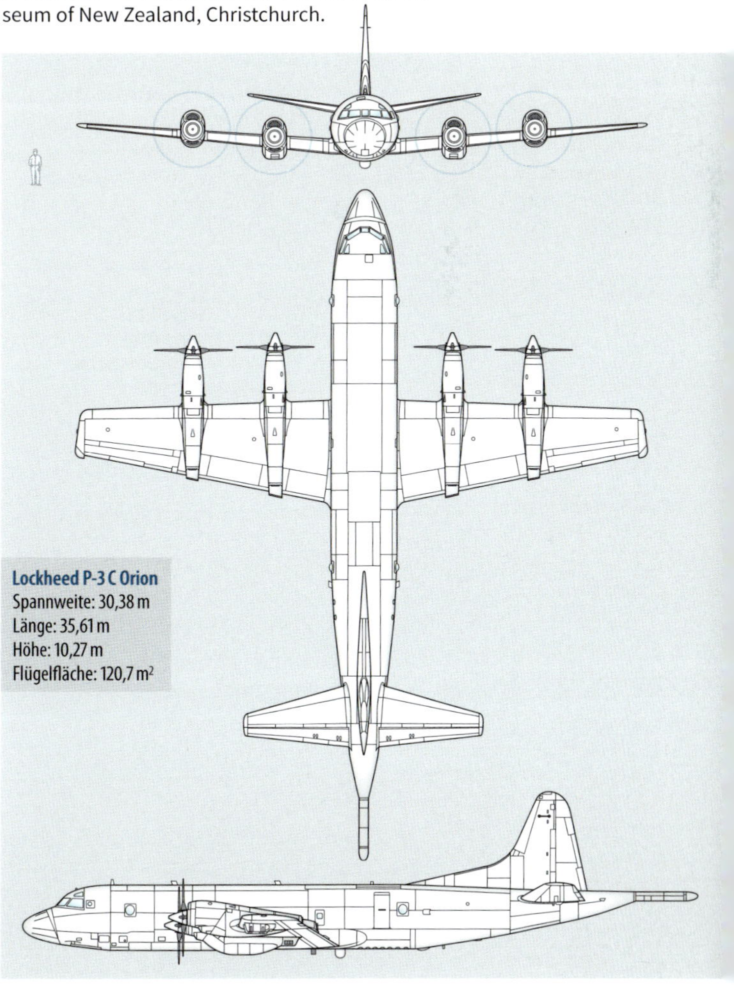

Lockheed P-3 C Orion
Spannweite: 30,38 m
Länge: 35,61 m
Höhe: 10,27 m
Flügelfläche: 120,7 m²

Lockheed C-141 Starlifter

Ursprungsland
USA
Kategorie
Strategisches Transportflugzeug

Entwicklung: Für strategische Transporte nutzte das Military Air Transport Service (MATS) zu Beginn der 1960er-Jahre noch propellergetriebene Transporter wie die C-124 [Bd. I] oder C-133 [S. 160]. Um sie zu ersetzen wurde 1960 eine Anforderung für einen neuen Frachter, der 27 t über 6500 km transportieren konnte, herausgegeben. Im März 1961 erhielt Lockheed mit dem Model 300 den Zuschlag und einen ersten Auftrag über fünf C-141. Erstflug war im Dezember 1963. Der Schulterdecker hatte einen 21 m langen und 2,7 m hohen druckbelüfteteten Laderaum, der für eine ballistische Minuteman-Rakete groß genug war, aber auch bis zu 42 Tonnen Fracht oder 154 ausgerüstete Soldaten oder 10 Paletten über eine Heckladerampe fassen konnte. Nach umfangreichen Tests wurde im April 1965 die erste C-141 A [Zchng.] von 284 Serienmaschinen übergeben. Im Laufe der Zeit stellte sich heraus, dass die Nutzlast oft größer war, als der Frachtraum fassen konnte. Zwischen 1977 und 1982 lief deshalb ein Umrüstprogramm, bei dem der Rumpf von 270 C-141 A um 7,11 m zur C-141 B [Bild.] verlängert wurde. Bei gleicher Nutzlast ließen sich nun 13 Paletten oder 205 ausgerüstete Soldaten laden. 13 Starlifter erhielten zudem eine Low-Level-Ausrüstung für Spezialoperationen. In den 1990er-Jahren wurde erneut modernisiert: 63 Transporter modifizierte man zur C-141 C mit verbesserter Avionik, darunter GPS und TCAS.

Inklusive des Prototypen wurden 286 Maschinen von Lockheed ausgeliefert.

Bemerkungen: C-141 wurden bereits während der operativen Erprobung für Transporte nach Vietnam eingesetzt, konnten aber trotz intensivem Einsatz in großer Zahl die C-124 Globemaster nicht ersetzen, da sie wegen ihres Ladevolumens übergroße Lasten nicht aufnehmen konnte. Dies gelang erst später mit der C-5 [S. 186]. Zudem wurde deutlich, dass auch auf die C-130 Hercules [S. 180], die kurze Starts auf unvorbereiteten Pisten zuließ, nicht verzichtet werden konnte. Starlifter waren ab Mitte der 1960er bis in die 1990er-Jahre die wichtigsten strategischen US-Transporter. Während des Yom-Kippur-Krieges 1973 flogen sie z. B. rund 10 000 Tonnen Fracht in den Nahen Osten. Bereits früh entdeckte man Ermüdungsrisse in den Flügelkästen, die schließlich bei allen C-141 in den 1980er-Jahren getauscht werden mussten. 1992, gegen Ende des Irakkrieges, hatten zahlreiche C-141 das Ende ihrer Lebensdauer erreicht, und man begann Flugbeschränkungen einzuführen und sie stillzulegen. Im September 2004 endete der USAF-Dienst, ein paar gingen in Reserve und zur Air National Guard. Im Mai 2006 flog die letzte C-141.

Angeblich haben 15 C-141 in US-Luftfahrtmuseen überlebt, der Rest wurde verschrottet.

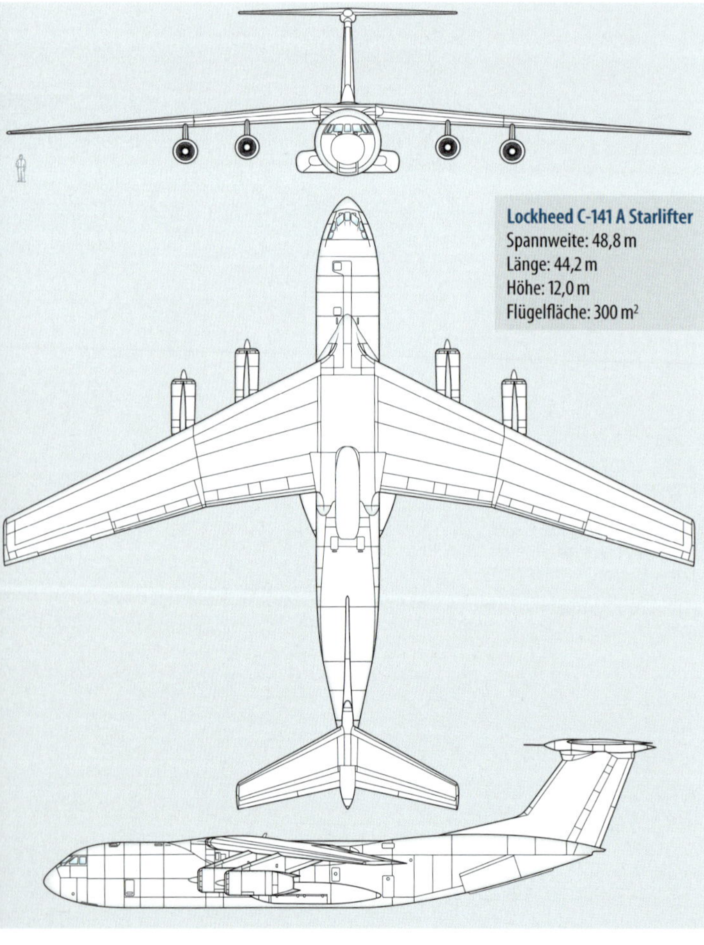

Lockheed C-141 A Starlifter
Spannweite: 48,8 m
Länge: 44,2 m
Höhe: 12,0 m
Flügelfläche: 300 m²

Besatzung: 5 –7
Triebwerke: (B) Vier Turbofan-Strahltriebwerke Pratt & Whitney TF33-P-7 mit je 90,1 kN Schub.
Leistungen: (B) Höchstgeschwindigkeit 912 km/h, Dienstgipfelhöhe 12 500 m, Reichweite mit max. Nutzlast 4723 km, Überführungsreichweite 9880 km.
Gewichte: (B) Leermasse 65 452 kg, maximale Abflugmasse 147 000 kg.

Lockheed SR-71 Blackbird

Ursprungsland
USA
Kategorie
Strategisches Aufklärungsflugzeug

Entwicklung: Die SR-71 war eine Weiterentwicklung der Lockheed A-12 (Erstflug 1962, 15 ausgeliefert). Ein Zwischenschritt waren die drei Raketen-bewaffneten YF-12A. Auch die beiden M-21 für den Huckepack-Transport einer Aufklärungsdrohne waren Abwandlungen der A-12. Mit der SR-71A, die im Dezember 1964 erstmals abhob, entwarf Lockheed einen neuen Aufklärer mit geringster Radarsignatur, unerreichbarer Einsatzhöhe und hoher Geschwindigkeit. Die außergewöhnliche Konstruktion konnte wegen der Hitzentwicklung im hohen Überschallbereich nur mit einem großen Titan-Anteil verwirklicht werden, das interessanterweise hauptsächlich aus der Sowjetunion stammte. Teile der Struktur entstanden auch aus hitzefesten Kunststoffen. Beide Triebwerke wurden bei hohen Geschwindigkeiten auf ein weites Bypass-Verhältnis eingestellt, so dass sie ähnlich einem Staustrahltriebwerk, dabei 80 % des Schubs erzeugten und dazu noch effizienter arbeiteten. Die zweiköpfige Crew, Pilot und Systemoffizier, die trotz Druckkabine einen Druckanzug trugen, saßen auf Schleudersitzen, die auch in großer Höhe ausgeschossen werden konnten. Neben Systemen für elektronische Gegenmaßnahmen (ECM) ließen sich als Nutzlast Infrarot- und optische Kameras sowie hochauflösende Radarsysteme gleichzeitig mitführen.

Zu den 29 gebauten SR-71A kamen zwei Trainer SR-71B und eine SR-71C, die aus Teilen der YF-12 und einer SR-71 bestand. Insgesamt stellte Lockheed nur 32 SR-71 her.

Bemerkungen: Die ersten Blackbirds wurden im Januar 1966 in Dienst gestellt. SR-71 Aufklärer flogen über allen Kontinenten, hauptsächlich aber über Asien von Okinawa, Japan aus und von Mildenhall, Großbritannien über dem östlichen Europa. Komplizierte Technik und ein hoher Wartungsaufwand ließen allerdings oft nur ein bis zwei Einsätze pro Woche zu. Von den 32 Exemplaren wurde keines abgeschossen, es gingen jedoch 12 durch Unfälle verloren. Nach Einzug verbesserter Satellitentechnik beendete man 1989 das extrem teure SR-71-Programm, das noch keine Echtzeit-Datenverbindung zum Boden zuließ. Wegen der angespannten politischen Situation im Nahen Osten und in Korea stellte der US-Senat 1993 erneut Gelder für die Reaktivierung von drei SR-71 mit den entsprechenden technischen Upgrades zur Verfügung. 1998 war allerdings endgültig Schluss. Noch während ihrer Einsatzzeit stellte die SR-71 nebenbei zahlreiche Geschwindigkeits- und Höhen-Weltrekorde auf, die zum Teil bis heute noch ungebrochen sind.

Bis auf zwei Exemplare für die NASA, gingen sämtliche 20 verbliebenen SR-71 an Museen. Eine davon steht im Imperial War Museum, Duxford, Großbritannien.

Besatzung: 2
Triebwerke: Zwei Axialstrahltriebwerke Pratt & Whitney J58 mit je 151,3 kN Schub mit Nachbrenner.
Leistungen: Höchstgeschwindigkeit 3540 km/h in 24 000 m Höhe, Reisegeschwindigkeit 3219 km/h, Dienstgipfelhöhe 24 385 m, maximal 26 213 m, Reichweite 4830 km.
Gewichte: Leermasse 30 617 kg, Startmasse 68 946 kg, maximale Startmasse 78 018 kg.

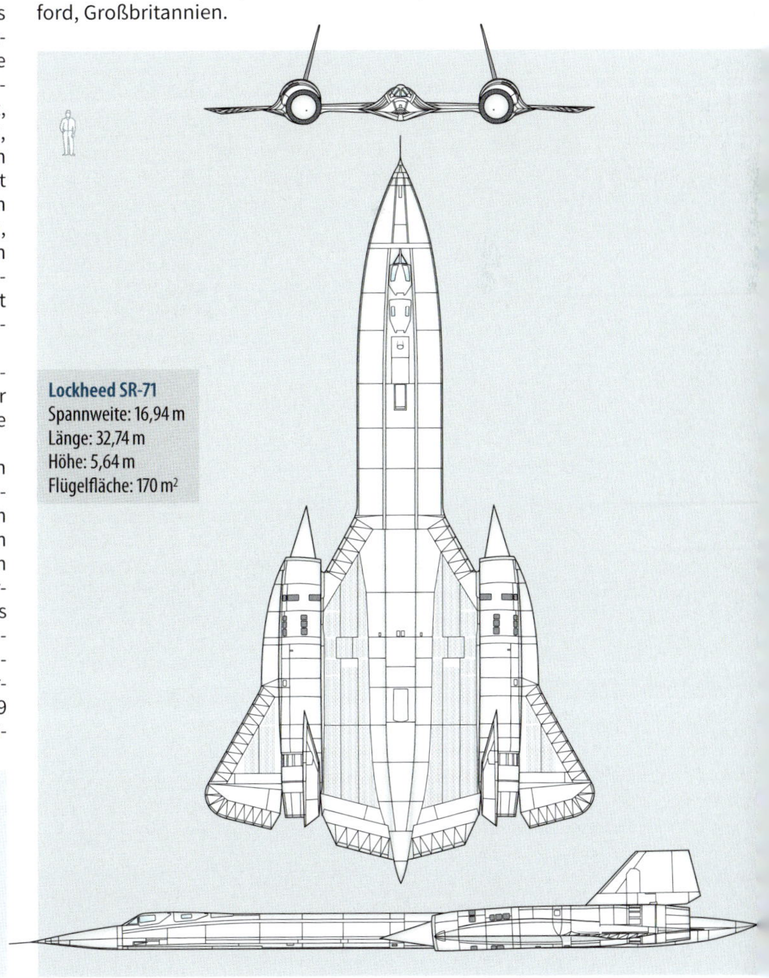

Lockheed C-5 A Galaxy

Ursprungsland
USA
Kategorie
Schweres Großraum-transport-flugzeug

Entwicklung: Anfang der 1960er-Jahre beauftragte die USAF Designstudien für einen schweren Langstreckentransporter, der die C-133 [S. 160] ersetzen und die C-141 [S. 184] ergänzen sollte. Gefordert waren mehr als 100 t Nutzlast bei interkontinentaler Reichweite, von beiden Seiten zugänglicher Laderaum und maximal 2430 m Startlauf. Boeing, Douglas und Lockheed kamen in die engere Auswahl für die Zelle, General Electric und Pratt & Whitney für die Triebwerke. Im August 1965 erhielt GE den Zuschlag für den Antrieb und Lockheed im Oktober für das kostengünstigste Angebot über 115 Maschinen. Die erste C-5 A [Bild] hob im Juni 1968 ab. Sie war in der Lage im 37 m langen Frachtraum, der über ein hochklappbares Bug- und Hecktor zugänglich war, bis zu 118 t Fracht oder 345 ausgerüstete Soldaten aufzunehmen. Im Oberdeck war Platz für weitere 80 Passagiere und die Crew. Die erste C-5 A von 81 wurde im Dezember 1969 ausgeliefert. Mitte der 1970er-Jahre traten jedoch schon Risse in den Tragflächen auf, das zu Lastbeschränkungen führte, die Lockheed von 1981 bis 1987 bei 77 C-5 A mit neu gestalteten Flügeln behob. Anfang der 1980er-Jahre wurde der Bau im Rahmen eines Rüstungsprogramms erneut aufgenommen. Von 1986 bis 1989 lieferte Lockheed 50 C-5 B aus, die neben allen Upgrades des Vorgängers auch ein überarbeitetes Fahrwerk, neue Avionik und leistungsfähigere Triebwerke erhielt. Um die Lebensdauer auszudehnen, begannen 2004 umfangreiche Modifikationen, die erst 2018 an 52 C-5 B abgeschlossen waren. Dazu zählte eine komplett neue Avionik, neue 222 kN-Triebwerke, Struktur- und aerodynamische Verbesserungen. Die als C-5 M Super Galaxy bezeichneten Transporter erlaubten 381 t Abfluggewicht bei 129 t Zuladung, waren etwas schneller und hatten 5480 km Reichweite bei maximaler Zuladung. Eine geplante zivile L-500 als Passagier/Frachtversion wurde nicht realisiert.

Insgesamt lieferte Lockheed 131 C-5 aus.

Bemerkungen: Trotz zahlreicher technischer Probleme, Kostenüberschreitungen und kostspieliger Upgrades hat sich die Galaxy früh als idealer Transporter für sperriges Militärgut und Truppen erwiesen, die schnell und dank Luftbetankung an jeden Ort der Welt transportiert werden konnten. Galaxys waren bei allen großen US-Militäroperationen beteiligt: Vietnam, Irak, Jugoslawien und Afghanistan. Alle frühen C-5 A waren bis 2017 ausgemustert. Die noch aktiven C-5 M Super Galaxys werden zwar durch modernere C-17 Globemaster entlastet, sollen aber bis 2040 im Einsatz bleiben.

Eine C-5 A wird im Dover Air Mobility Museum, Dover AFB, Delaware, USA präsentiert.

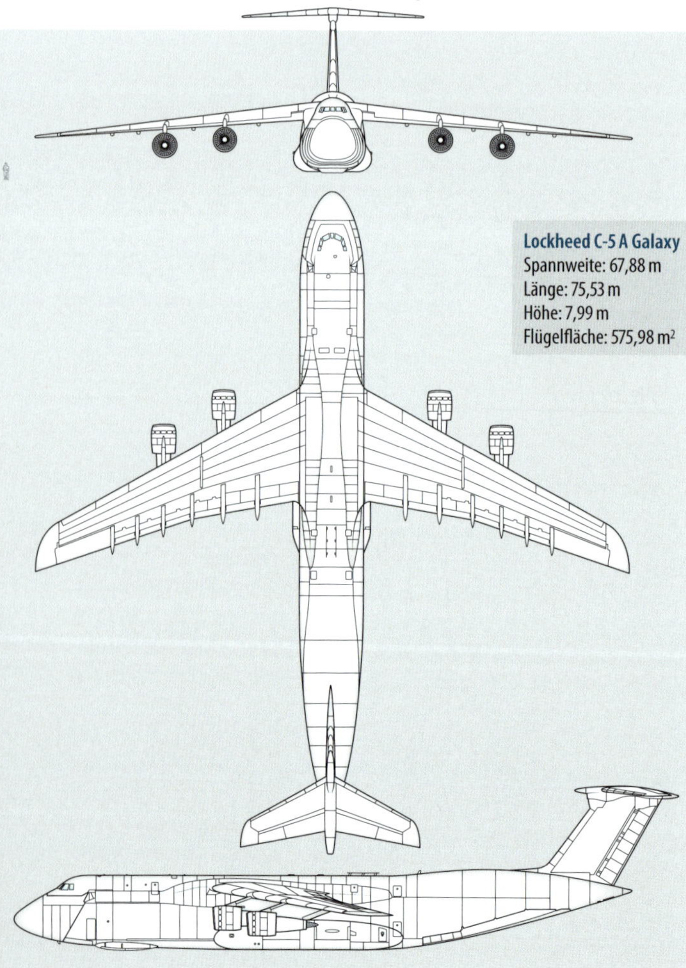

Lockheed C-5 A Galaxy
Spannweite: 67,88 m
Länge: 75,53 m
Höhe: 7,99 m
Flügelfläche: 575,98 m²

Besatzung: (A) 5
Triebwerke: (A) Vier Mantelstromtriebwerke General Electric TF-39-GE-1C mit je 191,34 kN Schub.
Leistungen: (A) Höchstgeschwindigkeit 919 km/h in 7600 m, Reisegeschwindigkeit 880 in 7600 m, Dienstgipfelhöhe 10 900 m, Reichweite 4440 km bei maximaler Zuladung, Überführungsreichweute 10 400 km.
Gewichte: (A) Leermasse 169 643 kg, maximale Abflugmasse 379 567 kg.

Martin P6M Seamaster

Ursprungsland
USA
Kategorie
Patrouillen-flugboot

Entwicklung: Zu Beginn des Kalten Krieges trug die US Air Force die Hauptlast der nuklearen Abschreckung mit ihren Bomberflotten. Ein Prestigeverlust für die US Navy, die deshalb den Bau eines Flugzeugträgers für Nuklearbomber forcierte, der aber aus Kostengründen abgelehnt wurde. Daraufhin forderte die Navy in einer im April 1951 herausgegebenen Ausschreibung die Einführung strategischer Flugboote, für die Martin und Consolidated Vultee Entwürfe einreichten. Martin erhielt den Auftrag für zuerst sechs Vorserien- und 24 Serienflugboote. Erstflug der XPM6-1 war im Juli 1955. Ursprünglich mit einer Kombination aus Düsen- und Staustrahltriebwerken konstruiert, wechselte man zu vier konventionellen Allison-Strahltriebwerken. Eine Bombenlast von bis zu 14 t wurde in einem wasserdichten Schacht im Rumpf transportiert. Die ersten beiden Prototypen stürzten im Dezember 1955 und November 1956 ab, was erhebliche Umkonstruktionen nach sich zog. Im Januar 1958 flog die erste Vorserienmaschine YPM6-1, der weitere fünf, teilweise komplett ausgerüstete, in die erfolgreich verlaufende Erprobung folgten. Zu Beginn 1959 wurde die erste P6M-2 [Bild/Zchng.] ausgeliefert, in die zahlreiche Verbesserungen einflossen: verfeinerte Aerodynamik, ein neues Cockpit und Luftbetankungseinrichtungen sowie leistungsstärkere J75 von Pratt & Whitney. Nach acht gebauten, von 30 bestellten P6M-2, wurde im Sommer 1959 das komplette Programm, das bisher 400 Millionen US-$ gekostet hatte, gestoppt.

Insgeamt stellte Martin 16 Maschinen her. Nur drei P6M-2 wurden in Betrieb genommen, weitere 16 Maschinen waren im Bau.

Bemerkungen: Trotz erster Serienmaschinen und ausgebildeter Besatzungen waren die extrem hohen Entwicklungskosten und die Indienststellung von U-Booten mit ballistischen, nuklearen Raketen Ursache für das Ende der Seamaster. Mit der P6M, einem der damals schnellsten Bomber – deutlich schneller als die landgestützte B-52 [S. 146] der Air Force – endete auch der Flugzeugbau bei Martin. Nach anfänglichen technischen Problemen während der Erprobung, die zum großen Teil behoben werden konnten, war die technisch und fliegerisch anspruchsvolle Seamaster ein vielversprechendes und äußerst leistungsfähiges Flugboot, das laut US Navy neben der Aufklärung auch die Aufgabe haben sollte, Verkehrswege der russischen Flotte zu verminen.

Alle Maschinen wurden verschrottet. Lediglich einige Strukturteile und Schwimmer sind im Martin Aviation Museum, Middle River, USA erhalten geblieben.

Besatzung: 4
Triebwerke: Vier Axialstrahltriebwerke Pratt & Whitney J75-P-2 mit je 78 kN Schub.
Leistungen: Höchstgeschwindigkeit 1104 km/h in 6000 m, Reisegeschwindigkeit 861 km/h, Dienstgipfelhöhe 15 000 m, Reichweite mit 14 000 kg Nutzlast 1210 km, Überführungsreichweite 3350 km.
Gewichte: Leermasse 44 198 kg, Abflugmasse 83 588 kg, maximale Abflugmasse 86 183 kg.
Bewaffnung: Zwei MGs im Heck. Bis zu 14 000 kg Bomben und Minen und/oder Kameras im Schacht.

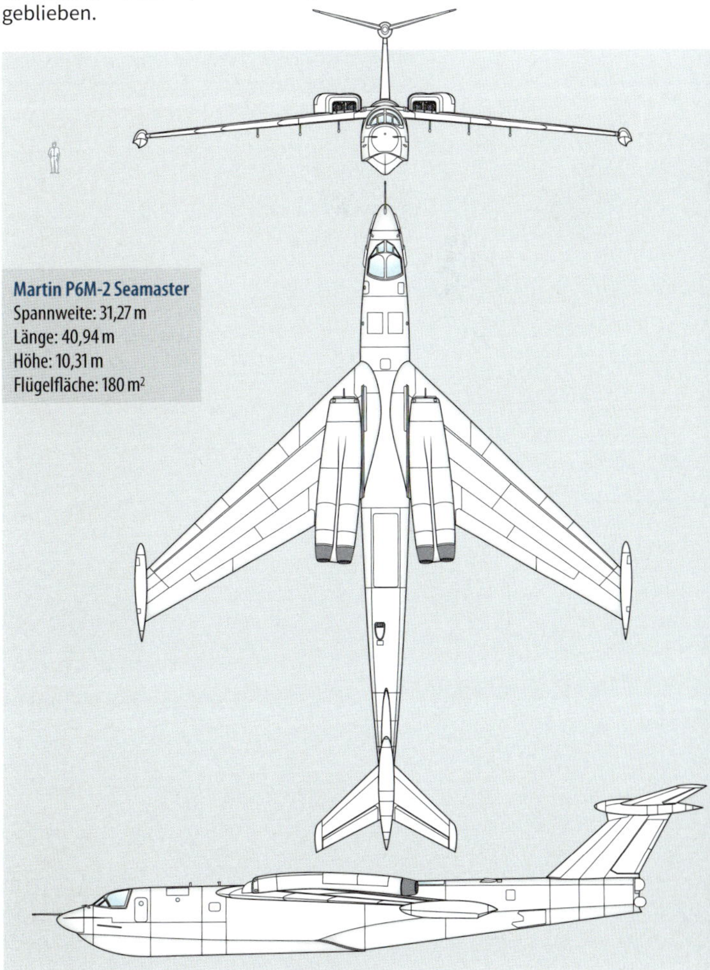

Martin P6M-2 Seamaster
Spannweite: 31,27 m
Länge: 40,94 m
Höhe: 10,31 m
Flügelfläche: 180 m²

Martin B-57 Canberra

Ursprungsland
USA
Kategorie
Leichter Bomber, Aufklärer, Zielschlepper

Entwicklung: Im September 1950 meldete die USAF einen dringenden Bedarf für einen strahlgetriebenen Bomber. Martin, North American, Canadian und English Electric traten mit Prototypen zu einem Vergleich an, den English Electric mit der Canberra [S. 42] für sich entschied. Daraufhin erwarb Martin im März 1951 von English Electric eine Lizenz und der Bau von 75 B-57 A begann, die nahezu identisch mit der britischen Version waren. Mit Ende des Koreakrieges 1953 stoppte die USAF den Bau nach acht B-57 A, die restlichen 68 Flugzeuge wurden als Kameraaufklärer RB-57 A gebaut. Mit der B-57 B (202 St.), die im Juni 1954 flog, wurden grundlegende Änderungen eingeführt [kl. Bild]: ein Tandemcockpit, strukturelle Verbesserungen und diverse neue Systeme, acht im Flügel integrierte MGs, später vier MKs, dazu kamen vier Bomben/Raketenstationen und Bremsklappen am Heck. Zur Schulung wurden 38 B-57 B mit Doppelsteuer ausgeliefert. Als strategischer Höhenaufklärer (20 St.) erhielt die RB-57 D längere Tragflächen und P & W-Triebwerke. 21 Stück lieferte Martin von der speziellen RB-57 F [Bild/Zchng.] mit zwei zusätzlichen Triebwerken aus. Der Zielschlepper B-57 E (68 St.) entsprach der B und aus Umbauten entstanden einige ECM-Versionen und Nacht-Jagdbomber.

Nach 403 B-57 aller Varianten endete bei Martin 1957 die Produktion.

Eine der vielen B-57-Varianten, eine EB-57 B mit ECM-Ausrüstung.

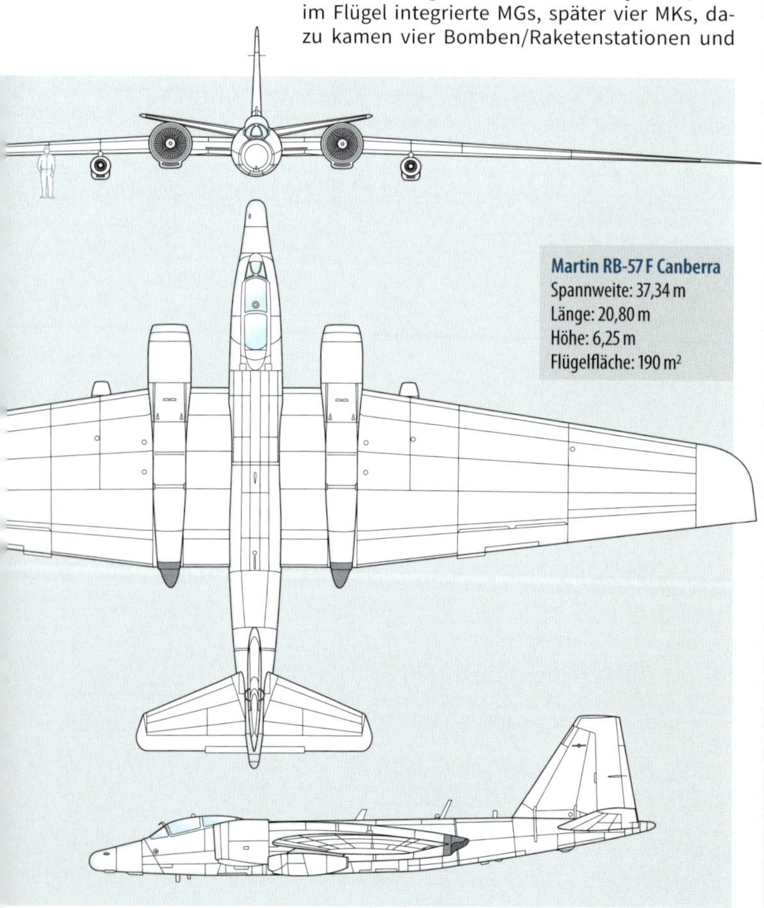

Martin RB-57 F Canberra
Spannweite: 37,34 m
Länge: 20,80 m
Höhe: 6,25 m
Flügelfläche: 190 m²

Bemerkungen: Im Koreakrieg kam die Canberra nicht mehr zum Zug, dafür im Vietnamkrieg, obwohl sie schon veraltet und leicht zu bekämpfen war und deshalb eine relativ hohe Verlustrate aufwies. Lediglich die mit spezieller Sensorik umgebauten Nachtjäger und die ECM-Versionen wurden mit Erfolg eingesetzt. Die letzten B-57 stellten die USA 1983 wurden außer Dienst. Positiver bewertet wurden die Höhenaufklärer RB-57, die weltweit in großen Höhen unterwegs waren, ein Teil davon später auch von der NASA experimentell genutzt wurden und 2012 nochmals in Afghanistan zum Einsatz kamen. Außer den USA flog Pakistan 30 B-57 von 1959 bis 1985 und und eine unbekannte Zahl Taiwan.

Zahlreiche Museumsexemplare in den USA haben überlebt. Eine z. B. im National Museum of the United States Air Force, Dayton, USA.

Besatzung: 2
Triebwerke: (B-57 A) Zwei Axialstrahltriebwerke Wright J65-W-5 mit je 32,1 kN Schub.
(RB-57 F) Zwei Axialstrahltriebwerke Pratt & Whitney TF33-P-11A mit je 69 kN Schub und zwei Strahltriebwerke Pratt & Whitney J60-P-9 mit je 12,9 kN Schub.
Massen: (B-57 A) Leermasse 10 519 kg, Abflugmasse 23 234 kg. (RB-57 F) Leermasse 16 790 kg, Abflugmasse 27 900 kg.
Leistungen: (B-57 A) Höchstgeschwindigkeit 969 km/h, Reisegeschwindigkeit 766 km/h, Dienstgipfelhöhe 12 200 m, Reichweite 1520 km. (RB-57 F) Höchstgeschwindigkeit 770 km/h, Dienstgipfelhöhe 19 500 m, Reichweite 6300 km.
Bewaffnung (B-57 A) Zwei MGs und bis zu 2720 kg Bombenzuladung im Schacht.

McDonnell F-101 Voodoo

Ursprungsland
USA
Kategorie
Jagdflugzeug, Jagdbomber, Aufklärer

Entwicklung: Gegen Ende der 1940er-Jahre benötigte das Strategic Air Command (SAC) einen Begleitjäger für ihre Langstreckenbomber. Deshalb erhielt im Februar 1947 McDonnell einen Konstruktionsauftrag für zwei Prototypen XF-88. Der erste flog im Oktober 1948. Enttäuschende Leistungen, eine Strategieänderung und Finanzprobleme der USAF führten zu einer Neudefinition, auf die McDonnell mit einer wesentlich größeren und leistungsstärkeren Maschine reagierte und im Mai 1951 den Zuschlag bekam. Nun F-101 Voodoo genannt flog der Jet im September 1954. Die erste von 77 einsitzigen F-101 A, die neben diversen Außenlasten auch mit vier MGs bewaffnet war, wurde aber erst Anfang 1957 wegen Finanzkürzungen in Dienst gestellt. Mit sechs Kameras waren 35 RF-101 A als Aufklärer ausgestattet. Die größte Stückzahl mit 479 erreichte ab Januar 1959 der zweisitzige Abfangjäger F-101 B, von der auch 112 als CF-101 B an Kanada geliefert wurden. Im erweiterten Vorderrumpf wurde ein Feuerleitradar installiert, die leistungsstärkeren Triebwerke erhielten einen größeren Nachbrenner. Alle vier MGs entfielen, ersetzte wurden sie durch Luft-Luft-Raketen, die auf einer rotierenden Plattform im Schacht transportiert wurden. Mit dem Jagdbomber F-101 C (47 St.) führte man eine verstärkte Zelle für höhere G-Belastungen ein. Von ihm wurden später 32 zum Aufklärer RF-101 H umgebaut. Auch die Aufklärer RF-101 C [Bild] bekamen verstärkte Zellen und anstatt eines Radars einen langen Kamerabug. Als Trainer lieferte McDonnell 79 neue F-101 F aus, 152 baute man aus den vorhergehenden Serien um. In den frühen 1970ern wurden noch 22 kanadische CF-101 B in Aufklärer RF-101 R mit Kameras im Bug und Waffenschacht umgebaut.

McDonnell lieferte von allen Varianten 807 Neuflugzeuge aus.

Bemerkungen: Die Voodoo, ein Teil der Century-Serie (F-100 – F-110), war zu ihrer Zeit eines der schnellsten Jagdflugzeuge, das nebenbei auch einige Geschwindigkeitsrekorde aufstellte. Eingesetzt wurden hauptsächlich Aufklärer während der Kubakrise und im Vietnamkrieg. Angeblich wurden auch einige taiwanesische F-101 für Aufklärungsflüge über China genutzt. Die meisten Voodoos nahm die USAF zwischen 1968 und 1971 aus dem aktiven Dienst und gab einen großen Teil an die National Guard für Abfang- und Patrouillenmissionen über Nordamerika unter dem Kommando der NORAD ab. Die letzte Maschine wurde schließlich im September 1982 stillgelegt. Der Konstruktion sah man aber schon den Nachfolger an, die legendäre F-4 Phantom II [S. 190].

In US-Museen findet man zahlreiche Voodoos, eine F-101 B steht auch im Technik Museum Speyer.

Besatzung: (B) 2
Triebwerke: (B) Zwei Axialstrahltriebwerke Pratt & Whitney J57-P-55 mit je 53,3 kN Schub, mit Nachbrenner je 75 kN.
Leistungen: (B) Höchstgeschwindigkeit 1825 km/h in 11 000 m, Dienstgipfelhöhe 17 800 m, Reichweite 2450 km.
Gewichte: (B) Leermasse 12 925 kg, Abflugmasse 20 713 kg, maximale Abflugmasse 23 768 kg.
Bewaffnung: (B) Vier Luft-Luft-Raketen oder 2 Luft-Luft-Raketen plus 2 nukleare Luft-Luft-Raketen.

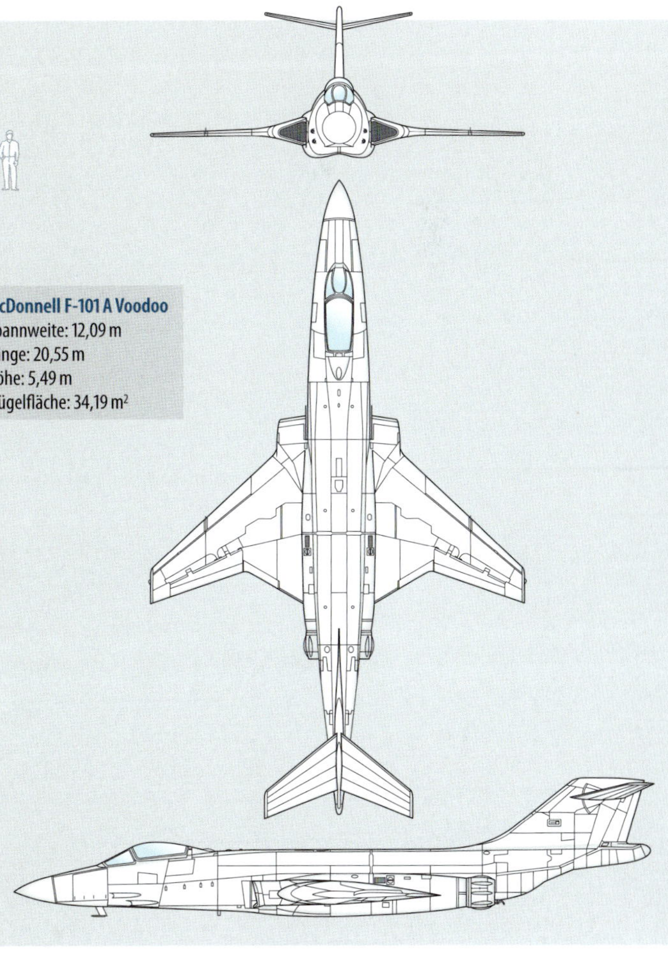

McDonnell F-101 A Voodoo
Spannweite: 12,09 m
Länge: 20,55 m
Höhe: 5,49 m
Flügelfläche: 34,19 m²

McDonnell F-4 Phantom II

Ursprungsland
USA
Kategorie
Jagdbomber, Abfangjäger, Aufklärer

Entwicklung: McDonnell bot der US Navy 1953 eine zweistrahlige überarbeitete Version der F3H-Demon [Bd. I] an, das in einem Vertrag zur Entwicklung der AH-1 und einem Demonstrator mündete. 1955 änderte die Navy ihre Anforderungen in einen zweisitzigen Abfangjäger F4H-1, der nach elementaren Änderungen im Mai 1958 erstmals abhob. Einige gravierende Modifikationen brachte noch die Erprobung mit sich. Nach Trägertauglichkeitstests erhielten 1960 Umschulungsstaffeln die ersten Vorserienexemplare. Ein Jahr später begann die Produktion mit der F-4 B. Zahlreiche Weltrekorde bestätigten das Konzept des leistungsstarken Jets und überzeugte zahlreiche Kunden und die Serienproduktion nahm Fahrt auf. Alleine von der F-4 B wurden 649 ausgeliefert, davon gingen 620 an die US Navy. Mit der F-4 E führte man eine Kanone unter dem Bug ein und lieferte an die USAF 812 und 539 an befreundete Staaten. Großbritanniens Navy und Air Force erhielten mit Rolls-Royce -Spey Triebwerken ausgerüstete F-4 K (52 St.) und F-4 M (118 St.). Es folgten Versionen bis zur F-4 S, die sich hauptsächlich im Triebwerk, der Avionik und Bewaffnung unterschieden. Die Aufklärerversionen RF-4 B/C/E (insgesamt 637 ausgeliefert) erhielt anstatt der MK einen geänderten Bug mit Kameras.

McDonnell stellte die Produktion 1981 nach 5057 ausgelieferten F-4 ein. 138 produzierte das japanische Unternehemen Mitsubishi in Lizenz.

Bemerkungen: Zwar als überlegener Allwetter- und Überschall-Abfangjäger geplant, steckte in der F-4 genug Potenzial, um im Laufe der Zeit unterschiedliche Varianten abzuleiten. Land- und trägergestützt war die robuste F-4, die über hohe Leistungsreserven verfügte, als Jagdbomber, Abfangjäger und Aufklärer zu haben. Intensiv geflogen wurde sie im Vietnamkrieg, anfangs nur mit Luft-Luft-Raketen, bis man mit der F-4 E wieder eine Kanone einführte, die bessere Chancen im Luftkampf gegen MiGs bot. Die USA verloren dort 732 Maschinen – statistisch gesehen zählt die F-4 aber zu den Kampfflugzeugen mit einer äußerst geringen Verlustrate pro Flugstunde. Die letzte F-4 der USA wurde 1995 ausgemustert. Deutschland beschaffte ab 1973 175 F-4 F, 10 F-4 E und 88 Aufklärer RF-4 E. 2013 waren alle stillgelegt oder an andere Staaten veräußert. Neue oder gebrauchte F-4 erhielten Ägypten, Australien, Griechenland, Türkei, Israel, Japan, Spanien, Südkorea, Großbritannien und der Iran, der einige auch noch 2025 betreibt.

Fast alle Betreiberstaaten präsentieren F-4 in ihren Museen. Deutschland z. B. eine F-4 F und RF-4 E im Militärhist. Museum Gatow, Berlin.

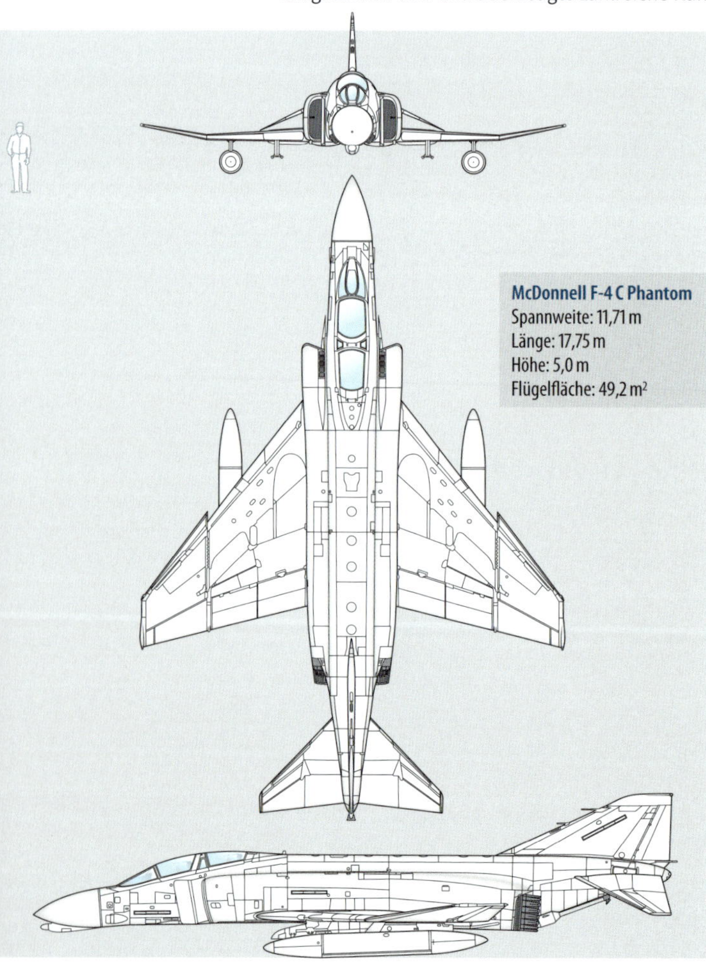

McDonnell F-4 C Phantom
Spannweite: 11,71 m
Länge: 17,75 m
Höhe: 5,0 m
Flügelfläche: 49,2 m²

Besatzung: 1
Triebwerk: (E) Zwei Axialstrahltriebwerke General Electric J79-GE-17 mit je 51,8 kN Schub, mit Nachbrenner 79,6 kN.
Leistungen: (E) Höchstgeschwindigkeit 2390 km/h, Reisegeschwindigkeit 940 km/h, Dienstgipfelhöhe19 680 m, Kampfradius 680 km, Überführungsreichweite 2810 km.
Gewichte: (E) Leermasse 13 757 kg, Abflugmasse 18 825 kg, maximale Abflugmasse 28 030 kg.
Bewaffnung: (E) Eine MK im Bug. Bis zu 8480 kg an 9 Außenstationen: Luft-Luft/Luft-Boden-Raketen, gelenkte und ungelenkte Bomben, Gunpods, Störbehälter, Droptanks.

North American F-100 Super Sabre

Ursprungsland
USA
Kategorie
Jagdbomber

Entwicklung: Als wesentlich leistungsfähigerer Nachfolger der F-86 bot North American im Januar 1951 das Projekt F-100 unaufgefordert der USAF an, die zwei Prototypen YF-100A orderte. Im August 1952, noch vor dem Erstflug im Mai 1953, folgte eine Bestellung über 250 F-100A. Schon im September 1953 stellte die USAF die ersten US-Serienflugzeuge F-100A, die Mach 1 im Horizontalflug halten konnten, in Dienst. Sie wurden zur Schulung, weiteren Erprobung und um Einsatztaktiken zu entwickeln, geflogen. Nach 70 ausgelieferten Maschinen wurden alle im November 1954 gegroundet, nachdem sich einige in der Luft zerlegten. Sämtliche Flugzeuge mussten deshalb mit einem höheren Leitwerk und Tragflächenverlängerungen nachgerüstet werden. Nach 203 A-Modellen begann North American den Kampfbomber F-100C [Bild] mit zusätzlichen Tanks, einem Flug-Betankungssystem und stärkerem Triebwerk, zu entwickeln. Erstflug war im März 1954, 476 wurden ausgeliefert. Neue Flügel, modernere Avionik und ein Tiefflug-Abwurfsystem, auch für Atombomben, erhielt der Jagdbomber D, von der 1274 produziert wurden. Die Serienproduktion endete mit dem voll kampftauglichen, zweisitzigen Trainer F-100F (339 St.). Es gab zahlreiche Umbauten zu Fotoaufklärern, unbemannten Drohnen und Testflugzeugen. Exportiert wurden neue und ausgemusterte F-100 nach Dänemark (72 St.), Frankreich (100 St.), Taiwan (122 St.) und in die Türkei (206 St.).

Bei North American rollten 2294 F-100 aller Varianten aus den Produktionshallen.

Bemerkungen: Die Super Sabre gehörte noch zur ersten Generation strahlgetriebener Kampfflugzeuge und war ein ebenbürtiger Gegner der MiG-19 [S. 114]. Auch einige Geschwindigkeitsweltrekorde stellte sie auf. Wenig Glück hatte man jedoch mit den anfälligen A-Modellen, die man schon 1958 an die National Guard und Taiwan abgab. Eingesetzt wurde die F-100 erstmals Anfang 1965 in Vietnam als Geleitjäger für Bomber. Nachdem sie ein weiteres Modernisierungsprogramm durchlief, nutzte man sie dort als Bomber, Jäger und zur vorgeschobenen Beobachtung, bis sie durch F-4 Phantom abgelöst wurden. Bei diesen Einsätzen gingen 243 Maschinen verloren. Bis 1970 waren alle US-Super Sabres aus dem aktiven Dienst entlassen und in die National Guard eingegliedert, die ihre letzten F-100 1979 ausmusterte. Etliche davon endeten als Zieldrohnen bei Waffentests. Nur Dänemark und die Türkei flogen ihre langlebigen F-100 bis 1982.

Es sind rund 120 Super Sabres erhalten geblieben, vor allem in Museen der Betreiberländer. Eine F-100F der USAF steht z. B. in Hermeskeil.

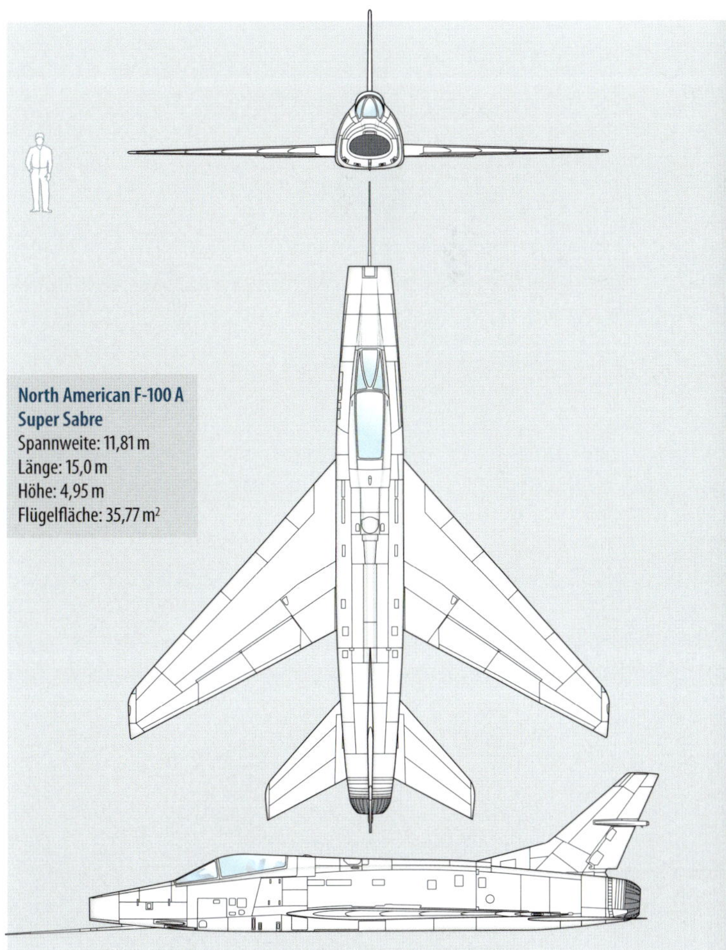

North American F-100 A Super Sabre
Spannweite: 11,81 m
Länge: 15,0 m
Höhe: 4,95 m
Flügelfläche: 35,77 m²

Besatzung: 1
Triebwerk: (A) Ein Axialstrahltriebwerk Pratt & Whitney J57-P-7 mit 43,14 kN Schub, mit Nachbrenner 65,83 kN.
Leistungen: (A) Höchstgeschwindigkeit 1340 km/h in 10 600 m, Reisegeschwindigkeit 948 km/h, Dienstgipfelhöhe 15 550 m, Reichweite 660 km, Überführungsreichweite 2400 km.
Gewichte: (A) Leermasse 8245 kg, Abflugmasse 11 337 kg, maximale Abflugmasse 13 108 kg.
Bewaffnung: (A) Vier Maschinenkanonen im Bug.

North American T-2 Buckeye

Ursprungsland
USA
Kategorie
Trainer

Entwicklung: Mit der Absicht die T-28 Trojan [Bd. 1] mit Sternmotor zu ersetzen und damit ihr Basistraining kostengünstiger zu gestalten, forderte die US Navy 1956 einen neuen Trainer. North American bot den einstrahligen Jet T2J-1 an, dessen Flügel von der FJ-1 Fury [Bd. 1] übernommen wurde und gewann die Ausschreibung. Die YT-2 flog im Januar 1958 erstmals mit einem 15 kN-starken Westinghouse J34-Triebwerk. Nach sechs Vorserienmustern wurden bis April 1961 insgesamt 201 einstrahlige T2J-1 ausgeliefert, die 1962 in T-2A umbenannt wurden. Allerdings war die T-2 mit dem veralteten J-34-Triebwerk etwas untermotorisiert und North American baute 1962 eine T-2A auf zwei J85-Triebwerke zur YT-2B um, die zusammen nahezu den doppelte Schub abgaben. Aber erst im März 1964 ging ein Auftrag über 10 Flugzeuge ein, die Serienfertigung von 97 bestellten T-2B begann erst im Frühjahr 1965. Eine weiter verbesserte T-2C mit einem kostengünstigeren J85-Triebwerk flog im April 1968, die Serienproduktion endet 1974 nach 231 Flugzeugen. Unter dem neuen Namen Rockwell lieferte das Unternehmen auf Basis der T-2C weitere T-2D an Venzuela und bis 1977 nochmals 40 T-2E an Griechenland. Eine geplante viersitzige Version für das Crewtraining der Prowler [S. 169] kam nicht über ein Mock-up hinaus.

North American und Rockwell lieferten insgesamt 529 Buckeyes aller Versionen aus.

Bemerkungen: Nicht nur amerikanische Streitkräfte versuchten in den 1950er-Jahren die Piloten-Grundausbildung sofort mit einem Jet zu beginnen. Die USA blieben jedoch bei der Beech Mentor [S. 141] und setzten erst nach der Grundausbildung auf einen Jet. Mit der T-2 erhielt die Navy einen Trainer, der ein weites Ausbildungs-Spektrum abdecken konnte, zu denen die eigentliche Ausbildung auf Jets, Formations- und Blindflug und der Waffeneinsatz mit Bomben und MGs zählte. Für die Flugzeugträgerqualifikation war die Buckeye mit Katapult- und Landehaken ausgerüstet. Der Fluglehrer saß hinten etwas höher, beide auf Null-Null-Schleudersitzen. Die T-2 entwickelte sich zu einem ausgezeichneten Trainer mit stabilen Flugeigenschaften, war relativ kostengünstig zu betreiben, wartungsfreundlich und für den Trägereinsatz und die Schulung entsprechend robust gebaut und äußerst langlebig. Venezuela legte seine T-2 erst 1999 still. Die USA begannen Ende der 1980er-Jahre ihre T-2, auf der nahezu 11 000 Piloten ausgebildet wurden, durch BAE T-45 Goshawk zu ersetzen und erst im September 2015 wurde nach 56 Jahren die allerletzte Buckeye aus dem Dienst genommen. Griechenland flog noch einige Buckeyes 2023, die aber durch Leonardo M346 ersetzt werden sollen.

Fast alle US-Luftfahrtmuseen präsentieren T-2, auch das USS Midway Aircraft Carrier Museum in San Diego, USA.

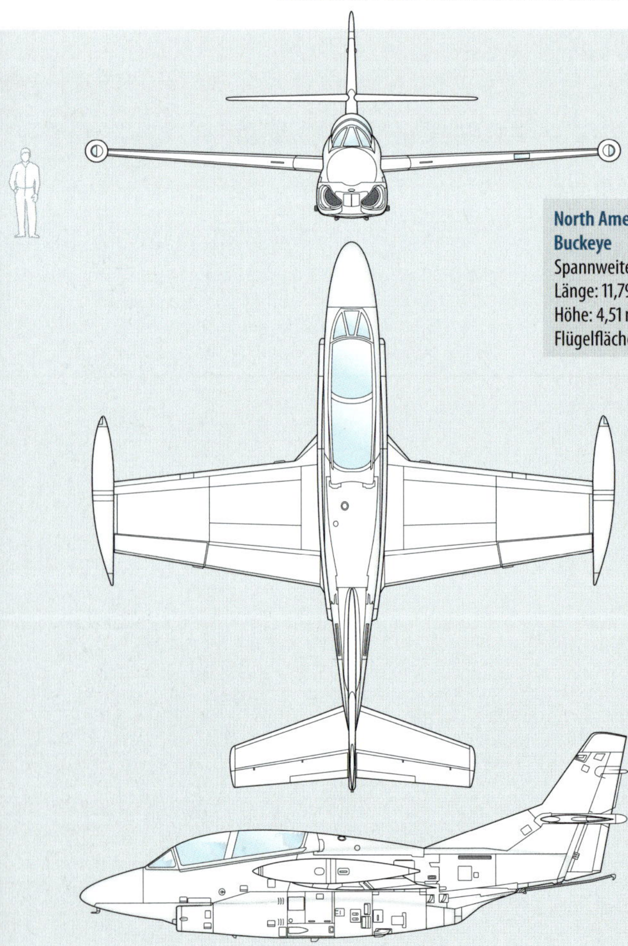

North American T-2 C Buckeye
Spannweite: 11,62 m
Länge: 11,79 m
Höhe: 4,51 m
Flügelfläche: 23,7 m²

Besatzung: 2
Triebwerke: (C) Zwei Axialstrahltriebwerke General Electric J85-GE-4 mit je 13,31 kN Schub
Leistungen: (C) Höchstgeschwindigkeit 840 km/h auf 7600 m, Dienstgipfelhöhe 12 200 m, Reichweite 1680 km.
Gewichte: (C) Leermasse 3681 kg, max. Abflugmasse 5978 kg.

North American A-5 Vigilante

Ursprungsland
USA
Kategorie
Bomber und Aufklärer

Entwicklung: North American begann 1953 einen trägergestützten, überschallschnellen, nuklear-bewaffneten Langstreckenbomber zu entwickeln, von dem nach einem Mock-up im August 1956 zwei Prototypen XA3J-1 von der Marine bestellt wurden. Der Erstflug fand im August 1958 statt. Der zweistrahlige Jet verfügte über einen Bombenschacht zwischen den Triebwerken, der neben einer Atombombe auch für Kraftstofftanks und Aufklärungsbehälter geeignet war. Mit Fly-by-wire-Steuerung, Head-up-Displays und einem Bordcomputer war die A-5 damals mit modernster Technik ausgestattet. Von der A-5 A [Bild] wurden 58 gebaut, davon später 42 in den Aufklärer RA-5C umgebaut. Die A-5 B (18 St.) erhielt zwei zusätzliche Flügelstationen, größere interne Tanks, ein neues Klappensystem und ein verstärktes Fahrwerk. Wegen des Strategiewechsels der Marine wurde die A-5-Bomberproduktion schließlich gestoppt, Aufklärer wurden aber weiterhin benötigt. Man spendierte der RA-5 C [Zchng.] einen größeren Flügel, einen zusätzlichen Behälter mit Seitensichtradar unter dem Rumpf und leistungsstärkere Triebwerke, zumal das Flugzeug nun fast fünf Tonnen mehr wog. Alle A-5 B baute North American noch in RA-5 C um. Damit endete die Produktion 1963. Wegen zahlreicher Verluste im Vietnamkrieg wurden von 1968 bis 1970 36 zusätzliche RA-5C neu produziert.

1970 stellte North American die Produktion nach 158 Vigilante entgültig ein

Bemerkungen: Mit der Einführung ballistischer Raketen auf U-Booten der USA änderte sich auch die Nuklearstrategie der US-Marine. Der Grund, alle A-5-Bomber zum Aufklärer RA-5 C umzubauen. Erste Einsätze flogen sie ab 1964 im Vietnamkrieg. Von zehn Vigilante-Staffeln wurden acht auf Flugzeugträgern stationierte, dort eingesetzt, zum Teil bei heiklen Tiefflugmissionen. Neben 18 abgeschossenen Maschinen, gingen einige bei Unfällen verloren, so dass ab 1968 36 weitere RA-5 C nachproduziert werden mussten. Vigilantes operierten aber auch von Flugzeugträgern im Atlantik, im Mittelmeerraum und im westlichen Pazifik. Mit ihr erhielt die Marine ein großes, aber auch komplexes Flugzeug, das zwar wendig und eine enorme Steigrate hatte, aber mit seinem hohen Gewicht auch hohe Landegeschwindigkeiten und viel Platz auf den engen Trägerdecks in Anspruch nahm. Auch wenn Aufklärungserfolge in Vietnam für die Vigilante sprachen, das Flugzeug war technisch kompliziert und verursachte hohe Betriebs- und Wartungskosten. 1974 begannen erste Ausmusterungen, 1979 war das letzte Flugzeug stillgelegt.

Es sind vermutlich 12 Flugzeuge in den USA erhalten geblieben, eine letzte A-5 A in Patuxent River, der Rest in den großen US-Flugzeugmuseen.

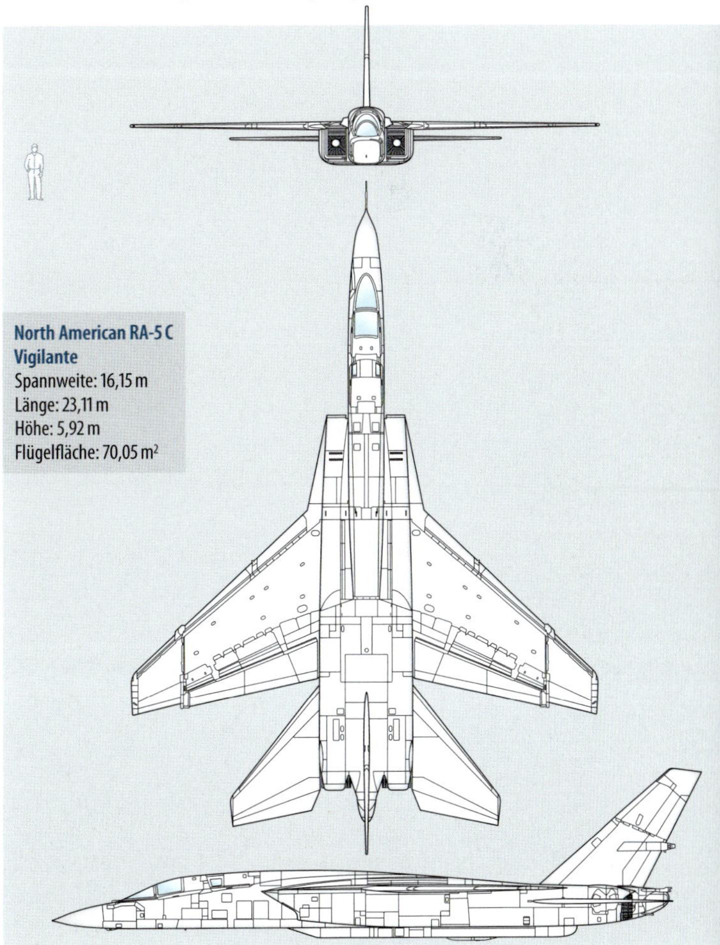

North American RA-5 C Vigilante
Spannweite: 16,15 m
Länge: 23,11 m
Höhe: 5,92 m
Flügelfläche: 70,05 m²

Besatzung: 2
Triebwerke: (RA-5C) Zwei Axialstrahltriebwerke General Electric J79-GE-10 mit je 79,47 kN Schub mit Nachbrenner.
Leistungen: (RA-5C) Höchstgeschwindigkeit 2230 km/h auf 12 000 m, Dienstgipfelhöhe 20 400 m, Einsatzradius mit Zusatztanks 2075 km, maximale Reichweite 5015 km.
Gewichte: (RA-5C) Leermasse 17 090 kg, Abflugmasse 28 580 kg, maximale Abflugmasse 36 285 kg.

North American T-39 Sabreliner

Ursprungsland
USA
Kategorie
Schulflugzeug, Trainer, Transporter

Entwicklung: North American begann 1956 in Eigeninitiative mit der Entwicklung eines zweistrahligen Privat- und Geschäftsreiseflugzeug NA-265, das als militärische Version der USAF zur selben Zeit angeboten wurde, als sie zur Ablösung veralteter Propellerflugzeuge ein modernes Transport- und Kampfpiloten-Trainingsflugzeug forderte. Der mit General Electric J85-Strahltriebwerken angetriebene zivile Jet flog im September 1958, die erste militärische T-39 A im Juni 1960 noch mit Pratt & Whitney JT12A. Sie war, bis auf die Triebwerke, identisch mit dem zivilen Muster. 149 Stück lieferte North American mit Pratt & Whitney J60-Triebwerken an die USAF aus, 51 gingen an die US Navy. Der Radarsystem-Trainer T-39 B (6 St.) für F-105 Thunderchief-Piloten [S. 199] war mit der Avionik der F-105 ausgestattet und bot Platz für drei Auszubildende, mit der T-39 FF wurden ECM-Crews der F-105 G-Doppelsitzer ausgebildet. Weitere 42 Radarsystem-Trainer gingen als T-39 D an die US-Navy zur Ausbildung von Radaroffizieren und Bomber-Navigatoren. Daneben existierten noch Fracht- und Personaltransporter CT-39 A, E und G.

Insgesamt fertigte North American über 800 Sabreliner, davon vermutlich 212 T-39.

Bemerkungen: Weil die Flügel des Zweistrahlers mit der F-86 Sabre vergleichbar waren, wurde sie Sabreliner genannt und in der Tat gibt es eine Zulassung für Unternehmen, die mit dem Jet Flight Recovery-Übungen mit entsprechenden G-Belastungen anboten. T-39 wurden aber üblicherweise zur Ausbildung und zum Transport von Personal und leichter Fracht benutzt. Spezielle Sabreliner setzte man zur kostengünstigeren Schulung als im Einsatzflugzeug von Radaroffizieren oder F-105 Crews ein. Dazu kamen Versionen in den 1960er bis 1980er-Jahren um Instrumenten-Navigation in großen Höhen und visuelle Orientierung in Bodennähe zu vermitteln, eine Version mit dem Radarsystem der A-7 Corsair [S. 174] um Navigation für Bomber und Aufklärer zu schulen und ECM-Maßnahmen zu vermitteln. In einer dritten Variante wurden Piloten am Radar der F-8 Crusader [S. 203] eingewiesen. Im Vietnamkrieg transportierten Sabreliner Personal und eilige Fracht, wie z. B. Filme von Aufklärern. Neben den Streitkräften der USA, die ausschließlich militärische T-39 flogen, erwarben Argentinien, Bolivien, Ecuador, Mexiko und Schweden auch zivile Sabreliner, die sie überwiegend zur militärischen Ausbildung und als Personaltransporter einsetzten. Schweden stellte seine letzte, 1965 gebaute Sabreliner erst 2023 außer Dienst.

Es existieren noch einige flugfähige private Exemplare. 18 Sabreliner stehen in US-Museen: z. B. im Pima Air and Space Museum, Tucson oder im Museum of Aviation, Robins AFB, Georgia, USA.

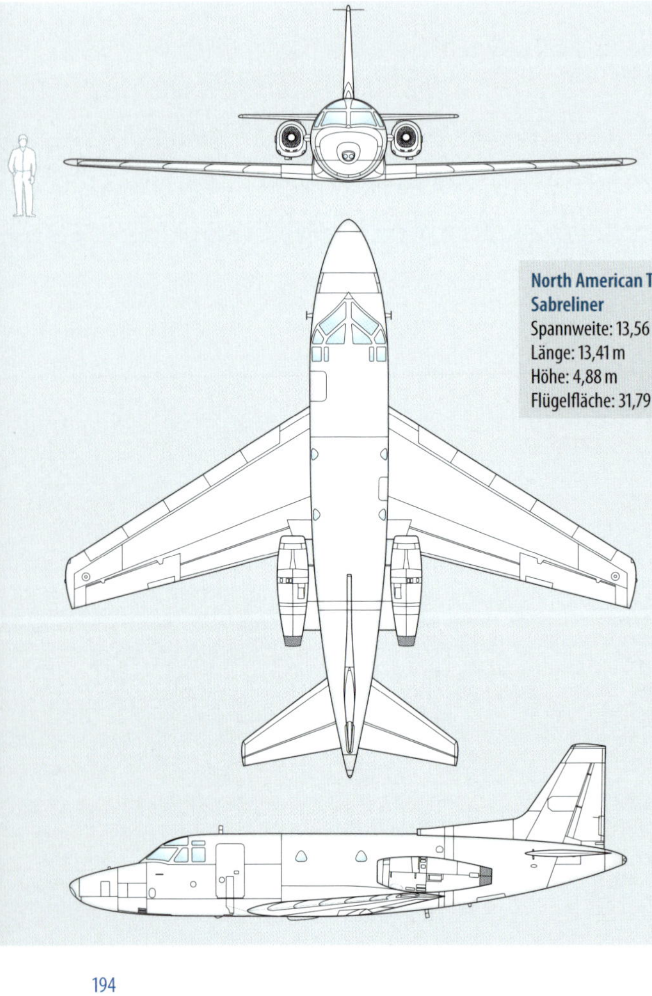

North American T-39 A Sabreliner
Spannweite: 13,56 m
Länge: 13,41 m
Höhe: 4,88 m
Flügelfläche: 31,79 m²

Besatzung: 2
Triebwerke: (D) Zwei Axialstrahltriebwerke Pratt & Whitney J60-P 3 mit je 13 kN Schub).
Leistungen: (D) Höchstgeschwindigkeit 885 km/h, Dienstgipfelhöhe 12 200 m, Reichweite 4040 km.
Gewichte: (D) Leermasse 4199 kg, Abflugmasse 7412 kg maximale Abflugmasse 8056 kg.

North American Rockwell OV-10 Bronco

Entwicklung: In einer Ausschreibung des US-Verteidigungsministeriums wurde 1963 ein leichtes, bewaffnetes Aufklärungsflugzeug gefordert, das von Air Force, Army und Marine eingesetzt werden sollte. Unter neun Bewerbern entschied man sich im August 1964 für den Entwurf des Konsortiums North American Rockwell. Der erste von sieben Prototypen startete im Juli 1965. Bei der Erprobung zeigte sich schnell, dass größere Flügel und stärkere Turbinen bei der Serienversion notwendig waren. Die markante Zweimot mit den doppelten Leitwerksträgern konnte von unvorbereiteten Pisten operieren, transportierte in einem Frachtraum bis zu 1500 kg Fracht oder fünf Fallschirmjäger und war durch seine kompakte Bauweise äußerst agil. Im Juli 1968 wurden die ersten Broncos an die US Air Force ausgeliefert. Von 271 OV-10 A erhielt 114 das US Marine Corps und 157 die Air Force. Für die Bundeswehr wurden 18 unbewaffnete OV-10 B als Zielschlepper mit einem zusätzlichen Düsentriebwerk auf dem Rumpfrücken gefertigt. Eine kampfwertgesteigerte Version OV-10 D mit verlängertem Rumpf und Nachtsichtsystem ließ sich aus der A umbauen. Weitere Versionen gingen in den Export an Venezuela, Indonesien, Südkorea, Kolumbien, Marokko, Philippinen und Thailand.

Insgesamt verließen bis April 1969 356 Broncos aller Varianten die Werkhallen.

Bemerkungen: Die OV-10 war eine universell einsetzbare kleine Turboprop, die neben Aufklärungs- Kampfbeobachtungs-, und leichten Angriffsmissionen auch für Kurierflüge, leichte Transporte, bewaffnete Hubschraubereskorten und zum Absetzen von Spezial-Luftlandeeinheiten herangezogen wurde. Die ersten Broncos nutzten die USA schon im Vietnamkrieg, hauptsächlich für Feuerleitaufgaben und zur Luftnahunterstützung. Mit ausgezeichneter Rundumsicht, agilem Flugverhalten und guter Bewaffnung war die OV-10 beliebt bei ihren Piloten und mit ihren STOL-Eigenschaften und dem robusten Fahrwerk ließ sie sich fast überall einsetzen. Auch im Zweiten Golfkrieg 1990 war sie zu finden und 2015 wurden noch zwei Maschinen im syrischen Bürgerkrieg eingesetzt. Mit der Einführung modernerer Waffensysteme sind sie allerdings ab 1995 nach und nach ausgemustert worden. Einige zivile Maschinen werden heute noch in den USA bei der Waldbrandbekämpfung eingesetzt.

Alle ehemaligen Betreiberstaaten präsentieren OV-10 in Museen. Einige werden auch noch privat betrieben. In der Flugausstellung Hermeskeil und in den Militärhistorischen Museen Berlin Gatow und Dresden werden OV-10 ausgestellt.

Ursprungsland
USA
Kategorie
Leichtes STOL-Kampf- und Aufklärungsflugzeug

Besatzung: 2
Triebwerke: (D) Zwei Propellerturbinen Garrett T76-G-420 mit je 780 kW (1060 PS).
Leistungen: (D) Höchstgeschwindigkeit 463 km/h auf Meereshöhe, Dienstgipfelhöhe 9100 m, Reichweite 370 km, Überführungsreichweite 2200 km.
Gewichte: (D) Leermasse 3127 kg, Abflugmasse 4494 kg, maximale Abflugmasse 6552 kg.
Bewaffnung: (D) Eine MK oder vier MGs und/oder an fünf Stationen am Rumpf und zwei Flügelstation Luft-Boden-Raketen-Behälter, Luft-Luft-Raketen oder Bomben bis zu 1200 kg.

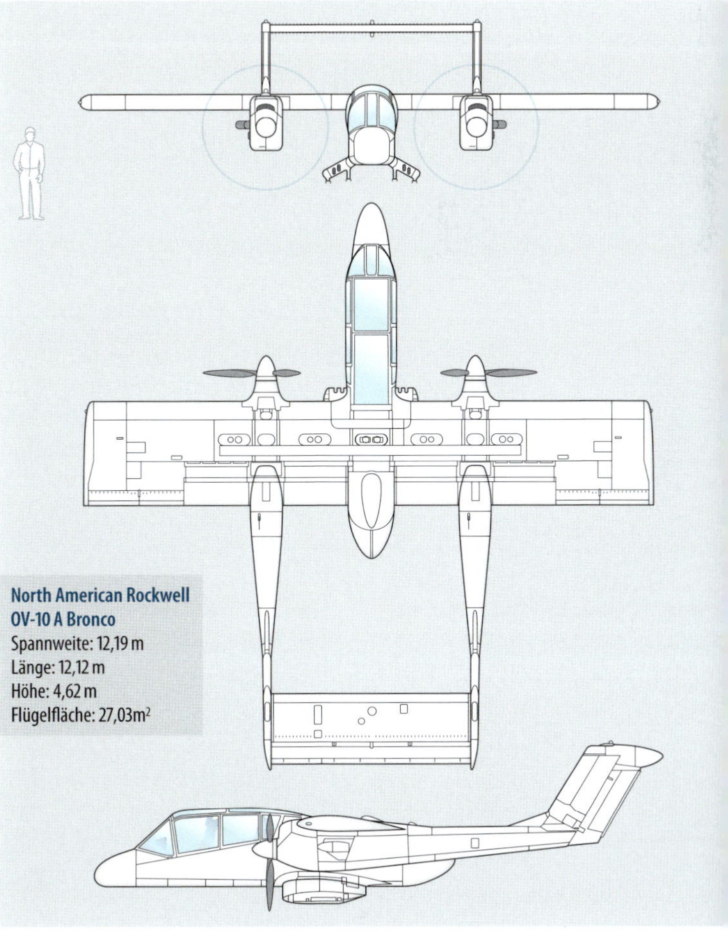

North American Rockwell OV-10 A Bronco
Spannweite: 12,19 m
Länge: 12,12 m
Höhe: 4,62 m
Flügelfläche: 27,03 m²

Northrop T-38 Talon

Ursprungsland
USA
Kategorie
Trainer

Entwicklung: Northrop begann Mitte der 1950er-Jahre aus den Kampfflugzeug-Projekten N-102 und N-156 einen Überschalltrainer zu entwickeln, der den damaligen Forderungen der USAF entsprach und die T-33 [S. 176] ersetzen sollte. Das Unternehmen erhielt einen Auftrag zur Fertigung von drei Prototypen YT-38, deren erster im April 1959 flog. Ein nach den Flächenregeln taillierter Rumpf bot Platz für ein geräumiges Tandemcockpit mit Schleudersitzen, die beiden Triebwerke und die kurzen Flächen verhalfen zu Überschallgeschwindigkeit. Northrop erhielt unter anderem auch wegen des prognostizierten, kostengünstigen Betriebs der T-38 den Serienauftrag. Nach ausgiebigen Tests wurden die ersten Talons 1961 ausgeliefert. 1975 beauftragte man Northrop 116 T-38 zu AT-38 B umzubauen, die für das Waffentraining an Hardpoints Bomben und MG-Behälter mitführen konnten. Ein tiefgreifendes Lebensverlängerungs-Programm begann 1984, das unter anderem Modifikationen der Zelle, neue Flügel und Schleudersitze mit sich brachte. Rund 500 T-38 A wurden so bis 2007 zur C umgebaut. Noch 2007 erhielten 125 T-38 C neue Avionik, um Piloten den Umstieg auf Jagdflugzeuge der 5. Generation zu erleichtern. Neben der US Air Force fliegen aktuell noch bei der Luftwaffe Deutschlands 46 und der Türkei 33 T-38. Portugal legte seine 12 T-38 1993 still und Korea gab seine 30 2009 an die USA zurück.

Northrop lieferte bis 1972 insgesamt 1189 T-38 aller Varianten aus.

Bemerkungen: Als eines der langlebigsten aktiven Flugzeuge kann die T-38 bezeichnet werden, die nach mehr als 60 Jahren immer noch das wichtigste US-Überschall-Ausbildungsflugzeug ist. Auf ihr lernen nahezu alle amerikanischen Jet-Piloten ihr Handwerk. Auch Deutschland sendet seine Pilotenanwärter auf die amerikanische Sheppard Air Force Base, auf der 46 eigene T-38 stationiert sind. Nach Abschluss der Basis-Ausbildung lassen sich mit der T-38 unter anderem Überschallflug, Blind- und Formationsflug sowie Kampftaktiken schulen. Trotz etlicher, auch tödlicher Unfälle, bei denen bis 2005 150 T-38 verloren gingen, gilt die Talon mit mehr als 25 Millionen Flugstunden bis 2005 als sicheres Trainingsflugzeug. Als größter Betreiber hält die USAF mit zahlreichen Lebensverlängerungsmaßnahmen den Jet auf aktuellem technischem Stand, zu denen neben Zellen- und Triebwerksupgrades auch Head-up-Displays, GPS und Glascockpits zählen. Ende 2017 waren noch 503 T-38 der USAF in Betrieb. Erst ab 2024 sollen sie durch die einstrahlige T-7, eine gemeinsames Trainer-Projekt von Boeing und Saab, abgelöst werden.

Unzählige ausgemusterte T-38 sind in US-Museen zu finden, einige werden angeblich auch noch privat geflogen.

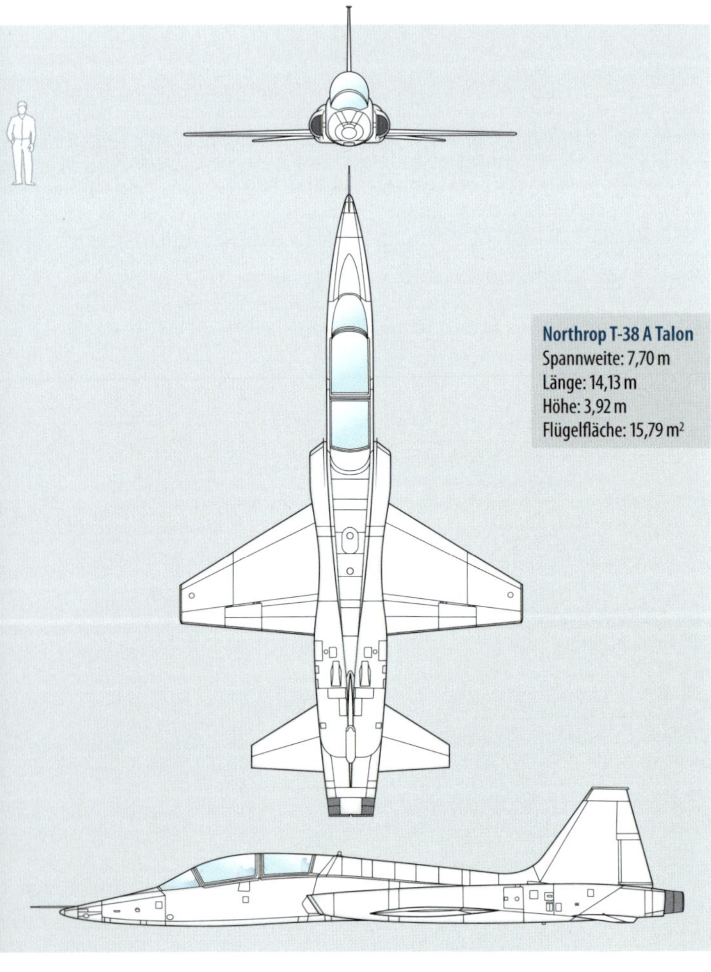

Northrop T-38 A Talon
Spannweite: 7,70 m
Länge: 14,13 m
Höhe: 3,92 m
Flügelfläche: 15,79 m²

Besatzung: 2
Triebwerke: Zwei Axialstrahltriebwerke General Electric J85-5A mit je 11,9 kN Schub und 17,1 kN mit Nachbrenner.
Leistungen: Höchstgeschwindigkeit 1382 km/h, Dienstgipfelhöhe 15 000 m, Reichweite 1835 km.
Gewichte: Leermasse 3266 kg, Abflugmasse 5361 kg, maximale Abflugmasse 5485 kg.

Northrop F-5

Ursprungsland
USA
Kategorie
Leichtes Kampfflugzeug

Entwicklung: Wie die T-38 [S. 196] ist auch die F-5 ein Ableger der Northrop-Projekte N-102 und N-156 aus den 1950er-Jahren. Nach dem Bau der drei Prototypen und dem Erstflug der N-156 F im Juli 1959 mit anschließenden erfolgreichen Tests verlor die USAF jedoch das Interesse. Um US-Verbündeten Kampfflugzeuge bereitzustellen, beschloss die US-Regierung ab 1962 die N-156 F-Prototypen als XF-5 wieder zu reaktivieren und sie mit verstärkten Flächen, sieben Außenstationen und zwei MKs im Bug, anzubieten. Bereits im August 1963 waren 170 Flugzeuge bestellt. Parallel dazu entwickelte Northrop einen bewaffneten Doppelsitzer F-5 B, der im Februar 1964 erstmals abhob. Es folgten zahlreiche Varianten, entsprechend den Bedürfnissen der ausländischen Kunden, darunter auch Fotoaufklärer RF-5 und zweisitzige Einsatztrainer. Northrop gewann 1970 den Wettbewerb International Fighter Aircraft mit der F-5 E Tiger II, eine Variante mit stärkeren J-85-Triebwerken, längerem Rumpf, vergrößerten Flügeln und moderner Avionik, von der noch eine zweisitzige F-5 F abgeleitet wurde. Die deutlich leistungsfähigere Weiterentwicklung F-20 Tigershark, die 1982 flog, verlor allerdings im Wettbewerb gegen die F-16 von General Dynamics und das Programm wurde eingestellt. Nach F-5-Lieferungen in den 1960er-Jahren baute der Iran ab den 2000er-Jahren eine unbekannte Zahl unlizenzierte Kopien und selbst entwickelter Varianten nach.

Bis 1987 wurden von allen Varianten inklusive der kanadischen (250) und spanischen Lizenzbauten (70) 2238 F-5 ausgeliefert.

Bemerkungen: Die F-5 ist ein echter Exportschlager geworden, vor allem wegen der US-Förderprogramme MAP, MASF und FMS für die Luftwaffen befreundeter Staaten. Kleiner und einfacher aufgebaut als eine F-4 Phantom und günstiger in der Anschaffung und Betrieb, waren eines der Verkaufsargumente Northrop. Außerdem war die F-5 in der Lage als Jagdflugzeug und für Bodenangriffe genutzt zu werden. Der Typ wurde auch intensiv im Vietnamkrieg eingesetzt. Bis auf wenige Exemplare ist das komplette Produktionslos der F-5 A/B exportiert worden. Die vom Military Assistance Program (MAP) finanzierten überwiegend an Südvietnam, alle anderen wurden an die Länder Iran, Libyen, Marokko, Norwegen, Taiwan, Jordanien, Korea und Malaysia verkauft. Ab der F-5 E Tiger II gingen einige an die USAF und US Navy, exportiert wurde nach Chile, Äthiopien, Jordanien, Kenia, Korea, Malaysia, Singapur, Schweiz, Thailand und Saudi-Arabien.

Zahlreiche F-5 stehen in Museen der Betreiberländer. Eine F-5 E z. B. im Flieger Flab Museum, Dübendorf, Schweiz und im Norwegischen Luftfahrtmuseum in Bodø.

Besatzung: 1
Triebwerke: (A) Zwei Axialstrahltriebwerke General Electric J85-GE13 mit je 12 kN Schub und 18,1 kN mit Nachbrenner.
Leistungen: (A) Höchstgeschwindigkeit 1487 km/h, Reisegeschwindigkeit 890 km/h, Dienstgipfelhöhe 15 000 m, Abfang-Kampfradius 270 km, Überführungsreichweite 3000 km.
Gewichte: (A) Leermasse 3565 kg, max. Abflugmasse 9090 kg.
Bewaffnung: (A) Zwei MKs im Bug, maximal 2810 kg extern: Bomben, Luft-Luft-/Luft-Boden-Raketen, Zusatztanks.

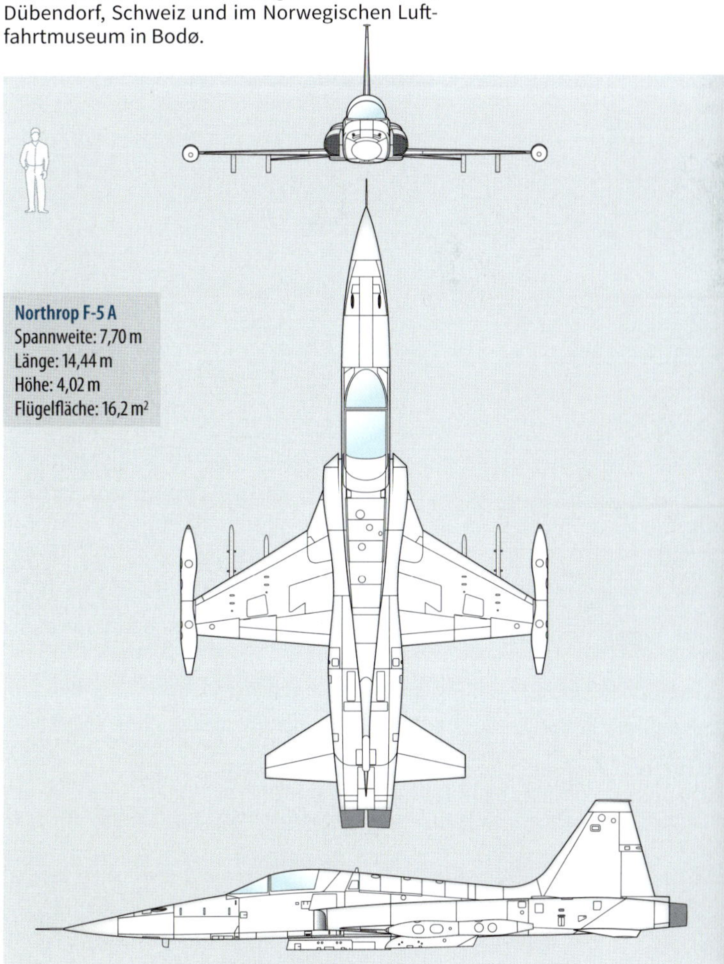

Northrop F-5 A
Spannweite: 7,70 m
Länge: 14,44 m
Höhe: 4,02 m
Flügelfläche: 16,2 m²

Piasecki H-21 Workhorse

Ursprungsland
USA
Kategorie
Transporthubschrauber

Entwicklung: Piaseckis PV-3, der im März 1945 flog und als HRP-1/2 Transporthubschrauber in Serie gebaut wurde, war Basis für die H-21. Antrieb und Rotoren wurden übernommen, neu konstruiert wurde für den Prototyp XH-21 ein geknickter Ganzmetallrumpf, der für den nötigen Abstand der gegenläufigen Rotoren sorgte, die von einem im hinteren Bereich liegenden Sternmotor über Fernwellen angetrieben wurden. Erstflug war im April 1952. Die ersten 18 YH-21 Workhorse wurden noch mit 1150 PS-starken Sternmotoren an die USAF zur Bewertung ausgeliefert. Im April 1952 bestellte sie 32 H-21 A als SAR-Version und 163 H-21 B mit einem stärkeren 1425 PS-Wright 1820-Sternmotor. Der Heli erhielt neben geänderten Rotorblättern einen Autopiloten, leichte Panzerung und externe Kraftstofftanks. Er bot Platz für 20 vollausgerüstete Soldaten oder 12 Tragbahren plus Personal und hob eine 2130 kg schwere interne oder 1814 kg externe Ladung. 10 H-21 B gingen an die japanische, 98 an die französische Armee und 10 an die Marine. Für die US-Army lieferte Piasecki 334 H-21 C Shawnee (ab 1962 CH-21 C). Auch die deutsche Luftwaffe und das Heer erhielten bis August 1960 32 H-21 C, davon eine mit VIP-Ausstattung. Im Mai 1956 wurde Piasecki Aircraft Corp. in Vertol Aircraft umbenannt, und später von Boeing übernommen. Schweden erwarb von 1958 bis 1964 vierzehn H-21 als NKR-1 mit aufblasbaren Schwimmern. Zwei H-21 wurden versuchsweise noch mit zwei 1025 PS-starken Turbinen von General Electric ausgerüstet, aber nicht in Serie gefertigt.

Insgesamt lieferte Piasecki 714 H-21 aus.

Bemerkungen: Als „fliegende Banane" bekannt, konnte der robuste Hubschrauber in unterschiedlichsten Missionen auf Rädern, Schwimmern oder Skier, von der Arktis bis in die Tropen eingesetzt werden. Die H-21 war der erste Helikopter, der von den amerikanischen Streitkräften in bedeutender Zahl in Südvietnam geflogen wurde, hauptsächlich für den Transport von Truppen und Nachschub. Einige wurden zu Gunships umgebaut, das sich jedoch wegen ihrer Beschussempfindlichkeit nicht bewährte. Trotz des oft frühen Verschleißes der Sternmotoren im tropischen Klima, blieben sie bis zur 1964 beginnenden Ablösung durch Bell UH-1 und Boeing CH-47 Chinook im Dienst, 1965 waren alle ausgemustert. Auch die französischen Streitkräfte machten ähnliche Erfahrungen im Algerienkrieg mit ihren zum Teil mit Raketen und MGs bewaffneten H-21 und nutzten sie vorsichtshalber nur noch als Transporthubschrauber im Zusammenspiel mit ihren S-58-Angriffshubschraubern.

Zahlreiche H-21 stehen in Museen weltweit, auch im Flugzeugmuseum in Hermeskeil und im Hubschraubermuseum in Bückeburg.

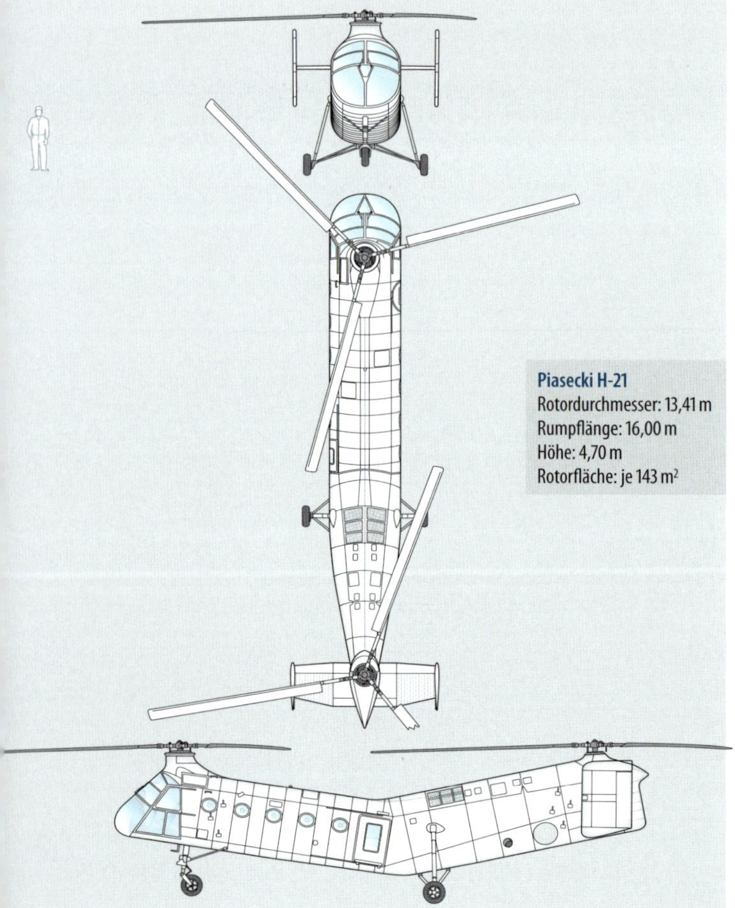

Piasecki H-21
Rotordurchmesser: 13,41 m
Rumpflänge: 16,00 m
Höhe: 4,70 m
Rotorfläche: je 143 m²

Besatzung: 2
Triebwerk: Ein gebläsegekühlter 9-Zylinder-Sternmotor Wright R-1820-103 Cyclone mit 1063 kW (1445 PS).
Leistungen: Höchstgeschwindigkeit 210 km/h, Reisegeschwindigkeit 158 km/h, Dienstgipfelhöhe 3150 m, Reichweite 600 km.
Gewichte: Leermasse 3639 kg, Abflugmasse 6885 kg.

Republic F-105 Thunderchief

Ursprungsland
USA
Kategorie
Jagdbomber

Entwicklung: 1951 begann Republic an einem einstrehligen Bomber zu arbeiten, der im Tiefflug mit Überschallgeschwindigkeit eine im Schacht deponierte Atombombe zum Ziel bringen konnte. Im September 1952 schloss die USAF einen Vertrag über 199 F-105, der gegen Ende des Koreakriegs jedoch storniert wurde. Trotzdem präsentierte Republic im Oktober 1953 ein 1:1-Mockup und im August 1954 wurden wiederum 15 Exemplare bestellt, später aber auf drei reduziert. Erst im Februar 1955 orderte die USAF entgültig 15 Einheiten, davon sechs Vorserienmuster. Der erste Prototyp YF-105 A hob im Oktober 1955 ab, der jedoch nicht überzeugte und Republic zwang, die F-105 grundlegend zu überarbeiten. Geänderte Lufteinläufe, eine neue Rumpfform und ein größeres Seitenleitwerk führten zur F-105 B, die im Mai 1956 flog. Bis 1959 lieferte Republic 75 Maschinen zur Einsatzerprobung aus, bei denen allerdings eine hohe Störanfälligkeit gepaart mit hohem Wartungsaufwand zu Tage kam. Die Maschinen wurden deshalb schon 1964 zur Reserve und National Guard abgeschoben. Einen Trainer-Doppelsitzer F-105 C lehnte die USAF aus Kostengründen ab. Mit verbesserter Elektronik, Betankungssonde und einem Tank im Schacht wurde die F-105 schließlich zu einem schweren Allwetter-Jagdbomber F-105 D (Erstflug Juni 1959), von dem 610 Stück ausgeliefert wurden. Mit 143 produzierten F wurden doch noch ein etwas längerer zweisitziger kampffähiger Trainer ab 1963 eingeführt. Davon wurden 61 während des Vietnamkrieges zur F-105 G [Bild] umgebaut, um damit Radarstationen zu bekämpfen.

Republic beendete 1964 nach 833 Thunderchiefs die Produktion.

Bemerkungen: Nach dem Beschaffungs-Schlingerkurs der USAF und dem Misserfolg mit der B-Version wandelte sich der ursprüngliche Nuklearbomber zum Allwetter-Jagdbomber F-105 D, der bei seiner Größe auch eine enorme Waffenlast zuließ. Zusammen mit doppelsitzigen F-105 F, die für die Bekämpfung nordvietnamesischer Radarstationen zuständig waren, trugen Thunderchiefs zu Beginn des Vietnamkrieges die Hauptlast der Angriffe, allerdings auch bei 395 Totalverlusten. Dazu kamen weiterhin Ausfälle und Wartungsprobleme, was sich auch in zwei Groundings 1961 und 1962 ausdrückte. Mit Einführung der F-4 Phantom [S. 190] wurden sie aus vorderster Front zurückgezogen und schnell nach Ende des Vietnamkrieges stillgelegt. Die letzte G flog im Februar 1984.

Es gibt zahllose Museums-F-105 in den USA, in Deutschland steht eine F in Hermeskeil und eine G vor der AFB Spangdahlem.

Besatzung: 1
Triebwerke: (D) Ein Axialstrahltriebwerk Pratt & Whitney J75-P-19W mit 64 kN Schub, 117,88 kN mit Nachbrenner und Wassereinspritzung.
Leistungen: (D) Höchstgeschwindigkeit 2240 km/h in 11 000 m Höhe, Dienstgipfelhöhe 14 800 m, Reichweite 1252 km, Überführungsreichweite 3550 km.
Gewichte: (D) Leermasse 12 181 kg, Abflugmasse 16 165 kg, maximale Abflugmasse 23 967 kg.
Bewaffnung: (D) Eine MK im Bug, bis zu 6400 kg im Schacht und an fünf Außenstationen: Luft-Boden-, Luft-Luft-Raketen, verschiedene Bombenarten, auch Atombomben, Droptanks.

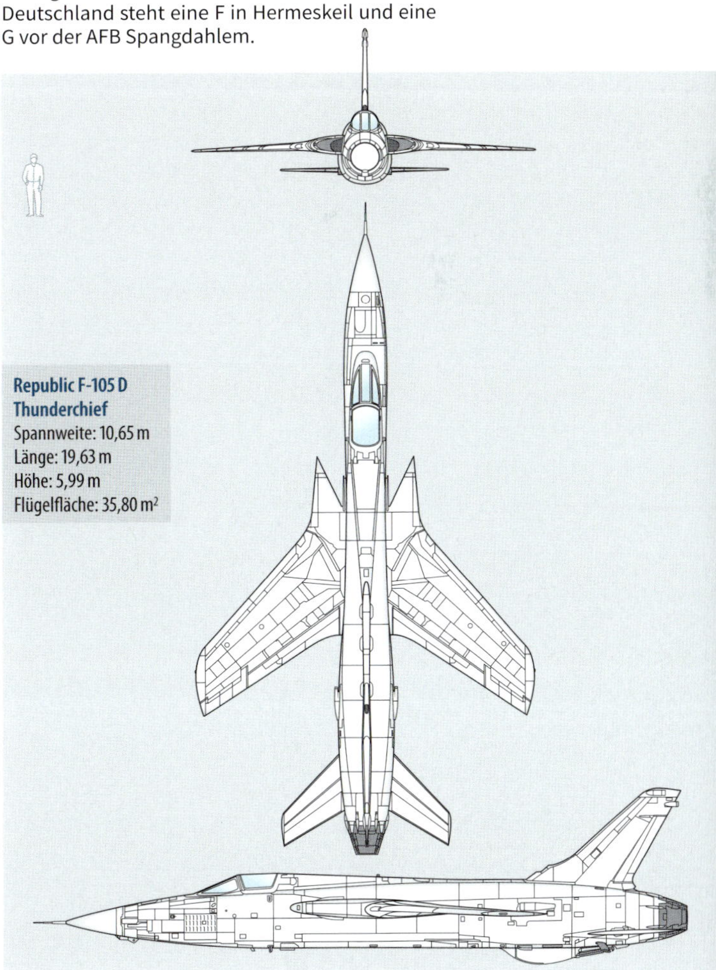

Republic F-105 D Thunderchief
Spannweite: 10,65 m
Länge: 19,63 m
Höhe: 5,99 m
Flügelfläche: 35,80 m²

Sikorsky S-61

Ursprungsland
USA
Kategorie
Mehrzweck-hubschrauber

Entwicklung: Als Reaktion auf den Ausbau der sowjetischen Atom-U-Boot-Flotte in den 1950er-Jahren forderte das US-Militär einen Helikopter zur U-Bootbekämpfung. Sikorsky erhielt dafür 1957 den Auftrag, einen Turbinenhubschrauber zu entwickeln, der neben ASW-Aufgaben (Anti Submarine Warfare) auch Transporte übernehmen konnte. Im März 1959 hob der erste Prototyp mit der Werkskennung S-61 ab. Typisch für den mittelgroßen Hubschrauber war der wasserdichte Bootsrumpf mit Auslegern für das Einziehfahrwerk und aufblasbaren Schwimmern und dank der kompakten Turbinen, lag die komplette Antriebseinheit erstmals über der Kabine. Ein faltbarer Hauptrotor sorgte für platzsparenden Verstau auf Schiffen. 1961 wurden die ersten Helikopter in Dienst gestellt. Zahlreiche Varianten verließen im Laufe der Produktion die Werkhallen Sikorskys. Dazu zählten Transporter CH-3, Minensucher RH-3, Anti-U-Boot SH-3 und Frachter UH-3. Für Transport- und SAR-Missionen erhielt die teilweise bewaffneten und gepanzerten HH-3 einen überarbeiteten Rumpf, Stummelflügel und eine Heckladerampe. Je nach ASW-Einsatz waren sie mit Torpedos, Wasserbomben und/oder Raketen bewaffnet, während für SAR-Einsätze die Kabine bis zu 22 Personen oder 9 Tragbahren plus Personal, als Truppentransporter bis zu 28 Soldaten Platz bot.

Von allen Varianten lieferte Sikorsky von 1959 bis 1980 794 aus. Die Lizenznehmer Westland/Großbritannien, Mitsubishi/Japan, United Aircraft of Canada und Agusta/Italien haben weitere 679 hergestellt.

Bemerkungen: Mit der S-61 entwickelte Sikorsky in den 1950er-Jahren einen fortschrittlichen ASW-Helikopter, der sich während seiner Produktionszeit zu einem begehrten und robusten Mehrzweckhubschrauber entwickelte und in über 30 Nationen nicht nur militärisch eingesetzt wurde. Amerikanische S-61 wurden erst in den 1990er-Jahren allmählich durch die modernere S-70 abgelöst, in vielen Ländern fliegen sie heute noch. Das Modell hatte so viel Potenzial, dass nicht nur Sikorsky, sondern auch alle vier Lizenznehmer eigene Versionen weiterentwickelten. Das britische Unternehmen Westland fertigte alleine über 30 Varianten, die auch in zahlreiche Länder exportiert wurden. Auch an Deutschlands Marine, die Mitte der 1970er-Jahre 23 SeaKings erhielt. Sie sind nach fast 50 Jahren und etlichen Modernisierungen erst 2024 ausgemustert worden. Sechs davon gingen als Militärhilfe an die Ukraine.

Etliche US-Museen präsentieren S-61, in Europa findet man z. B. eine im Danmarks Flymuseum, Skjern, Dänemark.

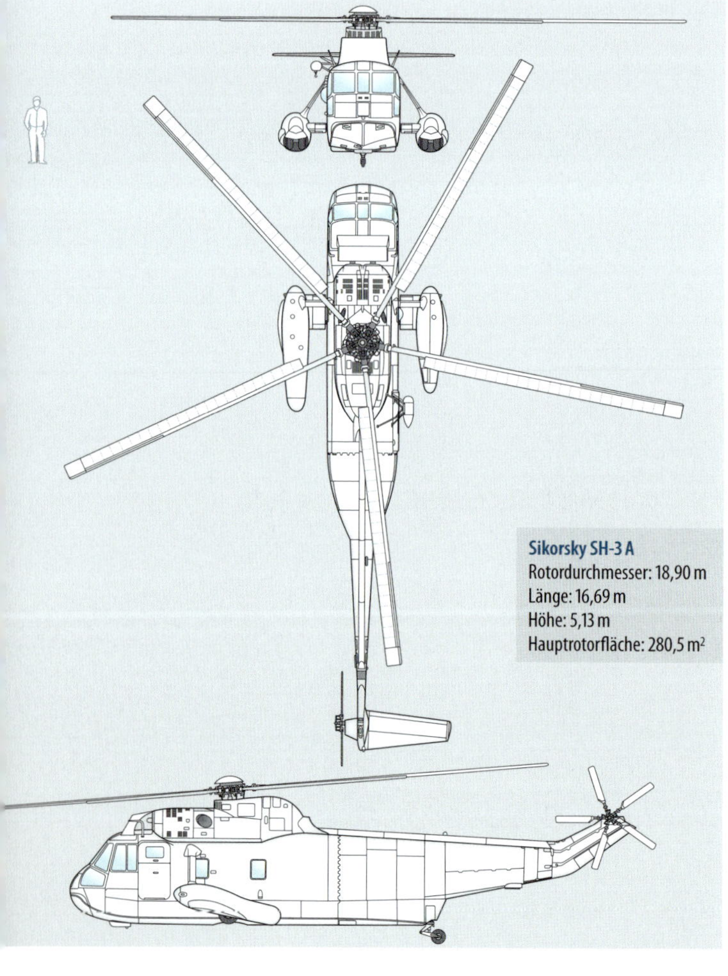

Sikorsky SH-3 A
Rotordurchmesser: 18,90 m
Länge: 16,69 m
Höhe: 5,13 m
Hauptrotorfläche: 280,5 m²

Besatzung: 2
Triebwerke: (SH-3 D) Zwei Wellenturbinen General Electric T-58-GE-10 mit je 1044 kW (1400 PS).
Leistungen: (SH-3 D) Höchstgeschwindigkeit 267 km/h, Reisegeschwindigkeit 219 km/h, Dienstgipfelhöhe 4500 m, maximale Reichweite 1005 km.
Gewichte: (SH-3 D) Leermasse 5382 kg, max. Startmasse 9752 kg.
Bewaffnung: (SH-3 D) Zwei Torpedos, Wasserbomben und Sonarbojen bis maximal 380 kg.

Sikorsky S-64

Entwicklung: Basierend auf dem schweren Transporthubschrauberr S-56 [Bd. I] flog der von zwei Sternmotoren angetriebene Experimental-Lastenhubschrauber S-60 erstmals im März 1959, stürzte aber im April 1961 ab. Daraufhin verfolgte Sikorsky die eigenfinanzierte Entwicklung des leistungsfähigeren, zweimotorigen Turbinen-Lastenhubschraubers S-64, dessen erster von drei Prototypen im Mai 1962 abhob. Von zwei Piloten geflogen, konnte ein drittes Crewmitglied als „Kranführer" nach hinten gewandt, die bis zu 9 t schwere Außenlast kontrollieren und den Heli eingeschränkt auch steuern. Ein Autopilot, damals ein Novum, erleichterte die Steuerung vor allem im Schwebeflug. Platz war im Cockpit für weitere zwei Begleitpersonen. Spezielle Container für Fracht,- Personen- und Verwundetentransporte ließen sich unter dem Helikopter befestigen, dessen Fahrwerk zur Lastaufnahme am Boden absenkbar war. Unverkleidete Triebwerke und Systeme spielten bei geringen Geschwindigkeiten keine Rolle, waren aber wartungsfreundlich und gewichtsparend. Die Prototypen wurden von der US-Army und der Bundeswehr von 1963 bis 1965(!) ausgiebig getestet, woraufhin die US Army 1963 sechs S-64 als CH-54 A Tarhe zur Bewertung erwarb, denen später weitere 48 folgten. Von der zweiten Baureihe CH-54 B, mit leistungsgesteigerten Turbinen und 1,2 t mehr Nutzlast, wurden ab 1969 29 Maschinen ausgeliefert.

Je nach Quelle produzierte Sikorsky zwischen 99 und 105 zivile und militärische S-64.

Bemerkungen: Fast alle CH-54 wurden im Vietnamkrieg eingesetzt. Sie hatten oft die Aufgabe, Bodentruppen, die nicht über Land erreicht werden konnten, mit Material zu versorgen, zu denen so sperrige Lasten wie LKWs, Feldlazarette, Bulldozer, Artilleriegeschütze und kleine Boote gehörten. Gut eignete sich die Tarhe auch zur Bergung abgeschossener Flugzeuge in abgelegenen Gebieten. Allmählich wurden die CH-54 jedoch durch wartungsfreundlichere Boeing CH-47 Chinook [S. 149] abgelöst. Einige nutzte noch die US National Guard, die sie auch bei zivilen Missionen einsetzte, aber sie nach Ende des Kalten Krieges 1993 auch stilllegte. Nach der Ausmusterung der Army-Skycranes erwarb 1992 der zivile Betreiber Erickson die Baurechte von Sikorsky, der eine S-64 E neu baute und 17 CH-54 A und 13 CH-54 B übernahm und für zivile Zwecke modifizierte, sie zum Teil selbst im Logging, bei der Feuerbekämpfung und für industrielle Schwertransporte einsetzte oder verkaufte.

Neben zivilen, noch aktiven CH-54 in den USA, findet man z. B. eine CH-54 im Pima Air & Space Museum, Tucson, USA, ein S-64-Cockpit steht in der Flugausstellung Hermeskeil.

Ursprungsland
USA
Kategorie
Kran-/Transporthubschrauber

Besatzung: 2/3
Triebwerke: (B) Zwei Wellenturbinen Pratt & Whitney T-73-700 mit je 3580 kW (4867 PS).
Leistungen: (B) Höchstgeschwindigkeit 202 km/h, Reisegeschwindigkeit 169 km/h, Dienstgipfelhöhe 2750 m, Reichweite 370 km.
Gewichte: (B) Leermasse 8981 kg, max. Startmasse 21 318 kg.

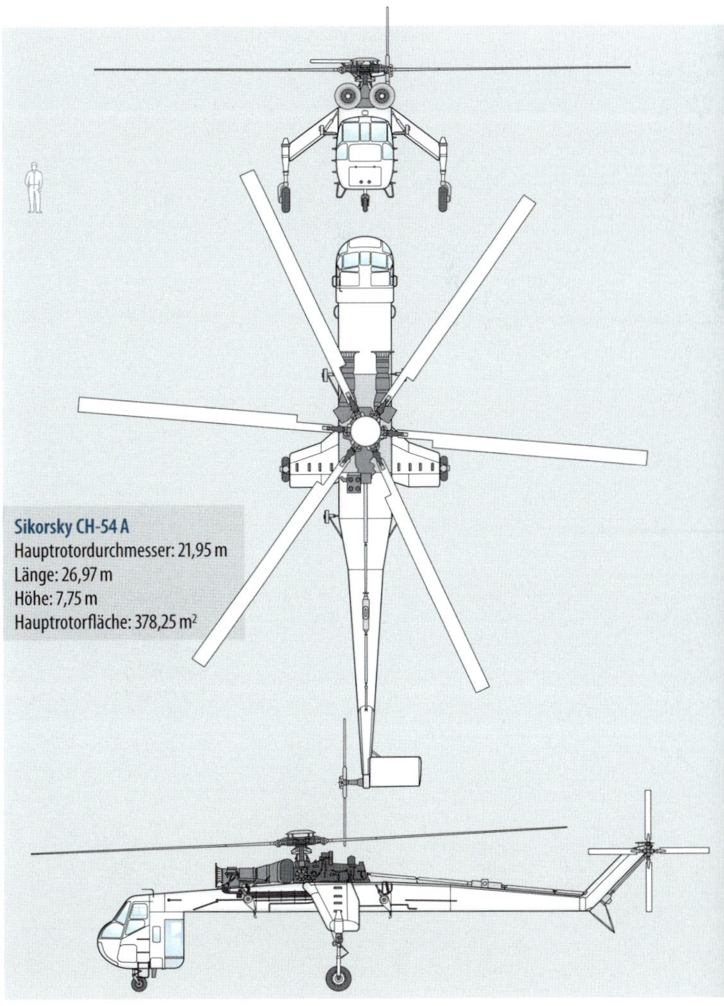

Sikorsky CH-54 A
Hauptrotordurchmesser: 21,95 m
Länge: 26,97 m
Höhe: 7,75 m
Hauptrotorfläche: 378,25 m²

Sikorsky S-65

Ursprungsland
USA
Kategorie
Transporthubschrauber

Entwicklung: Anfang Januar 1961 suchte das US-Verteidigungsministerium einen Nachfolger für die S-56 [Bd. I]. LTV erhielt zwar mit einem Kippflügler den Zuschlag, davon war jedoch das US-Marine-Corps nicht überzeugt und erwartete Vorschläge für einen geeigneteren, schiffsbasierten Transporthubschrauber. Vertol schlug die CH-47 Chinook [S. 149] vor, Kaman eine Variante der britischen Fairey Rotodyne. Sikorsky's Entwurf S-65 wurde akzeptiert und erhielt im September 1962 den Zuschlag für den Prototypenbau der YCH-53. Erstflug war im Oktober 1964. Von der S-64 [S. 201] übernahm Sikorsky modifiziert die dynamischen Komponenten. Der Rumpf, der neben drei Crewmitgliedern noch bis zu 38 voll ausgerüstetete Soldaten oder 24 Tragbahren oder bis zu 7 Tonnen Last transportieren konnte, war eine Neukonstruktion. Erste Auslieferungen der CH-53 Sea Stallion begannen im September 1967 an das US-Marine Corps. Bereits 1969 arbeitet man an der leistungsfähigeren CH-53 D Sea Stallion mit stärkeren Turbinen und Platz für bis zu 55 Soldaten, die auch als CH-53 G von der Bundeswehr beschafft wurde. Zwei wurden von Sikorsky geliefert und 110 von deutschen Firmen in Lizenz produziert. Neben zahlreichen Unterserien werden die Varianten RH-53 als Minenräumer, HH-53 Jolly Green Giant für SAR-Missionen und MH-53 Pave Low für Spezialoperationen eingesetzt. Ein deutlich leistungsfähigerer Helikopter mit drei Turbinen und größerem Rotor für bis zu 13,6 Tonnen interner und 16 Tonnen externer Nutzlast war der 1981 eingeführte CH-53 E Super Stallion. Als völlige Neukonstruktion kann man die neueste, dreimotorige CH-53 K King Stallion mit 40 Tonnen Abfluggewicht, bezeichnen, die erstmals 2015 abhob und heute noch produziert wird.

Sikorsky und Lizenznehmer lieferten zusammen bis zur CH-53 E 753 Helikopter aus.

Bemerkungen: Neben dem Hauptabnehmer USA ist die CH-53 in Deutschland, Iran, Israel, Japan, Mexiko und Österreich im Einsatz. Die variantenreiche Maschine hatte genug Potenzial für zahlreiche Leistungsupgrades und ist für die unterschiedlichsten Einsatzzwecke geeignet. Fast alle CH-53 konnten mit MGs bewaffnet werden, die meisten verfügten über eine Luftbetankungssonde am Bug. Ein Terrainfolgesystem ermöglichte automatischen Konturenflug und die Maschine war so robust und agil, dass mit ihr angeblich Rollen und Loops geflogen werden konnten. Eingesetzt wird die CH-53 auf fast allen Kriegsschauplätzen der Betreiber, aber auch weltweit bei humanitären Hilfsmissionen.

Viele CH-53 sind noch im Einsatz. Einige stehen in US-Museen. So z. B. eine CH-53 Pave Low im National Museum of the United States Air Force, Wright Patterson, Dayton, USA.

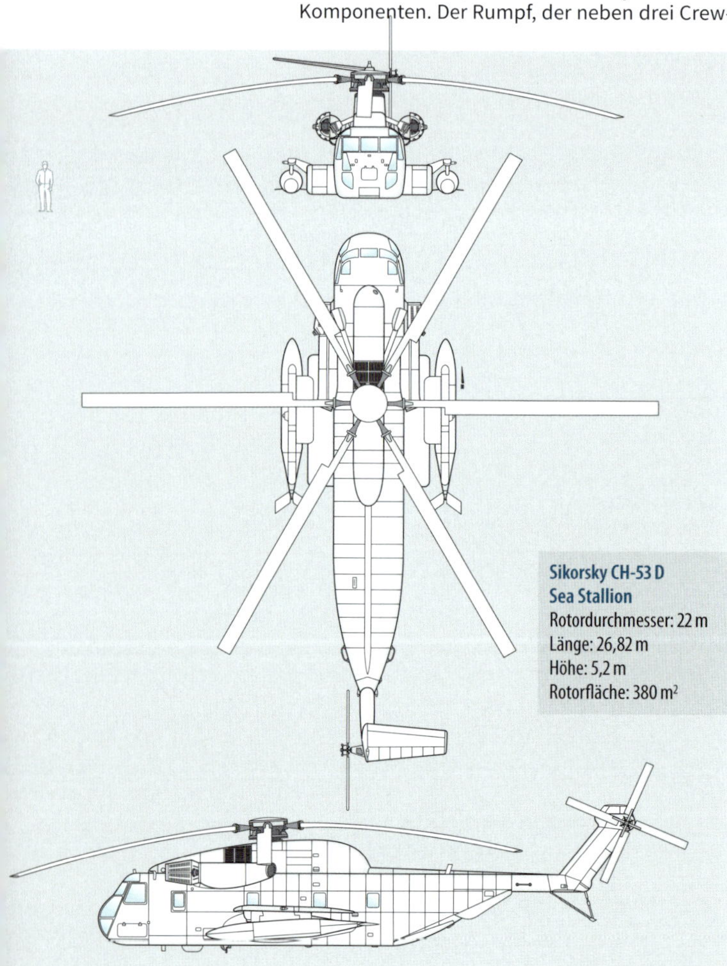

Sikorsky CH-53 D Sea Stallion
Rotordurchmesser: 22 m
Länge: 26,82 m
Höhe: 5,2 m
Rotorfläche: 380 m²

Besatzung: 2
Triebwerke: (D) Zwei Einwellen-Turbinen General Electric T-64 GE-413 mit je 2886 kW (3925 PS).
Leistungen: (D) Höchstgeschwindigkeit 241 km/h, Reisegeschwindigkeit 215 km/h, Dienstgipfelhöhe 5105 m, Reichweite mit maximaler Nutzlast 1000 km.
Gewichte: (D) Leermasse 12 020 kg, maximales Abfluggewicht 19 050 kg.

Vought F-8 Crusader

Ursprungsland
USA
Kategorie
Trägergestütztes Kampfflugzeug

Entwicklung: Nach einer Forderung der US Navy im September 1952 begann Vought mit der Entwicklung des Musters V-383. Im Wettbewerb gegen McDonnells Demon [Bd. I], F-100 Super Sabre [S. 191] und der F-11 Tiger [S. 163] erhielt Vought den Zuschlag, dem im Juni 1953 ein Auftrag über drei Prototypen XF8U-1 folgte. Erstflug war im März 1955. Der nach modernsten aerodynamischen Kenntnissen konstruierte Schulterdecker erlaubte über den hydraulisch einstellbaren Anstellwinkel des Flügels [Bild] zusammen mit einem Klappensystem langsame und steile Anflüge auf Flugzeugträger. Nach erfolgreicher Erprobung wurden die ersten von 318 F-8 A ab Dezember 1956 mit einem Raketenbehälter im Rumpf ausgeliefert, denen 1957 144 unbewaffnete Kamera-Aufklärer RF-8 A folgten. 130 F-8 B waren mit Radar bedingt allwettertauglich und 187 F-8 C erhielten verbesserte Avionik und ein stärkeres Triebwerk. Ein nochmals leistungsfähigeres Triebwerk, verbesserte Allwettertauglichkeit und die Fähigkeit Luft-Luft-Raketen einzusetzen, zeichnete 152 F-8 D aus. Mit der letzten Baureihe F-8 E (286 Stück) wurde ein Feuerleitradar und Unterflügelstaionen für Bomben eingeführt. Für die beiden Flugzeugträger Frankreichs lieferte Vought 42 modifizierte F-8 E aus. Weitere Versionen entstanden hauptsächlich durch technische Upgrades vorhergehender Baureihen.

1965 rollte die letzte von 1261 Crusader aus den Werkhallen Voughts.

Bemerkungen: Mit dem Spitznamen *The Last of the Gunfighters* gehörte die F-8 zum letzten Jagdflugzeug, das als Hauptwaffe vier Maschinenkanonen besaß. Bereits 1962 wurden die Aufklärer für Missionen während der Kubakrise herangezogen. Mit dem Vietnamkrieg änderten sich die Einsätze vom Tagjäger zum Mehrzweckkampfflugzeug. Bei ihren Piloten beliebt, aber fliegerisch anspruchsvoll, flogen sie vor und mit Beginn des Vietnamkrieges 1964 Aufklärungseinsätze, auch über Laos, fanden aber später hauptsächlich als Jagdbomber Verwendung und wurden üblicherweise von kleineren Flugzeugträgern eingesetzt, die von der F-4 Phantom nicht genutzt werden konnten. Mit Ende des Vietnamkrieges 1975 kam auch das Ende der Crusaders. Lediglich RF-8-Aufklärer blieben bis 1982 im Einsatz, eine Reserveeinheit flog sie bis März 1987. Die Philippinen nutzten ihre 25 F-8 P, die aus eingelagerten US-Beständen stammten, bis 1997. Noch länger im Einsatz blieben die französischen F-8 der Aéronavale, die erst 1999 außer Dienst gestellt wurden.

In nahezu allen amerikanischen Flugzeugmuseen sind F-8 zu finden. Eine F-8 E kann aber auch im Musé de l'Aéronautique Navale in Rochefort/Frankreich besichtigt werden.

Besatzung: 1
Triebwerke: Ein Axialstrahltriebwerk Pratt & Whitney J57-P-20A mit 51 kN Schub, 80 kN mit Nachbrenner.
Leistungen: Höchstgeschwindigkeit 1974 km/h in 11 000 m, Reisegeschwindigkeit 496 km/h, Reichweite 730 km, Überführungsreichweite mit Zusatztanks 2791 km.
Gewichte: Leermasse 8528 kg, Abflugmasse 13 154 kg, maximale Abflugmasse 15 422 kg.
Bewaffnung: Vier seitliche Maschinenkanonen, an zwei Stationen am Rumpf und zwei unter den Flügeln Luft-Luft- und Luft-Boden-Raketen oder Bomben bis maximal 2000 kg.

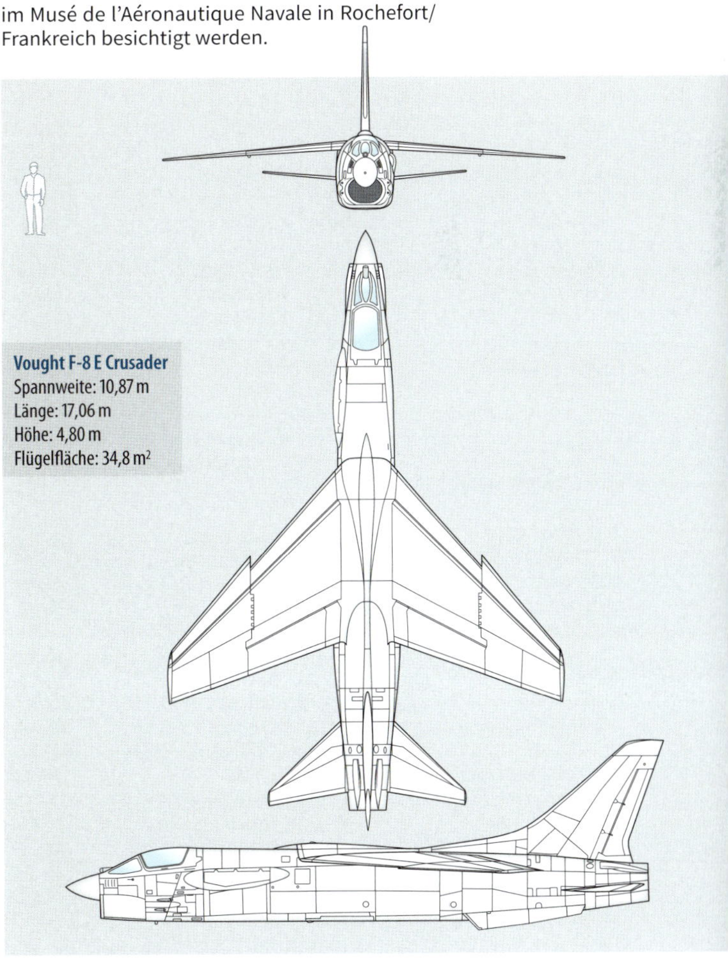

Vought F-8 E Crusader
Spannweite: 10,87 m
Länge: 17,06 m
Höhe: 4,80 m
Flügelfläche: 34,8 m²

Typenverzeichnis

Abkürzungen

ALAT	Aviation légère de l'armée de Terre, Heeresfliegertruppe des franz. Heeres
APU	Auxiliary Power Unit, unabhängiges Hilfstriebwerk für Druckluft, elektrische, hydraulische Energie.
ASW	Anti Submarine Warfare, Anti-U-Boot-Kriegsführung
AWACS	Airborne Warning and Control System, luftgestützte Luftraumaufklärung und -überwachung.
CASA	Construcciones Aeronáuticas S.A., Spanischer Flugzeughersteller
COIN	COunter-INsurgency aircraft, leichtes Angriffsflugzeug zur Aufstandsbekämpfung.
ECM	Electronic Counter Measures, elektronische Gegenmaßnahmen.
ELINT	Elektronische Aufklärung (Electronic Intelligence).
EloKa	Elektronische Kampfführung.
EW	Electronic Warfare.
ETOPS	Extended Twin Operations Regularien zur Operation von zweistrahligen Jets zum Erreichen eines Ausweichflugplatzes.
FMA	Fábrica Militar de Aviones (span. für Militärflugzeugfabrik), argentinischer Flugzeughersteller.
FLIR	Forward Looking Infrared Infrarot-Sichtgerät, Wärmebildkamera.
FMS	Foreign Military Sales, US-Programm das ausländischen Staaten ermöglicht US-Rüstungsgüter zu erwerben.
HAL	Hindustan Aeronautics Ltd. Staatlicher indischer Flugzeughersteller.
HFB	Hamburger Flugzeugbau. 1933 gegründet, 1969 aufgelöst.
ICAO	International Civil Aviation Organization, Internationale Zivilluftfahrtorganisation
IFR	Instrument Flight Rules, Instrumentflugregeln
JATO	Jet assisted take off, mit zusätzlichen Jet-Triebwerken unterstützter Start
MATS	Military Air Transport Service, militärischer Lufttransportdienst der USA.
MDAP	Military Defence Assistance Program, Amerikanisches Programm zur gegenseitigen Verteidigungshilfe.
MAP	Military Assistance Program, Amerikanisches Programm zur gegenseitigen Verteidigungshilfe.
MEDEVAC	MEDical EVACuation, Abtransport Verwundeter aus unsicheren Gebieten.
MG	Maschinengewehr.
MK	Maschinenkanone.
NACA	National Advisory Committee for Aeronautics, Vorläufer der NASA.
NATO	North Atlantic Treaty Organization, militärischer Nordatlantikpakt.
NAMC	Nihon Aircraft Manufacturing Company, japanischer Flugzeughersteller
OKP	Russ.: опытно-конструкторское бюро (ОКБ), Experimental-Konstruktionsbüro
P & W	Pratt & Whitney, US-Flugzeugmotorenhersteller
PLAAF	People's Liberation Army Air Force. Luftstreitkräfte der Volksrepublik China
PLANAF	People's Liberation Army Naval Air Force, Marine-Luftstreitkräfte der Volksrepublik China.
PZL	Państwowe Zakłady Lotnicze, polnische Staatliche Luftfahrt-Werke.
RAAF	Royal Australien Air Force, australische Luftwaffe.
RAF	Royal Air Force, britische Luftwaffe.
RCAF	Royal Canadian Air Force.
RR	Rolls-Royce, britischer Triebwerkshersteller.
SEPECAT	Société Européenne de Production de l'Avion d'Ecole de Combat et d'Appui Tactique, Europäische Gesellschaft zur Herstellung des Schul- und taktischen Unterstützungsflugzeugs.
SSAC	Strategic Air Command, strategische Luftstreitmacht innerhalb der US-Luftwaffe.
SAR	Search And Rescue.
SIAI	Società Idrovolanti Alta Italia, italienische Flugzeugbaufirma.
SIGINT	Signals Intelligence. Nachrichtendienstliche Informationsbeschaffung, aus abgehörten Funksignalen.
STOL	Short Take-Off and Landing, Kurzstart und -landung.
TCAS	Traffic Alert and Collision Avoidance System, System zur Vermeidung von Kollisionen in der Luft.
USAF	United States Airforce.
USAAC	United States Army Air. Corps, Vorläufer der USAF.
USAAF	United States Army Airforce, von 1941 bis 1947 Luftstreitkräfte des US-Heeres.
VFW	Vereinigte Flugtechnische Werke, Zusammenschluss 1961 von Focke-Wulf und Weserflug, 1989 aufgelöst.
VTOL	Vertical Take Off and Landing, Senkrecht-Start und -Landung

Bildnachweis

9 SDASM Archives; 11 Robert Sullivan, aeroman3; 14 SDASM; 15 schreiberVIS, Joachim Schreiber; 16 Steve Knight; 17 SDASM Archives; 19 SDASM Archives; 22 Rob Schleiffert; 26 ETH-Bibliothek Zürich, Bildarchiv/Stiftung Luftbild Schweiz/Fotograf: Swissair, Fotograf/LBS_SR05-084052-19/CC BY-SA 4.0; 27 U.S. Defenselmagery photo VIRIN: DF-SN-86-12585; 28 Robert Sullivan; 29 Finnish Aviation Museum; 32 SDASM Archive; 33 Eric Salard; 35 SDASM Archives; 36 SDASM Charles Daniels Photo Collection; 37 [1] Robert Sullivan, [2] SDASM Archives; 39 SDASM Archives; 40 UK MOD © Crown copyright 2023; 42 SDASM Archives; 43 SDASM Archives; 44 SDASM Archives; 45 SDASM Archives; 46 SDASM Archives; 49 Andrew Thomas; 52 Tormentor; 54 U.S. Air Force photo 342-C-KE-68216; 56 SDASM Archives; 57 SDASM Archives; 59 SDASM Archives; 61 Indian Air Force; 62 SDASM Archives; 63 Royal Australian Air Force; 64 Bob Adams; 65 Steve Knight; 66 SDASM Archives; 69 SDASM Archives; 70 SDASM Archives; 71 Japan Maritime Self-Defense Force; 72 Japan Maritime Self-Defense Force; 73 Unbekannter Fotograf; 75 SDASM Archives; 77 SDASM Archives; 78 SDASM Archives; 79 SDASM Archives; 80 USARAL Spt. Cmd. Photo Lab /Arctic Warrior; 81 SDASM Archives; 82 Ahunt; 83 Robert Sullivan; 84 Sammlung: Niederländisches Institut für Militärgeschichte; 85 Jan Hetebrij 035; 88 Sammlung: Niederländisches Institut für Militärgeschichte; 89 SDASM Archives; 90 © adobe stock: Elmar Gubisch; 91 Flygvapenmuseum Archive; 92 Mark Harkin; 93 ETH-Bibliothek Zürich, Bildarchiv / Fotograf: Comet Photo AG (Zürich) / Com_LC1690-001-007 / CC BY-SA 4.0; 94 ETH-Bibliothek Zürich, Bildarchiv / Fotograf: Comet Photo AG (Zürich) / Com_LC1690-002-001 / CC BY-SA 4.0; 95 SDASM Archives; 96 SDASM Archives; 97 SDASM Archives; 98 SDASM Archives; 99 adobe stock: AlexanderDenisenko; 100 SDASM Archives; 102 Unbekannter Fotograf; 103 U.S. Navy photo by Mass Communication Specialist 2nd Class John Herman; 104 [1] Skrzydlata Polska nr 434/1959 Author, WAF, scan: Marek Debski [2] www.defenseimagery.mil; VIRIN: DF-ST-85-03641; 105 SDASM Archives; 106 SDASM Archives; 109 SDASM Archives; 110 Allan Wilson; 111 [1] Unbekannter Fotograf, [2] David Holt; 113 [1] SDASM Archives; 114 SDASM Archives; 116 US Air Force; 117 SDASM Archives; 121 SDASM Archives; 124 USN/Official U.S. Navy photograph in the USS Coral Sea (CVA-43) cruise book; 125 Mike Freer; 126 SDASM Archives; 127 Unbekannter Fotograf; 129 © Adobe Stock Photofex; 130 SDASM Archives; 131 SDASM Archives; 132 SDASM Archives; 133 Alan Wilson; 134 SDASM Archives; 135 Unknown photographer; 140 [1] U.S. Army photo/U.S. Department of the Army publication Vietnam Studies [2] US Army; 143 SDASM Archives; 144 SDASM Archives; 145 [1] Foto: Österreichisches Bundesheer/Gorup [2] http://tri.army.mil/LC/CS/csa/oh4a002.jpg; 148 State Archives of North Carolina Raleigh, NC; 149 SDASM Archives; 150 National Museum of the United States Air Force; 152 SDASM Archives; 154 [1 / 2] SDASM Archives; 155 American Aviation History; 156 [1] SDASM Archives; 157 SDASM Archives; 158 SDASM Archives; 160 SDASM Archives; 161 SDASM Archives; 162 SDASM Archives; 165 SDASM Archives; 167 National Museum of the U.S. Navy; 168 SDASM Archives; 169 SDASM Archives; 172 SDASM Archives; 173 SDASM Archives; 176 [1] US Airforce Museum [2] National Museum of the U.S. Air Force photo 140113-F-DW547-027; 177 SDASM Archives; 179 Netherlands Institute for Military History; 180 SDASM Archives; 181 SDASM Archives; 182 Robert Sullivan; 183 SDASM Archives; 184 Robert Sullivan; 185 NASA; 186 ETH-Bibliothek Zürich, Bildarchiv / Com_LC1373-002-003; 187 US Navy; 189 SDASM Archives; 190 SDASM Archives; 191 SDASM Archives; 192 SDASM Archives; 193 U.S. Navy photo USN 1059069; 194 National Museum of the U.S. Navy; 195 SDASM Archives; 196 SDASM Archives; 197 Insomnia cured here; 200 SDASM Archives; 201 SDASM Archives; 203 U.S. Navy National Museum of Naval Aviation photo No. 1996.253.7351.035

wikimedia commons: 6 Rob Schleiffert; 7 Bildnachweis; 8 Michael B. Keller, U.S. Air Force; 11 Bangladesh Air Force; 12 https://www.mnd.gov.tw/Publish.aspx?p=78724; 13 Pedro Aragão; 18 Staff Sergeant Fernando Serna; 20 Dan Hadani collection / National Library of Israel / The Pritzker Family National Photography Collection / CC BY 4.0; 21 U.S. Navy photo by Photographer's Mate 1st Class Brien Aho; 24 Fonds André Cros, City archives of Toulouse; 25 U.S. Defenselmagery photo VIRIN: DF-ST-89-09345, MSgt. Herbert Cintron Jr., USAF; 30 Pete Webber; 31 Robin A Walker; 34 SSGT Mathew Hannen, USAF, uploaded by User Chanakyathegreat; 38 ausdew / public domain; 41 Adrian Pingstone; 47 [1] Arpingstone, [2] SDASM Archive; 48 [1] SDASM Archives, [2] Rob Schleiffert; 50 Richard Goring; 53 [1] Von TSRL - Eigenes Werk, CC BY-SA 3.0, https://commons.wikimedia.org/w/index.php?curid=6208378, [2] RuthAS; 54 Austrian Armed Forces Photograph; 58 U.S. Air Force photo 342-C-KE-66628; 60 Airwolfhound from Hertfordshire, UK; 67 Bob Adams; 68 Philippine Air Force; 74 Marko M~commonswiki assumed (based on copyright claims); 87 Łukasz Golowanow, Maciej Hypś, Konflikty.pl; 88 Wisnia6522; 89 SDASM Archives; 103 Anton Bannikov; 114 Fortepan - ID 77105: Home page Picture Information page; 114 Adományozó/Donor: Erky-Nagy Tibor.; 115 US Navy; 117 Fotovlucht Vliegbasis Soesterberg; 120 [1] Finnish Aviation Museum, [2] Wisnia6522; 121 © Adobe Stock @Jelle Van Der Wolf / VDW Images; 122 Finnish Aviation Museum; 124 Polish Ministry of National Defence ; 125 Unbekannter Fotograf; 129 http://www.dodmedia.osd.mil (photo DN-ST-89-08430; 130 SDASM Archives; 132 Naval History & Heritage Command wikidata:Q3250126, U.S. Navy photo USN 1158941; 137 Fortepan / Mészáros Zoltán; 138 Aleksandr Markin; 139 USAF, SSGT Jeffrey J. Clonkey; 140 FORTEPAN / MHSZ; 143 U.S. Navy National Museum of Naval Aviation; 144 U.S. Federal Government; 147 U.S. Air Force; 148 US Goverment; 149 National Archives Identifier: 6438199; 155 USAF Museum; 157 USAF - U.S. Air Force 315th Airlift Wing photo 060511-F-7779T-007; 160 [2] US Air Force; 164 US Government; 169 Official U.S. Navy photo 80-G-688709 from the U.S. Navy Naval History and Heritage Command; 170 Official U.S. Navy photo USN 1056447 from the U.S. Navy Naval History and Heritage Command; 172 Lt. Terry Anderson, US Navy; 177 United States Army archives gov.; 178 Secretaria de Marina Armada de Mexico.; 182 https://nimh-beeldbank.defensie.nl/foto-s/detail/f4da9d22-134d-875d-f1d5-6c76ccd89120/media/9bdfcefd-1376-e4a8-442e-11524b12cff2; 185 U.S. Navy National Museum of Naval Aviation photo No. 1996.488.168.023; 194 U.S. Navy National Museum of Naval Aviation photo No. 2008.050.007; 195 [1] United States Air Force / USGOV-PD, [2] USGOV-PD; 207 U.S. Army; 209 U.S. Air Force photo 090605-F-1234P-091; 211 U.S. Navy National Museum of Naval Aviation photo No. 1993.501.073.231 [1]; 213 Airman 1st Class Mike Weaver, U.S. Air Force (photo 342-C-KE-39854)